KB061868

화석맨

Fossil Men
by Kermit Pattison

화석맨

커밋 패티슨 | 윤신영 옮김

FOSSIL MEN

김영사

화석맨

1판 1쇄 인쇄 2022. 9. 5.
1판 1쇄 발행 2022. 9. 19.

지은이 커밋 패티슨
옮긴이 윤신영

발행인 고세규
편집 이승환 디자인 조명이 마케팅 백미숙 홍보 박은경
발행처 김영사
등록 1979년 5월 17일 (제406-2003-036호)
주소 경기도 파주시 문발로 197(문발동) 우편번호 10881
전화 마케팅부 031)955-3100, 편집부 031)955-3200 팩스 031)955-3111

값은 뒤표지에 있습니다.
ISBN 978-89-349-4248-1 03450

홈페이지 www.gimmyoung.com 블로그 blog.naver.com/gybook
인스타그램 instagram.com/gimmyoung 이메일 bestbook@gimmyoung.com

좋은 독자가 좋은 책을 만듭니다.
김영사는 독자 여러분의 의견에 항상 귀 기울이고 있습니다.

마야에게

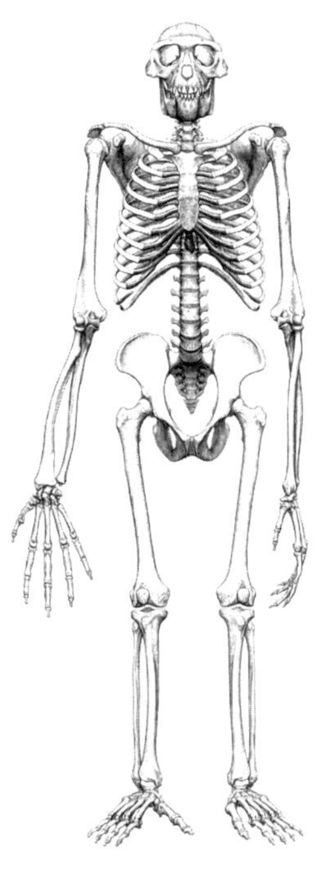

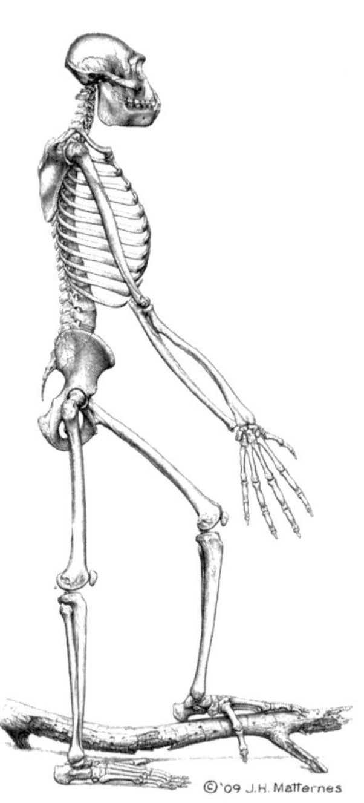
©'09 J.H. Matternes

사람이 있는 곳에 다툼도 있다.

_에티오피아 속담

차례

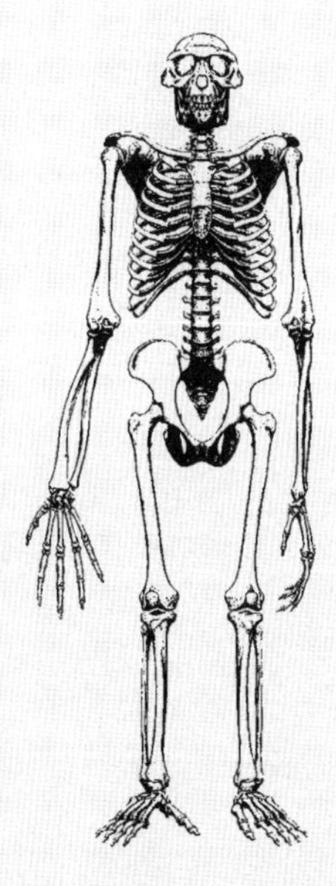

일러두기

* 원서에서 강조한 부분은 고딕체로 표시했다.

머리말

T. 렉스

이 책은 '우리는 어디에서 왔는가'라는, 우리 모두의 근원적인 질문에 관한 과학사 서적이자 추리소설이다. 훌륭한 미스터리물이 그렇듯이, 이 책 역시 시신으로부터 시작한다.

나의 여정은 인류 가문에 속한 가장 오래된 뼈 화석에 얽힌 오래된 미해결 사건에 연루되면서 시작됐다. 2012년이었다. 나는 미국 캘리포니아대학 버클리 캠퍼스까지 가서 세계에서 가장 성공한 화석 사냥꾼 중 한 명을 만나, 그가 가장 최근 발견한 440만 년 전 화석종 아르디피테쿠스 라미두스*Ardipithecus ramidus*, 일명 '아르디Ardi'에 관해 이야기를 나눴다. 처음부터 아르디에 대해 길게 쓰려던 것은 아니었다. 그저 인류 진화에 관한 더 흥미로운 드라마를 전하기 위해 배경지식을 조금 알아봤을 뿐이다. 하지만 알면 알수록 점점 더 불안해졌다. 아르디는 진화에 관한 앞선 주류 이론들과 너무나 많이 충돌했기 때문이다.

아르디는 인류 진화를 연구하는 학자들을 곤혹스럽게 한 불편한 여성이었다. 아르디의 골격은 어떻게 우리가 인간이 됐는지, 어떻게 우리 조상이 다른 유인원으로부터 갈라져 나왔는지, 어떻게 직립보행을 하게 됐으며 재주 많은 손을 갖게 됐는지, 그리고 수많은 박물관 디오라마와 교과서가 기술하고 있는 것처럼 사바나가 정말 인류를 탄생시킨 용광로였는지에 대한 인류의 주요한 믿음을 위협했다. 더 중요한 것은, 초기 인류 조상이 놀라울 정도로 현생 침팬지와 다른 모습이었음을 아르디가 보여줬다는 사실이었다. 침팬지는 인류의 과거를 묘사할 때 모델로 자주 거론되던 동물이었다. 일부 해부학적 측면에서 인류는 현생 아프리카 유인원보다 더 본원적인primitive 특성을 지니는 것으로 밝혀졌다. 이것은 지난 40년 동안 이어져온 기존 지식을 뒤집는 발견이었다. 화석을 발견한 발굴팀은 "해부학적으로 놀라운 특징이 가득하다"라며 "화석 증거가 직접 나오기 전에는 아무도 상상하지 못했던 것"이라고 보고했다.

화석은 때로 논쟁의 뼈라고 불린다. 하지만 아르디 화석의 이상한 점은 논란이 많다는 점이 아니라 논란이 **없다는** 점이었다. 아르디가 2009년 세상에 공개됐을 때 대단히 이상한 일이 일어났다. 폭탄이 떨어졌고, 그리고… 침묵이 찾아왔다. 이 발견에 가장 **흥분했어야 할** 사람들은 발견을 무시하는 것 같았다. 나중에 알게 됐지만, 여기에는 수많은 이유가 있었다. 어떤 학자들은 연구 결과에 거세게 반발했다. 다른 학자들은 유쾌하지 않게 끝날 게 뻔한 논쟁에 참여하길 꺼렸다. 일부는 화석을 무시함으로써 그것이 얼토당토않다고 치부하려 했다. 아르디와 아르디를 발견한 팀은 환영받지 못한 자personae non gratae였다. 그들 중 한 명은 심지어 "이름을 말해서는 안 되는 자He-Who-Must-Not-Be-Named"로 불렸다.

궁금증이 일었다. 이름을 말해서는 안 되는 자가 있다면 반드시 인터뷰를 해야 했다.

아르디 팀의 대변인인 팀 화이트는 인류 화석 기록을 연구하는 과학자 즉 고인류학자로 날카로운 지성, 허풍을 참지 못하고 예민하게 반응하는 성격, 성마른 성향으로 유명했다. 그는 그간 수행한 긴 발굴 목록으로도 잘 알려져 있었는데, 앙숙의 목록은 그보다 더 길었다. 그가 속한 캘리포니아대학 버클리 캠퍼스의 학과 웹페이지에는 그의 사진이 한 장 올라가 있었는데, 마치 에티오피아 황무지에서 소총을 든 돌격 부대에 둘러싸인 장군 같아 보였다.

화이트는 처음에는 메시지를 무시했다. 바빠서 인터뷰에 응할 수 없다는 퉁명스러운 메시지만 에티오피아에서 한 번 보냈을 뿐이었다. 재차 인터뷰를 요청하고도 여러 달 뒤에야 드디어 수락을 받았다. 그는 매년 가는 화석 발굴 임무에서 막 돌아온 참이었는데 열병과 주기적인 두통에 시달리고 있었다. 그를 진찰한 의사가 누워 있으라고 명령해 그는 2주 동안 강의도 취소했다. 하지만 그는 일어나 약속을 지켰다. 나중에 나는 이것이 그의 성격에서 비롯된 것임을 알았다. 화이트는 연구 관련 임무를 위해서라면 상습적으로 자신의 안락함과 외모, 건강을 희생시켰다.

그의 연구실에 가기 위해 나는 버클리 캠퍼스의 묵직한 신바빌론 양식의 밸리 생명과학 건물에 들어가 실물 크기의 티라노사우루스

렉스 골격의 화석 캐스트를 지나 걸어갔다. 아르디처럼, 티라노사우루스 렉스도 실제로 발견되기 전까지는 현대인이 볼 수 있으리라고 상상할 수 없던 멸종한 이족보행 생물이었다. 이어 유명한 '루시Lucy' 화석을 작게 복제한 전시물을 지나쳤다. 루시는 오스트랄로피테쿠스 아파렌시스*Australopithecus afarensis*로 분류되는 인류 조상종으로, 화이트는 30년 전에 다른 동료들과 함께 이 화석에 이름을 지어줬다. 나는 엘리베이터를 타고 5층으로 가서 노크를 하고 안에서 들려오는 신음 소리에 귀를 기울였다. 문을 열자 마른 몸에 헝클어진 머리를 한, 주름살 가득한 남자가 서 있었다. 마치 빨래 바구니 바닥에서 꺼낸 것 같은 모습이었다.

내가 소개를 하기 위해 손을 뻗자 그는 주먹을 꽉 쥔 손을 내 손에 부딪쳤다.

"에티오피아식 악수죠." 그가 무표정하게 말했다. "내가 걸린 병에 감염되고 싶지는 않을 거 아닙니까."

거대한 뱀 가죽이 연구실 벽에 걸려 있었다. 화이트는 젊은 시절 탄자니아에서 아프리카 독사인 퍼프 애더puff adder를 잡아먹은 적이 있었다. 그때만 해도 그는 화석계의 왕국으로 불리던, 그의 전 고용주 리키 가문의 사람 몇 명과 친밀한 관계를 유지하고 있었다. 그 옆에는 다윈을 유인원으로 패러디해 그린 빅토리아 시대의 캐리커처가 걸려 있었다. 과학적 성취가 항상 동시대에 영예를 누리는 것은 아니라는 사실을 일깨워주는 그림이었다. 또 다른 카툰은 빅토리아 시대의 진화론자로서 화이트와 기질적으로 더 잘 어울리는 토머스 헨리 헉슬리를 그린 것이었다. 그는 "다윈의 불도그"라고 불렸던,

호전적인 해부학자이기도 했다. 굽은 등에 손에는 소총을 든 남자가 찍힌 사진 액자도 있었다. 나중에야 알게 된 사실인데, 사진 속 주인공은 화이트가 에티오피아 사막에서 만난 친구로 부족 간 전투에서 그만 죽고 말았다.

화이트는 책과 머리뼈(두개골) 화석 모형이 늘어서 있는 연구실 한쪽을 가리키며 앉으라는 몸짓을 했다. 연구에 관한 한, 그는 한도 끝도 없이 시간을 투자할 의지가 충만해 있었다. 열의도 전혀 식지 않았다. 그는 박학다식하면서 냉소적이고, 평지풍파를 일으킬 정도로 무분별한 면이 있었다. 그는 한 동료에게 얼간이라는 딱지를 붙였고, 다른 동료에게는 가장 가난한 사람도 등쳐먹을 인간이라는 비난을 퍼부었다. 또 다른 동료는 덩치만 큰 멍청이라고 불렀다. 그 밖의 많은 사람은, 다 싸잡아서 "개새끼들"이라고 했다. 화이트는 늘 누군가와 싸우는 것 같았다. 유명한 과학자, 학계의 비평가, 대학 행정 당국, 에티오피아 고고유물국 관료, 학술지 에디터, 그 밖의 무능하거나 서툰 모든 사람이 그의 싸움 상대였다. 그의 혐오감은 크게 두 가지 결과를 낳았다. 일부 학자들은 그가 온다면 콘퍼런스에 참석하지 않겠다고 선언했다. 당시 화이트는 자신의 고용주와 소송전을 벌이는 중이었다. 캘리포니아대학이 9500년 된 유골 한 쌍을 아메리카 원주민에게 돌려주려고 한다는 이유로 학교를 고소한 것이다(화이트와 그의 공동 고소인은 대학이 과학보다 이데올로기를 더 좋아한다고 불평했다).

화이트와 오래 알고 지낸 에티오피아 동료인 베르하네 아스포는 나중에 이렇게 말했다.

동료들이 화이트를 왜 두려워했는지 아세요? 과학 연구 과정에서 뭔가 오류가 생겼을 경우, 그를 상대로는 외교적으로 해결할 여지가 없음을 알기 때문이었어요. 그는 직설적으로 말합니다. "완전히 틀렸어"라고요. 대부분의 사람들은 그렇게 말하지 않고 쟁점을 피하려고 하죠. 심지어 상대가 연구에 필요한 인력이나 기자재를 통제하려 하거나 연구비 지급을 거부하려 할 때도 화이트는 "잊어버려. 저 양반들이 틀린 거야. 그걸 우리가 알려주지 않으면 잘못된 정보를 퍼뜨리는 것과 같아"라고 했어요. 그래서 다들 그를 싫어했지요. 그는 그릇된 과학 연구에는 가차 없었어요.

지질학자 모리스 타이에브 역시 비슷하게 느꼈다.

팀 화이트는 거칩니다. 그는 진짜 과학자죠. 화이트가 쓴 논문은 영원할 겁니다. 그는 책 출판이나 미디어 노출 등에 관심이 없어요. 그가 원하는 것은 대중에 널리 알리는 게 아니라 연구를 하는 거예요. 사람들은 그가 자신을 위해 그러는 줄 알아요. 절대 아닙니다! 그는 확실한 것을 추구할 뿐이에요.

물론 다른 관점도 있다. 루시 발견으로 유명세를 탄 도널드 조핸슨은 사이가 벌어진 옛 파트너 화이트를 부정적으로 묘사했다.

화이트는 자신이 이 화석들과 관련해 너무 많은 일을 했음을 잘 알고 있지요. 그래서 에어컨이 설치된 작은 사무실에 앉아 있는 다른 학자들은 그것들을 볼 자격이 없다고 생각합니다. 게다가 그들은 화석을 본다고 해도 자기들이 보는 게 뭔지도 모를 거라고 입버릇처럼 말했어요. 그는 인신공격을 통해 동료 학자들을 비하했고, 사람들로 하여금 자신이 부적합한 사람이라고 느끼게 만들었습니다.

세계적인 명성을 가진 화석 사냥 왕국의 여왕 미브 리키는 화이트를 동정적인 톤으로 묘사했다.

화이트는 세계를 자신에게 매우 적대적인 존재로 봅니다. 회의에 많이 참석하는 것을 싫어하죠. 안타까워요. 그는 아주 훌륭한 과학자입니다. 정말 좋은 화석을 보유하고 있고 많은 공헌을 했어요. 하지만 지나치게 방어적인 성격 탓에 자신을 너무 힘들게 하고, 다른 사람에게도 심술궂게 행동하고 있어요.

이 책을 쓰는 동안 나는 화이트와 그의 동료들 및 라이벌들과 아주 오랜 시간을 함께 보냈다. 그를 안 지도 8년이 지났다. 그런데 내 첫인상이나 항간의 적의와 반대로, 그는 자신의 연구에 대해 말할 때면 더할 나위 없이 관대해졌다. 화이트는 내가 반세기 동안 지구에서 만난 그 누구보다 강렬한 특징을 지닌 사람이었다. 세속적이고, 소심하며, 자의적으로 판단 내리기를 좋아했다. 무례한 성격이었지만, 동시에 매우 유쾌했다. 그는 다듬어지지 않은 현장형 인물이었는데, 그와 함께 있으면 널리 알려진 저명인사를 포함한 그의 적들이 현실감 없는 인물처럼 느껴질 정도였다. 그가 꽤 호감 가고 대단히 재미있는 사람이라는 사실을 발견했다는 점도 고백해야겠다. 심지어 그가 혹평을 할 때나 분노를 폭발할 때조차 말이다. 화이트의 아내 레슬리아 흘루스코는 나중에 내가 말을 걸었을 때 "그이를 20년 전에 만나봤어야죠. 내가 처음 만났을 때에 비하면 지금 엄청나게 부드러워진 거라니까요"라며 웃었다.

버클리에 있는 그의 소굴을 방문한 일은 과거와 현재를 아우르는 이상한 세계로 향하는 문을 열어주었다. 에티오피아인들이 "팀Teem"이라고 부르는 그를 필두로 한 팀에는 유럽이나 미국의 독자들은 상상하기 어려운 배경을 지닌 많은 사람이 포진해 있었다. 그 중에는 에티오피아 적색 테러 시대의 투옥과 고문으로부터 살아남아 에티오피아에서 최초로 형질인류학 박사 학위를 받은 사람도 있었다. 또 에티오피아 소작농 집안에서 태어나, 미국 정부 기관에서 최고 기밀을 다루는 과학자가 되어 매년 고향으로 탐사를 위한 휴가를 떠나는 사람도 있었다. 복음주의교회 신도였다가 진화 이론가가 된 사람도, 사막을 적의 유골로 뒤덮던 부족 총잡이였다가 나중에 같은 땅에서 화석 뼈를 찾게 된 사람도 있었다. 후에 아르디 화석 복원에 헌신하느라 밤잠을 설치게 된 박학다식한 일본인도 있었다.

팀의 일부 아르디 연구자들은 1970년대와 1980년대에 루시 화석을 해석한 팀의 베테랑이었다. 유명세로 따지자면, 가장 유명한 인류 조상은 루시였다. 하지만 과학적인 면으로 따지면 아르디가 더 할 말이 많았다. 루시는 이미 알려진 속(속은 분류학적 카테고리로, 그 안에는 관련성이 높고 비슷한 적응적 특징을 공유하는 여러 종이 포함돼 있다)의 새로운 종을 보여줬다. 루시는 반세기에 걸쳐 오랫동안 점진적으로 밝혀져온 해부학적 주제의 오래된 변주였다. 하지만 아르디는 완전히 새로운 사실들을 보여주는 존재였다. 새로운 종, 새로운 속에 속했으며 나무에서 생활한 수상樹上 유인원의 특징과 지상에서 두 발로 걷는 이족보행 유인원의 특징을 함께 갖추고 있었다. 이런 조상은 전례가 없었다. 공개를 꺼리는 비밀스러운 팀 특성상, 그리고 모든 것을 한꺼번에 논문으로 출판하려는 전략 때문에, 아르디는 하룻밤 새에 공개될 수밖에 없었다. 중상모략하는 사람들이 그토록 애를 썼음에도 불구하고, 또 당대의 주류 의견을 파괴하는 경우 지적 저항이 일어나는 법이지만, 아르디는 우리 시대의 주요한 발견 가운데 하나로 역사에 기록될 것이다.

해석자들이 제시한 모든 주장이 다 영원히 지속될 것이라는 뜻은 아니다. 그런 일은 거의 일어나지 않는다. 기념비적인 화석은 그 화석을 기반으로 펼쳐진 주장보다 생명력이 길게 마련이다. 그렇긴 해도, 아르디 발견은 이제껏 본 적 없던 진화 단계를 밝혀주었다. 또 우리의 기원에 대해 완전히 다시 생각하게 만들었다. 팀 화이트와 베르하네 아스포, 그들의 팀이 지나온 길은 지난 반세기 이상에 걸쳐 이루어진 인류학 분야 대부분의 주요한 논쟁 및 발견, 그리고 사람들의 경로와도 엇갈렸다.

이 책에서 묘사한 일들이 일어난 시기는 전 세계에서 가장 우수한 화석 발굴지로 꼽히는 에티오피아가 세계 최고의 화석 생산국 중 하나로 탄생한 시기와 일치한다. 에티오피아는 산이 구름에 둘러싸여 있고 사막은 해수면보다 낮은 나라로, 지질학적 역사와 인류의 역사가 켜켜이 쌓여 있다. 고대 기독교와 이슬람교, 유대교가 교차한 나라이며, 아프리카 고지대의 위대한 왕국이 건설되었다가 지금은 폐허로 남은 곳이자 블루나일강 발원지이기도 하다. 이런 독특한 지질학적 특성 덕분에, 인류 가계에 속하는 오래된 화석이 많이 생산되고 있다. 이 책의 이야기가 진행되는 기간 동안 에티오피아는 두 차례의 혁명과 여러 차례의 전쟁을 겪어야 했다. 지리적·정치적 동맹 관계가 변했고, 봉건 왕국에서 마르크스주의 독재 체제로, 또 현대적인 "개발도상국"(정치경제학자들은 경제성장을 공격적으로 추구하는 정부에 대해 이 같은 딱지를 붙인다) 상태로 변모해갔다. 이 모든 변화는 오래 이어져온 권위주의 전통의 영향을 받은 것이다.

아르디 연구자들은 전쟁 중인 유목민 부족들 사이에 벌어진 집중포화 속에서 여러 해를 보냈다. 이들은 치과 도구와 호저의 뾰족한 가시를 이용해(고인류학자들에 따르면, 발굴 현장에서 구할 수 있는 뾰족한 도구를 이용해 화석을 발굴하는 경우가 많다. 한국에서는 뾰족한 대나무 꼬챙이를 이용하는 경우도 흔하다 – 옮긴이) 뼈가 부서지지 않도록 조심하면서 화석을 발굴했다. 날아드는 총알이나 적대적인 관료들 때문에 이들의 조사가 중단될 뻔한 적도 있었다. 에티오피아 정부가 현장 연구 허가를 번복하고 국립박물관에 발도 들이지 못하게 하는 바람에, 연구자들이 자기 손으로 발굴한 화석을 조사조차 할 수 없었던 적도 있었다. 그들은 세계에서 가장 가치 있는 화석을 10년 넘게 품고만 있으면서 자세한 정보를 공유하지 않는다고 불평하는 학계의 라이벌들과도 싸워야 했다.

아르디 팀은 다른 외부 사람들과 함께할 필요성을 느끼지 못했고, 더 큰 학계 "전문가"(따옴표는 그들이 붙인 것이다)들에게 냉담하거나 때로 적대적인 자세를 견지했다. 그들은 과학이라는 주제로 아프리카인들을 통합하고자 노력했다. 이전에는 화석이 나온 나라의 사람임에도 불구하고 아프리카인들은 연구에 참여할 기회가 없었다. 연구팀은 에티오피아를 서양 학자들의 편의를 위해 화석을 수출하는 나라가 아닌, 국제 과학 연구의 중심지로 만들고자 노력했다. 그들을 비판하는 사람들은 인정하기 싫어했지만, 아르디 팀은 오랫동안 거의 대부분의 경쟁자들보다 뛰어난 화석 발굴 실적을 올렸다. 언제나 지층이 균열하는 최전선에 설 준비가 되어 있는 화이트는 자신의 동료들을 진짜 '과학자'와 '출세 지상주의자' 사이에서 고군분투하는 약자라고 생각했다. 한편 반대자들은 화이트를 자기만 옳다고 우기는 독단적인 잔소리꾼이며 한물간 형태의 과학 연구를 수행하고 있다고 비난했다. 우리 자신의 기원을 찾는 연구에는 다른 연구 분야에서는 볼 수 없는 커다란 열정을 불러일으키는 뭔가가 있다. 이상적인 세계라면 더 많은 냉정한 연구자들이 이 작업을 맡아야 하겠지만, 현실은 달랐다. 다른 종의 인류가 참여한다면 모르겠지만 그럴 수는 없으므로, 결국 이 작업은 불완전한 인간들이 할 수밖에 없었다.

나는 이 이야기를 알리기 위해 8년의 시간을 들였다. 세계 곳곳의 사람들을 인터뷰하고 오랫동안 잊혀 방치되던 자료를 빌렸다. 수백 편의 논문을 읽고 두 번의 현장 탐사에 동참했다. 버클리에서의 첫 만남 다음 해에, 나는 사파리 차량에 올라타 팀 화이트와 나란히 앉은 채 에티오피아의 아파르 저지대로 향했다. 화이트는 그 탐사가 지난 20년간 피해온 위험한 지역에 대한 조사라고 경고했다.

그 지역 주민들이 발굴팀을 향해 몇 번이고 총을 쐈기 때문이었다. 바로 1년 전에도 그런 일이 있었다고 했다. 우리 사이의 비좁은 틈에는 팀 최고의 화석 사냥꾼 중 한 명인 엘레마라는 아파르인이 앉아 있었다. (화이트와 엘레마는 그들의 첫 만남을 웃음을 섞어가며 큰 소리로 이야기했다. 엘레마는 양손에 총을 든 채 발굴팀 캠프에 쳐들어와 자신의 땅에서 발굴팀을 내쫓으려 했다.) 풍경은 열기로 희미하게 어른거렸다. 덤불과 바늘처럼 뾰족한 가시나무가 그 사이를 누비며 나아가는 차량 행렬을 할퀴면, 듣기 싫은 '끼이이익' 소리가 났다. 화이트는 계속 지시를 이어갔다. 차가 덤불을 긁고 지나갈 때면 다치지 않도록 고개를 숙이라. 독사와 코브라, 전갈을 밟지 않도록 발 딛는 곳을 조심하라. 밤에 숲에 갈 때엔 꼭 동료와 같이 가라, 그래야 하이에나가 쫓아와서 죽이지 않는다. 한참 이야기한 끝에, 그는 자신의 팀이 그토록 많은 발견을 할 수 있었던 비결을 공유했다. 화석을 찾으려면 태양의 반짝이는 빛을 이용하라. 늘 오르막길을 조사하고, 내리막길은 조사하지 말라. 다른 연구자들과 우리를 보호하는 무장한 사람들과 함께 있으라. "만약 길을 잃거나 일행과 떨어지게 되면? 그곳 지역민들에게 죽거나 갈증 때문에 죽게 될 거예요." 화이트가 경고했다.

그는 자신이 한 말을 수정했다. "사실 그 지역 사람들은 아마 당신을 죽이지는 않을 거예요. 그러니까 예전엔 그랬지만 더는 아니죠." 야생의 유목민은 현대화되고, 사막은 경작되고, 과학 문외한인 사람들은 잘 수련된 전문가들로 대체되었다. 하지만 다시 모든 게 위태로워졌다. 몇 년 뒤 이 책이 완성됐을 때, 에티오피아는 또 다른 혼란의 시기를 맞이했다. 부족 간 전쟁 때문에 화이트의 팀은 현장 발굴을 미뤘다. 앞으로 언제 발굴을 할 수 있을지도 불확실해졌다. 나는 빛이 완전히 사라지기 전에 환하게 타오른 석양빛을 잠깐 보는 행운을 누렸다. 말하자면, 티라노사우루스 렉스가 아직 살과 피를 갖고 있을 때를 본 것이다. 아르디 이단자들을 단순히 기술했다는 사실만으로, 또 그들의 생각을 진지하게 고려했다는 것만으로, 상대방은 짜증 내거나, 심지어 화를 낼 수도 있었다. 어떤 사람들은 내가 '이름을 말해서는 안 되는 자'와 관련된 기사를 썼다는 사실을 알고는 나와 어떤 말도 섞지 않으려 했다.

이 책의 제목인 "화석맨Fossil Men"은(여성이었던 사람의 뼈에 대한 이야기라는 점에서 제목 선택이 이상해 보일 수도 있다) 오래된 뼈를 트럭 가득 수집하고, 일부 동료들이 시대에 뒤떨어졌다고 경멸하는, 고독한 과학 분야를 점령한 팀의 주요 연구자들을 가리킨다. 오래전 "화석맨"(화석인류)은 인류 조상을 지칭하는 말이기도 했으나, 이 제목이 과거의 성차별적 언어를 지지하거나 아르디 팀이나 기타 다른 팀에 공헌한 여성 과학자들을 무시하는 것으로 읽히지는 않았으면 한다. 사실 이 분야에는 더 많은 여성의 참여가 필요하다.

이 책에서 다루는 여정은 인터넷이라는 게 아직 없던 시절부터 시작되며, 여섯 명의 미국 대통령 임기에 걸쳐 이어진다. 비평가들은 소위 "고인류학계의 맨해튼 프로젝트"라고 불리는 이 연구가 너무 오래 지체되고 지나치게 비밀스럽게 이루어진다고 불평했다. 그사이에 인터넷 혁명은 현대인의 삶을 바꿨다. 과학자들은 인간의 유전체(게놈) 염기서열을 해독했고, 이어 침팬지 유전체를 해독했으며,

마침내 생명의 암호 번역을 아주 흔한 일로 만들었다. 화이트 팀의 구성원들은 폭력이나 고령으로 사망했다. 아르디가 마침내 세상에 모습을 드러냈을 때, 많은 사람들이 그 화석 혹은 적어도 그와 관련된 주장들이 너무 특이해서 믿기 어렵다고 생각했다. 이 이야기는 우리의 조상과 동물, 환경, 그리고 현대 세계에서 우리가 인정해온 것과는 다른 생명의 계통수를 만나기 위한 먼 과거로의 긴 여정이다.

과학은 단지 정보에 대한 탐구가 아니다. 자연을 이해하기 위한 패러다임 또는 모형 간의 경쟁이기도 하다. 이 책은 부분적으로는 과학자들이 어떻게 발견하고 분석하며 불협화음과 싸우는지, 어떻게 오래된 믿음을 버리고 새로운 이해에 도달하는지에 대한 이야기다. 다시 말하면, 생각의 진화를 이야기한다. 또한 이 책은 인간의 심리와 편견, 적의, 라이벌 진영, 부족 제도 등 과학과 관련 없는 움직임에 대한 기록이기도 하다. 아르디 팀은 학자들 사이의 의견이 일치하는지 여부는 일이 제대로 되고 있다는 사실과는 별로 관련이 없다고 믿었다. 많은 사람이 믿는다고 통념이 덜 틀린 것이 되는 것은 아니다. 인간 지능은 여전히 컴퓨터 분석보다 더 나은 통찰력을 가질 수 있다. 지금은 잊혀져 먼지 나는 도서관 책 더미 안에서나 만날 수 있는 고대의 해부학 대가들이, 때때로 현재 인류 진화 분야의 이목을 끌고 있는 첨단 기술보다 더 나은 통찰력을 보여주었다. 화석은 분자생물학과 현생 유인원에 기반한 예측보다, 인류 진화에 대한 더 나은 정보를 제공할 수 있다. "전문가들"이 인류 기원을 둘러싼 이야기를 짜면서 곁가지를 너무 붙이는 모험을 했기에, 아르디 팀은 그것을 쳐낼 수밖에 없었다.

1장

인류의 뿌리

팀 화이트는 인류의 조상을 추적하는 작업을 끈질기게 계속하고 있었지만, 그들의 현생 후손에 대해서는 참을성이 별로 없었다. 1981년 10월, 에티오피아의 고원지대에 위치한 수도 아디스아바바의 미국 대사관 진입로에서 깡마른 이 화석 사냥꾼은 랜드로버와 트레일러 차량 여러 대를 세워놓고 작업 중이었다. 유칼립투스 나무가 진입로에 그림자를 드리우고 있었다. 에티오피아 탐험대원과 외국 출신 연구자들이 연장과 석유통, 곡괭이, 삽, 체, 그리고 사막에서 두 달간 이어질 탐사 기간 동안 먹을 식량을 차량에 실었다. 화이트는 손과 무릎을 땅에 댄 채 짐을 너무 많이 실은 탐사 차량의 현가장치를 점검했다. 동료들이 어떻게 이 밀가루와 설탕 포대를 차에 실었나 생각하면서. 동시에 자신이 매 임무마다 어떻게 행동해야 하는지 세세한 부분까지 상상했다. 우리를 탄생시킨 유인원스러운 존재를 찾으려는 탐사의 성공 확률을 최대로 높이려면 이 많은 짐을 모두 제대로 가져갈 수 있어야 했다.

화이트는 미국 버클리에 위치한 캘리포니아대학 인류학과 교수로, 서른한 살 때 이미 전 세계 언론의 헤드라인을 장식한 경험이 있었다. 그는 가장 오래된 인류 조상종의 이름을 붙였고, 가장 오래된 머리뼈를 복원했으며, 인류가 이족보행을 했다는 초창기 증거가 된 발자국 화석을 발굴했다. 이번 임무에서는 더 오래된 화석을 발굴하고 싶었다. 그게 무엇인지는 그도 몰랐지만 말이다.

화이트는 학계에서 사교적인 사람은 아니었다. 화석 사냥에서는 아주 질긴 인간 채찍이라고 비유할 만한 사람이었다. 직접 가서 제대로 보든지, 그게 아니라면 방해하지 말고 비키라는 태도를 보였다. 그는 욕을 했고, 적에게 악담을 퍼부었다. 적의 어리석음을 흉내내며 즐거움을 느꼈고 생각 없이 웃음을 터뜨렸다. 그는 동력 사슬톱을 작동시키고, 엔진을 고치고, 뱀 가죽을 벗기고, 야생에서 살아남는 법을 아는 사람이었다. 캘리포니아 고속도로 노동자의 아들로 태어나 산골 블루칼라 집안의 아이로 자랐다. 그러다 학계에 투신하더니 자신의 분야에서 최전선에 섰다. 지금은 사이가 틀어진 한 대학원 강사는, 예전에 젊은 화이트가 쪼갠 나무토막이 아니라 통나무를 어깨에 걸머메고 나르는 모습을 보았다고 했다. 화이트가 에티오피아에 가기 바로 직전, 버클리 인류학과는 그를 조사한 뒤 "냉소와 언어폭력, 무례함"을 저질렀다는 증거를 확인하고 그에게 "학과 내 동료 관계를 망가뜨리는 행동"을 주의하라고 엄중히 경고했다. 하지만 그를 비난하는 사람들조차 그가 화석 분야에 수도사처럼 헌신했다고 인정했다. 한 원로의 말마따나 그는 "요즘 업계 최고"였다.

대학원에 들어가고 얼마 안 있어, 화이트는 자기 분야의 거장들이 세운 기록에 육박하는 논문 실적을 쌓아갔다. 그는 인류 화석 기록에 속하는 모든 주요 표본의 목록 번호와 해부학적 세부 사항을 외워서 줄줄 나열할 수 있었고, 표본을 클리닝(화석에서 흙과 암석을 제거하는 행위 – 옮긴이)한 누군가의 부주의한 실수에 대해 탄식했다. 그는 세계적으로 유명한 화석 발굴 집안의 후계자 리처드 리키의 보조로 케냐에서 경력을 시작했다. 하지만 리키가 연구 내용에 관여한다고 비난하며 사무실을 박차고 나갔고, 이후 둘의 관계는 악화됐다. 이어 화이트는 메리 리키의 캠프로 자리를 옮겼다. 메리는 리키 가문 여성 가운데 가장 어른으로, 신랄한 성격에 늘 시가를 피우고 위스키를 마셨다. 그들은 인류의 조상이 360만 년 전부터 직립보행을 했다는 사실을 증명해준 유명한 라에톨리Laetoli 발자국 화석을 함께 발굴했다. 하지만 화이트는 메리 리키가 발굴 현장에서 사용하는 기술과 인류 가계도를 바라보는 관점에 대해 비판적이 되었고, 메리는 화이트의 기고만장함에 질렸다. 그들은 사이가 나빠진 상태에서 결별했다.

이후 화이트는 지금까지 발굴된 가장 유명한 인류 조상인 '루시'를 복원하는 팀에서도 자신이 가장 고집 센 멤버임을 확인시켰다. 루시는 320만 년 전에 살았던, 작은 몸집에 작은 두뇌와 유인원스러운 주둥이를 지녔던 직립보행 인류의 화석이다. 이 화석은 미국 인류학자 돈 조핸슨이 1974년 에티오피아에서 발굴했다. 조핸슨은 자신이 새로 발굴한 뼈와 치아의 비밀을 푸는 데 도움을 줄 가장 신뢰할 만한 전문가로 화이트를 꼽았다. 당시 팀 동료들은 화이트가 자갈이 뒤섞인 땅을 샅샅이 뒤지며 뼛조각을 골라내고, 치아 화석을 맞춰내는 모습을 경외심을 갖고 지켜봤다. 선천적으로 색맹인 화이트는 뼈의 기하학적 형태와 배열에 극도로 예민했고 세부에 집착했다. 어떤 시계공도 그보다 엄격할 수는 없었다. "그는 그게 뭐가 됐든 극한으로 검증하는 사람이었죠. 어느 정도냐면, 지켜보는 사람이 병적이라고 느낄 정도였어요." 동료인 스티브 워드가 말했다.

일부 회의주의자들은 루시가 멸종한 유인원이거나 후손을 남기지 않은 혈통에 불과하다고 일축했다. 하지만 결국 화이트의 생각이 이겼다. 루시는 전에는 알려지지 않았던 미지의 조상 또는 호미니드hominid의 대명사가 되었다. 호미니드는 유인원으로부터 갈라져 인류에 속하는 계통을 의미하는 분류군이다.• 화이트와 조핸슨은 루시가 속한 종을 오스트랄로피테쿠스 아파렌시스라고 이름 붙이며 이후 등장하는, 인류 가계도에 속한 **모든** 종의 직접적인 조상이라고 밝혔다. 1981년(대사관 진입로에서 탐사가 시작되기 얼마 전), 조핸슨은 《루시》를 출간했다. 이 책은 루시가 "인류의 시작"이라고 주장했고, 세계에서 가장 오래된 그 화석은 갑자기 모든 사람이 아는 이름이 됐다.

• 최근 과학자들은 침팬지와의 공통 조상으로부터 분리된 인류 계통의 모든 존재를 지칭하는 단어로 '호미닌hominin'을 사용하고 있다. 이 책에서는 '호미니드'라는 단어를 사용할 것이다. 여기서 다루고 있는 사건이 일어난 시대에 주로 사용된 단어이기 때문이다. 간단히 말하자면, '호미니드'와 '인류 조상human ancestor'은 침팬지와 인류가 분리된 이후 인류에 속하는 모든 존재, 과학적인 단어로 '인류 계통군human clade'을 지칭하는 말로 번갈아가며 쓰일 것이다. 여기에는 우리의 직접적인 조상은 물론 멸종한 분류군도 포함된다. 비슷하게, '인류 가계human family'라는 말 역시 공식적인 분류학 범주에 속하지는 않지만 '인류 계통군'을 지칭하는 비공식적인 표현으로 사용될 것이다.

루시만이 정말 최초의 인류라는 법은 없었다. 우리의 특별한 영장류 계통이 다른 아프리카 유인원으로부터 어떻게 갈라져 나왔는지 밝혀줄, 더 오래전에 살던 동물이 있어야 했다. 그 존재는 두 발로 걷고 다른 어떤 동물과도 다른 진화 여정을 시작했을 것이었다. '암흑시대' 내내 루시 이전에 어떤 존재가 있었는지 밝혀지지 않았다. 암흑시대는 "틈Gap"이라고 알려진 약 400만 년 전으로, 이 시기의 인류 화석은 발굴되지 않았다. 루시와 오스트랄로피테쿠스 아파렌시스는 갑자기 불쑥 등장한 것 같았다. 화이트는 그 틈에 창을 내 들여다보고 싶어했다. 어느 누구도 쉽게 나서지 못하는 임무였다.

목적지는 600만 년 전까지의 화석이 흩어져 있다는 정도만 알려진 미지의 지역이었다. 루시가 발굴된 곳이기도 한 아파르 저지대에 자리잡은 이 거대한 계곡은, 타는 듯한 열기와 야생동물, 총을 쏘아대는 유목민이 차지하고 있었다. 지역민들은 수백 년 동안 침입자들을 사살해온 것으로 악명이 높았다. 최근 몇 년간, 이 외딴 저지대는 에티오피아 군부와 반군 사이의 전쟁터가 되었다. 군대는 수백 명의 아파르인을 학살했고, 그 과정에서 외국에서 온 인류학자도 한 명 희생됐다. 이번 임무를 준비하기 위한 잠깐의 정찰 외에는 지난 4년간 어떤 화석 탐사대도 감히 이 지역에 발을 딛지 못했다.

에티오피아 수도의 산 비탈면에 자리잡은 미국 대사관은 미국에게 적대적인 마르크스주의자의 독재가 한창이던 시절, 냉전의 전초기지로서 많이 시달렸다. 마르크스와 엥겔스, 레닌의 거대한 초상화가 도시 중앙 광장에 우뚝 서 있었다. 미국 대사와 직원 절반이 추방됐다. 오직 화석 탐사대만 대사관에 남았는데, 그들 가운데 상당수는 미국중앙정보국(CIA)의 요원 역할을 비밀리에 수행하고 있었다. 진입로에서 위장 야전복을 입은 미국 해병대 경비병들이 농구 골대 옆에 기대선 채 차에 짐을 싣는 연구자들과 잡담을 나눴다. 미국 신문사 특파원은 열려 있는 차량의 뒷문에 걸터앉아 노트에 뭔가를 휘갈겨 적고 있었다. 루시의 땅에서 연구가 재개된 것은 미국에서 큰 뉴스였다.

"뇌는 현생인류의 3분의 1 크기였지만 루시는 두 다리로 완전한 이족보행을 했습니다"라고 화이트는 기자들에게 말했다. "이런 적응은 오래된 것일까요, 아니면 루시가 새로운 경향의 시작을 대표할까요? 인류를 다른 유인원과 구분해주는 것은 이런 특별한 걸음 형태였습니다."

진화의 아버지 찰스 다윈은 인류가 두뇌가 커지고 도구를 사용하며 직립보행을 하는 특성을 한꺼번에 갖게 됐다고 이론화했다. 하지만 일련의 발굴 결과는 이런 이론을 무너뜨렸으며 그 정점에 루시가 있었다. 루시는 커다란 뇌를 진화시키거나 석기를 만들기 최소한 100만 년 전에 직립보행이 이루어졌음을 확인시켜주었다. 다른 많은 인류학자들처럼, 화이트는 인류 보행의 독특한 형태가 인류 조상을 자신만의 진화 경로로 이끈 고유한 진화적 차이일 가능성을 제기했다. "문제는 이러한 적응이 얼마나 오래전부터 시작됐는가이죠." 화이트는 차에 짐을 실으며 말했다.

이 문제에 대한 답은 향후 사막에서 찾게 될 터였다.

에티오피아 정부는 미국 대사관 근무자들의 수도 밖 여행을 금지

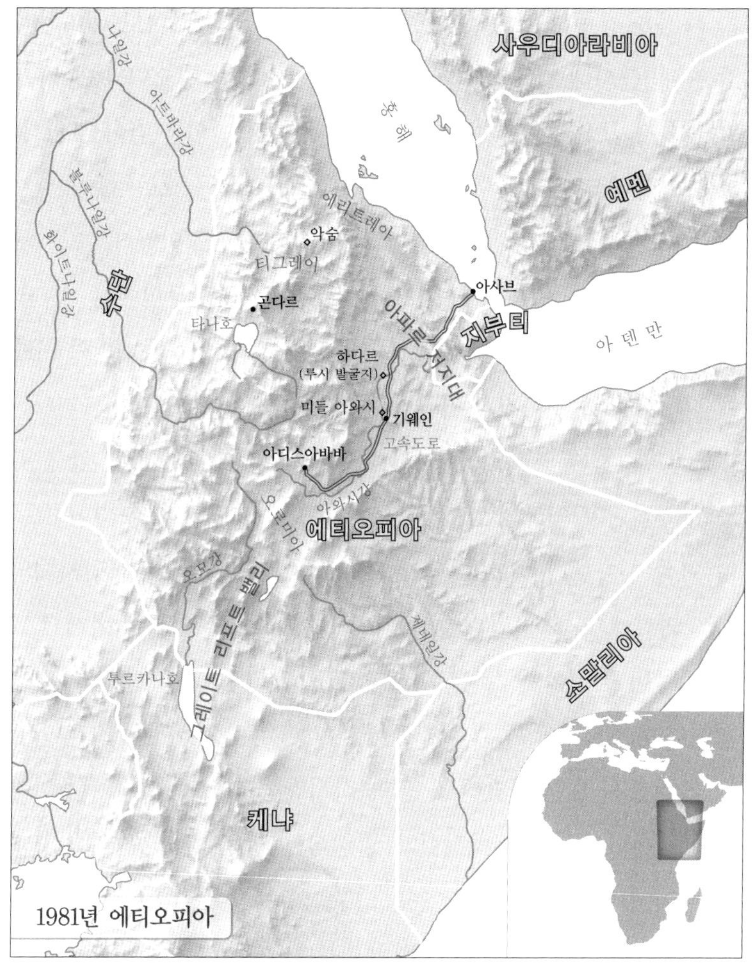

1981년 에티오피아

시켰다. 하지만 연구팀은 화이트의 두 동료 덕분에 아파르 저지대 탐사 허가를 받았다. 한 명은 보수적인 영국 고고학자였고, 다른 한 명은 투옥과 고문을 견디고 살아남은 에티오피아 학생이었다.

탐사대장인 데즈먼드 클라크는 카키색 사파리 복장을 한 채 짐 신는 과정을 감독하고 있었다. 그는 비꼬는 기색은 하나도 내비치지 않은 채 '근사해! 복 받을 거야. 끝내주는 사람들 같으니라고!'라고 말하며 지팡이를 짚고 현장을 누비는 배역 담당 인물 같아 보였다. 그는 박학다식했고, 나무랄 데 없이 예의를 잘 차렸으며, 해가 지지 않던 대영제국 시절에 대해 약간의 향수를 느끼고 있었다. 그는 차량에 스테인리스 컵이 담긴 가죽 케이스를 실었다. 문명에서 아무리 멀리 떨어진 곳을 탐험하더라도, 클라크는 반드시 아내 베티와 저녁에 칵테일을 즐길 시간과 귀한 물을 확보했다.

클라크는 인류의 기원과 관련해 당시 전 세계에서 가장 앞선 곳 중 하나이던 캘리포니아대학 버클리 캠퍼스의 고고학자였다. 그는 뼈 화석이 아니라 인류 초창기 석기 전문가로, 화이트를 탐사대의 화석 파트에 초대한 장본인이었다. 당시 동료들은 영국식 절제된 표현으로 이 젊은이가 "조금 까다롭다"고 경고했다. 일설에 따르면, 화이트가 버클리의 그 학과에 들어왔을 때 마치 학계라는 작은 연못에 던져진 수류탄 같았다고 한다. 하지만 클라크는 자신의 제자가 지닌 엄청난 잠재력을 발견했다. 실증적인 과학자로서, 클라크는 몇 년 사이에 학계 귀퉁이에 스며든 "다수의 공상에 가까워 보이는 가상 모델 구축" 연구에 혼란스러워하고 있었다. 그는 비슷한 회의주의를 화석 발굴에 목말라 있으며 부조리함을 전혀 참지 못하는 화이트에게서도 발견했다. 젊은 화이트는 기술이 대단히 뛰어난 연구자로, 삶이 극도로 피폐할 수 있는 에티오피아 같은 곳에서도 살아남을 수 있는 기개를 갖고 있었다.

클라크는 거의 반세기를 아프리카에서 지냈다. 영국에서 태어난 그는 여섯 살 때 기숙학교에 보내져 라틴어와 럭비, 조정 등을 배웠다. 케임브리지에서 고고학을 전공한 뒤 1938년 당시 영국 식민지였던 북로디지아(지금의 잠비아)의 빅토리아 폭포 근처에 위치한 로즈리빙스턴 박물관에 자리를 잡았다. 그는 흉포한 하마와 악어를 만나지 않도록 주의하면서 잠베지강에서 조정을 했고, 영국에서 추방된 사람들과 조정 클럽에서 어울려 술을 마셨다. 제2차 세계대전 때는 영국 육군 구급대원으로 참전해 에티오피아와 소말리아에서 이탈리아 파시스트 군대를 쫓아냈다. 군인들이 참호, 쓰레기 구덩이, 임시 화장실을 파놓으면 클라크는 그 구멍으로 내려가 고대의 석기를 수집했다. 세계대전이 끝날 때까지 그는 석유통 수십 개에 석기를 가득 채웠고, 이는 그의 박사 학위 주제 및 주요 저서 《아프리카 뿔 지역의 선사시대 문화》의 밑거름이 됐다. 클라크는 대부분의 학자들이 세계에서 두 번째로 큰 대륙 아프리카를 인류 진화의 뒤안길 정도로 무시할 때, '아프리카 전문가'로서 이력을 시작했다.

1961년, 그는 버클리 교수진에 합류했다. 그가 도착했을 때 마침 인류 진화에 대한 새로운 패러다임이 막 싹트고 있었다. 생화학 연구 결과에 따르면 침팬지 및 고릴라(아프리카 토종인 두 유인원)와 인류는 밀접하며, 놀라울 정도로 최근까지 관계를 맺어왔던 것으로 나타났다. 아프리카에서 발굴된 새로운 화석은 유인원과 유사한 특성을 지닌 본원적인 인류 조상이 존재했다는 증거였으며, 유럽이나 아시아 화석보다 훨씬 오래된 것이었다. 클라크는 아프리카가 인류 계통의 발상지를 대표할 뿐 아니라 직립보행과 석기, 동물 도축, 뇌 용량 팽창 등을 포함해 생물학적·문화적으로 중요한 진전을 이룬 온상이라고 주장했다. 이 같은 주장은 나중에 통념이 됐다. 클라크에 따르면, 아프리카가 없었다면 선사시대도, 문명도, 인류도 없었을 것이다. 그리고 1981년 탐사의 목적지인 아파르 저지대는 인류 서사의 초기 챕터를 기록하기에 최적의 장소였다.

"만약 우리가 호미니드를 발견한다면 정말 환상적일 거야." 클라크는 대원들이 차량을 준비하는 동안 이렇게 말했다.

결과부터 말하자면, 탐사 결과는 그렇게 환상적이지는 못했다. 에티오피아는 당시 몇 년째 혁명이 진행 중이라 현장 발굴은 거의 불가능했다. 에티오피아는 인구 3000만 명이 대부분 소작농인 국가로 "왕 중의 왕", "신이 선출한 자", "유다 부족 무적의 사자" 등 웅장한 수식어를 지닌 하일레 셀라시에 황제가 1974년까지 통치했다. (왕위에 오르기 전 그는 자메이카의 라스타파리아니즘에 영감을 준 라스 타파리라는 이름의 귀족이었다.) 에티오피아 의회는 그가 예루살렘의 솔로몬 왕과 시바 여왕의 직계 후손이라고 선언했다. 이 같은 신화에 감히 의문을 제기하는 사람은 없었다. 황제가 여러 리무진 가운데 하나를 타고 거리를 지나갈 때면 에티오피아인들은 땅바닥에 몸을 던져 엎드렸다.

클라크는 황제를 한 번 만났다. 하일레 셀라시에는 선사시대 연구가 자신의 나라에 세계적 명성을 줄 것임을 알아봤다. 1971년 그는 학술 행사 대표자들을 자신의 황궁에 초청했다. 그곳의 제복 입은 집사들이 벌꿀로 만든 술인 '테이tej'를 따랐다. ("그 술은 아주 많이 마셔도 될 것 같았어요. 취할 염려는 할 필요가 없어 보였지요." 클라크가 회상했다. "하지만 그러다 갑자기 취하죠.") 황제의 방 커다란 문이 열리자 수행원들이 학자들을 기둥이 많은 홀로 안내해 황제 앞에 서게 했다. 부드러운 말투에 예술 애호가처럼 생긴 연약하고 나이 든 군주가 로브를 입은 채 무릎에 작은 개를 안고 앉아 고고학자들과 가벼운 농담을 주고받았다. 클라크는 중세 왕을 알현하는 기분이었다.

이 장면은 사라져가는 세계의 마지막 한순간이었다. 에티오피아의 앙시앵레짐은 끝나가고 있었다. 왕조는 2000년 가까이 유지되어 왔지만 1970년대부터 사람들은 황제가 나이 들어 분별력을 잃었음을 눈치챘다. 음모를 막기 위해 그가 세운 관청은 진보를 방해했다. 서로를 감시하고 견제하기 위해 세운 안보 기구들은 음모자들의 또 다른 소굴이 됐다. 1972년 정부는 북부 지역 기근에 대한 뉴스가 보도되지 못하도록 통제하려 했다. 이듬해 해외 원조가 이루어지기 전까지, 10만 명의 사람들이 사망했다. 이 스캔들은 왕조의 마지막 정통성마저 사라지게 했다. 군인들이 반란을 일으켰고, 학생들이 시위를 했다. 노동자들은 파업했다. 1974년 9월, 한 무리의 장교들이 쿠데타를 일으켰다. 하일레 셀라시에는 황궁에서 체포됐다. 그는 그의 수많은 리무진 중 한 대를 타고 황궁을 떠나는 명예로운 퇴임을 맞지 못하고 폭스바겐 뒷좌석에 태워져 붙잡혀 갔다. 83세의 늙은 황제는 체포 상태에서 사망했다. 사인에 대해 누군가는 자연사라고 하고 누군가는 침대에서 질식사했다고 했다. 아무튼 그의 시신은 여러 해 뒤 황궁의 화장실 아래에서 발견됐다. 1974년 11월 23일 군부는 구체제를 지지하던 59명의 고위 관료와 장관을 사형에 처했다. 다음 날 해외 탐사대가 아파르 저지대에서 루시를 발견했다. 시신들이 수도 고지대에 쌓이는 동안 화석이 아파르 저지대에서 발굴된 것이다.

"데르그Derg"라고 불리는 비밀 군사 위원회가 가장 무자비한 혁명가 멩기스투 하일레 마리암의 휘하에 들어갔다.

황제 치하에서, 에티오피아는 냉전 시대 미국의 확고한 동맹국이었다. 데르그 체제하에서, 에티오피아는 스스로 사회주의 국가로 규정하고 소비에트권으로 전향했다. 황제가 반겼던 고고학자들과 인류학자들은 돌연 잠재적 스파이로 의심받았다. 에티오피아 정부는 미군을 추방하고 에리트레아 고원에 있던, 소비에트 우주 임무를 감시하던 미국의 신호 감청 기지를 폐쇄했다. 소비에트의 고문과 군사 장비가 에티오피아에 들어왔다. 피델 카스트로는 소말리아 침략군을 물리치도록 쿠바 부대까지 보내줬다. 별로 알려지지 않았던 동독 비밀경찰 슈타지 출신 동독인들이 에티오피아인들에게 감시와 심문, 그리고 "반혁명주의자들"을 잡아들이는 법을 알려줬다. 에티오피아 수도에서 데르그와 다른 혁명 파벌 사이의 시가전이 벌어졌다. 미국 대사관의 한 외교관은 이 시기를 "바주카포와 기관총, 소총에서 화염이 매일 밤 뿜어져 나왔다"고 회상했다.

거의 대부분의 미국 출신 연구자들이 에티오피아 현장 연구를 그만두었을 때도, 클라크는 영국인 특유의 불굴의 정신으로 탐사를 이어갔다. 그의 팀이 아디스아바바에 도착했을 때, "사회주의는 반드시 승리할 것이다!"라고 적힌 현수막이 그들을 반겼다. 그들은 미국 대사관 구내에 있는 장비 저장고에 가기 위해 도로를 폐쇄한 장애물을 지나가다, 착검한 소총으로 위협하는 시민군에게 수색을 당했다. 이 같은 시련은 대사관 정문이 눈앞에 보이는 상황에서도 블록을 지나갈 때마다 반복됐다. "밤새도록 총성을 들었어요. 아침에 일어나면 거리에 시신들이 있었죠. 엉클 샘의 머리가 잘려 바구니에서 구르고 있는 모습을 그린 벽화도 있었어요." 당시 클라크의 학생이었던 스티브 브랜트가 회상했다. 대부분의 외국인들은 폭력을 모면할 수 있었지만 꼭 그렇지만은 않았다. 1977년 한 영국 지질학자가 클라크의 발굴에 합류하지 못했다. 그와 세 명의 에티오피아인 동료는 도로를 막은 시민군에게 살해됐다. 에티오피아의 국영 통신사는 희생자들이 영국 첩보원 및 "반혁명주의자" 에티오피아인들이라고 비난했다. 이 주에 이들을 포함해 360명이 살해됐다.

냉전의 긴장에도 불구하고, 유적 관련 관료들은 서구에서 온 옛 친구들을 놀라울 정도로 따뜻하게 맞았다. 에티오피아인들은 자신들의 과거를 존중했다. 그들의 과거는 현실의 고통을 잊기 위한 찬란한 위안과도 같았다. 북부 고지대에 있는 석조 오벨리스크와 파괴된 왕궁은 고대 악숨Aksum 왕국의 유물이었다. 악숨 왕국은 한때 페르시아와 로마의 라이벌이었는데 기원후 4세기에 기독교를 받아들였다. 덕분에 에티오피아는 세계에서 가장 오래된 기독교 국가가 됐다. 십계명을 새긴 평판을 넣은 언약궤Ark of the Covenant는 악숨 왕국 시절 지어진 한 교회에 있었을 것으로 추정된다. 비록 고위 성직자들이 지키고 있어 외부인은 아무도 볼 수 없었지만 말이다(제2차 세계대전 와중에 내부를 볼 수 있었던 한 영국 학자에 따르면, 그 상자 안은 텅 비어 있었다고 한다). 고대 교회들은 고지대의 단단한 화산암을 파서 만들어졌으며 외부에서 잘 보이지 않았다. 에티오피아는 이집트를 제외하고 아프리카에서 가장 오래된 기술記述 역사를 지니고 있음을 자랑스러워했다. 블루나일강 시원 부근에 자리한 역사적 도시 곤다르에는 17세기에 세워진, "아프리카의 카멜롯"이라고 알려진 성이 있다. 루시는 또 다른 의미에서 자부심을 더해줬다. 에티오피아가 이제 인류의 가장 오래된 선조의 땅이라고 주장할 수 있게 된 것이다. 하지만 사회주의 세력은 유인원과 닮은 루시 화석에 별 관심을 갖지 않았다. 마르크스주의와 레닌주의 이론가들은 인간 행동이 생물학적 기원을 갖는다는 개념에 대해 비판적이었다. 그래서 유적 관련 관료들은 클라크와 같은 서양 과학자들과 조심스럽게 동맹을 유지해야 했다.

1981년 탐사를 수월하게 하기 위해서는 여러 해에 걸친 신중한 협상이 필요했다. 그들이 탐사하기로 한 땅은, 에티오피아에서 많은 일들이 그렇듯 약간의 우여곡절을 거쳐 클라크의 손에 들어왔다. 미국인 지질학자 존 칼브는 미들 아와시Middle Awash라는, 아파르 저지대의 한 구역에서 탐사대를 운영하다가 1978년 보안부에 의해 추방됐는데, CIA 요원으로 고발됐기 때문이라고 했다. 하지만 그런 소문이 그의 추방과 실제로 관련이 있는지는 확실하지 않았다. 에티오피아에서는 그런 식의 불확실성이 워낙 많았다. 이 이야기를 들은 며칠 후, 클라크는 자신의 오랜 친구 베르하누 아베베를 찾아갔다. 그는 소르본에서 교육받은 역사학자로, 고고유물국 수장을 맡아 미로 같은 관료제를 헤쳐나가도록 외국 연구자들을 안내했다. 그는 클라크가 탐사가 중단된 구역을 인수하는 데 동의했다. 국가 기구는 마치 카프카가 설계한 것 같았다. 비용이 많이 들고 어리둥절하게 만드는 허가증, 고무 도장, 정치적 상황과 당파적 책략에 따라 열리기도 하고 닫히기도 하는 신비스러운 문들. 고고유물국은 여전히 황제의 고위 공무원들이 장악하고 있었는데, 상당수는 미국이나 유럽에서 교육받은 자들이었다. 비록 독재자 멩기스투(에티오피아인들은 사람을 이름으로 부른다)•는 미국 제국주의에 적대적이었지만, 고고유물국에서는 냉전이 벌어지지 않았다. (에티오피아를 방문한 미국국립과학재단의 한 인물은 "에티오피아는 민족주의 성향이 매우 강한 국가라 가장 초기 인류의 고향이라는 사실에 큰 자부심을 느끼고 있다"며 베르하누 같은 문화 담당 관료들은 연구와 관련한 끈을 놓지 않길 바라고 있다고 보고했다.) 클라크는 미국국립과학재단(NSF)이 탐사에 재정적인 지원을 하도록 설득했다. 그는 "공산주의 세력이 이 지역을 다 차지하기 전에 지원이 이뤄지길 바란다"고 재촉했다. 하지만 새로운 민족주의 시대를 맞아 에티오피아 정부는 '에티오피아 우선'이라는 모토를 세운 상태였고, 고고유물국 관료들은 외국 연구자들에게 국립박물관 개선이나 에티오피아 학자 양성을 위한 자금을 지원하라고 압박했다. 외국 과학자들이 현지에 투자를 안 한다는 사실에 오랜 시간 불만을 느꼈던 고고유물국은, 미국인들이 새 박물관 건설에 필요한 돈을 제공하지 않으면 현장 탐사를 허가하지 않겠다고 윽박질렀다. 클라크는 에티오피아 국립박물관에 새로운 화석 및 고고학을 다룰 연구실을 짓기 위한 또 다른 NSF 연구 자금을 확보했고, 베르하네 아스포라는 유망한 에티오피아인 학자를 고용했다.

베르하네 아스포는 루시의 발견과 관련해 어떠한 말도 들어본 기

• 이 책에서는 다음 두 가지 형식을 따랐다. 에티오피아인들은 이름으로, 서양인들은 성으로 썼다.

억이 없었다. 루시가 국제적인 화제를 낳았던 1974년, 그는 에티오피아의 대표적 엘리트 양성기관인 하일레셀라시에대학 학생이었다. 메인 캠퍼스는 이전에 황제가 거처하던 궁전이었는데, 응접실은 실패한 쿠데타와 고위 관료 및 왕족 학살 사태 때 생긴 탄환 자국으로 누더기가 돼 있었다. 1970년대에, 황제의 이름을 딴 이 대학은 정권에 비판적인 자들의 온상이었다. 당시 학생이던 한 사람은 "그 시기 마르크스주의자가 되지 않는다는 건 이단이 된다는 뜻"이었다고 회상했다. 급진주의자 학생들은 혁명을 일으켰지만, 통치자의 몰락에 기뻐한 시간은 아주 짧았다. 군대가 독재를 또 다른 독재로 대체하려 한다는 사실이 명확해졌다. 1976년, 데르그는 반대파들을 제압하기 위해 적색 테러를 일으켰고, 수만 명이 보안군이나 친정부 민병대에 의해 살해됐다. 암살단이 집집마다 돌아다니며 "반혁명 범법자"를 찾아내 "혁명 정의"라는 이름하에 길거리에서 머리에 총을 쏴 처형했다. 암살단은 반역자를 비난하는 현수막을 걸고 시신을 길에 내버렸고, 가족조차 수습하지 못하게 했다. 밤이 되면 하이에나가 산에서 내려와 시신을 파먹었다. "적색 테러에 힘을 실어주자!"라는 선전 문구가 깃발마다 요란했다. 보안군은 밤에 대학을 기습해 학생들을 축구 경기장에 몰아넣고 일부를 골라 구타했다. 일부는 군인들에게 끌려간 뒤 다시는 돌아오지 못했다. 경찰은 보안국 사무실 안에, 추적해서 제거할 학생들의 졸업 사진을 붙여놓았다.

베르하네는 지하 반대자 모임에 가입했다. 카페에서 그는 저항 조직에 소속된 프레히워트 워쿠라는 이름의 젊은 여성을 만났다. 순박해 보이는 그 여성에게 베르하네는 조심하라고, 만약 문제가 생기면 자신에게 연락하라고 당부했다. 1977년에 정부 관계자가 프레히워트의 집에 들이닥쳤고, 문제 소지가 있는 문건과 총을 발견하고는 부모를 체포했다. 베르하네는 프레히워트를 변장시켜 몰래 도시 밖으로 빼내 자신의 고향인 곤다르에 숨겨줬다. 곤다르에서 베르하네의 아버지는 하일레 셀라시에 치하 주 정부의 서기장으로 일했었다. 베르하네는 멀리 떨어진 마을에서 학교 교사 자리를 얻었고, 두 사람은 연인으로 함께 살았다. 몇 달 지나지 않아, 베르하네는 그들이 감시당하고 있음을 깨달았다. 그는 프레히워트를 부모님에게 보내며 곧 따라가겠다고 했다. 다음 날, 베르하네는 체포됐다.

체포된 상태로 베르하네는 고향에 끌려와 투옥됐다. 감옥은 "곤다르의 도살자"라는 별명을 가진 데르그 관리가 감독하고 있었다. 고문자들은 베르하네의 손목을 바닥에 있는 U자형 금속 볼트에 고정시키거나 거꾸로 매달아 구타하며 아는 것을 다 말하라고 윽박질렀다. 많은 사람들이 고문 과정에서 사망했다. 고문을 견딘 사람들도 총살당했다. 투옥자들이 자신의 이름을 듣는다는 것은 곧 사형 선고를 뜻했다. 이들은 몸가짐을 가다듬고 위엄 있게 죽음을 맞고자 노력했다. 에티오피아에서는 투옥된 사람의 식사를 가족이 챙겨주는 관습이 있었다. 베르하네에게는 프레히워트가 매일 식사를 가져다줬는데, 그때마다 이번이 마지막 만남이 될지 걱정했다. 기적적으로, 베르하네는 여섯 달 만에 석방됐다. 베르하네와 함께 포박돼 끌려온 일곱 명 가운데, 그를 포함해 단 두 명만 살아서 감옥을 벗어났다.

베르하네는 대학에 복학해 지질학 학사 학위를 받았다. 그리고 정치와는 연을 끊었다. "전적으로 무의미한 행위"였다며 베르하네는 진저리를 쳤다. "내가 믿었던 모든 것이 신뢰할 만한 가치가 없다는 사실을 깨달았어요." 곧 그에게 새로운 할 일이 생겼다. 고고유물국에서 하절기에 에티오피아 고고학 발굴지를 조사해 보고서를 쓰는 임무를 맡은 것이다. 그가 그 일을 하면서 몰두한 문헌들은 전부 미국인과 유럽인이 쓴 것이었다. 베르하네는 회상했다. "에티오피아인 이름은 한 명도 찾아볼 수 없었어요. 왜 에티오피아인은 없었을까요?" 에티오피아는 자기 유산에 대해 자부심이 매우 강했지만, 그 내용을 밝히는 일은 전적으로 외국인에게 의존했다. 베르하네의 보고서는 고고유물국과 대학에 알려졌고, 사람들은 그를 장차 학자가 될 인물로 눈여겨보게 됐다. 1979년 어느 날, 대학에서 그를 부르더니 외국 고고학자를 만나보라고 했다. 앉아 기다리고 있는 그에게 쾌활해 보이는, 염소수염의 키 큰 '파렌지farenji'(외국인)가 다가왔다. "좋아, 좋아!" 데즈먼드 클라크가 베르하네와 악수를 하며 흥얼거렸다. "어디 앉아 좀 이야기를 할까요?"

얼마 지나지 않아 베르하네는 버클리에서 박사과정을 시작했다. 클라크가 베르하네와 프레히워트를 자신의 집 파티에 초청했다. 둘은 당시 결혼해 아들이 하나 있었다. 손님들은 탁탁 소리를 내며 타는 모닥불 주위에 둘러앉아 스페인산 백포도주를 마시거나 시가를 피우면서, 클라크의 과거 모험에 대해 들었다. 그는 제2차 세계대전 중 곤다르가 해방 국면을 맞았을 때 탄광에서 석기를 수집한 이야기 등을 들려줬다. 유럽 출신의 클라크는 고고학 분야에서 아프리카인 학자를 양성하기 위해 선구적인 활동을 펼쳤다. 그는 제대로 훈련받은 학자가 에티오피아를 맡아야 한다고 생각했다. 그리고 그가 그 역할을 위해 선택한 사람이 바로 베르하네였다. 버클리 인류학과에서 베르하네는 또 다른 별난 인물과 만났다. 바로 팀 화이트였다. 에티오피아 문화는 자제와 신중함을 중시한다. 화이트 교수는 정치나 권력자들의 기분은 아랑곳없이 욕을 했다. 베르하네는 그렇게 철저하면서 사람을 지치게 만드는 학자는 만난 적이 없었다. "만약 가능하다면 화이트는 사람들이 24시간 이상 일하길 바랄 겁니다." 베르하네가 말했다. "그에게는 한계란 게 없었어요. 다른 모든 사람이 자신처럼 일하길 기대했어요. 힘든 일이었죠." 화이트는 학생들에게 화석은 보물("빌어먹을 보석!")이며, 에티오피아가 지금은 곤궁하지만 과거에는 세계에서 가장 부유한 국가였다고 끊임없이 세뇌시켰다. 그로부터 몇 년간 화이트는 베르하네에게 뼛조각을 구분하는 법과 암석에서 화석을 온전히 얻는 법, 그리고 부서진 머리뼈를 퍼즐처럼 다시 맞추는 법을 가르쳤다. "이제 에티오피아에서 그런 작업을 할 수 있게 됐습니다. 나는 이제 이전에 그 어떤 에티오피아인도 할 수 없었던 일을 할 수 있습니다." 베르하네는 에티오피아 정부에 그렇게 보고했다.

클라크의 승인하에 베르하네는 전공을 고고학에서 형질인류학으로 바꾸었고, 에티오피아인 최초로 그 분야 박사 학위를 받았다. 그는 이제 도구가 아니라 뼈 전문가가 되었다. 그가 투옥되고 고문당했던 사실은 더 이상 그가 고국을 거부할 이유가 되지 않았다. 오히려 그는 에티오피아를 위해 일해야 한다는 책임을 느꼈다. "그런 경험 이후 내게는 매일이 선물과도 같았습니다." 베르하네는 설명했다. "하루하루 살 만한 가치가 있어야 했어요. 내가 이 모든 고난을

버클리에서 베르하네와 화이트가 머리뼈 화석을 조사하고 있다.

겪었는데 다른 데 갈 이유가 없죠. 나는 이곳에서 뭔가 남다른 일을 해야만 했습니다." 1981년, 베르하네 덕분에 그의 버클리 멘토들은 탐사 허가를 받아 미국 대사관 진입로에 설 수 있었다. 클라크는 NSF에 이렇게 보고했다. "에티오피아 정부와의 관계는 이전보다 좋아졌다. 베르하네 아스포의 역할이 아주 컸다."

자동차에 짐을 다 싣고 아홉 명의 외국인과 여섯 명의 에티오피아인이 자리에 밀착해 앉았다. 긴 탐사 여정이 시작됐다. 차량 행렬은 아파르 저지대로 내려갔다. 약 2킬로미터를 가자 추운 고지대가 사라지고 작열하는 저지대가 나타났다. 고속도로에서 그들은 탱크와 군용 트럭, 나귀가 끄는 농장 달구지를 지나쳤다. 테프teff(북아프리카의 볏과 곡물–옮긴이)를 키우는 맨발의 소작농이 보였고, 소비에트가 만든 미그기가 질주하며 푸른 하늘에 긴 비행운을 남겼다. 이틀간 차를 타고 이동한 끝에 목적지에 도착했다. 아와시강 양안을 따라 형성된, 미국 로드아일랜드주만 한 크기의 광활한 지역이었다.

그들은 초록색 텐트를 세우고 흰 캔버스 재질의 덮개를 친 뒤 안에 연구실을 차렸다. 개방형 부엌에서 에티오피아인 요리사가 염소를 불에 굽고, 거대한 흰개미 탑을 파서 만든 오븐에 빵을 구웠다. 아카시아 나무에는 커다란 냄비와 프라이팬을 걸었다. 건기가 진행되면서 웅덩이가 줄어들어 물에는 소금과 미네랄이 농축됐다. 그 물을 마시면 배 속에 난리가 났다. "친구들은 에티오피아에서 우리가 하는 작업이 부러워 죽겠다는 편지를 보내곤 했죠." 고생물학자 크리스 크리시탈카가 말했다. "그들은 우리가 설사병이 나서 얼굴이 파랗게 질려 있는 걸 알 턱이 없으니까요." 아파르족 중에서 고용한 경비원들은 노리쇠가 있는 수동식 소총을 들고 보초를 섰다. 그들은 자신들과 적대적인 이사족 침입자 및 사자를 감시했다. 한낮에 태양이 작열할 때면 연구자들은 나무 그늘 아래에서 쉬며, 이 황무지에서 여러 해 동안 다윈의 생명의 나무를 채울 화석을 발견하기를 꿈꿨다.

두 달 동안 연구팀은 그 지역 땅을 조사했고, 자신들이 꿈꿨던 것 이상으로 화석이 풍부한 곳임을 확인했다. 그들은 자동차 지붕 위

짐받이에 탄 채 황무지를 덜컹거리며 지나 다른 화석지로 옮겨 갔다. 사막은 멸종한 종의 뼈 화석으로 가득했다. 고대 원숭이와 말, 하마, 기린, 설치류, 돼지, 새, 거북이, 뱀, 악어, 심지어 악어 '알' 화석도 있었다. 화석이 너무 흔해 그 지역 부족들은 그것을 쌓아 올려 석조 무덤을 만들기도 했다. "어떤 곳은 화석을 밟지 않고는 한 걸음도 걸을 수 없었죠." 화이트가 감격스럽게 말했다.

고고학자로서 클라크는 석기와 도축 장소를 찾아다녔다. 그런 곳에서 발견되는 동물 화석에는 본원적인 호모속 인류의 돌칼에 잘린 흔적이 남아 있었다. 인류학자로서 화이트는 화석에 대한 갈망이 컸다. 특히 루시 이전 시대인, 거의 알려지지 않은 400만 년 전의 화석이 큰 관심사였다. 300만 년 이상 된 퇴적층에서 그는 루시가 속한 종의 다른 개체에서 나온 넙다리뼈(대퇴골) 윗부분 화석을 찾았다. 이는 발굴팀이 보다 초기의 이족보행 흔적을 발견해냈다는 첫 암시였다. 한 팀원은 400만 년 전 머리뼈 화석 조각을 발굴했다. 인류 계통 가운데 가장 오래된 머리뼈 조각이었다. 당시 생화학 연구에 따르면 호미니드라는 인류 계통은 아프리카 유인원과 약 500만 년 전 또는 600만 년 전에 갈라졌던 것으로 추정됐다. 그 시기는 새 프로젝트에서 발굴된 화석층 중 가장 오래된 층의 연대와 정확히 일치했다. 추가 조사를 하면서, 클라크와 화이트는 "호미니드의 가장 오랜 뿌리"를 밝힐 수 있을 것 같다고 흥분한 어조로 보고했다.

"그 탐사는 40년간 해온 모든 아프리카 탐사 중에서 가장 성공적이었어요. 모든 게 완벽히 준비돼 있었죠." 나중에 클라크는 감정이 복받친 듯 이렇게 말했다. 클라크와 화이트는 미들 아와시가 "인류

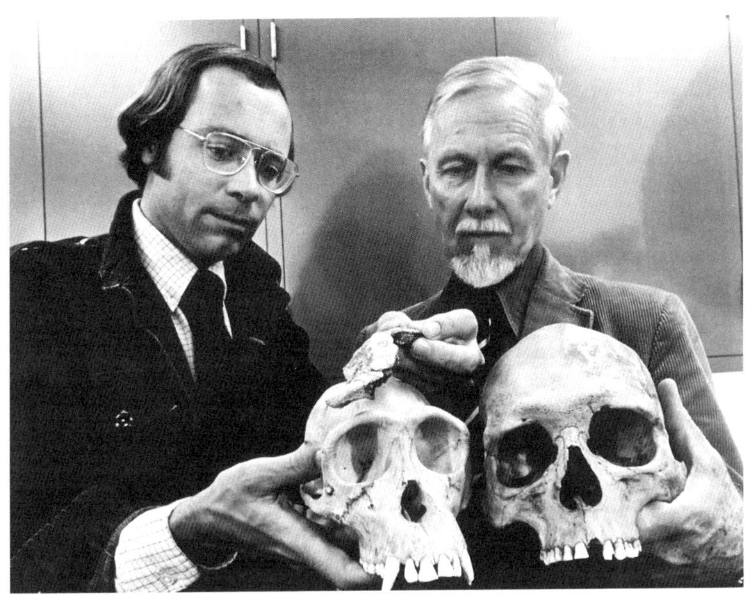

화이트와 클라크가 새로 발견한 화석을 침팬지 및 인류 머리뼈와 함께 보여주고 있다.

의 기원과 진화를 이해하고 기록하기 위한, 세계에서 가장 중요한 연구 대상지"라고 단언했다. 뼈 화석이 가득한 그 계곡은 인류의 가장 오래된 기원을 알 수 있는 창일 뿐 아니라 인류 조상이 어떻게 유인원으로부터 분리됐는지, 어떻게 직립보행을 하게 됐는지, 머리 꼭대기에서 발끝까지 어떻게 진화해왔는지, 도구를 어떻게 쓰게 됐는지, 어떻게 큰 뇌를 진화시켰는지 등 인류 전체의 과거를 연구할 수 있는 천혜의 연구실이었다. 화이트는 미들 아와시가 조만간 리키 가족이 발굴해 유명해진 탄자니아의 올두바이 협곡을 능가하는 발굴지가 될 것으로 예상했다.

몇 달 뒤 버클리로 돌아온 클라크와 화이트는 기자회견을 열고 자신들이 발견한 내용을 발표했다. 그때를 찍은 사진 가운데 하나를 보면, 화이트는 어금니가 거대한 침팬지 머리뼈 위에 새로 발굴한 머리뼈 화석 조각을 올려놓았다. 클라크는 뇌실이 커다란 현생인류의 머리뼈를 들고 있는데, 덕분에 그들의 발견이 더욱 극적으로 보인다. 그들은 우리와 비슷하게 진화해가는 중간 경로에 해당하는 유인원스러운 조상을 발견한 것이다. 결국 그들은 인류 진화에 대한 기존의 단순한 설명을 다시 쓰고 우리의 가계도를 뿌리부터 흔들어 놓을, 훨씬 큰 발견을 하게 될 것이었다.

화이트는 자신이 찾고 있던 바로 그 화석 지척을 지나간 적이 있었다. 1981년 탐사 도중 그와 세 명의 젊은 연구자들은 널빤지와 휘발유통으로 만든 작고 불안정한 뗏목을 타고 아와시강을 건너, 아라미스라고 불리는 아파르 마을 근처 강 서안으로 갔다. 대강만 보고 지나쳤기 때문에, 화이트는 그곳의 부서진 화석들을 보고도 별로 중요하게 생각하지 않았다. "이곳의 동물상은 단편적이다." 화이트는 자신의 연구 노트에 이렇게 적었다. 몇 년 뒤, 보다 자세히 조사하는 과정에서 더 많은 것이 밝혀질 것이다. 그 땅에는 인류 가계의 보다 본원적인 종의 부서진 뼈들이 놓여 있었다. 바짝 엎드려 흙 위 수 센티미터 높이로 관찰해야 겨우 보일까 말까 하는, 작은 뼛조각들이었다. 이 화석의 주인공에게는 나중에 '뿌리'라는 뜻의 지역 토착어를 딴 이름이 붙었다. 그리고 그 땅 표면 바로 아래에는 루시보다 훨씬 오래되고 더 완전하기까지 한 뼈대가 놓여 있었다. 그것을 만나게 되기까지 13년이 더 걸릴 것이다.

2장

금지 조치

인간은 자기중심적인 종이다. 자신의 존재를 풀어야 할 문제로 인식하는 유일한 동물이기도 하다. 우리는 어디에서 왔는가? 19세기에 찰스 다윈과 토머스 헨리 헉슬리는 아프리카가 우리 종이 태어난 고향일 것이라고 지목했다. 인류와 아프리카 유인원들 사이의 해부학적 유사성에 기인한 주장이었다. 하지만 화석 증거가 없다는 게 문제였다. 1871년, 《인간의 유래와 성 선택》에서 다윈은 이렇게 썼다. "이런 지역은 인간과 일부 멸종한 유인원류가 서로 연결될 수 있는 가장 유력한 곳이지만, 아직 지질학자들이 조사하지 못했다." 초기 진화론자들은 오랜 시간이 지나서야 다윈의 단서를 받아들였고, 극히 일부만 헨리 모턴 스탠리가 "검은 대륙"이라고 부른 아프리카를 조사하는 수고를 감수했다.

초기 화석 발굴 결과는 다른 이야기를 들려주고 있었다. 1856년, 인류 계통 최초의 화석이 독일 네안더 계곡에서 발견됐다. 강건해 보이는 뼈와 유인원의 특성을 보이는 눈두덩이를 통해 보건대, 현생 인류보다 본원적인 특징을 지닌 존재로 추정됐다. 이 종에는 호모 네안데르탈렌시스*Homo neanderthalensis*, 즉 네안데르탈인이라는 이름이 붙었다. 1891년, 머리뼈 윗부분과 넙다리뼈 화석이 자바섬에서 발견됐는데 호모 에렉투스*Homo erectus*라고 불리는 종이 확인된 첫 번째 사례였다. 영국에서는 1912년 필트다운인Piltdown man이 발견돼 인류가 유럽에서 기원했다는 주장을 뒷받침하는 듯 보였다. 이 화석은 소위 '미싱 링크missing link'였지만, 수십 년이 지난 뒤 치아를 갈아낸 오랑우탄 턱뼈와 현생인류 머리뼈를 결합시킨 가짜임이 들통났다. 당시에는 화석의 연대를 정확하게 측정할 방법이 없었기에 대부분 어림짐작으로만 추정했다.

아프리카에서 발견된 최초의 인류 화석은 1924년 남아프리카공화국 채석장에서 발굴된 머리뼈 파편이었다. 발굴자 레이먼드 다트는 이 화석종에 오스트랄로피테쿠스 아프리카누스*Australopithecus africanus*라는 이름을 붙이고 '원인猿人, man-ape'으로 분류했다. 하지만 고인류학 분야의 기존 전문가들은 그것이 멸종한 유인원일 뿐이라며 무시했다. 본원적 형태를 지닌 화석을 발굴하면 흔히 나오는 반응이었다. 많은 사람이 인종주의를 맹목적으로 믿고 있던 시기로, 아프리카에서 인류의 조상이 나왔다는 생각은 받아들여지지 않았다. 이후 20년이 넘는 시간 동안 남아프리카공화국의 카르스트 동굴에서 더 많은 화석이 발견됐다. 1940년대와 1950년대를 거치면서 과학적 증거는 쌓여갔고, 오스트랄로피테쿠스는 결국 인류의 일원으로 인정받게 되었다.

인류의 조상이 아프리카에서 기원했다는 주장을 고수해온 몇 안 되는 전문가인 영국의 메리 리키와 루이스 리키 부부는 1959년, 거대한 턱뼈와 씹는 데 특화된 커다란 치아를 지닌 호미니드의 머리뼈를 탄자니아 올두바이 협곡에서 발굴했다. 리키 부부는 이 화석종에 진잔트로푸스*Zinjanthropus*라는 이름을 붙였다. 이것은 두 가지 측면에서 역사를 다시 썼다. 첫째, 동아프리카에서 발굴된 최초의 호미니드라는 점. 둘째, 새로운 방사성 동위원소 측정 기술로 정확한 연대를 측정한 최초의 화석이라는 점. 이렇게 측정한 진잔트로푸스의 연대는 175만 년 전으로 나타났다. 당시까지 유럽과 아시아에서 발굴된 그 어떤 고인류 화석보다 이른 연대였다. 곧이어 리키 부부는 두뇌가 더 크고 치아는 작은 인류 화석을 발굴했다. 이 화석 근처에서 석기가 발굴되었기에, '손 쓰는 인간'이라는 뜻의 호모 하빌리스*Homo habilis*라는 이름이 붙었다. 인류의 기원을 찾는 여정의 무게 추는 동아프리카로 넘어갔다. 중요한 인류 화석을 찾으려는 사람들이 그레이트 리프트 밸리Great Rift Valley(아시아 남서부 요르단강 계곡에서 아프리카 동부로 이어지는 세계 최대 규모의 지구대로, '대지구대'라고도 한다-옮긴이)로 경쟁적으로 몰려들었다.

동아프리카가 초기 인류 조상이 살았던 유일한 지역이라는 법은 없었지만, 이곳은 가장 오래된 화석이 가장 잘 보전될 수 있는 지질학적 조건을 갖춘 곳이었다. 지표면에 발생한 광활한 균열로 인해 형성된 그레이트 리프트 밸리는 모잠비크에서부터 홍해까지 이어져 있다. 대륙판의 분리는 화석 보존에 매우 적합한 일련의 분지를 만들어냈다. 수백만 년 동안 물이 경사면을 깎아 계곡 바닥에 퇴적물이 쌓였고, 그 결과 이 지역 지층은 층별로 인류 조상 및 그들과 함께 살았던 다양한 종의 잔해가 파묻힌 시루떡 모양의 지질학적 특성을 갖게 됐다. 알칼리성을 띤 화산성 토양은 뼈가 돌로 화석화하는 데 큰 도움이 됐다. 수백만 년 뒤, 화석은 지질학적 단층 작용과 침식의 영향으로 지표면에 노출됐다.

에티오피아 북부에 이르면 지구地溝(단층에 의해 형성된 가늘고 긴 계곡 지형 – 옮긴이)의 면적이 넓어지면서 삼각주 모양의 아파르 저지대로 이어진다. 이곳은 아주 천천히 가라앉고 있어 언젠가 바다가 될 것으로 추정된다. (이 지구는 세 개의 대륙판이 만나 형성됐다. 반면 더 남쪽의 지구는 두 개의 대륙판이 만나 형성됐다.) 메마른 사막인 북부 아파르는 지구 전체에서 가장 무더운 곳 중 하나로 낮은 지역은 해수면보다 고도가 낮다. 소금 평원(호수나 바다가 증발해 염분이 쌓인 평지 – 옮긴이)만이 증발로 사라진 바다의 흔적을 보여주고 있고, 낙타 대상이 수백 년 동안 이어져온 소금 무역로를 분주히 오간다. 이 사막을 에티오피아 고원지대에서 기원한 아와시강이 굽이쳐 통과한다. 아와시강은 바다로 흘러가지 않는 전 세계에 몇 없는 강 중 하나로, 타는 듯한 죽음의 계곡으로 흘러들어 증발하는 염분 호수에서 끝이 난다. 1200킬로미터에 걸쳐 흐르는 동안 고지대에서 지류가 흘러내려 지층이 갈라지면서, 고대 인류 조상의 거주지였던 살기 좋은 계곡을 포함한 고대 세계의 유적이 드러난다.

1980년대 초까지 인류의 가계도는 루시가 속한 종인 오스트랄로피테쿠스 아파렌시스를 포함하는 Y자 모양의 다이어그램으로 묘사됐다. 루시는 커다란 어금니, 작은 뇌, 직립 자세로 구별되는 오스트

1981년경 동아프리카의 대지구대와 남아프리카의 주요 화석 발굴지

랄로피테쿠스속으로, 이 속은 약 300만 년간 존속했으며 최소한 두 개 계열로 나뉘었다. 하나는 지금은 멸종한, 거대한 어금니와 강건한 체구를 지닌 친척 인류인 파란트로푸스*Paranthropus*(진잔트로푸스가 나중에 이 분류군에 포함됐다)다. 다른 하나는 보다 연약한 계통인 호모속으로, 이들은 전 세계로 퍼지며 여러 종을 만들어냈다. 그중에는 최후의 생존자 호모 사피엔스*Homo sapiens*도 있다.

하지만 인류 가계도의 가장 깊은 뿌리는 여전히 미스터리로 남아 있었다. 1980년대에, 400만 년 전부터 800만 년 전까지의 화석 기록은 거의 백지 상태였다. 약 500만 년 전에 살았던 개체의 것으로 보이는 몇 개의 치아와 턱뼈 조각, 팔뼈가 1960년대에 케냐에서 발견됐지만, 너무 파편이라 더 이상의 정보는 알기 어려웠다. 아파르 저지대의 황무지는 알려지지 않은 인류 역사의 첫 장을 채워줄 유력한 후보로 떠올랐다. 진화생물학계의 원로 에른스트 마이어는 1982년에 다음과 같이 썼다. "초기 인류에 관해 알려줄 적절한 연대의 퇴적지가 북부 에티오피아에 있다. 멀지 않은 미래에 중대한 발견이 나오리라는 희망을 가져도 좋을 것이다."

클라크와 화이트는 그런 미래가 곧 손에 잡힐 것 같았다. 첫 번째 탐사 때 거둔 유망한 발견 덕에, 1982년 NSF는 50만 달러에 가까운 연구비를 여러 해에 나눠 지급하기로 결정했다. 클라크는 화이트를 공동 연구 책임자로 초대했다. 지난 탐사에서 이 젊은 인류학자가 '힘이 되는 사람'임을 잘 보여줬기 때문이다. "그는 뛰어난 현장 과학자이자 실험실 연구자"라고 클라크는 단언했다. 1982년 8월, 화이트와 클라크 팀은 아디스아바바에 도착해 미국의 원조로 거의 완공 단계에 있던 국립박물관의 연구실 건물을 찾았다.

하지만 냉전이 해소됐다는 말은 덧없다는 사실이 금세 밝혀졌다. 화이트와 클라크 팀은 아디스아바바에서 보안 허가와 차량 준비, 그리고 보급 물품 비축으로만 3주를 보냈다. 허가를 받고, 줄을 서고, 기근이 닥친 나라에서 물품을 찾아 모으는 데 시간이 오래 걸렸다. 발굴 현장으로 떠나기 전날 밤, 클라크는 에티오피아 문화부의 호출을 받았다. 그들은 허가가 취소됐다고 했다. 그 이유는 아무도 설명하지 못했다. 공무원들은 권한이 거의 없었고, 모든 권력은 군부에서 나왔지만 그 비밀스러운 조직은 누구에게도 설명할 책임을 지지 않았다. 미국 대사관의 대리공사인 데이비드 콘은 미국 정부에 전신을 보냈다. "핵심은 어떤 공무원 또는 부서가 이 문제에 대한 결정권을 가졌는가이다. (…) 모두가 책임을 피하는 것처럼 보인다."

에티오피아가 가장 큰 자부심을 느끼는 과학 분야다 보니 온갖 사람들이 좌지우지하려 들었다. 과학기술 부처 고위 공무원은 문화부를 통제하려 들었고, 국립대학의 에티오피아 학자들은 오랫동안 외국 학자들이 주도해온 연구에서 자신들이 더 많은 역할을 해야 한다고 소리를 높였다. 한 관료는 그 학자들에게 그들의 곤궁한 처지를 정부의 다른 사람들과 논의하지 말라고 경고했다. 베르하네 아스포는 에티오피아 과학기술 부처에 불려가서 심문을 받았다. 미국인들이 무엇을 하고 있는가? 그들이 화석을 훔치지는 않았나? 베르하네는 추방된 지질학자인 존 칼브의 에티오피아 학생들이 버클리 팀을 비난하고 있다는 사실을 알아챘다. 베르하네는 그 일 이후 이렇게 썼다. "칼브와 관련 있는 학생들은 나의 지도교수가 화석을 도굴해 에티오피아 밖으로 빼내려 하고 있으며 내가 그 일을 돕고 있다고 욕했다. 완전한 거짓이자 중상모략이었다." 칼브가 CIA와 연관되어 있다는 루머까지 들춰지자 베르하네는 겁에 질렸다. 그는 이미 한 번 투옥되어 겨우 생존한 사람이었고, 두 번 살아남을 수는 없을 것 같았다.

10월 초가 되자 임무 수행은 가망이 없어졌다. 에티오피아 정부는 제정 시대까지 거슬러 올라가는 유물 관련 법을 개정하기 전까지 모든 고인류학 탐사를 연기시키기로 결정했다. "외국 학자들의 탐사는 종종 에티오피아인에 대한 '갈취'로, 화석만 빼돌리고 에티오피아 기관이나 학자에게는 기여하는 바가 거의 또는 전혀 없는 행위로 여겨졌다." 클라크와 화이트는 보고서에 이렇게 적었다. 아디스아바바의 힐튼 호텔에서 묵던 학자들 일부는 짐바브웨에서 온 대표단이 묵을 자리를 마련해야 한다는 이유로 쫓겨났는데, 그 방에 비밀경찰이 들어와 도청 장비를 제거했다. "모든 방의 전화가 도청당하고 있었죠." 지질학자 마틴 윌리엄스가 회고했다. 학자들은 차량과 장비를 다시 창고에 넣거나 유칼립투스 나무 아래에 버렸고, 캘리포니아로 돌아가 이듬해에 다시 연구를 재개할 계획을 세웠다. 나중에 알게 되지만, 이 금지 조치가 해제되기까지 9년이 걸렸다.

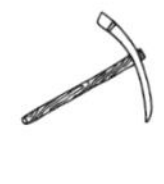

3장

기원

수천 년 동안, 에티오피아는 신비로운 곳으로 여겨져왔다. 국명은 태양과 가까운 장소를 뜻하는 고대 그리스어에서 탄생했다(에티오피아는 '탄 얼굴'이라는 뜻의 그리스어 조어에서 왔다). 호메로스는 《오디세이아》에서 "먼 에티오피아인은 인류 최전방의 존재"라고 썼다. 이집트인들은 그곳을 "쿠시Kush"라고 불렀다. 이는 측량할 수 없는 땅이라는 뜻으로 나일강 너머를 의미했다. 〈창세기〉에서는 에티오피아를 낙원에서 발원한 기혼강의 물이 넘쳐흐르는 곳으로 묘사한다. 중세 유럽 전설에 따르면, 알려지지 않은 기독교 왕국을 지배한 프레스터 존이라는 왕이 있었다. 16세기 포르투갈 탐험가들은 전설 속의 이 왕국이 에티오피아 고원지대에 있었다고 주장했다. 18세기 영국 역사가 에드워드 기번은 자신의 책 《로마제국 쇠망사》에서 "에티오피아인들은 1000년 가까이 잠들어 있었다. 세상을 잊었고, 자신이 잊은 세상에 의해 잊혔다"라고 적었다. 고립은 고유한 특성을 낳았다. 에티오피아 말은 지구의 다른 어떤 곳에서도 사용되지 않는 고대 글자인 게이즈Ge'ez어로 쓰였다. 에티오피아는 13월로 구성된 구舊 율리우스력(매년 반복되는 나일강의 범람에 기초해 만들어졌다)을 사용하는 마지막 국가로, 다른 나라보다 7년 정도가 늦다.

에티오피아는 시대마다 층층이 다른 역사를 갖고 있는 나라다. 선사시대 연구는 1906년 메넬리크 2세가 비밀 협약을 통해 독일 고고학자들을 초청해 악숨 왕국 유적을 발굴하면서 처음 시작됐다. 이 황제는 자신의 왕국과 영토에 대한 지배의 정통성을 강화할 과학적 근거를 찾았고, 독일 학자들은 고대 문명을 연구하고 싶어했다. 과학이 정치적 영향에서 자유로워야 함은 자명한 원칙이지만 에티오피아 선사시대 연구는 정치, 국가 정체성, 그리고 에티오피아 특유의 외국인에 대한 경계심으로 뒤범벅되었고 이는 정부가 바뀌어도 계속되었다.

현대 고인류학은 1960년대에 하일레 셀라시에 황제가 루이스 리키에게 왜 에티오피아에서는 케냐나 탄자니아에서와 같이 뛰어난 화석 발굴이 이루어지지 않느냐고 물으면서 시작됐다. 리키는 황제에게 에티오피아에서도 풍부한 초기 인류 화석과 석기가 발굴될 수 있을 거라고, 연구가 보다 쉽게 이루어질 수 있도록 정부가 도와준다면 가능하다고 말했다. (몇 해 전, 시카고대학의 F. 클라크 하월이—나중에 캘리포니아대학 버클리 캠퍼스로 이직했다—에티오피아 남서부 오모 계곡을 둘러보자 에티오피아 공무원들이 그의 접근을 막았다. 이후 탐사를 허가한 뒤에는 그가 찾은 화석들을 몰수한 뒤 분실해버렸다.) 황제는 문제를 빨리 해결하겠다고 약속했다. 얼마 뒤 리키는 나이로비에 있는 에티오피아 대사관에 소환됐다. 그곳에서 에티오피아 대사는 연구 수행 권한을 일임한다는 황제의 공표문을 크게 낭독했다. 1967년에 오모 계곡에서 미국과 프랑스, 케냐의 공동 탐사대가 구성됐다. 오모 계곡은 당시 동물 화석이 많이 발굴되고 인류 화석은 파편만 발굴되고 있었다.

이러는 사이 무명의 젊은 연구자가 에티오피아의 다른 지역에서 더 풍부한 목표물을 발견했다. 튀니지 출신 프랑스 지질학자 모리스 타이에브가 박사 학위 논문을 위해 아파르 저지대를 조사하기 시작한 것이다. 아파르는 침입자를 거세하는 것으로 악명 높은 거친 유목민들과 위험한 동물이 있는 죽음의 계곡으로, 개척 시대 미국 서부 같은 느낌이었다. 에티오피아인들조차 가기를 꺼렸다. 이전에 많은 탐험가들이 찾아왔다가 뼈가 되어 영영 고향을 찾지 못했다. "이 지역에서 낯선 사람을 만난다면, 그 사람은 적이다. 죽여도 된다"라고 19세기 스위스 모험가 베르너 문칭거는 적었다. 그는 자신의 삶을 통해 자신이 한 말을 입증했다. 1875년, 문칭거가 이끄는 용병 부대가 에티오피아에 진입했다가 아파르 지역의 부족에게 모두 죽임을 당했다. 1881년, 일군의 이탈리아 탐험가들도 마찬가지로 목숨을 잃었다. 3년 뒤에는 이탈리아의 다른 탐험대가 앞서 그 지역을 방문했던 탐험대를 찾으러 왔다가 같은 운명을 맞이했다. 전멸당하리라는 위협감에 이후 반세기 동안 어떤 탐험가도 이 지역을 방문하지 못했다. 1928년, 채굴 엔지니어인 루이스 마리아노 네즈빗이 두 명의 이탈리아 탐험가와 열다섯 명의 에티오피아인을 데리고 아파르 탐사에 나섰다. 사막을 가로질러 800마일(약 1280킬로미터)을 나아갔다. 어떤 날은 화씨 150도(약 섭씨 66도)가 넘는 기온에 물 한 모금 마시지 못한 채 걸어야 했다. 네즈빗이 지나간 길은 나중에 버클리 팀이 연구할 지역이었다. 그는 아파르족, 특히 죽음의 전리품으로 자신을 장식한 남성 전사들의 얼굴을 그림으로 그렸다. 그의 탐사대 중 한 명은 아파르 가이드에 의해 살해당했고, 두 명은 실종됐다. 그 두 사람도 살해당한 것으로 추정됐다. 한 아파르인이 탐사대에 이렇게 말했다고 알려져 있다. "남자는 피를 생각해야만 합니다. 죽이지 않고 사느니 죽는 게 낫습니다."

1960년대에 타이에브가 아파르 저지대를 탐사할 때는 외국인이 토막 살해를 당할 걱정은 이전보다 덜 해도 되었다. 차량을 이용할 돈이 부족해서 타이에브는 당나귀를 타고 이동하고, 수영으로 강을 건넜다. 악어 사냥꾼들에게 배를 빌려 타기도 했다. 나중에야 랜드로버 한 대를 구한 그는, 독일 기업이 홍해까지 고속도로를 건설하면서 남긴 불도저 흔적을 따라 아파르족 가이드들과 함께 무법 지대를 한층 더 깊숙이 탐사했다. 사막을 빠르게 지나가며 그는 아파르족 대원들에게 고기를 먹이려고 타조를 추격하기도 했다. 그의 조수였던 존 칼브는 타이에브에 대해 이렇게 묘사했다. "충동적이고, 쉽게 흥분해 자주 인내심의 바닥을 드러내고, 줄담배를 피워대는 사람이다. 그냥 살짝 맛이 갔다." 타이에브는 아와시 계곡이 최근의 화산 폭발로 화산성 토양에 덮여 있을 거라 생각했다. 그런 지역에서는 보통 화석이 전혀 나오지 않는다. 하지만 놀랍게도, 타이에브는 화석화된 뼈가 풍부하게 묻힌 퇴적암을 발견했다.

1969년 어느 늦은 오후, 타이에브는 아와시강 상류의 한 언덕에 올라 아래로 장대하게 펼쳐진 노출된 지질면을 바라봤다. 아파르족 가이드가 계곡 안에 적대적인 이사족 전사들이 매복해 있을 것을 걱정하자, 타이에브 혼자 계곡 아래로 내려갔다. 그곳에서 그는 초기 인류 조상이 살던 곳에서 같이 발견되곤 하는 코뿔소와 소, 코끼리 등의 뼈가 흩어져 있는 것을 발견했다. 고인류학 분야에서 유명해질 이 지역을 아파르족은 '보물 같은 강'이라는 뜻의 "아디 다르ahdi d'ar"라고 불렀고, 외지인들은 줄여서 하다르Hadar라고 불렀다.

타이에브는 고인류학 분야의 거장들을 이 현장에 초대했다. 하지만 그들은 다른 현장에서 바쁘거나, 잘 모르는 그 젊은 학자가 말하는 잘 알려지지 않은 지역에 대해 회의적인 반응을 보일 뿐이었다. 나중에 파리에서 타이에브는 오모 탐사대에 학생 연구원으로 참여하고 있던 미국 인류학자 돈 조핸슨을 만났다. 조핸슨은 당시를 회상하며 이렇게 말했다. "그는 골루아즈 담배를 끊임없이 입에 물고 있는, 두꺼운 안경을 낀 흥이 많은 사내였습니다. '오모에서 화석을 찾았다고 생각한다면, 나와 함께 아파르에 가야 해'라고 떠들었죠."

돈 조핸슨은 현장 과학자의 전형과는 다른 사람이었다. 디자이너 옷을 입고, 고급 와인에 프랑스 정찬을 즐기는 도회적인 멋쟁이였다. 구레나룻을 기른 그는 말을 할 때마다 진한 눈썹이 위아래로 오르락내리락했다. 스웨덴 이민자의 아들인 조핸슨은 아버지를 두 살 때 잃고, 일하는 싱글 맘인 어머니 손에서 자랐다. 학문에 조예가 있던 이웃이 어린 조핸슨을 인류학자에게 소개했고, 그는 인류의 기원을 찾는 일에 큰 매력을 느꼈다. 1970년, 시카고대학 대학원생이던 조핸슨은 클라크 하월의 오모 탐사대 일원으로 아프리카에 갔다. 처음 아프리카에 온 사람이 다 그렇듯, 그는 뜨거운 열기에 맥을 못 췄고 화석도 발굴하지 못했다. 하지만 결국 노두를 훤히 꿰뚫게 됐고, 이름을 날리기로 결심했다. 일부 교수들은 조핸슨이 현장에서 오래 견디지 못할 것으로 생각했다. 하지만 이는 조핸슨을 제대로 몰라봐서였다.

1972년, 타이에브는 조핸슨과 칼브, 그리고 프랑스 고생물학자 이브 코팡과 함께 하다르 탐사를 기획했다. 이들은 고원지대 경계로 들어간 뒤, 조금씩 전진하며 계곡을 살펴봤다. 침식된 퇴적물 사이에서 화석이 발견되었다. 네 사람은 국제 아파르 연구 탐사대를 결성했고, 에티오피아 정부는 거의 지부티공화국 크기에 육박하는 넓은 영토에 이들이 출입할 수 있도록 허가를 내줬다. "당시 나는 굉장히 의욕에 차 있었습니다. 인류의 조상 화석을 발굴할 수 있을 거라는 절대적인 확신에 사로잡혀 있었죠." 조핸슨은 당시를 회상하며 이렇게 말했다.

1973년, 하다르 탐사의 첫 번째 중요한 발견이 이루어졌다. 어느 날 조핸슨은 300만여 년 전에 형성된 플라이오세 층을 조사하다 언뜻 하마의 갈비뼈로 보이는 화석을 발견했다. 처음엔 그걸 던져버렸지만, 이내 그게 작은 영장류의 정강뼈(경골)라는 사실을 깨달았다. 원숭이의 뼈 같았다. 그걸 다시 집어 든 그는 몇 미터 떨어진 곳에서 넙다리뼈 하부 화석을 하나 더 발견했다.

두 뼈를 맞춰봤다. 기가 막히게 딱 맞았다.

하지만 이해가 가지 않는 게 있었다. 뼈가 정강이의 중심 수직선과 조금 다른 각도로 기울어진 채 넙다리뼈와 연결됐다. 어떤 원숭이나 유인원에서도 볼 수 없는 특징이었다. 다른 모든 영장류는 넙다리뼈가 정강뼈와 일렬로 늘어서 있는 반면, 인류의 넙다리뼈는 골반에서 무릎까지 안쪽을 향하고 있어 걷거나 뛸 때 한 발로도 균형을 잡을 수 있다. 즉 인류의 넙다리뼈와 정강뼈는 일명 두관절융기각bicondylar angle이라는 각도를 이룬다. 조핸슨이 발굴한 무릎 화석도 그랬다. 수수께끼가 떠올랐다. 당시 고인류학 분야 일부 권위자들은 인류의 조상이 50만 년 전에야 직립보행을 시작했다고 주장했다. 훨씬 오래전에 직립보행을 했을 가능성이 있다고 주장하는 이들도 있었지만, 입증할 증거는 거의 없었다. 조핸슨이 발굴한 무릎은 300만 년 이상 된 화석이었다. 이 화석의 주인공이 정말 인류의 조상에 속할까? 비교할 만한 표본을 찾을 수 없자, 조핸슨은 이후 몇 년에 걸쳐 그를 괴롭힐 행동을 실행에 옮겼다. 바로 무덤 도굴이었다.

아파르 사막 언덕 꼭대기에는 아파르 부족들이 시신을 매장한, 석재로 된 원형 지하 묘지가 군데군데 있었다. 조핸슨과 대학원생 톰 그레이는 발굴 캠프를 몰래 빠져나와 근처 봉분에서 넙다리뼈를 훔쳤다. 그날 밤 텐트로 돌아온 조핸슨은 훔친 뼈를 그가 발굴한 무릎 화석과 비교했다. 두 뼈 모두 이족보행에 필요한 해부학적 특징을 보이고 있음을 확인했다. 나중에 미국으로 돌아와, 조핸슨은 인류 보행을 연구하는 권위자와 서둘러 상의했다. 켄트 주립대학의 오언 러브조이로, 그는 조핸슨의 화석이 직립보행 종의 화석이 맞으며, 당시까지 알려진 가장 오래된 이족보행 화석보다 더 오래됐다고 확인해줬다. 러브조이는 조핸슨에게 이렇게 말했다. "사람들은 당신의 말을 믿지 못할 겁니다. 다시 가서 화석 전체를 발굴하는 게 나아요."

이듬해 조핸슨은 다시 하다르로 돌아와 그를 유명하게 만들어줄 화석을 발굴했다. 1974년 11월 24일, 조핸슨과 그레이는 아침에 황량한 언덕을 조사하고 있었다. 한낮이 되어 그 모래 지역이 열로 들끓자 두 사람은 차 쪽으로 걸어갔다. 그때 조핸슨이 팔뼈 화석 하나를 발견해 그레이에게 그 사실을 알렸다. 그들의 눈이 새로 발견한 화석 이미지에 적응하자마자, 메마른 달 표면 같던 풍경에서 갑자기 화석들이 드러났다. 머리뼈, 척추, 골반, 갈비뼈의 파편들이. "땅에서 튀어나오기 시작한 뼈 같았어요"라고 그레이는 회상했다. 둘은 캠프로 운전해 가서 사람들을 불러 모았고, 다 같이 그 지역을 발굴하러 갔다. 3주간 발굴하고 체로 흙을 거르는 작업을 반복한 결과, 수백 개의 화석 파편을 발견할 수 있었다.

발굴팀이 캠프 테이블에서 화석을 복원할 때, 건전지로 작동하는 카세트 플레이어에서 비틀스의 〈루시는 하늘에 다이아몬드와 함께 Lucy in the Sky with Diamonds〉가 울려 퍼졌다. 그리하여 그 화석에 '루시'라는 이름이 붙었다. 루시는 당시까지 발견된 인류 화석 중 가장 오래된 것이었다. 거의 300만 년 전 화석이었다(다음으로 오래된 화석은 7만 5000년 전의 네안데르탈인 화석으로 차이가 컸다). 발굴팀은 루시 화석을 약 40퍼센트 복원했다. 테크니션들은 나중에 발굴하지 못한 나머지 뼈 부분을 대칭 위치에 있는 다른 뼈를 이용해 복원했다. 이렇게 해서 전체 뼈의 약 70퍼센트가 복원되었다. 캠프에서 조핸슨은 뼈 하나하나를 자세히 들여다봤다. 모리스 타이에브는 다른 일은 다 제쳐두고 작업에 몰두해 있는 그를 지켜보았다. 타이에브는 이렇게 회상했다. "매일 밤, 조핸슨은 모든 화석을 상자에 넣어 자기 텐트에 가져갔어요."

발굴 시즌을 마무리하며 발굴팀은 혁명으로 혼란스러운 수도로 다시 돌아갔다. 그들의 발굴은 이미 전 세계적인 화제였고, 에티오피아 문화부 장관은 화석에 외국 이름을 붙였다고 연구자들을 나무랐다. 장관은 화석에 에티오피아 이름인 '딩크네시Dinknesh'를 제안했는데, 암하라어로 '아름다운 여성'이라는 뜻이었다. 하지만 화석은 이미 전 세계 언론을 통해 루시라고 소개된 뒤였기에, 그대로 루시가 되었다. 장관에게는 다른 걱정거리도 많았다. 공무원들이 줄줄이 총에 맞아 사망하고 있었다. "다음 날 무슨 일이 벌어질지 아무도 예측할 수 없었습니다. 사람들이 여기저기에서 살해당했어요." 전 문화부 장관 아크릴루 하브테가 당시를 떠올리며 말했다. 조핸슨과 타이에브는 서둘러 논문을 쓰고 화석을 에티오피아 밖으로 가져가기 위한 허가를 받았다. 조핸슨은 당시 비행기를 타고 고국으로 돌아오며 느꼈던 황홀한 깨달음을 다음과 같이 묘사했다. "나는 더 이상 무명의 인류학과 대학원생이 아니었다. 고인류학계 최고의 스타인 리처드 리키와 견줄 만한, 유명한 화석을 발굴해낸 젊은 현장 전문가였다."

루시는 그 시대의 가장 커다란 발견이었다. 그런데 불과 1년 뒤, 하다르 팀은 또 하나의 뛰어난 발견을 했다. 1975년, 의대생 마이크 부시는 침식된 언덕에서 두 개의 치아 화석을 발견했다. 그 지역에 대한 집중적인 발굴이 이어졌다. 어느 날 내셔널지오그래픽협회 사진가가 촬영에 필요한 빛이 부족하다고 하자, 조핸슨은 다음 날 낮

돈 조핸슨(왼쪽)과 모리스 타이에브(오른쪽)가 하다르 캠프에서 루시 화석을 살펴보고 있다.

까지 작업을 중단하기로 했다. 다음 날 아침, 프랑스 영화 제작자 한 명이 아카시아 나무 아래 그늘에 앉으려다 바닥에서 발꿈치뼈와 넙다리뼈 화석을 발견했다. 다른 사람들도 언덕 여기저기에서 화석을 발견했다고 소리쳤다. 남은 현장 발굴 시즌 동안 하다르 팀은 최소 열세 개체에서 나온 것으로 보이는 216개의 호미니드 화석을 발굴했다. 루시 화석과 비교할 개체가 생긴 것이다. 해부학적 특성을 비교하며 고대의 인구 분포 및 종간 다양성을 분석하는 연구가 활발해졌다. 타이에브와 조핸슨은 처음에는 뼈가 이렇게 좁은 지역에서 많이 발견되는 것은 급격한 홍수로 많은 사람들이 죽었기 때문이라고 추정했다. (수년 뒤 두 사람은 이 주장을 폐기했다. 다른 전문가들은 이 화석들은 육식동물에게 잡아먹힌 잔해이며, 한자리에 모인 것은 단지 물을 따라 흘러 내려왔기 때문이라고 주장했다.) 하다르 팀은 이들 화석에 "최초의 가족"이라는 이름을 붙였다.

에티오피아는 도시 내 숙청과 게릴라 반란, 아파르 저지대 부족 간의 내전으로 더욱 위험해졌다. 조핸슨은 마지막으로 1976년 시즌 발굴을 계획했다. 미국 대사관은 그 계획을 취소하라고 권고했다. 하지만 그가 단념하지 않자 그와 가까운 사람들 및 친척 명단을 요구했다. 발굴 막바지에, 하다르 팀은 두려움에 질려 수도로 돌아왔다. 행정부가 공포로 거의 마비 상태였기에, 조핸슨은 발굴한 화석을 에티오피아 밖으로 무사히 옮길 수 있을지 걱정이 이만저만이 아니었다. 다행히 친한 젊은 장관이 그에게 허가증을 발급해줬다. 장관은 그날 저녁 귀가했다 살해당했다.

그런데 이 모든 새로운 화석들의 정체는 무엇일까. 1975년 시즌 발굴이 끝난 뒤, 조핸슨은 나이로비에 들러 인류 진화 분야의 명가인 리키 가문에게 그것들을 보여줬다. 루이스 리키는 3년 전 먼저 세상을 떠났고, 부인인 메리 리키가 탄자니아 올두바이 협곡에서 장기간 이어져온 연구를 계속하고 있었다. 그의 아들이자 후계자인 리처드 리키는 케냐에서 독자적으로 수행한 발견으로 유명세를 타고 있었다. 조핸슨에게 이 가족은 선망의 대상이었지만, 자신보다 더 유명한 경쟁자인 리처드 리키를 넘어서고 싶은 열망도 있었다. 조핸슨은 나중에 이렇게 회상했다. "우리의 대화는 언제나 경쟁 차원에서 전개됐다. (…) 우리는 서로의 갑옷에서 갈라진 틈새를 찾고 있었다."

케냐 국립박물관에서, 조핸슨은 자신의 하다르 화석을 리처드 리키와 그의 연구팀에 공개했다. '최초의 가족' 화석 개체 가운데 몇몇은 루시보다 월등히 컸다. 우선, 조핸슨과 리키는 하다르 화석이 두 개의 다른 그룹으로 나뉜다는 사실에 뜻을 같이했다. 하나는 오스트랄로피테쿠스(리키의 신념에 따르면, 이들은 멸종의 운명을 피하지 못한 "거의 사람인" 존재다)였고, 다른 하나는 호모(이는 현생인류의 조상으로 여겨졌다)였다. 구석에 있던, 빳빳한 머리카락에 흰 가운을 입은, 조핸슨이 처음 보는 젊은 대학원생이 뚫어져라 그 화석들을 살펴봤다. 조핸슨은 그가 조용한 이유가 소심해서라고 여겼지만, 착각이었다.

그는 팀 화이트로, 당시 리키 발굴팀의 실습생으로 케냐에 와 있었다. 화이트는 수줍은 게 아니었다. 테이블에 둘러선 거물들로부터 나온, 두 계통의 인류라는 해석에 동의하지 않을 뿐이었다. 화이트는 졸업 논문을 위해 호미니드 턱뼈들을 연구하고 있었고, 그중에는 메리 팀이 탄자니아 라에톨리에서 발굴한, 375만 년 전 것으로 추정되는 화석도 있었다. 그는 메리의 탄자니아 화석과 조핸슨의 에티오피아 화석이 같은 종에 속한다고, 아직 학계에 보고되지 않은 새로운 종이라고 믿었다. 화이트가 그렇게 말하자 조핸슨이 한 발 물러섰다. 두 개체군은 거리상으로 수천 마일 떨어져 있었고 시간도 최소 50만 년은 차이가 났다. 조핸슨이 화이트의 주장을 재확인했다.

"같은 종이라고요?" 조핸슨이 물었다.

"같은 종이죠." 화이트가 주장을 굽히지 않았다.

"루시는 어떻게 생각하죠?"

"루시도 마찬가집니다."

조핸슨은 동의하지 않았다. "그럴 리가 없어요."

오늘날 에티오피아를 비롯한 여러 국가들은 유물을 자국의 국립 박물관에 보관하고, 아주 드문 경우에만 그것의 해외 반출을 허락한다. 하지만 1970년대만 해도 이 국가들에는 현대적인 박물관은 물론 화석 본을 뜨는 연구실, 훈련받은 테크니션도 부족했다(나중에 버클리 팀은 이런 문제를 해결하기 위해 연구 자금을 마련해 새로운 연구실을 지었다). 그래서 정부는 외국 연구자들의 화석 표본 연구를 허용해줬다. 조핸슨은 자신이 생물인류학 큐레이터로 근무하는 미국 클리블랜드 자연사박물관에 화석 상자를 갖고 돌아왔다. 겨우 2년여 전만 해도 인류 초기 역사를 보여주는 화석 기록이 없었는데, 갑자기 400만~300만 년 전에 살았던 인류 화석 기록이 늘어났다. 그리고 그 대부분은 이리호Lake Erie 남쪽 부근의 벙커 같은 지하실에 놓였다.

케냐에서 리키 연구팀과 만난 지 두어 달 뒤, 조핸슨은 프랑스의 학회에 참석했다가 다시 팀 화이트를 만났다. 그는 스승 리처드 리키와 사이가 틀어진 상태였다. "그 없이는 안 되겠다는 생각을 하기에 이르렀습니다." 조핸슨이 회상했다. "화이트와 어울려서 리키 가문을 화나게 할 우려보다, 화석들을 제대로 분석해내지 못할 위험이 더 컸어요."

이 둘의 파트너십은 인류의 과거를 다시 썼다. 클리블랜드 자연사박물관은 인류 기원 연구의 전성기를 구가했다. 많은 연구자로 구성된 팀이 하다르 화석을 연구해 재구성했다. 하지만 그 화석을 인류 가계도의 어디에 넣을지 결정하는 것은 주로 조핸슨과 화이트의 몫이었다. 이들은 세 종류의 화석을 고려하고 있었다. 하나는 루시 화

케냐 국립박물관에서, 돈 조핸슨이 에티오피아에서 발굴한 새 화석을 리키 팀에게 보여주고 있다. 이 방문에서 조핸슨은 당시 리키 팀의 대학원생이던 팀 화이트를 만났다. 화이트는 에티오피아와 탄자니아에서 새로 나온 모든 화석들이 한 종에 속한다는 도발적인 의견을 냈다. (왼쪽부터) 팀 화이트, 리처드 리키, 버나드 우드, 돈 조핸슨.

석이고, 또 하나는 하다르에서 발굴한 '최초의 가족' 화석이었다(모두 300만 년 전 것으로 보였다). 세 번째 화석 캐스트는 탄자니아에서 메리 리키 팀이 모은 것이었다(360만 년 전 또는 380만 년 전 것이었다). 이 화석들의 어떤 특징은 인류를 닮았고, 어떤 특징은 유인원과 닮아 있었다. 이들의 정체는 무엇일까?

화이트는 협업을 할 때도 때로 반대 입장에서 비판했다. 연구실은 가설을 검증하기 위한 법정이 되곤 했다. "논문이 나온 뒤에 다른 사람에게 혹평을 받지 않으려면, 이렇게 우리가 출간 전에 서로 비판해야 합니다"라고 당시 화이트는 설명했다. 조핸슨은 새로운 화석 가운데 일부는 호모속에 속하는 인류의 조상이고, 다른 화석은 멸종한 오스트랄로피테쿠스 계통에 속한다는 리키의 해석을 고수했다. 화이트는 모든 화석이 같은 종이라고 계속 주장했다. 두 사람을 포함한 동료 연구자들은 입장을 좁히지 못한 채 여러 달 논쟁을 벌였다. 때로는 늦은 밤 고함을 치며 싸우기도 했다. "화이트는 결국 나를 설득시켰어요." 조핸슨이 말했다. 화이트는 자신이 늘 하던 대로, 즉 문제를 일련의 근본적인 질문으로 분류하고, 증거를 철저하게 축적하고 나면, 뒤도 돌아보지 않고 주장을 고수하는 식으로 논쟁을 승리로 이끌었다. 그는 에티오피아와 탄자니아 화석의 턱뼈들을 연구실 테이블에 크기 순으로 늘어놨다. 그렇게 차례로 늘어놓고 보니, 턱뼈들 중 가장 작은 것과 가장 큰 것 사이의 크기 차이조차 여느 고등 영장류에게서 볼 수 있는 다양한 형질의 연속성으로 볼 수 있게 됐다. 비교를 위해, 화이트는 클리블랜드 자연사박물관이 보유한 현생 침팬지와 고릴라의 머리뼈 및 치아를 함께 늘어놨다. 각각의 유인원 종은 매우 큰 형질 차이를 보였다. 스펙트럼 양 극단의 두 개체를 골라서 보니 차이가 극명했다. 하지만 이들을 개체군의 눈으로 다시 보니 그저 같은 스펙트럼에 속한 일련의 화석 중에서 골라낸 두 개의 표본일 뿐이었다.

결국 조핸슨은 더 이상 자신의 주장을 계속 유지할 수 없었다. 1977년 12월, 그는 이 세 가지 화석들이 모두 같은 종이라는 화이트의 의견에 동의했다. 인류학자들은 그것들의 크기가 다양하게 관찰되는 이유는 성적 이형성sexual dimorphism(남성이 여성보다 컸다) 때문이라고 주장했으며, 이는 상대 성장allometry(특정 부분에서 변화가 불균형하게 일어나는 현상)이라는 해부학적 현상에 대한 논의를 촉발했다. 다음 질문은 이것이었다. 이 종에 어떤 이름을 붙여야 할까? 두뇌는 호모속에 비해 많이 작았다. 조핸슨과 화이트는 이 새로운 종에게 아파르 지역의 이름을 따서 오스트랄로피테쿠스 아파렌시스*Australopithecus afarensis*라는 이름을 붙였다. (동물학의 전통에서 속명은 대문자로 쓰고 종소명은 소문자로 쓴다.) 명명법의 규칙을 고려하면, 하나의 종에는 하나의 모식표본(생물학에서 특정 분류군의 특징을 정의해 정식 학명을 얻도록 하는 특정 표본-옮긴이)이 필요하다. 인류학자들은 (메리 리키 팀이 수집한) 탄자니아의 오래된 턱뼈를 에티오피아에서 이름을 딴 종의 대표 사례로 선정했는데, 논란이 많았다. 화석종은 보통 머리뼈와 치아로 정의될 때가 많다. 화이트는 탄자니아 화석이 그 특징을 가장 잘 드러내준다고 주장했다. 이 같은 선택에는 전략적 이점도 있었는데, 아파렌시스•의 생존 연대를 더 먼 과거까지 확장해 그것이 가장 오래된 아프리카 호미니드라는 사실을 확인시켜, 더 오래된 화석이 호모속의 새로운 종으로 분류될 가능성을 없앤 것이다.

조핸슨과 화이트는 재빨리 행동해야 한다고 느꼈다. 하다르와 라에톨리 표본은 이미 논문으로 보고되었기 때문에, 누구라도 그것들

• 이 책에서는 분류군을 자주 종소명으로만 부를 예정이다. 작가로서 편리성을 위해 전통적인 이명법(속명과 종소명을 모두 사용하는 학명 부여 방법)을 따르지 않은 점에 대해 미리 양해를 바란다. 그러니까 '라미두스'는 아르디피테쿠스 라미두스를 줄여 쓴 표현이고, '아파렌시스'는 오스트랄로피테쿠스 아파렌시스를 의미한다. 때로는 속명을 줄여 쓸 것이다(예를 들어 *Ar. ramidus* 또는 *Au. afarensis* 식으로).

을 신종이나 기존 종에 할당할 수 있는 대등한 상황이었다. 즉 다른 연구자가 먼저 새로운 분류군의 명칭을 정할까 봐, 특히 자신의 라이벌인 프랑스 고인류학자 이브 코팡이 그럴까 봐 조핸슨은 두려웠다. 1978년 5월, 조핸슨은 스웨덴 왕립과학아카데미에서 개최된 노벨 심포지엄에서 새로운 종의 존재를 알렸다. 그의 발표를 듣고 메리 리키는 격분했다. 본인이 라에톨리 화석에 대해 발표하기로 이미 계획돼 있었는데, 조핸슨이 먼저 한 셈이기 때문이었다. 메리 리키는 인류 진화에 관한 자신의 중요한 발견을 조핸슨이 가로챘다고 생각했다.

이 두 젊은 미국인은 루시와 그가 속한 아파렌시스가 이후 나온 모든 인류 가계 조상을 대표한다는, 기존 주장을 완전히 무너뜨리는 주장을 했다. 리키 가문은 인류가 속한 호모속이 1000만 년 전부터 존재했을 것이라고 믿었다. 문제는 그 연대 부근의, 두뇌가 큰 인류 조상 화석은 찾지 못했다는 점이었다. 대신 더 본원적인 오스트랄로피테쿠스만 발굴되었다. 화이트와 조핸슨은 400만~300만 년 전에 살았던 이 오스트랄로피테쿠스가 바로 진짜 인류의 조상이라고 단언했다.

이들의 주장은 큰 반대에 직면했다. 일각에서는 오스트랄로피테쿠스 아파렌시스는 너무 유인원스러워 인류의 조상이 될 수 없다고 했다. 하지만 분자생물학자들이 인류가 침팬지 및 고릴라와 약 500만 년 전에 공통 조상을 가졌다는 연구 결과를 발표했다. 두 젊은 루시 연구자들은 이 연구 결과에 큰 관심을 가졌다. 실제로 아파렌시스는 아프리카 유인원으로부터 인류가 기원했다는 최근의 패러

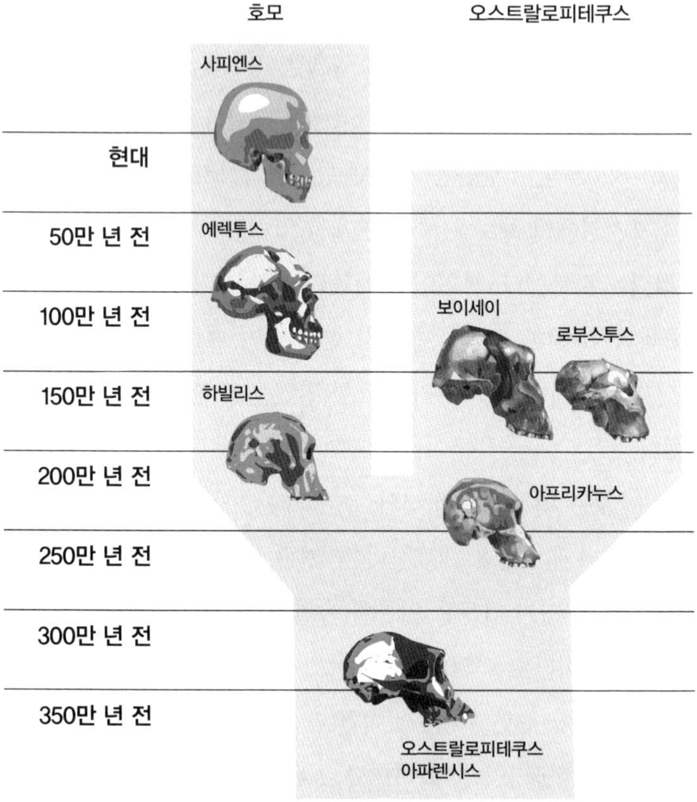

호모 오스트랄로피테쿠스

사피엔스

현대

50만 년 전

에렉투스

100만 년 전

보이세이

로부스투스

150만 년 전

하빌리스

200만 년 전

아프리카누스

250만 년 전

300만 년 전

350만 년 전

오스트랄로피테쿠스 아파렌시스

돈 조핸슨과 팀 화이트가 1979년 제안한 Y자 모양의 인류 가계도.

다임을 뒷받침할 최초의 주요 화석종으로 자리매김했다.

조핸슨과 화이트는 클리블랜드 자연사박물관이 발행하는 학술지 〈커틀랜디아〉를 통해 새로운 종을 공식적인 논문으로 발표했는데, 다른 주요 학술지에서 동료 평가자들과 씨름하는 것을 피하기 위한 전략이었다. 둘은 예의상 코팡과 메리 리키를 그 논문의 공저자로 올렸다. 1978년 6월, 화이트는 나이로비로 돌아가 상사인 리처드 리키와 연구실 소속 연구자들에게 자신의 이론을 발표했다. 그들은 모두 화이트의 말에 회의적인 입장이었다. 다음은 당시 한 기자가 그 자리의 토론을 기록한 내용이다.

> 앨런 워커(인류학자): 만약 성적 이형성이 오늘날 볼 수 있는 것보다 더 심하다면, 그에 대한 이유를 반드시 제시해야 해요.
>
> 팀 화이트: 최초의 가족 화석에 하나의 종만 있다고 보는 게 가장 단순한 설명입니다.
>
> 워커: 수치적 단순성이 언제나 진실은 아니잖아요.
>
> 리처드 리키: 우리를 설득시킬 만큼 충분히 연구하고 측정했나요?
>
> 화이트: 우리의 아이디어는 명료합니다.
>
> 앤드루 힐(고생물학자): 모호하네!
>
> 화이트: 우리는 중대한 사실을…
>
> 힐: 정량화하지 못했다면 그게 중요한지 어떻게 알죠?
>
> 화이트: 제 경험상이죠!
>
> 워커: 더 정교해질 필요가 있어요.
>
> 리키: 화석에서 자신이 맞다고 생각하는 부분을 우리에게 강요하는 느낌인데.

다른 논쟁도 격렬하게 벌어졌다. 루시와 루시가 속한 종은 현대인처럼 두 다리로 걸었을까? 클리블랜드 자연사박물관 팀은 오스트랄로피테쿠스 아파렌시스가 완벽한 이족보행을 했다고 주장했다. 그 화석에는 긴 팔과 길고 구부러진 손가락 및 발가락 등 본원적인 특징이 남아 있었지만, 루시 팀의 보행 전문가 오언 러브조이는 그것들을 나무 위에서 생활하던 선조들이 남긴 진화적 짐으로 치부했다. 러브조이는 루시의 골반과 다리를 보건대 오스트랄로피테쿠스 아파렌시스는 이미 나무 위 생활에서 이족보행 생활로 넘어갔다고 주장했다. 일부 전문가들은 그런 본원적인 생명체가 직립보행을 했다는데 의구심을 갖고 아파렌시스가 계속 나무 위 생활을 했거나, 두 발로 걸었더라도 서커스에 나오는 유인원들처럼 어기적거렸을 것이라고 주장했다. 그러고 나서 모든 인류학자가 꿈꾸던 증거가 나왔다. 루시가 속한 종이 당대에 두 발로 걸었음을 확인시켜주는 발자국 화석이었다.

그 발자국 화석은 고인류학계의 가장 놀라운 발견 중 하나였다. 그것은 발굴에 투신한 건방진 젊은 미국인 팀 화이트와 리키 가문을 또다시 충돌하게 만들었다.

1978년 7월 4일, 미국 독립기념일이던 이날 화이트는 메리 리키의 라에톨리 캠프에 도착했다. 나이로비의 박물관에서 리처드 리키의 연구팀과 논쟁을 벌인 지 일주일 뒤였다. 라에톨리의 연구자들은 고집불통 미국인이 방울뱀 가죽을 두른 모자에 꽂아둔 솔로 무엇을 할지 감이 오지 않았다. 금발에 커다란 안경을 쓴 그 미국인은 포크 가수 존 덴버를 연상시키는 거친 시골뜨기였다. 라에톨리 캠프는 매우 위험한 독사인 퍼프 애더가 몰려드는 아카시아 나무 그늘 사이에 세워져 있었다. 화이트는 개의치 않고 그 뱀을 잡아 죽여 가죽을 벗긴 뒤 꼬챙이에 꿰어 불에 구워 먹었다. 화이트와 그의 동료인 고고학자 피터 존스는 캠프 활동의 단조로움을 이기기 위해 뿔닭guinea fowl을 잡는 내기를 하기도 했다. 둘은 걸어 다니며 그 빠르게 움직이는 새들을 움켜잡거나, 돌로 맞히거나, 랜드로버를 타고 치어버리려 하기도 했다. 이 모든 시도가 실패로 돌아가면 사람들은 화이트를 차에 태웠고, 존스가 초원을 질주하는 동안 화이트는 허공에 방망이를 휘두르며 새를 잡으려 애썼다.

화이트는 리처드 리키 캠프에서 사람들과 충돌하기로 유명했다. 하지만 처음에는 이런 사실이 메리 리키 캠프에서 문제가 되지 않았다. 메리 리키가 당시 아들과 별로 사이가 좋지 않았기 때문이었다. 메리는 신랄한 유머를 섞어 말했고, 공개적으로 "재수 없는 사람"과 좋아하는 사람을 언급했다. "나는 어머니가 어떻게 저녁마다 위스키 반병을 마시고도 하루하루를 그토록 기운차게 시작하는지 도통 알 수 없었어요"라고 리처드는 회상했다. "어머니는 돌아가시는 날까지 하루도 빠짐없이 위스키를 마셨지만 아침마다 거뜬히 일어나셨죠. 정말 간 하나는 건강하셨어요." 메리는 초기에는 화이트를 마음에 들어 해서 자신의 크리스마스 파티에 초대하고, 새로 발굴한 화석에 화이트의 이름인 "티모시Timothy"라는 별명을 붙이기도 했다. 메리는 화이트가 임용될 수 있도록 버클리에 추천장을 쓰면서 그가 "매우 유능하고 생각이 명료한 젊은이"라고 칭찬했다.

당시 라에톨리 발굴팀은 3년째 발자국 화석을 찾고 있었다. 이 발굴은 1975년, 젊은 연구자들이 말라붙은 코끼리 똥을 서로 던지며 놀고 있을 때 시작되었다. 앤드루 힐이 똥을 더 찾으러 도랑에 들어가 바닥을 살폈는데 뭔가가 눈을 사로잡았다. 동물 발자국이었다.

힐은 무릎을 꿇고 재가 굳은 단단한 지층을 살펴봤다. 빗방울에 움푹 팬 흔적이 남아 있었다. 꼭 폼페이 유적을 보는 것 같았다. 코끼리 똥 전투는 중단됐다. 연구자들은 넋을 잃고 고대 코끼리와 영양, 버펄로, 기린, 그리고 새의 발자국 화석을 바라봤다. 이 라에톨리 재에는 인류 조상의 발자국 화석도 남아 있을까?

화이트가 도착한 지 얼마 안 되어, 지질학자 폴 아벨이 마침내 오랫동안 찾아 헤맨 호미니드 발자국 화석을 처음 발견했다. 하지만 선명하지 않은 눌린 모양이라 확신할 수가 없었다. 이미 한 차례 화석을 오인한 사례가 있었다. 한 해 전에 이상한 발자국 화석을 발견했는데, 이를 인류 조상 화석이라고 잘못 해석한 것이다. 당시 메리 리키는 워싱턴 D.C.의 내셔널지오그래픽협회 사무실에서 기자회견을 열어 그 화석이 화산 폭발을 피해 달아나던 호미니드의 발자국 화석이라고 발표했는데, 나중에 연구팀은 그 발자국 주인이 곰이라고 정정해야 했다. 그래서 메리 리키는 이번 발견에 조심스럽게 접근했다. 아프리카인 작업자 한 명을 배정해서 초벌 발굴을 하게 했다. 작업자가 발굴해보니 의심의 여지없이 두 발로 걸은 인류 발자국 화석이었다. 메리 리키는 당시를 이렇게 회상했다. "나는 팀 화이트가 내 케냐 발굴팀 일원으로서 경험과 능력을 지녔는지 확신할 수 없었어요. 하지만 그는 매우 주의해서, 아주 정밀하게 작업해야 하는 그 발굴을 책임지겠다고 결심했죠."

라에톨리 발자국 화석은 매우 드문 환경적 조건들이 복합적으로 맞아떨어진 덕분에 보존될 수 있었다. 약 360만 년 전, 화산 분출로 지상이 갓 내린 눈에 뒤덮이듯 재로 뒤덮였다. 비가 내리자 재는 젖은 시멘트와 비슷한 진흙 형태로 변했다. 이를 배경으로 두 명 또는 세 명의 인류 조상이 천천히 걸으며 해변을 따라 선명한 발자국을 남겼다. 재는 굳었고, 뒤이어 다시 발생한 화산 분출로 화학적 조성이 조금 다른 재가 그 위를 덮었다.

화이트는 때때로 발자국 화석 하나의 흙을 터는 데 사흘씩이나 썼다. 그와 인류학자 론 클라크는 발자국 화석을 채운 재를 페인트 희석제를 이용해 짙게 표시했고, 치과용 치료 도구를 이용해 주의 깊게 발굴했다. "화이트가 시간을 들여 일할 때, 메리는 기다리기 힘들어했던 게 기억나요." 고고학자 피터 존스가 회상했다. "속도를 높이려고 메리가 뛰어들었는데, 별로 큰 도움은 안 됐어요." 메리는 눈이 침침했지만 끌을 들고 발자국 화석 몇 개를 팠다. 화이트에게 화석은 신성한 존재였고, 그 발자국 화석은 지금까지 나온 것 가운데 가장 중요한 화석이었다. 화이트는 세상에서 가장 중요한 고고학 발굴지를 자신의 상사로부터 보호해야 할 책임이 있다고 생각했다. 그 상사가 아프리카 고고학 분야의 살아 있는 신화 그 자체일지라도 말이다. "나는 화석이 있는 노두까지 정말 1킬로미터를 뛰어갔어요. 그래야 메리가 도착하기 전에 화석을 발굴할 시간을 최대한 벌 수 있었으니까." 화이트가 말했다. "메리는 우리와는 좀 맞지 않았어요."

화이트와 메리는 발자국 화석을 두고도 논쟁을 벌였다. 뒤꿈치를 디딘 뒤 발 가운데 아치 부분을 거쳐 발가락 끝으로 밀면서 걸었던 흔적은, 명백히 인간과 비슷한 생체역학적 특징을 보이고 있었다. 어떤 발자국에서도 옆을 향해 갈라진 형태는 확인할 수 없었다. 발

라에톨리에서 팀 화이트.

자국의 주인공이 네 발로 걸었음을 암시하는 손바닥 화석도 없었다. 화이트는 곧 유명해질 오스트랄로피테쿠스 아파렌시스가 이 발자국 화석을 남긴 게 확실하다고 여겼다. 반면 메리는 그 새로운 종은 너무나 본원적인 특성을 지녔기에 인간다운 발자국 화석을 남길 수 없다고 생각했다. 사실 이 발자국 화석들은 너무나 현대적인 특징을 가졌기에 일부 학자들은 아직 발견된 적 없는 미지의 조상이 남긴 것이라고 주장하기도 했다.

그해 여름, 화이트와 조핸슨은 메리가 발굴한 라에톨리 화석과 조핸슨이 발굴한 하다르 화석이 모두 신종 화석인류 오스트랄로피테쿠스 아파렌시스라는 내용의 논문 초안을 썼다. 메리는 대부분의 화석이 한 종일 가능성에 대해서는 동의했지만, 그게 이름도 끔찍한 오스트랄로피테쿠스속일 것이라는 데는 동의하지 않았다. 메리는 스웨덴의 노벨 심포지엄 행사에서 겪은 일 때문에 조핸슨을 싫어했다. 게다가 총애하는 화이트도 점차 자기주장을 강하게 내세우기 시작해 슬슬 메리의 블랙리스트에 올랐다. "라에톨리 캠프의 내 작업실에서 팀 화이트는 내 마음을 돌리기 위해 장광설을 펼쳤고, 나는 오래도록 그 이야기를 들어야 했어요." 메리는 회상했다. 마지막에 가서 화이트는 계속 반대하면 곧 발표할 신종 화석 논문에서 메리의 이름을 빼겠다고 대들었다. 메리는 자신의 이름이 논문에 올라간다는 소리를 그때까지 들어본 적이 없었다고 주장했다. (조핸슨과 화이트는 메리에게 논문에 대해 제대로 알렸고 그 초안도 보여줬다고 주장했다.) 다음 날 아침, 메리는 일찍 일어나 가장 가까운 마을까지 운전해 가서 클리블랜드에 있는 조핸슨에게 짧은 전보를 보냈다. "새로운 화석종에 관한 논문에서 내 이름을 빼주길 바랍니다. 메리 리키 드림."

1978년 여름이 끝나갈 무렵까지, 라에톨리 발굴팀은 두 개의 나란한 보행렬 화석에서 34개의 발자국을 발굴해냈다. 단층에 다다랐을 때 발굴팀은 발굴을 중단한 후 다음 해에 계속 발굴하기로 계획을 세웠다. 하지만 사람들 사이의 단절은 이제 회복이 불가능해졌다. 불안한 마음이었지만 메리는 화이트에게 다음 발굴 시즌에 라에톨리로 와달라고 했다. "현장에서 싸우지 않도록 미리 말해두지만, 이 프로젝트를 이끌고 가는 것은 나고 내 결정이 곧 최종 결정임을 인정해야 할 겁니다. 화이트 당신이 동의하든 안 하든 말이죠." 메리는 화이트에게 보내는 편지에 이렇게 썼다. 화이트는 자신이 옳다고 생각하는 것은 무조건 말할 것이라고 답장했다. 발굴 시즌이 다가올수록 메리는 불안해졌고, 화이트를 발자국 화석이 발견된 적 없는 먼 지역에 보낼 계획을 세웠다. 메리는 성가신 팀원을 별로 성과가 날 가망이 없는 지역에 보낸다며 대놓고 이야기하고 다녔다. 존스가 화이트를 공항에서 만나 이런 사실에 대해 경고했다. 화이트는 라에톨리 캠프에 다시 합류하려던 계획을 포기하고 나이로비로 발길을 돌려 여름 내내 케냐 박물관에 머물렀다. 결국 그는 리프트 밸리 중에 리키 가문의 영향력이 미치지 않는 지역에서 고인류학자로서의 삶을 새롭게 시작했다. 바로 에티오피아였다.

1978년 가을, 〈커틀랜디아〉에 새로운 종을 발표하는 논문이 실렸다(인쇄 전에 그 논문에서 메리의 이름은 빠졌다). 그 잡지는 발행 부수가 많지 않다 보니, 1979년 1월 조핸슨과 화이트가 〈사이언스〉에 같은 내용의 논문을 발표한 뒤에야 그 사실이 비로소 전 세계적인 주목을 받았다. 〈뉴욕 타임스〉 1면 헤드라인은 다음과 같았다. "새로운 화석종 발견, 인류 진화에 대한 기존 관점에 도전."

> 1월 18일, 클리블랜드. 두 명의 미국 인류학자가 400만~300만 년 전에 아프리카에서 살았던 새로운 인류 조상의 화석을 발견했다. 이 종은 뇌가 작은 유인원스러운 머리를 지녔지만, 완전한 직립보행을 했던 것으로 추정된다. 지금까지 이런 특징을 지닌 고인류가 존재할 것이라고 예상한 사람은 없었다.

새롭게 발견된 인류 조상에게 이름이 부여된 것은 15년 만이다. 이 종은 직립보행 자세에 대한, 오래되고 널리 퍼진 믿음을 뒤흔들고 있다. 그동안 학자들은 직립보행과 두뇌 팽창이 동시에 일어났으며, 직립보행을 통해 손이 자유로워지면서 도구가 탄생했다는 이론을 지지해 왔다.

이번 발견으로 두뇌가 침팬지 크기에 불과하고 도구도 만들 수 없었던 종이 왜 두 다리로 걷기 시작했는지 다시 한번 논란이 제기될 것으로 보인다.

논문에 대한 이의 제기가 잇따랐다. 어떤 학자는 에티오피아에서 발굴한 화석을 탄자니아에서 발굴한 모식표본과 연결 지은 데 우려를 표시했다. 만약 이 분류군을 두 종으로 나눌 필요가 생긴다면, 그 이름은 탄자니아에서 나온 모식표본의 것을 유지하게 될 것이고 따라서 아파르의 아파렌시스는 남지 못하게 될 것이었다. 조핸슨은 그의 저서 《루시》에서 저명한 생물학자이자 분류학의 거장 에른스트 마이어가 신종의 이름에 찬성했다고 밝혔다. 하지만 논문의 초고를 검토한 마이어는 두 지역의 정확한 위치는 몰랐다. 그는 나중에 조핸슨을 나무라며 "오스트랄로피테쿠스 아파렌시스에 대한 당신의 설명은 명명법 측면에서는 엉망"이라고 말했다.

다른 사람들은 하다르와 라에톨리 화석이 단지 남아프리카에서 발굴된 오스트랄로피테쿠스 아프리카누스의 옛 형태일 뿐이라고 주장했다. 오스트랄로피테쿠스 아프리카누스는 1924년 레이먼드 다트가 발굴한 종이다. (남아프리카공화국 비트바테르스란트대학의 인류학자 필립 토비아스는 노벨 콘퍼런스에서 하다르와 라에톨리 화석을 아프리카누스의 아종이라고 선언하려 했다. 하지만 조핸슨이 먼저 단상에 올라 선수를 쳤다.) 리처드 리키도 의문을 제기했다. "내가 보기엔 돈 조핸슨의 처음 생각이 맞는 것 같은데요. 하나는 호모속, 다른 하나는 오스트랄로피테쿠스속 이렇게 각기 다른 인구집단에서 나온 화석이라는 말이죠." 조핸슨과 화이트는 루시와 아파렌시스가 리키 집안의 왕국이었던 이 분야를 뒤흔들었기에 그 집안 사람들이 개인적인 원한을 가졌을 거라고 생각했다. 조핸슨과 리처드 리키는 서로 서먹해졌다. 한편으로는 연구 내용에 이견이 있어서였지만, 다른 한편으로는 조핸슨이 다음 시대의 리처드 리키가 되고 싶은 열망이 강했기 때문이기도 했다. 둘의 사이가 결정적으로 틀어진 것은 1981년 뉴욕 자연사박물관에서 열린 콘퍼런스에서였다. 리처드 리키가 강연을 했는데, 조핸슨이 인류 가계도를 주제로 논쟁을 벌여 리처드를 수세에 몰아넣었다. 이 모습이 텔레비전을 통해 고스란히 기록에 남았다. 리처드는 대노했다. 리키 집안 사람들은 나중에 조핸슨의 베스트셀러 《루시》를 읽고 더 크게 분노했다. 책에서 조핸슨은 리키 가문이 그간 연구를 통해 밝힌 내용을 무너뜨리려는 열망을 숨기지 않았다. 언론 플레이에 능했던 조핸슨은 누군가의 말마따나 "미국 인쇄 매체 및 방송 매체에서 인류학 분야를 평정했다". 1983년, 조핸슨은 리처드 리키에게 편지를 써서 케냐에서 발굴한 화석 조사를 허가해 달라고 했다. 리처드는 그에게 꿈도 꾸지 말라며 답했다. "당신은 악당이야."

1981년, 조핸슨은 클리블랜드 자연사박물관을 그만두고 버클리 캠퍼스 옆에 독립된 기관인 인류기원연구소(IHO)를 설립했다. 그가 그곳에 연구소를 설립한 이유는 대학의 지질학자 및 인류 진화 전문가와 협업하기 위해서였다. 특히 화이트와의 협업이 중요했다. 1983년, 메리 리키가 은퇴하면서 올두바이 협곡 캠프를 떠났다. 그리고 그녀가 우려하던 일이 일어났다. 세계적 유명세를 치른 이 캠프를 두 미국인 라이벌과 그들의 탄자니아인 동료 연구자들이 차지했다. 1985년과 1986년에 조핸슨과 화이트는 올두바이 탐사를 이끌었고, 거기서 180만 년 전 화석 파편을 발굴했다. 이 화석은 호모 하빌리스로 분류됐다. 화이트는 만족스러운 표정으로 웃었다. "리키 가문 사람들은 올두바이 협곡에서 호미니드 화석을 찾으려고 30년이나 보냈어. 우린 단 3일 만에 찾았는데 말이야."(호모 하빌리스의 모식표본 OH7은 1960년에 리키 가문에 의해 처음 발견돼 1964년 발표됐다. 턱뼈와 치아, 손가락뼈 등으로만 구성되어 있어 전체적인 골격은 알기 어려웠다. 화이트가 발굴한 화석 OH62는 좀 더 많은 부위의 뼈가 포함돼 있어 전체적인 골격 연구가 가능해졌다 – 옮긴이) 조핸슨은 또 한 명의 대필 작가를 고용해 《루시의 아이》라는 두 번째 회고록을 써서, 고인류학 분야에서 그만의 브랜드를 강화했다.

하지만 올두바이는 에티오피아가 발굴 허가 중단 상태인 막간을 이용해 찾은 곳일 뿐이었다. 루시와 아파렌시스로 인해 제기된 '이전에 어떤 존재가 살았나?', '어떻게 직립보행이 탄생했나?', '인류 조상은 어떻게 아프리카 유인원으로부터 분기됐나?'라는 질문들을 해결하기 위한 최우선적인 작업 재개 장소는, 아파르 저지대였다. 조핸슨은 루시에 대한 첫 저서 마지막 부분에서, 화이트와 다시 팀을 이루어 루시보다 더 오래된 화석이 나올 법한 지역을 발굴하길 희망한다고 밝혔다. 그 지역이 바로 미들 아와시의 버려진 땅이었다. 그는 이렇게 예상했다. "우리가 그 지역에서 뭔가를 발굴할 수 있다면, 아마 그것은 모든 것을 뒤흔들 것이다." 그때 그는 몰랐다. 뒤흔들릴 것은 그들의 우정이었음을.

4장

거짓말쟁이

화이트는 한때 과학자들이란 커서도 어린아이 같은 호기심에서 벗어나지 못하는 사람이라고 믿었다. 자신의 소년 시절 역시 그런 경우에 해당한다고 생각했다. 그는 캘리포니아 남부 샌버너디노 산맥에서 자랐다. 그곳은 곰과 쿠거(퓨마)가 숲속을 돌아다니는 곳이었다. 그의 가족은 "세상의 가장자리"라고 불리던 산 고속도로 길가에 살았다. 장대한 풍경이 일품인 곳이었다. 맑은 날이면 계곡 아래 감귤나무 숲과 수평선 끝의 태평양까지 볼 수 있었다. "캘리포니아 남부가 사람과 자동차로 가득 차면서 맑은 날은 점점 사라져갔다"고 화이트는 회고록에서 추억했다.

화이트와 그의 남동생 스콧은 데이비 크로켓(서부 시대의 개척자이자 정치가-옮긴이)이라는 이름이 적힌 모자를 쓰고 장난감 총을 든 채 숲을 누볐다. 형제는 도마뱀과 새, 거북, 래쿤 등을 잡아 애완동물로 길렀다. 화이트는 공룡에도 매료됐다. 화석을 찾기 위해 사막에 가곤 했는데, 공룡 뼈를 집에 가져온 경우는 없었다. 화이트는 옛 뼈 화석을 찾는 일이 결코 쉽지 않다는 사실을 이때 깨달았다. 로스앤젤레스 자연사박물관에 가서는 코가 눌리도록 전시물 앞에 딱 붙어서 관람을 했다. 특히 동물의 치아 화석에 매료되어, 자기만의 화석을 갖고 싶다는 열망을 느꼈다. 아버지가 도로에서 발굴된 미국 원주민의 석기 그릇 등 가정용 도구를 가져다주자, 소년은 상상에 빠져들었다. 이것들을 쓴 사람들은 누구였을까.

화이트가 10대일 때, 할머니가 생명 연대기에 관한 전집을 줬다. 1권은 《진화》로, 다윈주의 입장에서 생명을 설명한 것이었다. 다른 권인 《얼리 맨》을 통해서 유인원을 닮은 인류 조상을 알게 된 화이트는 책장이 닳을 때까지 그 책을 거듭 읽었다(저자는 고인류학자 F. 클라크 하월로, 어린 시절 화이트의 영웅이었으며 훗날의 스승이었다). 이 책 속에는 유인원에서 인류로의 발전 과정을 묘사한, "진보의 행진"이라는 명칭으로 알려진 일러스트가 실려 있었다. 지금은 폐기된, 직선적인 진화관을 표현한 것이었다. 화이트는 루이스 리키와 메리 리키가 아프리카에서 화석을 발굴한 내용을 다룬 〈내셔널 지오그래픽〉을 읽고는 그들의 뒤를 따를 꿈을 꿨다.

온 가족이 옆 마을인 레이크애로헤드로 이사한 뒤, 화이트는 다른 남자아이들을 이끌고 황야를 헤매고 다녔다. 그들은 지형도 보는 법을 스스로 익혔고, 지면에 있는 작은 인공물을 찾는 방법을 연습했다. 겨우 10대였지만 친구인 웨스 리더는 지역 박물관까지 활용해 고고학 유적지에 대한 상세한 보고서를 작성했다. 화이트와 리더는 수 세기 전에 이 산맥 지역에 살던 아메리카 원주민이나 스페인인,

모르몬교도, 골드러시 시대의 광부, 벌목꾼, 정착민 등이 남긴 문명의 흔적을 찾았다. 그리고 고대의 창 발사기와 화살촉, 항아리, 기병의 단추 같은 것을 발견했다. 리더는 이렇게 회상했다. "화이트는 앉아서 우리가 조사 과정에서 발견한 그 모든 것을 매우 자세하게 기록하곤 했어요. 모든 유물과 박편을 다 그렸어요."

소년들은 모하비사막 칼리코 힐스Calico Hills에서 진행되는 고고학 발굴에 초대를 받았다. 고고학자 루스 디에트 심프슨과 루이스 리키가 발굴을 이끌고 있었다. 리키는 말년에 인류가 캘리포니아 지역에서 적어도 5만 년 전부터 살았다는 이론을 옹호했다. 이는 인류가 베링 지역에 형성된 육교를 통해 아메리카 대륙으로 건너왔다고 주장하는 기존 이론보다 수만 년 이른 시기였다. 다른 학자들, 심지어 리키의 아내인 메리조차 이 같은 생각은 말이 안 된다며 반대했다. 노인네가 대중의 관심을 너무나 그리워한 탓에 생긴 일이라고 여겼다.

화이트의 아버지는 제2차 세계대전 참전 군인 출신으로 도로 작업자들을 지휘하는 일을 했는데, 어리석은 일을 그냥 넘기지 못하는 성격이었다. 화이트와 동생은 어렸을 때 아버지의 건설 현장을 방문해 중장비에 함께 타보곤 했다. 1960년대의 로스앤젤레스 계곡은 마약과 섹스, 록 음악, 반전운동, 시민 불복종 운동이 지배했다. 지역 학교 위원회에서 위원으로 일하던 밥 화이트는 자기 아들들이 이 같은 허튼 짓에 참여하지 못하게 했다. 그는 열심히 일하고 계획적으로 살라고 아이들에게 가르쳤다. 잘못에 대해서는 봐주는 법이 없었다. "아버지는 엄격했고, 허송세월이란 상상할 수도 없었지요." 화이트가 회상했다.

산촌의 많은 소년들이 노동 일을 하거나 베트남 전쟁에 참전했을 때, 화이트는 캘리포니아 주정부의 대표적인 대학인 캘리포니아대학의 신설 캠퍼스인 리버사이드에 입학했다. 처음에는 C 학점으로 시작했지만, 그는 이게 다행이라고 생각했다. 산촌에서 온 많은 학생들은 낙제를 했기 때문이다. 이후 적응을 한 뒤 그의 열기는 결코 식지 않았다. 그는 막연히 해양생물학자가 될 꿈을 꿨다. 하지만 곧 광활한 공간과 드러난 땅, 지질학적 시간에 걸쳐 형성된 지층이 있는 사막의 적막함에 매료됐다. 과제를 위해 그는 동굴에 사는 방울뱀의 습성을 관찰하며 여러 날을 보냈다. 색맹이었던 화이트는 대신 형체를 정확히 인식하는 능력을 개발해, 숨은 뱀에게 속지 않고 그것을 찾아낼 수 있게 되었다. "뱀을 찾는 능력은 경력을 이어가는 데 꽤 중요한 자산이 됐습니다." 후에 화이트는 이렇게 말했다.

리버사이드 캠퍼스는 작은 소수 정예 대학을 표방하며 세워졌다(학장은 이곳을 "서부의 스와스모어대학"이라고 불렀다). 교수들은 비판적 사고를 강조했고, 학생들은 활짝 웃으며 신랄한 독설을 뿜었다. 화이트가 처음 현장고고학 수업을 들었을 때, 강사는 그의 지식이 모든 학생들을 훌쩍 뛰어넘는다는 사실을 발견하고 그를 별도의 현장 조사에 보냈다. 강사였던 짐 오코넬은 말했다. "그는 늘 한계를 극복하고 무언가 더 하려고 노력했어요. 그리고 실제로 더 많이, 더 잘했어요."

대학 재학 중 화이트는 1970년대에 방영된 텔레비전 다큐멘터리 〈맨 헌터스Man Hunters〉에 빠져들었다. 클라크 하월의 오모 계곡 탐사를 다룬 이 다큐멘터리에서, 화이트는 그가 연구 경력을 바치게 될 화석 발굴지를 처음 접하게 됐다. "에티오피아 남부에 있는 이런 불모의 산에 인류의 존재를 증명할 가장 오래된 증거들이 묻혀 있습니다." 다큐멘터리 내레이터가 단조로운 목소리로 말했다. "과학적 발굴을 통해 이곳에서는 사람도 동물도 아닌 그 중간에 해당하는 존재가 발견됐습니다."

대학 3학년 때, 화이트는 인류학 과정을 수강하기 시작했다. 한 수업에서, 젊은 교수가 실제 현장에 대해서는 하나도 모른 채 교과서에 적힌 일방적 지식만 생각 없이 읊자 그는 그 수업을 관뒀다. 다른 수업에서는 시험에서 A 마이너스를 받자 불만을 표했다. 그 수업 담당자 앨런 픽스 교수는 화이트에게 다음에는 더 열심히 하라고 말했다. 몇 주 뒤 픽스 교수는 화이트가 제출한 기말 시험 답안을 읽으며 깜짝 놀랐다. "세상에, 교과서가 따로 없군!" 화이트는 나중에 그 교수가 본 가장 뛰어난 논문을 썼다. "화이트는 자신감에 차 있었습니다. 자신감이 넘쳤다고 해야 할까, 만용을 부렸다고 해야 할까 모르겠지만, 그는 학부생일 때 그 논문을 썼어요."

화이트는 진학할 대학원으로 오직 한 곳만 생각하고 있었다. 세계에서 가장 뛰어난 인류학 과정을 운영하고 있는 곳 중 하나이자 데즈먼드 클라크와 클라크 하월 등 선두 주자들이 포진한 캘리포니아대학 버클리 캠퍼스였다. 그러나 그 대학의 인류학과는 화이트의 입학을 허용하지 않았다. "화이트로서는 어이가 없었죠." 픽스가 말했다.

화이트가 예비로 지원한 학교는 미시간대학뿐이었다. 뒤늦게 지원해서 지원서도 연필로 대충 썼다. 그 대학은 화이트에게는 매력이 별로 없었는데, 인류학자 가운데 현장 발굴 전문가가 없었기 때문이었다. 대안이 없어서 화이트는 앤아버(미시간주 남동부 도시－옮긴이)로 갔다. 미시간대학의 형질인류학자 C. 로링 브레이스와 밀퍼드 월포프는 '단일종 학파single species school'라는 비주류 진영에 속해 있었다. 모든 인류가 하나의 계통에 속해 있다는 이론이었다(밀퍼드 월포프는 호모 에렉투스가 유라시아 대륙에 퍼진 이후 뒤이어 등장한 여러 인류가 각각의 지역에서 기존에 자리잡고 있던 다른 인류와 섞여 사실상 하나의 종과 다를 바 없다는 '다지역 연계론'을 주장한 대표적 학자다. 이 이론에 따르면 현생인류인 호모 사피엔스 역시 기존에 유라시아 등지에 퍼져 있던 에렉투스 등과 섞였다. 2010년 네안데르탈인과 현생인류 사이의 유전자 교류 증거가 발견되어 그동안 다른 종이라고 여겨졌던 고인류들이 실은 최소 일부가 서로 교류하며 섞였음이 밝혀져 오랫동안 비주류 취급을 받아온 이 이론이 다시 주목받고 있다－옮긴이). "화이트는 대단히 명석했고 주의 깊었으며 신랄했어요." 월포프는 회상했다. "그가 학생이었던 기간에는 우린 잘 지냈습니다. 졸업 뒤에는 여러 해 동안 서로 이야기를 하지 않았죠. 화이트는 나와 결별하기까지 많은 적의를 마음에 쌓아뒀던 것 같아요."

그보다 더 열심히 연구하는 사람은 없었다. 당시 대학원에 같이 다녔던 빌 융거스가 말했다. "화이트는 형질인류학을 하루 24시간, 주 7일 연구했어요. 사교 활동은 거의 하지 않았어요. 그가 좋아한 건 논쟁이었죠. 그와 밀퍼드는 매일 끊임없이 논쟁했어요. 화이트가 말하고자 하는 대상에 대해서는 대부분 밀퍼드보다 화이트가 더 아는 게 많았어요."

미시간대학에서 화이트를 가르친 로링 브레이스는 화이트가 인류학 분야에서 뛰어난 성과와 눈부신 업적을 쌓으리라고 예견했다. "작업에 대한 그의 집념은 수도사를 방불케 했다. 그건 진정한 열정이었지 일부 사람에게서 볼 수 있는 출세를 위한 열정은 아니었다." 브레이스는 회고록에 이렇게 적었다. 화이트는 친구든 적이든 자세히 조사했고, 학계 내부의 정치를 삼갔다. 그리고 유명해지고픈 유혹을 피했다. 브레이스는 "화이트는 주의성이 강한 연구자로 증거가 확실해질 때까지 어떤 해석도 함부로 내리지 않았다"며 "이런 성향 때문에 때로 화이트를 편협한 사람이라고 보는 이들도 있었지만, 실은 그가 절대 성급하고 단순한 일반화를 저지를 사람이 아니라는 사실을 보여주는 것이기도 했다"라고 썼다. 화이트는 워낙 청개구리 성향이 강했다. 그래서 어떤 학교든 자신이 원치 않는 곳에서는 견딜 수가 없었고, 완고하게 느껴질 만큼 독립심이 강했다. 그는 최고 점수를 받지는 않았다. 하지만 가장 열성적인 연구 윤리를 보여줬다. 그는 희생하는 법도 알았다. 징병과 베트남 파병을 피하기 위해 화이트는 스스로 음식을 멀리해 입대가 불가능한 수준으로 체중을 줄였다. "만약 약점이 있었다면, 그건 그가 지나치게 완고했다는 사실일 것이다. 그는 압도적인 증거가 없다면 이론적인 가능성조차 고려하지 않으려고 했다."

화이트는 자신의 연구에 너무나 몰두한 나머지 오래된 산부인과 병원을 개조한 대학원생 연구실에 말 그대로 이사를 해버렸다. 그는 파티션 뒤에 마련한 혼자만의 잠자리에서 자면서 아프리카에 갈 돈을 모았고, 1974년에 그 꿈을 이루었다. 리처드 리키의 발굴팀에 초청받아 참여하게 된 것이다. 리키는 당시 케냐에서 한 발굴로 신문 헤드라인을 장식하던 인물이었다. 에티오피아의 아파르 저지대처럼, 케냐의 투르카나 분지 역시 지구에서 가장 화석이 풍부하게 발굴되는 화석 산지였다. 리키 발굴팀에 참여한 덕분에, 화이트는 동아프리카 화석 발굴이 앞다투어 이루어지던 시기에 고인류학계 핵심 지역인 케냐에 이르게 된 것이다. 그는 일생 동안 연구의 최전선에 섰는데, 리키 발굴팀에 합류한 것이 그 시작이었다.

리처드 리키는 화려한 인물이었다. 스스로 비행기를 몰고 오지를 날아다녔고, 낙타를 타고 이동했으며, 유럽 왕족들과 교류했다. 날카로운 발언을 하기도 했다. 그리고 여러 개의 중요한 화석을 발굴했다. 그는 아프리카 고인류학계의 실세로 통하던 아버지 루이스 리키를 밀어내고 23세의 나이에 케냐 국립박물관을 좌지우지했다. 그의 전기 작가는 "마키아벨리에 필적하는 정치적 수완"이라고 평했다. 리키는 케냐 박물관을 아프리카의 스미스소니언 협회처럼 만들고 싶어했다.

리키는 투르카나 호수 동쪽에 위치한 쿠비 포라Koobi Fora에서 현장 발굴을 진행하고 있었다. 자체 프로젝트를 시작하기 전에, 리키는 에티오피아 오모 계곡에서 이루어진 클라크 하월의 발굴에 참여한 적이 있었다. 그때 하월은 대학에 다닌 적이 없는 리키에게 제대로 학위를 따라고 말했다. 리키는 학계 연구자들의 그런 젠체하는 태도에 역정이 났다. "나는 끊임없이 야외 활동이나 하는 풋내기 취급을 받았죠"라고 리키는 투덜거렸다. 나중에 명성이 자자해진 뒤에는 "대학에는 가르치려고만 갔지 배우러 가지는 못했어요"라고 비꼬았다. 1968년, 리키는 강 하류로 이동해 케냐 투르카나 호수 동쪽에서 자체 발굴을 시작했다. 에티오피아 바로 옆 지역이기도 했지만, 화석 발굴 성과 측면에서도 서로 앞서거니 뒤서거니 하던 곳이었다. 쿠비 포라에서 그는 "호미니드 갱Hominid Gang"이라고 불리는 아프리카인으로 구성된 화석 사냥꾼 팀에게 현장 조사를 맡겼다. 그는 그들에게 만약 중요한 것을 발견하면 그것을 제자리에 둔 채 나이로비로 연락을 하라고 했다. 연락을 받은 즉시 그는 바로 날아가 공식적인 화석 수집 활동을 벌였고, 이때 사진가나 VIP 손님을 대동하는 경우도 있었다. 1974년에 그곳을 방문한 〈뉴욕 타임스〉의 한 기자는 다음과 같은 기사를 남겼다.

> 비행기가 캠프 근처에 위치한, 풀이 가득한 임시 활주로에 앉았다. 리처드 리키는 재빨리 앞을 헤치고 나아가며 화려한 아프리카 무늬의 사롱sarong(인도와 동남아시아에서 즐겨 착용하는, 허리에 두르는 치마 형태의 옷－옮긴이)을 둘렀다. 초가집 아래에 놓인 식탁 머리맡까지 맨발로 걸어가더니 단호하지만 자애로운 지도자처럼, 충성스럽고 연구에 열심인 연구팀을 이끌었다. 연구자들은 화석이 가득한 땅에서 작업한다는 사실뿐 아니라, 리처드 리키가 지휘하는 연구에 참여한다는 사실에서도 큰 기쁨을 느끼는 듯했다.

그해에, 비행기에서 먼지 날리는 활주로로 발을 내디딘 연구자 중에 팀 화이트가 있었다. 화이트는 리키의 캠프에서 3년을 보내게 됐는데, 그들의 관계는 갈수록 미묘해졌다. 두 번째 해에 리키는 화이트가 복원 과정에서 화석을 망가뜨렸다고 화를 내며 나무랐다. 화이트는 화석을 부서뜨린 것은 아프리카인 작업자 중 한 명이고 자신이 잘못한 것은 '기념사진 촬영 기회'를 망친 것 아니냐고 받아쳤다. 이후 리키는 다른 지역에 발굴팀을 보냈다. 호미니드 갱 중 한 명이 160만 년 전의 호모 에렉투스 머리뼈를 발굴한 곳이었는데, 이는 화이트의 대학원 지도교수의 단일종 이론이 틀렸음을 증명하는 화석이었다. 화이트는 케냐인 화석 발굴자들로부터 물웅덩이 파는 법, 차량 바퀴가 빠지기 쉬운 모래 강바닥 알아내는 법, 숲에서 운전할 때 가시덤불을 피하는 법, 화석 찾는 법 등의 지혜를 배웠다. 그는 화석 수확 준비가 된 현장을 꿈꾸며 아프리카에 왔지만, 현실은 달랐다. 현장엔 화석은 보이지 않았고, 새로운 곳을 찾아 빨리 발굴 성과를 내고자 경합하고 있는 세계 각지에서 온 연구자들만 보였다. 그들은 인류 조상이 살던 풍경을 찾아내고자 일대를 돌아다녔지만, 연구에 대단히 유용할 가능성이 있는 다른 자료들은 무시했다. 그곳에서 몇 년을 보내며 화이트는 각별한 사실을 깨달았다. 장기간에 걸쳐 가능한 한 많은 데이터를 지속적으로 얻어낼 수 있도록, 현장을 매우 주의 깊게 관리해야 한다는 것이었다.

당시 리키는 그의 대표적 발견인 260만 년 전 머리뼈 화석 때문에 논쟁에 휘말려 있었다. 리키는 그 화석이 가장 오래된 호모속 고인류라고 주장했는데, 비판적인 사람들은 그것의 연대와 분류에 의문을 표시했다. 그들은 그 화석이 200만 년 전의 오스트랄로피테쿠스에 속한다고 주장했다. 가장 강력한 비판은 화산암 연대를 연구하는 버클리 지질학자들과, 당시 오모강 상류에서 몇 년 동안 화석을 발굴하고 있던 주요 인물 중 하나인 클라크 하월에게서 나왔다. 리키가 자신이 발견한 머리뼈 화석의 연대라고 지정한 시기가, 당시 지층에서 전형적으로 발견할 수 있는 식생의 연대와 일치하지 않는다고 하월은 지적했다. 돼지는 유용한 '생물 표지biomarker'로, 특정 종이 특정 시대에 살았기 때문에 돼지 화석을 찾으면 그것이 발견된 지층의 연대를 알 수 있다. 리키 팀의 돼지 전문가 역시 그 머리뼈 연대에 의문을 제기하자, 리키는 그를 해고하고 대신 팀 화이트를 그 자리에 앉혔다. 화이트와 존 해리스(리키의 처남)가 따로 분석한 결과, 그들도 비판자들의 지적이 맞다는 결론을 내렸다. 돼지만 문제가 아니었다. 쿠비 포라 지층 순서 전체가 이상했다. 그들은 연대가 보다 최근이라고 확정하고 리키가 발굴한 머리뼈 화석의 함의가 무엇인지 기술하는 논문 초안을 썼다. 리키는 회상했다. "화이트는 매우 화를 냈어요. '당신은 우리 앞에서 학문의 자유를 부정했다'라고 말했죠. 나는 '학문의 자유 문제가 아니라 절차를 따랐을 뿐'이라고 답했고요." 리키는 자신이 연구 책임자이며 연구비를 확보했으니 반항하는 사람은 해고할 수 있다고 말했다. 그는 호미니드 말고 돼지에 대한 논문을 쓰라고 했다. "화이트는 단호하게 거부하고 문을 쾅 닫고 나가버렸어요. 화이트는 그 사건과 관련해 나를 절대 용서하지 않았습니다." 나중에 화이트는 자신의 일지에서 이렇게 털어놨다. "화가 났다. 너무나 불쾌했다. 모욕감에 거의 울음이 나올 지경이었다." 화이트는 문을 쾅 닫았다는 말은 거짓이며, 리키가 간접적으로 사람을 통해 불만을 표출했다고 적었다. 화이트는 '회사'(리키 팀 사람들은 자기 팀을 이렇게 불렀다)가 맹목적인 충성심을 요구하며 이의를 짓누르기 위한 위압적인 전략을 취한다고 결론 지었다. 이 한바탕 난리를 겪은 후 화이트는 돈 조핸슨 팀에 합류했고, 조핸슨에게도 리키에 대한 험담을 퍼부었다. “화이트는 조핸슨처럼 자신을 홍보하는 타입은 아니었어요. 하지만 그는, 특히 당시에는 대단한 야심가였어요.” 루시 팀의 동료 톰 그레이가 말했다. “화이트는 조핸슨이 자신의 야심을 실현시켜줄 사람임을 알아봤을 겁니다.” 그들에게, 리키는 이겨야 할 적이었다.

1977년, 화이트는 캘리포니아대학 버클리 캠퍼스 인류학과의 일시적인 교수 결원을 채우기 위해 채용됐다. 그를 대학원에 입학시키지 않았던 바로 그 대학이었다. 화이트는 전임 교수 자리가 떴을 때도 지원했지만 최종 선발자 명단에 들지 못했다.

그러자 교수 선발 위원회가 화이트를 최종 후보에 다시 올리기 위해 노력했는데, 그중에는 두 명의 클라크가 포함돼 있었다. 데즈먼드 클라크와 클라크 하월. 모두 뛰어난 고고학자와 인류학자였고 아프리카에서 활동 중이었다. 케냐에서 벌어진 논쟁은 버클리 인류학과의 정치적 지형에도 영향을 미쳤고, 채용 절차에 쏠린 관심도 높아져갔다. 학문적으로 리처드 리키와 밀접한 고고학자이자 버클리 교수인 글린 아이작은 화이트에게 적대적이었다. 또 다른 교수는 “인류 진화 문제에 관해 화이트 교수와 다른 교수들 사이의 격렬한 의견 차”에 불편함을 드러냈다. 마침내 화이트는 전임 교수 자리를 따냈고, 무대 체질 재능을 발휘해 인기 있는 강연자로 등극했다. 석기를 설명할 때 그는 텔레비전 쇼 〈새터데이 나이트 라이브〉를 흉내

팀 화이트가 1981년 에티오피아에서 항공사진을 들고 방향을 찾고 있다.

내서 오버헤드 프로젝터로 미스터 빌 피규어를 산산조각 냈다. 화이트는 리키의 학설을 평가절하하는 불경한 말들로 청중을 즐겁게 하기도 했다. 전에 화이트의 수업을 들었던 수전 안톤은 형질인류학 개론 수업을 떠올리며 말했다. “정원을 넘겨 800명이 넘는 인원이 팀 화이트의 록 콘서트 같은 강의를 들었어요. 친구는 ‘팀 화이트는 신이야’라고 했고, 나도 그 수업을 들으려고 1년을 기다렸죠.” 하지만 일부 교수들은 이 젊은 교수가 짜증 난다거나 실력이 좋지 않다며 무시했다.

그를 비판하던 사람 중 셔우드 워시번이 있었다. 20세기를 대표하는 인류학자로, 1951년 ‘신新 형질인류학’을 선언하며 분류와 뼈 계측에 대한 고루한 집착을 버리고 진화의 생물학적인 메커니즘을 추구하자고 학계에 요구했다. 이 선언은 인류학계가 20세기 후반을 이끌어나갈 기본 방침이 되었다. 비슷한 맥락에서 워시번은 분자유전학이 가져올 혁신적인 중요성에 눈뜬 최초의 인류학자 가운데 하나였다. 그에 따르면 인류가 침팬지, 고릴라와 공통 조상으로부터 분리된 것은 최근이었다. 워시번은 야생 침팬지 연구를 진지하게 장려한 최초의 미국 학자 중 한 명이었다. 그는 오래된 뼈를 믿지 않았고, 해부학을 토대로 인류 역사를 재구성하려는 시도를 "진화론 역사에서 가장 근본적인 실수"라고 비판했다. 마찬가지 측면에서 그는 비교해부학을 "원시적인 19세기 과학"이라고 불렀다. 워시번은 진화론자라면 분자유전학과 영장류학을 따라야 하고, 화석은 이 두 학문의 정보를 통해 얻은 발견을 확인하는 세 번째 정보원으로서만 사용해야 한다고 주장했다. 화이트가 버클리에 올 무렵 워시번은 강연과 이론화 작업을 위해 원래 연구는 그만둔 상태였다. 캘리포니아대학은 그를 노벨상 수상자 등 소수의 교수에게만 부여하는 석학교수로 임명했다. 보스턴 출신인 워시번은 메이플라워호를 타고 온 이민자의 후손으로, 하버드대학에서만 학위를 세 개나 받은 보수적인 인텔리였다. 그리고 타고난 싸움꾼이었다. 이런 사람이 화이트를 싫어했다.

화이트는 자신의 임용을 방해하려 하는 움직임이 있다는 소문을 들었다. 그는 정치 싸움을 일삼는 무리가 자신에 반대해 음모를 꾸미고 있다고 오랫동안 믿어왔는데, 그 소문이 그런 의심을 확인시켜 주었다. 당시 인류학과장이던 윌리엄 시먼스는 이렇게 말했다. "화이트는 늘 박해받고 있다고 생각했어요. 아주 고집이 셌어요. 그가

셔우드 워시번.

아주 좋아하는 대상이 있었는지는 모르겠는데, 반대로 그가 아주 싫어하는 것은 확실히 있었어요." 학과에서 워시번의 학생을 화이트의 조교로 배정하자 긴장감이 높아졌다. "워시번에게 영향을 받은 대학원생 조교가 반란을 일으켰어요." 화이트는 자신의 조교에 대해 이렇게 회상했다. "하지만 나의 지원서는 올라갔고, 그의 지원서는 떨어졌습니다."

1981년, 큰 소동이 일어났다. 워시번이 화이트의 동료 중 한 명이 출간한 논문에 대한 비평 세미나를 개최하자, 화이트가 그 자리에 나타나 공개적으로 워시번과 맞붙어 워시번을 노발대발하게 만들어버린 것이다. "팀 화이트는 세미나에 와서 다른 정상적인 논의가 이뤄지지 못하게 했다." 워시번은 학과에 남긴 메모에서 이렇게 불평했다. "화이트는 몇 번이고 자신의 이야기를 되풀이했고, 다른 사람 의견은 수용할 뜻이 없어 보였다. 그가 너무 말을 많이 해서 내가 말을 하려면 그의 말을 끊는 수밖에 없었다." 이런 경우는 워시번의 학자 생활 40년 만에 처음이었다. "화이트의 행동은 내가 마주친 최악의 행동이었다."

화이트는 자신은 단지 워시번의 부정확한 설명에 이의를 제기한 것뿐이라고 주장했다. 그리고 워시번의 불평은, 자신이 전임 교수로 임명되지 못하게 하려는 책략이라고 했다. 캘리포니아대학 버클리 캠퍼스 인류학과는 이미 워시번과 그의 학생들이 제기한 최초의 이의 제기 내용을 조사하고 있었다. 학과에서는 그들의 주장을 항목별로 분류해 다음과 같이 적었다.

> 화이트 교수는 권위주의적이다.
>
> 화이트 교수는 말을 험하게 한다. 특히 자리에 없는 사람이나 제3의 대상을 비판할 때 그렇다.
>
> 화이트 교수는 자신을 만나러 연구실에 온 학생들을 무시한다.
>
> 화이트 교수는 기밀 유지 준수 규정을 어긴다.
>
> 화이트 교수는 타인에 대한 신랄한 비판으로 대학에서 지켜야 할 행위 규정을 어긴다.
>
> 화이트 교수는 폭력적인 기질이 있는데, 때로 물건을 차거나 던지는 것에서 그런 기질이 드러난다.

학과 징계 위원회는 첫 번째와 마지막 항목과 관련된 중요한 증거를 찾았다(하지만 나머지에 대해서는 결론을 내리지 못했다). 화이트가 제왕적이며 화를 잘 낸다는 사실에는 의문의 여지가 없었다. 하지만 그것만으로는 징계의 충분한 사유가 되지 못했다. 그는 "비판 스타일"에 대해서 주의를 들었을 뿐이었다. 운 좋게도 한 학생이 세미나에서 벌어진 싸움을 녹음한 테이프가 있었고, 학과 징계 위원회는 그걸 듣고 워시번의 제보가 사실 무근이라고 결론 내렸다. 화이트가 싸우듯 했을 수는 있지만, 그를 반대하는 사람들보다 특별히 더 심각한 수준은 아니었다고 본 것이다(그 반대자 중에 워시번도 포함돼 있었다). 마침내 위원회는 화이트가 어떤 잘못도 하지 않았다고 결론 내렸다. 그들 사이의 충돌은 그의 채용과 관련한 서로의 악감정과 학과 내 정치, 그리고 "관련된 인물의 융통성 없는 성격" 때문으로 돌렸다.

한 고위 교직원이 화이트에게 워시번을 찾아가 화해하라고 했다. 두 사람이 만났을 때, 미국 형질인류학계의 원로이기도 한 워시번은 화이트에 대해 박한 평가를 내렸다. 화이트는 그때를 이렇게 회상했다. "나는 그 만남에서 워시번이 내게 한 말을 적어뒀습니다. '당신을 채용한 것은 우리 학과가 생긴 이래 가장 큰 실수'였다고 했죠." 대학은 워시번의 말에 동조하지 않았다. 이듬해 화이트는 전임 교수가 되었다.

화이트를 성마른 사람으로 만든 성격은 한편으론 그를 뛰어난 학자로 만들었다. 화이트는 자신의 연구가 누구를 기쁘게 하고, 화나게 하는지 신경 쓰지 않았다. 사람들이 에티오피아에서 무엇을 발굴하길 바라냐고 물으면 화이트는 어깨를 으쓱하며 대답했다. "딱히 없어요." 그는 단지 과거를 알고 싶을 뿐이었다. 그게 무엇이든 말이다. 그가 바라는 것은 데이터, 차갑고 견고한 사실뿐이었다. 학문적으로 틀린 이야기나 이론적인 맹신은 질색이었다. 워시번은 인류학자가 결론을 내릴 때엔 확률을 고려해서 적절히 조절할 줄 알아야 한다고 주장했다. 누구나 어딘가 틀릴 가능성이 있기 때문이다. (실제로 워시번은 과학이 어떤 지점에서 막힌다면, 거짓을 참으로 확신하는 인간의 결함 때문이라고 믿었다.) 화이트는 이에 대해 자신은 확률 게임에는 취미가 전혀 없다고 받아쳤다. 과거를 '확실히' 알고 싶다는 게 이유였다. 그는 자신이 수학이나 이론에 젬병이라는 사실을 알았다. 하지만 성격이 꼼꼼했으며 가차 없는 면도 있었다. 화석 현장에 대해서도 정통했다. 지식인들과 이론가들은 그가 고집 세고 따분하다고 생각했다. 또한 그가 마치 옛날에 성벽을 파괴하는 데 쓰이던 충차 같아서, 자신들의 문에 도착하면 자신들을 위협할 것이라고 생각했다.

화이트가 에티오피아 첫 발굴 여행을 마치고 돌아온 지 얼마 뒤, 또 다른 발굴팀이 루시보다 더 오래된 조상을 발견했다고 발표했다. 뉴욕대학의 노엘 보애즈가 이끄는 발굴팀이 리비아의 사막 지대 사하비Sahabi에서 인류 가계도의 가장 앞단에 위치할 본원적 특징을 지닌 유인원 화석을 찾은 것이다. 가장 중요한 표본은 빗장뼈(쇄골)이며, 이족보행 동물과 유사하고 나무 위에서 사는 영장류를 닮은 강건한 인대, 그리고 해부학적으로는 "인류와 유인원의 공통 조상과 가장 가까운 현생 호미노이드인 피그미 침팬지를 연상시킨다"고 밝혔다. 이후 이 화석은 팀 화이트의 냉정한 조사를 받게 됐다.

1983년, 화이트는 콘퍼런스 연단에 서서 외견상 빗장뼈 화석은 인간 조상의 것이 전혀 아니라고 발표했다. 그것은 돌고래의 갈비뼈라고 했다. 그는 이 종에 플리퍼피테쿠스*Flipperpithecus*라는 이름을 붙였다. 화이트는 대학원생들과 그 뼈를 1년 넘게 연구했고, 노엘 보애즈가 해양 포유류를 영장류로 잘못 분류했다는 참혹한 사실을 알렸다. 〈내셔널 지오그래픽〉 표지에는 백상아리가 돌고래를 물어뜯은 모습을 그린 그림이 "돌고래의 고난"이라는 표제와 함께 등장했다. 플리퍼피테쿠스는 그렇게 과학 잡지를 포함한 언론으로부터 큰 주목을 받은 뒤 사람들의 관심 밖으로 사라졌다.

화이트는 과학이 반증을 통해 거짓을 구별하고자 노력하는, 또는 경험을 통해 이론을 검증하려고 노력하는 분야라는 신념을 가진 포식자였다. 적들은 화이트에 대해 적대감을 품은 수준이 아니라, 진심으로 증오했다. 화이트는 그에 조금도 개의치 않았다. "스스로에 대한 비판은 연구를 더 나아지게 한다. 하지만 자만심은 하등 도움이 되지 않는다"라고 화이트는 자신이 쓴 글에서 밝혔다.

화이트에게는 하나의 진실만 존재했다. 그 명백한 해답을 찾는 데 가장 큰 장애물은 연구자가 갖는 오래된 나쁜 습관, 즉 화석을 찾기 전에 선입견을 갖는 것이었다. 화이트는 "과학 연구와 과학소설을 나누는 차이는 증거"라고 말했다.

그의 임무는 바로 그 증거를 찾는 것이었다.

5장

인류 최전방의 존재

화석 발굴자들은 에티오피아 정부에 해마다 연구를 재개하게 해달라고 요청했다. 1980년대 내내 정부 당국자들은 "내년에는 재개될 것"이라고 답했지만, 중단 기간은 계속 연장됐다. 한번은 화이트와 클라크, 조핸슨이 아프리카에 공헌한 그들의 연구 성과에 대해 독재자 멩기스투가 수여하는 상을 받으러 아디스아바바에 간 일이 있었다. 그때 문화부의 사무차관은 다음 해에는 발굴 현장에 갈 수 있을 거라고 장담했지만, 아니었다. 유물 관련 법 개정은 매우 더디게 진행됐고, 냉전의 기운이 과학 연구를 계속 억압했다. 1983년 12월, 에티오피아 정부의 치안부대가 비밀리에 에티오피아 정부 반대파와 결탁한 미국 CIA 요원을 체포했다. 〈에티오피아 헤럴드〉 1면 머리기사 제목은 "반혁명 분자, 현장에서 체포되다"였다. 이런 상황은 시골 지역 탐사 허용을 요청하는 외국인 과학자들에게 도움이 되지 않았다.

하지만 이는 현장 연구에만 영향을 미칠 뿐, 박물관에서 하는 연구에는 별 지장이 없었다. 미국에서 지원한 박물관 연구실에는 전문가들이 필요했고, 여러 해에 걸쳐 하다르와 오모 계곡 등지에서 수집한 화석과 석기가 박물관 내부 및 창고에 멋대로 쌓여 있었다. 그것들은 부서진 채 여기저기 흩어져 있었고, 분류 기록이 있는 표지에는 좀이 슬어 있었다. 고대 코끼리 데이노테리움*Deinotherium*의 아름다운 머리뼈는 누가 그 위에 조각상을 떨어뜨려 다 깨져 있었다. 화석 상당수는 유럽과 케냐, 미국으로 반출된 상태였고, 나머지 화석도 박물관 직원들이 제대로 된 보존 기술을 배우지 못해 방치돼 있었다. 화이트는 1981년 에티오피아를 처음 방문했을 때, 자신과 동료들이 클리블랜드에서 그토록 주의해서 깨끗한 상태로 만들어둔 화석들이 뒤섞인 채 종이 상자에 들어 있는 모습을 보고 경악했다. 루시는 낡은 페인트 상자에 들어 있었다. 전임자들이 미들 아와시에서 발굴한 화석들은 분류가 하나도 안 된 채 섞여 있었다. "끔찍한 상태였어요. 먼지와 거미줄, 쥐똥, 죽은 쥐의 사체가 화석을 뒤덮고 있었어요." 화이트는 그때를 생각하며 역겨워했다.

새 박물관 건물은 이 모든 것을 바꾸기 위해 세워졌다. 미 국무부는 미국에 적대적인 데다 격변의 한가운데에 있는 독재정권이라는 이유로 투자를 보류했지만, NSF가 8만 6000달러를 캘리포니아대학 버클리 캠퍼스 교수인 데즈먼드 클라크와 클라크 하월에게 제공했다. 그들이 그 박물관에 연구실 건물을 짓는 일이 과학적으로 매우 중요할 뿐만 아니라 "도의적으로도 책임이 크다"고 주장했기 때문이다. 그 건물은 귀중한 수집품을 보호하고 국가 간 선의를 증명할 수 있을 뿐 아니라, 마르크스주의자들이 장악한 에티오피아에서 미국 학자들이 조금이라도 발을 디딜 여지를 줬다. 에티오피아 발전을 위한 미국의 투자였기 때문이다. 또한 그 박물관의 연구실은, 에티오피아 사람들이 학예사와 학자로 교육받을 수 있게 하는 장소였다.

버클리 연구자들은 그 연구실 발전을 위해 수십 년 동안 노력했다. 그들은 평면도를 그려 진열을 위한 선반을 주문했으며, 화석 캐스트를 위한 도구와 현미경, 에어스크라이브airscribe를 수입했다. 또한 에티오피아인 직원들에게 도구 사용법과 수집품 관리법을 가르

Photograph © 1984 David L. Brill

베르하네 아스포와 팀 화이트가 에티오피아 국립박물관에서 코끼리 상아 화석을 조사하고 있다. 에티오피아의 현장 연구가 중단된 시기에 캘리포니아대학 버클리 캠퍼스 팀은 새 연구실의 기틀을 다졌고, 화석 수집 방법을 체계화했으며, 현지의 핵심 연구자들을 훈련시켰다. 뒤에 보이는 사람들은 스와 겐, 돈 조핸슨, 월데셴벳 아봄싸(박물관 상점 관리인), 그리고 데즈먼드 클라크다.

쳤다. “우리는 오래된 상자를 열고 뼈 화석을 청소하는 법부터 배웠어요.” 박물관 직원이었던 요나스 베예네가 회상했다. 1984년 버클리 팀이 다시 돌아왔을 때, 그 연구실은 정부가 혁명 10주년을 기념하기 위해 선전물을 제작하는 장소로 사용되고 있었다. 화석 캐스트를 만들기 위해 설계된 연구실이 멩기스투의 동상을 만드는 장소가 된 것이다. 베르하네가 문화부 장관을 만나러 가서, 연구실 건물의 연구 중심지로서의 복원을 다짐받았다.

심지어 루시도 혁명에 동원됐다. 국립박물관은 오스트랄로피테쿠스 아파렌시스에서 고대 악숨 왕국을 거쳐 사회주의 국가로 이어지는 에티오피아 발전상을 알리는 전시에 ‘딩크네시’를 세웠다. 마르크스주의 정부가 세계에 자랑할 목적으로 기획한 이 전시로 인해, 아디스아바바의 메스켈 광장에서 소비에트 스타일의 군사 퍼레이드가 열렸다. 군인, 노동자, 소작농이 멩기스투와 동독 총리 에리히 호네커, 소비에트 공산당 중앙위원회 정치국 위원인 그리고리 로마노프가 나란히 선 사열대 앞을 열을 맞추어 지나갔다. 하지만 어떤 쇼로도 현지의 불안을 가릴 수는 없었다. 기근이라는 천벌이 북부 지역을 황폐화시켜 수십만 명의 소작농들이 고향에서 탈출해 먹을 것이 있는 곳을 향해 떠돌아다녔다. 구호 기구에 따르면, 구호 캠프에서 하루에 수천 명이 죽는 일도 있었다. 쇠약해진 소작농의 이미지는 전 세계 텔레비전 시청자들에게 각인됐다. 이는 1984년 〈그들이 크리스마스를 알까요?Do They Know It's Christmas?〉라는 싱글 발매와 라이브 에이드 콘서트에 영향을 주었다.

베르하네는 버클리에서 대학원 과정을 밟으면서도 매년 고향에 다녀갔다. 그럴 때 에티오피아인들은 가족을 위해 서양 물건을 선물로 사 갔지만, 베르하네는 연구실용 물품으로 가득한 짐을 들고 갔다. 그는 회상했다. "어떤 해에는 수트케이스를 열세 개나 들고 갔는데, 그중 내 개인 짐은 한 개뿐이었어요." 그는 책과 컴퓨터, 장비를 본국으로 들고 갔다. 또한 미국 학자들이 반출해갔던 화석을 본국으로 가져갔다. 고국의 국립박물관이 이 귀중한 유물들의 연구 중심지가 되길 바라서였다. 화이트 역시 그 박물관을 위해 정성을 다했다. 그는 모든 표본이 제대로 분류된 선반에 놓여야만 직성이 풀리는 시스템 신봉자였다. 매해 화이트와 대학원생들은 노동력을 제공해주는 대가로 정부가 그들의 초기 인류 연구 재개를 허가해줄 날만을 기다렸다. 하지만 외국인 연구 금지 조치에 긍정적인 면도 하나 있었다. 그 시기 동안, 에티오피아가 화석이 풍부한 아프리카 국가 가운데 유일하게 자국민 학자들을 길러낸 것이다.

1988년, 베르하네는 버클리에서 박사 학위를 받았다. 일부 미국인 동료들은 그가 박사 학위를 받으면 에티오피아에 돌아가지 않을 거라고 생각했다. 누가 세계에서 가장 가난한 데다 폭정에 시달리고 있는 나라에 돌아가고 싶어할까. 특히 그 정부에서 고문까지 받았던 사람이 말이다. 대부분의 서양인들의 이런 생각에 베르하네는 화가 났다. 그는 에티오피아인이었다. 에티오피아인으로서 고국의 전통에 자부심을 느꼈고, 고통은 그를 단련시켰다. 만약 수많은 언어를 쓰는 에티오피아의 다양한 사람들을 묶을 무엇인가가 존재한다면, 그것은 그들이 공유한 고통의 역사였다. 베르하네는 고국을 버리지 않았고 자신에게 투자한 신의를 배반하지 않았다. 미국에서 그는 가르칠 수 있을 뿐이었다. 하지만 에티오피아에서 그는 봉사할 수 있었고, 인류 탄생 초창기를 연구하는 학자에게 더할 나위 없이 좋은 곳이기도 했다. "우리 부모님은 우리가 돌아오는 것을 바라지 않았어요." 베르하네의 아내 프레히워트가 말했다. "'이제 두 사람은 안전해, 죽지는 않겠어'라고 생각하셨거든요." 하지만 베르하네는 한 번도 흔들리지 않았다. "남편은 자신의 분야를 연구할 전문가가 에티오피아에는 한 명도 없다는 걸 알고 있었죠."

1989년, 베르하네는 에티오피아 국립박물관의 화석 연구실 실장으로 임명됐다. 나중에는 박물관장이 됐다. 그는 젊은 직원들을 교육시키고 재능 있는 사람들을 지원해 미국과 유럽에서 박사 학위를 받게 했다. "그는 국립박물관에서 고인류학 분야의 첫 기틀을 다졌어요. 연구 시설을 구축하며 사람을 키우고 싶어했어요." 지원을 받아 프랑스에서 고고학을 공부한 요나스 베예네가 말했다. 베르하네는 에티오피아 인류 기원 연구 분야의 선구자가 됐다. 그리고 '가장 먼저 익은 과일은 새의 먹이가 되고, 가장 먼저 나선 사람은 미움의 대상이 된다'라는 에티오피아 속담을 현실에서 보여주었다. 베르하네는 그의 지도교수인 팀 화이트와 유사한 견해를 가지고 있었다. 과학은 합의에 기반하는 것이 아니라 제대로 하는 방법이 따로 있는 분야라는 것. 언젠가 박물관 상점 관리인이 중요한 화석을 숨기고는 그것이 어디 있는지 여러 해 동안 베르하네에게 말하지 않았다. 그러자 몇몇이 베르하네는 왜 그런 직원을 놔두냐면서 화를 냈다. 의심 많은 공무원들은 베르하네의 의도를 의심하면서 의문을 제기했다. 박물관에 컴퓨터가 왜 필요하지? 학생들을 해외로 보내는 걸 데르그 정부가 왜 용인해줘야 하지? 에티오피아가 발굴지 탐사를 금한 상황에서 그는 시골 지역에서 무엇을 하고 있는 거지?

에티오피아로 돌아온 지 얼마 되지 않았을 때, 베르하네는 새 발굴지를 찾기 위해 전국적인 조사를 해야 한다고 정부를 설득시켰다. 그 조사를 통해 인류학, 고생물학, 고고학, 지질학 분야의 젊은 에티오피아인들이 현장 경험을 할 수 있었고, 그중 일부는 나중에 국제적으로 유명한 연구자가 되었다. 그 조사에 합류한 외국인 연구자는 팀 화이트와 그의 일본인 제자 스와 겐뿐이었다. 1988년, 화이트는 2만 9000달러의 연구비를 NSF에서 받았다. NSF는 에티오피아가 연구 유예 조치를 철회할 때를 대비해 미국 연구자들과 좋은 관계를 유지하고 싶어했다. (NSF와 내셔널지오그래픽협회의 연구 자금이 들어오기 전에는 화이트가 사비를 들여 프로젝트를 시작했다.)

그레이트 리프트 밸리에서도, 화석이 발굴되는 지역은 극히 일부에 불과했다. 그러므로 성공하려면 어디를 찾아야 할지를 먼저 잘 생각해야 했다. 그들의 연구는, 비유하자면 극장 벽에서 바늘구멍을 찾아 그 틈으로 진화라는 연극을 관람하는 것처럼 어려운 일이었다. 창문은 거의 없고, 있어도 그를 통해서는 연극 전체 스토리가 아닌 중간중간의 장면만 볼 수 있을 뿐인 극장. 미국항공우주국(NASA) 위성 및 스페이스 셔틀 촬영 영상에 의지해서, 그들은 분류조차 되지 않은 화석을 품고 있는 지층을 찾는 새 기술을 개발했다. 햇빛 반사광의 강도를 측정해서, 과학자들은 바위의 종류를 구분하고 화석이 된 뼈와 석기를 품은 노두를 확인할 수 있었다. 그렇게 위성 영상을 통해 현지 조사를 할 목적지를 추려내고, 현장 관측을 통해 영상

외국인의 화석 탐사가 금지된 시기에 베르하네 아스포는 새 화석 및 고고학 발굴지를 찾기 위한 전국적인 조사를 시작했다. 대부분 아프리카인으로 이뤄진 팀은 NASA 영상을 이용해 화석이 많이 묻힌 퇴적층을 찾는 기술을 개발했다. 이 조사를 통해 뛰어난 아프리카인 연구자 여러 명이 연구 이력을 쌓을 수 있었고, 중요한 화석 발굴지 여러 곳도 찾을 수 있었다. 사진은 에티오피아 호수에서 연구비를 지원한 내셔널지오그래픽협회 현수막을 들고 포즈를 취하고 있는 연구자들의 모습. 왼쪽부터 알레무 아데마수, 요하네스 하일레셀라시에, 요나스 베예네, 베르하네 아소포, 스와 겐, 팔라지 키야우카(캘리포니아대학 버클리 캠퍼스의 탄자니아인 대학원생), 실레시 세모, 기다이 월데가브리엘, 그리고 팀 화이트다.

해석을 더 정교하게 가다듬었다. 이렇게 우주에서 지구를 살피는 기술을 통해 발굴팀은 희귀한 바늘을 찾을 수 있는, 보기 드문 건초 더미를 발견할 수 있었다. 나중에 이 기술은 여러 개의 중요한 발굴을 해내, 전 세계 발굴 전문가들이 채택하는 선구적인 기술이 됐다.

아프리카인들이 주도한 이런 발굴은 인류 기원 분야에서 새로운 시도였다. 최고참 지질학자로서 베르하네는 오랜 대학 친구인 기다이 월데가브리엘을 발굴팀에 채용했다. 베르하네가 그에게 무언가를 부탁한 것은 이번이 처음이 아니었다. 1977년 치안부대에 붙들렸을 때, 베르하네는 기다이에게 수도를 탈출하는 데 필요한 버스표를 사달라고 부탁한 적이 있다.

기다이의 약력을 보면 그의 세대 과학자들이 맞아야 했던 시련을 조금이나마 엿볼 수 있다. 그는 에티오피아 북부 티그레이의 외딴 고원 지역에서 소작농의 자식으로 태어나 어려서 아버지를 잃었다. 가족은 호구지책으로 병아리콩과 보리, 테프 등을 심었고 날카롭게 간 나뭇가지로 쟁기질을 했다. 어느 날 그는 엄청난 메뚜기 떼가 하늘을 까맣게 뒤덮으며 마을로 내려오는 모습을 봤다. 메뚜기 떼는 곡물을 다 먹어치웠고 나무도 앙상한 가지만 남았다. 굶주림을 피하기 위해 기다이의 가족은 먼 지역까지 걸어가 다음 농사 전까지 농장에서 일했다. 기다이는 동네 플라타너스 아래에서 미국 선교사들로부터 교육을 받았고, 나중에 루터교 기숙학교에 장학생으로 입학했다. 그는 하일레셀라시에대학에도 장학생으로 입학했다. 황제 통치 기간 막바지에, 기다이는 외국인 교원이 있는 활기찬 대학에서 공부한 것이다. 하지만 공포 시대가 되면서 모든 풍경이 혁명으로 파괴되는 모습을 목도했다. 그는 구체제 반대 시위에 참여했다는 이유로 잠시 제명됐다. 혁명 이후, 대학은 2년간 문을 닫았고 학생들은 표면적으로는 개발 계획을 위해 시골로 내쳐졌다. 기다이와 일부 학생들은 모든 게 데르그 통치 반대 운동을 무력화시키기 위한 전략이라고 생각했다. 학교는 황제의 이름을 지우고 아디스아바바대학으로 이름을 바꿔 달았다. 기다이가 가장 좋아한 지질학과 교수는 군부에 의해 살해당했다. 그가 지질학과에 입학했을 때의 학생

수는 18명이었으나, 1978년 졸업 당시에는 단 두 명만 남아 있었다. 나머지 학생들은 살해되거나 체포되거나 고향으로 돌아갔고, 일부는 먼 망명길에 올랐다. 기다이는 정치에 관심을 두지 않았고, 학위를 딴 뒤 가족을 부양하며 살아남았다. 공산권 학계 핵심 그룹이 도착했고, 그는 소련 지질학자 밑에서 석사 학위를 받았다. "그는 영어를 하지 못했고, 나는 러시아어를 하지 못했어요"라고 기다이는 회상했다. 졸업 후 그는 대학 지질학 강사가 되어, 에티오피아에 남아 있던 소수의 외국 학자들을 만날 수 있었다. 루시 발굴팀의 일원이었던 짐 애런선은 친절하게도 기다이를 클리블랜드의 케이스웨스턴리저브대학에 채용했다.

그리고 그의 삶에 가장 큰 아이러니가 찾아왔다. 고국에서 기근과 혁명, 공포를 이겨내고 살아남은 뒤, 기다이는 안전해 보이는 나라에 와서 죽음에서 멀어진 것 같았다. 그런데 미국 서부 지역의 유명한 지층을 조사하기 위해 현장 발굴을 나갔을 때, 야밤에 캠프에 강도들이 들이닥쳤다. 그들은 기다이를 각목으로 내리치고 돈을 빼앗고는, 자동차 타이어를 난도질한 뒤 그를 트렁크에 가뒀다. "강도들이 날 거기 두고 갔어요. 죽으라는 거였죠." 기다이는 조용히 당시를 회상했다. 그는 에티오피아 지구대에 대한 박사 학위 논문을 썼다(에티오피아 현장 연구가 무기한 중단된 시기였지만 지질학 분야는 예외여서, 그는 현장 발굴을 자유롭게 할 수 있었다). 그럼에도 불구하고 그는 고국에서 연구를 계속하겠다고 결심하지 못했고, 대신 미국 로스앨러모스 국립연구소에 지질학자로 취업했다(여기서 그는 지하 방사성 폐기물 처분이나 지열 에너지 등의 프로젝트를 진행했다). 그리고 미국 시민권을 획득했다.

에티오피아에서 계획한 화석 조사 프로젝트에 합류하라는 제안을 받고, 기다이는 애국심과 걱정이 뒤섞인 감정으로 에티오피아로 돌아갔다. 지방은 내전으로 들끓고 있었고, 그의 고향도 티그레이인 게릴라들로 인해 전쟁터였다. 검문소에서 정부군은 기다이를 의심스럽게 쳐다봤다. 이름만 봐도 그가 티그레이인임을 알 수 있었기 때문이다. 정부 부처에서는 북부 행정 구역에서 폭동이 늘어나고 있다고 걱정하는 목소리가 점점 커졌다. 조사 프로젝트를 마치자마자 나라가 산산조각이 났다. 1980년대 후반부터 와해되던 소련이 에티오피아에 대한 군사적 경제적 지원을 줄여간 끝에 데르그 체제가 무너진 것이다. 몇몇 민족에 기반한 반군이 무기를 탈취해 수도로 진격했고, 데르그에 의해 강제 징집됐다 탈출한 군인 상당수는 아파르 저지대를 가로질러 도망치다가 지역 부족에 의해 살해당했다. 그래서 조사 기간 동안 조사팀은 최근에 죽은 군인들의 유해 사이에서 화석을 찾아야 했다.

이 프로젝트에서 기다이는 유일한 백인 연구자인 팀 화이트와 함께 일하기 시작했다. "화이트는 뭐 하나 남에게 일을 맡기는 경우가 없었죠. 그러곤 아무도 도와주지 않는다고 불평을 하곤 했죠." 한번은 화이트가 자동차 위에 바퀴를 싣는 방법에 대해 불만을 표하면서 스스로 작업을 다시 했다. "그는 차 위로 올라가더니 물건을 사방으로 던지기 시작했어요. 사람들은 맞을까 봐 피했죠. 그는 와일드했고, 통제 불능이었어요." 기다이가 회상했다. 하지만 시간이 지나면서 기다이는 이 미국인 동료에게서 에티오피아식 덕목을 발견할 수

기다이 월데가브리엘.

있었다. 무욕이었다. 화이트는 연구에 대해서는 많은 것을 요구했지만, 자신을 위해 요구하는 건 거의 없었다. 그는 누구보다 열심히 일했고, 지칠 때까지 스스로를 몰아붙였다. 화이트는 비판을 좀 자제하라고 말하는 학계 사람들을 늘 그랬듯이 무시했다. 하지만 "이건 에티오피아식이 아니야"라고 경고하는 아프리카 친구들의 말에는 귀를 기울일 줄 알았다. "그는 아프리카인보다 더 아프리카인스러웠어요. 에티오피아인보다 더 에티오피아인 같았죠." 기다이가 말했다.

1988년과 1991년 사이에 조사팀은 127일을 현장에서 보내면서,

나중에 중요한 발굴을 하게 될 새로운 발굴지를 찾아냈다. 하지만 에티오피아 정부는 기존 프로젝트 지역에는 들어가지 못하게 했기 때문에, 화이트와 베르하네는 1981년에 잠깐 봐둔 유망한 화석 발굴지에는 다가갈 수 없었다. 루시보다 이른 시기에 살던 어떤 존재 역시 아직은 만날 수 없었다. "기웨인Gewane(에티오피아 북동부 도시 - 옮긴이) 정부는 우리가 가려 하면 체포하라는 지침을 담은 문서까지 만들었죠." 화이트는 회상했다. "데르그 치하에서 권력자가 그 문서에 서명까지 했어요. 당시 우리 적이 지니던 영향력을 보여준달까."

1990년, 정부가 마침내 현장 연구 금지 조치를 해제해 미들 아와시 팀은 아파르 저지대의 화석 연구를 재개할 수 있었다. 9년 전 그들은 동물 화석이 묻혀 있는 곳 위에 돌무더기를 쌓아뒀는데, 박물관에 보관할 장소가 없었기 때문이다. 그 돌무더기는 여전히 남아 있었다. 뱀이 들끓고 있었지만. 하다르 하류 지역에서는 돈 조핸슨 팀이 루시를 찾은 장소를 되짚으며 별도의 탐사를 벌이고 있었다. 두 팀 모두 더 많은 아파렌시스 화석을 찾아냈지만, 더 오래된 화석은 찾지 못했다. 〈사이언스〉 표지에는 이런 문구가 헤드라인으로 실렸다. "에티오피아에서 이뤄진 10년 만의 첫 호미니드 탐사." 하지만 이 같은 변화는 오래가지 않았다. 몇 달 뒤 내전이 아디스아바바에도 영향을 미쳤고, 작은 박물관과 초기 인류에 관한 에티오피아의 소중한 기록은 파괴될 위험에 처했다.

1991년, 반군이 수도 외곽에 집결했다. 데르그 체제가 무너지자, 국제사회는 에티오피아가 이웃 소말리아처럼 무정부 상태에 빠질 것이라고 우려했다. 멩기스투 대통령은 비행기를 타고 망명에 나섰다. 장성들은 군대를 통솔하지 못했고 중무장한 군인 무리가 도시를 배회했다. 감옥 문이 열려 죄수들이 거리로 나왔다. 런던에서는 미국 외교관들이 정부와 몇몇 부족 반군 조직 사이의 협상을 주선했다. 수도 혼란에 관한 보고서에 따르면, 미국 측 수석 협상가가 반군 중 하나인 티그레이인민해방전선(TPLF)이 시내에 들어가 질서를 회복시키는 것을 승인했다. 이 외교관들이 농민군의 규율과 TPLF 리더들의 정치적 능력을 인정한 것이다. 특히 기다이와 베르하네가 대학에 있을 때 친분이 있던 멜레스 제나위라는 인물이 대표적이었다.

아디스아바바의 주민 200만 명은 집 안에 틀어박힌 채 내전이 어서 정점을 치고 끝나기를 기다렸다. 베르하네와 동료들은 박물관을 폐쇄했다. 그곳에는 루시 같은 화석 외에도 하일레 셀라시에의 왕좌 및 과거 지배자들이 사용한 보석, 왕관 등의 보물이 전시돼 있었는데, 치안이 무너지자 약탈 위험도 높아졌기 때문이다. 박물관의 본관은 1930년대 파시스트 정권 때 총독이 사용한 이탈리아풍 저택이었다. 그 오래된 빌라 뒤에는 작은 화석 연구실과 수장고가 있었다. 박물관장인 베르하네는 포격에 대비해 몇 개의 내화 금고를 설치한 상태였다. 당시 아디스아바바의 경찰과 군인은 진격하는 반군의 표적이 될까 봐 초소를 벗어나 있었다. 어느 날 베르하네는 10여 명의 박물관 경비대에게 임무를 다해달라고 요구했다. 그들은 대부분 다른 일을 하다가 경비대가 된 사람들로(한 명은 의사였다), 베르하네의 뜻을 받아들여 박물관에 잔류했다.

그날 저녁, 베르하네는 근처의 비포장길을 운전해 집에 가고 있었다. 아디스아바바는 산골짜기를 따라 수 킬로미터에 걸쳐 주름진 금속 지붕들이 늘어선 난개발 도시였다. 군데군데 유칼립투스가 심어져 있었다. 탱크들은 갈 곳을 모른다는 듯 길에서 이리저리 방향을 바꿨다. 정부군은 로켓포와 자동화기를 든 채 거리를 배회했다. 전투에 나선 군인들이 무장하지 않은 민간인들에게 접근해 먹을 것과 물을 요구했는데, 이 장면은 베르하네에게 평생 에티오피아의 굴욕으로 남았다. 그는 아내와 어린 두 아이가 기다리고 있는 집에 도착했다.

그날 밤 전투가 시작됐다. 총성이 지붕들 너머로 메아리쳤다. 베르하네는 계속 박물관에 전화를 걸었고, 경비대는 바로 옆 정부 청사 건물이 약탈당하고 있다고 보고했다. 베르하네는 "박물관 안에 절대 아무도 들여서는 안 됩니다. 내가 책임질 테니 총으로 쏴도 좋습니다"라고 일렀다.

약탈자들은 박물관은 건드리지 않았다. 아침에 반군이 도시를 장악했다. 국영 미디어는 사람들에게 거리로 차를 몰고 나가지 말고 집에 머무르라고 당부했다. 베르하네는 8킬로미터를 걸어서 출근하겠다고 했다. "뭐라고요? 어떻게 가려고요?" 아내 프레히워트는 남편이 걱정돼 말문이 막혔다. 베르하네는 밤새 박물관 검문소를 지킨 경비대원들이 배가 고플 거라며 그들에게 줄 음식을 가방에 넣었다. 그는 아이들이 올라탄 반군의 탱크를 지나 박물관 검문소로 향했다. 경비대원들은 제복을 벗고 무기도 잃은 채 박물관 밖에서 기다리고 있었다. 베르하네가 정문 안을 살펴보니, 커다란 아프리카풍 옷과 반바지를 입고 AK-47 소총을 든 반군이 건물을 장악하고 있었다. 그 TPLF 게릴라들은 에티오피아 말로 '촌뜨기'라는 뜻인 "워에인woyane"이라고 놀림을 당했지만, 오히려 그 말에 자긍심을 느꼈다. 그들은 그 나라를 최근 수 세기 동안 지배한 엘리트가 아니라, 소작농을 대표했기 때문이다.

다음 날 베르하네와 조수는 그 지역 반군 주둔지까지 걸어가서 책임자인 지휘관을 만났다. 지휘관은 빈약한 배급을 받으며 온 나라를 가로질러 온 듯한 인상을 풍기는 강인한 남자였다. 베르하네는 상황을 설명하고, 경비대가 다시 무장할 수 있게 해달라고 요청했다. 그는 베르하네를 의아한 눈으로 쳐다보며서 물었다. "박물관이 뭐요? 화석은 뭐고? 만약 그게 그렇게 중요하다면 왜 멩기스투가 망명할 때 갖고 가지 않았소?" 베르하네는 그 지휘관을 데리고 박물관에 돌아와 전시물을 보여주고는 이렇게 설명했다. "이 보물들은 인류 모두의 것입니다. 우리는 에티오피아인이며 전 세계를 위해 이 화석들을 전시할 의무가 있습니다. 만약 우리가 이 화석들이 파괴되게 놔둔다면, 역사가 우리에게 책임을 물을 겁니다." 지휘관은 경비대에게 무기를 돌려주라고 부하들에게 명령했고, 남는 AK-47 소총은 물론 탄약도 한아름 지원해줬다. 에티오피아의 대표적 인류학 석학은 그렇게 셔츠에 탄환 한 다발을 걸친 채 박물관에 복귀했다.

루시와 다른 유적들은 무사할 수 있었다. 하지만 인류학자들까지 무사했는가 하면, 그건 다른 문제였다.

새로운 정부는 다시 한번 현장 발굴을 금지했다. 하지만 그해 말에는 금지 조치가 다소 누그러졌다. 이런 전후의 혼란에서도 현장에

가는 모험을 감수할 수 있는 사람은 팀 화이트처럼 위험에 대한 내성이 강한 자뿐이었다. 1991년 12월, 화이트는 적은 수의 팀원만 데리고 발굴을 떠났다. 고속도로는 여전히 강도로 위험했다. 발굴팀을 실은 트럭은 군대 차량과 기관총을 장착한 픽업트럭의 호위를 받았다. 그들은 군데군데 구멍이 난 길과 불타버린 탱크 잔해, 버려진 로켓포 발사대와 개인 화물 설비 등을 지나 마침내 기웨인행 고속도로에 도착할 수 있었다. 기웨인은 2천 미터 높이의 아얄루Ayalu 화산 아래에 위치한 작은 마을이었다. 전화가 되고 포장도로가 있으며 가스가 공급되고 보급이 가능한 마지막 지역이었다. 그리고 정부의 영향력이 미치는 마지막 영역으로, 그 너머는 부족이 지배하는 땅이었다. 여기서부터 발굴팀은, 반군이었다가 이제 막 새 정부로 재탄생한 에티오피아인민혁명민주전선(EPRDF) 소속 군인 다섯 명의 호송을 받았다. 발굴팀이 고용한 세 명의 아파르족 노동자들은 무슨 일이 일어날지 몹시 두려워하고 있었다.

미들 아와시 화석 발굴 현장은 적대적인 두 부족의 영토 경계에 자리잡고 있었다. 여러 세대에 걸쳐 아파르족과 이사족은 유혈 사태를 벌이고 있었다. 시작은 아무도 기억하지 못했다. 양측 군인들은 서로 진격을 거듭하며 가축을 훔치고 상대를 죽였다. 최근까지 데르그 군대가 아파르 사막을 가로지르는 고속도로를 따라 두 부족의 경계에 주둔해 있었다. 그 길은 아디스아바바에서 홍해의 아사브Assab항까지 연결되어 연료, 무기, 식료품 등을 에티오피아까지 보급하는 생명줄이었다. 군대가 동쪽 끝 이사부터 서쪽 끝 아파르까지 지켰지만, 데르그 정부가 사라지자 그 지역의 통제력도 없어졌다. 이사족이 고속도로를 타고 서쪽으로 진입해 들어왔다. 마실 물이 있는 아와시강과 초지를 차지하기 위해서였다. 화석 발굴지는 전쟁터가 됐다.

발굴팀은 군데군데 아카시아 나무와 가시덤불이 자라고 있는 황무지를 달렸다. 능선 여기저기에서 아파르 전사의 돌무덤들이 보였다. 시간이 오래 흐르면서 그 무덤들이 붕괴해 유골이 경사로를 따라 굴러다니고 있었다. 화석 발굴자들은 현대인의 유해를 고대 화석과 혼동하지 않도록 주의해야 했다.

자동차는 현무암으로 된 고지대를 가로질러 시바카이에투Sibah-kaietu라는 지역에 도착했다. 아파르인들은 발굴팀에게 이사족을 이곳에서 처음 만날 수 있다고 경고했고, 실제로 그들은 이사족을 만났다. 이사족은 흰 치마로 다리를 감싸고 있었는데, 몸이 몹시 여위어 마치 막대기처럼 보였다. 소련제 무기가 에티오피아에 넘쳐나다 보니 AK-47은 부족인이 허리춤에 차고 다니는 전통 단검만큼이나 흔한 무기였다. 팀 화이트와 일행은 이사족이 강의 범람원을 가로질러 소와 염소 떼를 몰고 가는 모습을 지켜봤다.

발굴팀과 그들을 지키는 군인들은 이사족 원로에게 인사를 하러 갔다. 자신들이 돌이 된 뼈를 찾으러 왔다고 설명하자, 이사족 원로는 친선의 의미로 그들에게 염소 두 마리를 선물했다. 박물관의 화석 캐스트 테크니션인 알레무 아데마수가 염소들을 자동차 뒷좌석에 밀어 넣은 후 그들은 이동을 계속했다. 화이트는 현장 노트에 이렇게 썼다. “여성들과 아이들, 남성들이 많이 보인다. 모두 기쁜 듯이 손을 흔들어준다.”

이 상황은 곧 바뀌었다.

젊은 박물관 직원인 요하네스 하일레셀라시에가 자동차를 운전하고 있었다. 군인 둘이 그의 옆에, 아파르족 노동자들은 뒷좌석에 앉아 있었다. 그들은 이사족 영토로 깊숙이 들어갈수록 점점 불안감을 느꼈다. 아파르족 노동자들은 사복 차림이었는데, 전통 의상을 입었다가는 눈에 띄는 즉시 총에 맞을 것 같아서였다. 초지 중심이던 범람원은 아와시 부근에서 울창한 숲으로 바뀌었다. 차는 범람원의 잡목 사이를 이리저리 운행하다 매복한 병사들을 만났다.

사격이 시작됐다. 허공에서 예광탄 소리가 울렸다. 타이어가 터졌다. "귀에 들리는 것은 탄환이 날아다니는 소리뿐이었어요. 양측 다 총을 쏘고 있었고, 우린 중간에 갇혀 있었죠." 요하네스가 회상했다.

탈출을 위해 차량의 방향을 틀자, 또 다른 이사족이 총을 쏘는 이들을 향해 돌진했다. 불과 몇 분 전에 베르하네 일행에게 염소를 줬던 이사족 원로가 나타나, 총을 쏘는 이들에게 멈추라고 소리를 질렀다.

두 군인이 차량에서 나와 방어 태세를 취한 채 긴장이 누그러질 때까지 기다렸다. 곧 20명 정도의 이사족 사람들이 모여 시끄러운 소리를 냈다. 그들은 군인들이 있어도 별로 당황하지 않는 듯했다. 발굴팀을 죽일 뻔했음에도 미안한 기색조차 없었다. 이사족 원로는 낯선 차량에 일부 아이들이 놀랐다고 설명했다. "아파르 군대가 자신들을 치러 온 줄 알았던 거죠." 요하네스가 회상했다. 총알이 화이트의 트레일러에 맞았지만 연료 탱크를 아슬아슬하게 빗나가 기적적으로 아무도 다치지 않았다.

이사족 원로는 사태가 원만하게 해결될 수 있도록 애썼다. 염소를 데리고 계속 가라고, 이 작은 오해는 부디 잊어달라고 하면서. "우리는 겁이 났어요. 너무너무 겁이 났어요"라고 당시 고고유물국 공무원이던 젤라렘 아세파가 회고했다. 그는 화가 나서 화이트를 쳐다봤는데, 앞뒤 안 가리는 이 미국인이 발굴을 계속할 것이라는 생각에 공포심이 일었다. 하지만 화이트조차 그 상황에서는 겁이 났다. 너무나 위험했다. 그곳을 지나가더라도 또다시 이성을 잃은 무리를 만날 수 있고, 그들은 총을 더 잘 쏠지도 몰랐다. 발굴팀은 더 이상 나아갈 수가 없었다. 그들이 떠나는 길 뒤로 또 다른 총성이 울렸다. 그들 앞에 어떤 화석이 묻혀 있든, 그것을 발굴하기까지는 다시 여러 해가 걸릴 터였다.

발굴팀은 기웨인 마을로 돌아가 버려진 군사시설에 캠프를 차렸다. 그곳이 그나마 안전한 듯했다. 그곳에서 그들은 근처 노두를 찾으며 끔찍한 며칠을 보냈다. 발굴은 비와 질병, 그리고 끊임없이 오가는 트럭과 짖어대는 개와 하이에나 소리로 인한 수면 부족 때문에 중단됐다. 발굴팀은 아파르족과 이사족이 마구잡이로 총질하는 모습을 먼 거리에서 지켜봤다. 모두가 배앓이를 하느라 줄기차게 설사를 해대서 현장은 똥투성이였다. 호미니드 화석은 하나도 발굴하지 못했다.

베르하네는 직장을 잃었다. 새 정부로 이전되는 과정에서 그의 리더십에 의문을 제기하는 목소리가 나왔다. "박물관이 한 개인의 전유물에 불과했어요. 사무실 열쇠부터 장학금, 근무하는 사람들의 권리까지 모두 베르하네가 독단적으로 운영했습니다." 전임 박물관 직원 물루게타 페세하가 주장했다. 나중에 또 다른 비판자도 거들었다. "문제는 베르하네가 스스로 모든 것을 할 수 있다고 확신했다는 거예요. 자신이 승인하지 않으면 이 나라에서는 아무 일도 할 수 없다고 믿고 있었어요." 1992년, 새 정부는 지난 정부가 임명한 베르하네와 관리들에게 해고를 통보했다. 다음 날 베르하네는 미국 라스베이거스에서 열리는 콘퍼런스 참석차 떠났다. 에티오피아에서의 최근 발굴 성과를 보고하기 위해서였다. 그런데 화석이 사라졌고, 베르하네는 망명했다는 소문이 돌았다. 다른 소문도 있었는데, 나라를 벗어나진 못했고 집에 칩거한다는 것이었다. 일부 직원들은 일터에서 쫓겨난 데 항의했다. "우리는 사무실 밖에서 사흘간 버텼어요. 모든 사무실이 잠겨 있었는데, 열쇠를 베르하네가 갖고 있어서였죠. 장관은 화가 나서 '좋아, 그럼 문을 부수자'라고 말했죠." 물루게타 페세하가 말했다. 라스베이거스에서, 베르하네는 팩스로 에디오피아로 돌아오라는 소환장을 받았다. 그는 연구 내용을 발표하고 고국으로 돌아갔다. 정부 감찰관들이 박물관 감사와 조사를 하고 있었다. 베르하네는 그들과 다투고는 연구실을 폐쇄한 채 문화부 장관을 만나러 갔다. "장관은 루시가 안전하지 않다는 말을 들었다고 했습니다. 나는 사실이 아니라고 말했죠. 장관과 커피를 마셨고, 그는 내게 차관에게 가보라고 했습니다." 베르하네가 말했다. 다음 날 베르하네는 차관을 만나러 갔는데, 라스베이거스로 팩스를 보낸 인물이 바로 그였다. "차관은 나를 체포할 준비를 해놓고 있었어요. 그는 내가 허락 없이 연구실에 들어갔으며 연구를 방해했다고 보안대에 고발했죠." 베르하네는 이틀간 구금됐다 풀려났다. 풀려난 뒤 그는 자신에게 적대적인 사람들의 영향을 받는 관료들에게 일일이 연구 허가를 받아야 하는 일개 민간인 연구자가 됐다. 박물관에서 베르하네와 다툼을 벌였던 감찰관은 기자가 돼 그의 관장 임명을 비판하는 기사를 썼다. 하나 위안이 되는 것은, 그의 팀이 지구에서 가장 화석이 풍부하게 발굴되는 지역의 접근 허가를 받았다는 사실이었다. 그곳에서 연구자들은 일생에 걸쳐 인류의 역사를 가장 먼 시점까지 파고들기 위한 발굴을 할 수 있었다. 그해 말, 발굴팀은 오랫동안 찾아 헤매던 흔적을 발견할 수 있었다. 루시보다 이른 시기에 살았던 인류의 흔적을.

하지만 더 심각한 음모가 자라나고 있었다. 원래 미들 아와시 지역에 접근할 수 있는 허가권을 지니고 있던 사람이 그 권리를 포기하지 않았다.

여기에는 배경이 있다. 1970년대에 아파르 저지대를 탐사한 화석 발굴팀 원년 멤버 중에 지질학자 존 칼브가 있었다. 하지만 그는 동료들과 싸우고 그룹에서 이탈했는데, 이 때문에 그 세대의 가장 큰 발굴 성과에서 열외되는 일이 벌어졌다. "존 칼브, 그는 루시 화석을 1.5킬로미터 거리에서 스쳐 지나갔어요. 1년 전에 바로 그 옆을 지나갔다니까요"라고 조핸슨은 회상했다. 쫓겨난 뒤 칼브는 이전 팀 동료들이 탐사하지 않은 지역에 대한 탐사권을 자신에게 할당해줄 것을 에티오피아 정부에게 요구했다. 대충 8000제곱킬로미터에 달하는 하다르 상류 지역으로, 나중에 미들 아와시가 되는 곳이었다.

1975년 탐사권을 손에 쥔 뒤 칼브는 3년에 걸쳐 조사를 했고, 그 지역에 화석과 석기가 풍부하다는 사실에 놀라 인류 가계의 여명을 밝힐 화석을 발굴하겠다고 천명했다.

칼브는 화석 사냥꾼치고는 인상이 좀 달랐다. 느린 텍사스 억양으로 말하는, 농담하기 좋아하는 모험가로 존스홉킨스대학에서 지질학 박사과정을 밟다 그만둔 이력이 있었다. 그는 에티오피아에 정착해서 연중 탐사팀을 조직했다(서양의 화석 연구자 대부분은 대학이나 박물관에서 일했으며, 아프리카에는 탐사를 위해 가끔씩만 방문했다). 칼브는 학술적인 사람은 아니었다. 한번은 미국국립과학원(NAS)에서 강연을 했는데, 전날 과음을 해서 엄청난 숙취 상태로 강연대에 올랐기에 나중에는 어떻게 거기까지 갔는지 기억하지도 못했다. 에티오피아에서의 에피소드도 있다. 그는 고대 호미니드를 발굴했다고 발표했는데, 알고 보니 개코원숭이baboon 화석이었다. 혁명 뒤 많은 서양인들이 추방되거나 탈출했는데, 칼브는 아파르 지역 탐사를 지속했고 에티오피아 내 연구자들이 아무도 연구를 하지 못하고 있을 때도 에티오피아인들에게 탐사를 권했다. "만약 정부가 우리 모두를 추방하기로 결정했다면 나는 그것도 이해했을 겁니다." 칼브는 1977년 이렇게 말했다. 그 말대로, 칼브는 추방당했다. 다만 아주 다른 이유에서였다.

칼브가 CIA 요원일 수 있다는 루머가 돌았다. 당시에는 의혹이 충만한 시절이었다. 베트남전 이후 CIA의 암살 계획과 외국 정부 불안정화 작전 계획이 폭로되면서 이 같은 의혹에 기름을 부었다. 칼브는 출처가 모호한 연구비를 지원받고 있었고, 고용한 항공사진 촬영 전문가가 공교롭게도 아디스아바바의 미국 대사관 CIA 지국장의 아들이었다. 칼브에 따르면, 1974년에 에티오피아 고고유물국 공무원 베켈레 네구시에가 사무실을 방문해 민감한 문제를 논의했다. "그는 돈 조핸슨이 나를 CIA와 관련이 있다며 고발했다고 말했어요. 나를 조심하라고 했다더군요." 칼브는 회상했다. (조핸슨은 이런 소문을 퍼뜨렸다는 사실을 부정했다.) 칼브는 정보기관과의 연관성 일체를 부인하고 이를 라이벌의 배척 때문이라고 주장했다. 공포정치 시절에, 이 같은 고발은 매우 위험했다. 특히 외국인과 관련이 많은 에티오피아인에게는 치명적이었다. "데르그 사람들은 개인을 제대로 구분해 생각하지 않았어요. 만약 누군가가 미국인이라면, 그 사람은 CIA와 연관돼 있을 거라고 생각하는 식이었죠. 미국인 친구가 있는 사람이라면, 그 사람도 CIA라고 의심했고요." 전 문화부 장관 아크릴루 하브테가 말했다.

결백을 증명할 방법이 없던 칼브는, 자신을 리처드 리키처럼 학자들을 불러들여 과학적 성과를 내게 하는 감독으로 포장하기 시작했다(1976년, 그는 팀 화이트를 초대했지만 화이트는 다른 일로 바빠 거절했다). 1977년, 칼브는 NSF에 현장 발굴을 위해 50만 달러를 지원해달라는 연구 제안서를 세 개 제출했다. NSF는 보통 제안서를 다른 동료 과학자들에게 보내 평가를 요청하는데, 그 세 개의 제안서를 모두 캘리포니아대학 버클리 캠퍼스로 보냈다. 그중 최소 하나는 고고학자 글린 아이작의 손에 들어갔는데, 그는 NSF에 칼브의 CIA 관련설에 주의하라고 경고했다. 이런 사람은 또 있었다. "칼브가 CIA 일을 한다는 소문은 널리 퍼져 있었다"라고 NSF의 존 옐렌은 1977년 내부 문건에 적었다. "에티오피아에서 연구하는 대학원생도 사실인 것 같다고 내게 말해줬다." 칼브의 원로급 동료 연구자 중에는 서던메소디스트대학의 고고학자 프레드 웬도르프 교수가 있었다. 그는 이런 중상모략에 대해 비판적인 입장이었다. "그가 뭘 보고했단 말인지 모르겠더군요. 물에서 하마 오줌 맛이 난다는 걸 보고했다는 건지." 웬도르프는 이렇게 칼브의 첩보 작전 수행 의혹을 비웃었다. 미들 아와시 발굴 임무를 완수하기 위해 웬도르프는 신뢰하는 오랜 친구를 초청했다. 학계와 에티오피아 고고유물국 공무원 양쪽으로부터 모두 존경받는 '선인善人' 데즈먼드 클라크였다. 하지만 칼브는 클라크의 참여를 거절했다. "버클리와 관련된 사람은 아무것도 믿지 못하겠어요"라고 하면서.

NSF도 칼브를 믿지 않았다. "아디스아바바에 또 한 명의 리키가 있다면 그건 가치 있는 일이겠지만, 칼브는 아니다. 그를 격려할 필요는 없다"고 엘렌은 NSF 문건에 적었다. 얼마 안 있어 논쟁이 벌어졌다. 1978년 8월, 에티오피아 정보국은 칼브를 추방했다. 약 열흘 뒤 데즈먼드 클라크는, 에티오피아에 와서 주인 잃은 땅을 맡아달라는 요청을 받았다. 이렇게 클라크의 버클리 팀은 광활한 땅의 발굴권을 얻었다. (웬도르프는 나중에 다른 프로젝트들은 모두 취소하고 클라크의 프로젝트에 지원해 작업에 힘을 보탰다.) 클라크가 연구를 맡자 NSF도 미들 아와시 팀 지원에 보다 열의를 보이기 시작했다. 1981년에 클라크, 화이트, 베르하네가 참여하는 탐사가 시작됐다. 칼브는 그것이 자신이 권리를 획득했던 땅을 훔치기 위한 공모라고 의심했지만, 그의 이전 파트너는 동의하지 않았다. "그가 학계에서 신뢰가 없었기 때문이지 그가 CIA 요원이라는 소릴 들어서가 아니었어요. 그래서 NSF도 공개적으로 버클리 그룹의 손을 들어준 거고요." 웬도르프가 주장했다.

화이트는 칼브 관련 사태가 지난 뒤에 버클리 팀에 합류했지만, 에티오피아 정부의 판단에 동조했다. 그리고 유망한 땅에 대해서도 가치를 인정했다. "에티오피아 정보국이 누군가를 근거 없는 소문 때문에 추방했을 것 같지 않았어요. 칼브가 CIA 요원이라는 정보국의 판단을 나는 충분히 납득할 수 있었어요"라고 화이트는 1983년 한 기자에게 말했다.

칼브가 에티오피아에서 추방된 이유가 정말 CIA 관련 소문 때문이었는지는 여전히 명확하지 않았지만, 에티오피아 관료들은 오랫동안 그렇다고 알고 있었다. 칼브는 자신을 내쫓기 위한 중상모략이었다고 말했다. 하지만 데즈먼드 클라크가 나중에 고고유물국 공무원 베르하누 아베베에게서 들은 말은 아주 달랐다. 칼브가 에티오피아를 떠나라는 명령을 받은 것은 발굴 현장에 전문가들을 데려오겠다는 약속을 지키지 못했고, 수집한 화석과 유물을 국립박물관에 두라는 협약도 무시했으며, 전문가 양성을 위한 기금 마련에도 실패했기 때문이라는 것이었다. 대신 그는 정치적으로 뜻이 맞는 사람들을 모아 그런 요구들을 회피하려고만 했다는 것이다.

이 같은 말에 분노한 칼브는 자신이 라이벌, 특히 버클리 팀과 조핸슨 때문에 잘렸음을 밝히기 위해 오랫동안 노력했다. (칼브의 편을 들었던 에티오피아인들은 1982년 에티오피아 정부가 외국인 연구자의 탐사를 유예하자 혼란에 빠졌다.) 10여 년간, NSF는 CIA 관련 소문이 칼브가 연구비 지원에서 탈락한 데 영향을 미쳤다는 주장을 부정했다. 하지만 칼브는 미국 정보자유법을 통해 문건을 입수했고, 당시 지원서를 검토한 패널들을 추적해 그 소문이 결정에 큰 역할을 했음을 확인했다. 1982년 10월, NSF 내부 조사위원회는 칼브의 CIA 관련설이 심사 협의 과정에서 정말 제기됐으며, 캘리포니아대학 버클리 캠퍼스 출신 심사자 세 명도 알고 있었다고 시인했다. NSF의 찰스 레드먼은 다음과 같이 말했다. "결국 클라크가 칼브가 확보했던 땅에 들어가, 이 사태가 약간 공모에 의한 것처럼 보이게 됐어요. 실제로는 전혀 그렇지 않았지만요." 미국 팀을 중요한 연구 지역에서 지키기 위한 긴박한 필요가 있다는 판단에서, NSF는 동료 평가 절차를 생략한 채 버클리 팀을 지원했다. "통상적인 프로젝트보다 더 자유로운 권한을 줬고, 부정적인 평가에 대해서는 지나치게 빨리 양해를 해버렸어요." (이 같은 상황은 NSF의 옐렌이 나중에 아내 앨리슨 브룩스와 함께 미들 아와시 팀에 합류해 NSF 지원을 받는 고고학 프로젝트를 수행해서 더 꼬였다.) 안타깝게도, 레드먼은 이 문제에 괜찮은 해결책은 없으며 유일하게 되돌릴 수 있는 방안은 "칼브의 분노를 누그러뜨리는 것뿐"이라는 결론을 내렸다. 결과적으로, NSF는 정반대로 행동했다. 레드먼은 칼브에게 그가 "매우 불운한 환경의 피해자"라고 말했지만, CIA 관련 루머의 영향에 대해서는 부정했다. 칼브는 다음과 같은 친필 메모를 남겼다. "NSF에서 누가 언제 어떻게 그 협의를 활용했는지는 당신도 알고 나도 알지 않은가." 그는 NSF가 심각한 잘못을 저지르고 있다고 경고하며 그것을 꼭 증명하겠다고 다짐했다.

1986년, 칼브는 NSF를 상대로 100만 달러의 손해배상 청구 소송을 했다. 1년 뒤 양측은 합의했다. NSF는 CIA 관련 혐의를 논의한 사실을 사과한 뒤 칼브에게 2만 달러를 지불하기로 했다. (하지만 NSF는 칼브의 제안서는 계속 채택하지 않기로 했다.) 이 사태는 고인류학 분야의 치열한 경쟁을 상징하게 됐다. 1992년에 출간된《순수하지 않은 과학》에서, 이 일은 "NSF의 동료 평가 제도가 붕괴된 사례"로 언급됐다. 칼브는 나중에 회고록에서 버클리 팀의 탈취를 마키아벨리즘의 시선에서 묘사했다. 그리고 점잖은 데즈먼드 클라크를 레오폴 2세(벨기에 왕국의 2대 국왕으로 현재의 콩고민주공화국을 지배했으며 폭력적인 착취로 악명이 높았다 – 옮긴이)에 비유했다. 사실 클라크의 대응을 보면, 그는 '힘으로 밀어붙여서' 무언가를 얻으려 한다는 인식을 피하기 위해 애썼다. 그는 칼브의 에티오피아 학생들을 자신이 꾸린 새 팀에 초대했으며 칼브에게도 역할을 주려 노력했다. 에티오피아 정부가 칼브의 참여를 더 이상 용인하지 않는다고 명백히 금지 의사를 밝히기 전까지는 말이다. 칼브와 그의 에티오피아인 지지자들은 계속해서 적의에 차 있었고, 이들의 그림자는 미들 아와시 지역을 연구하는 후임 연구자들에게 수십 년에 걸쳐 마치 유령처럼 출몰했다. 데르그가 몰락하자, 그가 에티오피아에 돌아갈 길이 열렸다.

6장

황무지

화석을 발굴할 때 가장 어려운 작업은 발굴지에 가는 것 자체일 때가 많다. 미들 아와시 팀이 다음 탐사 임무를 기획했을 때도 그랬다. 관료주의와의 싸움 때문에, 1992년 아디스아바바 탐사는 진퇴양난이었다. 정부 공무원들은 칼브를 다시 초청해 그가 예전에 차지했던 지역을 버클리 연구 그룹으로부터 되찾게 했다. 베르하네 팀은 자신들의 프로젝트 지역을 사수하려고 노력했다. 그들은 발굴 허가를 요청하는 편지를 온갖 부처에 보내느라 여러 주를 보냈다. “그들은 화이트를 위협하려 했어요. ‘만약 베르하네 편을 든다면, 당신도 허가를 취소당할 거요’라면서요.” 베르하네가 회상했다. “마침내 장관이 개입해서 우리에게 허가를 내줬지요.” 그러나 이번에는 발굴 시 반드시 동행하도록 법으로 규정돼 있는 고고유물국 공무원을 찾지 못하는 사태가 벌어졌다. “세 명이 잇따라 거절했어요.” 고고학자 요나스 베예네가 말했다. 한 고위 공무원이 명령을 내리면 다른 고위 공무원은 그것을 부정했다. 아래에 있는 사람들은 파벌 사이에서 분란을 피하려고 했다. "자신을 지킬 유일한 방법은 현장에 가지 않을 핑계를 생각해내는 것뿐이었습니다. 가장 중요한 건 일을 계속할 수 있는 것이니까요." 당시 고고유물국 공무원이던 젤라렘 아세파가 말했다. 한 달이 지연된 뒤에야 베르하네 팀은 마침내 필수 허가를 받아 관련 인력과 물자를 확보할 수 있었고(그들은 심지어 화장실 휴지 하나까지 구매 허가를 받아야 했다), 11월 말 발굴을 떠났다. 그때까지 베르하네 팀은 좀 더 익숙한 아와시강 동쪽을 집중적으로 발굴했었다. 하지만 그 지역을 이사족이 차지한 뒤로 너무 위험해져서, 거의 가본 적 없던 강 서쪽을 발굴하기 시작했다. 그들은 그곳이 더 오래된 퇴적물이 쌓인 곳이며 오스트랄로피테쿠스 아파렌시스보다 더 오래된 화석을 찾을 수 있는 기회가 있는 땅임을 알게 되었다.

야외에서 맞은 첫날 아침, 발굴팀은 아침 햇빛이 구름 아래를 파스텔 톤으로 물들이는 모습을 보며 캠프에서 일어났다. 남쪽으로 아옐루 화산의 거대한 화산추가 보였다. 근처에는 아파르족 마을이 있었는데, 옹이투성이 나뭇가지와 돗자리로 만든 빵 모양의 오두막들이 세워져 있었다. 해가 뜨면 아파르족 아이들은 먹이를 먹이기 위해 가축을 데리고 나왔는데, 낯선 이방인과 자동차를 발견하곤 다시 마을로 달려갔다.

아파르족은 탁 트인 평지나 높은 언덕 위에 집을 지었기에 적이 몰래 접근할 수 없었다. 어떤 침입자가 와도 경계할 수 있었다. 내전 기간 동안 아파르족은 데르그 군인을 살해하고 무기를 빼앗았다. 최근에는 새 정부의 군인들과도 충돌이 있었고, 아파르족과 이사족 사

아파르족은 군사 무기로 무장한 채 영토와 물, 가축을 놓고 이사족과 자주 충돌했다. 사진 속 인물은 보우리 마을에서 소와 염소를 돌보는 엘레마의 모습. 1992년 팀 화이트 촬영.

이에도 총격전이 잦아졌다. 주민들은 엘레마라는 이름의 아파르 전사를 깨웠다. 그는 강단 있는 사람으로 가느다란 콧수염에, 앞니 사이가 넓게 벌어져 있었다. 그는 일어나서 긴 소총을 어깨에 메고 여분의 탄환과 칼, 그리고 데르그 군인에게서 빼앗은 소련제 권총을 장착한 군인용 허리띠를 둘렀다. 나중에 영어가 유창해졌을 때 그는 자신을 가리켜 "엘레마는 더럽게 난폭한 놈"이라고 했다.

엘레마는 황무지를 가로질러 출발했다. 그는 줄 지어 선 자동차와 트레일러 옆에 캠프를 차린 낯선 사람들을 발견했다. 그들의 짐은 올리브색 방수포에 가려져 있었다. 엘레마는 고지대에 거주하는 에티오피아인 몇 명과, 피부색이 소의 젖통과 비슷하고 머리색이 사막 잔디 같은 외국인들을 발견했다. 그는 이전에 지부티공화국을 여행하며 백인 몇 명을 본 적이 있었지만, 고국에서는 본 적이 없었다. 두 명의 고지대 에티오피아인(나중에 과학자인 것을 알게 된)이 옆에 서서 이 광경을 마치 하이에나처럼 지켜보고 있었다.

엘레마는 아파르족 중에서도 다른 씨족 출신 가이드들이 그 외국인들을 데리고 자신들의 땅을 침범했다는 사실에 격분했다. 그들에겐 낯선 사람들을 자신의 땅에 안내할 아무런 자격이 없다고 여겼기 때문이다. 엘레마의 아버지는 아파르 '발라바트balabat', 그러니까 그 지역 일대에 사는 보우리모다이투Bouri-Modaitu 씨족의 족장이었다. 허가 없이는 누구도 그들의 영역에 들어와서는 안 됐다. 그는 어깨에 멘 소총을 내려 들고 침입자들에게 즉시 나가라고 했다.

아파르족 가이드들은, 그들이 연구 목적의 탐사대이며 뼈 화석을 찾으러 왔다고 설명했다. 탐사대는 중앙정부에게서 받은 편지를 보여줬다. 그들에겐 심지어 아파르족 족장의 허가증도 있었다.

엘레마는 그 편지를 찢어버렸다. 여기에서는 그가 지배자였다. 아디스아바바의 정부도, 이웃 씨족 출신 아파르인도, 심지어 아파르족 족장도 이곳에서는 소용없었다. 아파르인들은 자신들의 언어로 서로 크게 다퉜다. 에티오피아 공용어인 암하라어를 쓰는 고지대 사람들은 알아들을 수가 없었다. 기다이 월데가브리엘은 아파르인 가이드들을 지켜보고 있었다. 불편해 보였다. 좋은 징조가 아니었다. 말싸움이 거칠어지기 시작했을 때 아파르족 사람 하나가 엘레마의 총을 집으려 했다. 발굴팀 사람들은 이 대치 상황이 총격으로 이어질까 우려해 그에게 물러서라고 외쳤다. 결국 아파르인들은 캠프에서 멀리 떨어진 사막에 앉아 오전 내내 다퉜다.

옆에서 화이트는 또 다른 걱정스러운 드라마가 펼쳐지는 모습을 지켜보고 있었다. 1년 내내 그는 지도와 위성 영상을 연구해 목표 지역을 선정했으며, 장비를 준비하고 필요할 것으로 예상되는 모든 것을 준비했다. 여러 해에 걸친 탐사 경험을 통해 그는 현장 발굴 연구에서 단 하나의 확고한 진리를 깨달았다. 예측하지 못한 혼란은 언제나 모든 노력을 틀어지게 할 위험 요인이라는 것이었다. 총격, 관료주의적 장벽, '동료'로부터의 비난, 베르하네를 향한 정치적 공격, 자동차 타이어 펑크, 엔진 라디에이터 고장 등이 그런 것들이었다. 여기에 이제 망할 놈의 소총이 추가됐다. "아프리카는 언제나 상상 이상이군." 화이트는 이렇게 투덜댔다.

임무의 핵심은 2~3주 동안 이어질 화석 발굴이었다. 화이트는 이 때쯤엔 몇 킬로미터 더 발굴지 쪽으로 다가가 있어야 한다고 생각했다. 주춤거리고 있는 매 시간마다 짧고 귀중한 현장 발굴 시간이 낭비되고 있었다. 이번 발굴도 지난 마지막 탐사 때처럼 성과 없이 지리멸렬하게 끝날 것인가?

몇 시간 뒤 대화를 나누던 두 아파르인이 일어섰다. 거래가 성립됐다. 엘레마가 팀에서 일하기로 했다. 아침에 그들을 위협했던 사람이 그들의 새 가이드가 된 것이다.

탐사대는 오후가 되어서야 하타야에Hatayae 강둑 옆 목적지에 도착해 이번 발굴 시즌을 위한 베이스캠프를 차렸다. 고속도로 현장 감독이었던 화이트의 아버지는 화이트에게 보급의 중요성을 가르쳤다. 거리에서 하는 캠핑이든 가족 여행이든 모든 야외 활동을 할 때는 항상 물건을 조달할 방법을 계획을 세워 강구해야 한다고. 화이트는 캠프가 군대식으로 정돈될 때까지 한순간도 쉬지 않았다. 화이트는 탐사대에게 방수포 펼치는 법, 텐트 치는 법, 자동차 주차하는 법, 도구를 준비하는 법, 끈을 묶는 법에 대해 명령을 내렸다. 그는 아주 미세한 세부 사항조차 놓치는 법이 없었고, 마음에 들지 않는 부분을 발견하면 호되게 야단을 쳤다.

캠프 준비 과정에서 한 에티오피아인이 죽은 나뭇가지를 잘라내다가 화이트가 그 가지에 맞는 일이 벌어졌다. 화이트는 머리에 피를 흘리며 쓰러졌다. 손톱 크기의 가시가 그의 머리 측두근에 박혀 있었다. 화이트는 레더맨 멀티툴을 꺼내 기다이 월데가브리엘에게 집게로 가시를 빼달라고 했다. 그게 다였다. 그는 아무 일도 없었다는 듯 다시 일하러 돌아갔다. 여러 해에 걸쳐 화이트는 부상과 병을 겪었다. 그에겐 말라리아, 이질, 지알디아 편모충 감염증, 간염, 폐렴 등등이 여권 도장과 같은 것이었다. 한번은 텐트에서 저녁 식사 중 염소 고기를 먹다가 뼛조각을 씹어서 이가 부서진 적이 있었다. 화이트는 테이블 쪽으로 머리를 숙인 채 신음하고 욕을 내뱉더니, 동료들에게 강력 접착제로 부서진 이를 붙이라고 했다. 하지만 이는 계속 부서졌고, 그는 결국 드러난 이 뿌리 부분을 접착제 덩어리로 막아달라고 했다. 발굴 시즌이 끝난 뒤에 치료를 받을 심산이었다.

안전을 위해 고용한 아파르족이 있었지만 누구도 딱히 안전하다는 느낌을 받지 못했다. 총기 안전이라는 말은 문어체만큼이나 낯선 개념이었다. 탐사를 주도한 연구자들은 경비대에게 소총을 조심히 다뤄달라고 요청했지만, 연구자들이 돌아서기만 하면 그들은 다시 안전 같은 것은 까맣게 잊어버렸다. 아파르족 경비대 다수는 차에 타본 적도 없었고, 비좁은 좌석에 끼어 앉은 그들의 총구는 위험하게 아무 데나 향한 상태였다. 연구자들은 총을 꼭 위로 세우라고 당부했다. 화이트는 "알라신을 향해" 총을 세우라고 몸짓으로 지시했다. 또한 차량 내 수류탄 소지를 금지했다. (수류탄이 떨어져 발아래로 굴러 모두가 폭발에 대비해 하나, 둘, 셋을 외쳤던 아찔한 경험이 있었다.) 아파르족 사람들은 창문이 '유리'라는 투명한 물질로 덮여 있다는 사실을 깨닫지 못한 채 차 밖으로 침을 뱉으려 하기도 했다. 멀미를 하는 사람도 있었다. "모두가 랜드크루저 뒷좌석에 어깨를 맞대고 앉아 있는데 누군가 아침 식사로 먹은 낙타 우유를 게워냈어요. 얼마나 끔찍했던지 차마 말로 표현을 못 하겠어요." 인류학자 브루스 라티머가 회상했다.

연구자들은 외부인들은 거의 간 적이 없는 황야를 탐사했다. 하루는 낙타를 치는 목동을 한 명 만났는데 차량 전면 유리 너머로 AK-47 소총을 조준하고 있었다. 엘레마가 그와 담판을 짓느라 흥분해 있는 동안, 일행은 엔진 실린더 블록 뒤에 몸을 숙인 채 피해 있었다. 알고 보니 목동은 그들을 낯설고 위협적인 동물로 착각한 것이었다. 그는 이전에 차를 본 적이 없었던 것이다.

새로운 지역에 갈 때마다 협상과 함께 '다구dagu'라는 아파르족 특유의 의식을 거행해야 했다. 안부를 전하고 새 소식을 나누는 의식이었다. 연구자들은 씨족장들에게 사정하거나, 설탕과 커피 같은 선물을 주는 방법으로 화석 발굴을 위한 허가를 구했다. 이 때문에 귀중한 발굴 시간이 많이 허비됐지만, 다른 방법이 없었다. 어떤 씨족은 장벽을 치고 통행료를 요구하기도 했다. 아파르족 대부분은 외국인이나 정부 대표를 본 적이 없었다. 발굴팀에게는 늘 수많은 구경꾼이 따라붙었다. 화려한 치마를 입은 아파르 여성들과 벌거벗은 아이들, 수염을 위엄 있게 기르고 단장을 가진 수척한 노인들, 그리고 총을 든 근엄한 남자들까지. '정말 이 이방인들은 돌이 돼버린, 쓸모없는 뼈를 찾으러 온 것일까? 실제로는 금이나 광물, 석유를 찾으려는 게 아닐까? 사람들을 체포하거나 납치하려고 정부에서 보낸 게 아닐까?' 엘레마는 이런 의심의 와중에 대단히 소중한 외교관이었다. 그는 그 지역을 통과할 수 있도록 협상하거나 길을 탐색하고, 강을 횡단할 곳을 찾는 데 큰 역할을 했다. "길을 찾고, 사람들과 대화했어요. 매일매일이 빌어먹을 홍정의 연속이었죠." 엘레마는 이렇게 당시를 회상했다.

화이트는 때로 탐사팀을 북아메리카의 루이지애나 구입지(1803년 미국이 프랑스에서 사들인 지역 – 옮긴이)를 탐사한 루이스와 클라크의 탐험(루이지애나 매입 직후 토머스 제퍼슨 미국 대통령의 명령으로 서부 태평양 연안까지 이어진 북미 대륙 횡단 탐험 – 옮긴이) 부대에 비교했다. 미들 아와시 지역에서, 이들은 미지의 땅의 지도를 그렸을 뿐만 아니라 먼 과거를 이해할 단서를 찾았다. 바로 고대의 생명체 잔해가 표면에 남아 있는 지질학 노두였다. (동아프리카에서, 대부분의 화석은 자연적인 풍화에 의해 지표에 나와 있어 도보 탐사 도중에 발견되는 경우가 많았다. 남아프리카는 반대로 화석이 석회석 동굴에 파묻힌 상태로 발견되는 경우가 많았다.) 지질학적 시간의 스케일은 일련의 시대로 나뉘었고, 대부분의 인류 진화가 일어난 시기는 이 가운데 세 지질시대에 국한돼 있었다. 마이오세(2300만~530만 년 전), 플라이오세(530만~260만 년 전), 그리고 플라이스토세(260만~1만 1700년 전)였다. 미들 아와시는 이 세 지질시대의 퇴적층을 모두 포함하고 있었다.

첫 번째 임무는 답사였다. 광활한 영역 대부분이 미지의 영역이었기에, 전문가들은 몇 주 동안 빠르게 훑어보며 어디를 집중적으로 탐사할지를 정했다. 매일 탐사대는 아와시강에서 지구대 끝부분에 있는 서쪽 경사지까지의 황야를 뒤졌다. 지금은 활동하지 않는 화산을 지나고, 아파르족의 토굴을 무너뜨렸으며, 하이에나 굴을 품은 절벽을 기어올랐다. 그들은 나타났다 사라지는 일시적인 강줄기를 걸었다. 이 강줄기는 지질학적 시간을 품은 오래된 지층을 갈라 보여줬다. 고대에는 호수 바닥이었던 초콜릿색 점토 언덕을 오르기도 했다. 석기시대 도구와 돌칼이 셀 수 없이 깔린 지역을 걷기도 했다. 기다이 월데가브리엘은 "한 장소에 머물게 할 것이 없었기 때문에, 우린 계속 이동했다"라고 말했다.

침식된 노두는 먼 미래를 밝혀주는 창을 열어줬다. 이곳에서는 500만 년 전의 창이 열리고, 저곳에서는 250만 년 전의 창이 열리며, 또 다른 곳에서는 100만 년 전의 창이 열리는 식이었다. 부서진 화석은 조상의 잃어버린 모습을 알려주는 단서가 되었다. 이렇게 알게 된 조상의 모습은 그 후손의 모습을 서투르게 흉내 낸 것 같았다. 거대한 수달과 바위너구리, 기린의 멸종한 친척인, 목이 짧고 몸집이 큰 시바테리움*Sivatherium*, 하나의 발굽 대신 세 개로 갈라진 굽을 지닌 말 히파리온*Hipparion*도 있었다. 수염 한 쌍이 처진 듯 난 상아가

지질시대 연대표

시대	시작된 시기	발생한 일들
홀로세	1만 1700년 전부터 현재	• 마지막 빙하기 이후 시작 • 자연적으로 온난해지는 경향 • 최초의 인류 문명 형성 • 농업
플라이스토세	260만 년 전	• 호모 사피엔스가 지구 전역에 분포하게 됨 • 석기가 250만 년 전 등장 • 300만~250만 년 전 호모속 등장
플라이오세	530만 년 전	• 320만 년 전 루시 • ~400만 년 전 오스트랄로피테쿠스속 등장 • 가장 오래된 주요 인류 조상 화석
마이오세	2300만 년 전	• 800만~400만 년 전의 인류와 유인원 화석 기록은 거의 없음 • 마이오세 후기에 아프리카 유인원과 인류 계통이 분리됨(생화학에 의한 연대 추정은 이루어졌으나 화석 증거는 없음) • 마이오세 초기와 중기에 아프리카와 유라시아에서 다양한 마이오세 유인원 등장 • 상대적으로 온난한 지구 기온
올리고세	3400만 년 전	• 3000만 년 전 오늘날의 구세계원숭이와 유인원이 분리됨 • 3000만 년 전 동아프리카 지구대가 형성되기 시작함
에오세	5600만 년 전	
팔레오세	6600만 년 전	• 다람쥐 크기의 초기 영장류 등장

(과거 → 현재)

인상적인 고대 코끼리 데이노테레스*Deinotheres*, 네 개의 상아가 있는 곰포테레스*Gompotheres*, 키가 2미터 70센티미터에 이르는 곰 아그리오테리움*Agriotherium*, 체중이 그랜드피아노와 비슷한 무서운 돼지 노토코에루스*Notochoerus*, 소형 애완견만 한 돼지, 뒷다리가 짧고 앞다리는 길어서 유인원처럼 주먹을 땅에 대고 걸었던 말 크기의 초식동물 칼리코테레스*Chalicotheres* 등도 발굴되었다(칼리코테레스는 코뿔소 같은 이빨에 발에는 개미핥기와 비슷한 발톱이 있었다). 수십 년 동안 박물학자들은 육체적으로나 정신적으로나 서로 다른 두 종을 염두에 둬왔다. 멸종한 생명체는 오늘날 살아 있는 그 어떤 생명체와도 닮지 않았기 때문이다. 과거를 이해하기 위해서는 반드시 그것이 오늘날과 비슷할 것이라는 기대를 버려야 한다.

이런 이상한 동물들 사이에 다른 이상한 동물군이 살고 있었다. 현생인류 탄생으로 이어진 두 발로 걷는 유인원이었다. 안타깝게도 이들은 화석 가운데 가장 드물게 발견됐다. 엘레마의 씨족이 지배하는 영역인 보우리Bouri에서, 발굴팀은 첫 고대 인류 화석 발굴에 성공했다. 호모 에렉투스의 부서진 넙다리뼈 두 개였다. 하지만 연구자들에게는 200만 년 전의 호모 에렉투스 화석보다 더 오래된 화석을 찾는 게 중요했다. 발굴은 반대편인 단층면 서쪽 끝에서 이뤄졌다. 발굴팀은 그곳에서 유인원과 인류가 갈라진 시점으로 추정되는 시대와 가까운 때에 형성된 오래된 바위를 찾았을 뿐, 그 긴 여정 내내 호미니드 화석은 하나도 발견하지 못했다.

세 번째 주에 발굴팀은 지구대 바닥을 널리 볼 수 있는 언덕 몇 곳을 탐사했다. 지금은 분출을 멈춘 화산인 둘루 알리Dulu Ali의 현무암 지괴가 언덕과 골짜기가 이어진 곳 너머 희미하게 보였다. 위성사진으로 보니, 그곳은 거대한 반구형 지형으로 오래전 지하에서 일어난 분출에 의해 거대한 마그마 방이 형성되어 있었다. 플라이스토세와

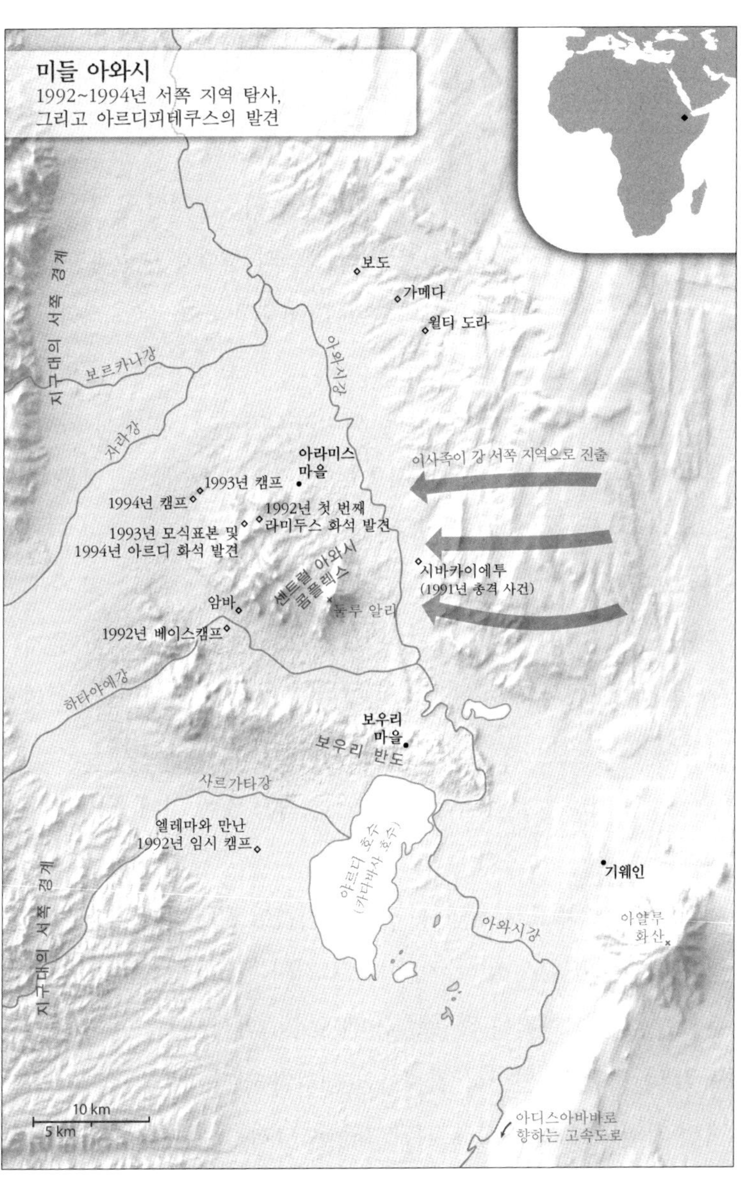
미들 아와시
1992~1994년 서쪽 지역 탐사,
그리고 아르디피테쿠스의 발견
보도
가메다
윌티 도라
아와시강
지구대의 서쪽 경계
보르카나강
사라강
아라미스 마을
1993년 캠프
1994년 캠프
1992년 첫 번째 라미두스 화석 발견
1993년 모식표본 및 1994년 아르디 화석 발견
이사족이 강 서쪽 지역으로 진출
시바카이에투 (1991년 총격 사건)
센트럴 아와시 콤플렉스
암바
놀루 알리
1992년 베이스캠프
하타야에강
보우리 마을
보우리 반도
사르가타강
엘레마와 만난 1992년 임시 캠프
아르디 호수 (카다바사 호수)
기웨인
아얄루 화산
아와시강
지구대의 서쪽 경계
10 km
5 km
아디스아바바로 향하는 고속도로

마이오세에 형성된 250미터 두께의 퇴적층이 밀어 올려진 것이었다. (지질학자들은 나중에 그 지층의 연대를 560만~390만 년 전으로 정확히 측정했다.) "센트럴 아와시 콤플렉스"라고 불리는 지형으로, 이 지층은 주변 500제곱킬로미터까지 펴져 있었다. 이 지형 구역 중 침식된 경사지에는 수백만 년 전 살았던 생물의 잔해가 노출돼 있었다. 덕분에 루시 이전의 암흑 시대를 밝힐 최우선 목표 탐사 지역이 되었다.

지질학적 맥락을 빼면 화석은 의미가 없다. 지질학에서 가장 오래된 세부 분야 중 하나는 층서학으로, 지층이 쌓이는 과정을 연구하는 학문이다. 1667년, 덴마크 해부학자 니콜라스 스테노는 '지층 누중의 법칙'을 제안했다. 퇴적층은 오래된 것이 아래에, 최근에 만들어진 것이 위에 쌓인다는 것이다. 1790년대에 영국 운하 엔지니어 윌리엄 스미스는 '동물군 천이의 법칙'을 추가했다. 특정 형태의 화석이 특정 지층에서 발견될 것을 예측할 수 있다는 내용으로 화석을 품은 지층은 오래된 것이 아래에, 최근 것이 위에 쌓인다는 것이었다.

퇴적물은 수평으로 쌓인다. 하지만 시간이 지나면 단층 작용의 영향으로 기울어질 수 있다. 이 아파르 저지대 일대는 지질 운동으로 부딪힌 지괴의 파편에 해당했다. 센트럴 아와시 콤플렉스는 북동쪽으로 몇 도 정도 완만히 기울어진 내리막 지형이었다. 연구자들은 이런 사실로 보아 가장 오래된 지층은 남서쪽 후면에 펼쳐져 있을 것이라고 추정했다. 암바Amba라고 불리는 이 장소에서, 화이트는 그간 봐온 것 중 가장 화석이 풍부한 지역을 찾았다. 훌륭하게 보존된 말과 하마, 그리고 다른 생태계 구성원들의 화석이 발견됐다. 버클리 캘리포니아대학의 지질학 연구실에서 암석 시료의 정확한 연대를 알아내려면 여러 달이 걸릴 상황이었다. 그 전에 발굴팀이 연대를 측정할 가장 좋은 방법은 '생물학적 연대 추정' 또는 화석으로 확인 가능한 동물상에 기반해 추정하는 방식이었다. 대표적인 것이 아프리카의 다른 발굴지에서 발견돼 연구가 많이 이루어진 돼지종인 니안자코에루스 카나멘시스*Nyanzachoerus kanamensis*였다. 화이트는 이 돼지종을 알고 있었고, 그것의 의미도 알았다. 바로 지층이 500만 년 전을 가리킨다는 것이었다. 이 지층에서 나온 화석들은 루시보다 약 200만 년 앞서 존재했던 생명체의 흔적이라는 뜻이다. 이 시기는 인류와 침팬지가 공통 조상으로부터 나누어졌을 것으로 추정되는 시점과 놀랄 만큼 가까웠다. 화이트는 이 지역 어딘가에 인류 계통의 가장 깊은 뿌리에 근접한 화석이 존재할 것이라고 상상했다. 시기도 딱 맞고 지질학적 측면에서도 완벽했다. 동물상도 잘 맞았다. 모든 게 의도와 딱 맞았다. 딱 하나, 그놈의 호미니드는 아무리 찾아도 없다는 점만 빼면.

마침내 발굴팀은 포기하고 콤플렉스 고지대로 옮겨 가, 아라미스라는 아파르족 마을 근처에 위치한 더 최근의 퇴적층으로 향했다. 화이트는 기대는 별로 하지 않았다. 왜냐하면 1981년 그 지역을 지났을 때 성과가 없었기 때문이다. 가치 있는 것이 아무것도 없어서, 칼브의 탐사대가 이미 모든 화석을 발굴해버린 것인지 궁금할 지경이었다. 그는 몰랐지만, 그보다 먼저 그 지역을 찾았던 칼브 역시 만만치 않게 실망한 채 그 지역을 떠났었다. 다만 화이트는 발굴자들에게 고원의 초지를 가로질러 한참 걸어가 철저히 조사하도록 했다. 그들은 완전한 뼈 화석은 찾지 못했지만 파편은 찾았다. 턱뼈는 찾지 못했지만 치아 또는 치아 파편은 발견했다. 어떤 화석은 물린 상처나 소화액에 부식된 흔적을 담고 있었다. 고대 육식동물들에게 물리거나 맞거나 소화되고 남은 흔적이었다. 그런 화석은 그야말로 쓰레기에 가까웠다.

그때 누군가 외쳤다. "찾았다."

화석 발굴자들의 눈은 그들의 개성만큼이나 각각 달랐다. 누구는 머리뼈를 잘 찾았고, 누구는 쌀알만 한 설치류의 뼈를 잘 찾았다. 스와 겐은 치아를 찾는 데 일가견이 있었다. 그는 대단히 섬세한 일본인 연구자로, 고국의 유명한 영장류학자의 제자였다. 일본은 영장류학 전통이 긴 나라로, 스와는 옛 인류 연구를 하고 싶어했다. 일본에는 그런 과정이 존재하지 않았기에, 그는 캘리포니아대학 버클리 캠퍼스의 대학원 과정으로 유학을 왔다. 그는 대학 연구실에서 늦게까지 연구하며 여러 서랍을 가득 채운 치아를 곰곰이 살펴봤는데, 그에게는 평화롭고 매혹적인 과정이었다. 어느 날 밤, 그의 몽상은 낯선 사람의 등장으로 깨졌다. 팀 화이트였다. 그는 막 클리블랜드 자연사박물관에 다녀온 차였는데, 늦은 시간에 연구실에 출몰하는 동지를 만난 것이다. 다음 날 화이트는 스와를 연구실에 초대한 뒤, 스와를 시험해볼 요량으로 뼛조각 화석 몇 점을 꺼냈다. 화석 발굴지의 난잡함을 모사하기 위해 화이트는 호미니드 뼈 화석 몇 점을 래쿤의 어금니나 개코원숭이의 앞니, 코코넛 껍질, 항아리 파편 등 다른 물건과 섞었다. 스와는 모든 뼈를 구분해냈다. 사실 스와가 인류

스와 겐이 1992년 아라미스 근처에서 새로 발견한 화석을 연구하고 있다.

조상 화석을 처음으로 발견한 곳은 현장이 아니라 버클리의 연구실이었다. 다른 전문가가 원숭이의 것으로 잘못 분류한 치아를 인류 조상 화석으로 제대로 분류해낸 것이다.

치아는 타임캡슐이다. 우리 소화계에서 음식을 자르고 부수는 역할을 담당하는 만큼 강한 내구성을 갖고 있기에, 치아의 에나멜은 몸에서 가장 단단한 물질이다. 따라서 치아는 몸의 뼈들이 모두 흙이 된 뒤에도 남아 있을 수 있다. 이것이 치아 화석이 가장 흔한 이유다. 오래된 종일수록 화석은 대부분 치아 화석이고, 어떤 종은 치아 화석만 남는다. 인류를 포함한 모든 유인원은 위아래 치아에서 동일한 배열을 보인다. 네 개의 앞니와 두 개의 송곳니, 네 개의 앞어금니(전구치), 그리고 여섯 개의 어금니(대구치)를 공통으로 지니고 있는 것이다. 치아 크기와 형태, 그리고 기능의 차이는 유인원 계통의 진화 과정을 알 수 있게 해준다.

스와는 학위 논문 주제로 에티오피아 오모 계곡에서 버클리 팀이 발굴한 호미니드 치아 연구를 제안했다. 지도교수는 열렬히 지지했다. "훌륭한 생각이야!" 스와는 다시 앞어금니에만 집중하겠다고 했다. "좋아." 지도교수가 말했다. 그런데 그는 지도교수에게 세 번째로 가서 주제를 더 좁혀야 한다고 말했다. 아래 앞어금니만 해야 한다고. 이런 스와의 엄밀성은 지도교수 팀 화이트와 맞먹었다. 하지만 화이트가 불같은 성격이라면, 겐은 기반암처럼 정적이었다.

그날 현장에서 스와는 막 원숭이 화석을 찾은 에티오피아인 발굴자들을 따라가고 있었다. 원숭이는 언제나 좋은 징조였다. 영장류가 존재했다는 사실을 증명해주기 때문이다. 인류 조상 역시 원숭이와 함께 자주 대형 영장류로 발굴되곤 한다. 스와는 작은 골짜기를 천천히 가로질러 걸어가며 땅을 조사했다. 지표를 얇게 덮고 있는 엷은 빛깔의 풀이 산들바람에 흔들리는 가운데, 익숙한 형태가 보였다. 집어 들었다. 위턱 우측 셋째 큰어금니, 일명 사랑니였다. 씹을 때 닿는 상부 표면은 어금니에서 볼 수 있는 뚜렷하게 움푹 팬 모양이었고, 두 개의 흰 뿌리는 V자 모양을 하고 있었다. 호미니드였다.

다시 한번 돼지를 통해 연대를 추정할 단서를 얻었다. 그날 아침 누군가 약 380만 년 전에 멸종된 돼지 니안자코에루스 자에게리*Nyanzachoerus jaegeri*의 부서진 턱뼈 화석을 발굴했다. 그 근처에는 400만 년 전에 지구를 배회하던, 본원적이고 마스토돈(제3기 중기에 번성한 절멸 코끼리의 총칭 – 옮긴이)과 비슷한 종인 아난쿠스*Anancus* 화석이 놓여 있었다. 그 두 화석은 스와가 발굴한 치아보다 한 층 위에서 나온 것으로, 스와의 치아가 더 오래됐음을 뜻했다.

스와는 발굴팀이 발굴하고 싶어하던 딱 그 화석을 발견했지만, 실망감을 감추지 못하고 투덜거렸다. "너무나 아쉽게도 셋째 큰어금니밖에 발견하지 못했어요." 부서지고 뭉개진 화석 잔해 속에서 그 어금니만이 유일한 인류 조상 화석 같았지만, 하필 주인공에 대한 정보가 가장 적은 치아였다. 셋째 큰어금니는 종 사이의 차이가 충분히 드러나지 않아 비교 연구를 하기에 신뢰성이 높지 않았다. 즉 이

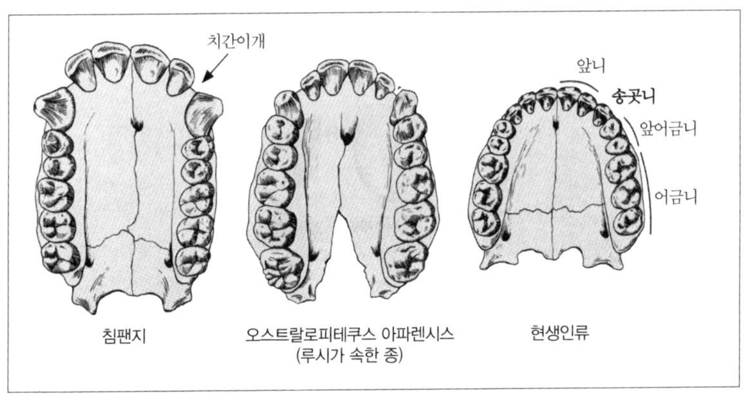

침팬지와 기타 유인원 종은 기본 치아 배열 방식이 비슷하다. 위 또는 아래 치아의 절반을 보면 앞에서부터 뒤로 다음과 같은 치아를 갖고 있다. 앞니 둘, 송곳니 하나, 앞어금니 둘, 어금니 셋. 이들의 특징은 종마다 달라 진화적 변화의 중요한 단서를 제공해준다.

침팬지: U자 모양의 치아활, 넓은 앞니, 크고 날카로운 송곳니, 치간이개(송곳니와 앞니 사이의 틈), 앞어금니에 한 개의 교두cusp(앞니 외 다른 이 상부의 돌출부), 얇은 에나멜 코팅.

오스트랄로피테쿠스 아파렌시스(루시가 속한 종): U자 모양의 치아활, 작아진 송곳니, 작은 치간이개, 크고 에나멜 층이 두꺼운 씹는 치아. 오스트랄로피테쿠스 아파렌시스의 치아는 인간과 침팬지의 중간 형태로 설명될 때가 많다.

인간: 포물선 형태의 치아활, 작은 다이아몬드 모양의 송곳니, 치간이개가 없고 앞어금니에 두 개의 교두(쌍두치bicuspid라고도 불림).

들에게 사랑니는 가장 사랑스럽지 않은 치아였다. 하지만 그 치아 화석을 통해 인류 조상이 그곳에 있었다는 사실은 밝혀졌다. 관건은, 과연 더 많은 화석을 찾을 수 있느냐였다.

발굴팀은 두 손 두 발을 땅에 붙이고 땅을 훑으며 혹시 놓친 화석 조각이 있는지 확인했다. 겨우 수십 센티미터 떨어진 곳에서 앞니와 위팔뼈를 찾았다. 이어 2~3일 동안 그들은 땅을 기어 다니며 흙을 체에 걸렀고, 치아와 머리뼈 파편을 비롯해 더 많은 화석 조각을 찾을 수 있었다. 400만 년이 흘렀으니, 그러한 파편들이 이 생물체에 대해 찾을 수 있는 전부일 것이었다. 발굴자가 누구든지 말이다. 고인류학은 과거의 모자이크를 구성하기 위한 부서진 유골의 집합체라는 것, 그것이 그 일의 본질이었다.

며칠 뒤, 알레마예후 아스포라는 이름의 에티오피아인이 또 다른 중요한 화석 조각을 찾아냈다. 알레마예후는 두꺼운 안경을 끼고 부정확한 발음으로 나지막이 말하는 과묵한 성격의 마른 사내였다. 그는 고고유물국 공무원으로 처음 이 분야 커리어를 쌓기 시작했는데, 자신이 안내하는 외국인 학자들보다 더 좋은 화석을 발굴하곤 했다. 하다르에서 조핸슨과 발굴할 때엔 첫 번째 아파렌시스 턱뼈 화석을 발굴했고, 미들 아와시에서 칼브와 일할 때엔 머리뼈 화석을 찾아냈다. 그는 독립적인 성향으로 발굴팀과 떨어져 홀로 발굴지를 배회하는 습관이 있었는데, 이는 화이트가 '호미니드 열병' 말기라고 진단한 증세이기도 했다. 비록 더 이상 고고유물국을 대표하지는 않았지만, 그는 여전히 화석 거래에 관여하고 있었다. 단체 발굴에서 그가 먼저 앞서 나가면, 화이트는 "어휴, 저 꼴통" 하며 발굴팀과 함께 움직이라고 했다.

여기서 잠깐. '꼴통'의 분류학을 소개하자. 팀 화이트의 분류에 따르면, 이 단어는 매우 다층적인 의미를 갖고 있다. 먼저 호통치는 '저 꼴통!'은 적의 도덕적 또는 과학적 파산을 비난하는 의미일 가능성이 높다. 그보다 한 단계 가벼운 톤의 '너는 꼴통이야'는 화를 식히기 위해 쓴다. 사막의 땀처럼 금세 휘발되는 화다. 또한 빈정대는식의 애정 표현일 수 있으며, 심지어 인색한 칭찬일 수도 있다. 이번이 그런 경우로, 화이트는 그 꼴통에게 존경의 마음을 품고 있었다.

알레마예후는 젖니도 안 빠진 상태에서 죽은 어린 호미니드의 아래턱뼈 파편을 찾아냈다. 치아가 매우 본원적이라서 알레마예후는 처음에는 그것이 원숭이의 턱뼈라고 생각했다. 하지만 스와가 치아에 대해서는 더 잘 알았다. 손목시계 숫자판만 한 크기의 그 파편에 속한 첫째 큰어금니는 스와가 찾고 있던, 분석에 도움되는 정보를 지닌 치아였다. 첫째 큰어금니에서, 인간을 포함한 각 유인원의 서로 다른 특징이 명확히 드러나기 때문이었다. (레이먼드 다트가 1924년 아프리카에서 역사상 최초의 인류 조상 화석을 찾을 수 있었던 것도, 첫째 큰어금니 덕분이었다.) 인류의 어금니는 크고 네 개 또는 다섯 개의 교두를 지니고 있어 가는 데 특화돼 있다(어금니를 나타내는 영단어는 맷돌을 의미하는 라틴어 '몰라mola'에서 왔다). 새로 발견된 화석은 두 가지 측면에서 기존에 알려진 종들과 달랐다. 먼저 루시의 종인 오스트랄로피테쿠스에게는 거친 먹을거리 섭취에 적응한 커다란 어금니가 있었다. 반대로 이번에 발견한 화석의 주인공은 어금니가 작았다. 유인원과 좀 더 비슷했다. 두 번째로, 오스트랄로피테쿠스는 씹는 치아의 에나멜 층이 두꺼운 것으로 알려져 있다. 하지만 이번 화석은 인류의 가장 가까운 유인원 친척인 침팬지처럼 얇은 에나멜 층을 보여주고 있었다. 이 작은 턱뼈에는 앞니도 남아 있었는데, 아이가 죽은 시점에서는 아직 충분히 나오지도 않은 상태였다. 침팬지는 앞니가 넓고 웃으면 뻐드렁니가 드러난다. "이 화석의 앞니는 폭이 좁군. 호미니드의 앞니야." 화이트가 말했다.

발굴팀 연구자들은 이 발견에 전율했다. 분자유전학 연구에 따르면 인류와 침팬지는 겨우 500만 년 전 또는 600만 년 전 공통 조상으로부터 분리된 것으로 추측되는데, 이번에 새로 발견한 화석으로 그 시점에 한 걸음 다가갈 듯해서였다. 더 정확한 연대를 측정하려면 지질연대학 실험실로 화산암 시료를 가져가 분석해야 했다. 하지만 돼지와 다른 생물군 화석으로 보아, 이 화석이 루시보다 약 100만 년 앞선 것으로 추정되었다. 화석 발굴팀은 11년간 찾아 헤맨 인류의 뿌리에 관한 첫 번째 단서를 찾았다는 기쁨에 휩싸였다.

화석 발굴 여정의 열기가 뜨거워지면서 아파르 지역의 긴장도 높아져갔다. 어느 날 스콧 심프슨이라는 젊은 미국인 인류학자가 땅을 탐사하다 고개를 들어보니, 기묘한 아파르족 남자가 오만상을 찌푸린 채 커다란 소총을 들고 그를 노려보고 있었다. 등이 굽은 그 인물은 이상한 걸음걸이로 활보하며 높은 톤의 귀에 거슬리는 목소리로 소리를 질렀다. 그의 앞니에는 육식동물의 엄니 같은 날카로운 날이 덮여 있었다. 손목에는 죽인 동물 일부를 이용해 만든 전리품인 아파르족 전통 팔찌를 차고 있었다. 목에는 지퍼로 만든 희한한 목걸이를 걸고 있었다. 심프슨은 이 사람이 무슨 말을 하려 하는지 알 수

스콧 심프슨(가운데)이 화석 발견을 기념해 사진을 찍는 동안 엘레마(왼쪽)와 가디(오른쪽)가 무기를 들고 있다. 1992년, 아라미스.

없어서 어깨를 으쓱했다. 총을 든 남자는 돌아서서는 자신의 장광설을 들어줄 다른 사람을 찾아갔다.

유망한 화석이 집중된 지역인 아라미스는 알리세라Alisera라는 씨족의 영역 안에 자리잡고 있었다. 알리세라는 아파르족 내부에서도 두려운 씨족이라는 평판을 얻고 있었다. 이전에 화이트와 브루스 라티머가 함께 알리세라 외곽 지역을 조사하다, 작은 체구의 사람을 만난 적이 있었다. 뼈에 대해서라면 일가견이 있는 두 전문가는, 등이 굽은 그의 특이한 자세가 척주옆굽음증(척추측만증) 때문임을 바로 알아봤다. 즉 그는 척추 장애인이었다. 그들은 그의 목에 걸린 지퍼도 눈여겨봤다. 아파르 전사들은 예전에는 살해한 적의 고환을 가져갔지만, 근래에는 희생된 적(주로 데르그 군인들)의 지퍼를 수집하곤 했다. 이 키 작은 남성도 지퍼로 치장하고 있었다. 라티머는 그에게 '지퍼맨'이라는 별명을 붙여줬다. 나중에 그들은 그의 이름이 가다 하메드이며, 짧게 "가디"라고 불린다는 사실을 알아냈다.

지퍼맨이 다시 나타났다. 그는 화가 나 있었다.

발굴팀은 엘레마와 그의 보우리모다이투 씨족과는 동맹이 중개된 상태였지만, 알리세라 씨족 영토에서 그 파트너십은 가치가 거의 없었다. 얼마 전에 아파르족 소속 이 두 씨족 전사들이 아와시 동쪽에서 이사족을 합동 공격한 일이 있었는데, 돌아오는 길에 보우리 전사가 실수로 알리세라 전사를 쐈다. 그런데 정말 사고였을까? 일부 알리세라 사람들은 이런 의심을 품었다. 흥분해서 나타난 그 등이 굽은 사내는 그때 죽은 전사의 형제였고, 화석 발굴팀에 자신의 형제를 쏜 사람이 있는지 찾으려고 혈안이 돼 있었다. 즉 지퍼맨은 다른 지퍼를 수집할 만반의 준비가 돼 있었다.

알리세라 씨족은 발굴팀이 자신들을 더 고용하지 않는 데에도 화가 나 있었다. 발굴팀이 아라미스에서 계속 발굴을 이어가자 긴장감은 더 높아졌다. 해가 한낮 중천에 떠오르자, 황무지는 화석을 찾기엔 너무 뜨겁고 눈이 부신 상태가 됐다. 일행은 점심 식사를 마치고 쉬었다. 발굴팀은 아파르족 전통을 뒤늦게 알게 됐다. 지나가는 사람이 누구든 그들과 밥을 나눠 먹어야 한다는 것. 황량한 황무지에 갑자기 통행인들이 생겨났다. 누군가는 우산을 쓴 아이를 데리고 왔다. "그들은 아이들을 억지로 우리 점심 식사 장소에 데려왔어요. 그들은 우리가 떠나길 바랐지만, 동시에 우리 음식을 먹고 싶어했어요." 베르하네가 회상했다. 하지만 함께 밥을 나눠 먹었다고 좋은 감정이 생겨나진 않았다. "어느 날 그들은 걸을 때 쓰는 지팡이인 하타hata 대신 총을 들고 오더군요." 심프슨이 말했다. "그들은 정말 호전적이었고, 와서는 먹을 것만 가져갔어요. 그들은 자신들의 세력을 확고히 하려고 했습니다."

아라미스에서 보낸 네 번째 날에, 화이트와 베르하네는 새로 발굴한 화석의 연대를 좁히는 데 도움이 되길 바라며 화산재 시료를 채취하러 갔다. 그들은 화산재 층이 노출된 협곡을 걸어갔고, 가디가

베르하네 아스포가 가디와 다른 아파르족 사람이 보는 가운데 화산재를 채취하고 있다.

그들 뒤를 몇 걸음 뒤에서 따라오며 귀에 거슬리는 목소리로 소리를 질러댔다. 화이트는 그의 총을 흘끔 봤다. 안전장치가 풀려 있었다. 화이트와 베르하네는 이 모든 신호를 더 이상 무시할 수 없어 아파르족 가이드들에게 어떻게 해야 하냐고 물었다. 엘레마와 다른 가이드들이 한 목소리로 말했다. "도망쳐야죠!"

발굴팀은 체질을 채 마치지도 못했다. 체질하지 못한 흙을 가방에 담고 그대로 차로 그곳을 빠져나왔다. 적어도, 루시보다 먼저 살았던 존재의 흔적은 찾았다. 하지만 유망해 보였던 이 같은 전망도, 아파르의 많은 일들이 그렇듯 금세 사그라들었다.

7장

지퍼맨의 재

고대 아프리카 어딘가에서(아무도 정확히 어디인지는 모르지만) 화산이 분화해 막대한 양의 재가 대기중으로 흩어졌다. 아라미스에도 차갑게 식은 재가 떨어져 땅을 덮었다. 1.5미터 두께로 폭설이 쌓인 것 같았다. 분화는 아마 폭우를 동반한 폭풍과 지옥 불 같은 번개를 일으켰을 것이다. 비옥했던 계곡은 폐허가 된 묵시록적 광경으로 변했을 것이다.

여러 해가 지나자 생명이 되돌아왔다. 나선형 뿔을 지닌 영양이 범람원에 조성된 삼림지대의 나뭇잎을 따 먹었다. 지하수가 뿜어져 나와 땅을 적셨다. 볏과 식물과 사초 사이로 야자나무와 월계수, 무화과나무 숲이 번성했다. 콜로부스아과colobine 원숭이들이 나뭇가지 사이를 질주했다. 큰 영장류가 나무에서 쉴 곳을 찾아 땅을 돌아다녔다. 대형 고양잇과 동물들은 사냥감을 추격했고, 하이에나 무리는 사체를 씹어 산산조각 내었다. 악어와 하마, 물고기도 지구대에 형성된 호수와 강에서 바쁘게 움직였다. 세월이 흘러 강이 범람하고 고운 점토가 쌓이며, 이 같은 고대 동물원에서 나온 부러진 뼈가 묻혔다. 고지대 화산에서 나온 현무암이 풍화된 점토는 산화철 때문에 살짝 붉은 색조를 띠었다. 수백 년 뒤, 다시 강력한 분화가 일어나 땅에 깊은 흔적을 남겼다. 분화구가 아라미스 근처에서 폭발해 굵은 입자를 지닌 현무암질 재가 흩뿌려졌다. 이 재는 이전 층과 구분되는 보다 짙은 지층을 남겼다.

플라이오세에 일어난 이 두 번의 사건은 가시적인 지질학적 흔적으로 남아 있다. 화석이 풍부하게 발굴되는 불그스름한 지층 위와 아래에 각각 재로 이뤄진 지층을 형성했다. 과학자들은 이 두 지층에 동물을 의미하는 아파르어 이름을 붙였다. 아래 지층에는 '낙타'를 뜻하는 '갈라Gàala'라는 이름을, 위 지층에는 '개코원숭이'를 뜻하는 '다암 아이투Daam Aatu'라는 이름을 붙였다. 고대 생명에게 화산은 재앙이었다. 하지만 과학자들에게 분화 사건은 하늘이 내려준 은총이었다. 화산암에는 포타슘이 풍부하다. 포타슘의 방사성 붕괴를 이용하면 분화 이후 시간을 계산할 수 있다. 그때까지 발굴팀은 돼지나 코끼리 등 발굴한 생물상에 근거해 경험적으로만 화석 연대를 추정할 수 있었다. 알리세라 총잡이들이 지켜보는 가운데 베르하네가 수집한 재는, 다음과 같은 근본적인 질문에 답하기 시작할 것이었다. 이 정체불명의 조상은 과연 얼마나 오래전에 살았을까?

생명의 역사는 주로 퇴적암에 기록되지만, 그 연대표는 대부분 화산암에 기록된다. 20세기 중반까지, 지구의 역사는 주먹구구식이었다. 지질학자들은 지층에서의 상대적 위치를 바탕으로, 또는 지층이 품고 있는 화석 유형을 바탕으로 암석의 연대를 추정했다. 방사능의 발견은 이런 연대표에 날짜를 새길 수 있게 해줬다. 20세기 초반에 영국 물리학자 어니스트 러더퍼드는 방사능을 암석 연대 측정에 사용할 수 있을 것이라고 했다. 모든 원소는 정해진 수의 양성자를 지니고 있지만, 중성자 수는 다양할 수 있다. 이러한 변이체를 동위원소라고 한다. 어떤 동위원소는 방사성이 있고, 불안정하며, 안정된 '딸원소daughter isotopes'로 붕괴한다. 붕괴는 일정한 속도로 일어나고 환경의 영향을 받지 않는다. 이 덕분에 시간의 흐름을 정확히 측정할 수 있다. 제2차 세계대전 이후 윌러드 리비는 탄소-14의 붕괴에 기반한 새로운 연대 측정법을 개발했다. 1949년, 시카고대학의 리비와 J. R. 아널드는 탄소-14 연대 측정법이 이집트 왕가의 무덤 속 유물이나 사해 문서Dead Sea Scrolls, 폼페이에서 발굴한 빵 조각 등 유물의 연대를 정확하게 측정해준다는 사실을 입증했다. 하지만 탄소-14 연대 측정법은 5만 년 전까지의 유물에만 쓸 수 있었다(최근에는 기술의 진전으로 사용 가능한 연대가 7만 년 전까지로 늘어났다). 더 오래된 암석에는 다른 형태의 방사성 원소 측정 기술을 사용하게 됐다. 1956년, 캘리포니아공과대학(칼텍)의 클레어 캐머런 패터슨은 우라늄과 납을 사용해 지구의 나이가 45억 살임을 계산해냈다. 동아프리카 화석 현장에서, 지질학자들은 화산 분화에서 흔히 볼 수 있는 포타슘에 주목했다. 포타슘-40은 아르곤-40으로 붕괴하는데, 이 두 핵종의 비율을 비교하면 암석이 형성되고 난 뒤 시간의 흐름을 측정할 수 있다. 화산 분화 전에 뜨거운 마그마에서 모든 아르곤-40이 새어 나와, 사실상 스톱워치를 0으로 재설정한다. 아르곤-40은 식은 화산재나 용암 속에 축적되어 있다. 마치 모래시계 안의 모래처럼 말이다. 아르곤이 많을수록 그 암석의 나이가 많다는 뜻이다.

화산은 보통 지각판 가장자리 근처에 생기며, 그레이트 리프트 밸리의 중심축을 따라 솟아 있다. 오랜 시간에 걸쳐 화산은 동아프리카에 화산재와 용암을 층층이 쌓았다. 과학자들은 화석 자체의 연대는 측정할 수 없었지만, 그 위나 아래에 있는 화산암의 연대는 측정할 수 있었고, 이를 통해 연대의 하한선과 상한선을 알 수 있었다. 1959년, 캘리포니아대학 버클리 캠퍼스의 가니스 커티스와 잭 에번든은 포타슘-아르곤 연대 측정법을 이용해 메리 리키와 루이스 리키가 탄자니아에서 발굴한, 일명 '올두바이인' 진잔트로푸스의 연대를 계산했다. 결과는 175만 년 전으로, 당시 전문가들의 추정치보다 세 배나 오래된 것이었다. 방사성 연대 측정법은 선사시대 연구를 혁신했다. 데즈먼드 클라크는(그의 연구 경력 초반 10여 년은, 방사성 연대 측정법이 없던 암흑기였다) "이 기술이 없었다면 인류 기원 연구는 여전히 부정확성의 바다에 잠겨 있을 것이며 가끔은 어림짐작에, 그보다 더 자주 상상에 의한 억측에 의존했을 것"이라고 말했다.

1990년대에는 오래된 포타슘-아르곤 연대 측정법 대신 아르곤-아르곤 연대 측정법(하나는 안정하고 다른 하나는 불안정한, 두 종의 아르곤 동위원소를 분석하는 기술)이 등장했다. 이 기술은 단일 광물 결정에 적용될 수 있어 연구자들이 오염 물질을 피할 수 있게 한 유용한 발전이었다. 격렬한 화산 분화는 때로 오래된 암석 파편과 새 암석 파편을 섞이게 해 연대 측정 결과를 왜곡시킬 수 있었기 때문이다. 아르곤-아르곤 연대 측정법은 연구자들이 가장 널리 사용하는 기술이 됐고, 1993년 루시의 연대를 320만 년 전으로 밝혀냈다(루시의 연대는 발견 이후 20년 동안 불확실한 상태로 남아 있었다). 1993년 11월, 버클리 지질연대학센터의 지질학자 폴 르네는 화이트에게 아파르에서 채취한 다른 재 성분의 연대를 새롭게 계산한 결과를 알려줬다. 지퍼맨의 총구 아래에서 수집한 시료였다. 갈라 층 응회암의 연대는 440만 년 전으로 나타났다. 루시보다 120만 년 앞선 것이었다. (나중에 르네는 그보다 상부에 위치한 다암 아아투에서 채취한 재의 연대도 계산했는데, 이 역시 440만 년 전이었다. 두 층이 매우 작은 시간의 창문을 사이에 두고 샌드위치처럼 포개져 있다는 사실이 밝혀진 것이다.) 새 화석은 기대했던 것보다 더 오래된 것이었다. 화석 사냥꾼들은 인류 및 인류와 가장 가까운 친척 유인원이 분기된 예상 시점에 더 가까이 다가갔다.

인류는 생명의 나무 어디에 위치할까? 이 질문은 20세기 진화생물학의 가장 큰 미스터리 가운데 하나를 제기했다. 영장류에는 유인원과 구세계원숭이, 신세계원숭이, 여우원숭이, 로리스(늘보원숭이), 그리고 안경원숭이 등 수백 종이 포함된다. 이들에겐 공통적인 특징이 있는데 엄지와 나머지 손가락, 발가락이 마주 보아 손과 발로 물건을 쥘 수 있고(인류는 엄지와 나머지 발가락이 마주 볼 수 없게 된 드문 예외다), 발톱이 휘어 있지 않고 평평하며, 눈이 정면을 향하고 입체시를 가진다. 그리고 뇌가 크고 대부분 새끼를 한 번에 한 마리 낳는다.

인류는 영장류의 하위 그룹인 유인원에 속한다. 비전문가들은 유인원과 원숭이를 헷갈리기 쉬운데, 두 계통은 고등 영장류 계통수에서 3000만 년 전에 분리돼 생물학적으로 꽤 다른 특징을 지니고 있다. 유인원은 꼬리가 없고 좀 더 곧게 선 자세를 취하며 흉통이 넓고 어깨 관절이 쉽게 움직인다. 뇌도 더 크고 지능도 높다. 그리고 더 복잡한 사회생활을 한다. 원숭이에 비해 유인원은 수명이 길고 양육기간도 길며 새끼를 낳는 간격도 좀 더 길다. 유인원과 인류 사이는 원숭이와 인류 사이에 비해 더 가깝다. 흔히 사람들은 유인원이 원숭이와 비슷하다고 생각하지만, 실제로는 유전적으로 우리 인류와 더 가깝다.

현대의 대형 유인원에는 네 속이 포함된다. 호모속(인류), 판속 *Pan*(침팬지와 보노보), 고릴라속, 그리고 폰고속*Pongo*(오랑우탄)이다. 다

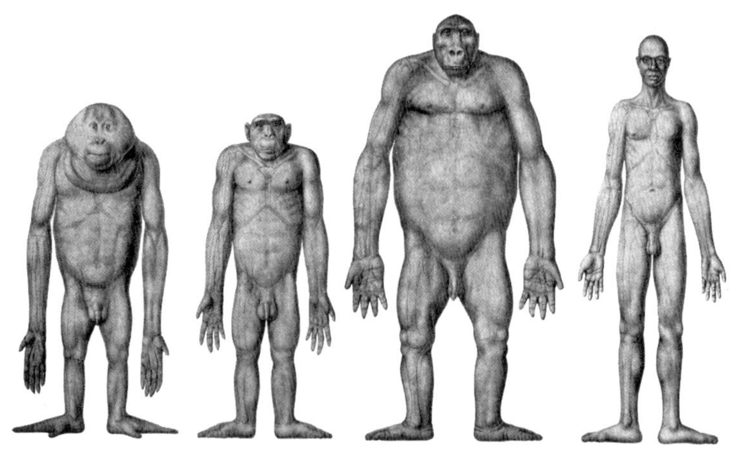

해부학자 아돌프 슐츠(1891~1976)가 그린 대형 유인원. (왼쪽부터) 오랑우탄, 침팬지, 고릴라, 인간.

원 시대 이후 100여 년이 지나도록, 이들 계통 사이의 진화적 관계는 불확실한 면이 많았다. 1960년대까지, 분류학자들은 비교해부학에 근거해 각 유인원을 분류했다. 침팬지, 고릴라, 오랑우탄은 성성이과(Pongidae 또는 구어체로는 pongids)라는 단일 분류군으로 분류됐다. 인류(와 화석 고인류)는 사람과(Hominidae 또는 hominids)로 분류됐다. 이런 구식 관점(잘못된 시각이라는 사실이 밝혀진)은 침팬지, 고릴라, 오랑우탄은 서로 밀접하게 연관되어 있고, 인류는 그들과는 좀 떨어진 사촌 관계라는 시각을 담고 있다. 다시 말해 성성이과는 하나의 계통 가지에 나란히 위치하고, 우리 사람과는 다른 가지에 따로 앉아 있다는 뜻이다. 많은 학자들은 인류가 최소 2000만 년 전에 다른 유인원들로부터 분리되었다고 추정했다. 이는 유인원 역사 초창기에 가까운 시기였다.

분자유전학의 혁명적 발전은 이런 관점을 뒤흔들었다. 1950년대 후반 모리스 굿맨은 미국 디트로이트의 암연구소에서 인간의 면역계 혈액 단백질을 연구하기 시작했다. 당시에는 DNA 유전정보를 직접 비교할 방법이 없었다. 하지만 과학자들은 DNA의 결과물이자 유전적 관계를 짐작할 수 있는 대용물인 단백질 구조는 연구할 수 있었다. 웨인 주립대학 교수로 재직 중이던 굿맨은 인간과 아프리카 유인원(침팬지와 고릴라) 사이에 혈청 단백질 차이가 없거나 거의 없다는 사실을 발견했다. 아시아 유인원(오랑우탄과 기번)과 인류 사이에는 약간 더 차이가 있었다. 그의 연구 결과는 인류가 아프리카 유인원과 매우 가깝다는 사실을 시사했다. 침팬지와 고릴라가 오랑우탄과는 그리 가깝지 않다는 사실도 보여줬다. 놀랍게도 아프리카 유인원은 아시아 유인원보다 인간과 더 가까운 관계였다. (이러한 발견을 굿맨이 처음 한 것은 아니다. 20세기가 시작될 무렵 생물학자 조지 헨리 폴키너 너탤이 혈액 단백질에서 비슷한 발견을 했다.) 굿맨은 전통적인 가계도는 틀렸으며, 인류는 아프리카 유인원의 또 다른 가지에 불과하다고 주장했다.

기존 개념을 흔든 이런 연구 결과는 쉽게 받아들여지지 않았다. 특히 전문가들 사이에서 그랬다. 1962년, 굿맨은 오스트리아의 성에서 개최된 콘퍼런스에 참석해 아프리카 유인원이 성성이과에서 제외되고 대신 사람과에 들어가야 한다고 제안했다. 분자유전학자로서 굿맨은 형질에 따른 외양이나 모호한 진화적 '단계'에 바탕을 둔 전통적인 분류 체계에 별다른 애착이 없었다. 저명한 대가들은 그의 제안을 부정했다. 조류 생물학자 에른스트 마이어와 고생물학자 조지 게이로드 심프슨 등이 그랬다. 전통적인 진화론자들은 다른 유인원들이 마주 보는 엄지, 긴 팔, 커다란 송곳니, 나무 위 생활 등의 특징을 지니는 만큼 독립된 분류 체계를 형성하는 게 당연하다고 생각했다. 비슷한 이유로, 인류가 다른 유인원과는 수천만 년 전에 분리돼 고유의 분류군에 속한다는 것도 자명해 보였다.

하지만 그 콘퍼런스의 다른 참가자들은 굿맨의 의견을 진지하게 받아들였다. 캘리포니아대학 버클리 캠퍼스의 셔우드 워시번은 분자유전학이 인류 가계도를 둘러싼 오래된 진통을 해결할 수 있을 것이라고 생각해 큰 관심을 보였다. 이미 어떻게 할지 계획을 세운 사람들도 있었다. 1960년대 중반에 칼텍에 근무하던 에밀 주커캔들과 라이너스 폴링은 분자 기반 기법들이 가계도를 다시 쓸 수 있으리라고 봤다. 심지어 가계도의 각 가지가 언제 생겨났는지 알려주는 '진화 시계'로서 기능할 수 있으리라고 예측했다. 버클리로 돌아온 워시번은 대학원생 빈센트 사리치에게 뉴질랜드에서 새로 합류한 앨런 윌슨과 함께 혈액 단백질을 연구하라고 권했다. 그때까지 분자유전학자들은 유전적 차이는 측정할 수 있었지만 변화 속도는 측정하지 못했다. 따라서 유인원 계통이 언제 분리됐는지 확실히 알지 못했다. 윌슨과 사리치는 분자 진화 속도가 '분자 시계'로 알려진 일정한 속도라고 가정했다. 만약 분자 시계의 속도가 종 사이에서 일정하게 유지된다면, 연구자들은 상대적인 차이를 측정해 이를 화석 기록상의 분기 시점과 비교해볼 수 있고(유인원과 구세계원숭이 사이의 분기는 약 3000만 년 전에 이뤄졌다), 이를 토대로 계통이 갈라진 시점을 추정해볼 수 있었다. 사리치와 윌슨은 혈액 단백질인 알부민을 분석해 인류가 침팬지 및 고릴라와 겨우 500만 년 전에 공통 조상으로부터 갈라져 나왔다고 추정했다. 이는 이전의 추측보다 훨씬 최근이었다. (대조적으로, 아프리카 유인원과 구세계원숭이 사이에는 여섯 배나 더 큰 유전적 차이가 있었다.)

1967년, 사리치와 윌슨은 자신들의 연구 결과를 〈사이언스〉에 발표했다. 이는 인류가 아프리카 유인원으로부터 기원했다는, 새로운 패러다임이 탄생하는 순간이었다. 이 새로운 발견은 인류가 아프리카 유인원으로부터 놀라울 정도로 늦게 갈라져 나왔음을 밝힘으로써 기존의 가계도를 뒤엎었다. 많은 인류학자와 고생물학자가 처음에는 믿지 못했다. "대개 그들은 우리가 바보짓을 했다고 생각했죠." 사리치가 회상했다. 이후 20여 년에 걸쳐 더 많은 분자유전학 연구가 이루어지면서 사리치와 윌슨의 발견이 지지를 얻었다. 또 인류가 아프리카 유인원들(침팬지, 고릴라)과 매우 가까우며, 그 세 종 모두 아시아 유인원과는 먼 사촌임이 확실해졌다. 분자유전학 연구 결과는 라마피테쿠스*Ramapithecus*를 인류 가계도에서 배제시켰다. 라마피테쿠스는 아시아에서 발굴된 화석종으로 한때 가장 오래된 호미니드로 일컬어졌다. 하지만 연구 결과 그것은 시기가 너무 멀리 떨어져 있고, 장소 역시 아프리카와는 너무 멀었다. 인류의 기원을 찾는 동아프리카 여정은 새로운 활기를 띠었다. 회의론도 등장했다. 만약 인류가 그렇게나 침팬지나 고릴라와 가깝다면, 왜 더 유인원과 비슷한 인류 조상종 화석이 발견되지 않을까.

이런 때에 루시가 등장했다.

루시 팀은 오스트랄로피테쿠스 아파렌시스 화석을 새로운 패러다임에서 해석했고, 루시가 가진 유인원스러운 특징을 강조했다. 루시 화석이 발표된 뒤, 화이트는 사리치가 자신의 연구실로 "종달새처럼 행복해하며" 뛰어 들어왔다고 회상했다. 여러 해에 걸쳐 분자유전학자들은 인류학자들의 비판을 원천 봉쇄했고, 결국 분자유전학과 형태학은 더 이상 다투지 않는 것처럼 보이기에 이르렀다. 인류 가계도에서 가장 오래된 종들은 침팬지나 고릴라와 비슷한 조상에 수렴하는 것 같았다. "루시 덕분에 분위기가 바뀌었어요"라고 사리치는 당시를 기억해냈다. "그들은 루시가 얼마나 유인원스러운지 확인했어요. 유인원과 구분할 수 없는 특성을 찾으려고 과거로 지나치게 멀리까지 거슬러 올라갈 필요가 없어졌어요. 이때부터 순풍에 돛 단 상태가 되었죠."

루시 팀은 시간을 거슬러 올라갈수록 인류 화석 기록이 아프리카 유인원과 점점 더 비슷해졌다고 거듭 강조했다. 조핸슨은 침팬지에 대해 "가설상의 공통 조상으로부터 모든 유인원에 전해져 내려온 해부학적 특성을 지니고 있는 만능 유인원"이라며 "연구할수록 이 같은 생각은 점점 더 확실해져갔다"고 말했다.

이후 20년에 걸쳐 분자유전학자들은 '삼분법'이라는 문제에 매달렸다. 인류와 침팬지, 고릴라 사이의 유전적 관련성을 묻는 문제였다. 당시의 기술로는 이 세 아프리카 계통의 분기 순서를 가려낼 수 없었다. 일부 연구를 통해 인류가 침팬지와 특히 더 가깝다는 단서가 드러나긴 했다. 예를 들어, 1975년 메리클레어 킹과 앨런 윌슨은 몇 개의 분자유전학적 연구를 종합해 인류가 침팬지와 99퍼센트 동일하다는 결론을 내렸다. 세 유인원의 분기 방식은 1989년에야 예일대학의 애덜기사 케이죤과 제프리 파월의 연구로 밝혀졌다. 아프리카 유인원들은 서로 매우 비슷하다는 오랜 인식이 있었지만, 실제로 침팬지와 유전적으로 더 가까운 것은 고릴라가 아니라 인류였다. 연구자들은 몹시 흥분했다. 1990년대에, 가계도에 대한 논쟁은 해결됐다. 판속(침팬지와 보노보)은 인류와 가장 가까운 친척으로, 유전부호가 우리와 98.4퍼센트 동일한 것으로 추정됐다. 많은 학자들이 공통적으로, 더 오래된 인류 조상이 있다면 그들은 침팬지와 더욱 닮았을 것이라는 기대를 품었다.

분자유전학 혁명이 한창이던 때는 야생 유인원 연구 붐이 일어난 때였다. 1960년대에 제인 구달이 탄자니아의 탕가니카호 동쪽 숲으로 가, 곰베강 근처에서 침팬지를 관찰했다. 구달은 영장류의 행동을 리얼리티 쇼처럼 관찰했는데 구애, 동맹, 경쟁, 살인 등의 행동이 무서울 정도로 인간과 비슷하다는 사실을 발견했다. 어느 날 구달은 자신이 "데이비드 그레이비어드"라고 부르는 침팬지가 흰개미 집에 막대기를 꽂아 곤충을 잡아먹는 모습을 봤다. 유인원이 도구를 사용한다는 사실을 발견한 것이다. 전에는 다른 동물과 달리 인간만이 '도구를 쓰는 존재'라고 여겨왔는데 말이다. 구달이 이 사실을 루이스 리키에게 전하자, 리키는 이제는 유명해진 답장을 보냈다. "이제 도구와 사람의 정의를 바꿔야겠습니다. 아니면 침팬지를 사람으로 받아들이거나요."

구달은 영장류 연구의 획기적 증가를 불러일으킨, 가장 유명한 선구자다. 구달로 인해 서구와 일본 연구자들이 아프리카 유인원 서식지에 관찰 기지를 세웠다. 인간을 구별하는 오래된 관념이 인간을 새로운 유인원으로 다시 볼 길을 열었다. 인류와 유인원의 경계가 흐려졌다. 1964년, 한 심리치료사가 아기 침팬지를 데려와 인간 딸처럼 키웠다(우연찮게도 이 아기 침팬지의 이름도 루시였다). 성공회 교회 목사의 아들인 워시번은 공직의 권위를 빌어 초기 인류 조상에 대한 새로운 관점을 설파했다. 오늘날의 아프리카 유인원처럼 팔이 길고 엄니가 크며 너클보행(고릴라와 침팬지에서 볼 수 있는 이동 방식으로, 손바닥을 지면에 대지 않고 가볍게 주먹을 쥔 형태로 손가락 중절골의 배면에 체중을 싣고 걷는 방식 –옮긴이)을 하는 존재라고 말이다. 강의에서 그는 할리우드 신인 배우인 도로시 래머가 자신의 자세를 흉내 내고 있는 침팬지 옆에 앉아 있는 사진을 영사기로 보여줬다. '둘 사이에 별 차이가 없다'는 메시지를 담은 사진이었다. 하지만 많은

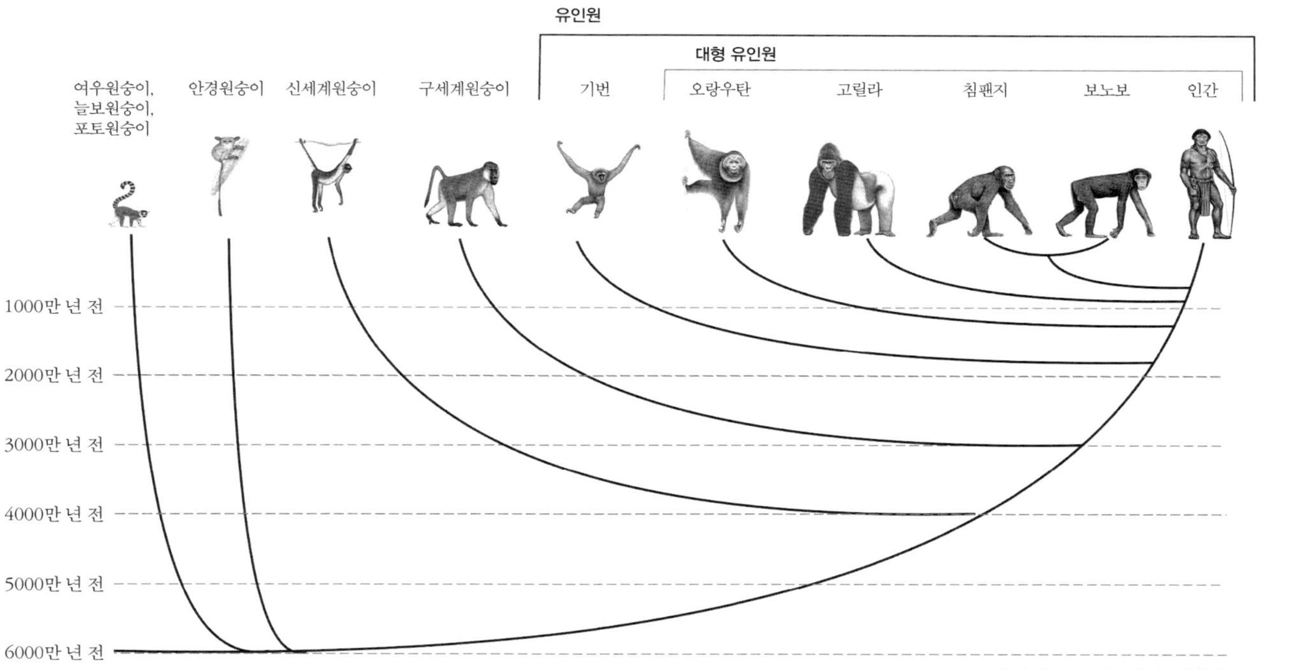

영장류 가계도. 분리 시점은 1990년대 분자생물학 연구 결과를 토대로 추정했다.

동료 학자들이 오늘날의 유인원이 시대에 상관없이 얼어붙은 듯 변화가 없었다고 가정하는 것에, 워시번조차 결국 낙담했다. 워시번은 1983년 콘퍼런스에서 다음과 같이 경고했다. "침팬지가 조상뻘 유인원이 되어가고 있습니다. 우리는 조상이 어떤 모습이었는지 모릅니다. 침팬지와 고릴라에 미지의 특성을 더한 형태라고 생각하는 게 나을 겁니다."

그럼에도 불구하고, 침팬지는 여전히 인류와 유인원 사이의 아직 발견되지 않은 마지막 공통 조상을 대리하는 존재로서 널리 사용됐다. 인류 과거에 관한 이런 침팬지 중심적 견해는 '침류학chimpology'(또는 침팬지와 Pan과 인류학을 결합해 만든 Panthropology)이라는 말장난으로 알려졌다. 인류와 유인원의 분기 시점에 해당하는 화석은 없었기에, 학자들은 유인원 친척을 통해 추측했다. 고인류학자들은 루시 같은 화석이 침팬지스러운 조상의 이미지에 이르는 미지의 연결고리에 해당한다고 봤다. 과학자들은 침팬지에게 언어를 가르치며 언어의 기원을 이해하고자 했고, 침팬지에게 돌을 깨는 법을 알려주며 도구의 혁명을 추적하고자 했다. 또한 직립보행의 기원을 알기 위해 침팬지를 트레드밀에 세워 어기적거리며 걷게 했고, 인류 성의 수수께끼를 풀고자 난교 생활을 하는 침팬지의 성교 행위를 관찰했다. 인류 폭력의 기원 역시 침팬지의 침략 전쟁에서 찾고자 했다. 논쟁의 초점은 인류와 가장 가까운 유인원 중 인류 원형의 특징을 더 잘 보여주는 것이 공격적인 일반 침팬지(*Pan troglodytes*)냐, '피그미 침팬지'로 알려진 평화로운 성격의 보노보(*Pan paniscus*)냐로 좁혀졌다. 1992년(아라미스에서 화석이 발굴된 해)에 작가 재레드 다이아몬드는 인류를 "제3의 침팬지"라고, 동명의 자기 저서에서 일컬었다. 그는 이렇게 썼다.

> 보통 사람들을 잡아가서 옷을 벗기고, 소지품을 없애고, 언어 능력을 빼앗아 으르렁거릴 수만 있게 만든다고 해보자. 해부학적 특징은 모두 그대로다. 이들을 동물원의 침팬지 우리 옆에 가둔다. 말도 하고 옷도 입은 나머지 우리가 동물원에 간다고 해보자. 우리에 갇힌 말 못하는 그 사람들이, 진짜 우리 모습을 보여준다. 바로 털 없고 두 발로 걷는 침팬지다.

이런 시대 분위기가 인류 기원 연구에 스며들었다. 첫 사례는 두뇌의 진화였다. 인류가 다른 동물과 구분되는 가장 특징적인 차이는, 인류는 이 책을 읽을 수 있지만 유인원은 못 읽는다는 사실이다. 다윈 시대 이래 진화론자들은 인류의 뇌를 유인원 뇌의 재배열된 버전으로 보아왔다. 침팬지의 뇌는 가장 오래전 인류 조상의 뇌와 비슷한 크기이고, 연구자들은 인류의 인지 능력을 침팬지에게서 관찰된 패턴의 보다 정교한 버전으로 해석했다. 언뜻 생각하면 인류와 침팬지의 신경해부학적 기본 구조는 같다. 그러나 인류는 더 많은 신피질을 가져 신경 사이의 연결이 많아지다 보니 복잡한 인지 능력을 갖게 됐다. 하지만 인류가 유인원 친척과 크게 다른 점은, 바로 상상력을 가졌다는 것이다. 침팬지는 추상적 사고 능력이 부족하지만 인류는 그 부분에서 탁월하다. 이 강력한 능력으로 우리 조상은 큰 돌을 쪼개 석기를 만드는 법을 생각하고, 언어로 대화하는 법을 떠올렸으며, 이야기를 만들고 신뢰의 시스템을 만들었다. 인류는 배우자나 영토는 물론 아이디어를 놓고도 싸운다. 단점이라면, 인류의 마음이 자신의 인식을 체계적으로 걸러낸다는 것이다. 즉 우리는 우리가 보고 싶어하는 것만 보고 불편한 사실들로부터는 눈을 돌린다. 화석은 말 없는 뼈일 뿐이기에, 인간이 해석할 수 있는 백지와 같다. 침팬지와 유사한 조상이라는 개념은 이런 기대에 으레 수반되는 확증 편향과 함께 시험대에 올랐다. 많은 사람에게 침팬지나 보노보와 비슷한 초기 인류라는 개념은, 다른 사실이 입증될 때까지 귀무가설이나 기본 답이 되었다.

분자유전학 연구는 가계도의 분기 순서와 시기를 밝힐 수 있을 뿐, 조상을 재구성할 수는 없었다. 조상을 확실히 알 방법은 화석 발견뿐이었다. 그 가장 뜨거운 자취가 뼈가 묻혀 있는 위험한 계곡에 있었고, 그곳을 찾는 사람은 지폐는 물론 그보다 더한 것을 잃을 각오를 해야 했다. 아파르족은 여전히 위험했다. 1993년, 모리스 타이에브 팀과 함께한 에티오피아 고고유물 담당 부처 공무원이 아와시 계곡 어딘가의 시민군 바리케이드에서 살해됐다. 그해 버클리 발굴팀이 돌아왔을 때, 리더들은 이전 시즌에 그들을 내쫓았던 적대적인 씨족의 영역에 들어가는 위험을 감수했다. 알리세라 씨족 사람들은 최후통첩을 했다. "우리 영토에서 작업하려면 우리 영토 내에 캠프를 세우라"고. 그들은 라이벌인 보우리 씨족이 누리는 혜택을 부러워했기에, 자신들도 그것을 누리기를 바랐다.

화석 발굴팀은 알리세라 영토 내 나무 그늘에 캠프를 세웠다. 옆에는 특정 계절에만 흐르는, 간둘리Ganduli라는 강이 있었다. 그 강은 작년에 호미니드 화석을 찾은 노두에서 차로 얼마 안 되는 거리에 있었다. 화석 사냥꾼들은 이전에 자신을 괴롭혔던 자들의 총구 아래에서, 마치 내일이 없는 것처럼 뼈를 긁어모았다. 에티오피아 작업의 불안정성을 감안할 때, 정말 내일이 없을 수도 있으니까.

8장

화산 아래에서

1993년 현장 시즌 세 번째 날에, 화이트는 아라미스 근처의 척박한 땅에 서 있었다. 방울뱀 가죽으로 만든 띠를 두른 밀짚모자를 쓴 채였다. 그는 발굴팀에게 이렇게 말했다. "이번 발굴 작전에서, 이 언덕에 있는 화석이란 화석은 죄다 여기 있는 금속 상자에 모아야 합니다."

크리스마스 다음 날 현장으로 돌아온 발굴팀은 바로 추가 호미니드 화석을 발굴하기 시작했다. 첫날 아침에는 어금니를, 오후에는 송곳니를 발굴했고 두 번째 날에는 또 다른 어금니를 발견했다. 세 번째 날, 화이트가 머리뼈 조각을 발견했다. 귀 언저리에 해당하는 우측 관자엽(측두엽) 부위 조각으로 육식동물이 측두근(턱을 다물 때 조절 역할을 하는 근육–옮긴이)을 먹느라 생긴 움푹 팬 자국이 나 있었다. 사실 모든 뼈에 물어뜯긴 상처가 나 있었다. 고대의 육식동물은 시신을 뼈까지 발라 먹었다는 뜻이었다. 화이트는 부서진 관자뼈(측두골)의 주인공이 남긴 뼈 화석 조각을 더 찾길 바랐다. 발굴팀은 네 발로 기어 다니면서 더 자세히 찾기 시작했다.

열 명의 사람들이 어깨를 나란히 한 채 기어가면서 찾았다. 그중에는 젊은 미국인 교수, 에티오피아인 박물관 직원, 부유한 미국인 후원자, 웃통을 벗은 아파르족 사람도 있었다. 발굴팀은 사막을 가로질러 조금씩 이동하기 시작했고, 금속 상자에 뭔가 단단한 물체가 떨어지는 탁! 소리가 허공에 울리곤 했다.

"더 천천히 가요. 모두 너무 빨리 움직이고 있어." 화이트가 그들 뒤를 따라가며 소리쳤다. "천천히. 전 세계에 단 하나 있는 걸 찾고 있어요. 서두르다 놓치는 게 하나라도 있으면 안 됩니다."

그곳에서 발굴된 작은 화석 조각은 그때까지 찾은 인류 계통 화석 가운데 가장 오래된 것이었다. 게다가 희귀하다 보니, 발굴팀은 그 지역을 마치 범죄 현장 다루듯 했다. 화이트는 화석을 100퍼센트 수집하라고 했다. **모든 것**을 수집하라고 말이다. 그게 부서졌든, 작은 것이든, 식별이 안 되는 것이든 상관없이. 뼛조각, 쥐의 이빨, 화석화된 나무, 씨앗도 모두. 뭔지 모르겠다고? 일단 모아놓고 봐! 돌 같다고? 아무튼 가져와! 성공의 열쇠는 효율적인 작업 순서였다. 훈련받은 팀은 영광을 추구하는 개인보다 성과가 좋은 법이다. 화이트는 발굴팀이 서로 어깨가 닿도록 바짝 붙어 이동하게 했다. 그래야 시야에 사각지대가 없다는 생각에서였다. 심지어 사람들을 일렬로 유지시키기 위해 나일론 줄을 쓰기도 했다. 그는 팀원들이 오르막길에서만 발굴하게 했다. 내리막길에서는 눈이 화석에서 너무 멀어져 화석을 놓칠 우려가 있어서였다. 100퍼센트 수집 전략으로 대부분의 화석 발굴 현장에서 몇 트럭 분량의 화석을 확보했는데, 연구 측면에서는 불필요한 화석이 너무 많았다. 하지만 아라미스에서는 화석이 파편 형태로 남아 있고 발굴 기간도 제한적이었기에 그 양을 관리할 수 있었다. 게다가 아프리카의 플라이스토세 시기는 거의 알려지지 않았기에 모든 것이 가치가 높았다.

발굴팀은 매일 사막을 깨끗이 발굴했다. 아얄루 화산에 전깃불이 처음 들어온 때이기도 했다. 화이트는 일어나서 움직이고, 계획을 세우고, 지도를 확인하고, 장비를 점검하고, 해야 할 일을 확인했다. 해야 할 일은 언제나 더 많았다. 매일 아침 캠프에서 운전해서 나가기 전에 그는 차량에 햇빛 가리개를 씌우고 체크리스트를 점검했다. 타이어 펌프, 차량용 수압 잭, 견인기, 얼음도끼, 항공사진, 아이스박스, 물, 덤불 가위, 삽, 방수포, 쇠지렛대…. 리스트는 변하지 않았지만 그는 확실히 하고자 매일 항목을 확인했다. 밤이면 발굴팀 사람들은 멀대 같은 그가 잠도 안 자고 어둠 속을 배회하며 세세한 것까지 챙기는 모습을 볼 수 있었다. "그는 그냥 계속 일했어요. 어떻게 피곤해하지 않는지 당최 이해할 수가 없어요." 당시 대학원생이던 요하네스 하일레셀라시에가 말했다. 밤에 화이트는 그날 발굴한 화석을 하나하나 점검하고, 녹음기를 이용해 발굴 일지를 말로 녹음했다. 글로 쓸 시간이 없었기 때문이다. 버클리로 돌아와 녹음된 내용을 다시 글로 옮길 때, 화이트는 다 죽어가는 자신의 목소리에 심신이 도로 피폐해져버렸다.

어떤 고인류학자들, 특히 리키 가문 사람들이나 조핸슨은 화석 발굴 시 행운이 따랐다는 사실에 큰 가치를 뒀다. 하지만 화이트는 운 같은 미신적인 관념은 믿지 않았다. 그에게 중요한 것은 효율적인 보급과 조직, 준비, 그리고 팀워크였다. 여러 해 뒤 다시 돌아왔을 때, 한번은 몰래 화석 석고 본을 땅에 늘어놓고 팀원들의 작업 효율을 측정한 적도 있었다. 모든 세부 사항을 측정했고, 한마디 양해도 없이 소소한 것까지 간섭하는 마이크로매니징을 했다. 사람들은 단순한 이유로 그의 채찍질을 견뎠다. 누구도 그보다 더 작업 효율이 높지 않다는 것. "화이트는 의심의 여지없이 거기 있던 모든 사람 가운데 현장 연구에 가장 능한 사람이었죠." 인류학자 브루스 라티머가 말했다. "그의 연구 능력, 조직 운영 능력, 그리고 효율은 탁월했어요. 만약 당신이 화석을 발굴할 사람을 찾는다면, 지구상에서 그보다 잘하는 사람은 찾을 수 없을 겁니다."

두 개의 화산재 사이에 퇴적층이 쌓인 독특한 지형은 아파르족이 아라미스, 아드곤톨Adgontole, 사간톨Sagantole이라고 부르는 세 개 유역에 걸쳐 수 킬로미터마다 반복적으로 나타났다. 기다이 월데가브리엘은 층서를 기록하며 황무지를 가로질렀고, 방사성 연대 측정을 위해 화산재 시료를 모았다. 화석이 풍부한 지층을 찾을 때마다 그는 무전기에 대고, 와서 확인하라고 발굴팀에게 요청했다. 그러고 나면 더 많은 화석이 나오기도 했다. "놀라운 지층이다. 넓으면서 특징은 균질하다." 화이트는 현장 발굴 노트를 녹음하며 이렇게 말했다.

전에 발굴팀을 괴롭혔던 알리세라인들은 훈련을 받은 후 화석 사냥꾼으로 거듭났다. 수백 년 동안 화석을 밟아온 아파르족 사이에는 뼈 모양의 돌을 의미하는 '고홀라gohola'라는 단어까지 있었다. 고인류학자들은 이 현지인들에게 다른 종류의 화석을 구분하는 법을 가르쳤다. 그들은 솟과 동물을 목동들이 흔히 아는 사육 소와 비교했다. 악어는 아파르족에게 친숙했는데, '도바도dobado'가 여전히 아와시강에 잠복해 있으면서 때때로 사람을 공격했기 때문이다(한 일꾼은 악어에게 물려 엄지가 짧았다). 발굴팀이 개코원숭이의 일종인 다암 아아투와 비교한 원숭이류는 지역 전체에 퍼져 있었다. 그렇다면 호미니드는? 아파르어로 '고대 인류'를 뜻하는 단어는 없었다. 그들이 아는 조상이라곤 곳곳에 위치한 석재 지하 무덤에 묻힌 사람들뿐이었고, 연구자들도 도굴만큼은 하고 싶지 않았다. 아파르 사막에서 아직 발견되지 않은, 유인원이라고 부를 수 있을 만한 것은 아무것도 없었다. 그래서 연구자들은 자신들이 발견한 것이 '카다Kada' 다암 아아투, 즉 커다란 원숭이라고 설명했다. 분류학적으로 정확한 이름은 아니나 요점을 잘 담고 있었고, 현장에서는 무엇보다 실용성이 중요했다.

4일 차에 화이트는 일행을 새로운 장소로 데려갔다. 연어 빛깔 흙으로 덮인 바싹 마른 황무지였다. 갈색 빛이 도는 풀이 몇 곳에 무릎 높이로 자라 작은 바람에 흔들거렸다. 깊지 않은 계곡 모서리를 회색 바위턱이 마치 가는 포석처럼 둘러싸고 있었다. 이 지역을 최우선 목표지로 정하게 한, 다암 아아투에게 친숙한 현무암질 응회암이었다.

그는 팀원들에게 협곡 반대편까지 "처어언천히" 걸으라고 말했다. 그의 명령에 따라 팀원들은 마른 풀과 가시 돋친 나무, 그리고 동물 똥으로 덮인 먼지 나는 길을 1킬로미터 이상 걸으며 화석을 찾았다. 화이트는 반대편으로 운전해 가서 그곳이 발굴팀의 목표라는 듯 차를 댔다. 등이 굽은 지퍼맨 가디와 함께였다. 팀의 다른 멤버들은 이 거친 총잡이에게 겁에 질린 상태였다(한 미국인 팀원은 그를 "정신병자"라고 불렀다). 하지만 화이트는 그가 점점 좋아졌다. 점심시간에 그들은 다 같이 나무 그늘에 앉아 아파르어와 영어로 짧은 대화를 나누며 큰 웃음을 터뜨리곤 했다. "화이트가 그와 어떻게 친해졌는지는 모르겠지만, 그는 매우 공격적이고 다른 누구보다 화이트와 비슷한 부류였어요"라고 기다이는 말했다. 아파르족 사람들이 발굴팀에게 조금씩 마음을 열면서 이사족과 전투를 벌인 일이나 내전 시기에 데르그 군인들을 죽인 일을 조용히 털어놓기 시작했다. 화이트는 그들이 이렇게나 척박한 장소에서 생존한 능력에 감탄했고, 때로는 그들이 적을 죽인 기념으로 만든 트로피 장식을 보며 젠체하는 학자들보다 못 배운 그 아파르족 사람들을 더 찬탄했다.

가디의 온정 어린 말은 알리세라 씨족과의 관계 개선을 의미했다. 그는 만능 일꾼이 됐다. 경비, 가이드, 추적자, 지질학자, 낙타 사육자, 그리고 상대를 압박하는 위협자 역할까지 맡았다. "그가 존경받게 된 것은 재능 때문이었죠. 총을 다루는 재능." 베르하네가 말했다. 가디는 자신만의 독특한 방식으로, 자기 잇속만 차리는 다른 지역 지도자들에 비해 자신이 신뢰할 만한 인물임을 입증했다. 다른 지도자들은 이전의 협의 내용을 잊기도 하고, 이것저것 속이기도 했다. 가디는 끝까지 친구로 남았다. 그리고 너무 겁이 없어서 '발라바트'(족장)마저 그를 두려워하는 것 같았다. 병 때문에 아이를 못 낳게 된 그는 결혼하지 않은 채 씨족을 위한 전사로 남았다. 그는 어깨에 총을 메고 여분의 탄창을 주렁주렁 달고 있었다. 가끔 총을 장식했는데, 많은 아파르족 사람처럼 먼지를 막기 위해 총구에 타조 깃을 꽂았다.

그렇게 가디는 화이트와 가장 많은 시간을 보내는 동료가 됐다. 팀원들을 기다리는 동안, 화이트는 차에서 나와 근처 노두에서 화석을 찾았다. 그럴 때마다 가디가 따랐다.

Photograph © 1997 David L. Brill

팀 화이트와 가디가 새로운 종의 모식표본을 찾은 현장에서 활짝 웃고 있다. 발굴팀은 표석과 가디의 핸드프린팅이 새겨진 시멘트 슬라브로 이 현장을 표시했다. 가디는 나중에 이사족과의 총격전에서 치명적인 부상을 입었다.

"독터 티, 아미Doktor Tee, ame."

팀 박사, 와봐요. 가디가 샌들 옆 땅을 가리켰다. 화이트가 허리를 굽히고 보니, 부서진 암석 틈에 작고 하얀 치아가 보였다. 학교를 나오지 않은 경호원이 모든 박사들보다 뛰어난 성과를 거둔 것이다.

그 치아 화석은 또 하나의 매우 중요한 단서로 밝혀졌다. 발굴팀이 도착해 주변을 발굴하기 시작했다. 반대쪽 부위의 송곳니를 찾았다. 치열이 비교적 최근에 분리된 것 같았고, 그것은 근처에 더 많은 화석 조각이 있다는 신호였다. "여기서 치아 전체를 찾을 수 있는 기회예요." 화이트는 치아 화석 조각을 손에 쥔 채 말했다. "이건 왼쪽 송곳니, 이건 오른쪽 첫째 큰어금니. 구개 화석 전체가 이곳에 있다는 뜻이겠죠."

발굴팀은 기어 다니면서 흙과 조금이라도 다른 것은 다 모아 체를 쳤다. 그 결과 추가로 화석을 찾을 수 있었다. 곧 이제껏 발견한 것 중 가장 좋은 표본을 얻었다. 한 개체에서 나온 치아 열 개였다. 루시보다 오래됐다는 점이 명백할 뿐만 아니라, 생물학적 특징도 달랐다. 지퍼맨은 또 다른 트로피를 얻은 것이다. 가장 오래된 인류 조상 종의 모식표본이 될 치아를.

이어진 복원 작업 동안 일행은 기고, 체 치고, 화석을 골라내는 고된 작업을 했다. 호미니드를 찾기 위한 열병 말기인 알레마예후 아스포는 몸이 근질거렸다. 그가 가장 잘하는 일인 자유롭게 돌아다니기를 시전하며 화석을 찾고 싶었다. 체 치기는 고문이었다. 기어 다니는 것은 무릎을 망가뜨린다고 투덜대기도 했다. 알레마예후는 한 자리에 가만히 있는 걸 견디지 못했다. 하지만 일행의 책임자인 화이트는 게으름 피우는 걸 견디지 못했다. 결국 화이트는 알레마예후에게 꺼지라고 외치며, 혼자 화석 조사나 하라고 했다. 눈엣가시를 사라지게 한 것이다.

알레마예후는 돌아다니다가, 나선형 뿔이 달린 쿠두kudu라는 영양의 잘 보존된 화석을 찾았다. 그는 바로 화이트에게 그 화석의 존재를 보고했다. 화이트는 가디가 발견한 치아들을 복원하느라 정신이 없었기에, 그런 영양 따위는 보러 갈 생각이 없었다. 알레마예후가 화이트를 데리고 발견 장소에 갔을 때, 화이트는 알레마예후가 놓친 것을 보았다. 고인류의 위팔뼈, 그러니까 상완골이 쿠두 옆 흙에 묻혀 있었다. 찾긴 자신이 찾았지만, 화이트는 이 발견의 공을 알레마예후에게 돌렸다. 일대를 조금 더 발굴하자 팔뼈 두 개가 더 발견됐다. 노뼈(요골)와 자뼈(척골)였다. 같은 장소에 더 많은 화석이 묻혀 있으리라는 기대를 품을 수 있게 한 발견이었다. 하지만 발굴지에 머물 수 있는 시간이 얼마 남지 않은 상태였다. 다음 해까지, 그들은 그 밑에 도대체 뭐가 묻혀 있을지 몹시도 궁금해했다.

캠프를 해산할 때, 발굴팀은 새 종을 발견했다고 발표해도 될 만큼 화석을 많이 찾은 상태였다. 발굴 현장에서 돌아온 지 8개월 뒤인 1994년 10월, 미들 아와시 팀은 〈네이처〉에 신종 '라미두스*ramidus*'의 발견을 알리는 논문을 발표했다. 아파르어로 '뿌리'라는 뜻의 '라미드ramid'에서 딴 이름이었다. 이름이 암시하듯, 이 화석종은 인류 계통의 초기 구성원으로 묘사됐다. 논문에는 "오랫동안 찾아온, 인류와 아프리카 유인원 조상 사이의 진화적 사슬을 연결시킬 고리"라며 "지금까지 발견된 것 중 가장 유인원스러운 호미니드 조상"이라고 쓰여 있었다. 인류 계통의 초기 과정을 보여줄 화석을 찾고자 한 발견자들이 이 화석에 붙인 분류학적 이름을 보건대, 그들은 목표를 성취했다고 여겼다. 한 텔레비전 인터뷰에서 화이트는 "이 종은 가계도에서 인류 쪽 뿌리에 위치해 있다고 생각합니다"라고 선언했다.

새로 발견한 종은 인류 조상이 유인원 친척으로부터 너무 멀리 떨어지진 않았을 거라는 기존 예측을 증명하는 듯했다. 작고 에나멜층이 얇은 어금니는 침팬지와 견줄 만했다. 다른 특징들은 초창기 인류의 특성을 보여줬다. 침팬지와 고릴라는 모두 단검 같은 돌출된 송곳니가 있는데, 아래 앞어금니와 부딪히며 자체적으로 점점 날카로워지는 특징이 있다. 하지만 라미두스의 송곳니는 작고 뭉툭한 다이아몬드 모양이었고 자체적으로 닳아 뾰족해지지도 않았다. 송곳니가 줄어든 최초의 사례였다. 이는 인류 계통을 나타내는 특징적인 형질이었다.

머리뼈 파편은 발굴팀이 "놀라울 정도로 침팬지와 비슷한 형태학적 특성"이라고 묘사한 특징을 보였다. 한편 위팔뼈는 유인원과 인류 조상 사이의 "모자이크적 특성"을 보이고 있었다. (신종은 처음에는 현존하는 오스트랄로피테쿠스속으로 분류됐지만, 1년이 채 지나지 않아 새로운 발견이 이어지면서 발굴팀은 새로운 속인 아르디피테쿠스를 제안했다.) "아르디피테쿠스 라미두스에 덜 인류스러운 특징이 있다고 해서 이 종이 인류보다 침팬지와 더 가깝다고 결정 내리긴 어려울 것이다." 〈네이처〉의 에디터 헨리 지는 나중에 이렇게 썼다. 쉽게 말해, 그것은 전문가들이 예상했던 그대로의 모습을 보여주는 화석이었다. 비밀에 싸인 인류 가계 초기 멤버는 최후의 생존자가 된 친척의 희망을 꾸역꾸역 실현시켜야만 하는 상황이었다. 헨리 지가 이렇게 덧붙였듯이. "만약 아르디피테쿠스 라미두스가 발견되지 않았다면, 우리는 아마 그것을 창조해야 했을 것이다."

하지만 가장 큰 증거는 여전히 불충분했다. 발견된 화석은 열일곱 개뿐이었다. 두 손을 모아 전부 다 들 수 있을 정도로 적은 양이었다. 여전히 많은 것이 미지의 상태였다. 이 종은 직립보행을 했을까? 간접적 증거를 통해서 그럴 가능성이 제기될 뿐이었다. 머리뼈 조각의 구조적 특징을 보건대 수직으로 선 척추 꼭대기에 머리뼈가 위치해 있었을 가능성이 높았다. 발굴팀은 허리 아래의 뼈는 하나도 발견하지 못했다. 오랫동안 인류 계통을 정의해온 또 다른 기준인 직립보행 여부는 단지 추측만 할 수 있었다.

루시 발견 이후 20년 동안 에티오피아에서는 화석 발굴 기근이 이어졌으나, 이제 그 기근이 끝났다. 〈네이처〉는 헤드라인에 "최초의 호미니드"라는 제목을 붙였다. 논문과 함께 게재된 논평에서 영국 리버풀대학 인류학자 버나드 우드 교수는 말했다. "'미싱 링크'라는 메타포는 잘못 사용될 때가 많지만, 아라미스에서 발굴한 호미니드를 위해 그보다 적합한 명칭은 찾을 수 없다." 〈뉴욕 타임스〉의 1면 헤드라인은 다음과 같았다. "새 화석을 통해 과학이 인류 여명에 접근하다." 〈런던 타임스〉는 "과학자들이 '미싱 링크'를 찾았다"라고 발표했다.

1994년 한 텔레비전 프로그램에서, 화이트는 라미두스와 인류의 가장 가까운 친척 사이의 유사성을 강조했다. 심지어 재레드 다이아몬드의 "제3의 침팬지"라는 논쟁적인 말을 인용하기도 했다. 그는 기자에게 이렇게 말했다. "라미두스는 침팬지처럼 삼림 또는 숲을 서식지로 삼았으며, 해부학적 특징도 침팬지와 비슷합니다."

나중에 화이트는 인터뷰에서 그렇게 말한 것을 후회했다.

9장

모든 게 그곳에 있다

논문 발표로 인해 미들 아와시 팀이 가장 오래된 인류 조상의 흔적을 찾았다는 사실은 더 이상 비밀이 아니게 됐다. 이는 16년 전 루시의 종 이름을 붙인 이래 고인류학계에서 가장 큰 뉴스였다. 흥분과 억측, 음모가 오래된 뼈를 연구하는 이 분야에 드리웠다. 기자들이 탐사에 동행하겠다고 졸라댔다. 발굴팀은 모든 요청을 거절했다. 너무 위험하고, 너무 방해가 된다는 이유였다. 런던에서 발행되는 〈선데이 타임스〉의 한 기자는 화이트와 그의 이전 동료 돈 조핸슨 사이의 갈등을 캐내기 위해 발굴팀을 따라다녔다. "나는 미디어가 만든 소문이나 조작된 거짓 음모에는 일절 관여하지 않아요. 해야 할 더 중요한 일들이 있거든요"라고 화이트는 기자에게 말했다. 그 기자는 특히 발굴팀 멤버 중 한 명에게 관심을 보였다. 부호인 앤 게티였다. 그는 자신의 개인 보잉 727 제트기를 이용해 일행을 에티오피아까지 태워줬다. 게티는 직접 현장 발굴에 참여하기도 했다(1991년 그 사실을 이유로 비난을 받기 전까지 계속 참여했다). 베르하네가 박물관장 직에 있는 동안, 게티 집안 사람들은 DC-10 항공기를 전세 내 연구실 장비와 화석 보관 상자, 그리고 그것들을 설치할 목공 전문가들까지 보냈다. 에티오피아 내의 베르하네 비판 세력은, 게티의 후원 행위가 베르하네에게 일종의 무기가 되니 그의 돈이 부적절한 영향을 끼친다고 주장했다(문화부 차관은 게티가 기부 자축 파티에 초대한 손님들이 박물관 내에서 술을 마셨다고 투덜거렸다). 에티오피아 고고학계 및 고인류학계는 이렇게나 정치적이었다.

1994년 11월, 발굴팀은 수도를 떠났다. "발굴팀은 미디어의 주목을 받는 것을 극도로 싫어한 나머지, 자신들이 어디에 있는지에 대해 일부러 거짓 정보를 노출했다"고 〈타임스〉 기자 메리 앤 피츠제럴드는 썼다. 피츠제럴드와 그 일행은 자동차를 구해 사막을 달려 미들 아와시 팀을 추격했고, 타이어 자국을 따라가 강을 건너고 있는 일부 멤버들을 따라잡는 데 성공했다. "발굴팀은 절 무시했죠. 인사말 한마디조차 하길 거부했어요." 피츠제럴드가 회상했다. 미들 아와시 팀은 강을 건넌 뒤 추격하는 자들을 뿌리쳤고, 피츠제럴드는 캠프 반경 50킬로미터 안에는 들어가지 못하게 됐다.

차량 행렬은 야생 깊숙한 곳으로 사라졌다. 알리세라 영토에서는 탐험 경험이 많은 베테랑들조차 웅크린 채 총을 든 인물, 지퍼맨 가디가 등장할 때면 큰 두려움에 빠졌다. 그가 이번엔 기분이 어떨지 아무도 몰랐기 때문이다. 가디는 '독터 티'에게 인사를 하러 뛰어왔다. "가디와 화이트 사이의 정서적 유대감은 높았습니다. 상당히 높았죠. 가디의 얼굴에 드러난 감정은 명백했습니다. 절대적인 기쁨이었어요. 정말 감동적이었습니다." 아파르의 첫 번째 탐사에 참여했던 버클리 팀의 대학원생 더그 페닝턴이 말했다.

일행은 이번에도 알리세라 영토 가장자리에 캠프를 차렸지만, 지난해와는 다른 장소였다. 지난해에 마른 강바닥에 판 우물이 문제를 일으켰기 때문이다. "아파르족이 그곳으로 낙타를 데리고 와서 물을 먹인다는 걸 알았어요. 낙타 배 속을 싹 비우기 위해서요." 베르하네 아스포가 말했다. "설사약이 따로 없더라고요."

닷새 동안의 여행과 야영 끝에, 화이트는 임무가 잘 준비돼 화석 사냥꾼들이 에너지를 불태울 수 있게 됐다며 기분 좋아했다. 평소처럼 발굴팀의 리더들은 물자부터 챙겼으며, 이어 도로를 확충하고, 보안 문제를 해결했다. 안전하고 위생적인 우물을 파 마실 물을 확보하는 것도 중요했다. 그래야 발굴 시즌을 설사 문제로 낭비하지 않을 테니 말이다. 또한 지질학자들을 제대로 된 발굴지로 데려가고, 베르하네의 현지인 고용 과정을 돕고, 그놈의 고양이 떼도 몰아야 했다. 발굴팀은 호미니드를 찾고 싶어 안달이 나 있었기에 화석은 언제 찾냐고 화이트에게 쫑알댔다. 이번 시즌의 최우선 과제는, 지난해에 알레마예후가 팔뼈를 찾은 지역의 발굴 작업이었다. 당연히 거기에서 시작할 줄 알았으나 화이트는 아니라고 했다. 덜 중요한 목표로 워밍업을 하는 게 필요하다고 생각했기에, 일행을 6번 지역(줄여서 "6지loc-six"라고 불렀다)으로 데려갔다. 아라미스 근처로, 가디가 1년 전에 모식표본을 찾은 곳이었다. 그 작은 계곡은 이미 여러 차례 샅샅이 훑은 곳이었지만, 그들은 해가 진 이후에도 두 시간을 더 조사했다. 화이트는 일행이 일하도록 내버려두고 따로 작업을 하러 갔다.

화이트에겐 두 가지 욕구가 있었다. 멀티태스킹과 마이크로매니징이었다. 해야 할 일이 그를 거치지 않고 이뤄져서는 안 됐다. 그에겐 마치 해가 뜨고 지는 것만큼이나 당연한 일이었다. 어디서든 누군가는 일을 엉망진창으로 하고 있었다. 자기 차로 돌아가기 전에, 그는 언덕 꼭대기에 올라 바닥을 기고 있는 사람들의 사진을 찍었다. 이미 줄은 삐뚤빼뚤해진 상태였다. 젠장, 알레마예후, 더 앞으로 가서 기라고! 도대체 다들 왜 이렇게 말을 안 들어? 여러 해가 지난 뒤, 자신이 남긴 기록용 사진을 보던 그는 다시 한번 좌절감을 느꼈다. "제대로 훈련을 받아 땅을 기며 발굴하는 거라고는 차마 말하지 못하겠군요. 이 망할 놈의 인간들, 어딜 봐도 훈련받은 티는 안 나네요."

그 '망할 놈의 인간들'(학생과 교수, 에티오피아 박물관 직원, 그리고 아파르족 사람들)은 잡목이 우거진 분지를 조금씩 가로질렀다. 그들 사이에서 요하네스 하일레셀라시에도 바닥을 기고 있었다. 그는 3년 전 이사족의 총에 맞을 뻔했지만 운 좋게 살아남아, 박물관에서 베르하네에게 배우며 탁월한 제자로서의 능력을 십분 발휘하고 있었다. 화이트는 그를 캘리포니아대학 버클리 캠퍼스 박사과정에 입학시켰고, 거기서 그는 학생들로부터 "조니Johnny"라고 불렸다. 화이트는 기어서 발굴하는 일에 관해서라면 그를 신뢰했다.

그가 자세를 바로 했다. 그는 몽당연필 크기의 부서진 화석 조각을 쥐고 있었다. 그는 화이트의 인체 골학 수업 조교로 일했기에, 자신이 든 뼈가 무엇인지 알았다. '제2손허리뼈(중수골) second metacarpal' 였다. 집게손가락 바로 아래 손바닥에 위치한 뼈로, 호미니드의 것이었다.

절차에 따라, 발굴팀은 발굴을 중단하고 마치 지뢰밭을 벗어나듯 주의 깊게 뒷걸음질 쳐 나왔다. 아무도 어정쩡하게 걷다가 화석을 박살 내 '그 사람'의 분노를 자극하고 싶지 않았다. 해가 기울자 그들은 시즌 첫 번째 날 발견한 첫 화석이 있는 캠프로 돌아왔다. 당시엔 그 뼈가 파손된 채 따로 떨어져 나온 파편 정도로 보였다. 그들은 몰랐지만, 그 뼈는 훨씬 커다란 어떤 것을 발견하게 해줄 첫 단서였다.

다른 곳에서 발굴이 이어졌다. 낮이고 밤이고 아파르족이 나타나 일거리를 달라, 캠프 안에 들어가게 해달라 아우성쳤다. 베르하네는 가능한 한 많은 이들을 고용했지만, 원하는 사람 모두에게 제공할 만큼의 일자리는 없었고 캠프에도 빈자리가 거의 없었다. 어느 밤에는 캠프 너머에서 총성이 들렸다. 사람들이 깨어났다. 예광탄이 텐트 위로 날아가고 있었다.

"저게 뭐지?" 한 미국인 학생이 침낭에서 물었다.

"총알이야. 불 꺼!"

아파르족 버전의 직장 총기 난사였다. 일자리를 구하려다 좌절돼 불만을 품은 사람이 화풀이로 캠프 위로 총을 쏘고 밧줄을 훔쳐 갔다. 알리세라인들이 나섰다. 탐사대가 그곳을 떠나면 겨우 특수를 누리고 있던 지역 경제에 악영향을 미치기 때문이었다. 가디를 비롯한 아파르인들이 총을 쏜 사람을 추격하여 그 도둑맞은 밧줄로 그 사람을 묶어 와서, 부족 어른들에게 넘겨 처벌받게 했다.

요하네스가 찾은 손뼈는 그 발굴 시즌의 첫 카다 다암 아이투였다. 그렇지만 아무도 아직 흥분하지 않았다. 육식동물에 훼손된 뼈는 거의 파편으로 발견되었고, 온전한 뼈는 하나도 없었다.

첫 발견 며칠 뒤, 6번 지역으로 돌아가 다시 땅을 기다가 손가락뼈와 손허리뼈 조각을 발견했다. 화이트의 마음속에 이런 생각이 들었다. '손뼈만 덩그러니 있을 리가 없어. 뭔가 더 있을 거야.' 발굴팀은 쓰레받기와 붓을 들고, 단단한 고대 퇴적층이 나올 때까지 푸석한 흙을 몇 인치씩 쓸었다. 체로 흙을 흔들어 작은 자갈을 걸러 그걸 방수포에 담았다. 그늘에서는 일꾼들이 모든 자갈 조각을 골라냈다. 이 과정에서 발가락뼈를 찾아냈다. 또 한 번 화이트의 생각이 바뀌었다. '여러 부위의 화석이 있을지도 몰라.'

오후 늦게, 그들은 땅속에 숨겨진 정강뼈를 발굴했다. **손상되지 않은 온전한 긴 뼈를!** 그들은 흙에서 화석을 분리해내는 대신, 흙 전체를 파내 석고로 양끝을 감쌌다. 화석만 남기고 나머지 흙을 털어내는 것은 여유가 있을 때로 미뤄도 되고, 박물관 연구실에 가서 해도 되기 때문이었다. 발굴 과정에서, 그들은 다른 작고 흰 물체도 발견했다. 엄지손가락뼈였다. 화이트의 생각은 다시 바뀌었다. '원 위치에서 그대로 묻힌 화석일지도 몰라.'

발견은 여기까지였다. 6번 지역은 철저히 조사되었으나 가장 오래된 인류 조상의 흔적은 자취를 감췄다. 발굴팀은 정강뼈 및 다른 화석들을 캠프로 들고 와 화석 저장 텐트에 뒀다. 다음 달 발굴팀이 한 지역에서 다른 지역으로 계획에 따라 땅바닥을 기며 조사하는 동안, 그 화석들은 캠프 안에 그대로 남겨져 있었다.

이후 비가 내렸다. 때아닌 폭풍우에 사막은 진흙탕이 되어 메마른 유역이 초콜릿색 급류가 흐르는 곳으로 바뀌었다. 캠프 옆 강이 범람해 텐트 안을 침수시켰다. 차량은 진창에 빠져 움직이지 못했다. 캠프에 갇혀 있는 동안 화이트의 정신은 온통 갈 수 없는 사막에 가 있었다. '6지'에서 화석이 더 나올까? 체질 결과는 실망스러웠지만, 좋은 결과가 있을지도 모른다. "대부분의 화석이 아직 강기슭의 원래 자리에 있다는 뜻일지도 모른다. 이곳 현장에 아직 희망이 있다는 것이다." 화이트는 현장 노트를 녹음하며 말했다.

텐트 하나는 화석 저장소이자 현장 연구소로 쓰이고 있었는데, 아파르어로 '화석의 자리'라는 뜻의 "고홀라 보타gohola bota"라고 불렸다. 화이트는 몇 주 전 발굴한 정강뼈를 조사했다. 절반은 단단한 흙덩어리와 석고 덮개에 묻혀 있었는데, 마치 나무뿌리 같아 보였다. 이게 정말 인류 조상의 정강뼈 화석일까? 전에 발견한 손뼈와 발가락뼈 주인공과 같은 개체일까? 다른 영장류의 뼈는 아닐까? 1991년 화이트가 쓴 662쪽짜리 책 《인체 골학》은 전 세계 의학 및 인류학과 학생들 사이에서 교과서로 통하고 있었다. 그는 그 정강뼈에서 흙을 세심히 털어내고, 뼈의 갈라진 틈 사이에 주사기로 조심스럽게 경화제를 흘려 넣었다. 뾰족한 치과용 도구로 붉은 흙을 제거했다. 그는 이 과정을 여러 차례 반복했고, 휴대용 현미경을 이용해 작업 결과를 확인했다. 비가 그쳤을 때, 모두가 현장에 나갔지만 화이트는 예외였다. 그는 화석에서 흙을 마저 제거하느라 그답지 않게 하루 종일 캠프에 틀어박혀 있었다. 그해 12월 20일 밤, 그는 깨끗해진 정강뼈를 마주했다. 그의 판단에 따르면, 그것은 의심할 여지가 없는 인간의 정강뼈였다.

다음 날 아침, 일행은 서둘러 6지로 되돌아갔다.

그날은 일 년 중 낮이 가장 짧은 날이었다. 아얄루 화산의 실루엣이 아침 연무에 어렴풋이 비쳤다. 화이트는 이미 시간의 압박을 느끼고 있었다. 이후 몇 시간에 걸쳐 아침 연무는 끓는 듯한 열기로 바뀌고, 하루 중 가장 생산성 높은 시간대는 지나가버릴 것이었다. 이날은 1년 중 햇빛이 가장 적은 날이었다(북반구의 동지). 사실 낮의 길이는 북위 10도 지역에서는 큰 차이가 없었다. 하지만 날짜는 시간이 점점 줄어들고 있다는 사실을 알려주었다. 현장 발굴 시즌이 다 끝나가고 있었다. 사막에서 시간과 주광晝光, 그리고 인력은 물과 마찬가지로 주의 깊게 분배해야 할 귀한 자원이었다.

산등성이에 서서, 가디는 총을 굽은 어깨 위에 편히 걸친 채로 자신의 이름을 딴 가디 보타Gadi Bota라는 지역을 바라보고 있었다. 협곡이 이룬 분지 아래에는 그가 1년 전 모식표본을 발견한 곳을 표시한 표석이 있었다.

화이트는 데님 작업복을 입은 채 메마른 땅을 활보하며 짧은 바리톤 음성으로 명령을 내렸다. 정확성을 기해야 할 땐 과학 용어를 썼고, 강조를 해야 할 땐 욕을 했다. 그는 일련의 발견으로 인류가 전에는 보지 못한 것들이 발견될 것이라고, 도무지 일어날 것 같지 않은 일이 발생할 것이라고 믿었다.

비가 지표면을 깨끗이 씻어줬다. 침식도 더 일어났다. 폭풍우 기간 동안 유출된 많은 물이 화석을 아래로 흘러 내려가게 했다. 마찬가지로, 모래 회오리바람 또는 "호 호스ho hos"라고 불리는 작은 토네이도가 작은 뼈를 원래 위치에서 먼 곳으로 날릴 수 있었다. 아무도 화석이 어디에서 왔는지 알 수 없었다. 정강뼈처럼 발굴 현장 땅속에서 발견됐다는 증거가 없다면 말이다. 대부분의 화석들은 분리된 조각으로 지표면 위에서 발견되었고, 정확히 어디에서 왔는지는 알 수 없었다. 여전히 퇴적층에 묻혀 있는 화석들은 많은 뼈를 찾을 수 있으리라는 희망을 불러일으켰다.

발굴팀은 작은 노란 깃발을 꽂아 지금까지 발굴한 화석들의 위치를 표시했다. 흩어진 패턴을 보니 뼈가 원래의 위치에서 어떻게 흩어졌을지, 표면에서 어떻게 부서졌을지 짐작할 수 있었다. 화이트는 고향인 캘리포니아에서 골드러시 시절에 하던 사금 채취 방식으로 조사하는 것을 좋아했다. 화석 파편의 패턴을 궁리해 언덕을 오르며 추적한 끝에, 화석이 묻힌 주요한 지역을 찾았다. 물론 대부분의 경우, 큰 행운은 없었다. 널리 알려진 것과 달리, 동아프리카 지구대에서 발견된 대부분의 화석은 지표면 위에서 발견됐다. 치아는 여기, 손가락뼈는 저기 하는 식으로 말이다. 땅속을 파는 건 성과가 거의 없었다. 화석 발굴에서 대박을 터뜨린다는 건 거의 허구다. "백 번 중 아흔아홉 번은 땅속에서 아무 화석도 발견하지 못해요. 루시도 마찬가지였어요. 땅속에서는 한 점도 발견하지 못했어요." 화이트가 경고했다.

이 사실을 재확인시켜주는 흔적이 200미터 떨어진 7번 지역에서 나왔다. 지난해에 땅속에서 팔뼈가 발견된 지역이었다. 현장 발굴 시즌 초기에 베르하네 아스포와 요나스 베예네는 큰 팀을 거느리고 발굴을 시작했다. 기대가 높았다. 하지만 여러 주 동안 발굴했음에도 손목뼈와 손뼈 화석 약간을 추가로 찾았을 뿐이었다. 이 화석들의 모양은 인류학자들이 이전에 찾았던 그 어떤 손목뼈나 손뼈와 달랐다. 발굴팀은 더 이상의 화석은 찾지 못했고, 손목뼈와 손뼈 화석은 고대의 맹수가 시신에서 뜯어 멀리 가져간 팔에 붙어 있던 것이라고 결론 내렸다. 발굴팀은 불법 석유 탐사자들이 마른 구멍이라고 부르는 것을 팠지만, 그곳은 비가 오자 도랑으로 변해버렸다.

발굴은 시간이 많이 드는 과정이며 실패 위험이 매우 높았다. 팔뼈가 발견된 곳에서, 이미 작업자들이 화석을 한가득 수집하기 위해 매일 수 킬로미터의 땅을 조사하고 있었다. 한 번 땅을 파는 데도 이렇게 인력이 많이 들었다. 그런데 **두 번**이라면?

노란 깃발들은 집중호우로 만들어진 도랑 어디에서 화석들이 발견됐는지를 보여주고 있었다. 여기엔 패턴이 있었다. 흩어진 채 발견된 화석들의 분포 공간은 점점 좁아져서 정강뼈와 손가락뼈가 발굴된 둔덕으로 모였다. 이건 기회가 있다는 뜻이었다. 그 작은 둔덕에 다른 화석이 묻혀 있을 가능성을 암시했다.

둔덕에 깊은 균열이 생겼다. 나쁜 소식이었다. 점토가 물을 머금었다 말랐다를 반복하면서 팽창과 수축을 했다는 것. 예민한 화석을 파괴할 수 있는 조건이었다. 대개 작고 단단한 뼈 화석만이 표면까지 압착돼 나와 온전한 형태를 유지했다. 몇 주 전 도랑에서 발견된 손이나 발 화석이 대표적이었다.

화이트는 지질 조사용 해머로 둔덕의 가장자리를 긁어냈다. 지층의 단면도가 드러났다. "언덕을 따라 내려가며 여기 이 수평선을 발굴해나가면 더 많은 표본을 찾을 수 있을 거야.” 그는 그 순간을 비디오로 기록하는 조수로서 이렇게 예상했다. 퇴적층에는 흰 줄이 나 있었다. 440만 년 전에 자란, 화석화된 식물 뿌리였다. 뿌리가 이 정도로 오래 보존되었다면, 뼈도 그럴 수 있었다.

“이제 우리가 할 수 있는 건 발굴하고 최선의 결과를 기다리는 것뿐이야.” 그가 말했다.

고인류학에서, 발굴은 사람들이 그 단어에 품고 있는 생각과는 많이 다르다. 절단면이 제곱미터로 측정되고, 작업이 여러 날 지연되면 인내심은 사라지기 마련이라는 점 정도만 대중의 인식과 비슷하다. 고대의 유물 및 유적을 보전하기 위해 발굴자는 그것이 나온 맥락을 파손해야 한다. 화이트는 자신의 대학원 지도교수 중 한 명의 말을 절대 잊지 않았다. “우리는 연구 과정에서 우리에게 정보를 제공한 존재를 파괴한다.”

유일한 처방은 신중하게 기록하는 것이었다. 영원히 잃어버리기 전에 증거를 수집할 기회는 딱 한 번이다. 발굴팀은 이후 측정에 참고로 삼기 위해 땅속에 기준점을 박았다. 당시까지 발견한 모든 화석 조각에 대해 거리와 고도, 경사도, 정확한 지점을 기록했다. 그들은 비디오카메라를 삼각대에 올려두고 하루 종일 녹화를 했다.

발굴팀은 스크레이퍼와 치과용 도구, 호저의 뾰족한 가시, 그리고 먼지떨이용 붓으로 둔덕을 조금씩 깎았다. 한 사람이 노트북 컴퓨터 하나 크기의 구역을 파는 데 꼬박 하루가 걸렸다. 해가 질 때까지 판 깊이는 1~2센티미터 정도였다. 붓질로 모인 흙은 체가 있는 곳으로 가져갔다. 작은 조각 하나라도 골라내기 위해서였다.

붓질, 붓질, 붓질… 흙 속에서 서서히 형체가 드러났다. 뼈다! 발굴팀이 화석을 발견하면 화이트가 이후 과정을 인계받을 때가 많았다. 그는 코가 바닥에 닿을 정도로 배를 깔고 납작하게 누워 치과용 도구로 흙을 주의 깊게 털었다. 그 붉은 흙 안에서 오랫동안 찾던 카다 다암 아아투의 뼈가 싱글거리는 웃음을 띠었다. 고대 인류 조상의 턱뼈였다.

"우와! 이 송곳니 좀 봐!" 화이트가 큰 소리로 외쳤다. "이 개체는 딱 우리가 원하는 나이에 화석이 됐군. 이가 닳기 전에 죽었어. 셋째 큰어금니가 다 나와 있어. 모든 치아가 다 있다고!"

발굴은 매우 느리게 진행됐다. 하지만 고인류학 기준으로 보자면 폭발적인 속도였다. 턱뼈, 손뼈, 발뼈, 골반, 그리고 머리뼈가 하루가 멀다 하고 발견됐다. 화이트는 그렇게 긴 뼈들이 멀쩡히 남아 있다는 점을 놀라워했다. 매우 드문 일이었다. 튼튼해 보였던 화석은, 알고 보니 매우 약해 부스러지기 쉬웠다. 일단 파냈다 하면 열에 바싹 말라 부서졌다. 급한 대로 화이트는 화석을 흙에서 파내기 전에 화학 경화제를 뿌렸다. 배낭식 분무기를 갖고 있던 학생은 발굴 지역 부근에 물을 뿌렸다. 발굴팀은 증발을 늦출 목적으로 바닥에 비닐을 깔았다.

부서지기 쉬운 화석 부위는 현장에서 흙과 분리할 엄두를 내지 못했다. 그래서 흙까지 덩어리째 파내, 정형외과에서 쓰는 깁스 붕대로 감았다. 화이트가 박물관 연구실에서 분리 작업을 할 때까지, 흙에 묻혀 있는 게 무엇인지는 미스터리였다.

발굴팀이 천천히 화석을 발굴하는 과정을 옆에서 가디가 지켜보고 있다. 깃발 하나하나는 각각 뼈가 발굴된 지점을 표시하고 있다.

땅속에서 호박 크기의 퇴적물 덩어리와 함께 머리뼈가 세상에 나왔다. 앤 게티가 무릎 보호대를 한 채 기어 와 칼로 덩어리를 베었다.

"붕대가 필요해요!" 게티가 외쳤다.

화이트가 홱 돌아봤다.

"아아악! 비켜!" 그가 외쳤다.

게티는 너무 놀라 화이트가 자기 앞으로 급히 뛰어오는 걸 보면서도 눈만 끔뻑였다. 인류 진화 연구에 수백만 달러를 기부하고 개인용 비행기까지 내준 그였다. 하지만 **세계에서 가장 오래된 망할 놈의 호미니드 머리뼈 화석**이 위험해진 마당에, 기부와 VIP 대접 같은 것은 화이트에게 아무 의미가 없었다.

"손 치워요." 그가 게티의 손을 쳤다. "안 그럼 손도 같이 붕대로 감아버릴 테니까."

일행은 천막을 치고 한낮 내내 일했다. 자동차 오디오에서는 그레이트풀 데드의 앨범 〈벽장에서 나온 해골Skeletons from the Closet〉이 울려 퍼지고 있었다. 자동차 꼭대기에서 가디가 총을 어깨에 멘 채 이 광경을 지켜보고 있었다. 이상한 '파렌지'(외국인)가 카다 다암 아아투에 미쳐 있는 게 그에겐 재미없는 게 틀림없었다. 그는 어깨에서 총을 내려 발굴팀을 겨눴는데, 일종의 장난이었다. 게티의 조카이자 화이트의 대학원생인 헨리 길버트가 카메라를 가디를 향해 돌리자, 그도 총을 겨눠 화답한 것이다. 화이트는 가디가 있는 차를 향해 걸어가다 가디의 총이 자신을 향하고 있음을 발견했다.

"그 총 손에서 놓으시지."

가디는 총을 내렸다.

적도 부근에서 해는 빨리 진다. 타는 듯한 태양이 서쪽 지구대 끝에서 가라앉았다. 화이트는 두 마디의 아파르어 "아이로 코르테Ayro korte"를 반복했다. '짧은 해', 즉 해가 지고 있으니 서두르라는 뜻이었다.

해가 진 뒤 현장에 남아 있는 건 위험했다. 적대적인 아파르족이나 이사족 사람들이 안 보이는 사이에 몰래 접근해 올 수 있었다. 하이에나나 사자, 호랑이 떼가 기웃거릴 수도 있었다. 이빨 자국이 난 아라미스 화석을 보면, 그때나 지금이나 거대한 맹수가 힘없는 영장류를 대상으로 어떤 짓을 할지는 명백했다. 자동차가 캠프로 돌아가는 동안 계곡 사이로 굴러떨어질 수도 있었다. 하지만 작업을 멈추기에는 너무나 급박했고, 일행은 랜턴과 자동차 헤드라이트를 비춰가며 발굴을 마무리했다. 헤드라이트가 비추는 땅을 기며 12월 31일을 보냈다. 연말이 최종 시한을 두드러지게 했다. 저것들을 땅에서 꺼내서 실험실로 안전하게 가져가야 했다.

화이트가 손가락뼈를 들자, 뼛조각이 손 사이로 빠져나갔다. 그는 욕을 했다. "젠장." 그는 바로 코밑에 있는 화석 조각 하나하나에 글립탈 화학 경화제를 떨어뜨렸다. 휘발된 경화제 냄새가 두통을 일으켰다. 플래시 불빛 아래에서 마지막 손가락뼈 발굴을 마무리했다.

"이 발굴지에 지름길이란 없다고." 화이트는 어둠이 깔리는 동안 혼자 중얼거렸다. "이 화석은 가져갈 수 없어. 고민하기엔 이 뼈는 너무 연약해."

매일 밤, 발굴팀은 모든 장비를 세척하고 무거운 돌들을 발굴지 위에 쌓았다. 이런 수고는 귀한 시간을 많이 낭비했지만 매일 아침 수포가 되었다. 하지만 화석들은 밤새 그대로 두기엔 너무 연약했다. 화학물질 냄새를 아주 좋아하는 자칼은 마치 접착제 중독자처럼 어둠 속에서 코를 킁킁거리며 다가왔다. 이 부스러지기 쉬운 화석들은 주의 깊은 고고학 발굴 과정뿐 아니라, 동물의 발질에도 살아남기 힘들었다. 실제로 아침이면 위치 표시용 돌이나 노란 깃발 사이에서 자칼의 똥이 발견됐다. 400만 년이 지난 뒤에도 맹수들은 여전히 귀한 뼈를 파괴할 위협 요인이었다.

단 하나의 뼈도 인접한 뼈와 제대로 연결된 채 남아 있지 않았다. 손뼈, 머리뼈 파편, 다리뼈 모두 뒤죽박죽이 된 채 놓여 있었다. 하지만 같은 부위가 여러 벌 나온 것은 없었다. 의외의 사실이 서서히 밝혀졌다. 모두 한 개체에서 나온 것이었다. 발굴 열흘째인 12월 31일, 화이트는 그 사실을 큰 소리로 인정했다. "한 개체의 골격이다!"

자제력이 약한 그의 조수들 중 한 명도 외쳤다. "망할 골격 화석 전체가 여기 있어!"

화이트는 땅에서 팔을 활짝 펼치고 턱뼈를 발굴했다. 야구 모자를 거꾸로 쓴 채 안경이 땅에 닿을 정도로 얼굴을 화석 가까이 바짝 붙였다. 그는 글립탈 경화제를 화석 위로 천천히 떨어뜨리고 치과용 도구로 흙을 털어냈다. "아무도 이 같은 화석은 본 적이 없지." 그가 중얼거렸다. "굉장한 특권이지 않아, 응?"

어느 날, 익숙한 뼈가 눈에 보였다. "가운뎃손가락이야!" 화이트가 외쳤다.

로마인들이 건방지다는 뜻의 "임푸디쿠스impudicus"라고 불렀던, 오늘날엔 '엿 먹어!'라는 신호로 쓰이는 그 손가락 말이다. 길고 휘어져 있는 그 손가락뼈는 그때까지 발견된 인류 조상종의 것보다는, 나무 위에서 사는 수상 유인원의 그것과 더 닮아 있었다.

화이트는 조수 중 한 명에게 이 순간을 사진으로 찍으라고 했다. "현장 사람들 중에 '저게 무슨 손가락이야?'라고 묻는 이들이 있으면, 보여줘야지." 화이트가 설명했다.

카메라가 사진을 찍을 때 그는 자신의 손을 화석 옆에 나란히 뒀다. 그러곤 가운뎃손가락을 들었다.

발굴팀은 125개 이상의 뼈를 발굴했다. 중요 부위가 거의 다 포함돼 있었다. 머리뼈, 치아, 손, 팔, 골반, 다리, 발 등. 화석의 주인공은 여성으로 밝혀졌다. 루시보다 100만 년 이상 오래된, 발견된 인류 계통 화석 중 가장 오래된 것이었다. 화석의 상태도 루시 것보다 더 온전했다. 화석의 주인공은 고대 범람원에 위치한 풀이 무성하고 얕은 저습지에 쉬러 왔다가, 그대로 440만 년간 묻혀 있었다. 그러다 카다 다암 아아투를 찾는 발굴자들에 의해 우연히 발견된 것이었다.

하나의 화석 발굴은 고대 기록 일부를 찾은 것과 같다. 뼈는 로제타석과 비슷하다. 온전한 전체 메시지를 해독하기 위한 단서를 포함하고 있다. 신체 구조, 사지 길이 비율, 뇌와 몸 크기의 비율, 보행 스타일, 심지어 행태와 환경 적응력까지 알 수 있다. 다음 10여 년 동안, 발굴팀은 같은 종의 화석을 36점 더 수집했고, 그것들을 통해 그 종 전체의 맥락을 파악할 수 있었다. 그 화석의 주인공은 이전엔 알려지지 않은, 인류 암흑 시대의 새로운 진화 단계에 속하는 새로운 종임이 확실해졌다.

이 화석은 발굴팀에게 무거운 의무를 지웠다. 다시 발견할 수 없는 종류의 화석이기에, 해독에 가능한 한 많은 시간을 들였다. 지름길은 없었다. 당시 발굴팀은 이 화석이 인류 조상에 대한 지식을 어떻게 바꿀 것인지 희미하게밖에 알지 못했다. 또한 그들은 자신들의 여정이 얼마나 더 길어질지 알지 못했다. 그들은 이 화석 발굴에만 3년을 썼으며, 더 많은 시간을 들여 근처 다른 화석들도 발굴했다. 그 모든 화석을 복원하고 이해하기까지 15년 동안 고투했다. 전 세계에서 모인 50명에 가까운 학자들이 멸종한 동물 화석 수천 개를 연구하고, 고대 환경을 재현했으며, 지질학 연대를 구성했다. 이 모든 정보를 종합해 그들은 새로운 진실을 밝히고, 과거의 지식은 쓰레기통에 넣었다. 그 과정에서 증오가 생겨나 학계가 분열되었다. 하지만 모든 게 금세 확실해졌다. 이것은 초기 인류에 관한, 딩크네시 이후 가장 중요한 발견이었다. 이 화석은 루시처럼 혁명적이었다. 하지만 그게 다가 아니었다. 루시에 대해서조차 다시 쓰게 만들었다.

10장

독 나무•

북쪽으로 75킬로미터 정도 떨어진 곳에 위치한 다른 발굴팀은 미들 아와시강 상류에서 무슨 일이 벌어지고 있는지가 궁금했다. 굽이쳐 흐르는 강 하류에서 돈 조핸슨은 루시와 다른 많은 오스트랄로피테쿠스 아파렌시스 화석이 나온 하다르로 돌아갔다. 그해 초에, 조핸슨과 그가 이끄는 발굴팀은 자신들의 발견을 발표했다. 루시가 속한 종의 화석을 최초로 완벽하게 발견했다는 내용이었다. 하지만 더 오래된 화석은 여전히 오리무중이었다.

미들 아와시 팀을 따라갔다 퇴짜를 맞은 기자는 조핸슨 캠프에서는 환대를 받았다. 기자는 발굴 현장의 조핸슨에 대해 이렇게 적었다. "조핸슨은 사륜구동 자동차를 몰고 섭씨 37.8도가 넘는 아파르의 황무지 안으로 들어갔다. 랄프 로렌 셔츠와 반바지, 샌들 차림의

• 윌리엄 브레이크의 시 〈A Poison Tree〉에서 따온 제목이다 – 옮긴이

그는 스페인 남부로 당일치기 여행을 온 사업가처럼 보였다." 조핸슨은 고인류학 및 고생물학 분야의 대표적 멋쟁이였다. 런던의 〈옵서버〉 소속 다른 기자는 그를 가리켜 "아르마니를 입은 인디애나 존스"라고 묘사했다. 웃통을 벗고 머리는 산발을 한 치아 전문가로서 하다르의 황량한 땅을 활보하던 20여 년 전과는 많은 것이 바뀌어 있었다. 이제 그는 베스트셀러 저자에, 기자들과 푸아그라 샐러드와 가리비로 점심을 먹고 와인 선택을 논하며, 기부자들을 대상으로 강연을 하는 닳고 닳은 사람이었다. 그러나 그에게 가장 많은 자금을 제공하던 게티 가문의 게티 여사는, 최근 그를 버리고 미들 아와시 지역에서 활동하는 그의 라이벌 세력을 지원하기 시작했다. 그들이 대체 뭘 하고 있기에?

두 캠프는 인류 가계도의 뿌리 부근에서 서로 경쟁하고 있었다. 그해에, 조핸슨은 노바Nova 텔레비전의 다큐멘터리 프로그램에서 이렇게 말했다. "우리는 루시의 종이 인류 가계도의 뿌리라고 믿습니다. 루시는 우리의 가장 오래전 조상이며 유인원과 인류 사이를 잇는 미싱 링크입니다." 이 말이 방송을 탄 지 오래 지나지 않아, 미들 아와시에 있던 그의 옛 친구는 인류 계통에 속하는 훨씬 더 오래된 종을 발견했다. 심지어 이름조차 '뿌리'라는 뜻으로 지었다. "확실히, 우리는 루시의 선조를 찾았습니다." 화이트는 텔레비전 인터뷰에서 밝혔다. 버클리에서 조핸슨 연구실에 있다가 그만둔 지질학자 폴 르네는, 당시 조핸슨이 화가 났음을 알았다. "조핸슨은 자신이 발굴한 루시가 더 이상 가장 오래된 인류 조상이 아니라는 사실에 미칠 듯한 질시를 느꼈어요." 적의는 반대 방향에서도 흘러나왔다. 미들 아와시에서 베르하네 아스포와 그 동료들은 조핸슨에 대한 증오로 들끓었고, 곧이어 조핸슨은 에티오피아에서 밀려났다. 고인류학 버전의 냉전이 시작되었다.

팀 화이트는 돈 조핸슨을 자신이 만나본 가장 뛰어난 형태학자 중 한 명이라고 생각했다. 한창 루시를 발굴하던 시절, 두 인류학자는 밤에 해변을 걷고 있었다. 화이트는 바지 주머니에 손을 넣었다가 치아 화석 캐스트를 발견했다. 마치 주머니에서 잔돈을 발견하듯 말이다. 그는 그 치아 캐스트를 조핸슨에게 주고는, 어둠 속에서 무엇인지 맞힐 수 있는지를 떠봤다. 감촉만으로 조핸슨은 화석종의 이름을 맞추고 특징까지 읊어댔다. "그런 능력과 시야를 갖춘 사람은 전 세계를 통틀어 별로 없지요." 화이트가 회상했다. "조핸슨과 일해본 사람은 누구나 동의할 겁니다." 오랜 기간에 걸쳐 화이트는 무언가 변했다는 것을 알아차렸다. 조핸슨은 연구보다는 인기에 더 집착하게 됐다. 두 번째 저서에서 조핸슨은 이렇게 자랑했다. "나는 왕족을 만났고 상을 받았다. 대중들에게는 미국 인류학계를 대변하는 사람으로 통했다." 1986년 올두바이 협곡에서의 합동 발굴은 그들에게 전환점이 됐다. "우린 그 결과를 논문으로 발표했고, 예의 조핸슨다운 탈선에 휘말렸죠. 조핸슨이 자기 사진을 논문에 냈거든요." 화이트가 말했다. "그게 조핸슨에게는 중요했어요. 유명 인사가 되는 것 말이죠." 화이트도 이런 과도한 선전에 동참했지만, 마침내 할 만큼 했다고 생각하게 됐다. 조핸슨의 대필 작가 제이미 슈리브는 두 인물 사이의 균열을 이렇게 요약했다. "스타일을 중시하는 조핸슨과 본질을 중시하는 화이트가 마침내 충돌했다." 화이트는 조용히 조핸슨과의 관계를 끊고 자신의 에너지를 다른 데로 돌렸다. 에티오피아 발굴도 그중 일부였다.

베르하네 아스포는 대학원생 시절 몇 년간 조핸슨 연구실에서 공부하며 올두바이를 탐사했다. "나는 조핸슨을 처음 본 날 이후로 그를 좋아해본 적이 없어요. 그는 에티오피아 출신 대학원생을 현장에서 훈련시키는 데 관심이 없었거든요." 베르하네가 말했다. "그는 문화부 사람이나 고고유물국 사람 만나는 걸 두려워했어요. 그들은 무슨 일이 진행되고 있는지 잘 알고 있었으니까요." 그는 조핸슨을 '신식민주의자'로 규정했다. 아프리카 유적을 발굴하고자 하지만, 그에 대한 대가는 거의 투자하지 않으려는 외국인이라는 뜻이었다. 베르하네는 에티오피아 국립박물관장이 된 뒤 외국인, 특히 조핸슨이 더 엄격한 규정을 따르도록 절차를 분명히 했다. "베르하네는 항상 내게 문화부 가이드라인을 어기면 하다르 연구 프로젝트를 취소시킬 거라고 상기시켰어요." 조핸슨이 말했다.

그들의 관계는 1990년 에티오피아가 연구 금지 조치를 끝냈을 때 악화됐다. 조핸슨이 아디스아바바로 날아오자, 베르하네는 조핸슨에게 당신의 책 《루시》에 대해 기자들이 적대적인 질문을 할 수 있으니 도시 밖으로 피하는 게 좋겠다고 말했다. 조핸슨은 아파르 방면 고속도로 중간에 위치한, 바퀴벌레 득실거리는 호텔에 숨어 있다 동료가 온 뒤에야 하다르 현장 캠프로 차를 타고 갈 수 있었다. "모든 게 연막이었어요." 여러 해 뒤, 조핸슨은 이렇게 말했다. "그저 저를 힘들게 하고 싶었던 거죠." 얼마 뒤, 하다르의 조핸슨 팀은 베르하네 아스포(당시도 국립박물관장이었다)와 에티오피아 문화유산연구보존센터(고고유적 연구 관련 규제 기관)의 대표 타데세 테르파를 찾아갔다. 그들은 하다르 지역 일부인 고나Gona를 베르하네의 후배인 에티오피아 고고학자 실레시 세모에게 넘기는 안을 논의했다. 당시 고나는 고대 석기가 나오는 지역으로만 알려져 있었기에, 하다르 화석 발굴팀에게는 그다지 흥미로운 대상이 아니었다. 하지만 나중에 고나는 640만 년 전의 플라이오세 및 마이오세 시대의 퇴적물(아르디피테쿠스 화석도)을 품고 있는 것으로 밝혀져, 조핸슨이 "루시의 조부모들"이라고 부르며 찾기를 꿈꿨던 인류 가족 초기 구성원 화석의 주요 사냥터가 되었다.

화이트 역시 1990년 하다르 발굴에 동행했기에, 당시 양측이 주고받은 팽팽한 긴장을 기억하고 있었다. 발굴 시즌이 끝난 뒤, 타데세 테르파는 조핸슨이 지질 시료와 영상을 에티오피아 정부의 적법한 허가 없이 반출했다고 비난했다. 하다르 팀은 불공정한 조치라고 불평했다. 내전이 끝나고 새로운 정부가 들어서는 소란스러운 기간에, 베르하네의 지지자들은 그에게 등을 돌린 연구계의 마음을 다시 돌리고자 애쓰고 있었다. 하지만 조핸슨은 별로 협조적이지 않았다. "나는 내게 일어난 일을 생각하면 그럴 순 없다고 말했어요." 조핸슨이 털어놨다. "문화부 사람들이 말해줬거든요. 베르하네가 조핸슨은 다시는 여기에서 연구하지 못할 거라고 대놓고 말했다고."

화이트는 조핸슨과의 관계를 끝냈다. 그는 에티오피아 동료들과 그들 연구의 순수한 비전을 중요하게 생각했기 때문이다. 느닷없는 관계 단절에 깜짝 놀란 조핸슨은 화이트의 지인들을 통해 관계 회복을 하려 했지만 실패했다. 화이트는 공개적 언급은 거부했지만, 그의 차가운 분노는 진심이었다. "화이트는 모 아니면 도인 사람이에요." 조핸슨이 말했다. "그의 삶에 회색 영역은 별로 없죠. 우린 오랫동안 매우 생산적인 관계였어요. 그리고 이제 그게 끝난 거죠."

1994년 이후 두 캠프 사이의 균열은 모두가 아는 불화로 비화했고, 에티오피아 인류 기원 연구 현장의 일상이 됐다. "그들은 늘 서로를 가차 없이 욕했어요. 잡아먹을 듯했죠." 양쪽과 모두 친분을 유지했던 고고학자 스티브 브랜트가 회상했다. "이 주제로 씹고 저 주제로 씹고… 매일같이 그런 이야기를 들었죠. 특히 아스포와 화이트에게서." 국립박물관에서, 관련 없는 사람들 및 행정 부처 사람들도 싸움에 휘말렸다. "거긴 전장 같았어요." 당시 에티오피아 고고유물국 공무원이던 젤라렘 아세파는 이렇게 기억했다. "우리 중 일부에겐 아주 고통스러운 경험이었어요. 유명한 인물 둘이 연구를 위해 협력하는 게 아니라, 서로 명예와 유명세를 놓고 싸우고 있었으니까."

과학 분야 유명 인사가 되면서 조핸슨은 곤란한 일을 겪기 시작했다. 캘리포니아로 돌아와 자신의 연구소를 학문 간 융합이 이뤄지는 곳으로 만들고자 했기에, 세계 정상급 방사성 연대 측정 기술을 가진 버클리 지질연대학센터를 입주시켰다. 연구소 멤버들은 두 팀으로 나뉘었다. 하나는 조핸슨이 이끄는 고생물학자 팀이었고, 다른 하나는 화산암 연대 측정에 선구적 역할을 한 나이 많은 원로급 과학자 가니스 커티스가 이끄는 지질연대학자 팀이었다. 이 인류기원연구소 소속 지질학자들의 설명에 따르면, "양측 사람들은 모두 심각할 정도로 자의식이 강했고 (…) 모두 한 성질 했다." 조핸슨은 자신의 연구를 알리고자 바쁜 삶을 살았다. 나중에 자세히 이야기한 내용을 보면, 그는 현장에서 10퍼센트의 시간을 쓰고 나머지 90퍼센트는 연단에서 쓰라는 루이스 리키 인류학파의 말을 따랐다. 그는 루시에 관한 책을 여러 권 펴냈고, 많은 시간을 들여 노바 텔레비전 시리즈를 찍었다. 노바 시리즈는 당시 그의 아내였던 레노라 조핸슨이 연출하고 있었다. 지질연대학자들은 연구소 이름으로 발표되는 논문의 90퍼센트를 쓰고 연구비의 70퍼센트를 수주했지만, 조핸슨이 자신들의 연구를 존중해주지 않자 불만이 많았다. 오랫동안 끓어오르던 긴장은 마침내 1994년 파국을 맞았다. 조핸슨이 연구비를 기부해주겠다는 사람과 버클리의 셰 파니스Chez Panisse 레스토랑에서 식사를 하다가, 지질연대학자들을 욕보인 것이다. 조핸슨은 커티스와 그가 이끄는 팀이 기부자를 가로채려 한다고 비난했고, 두 사람은 사무실 뒤에서 고성을 지르며 싸웠다. 이 소식은 이사회 멤버이자 인류기원연구소의 가장 큰 기부자인, 앤 게티의 남편 고든 게티의 귀에도 들어갔다. 조핸슨의 행동 패턴에 놀란 고든 게티는, 매년 해오던 100만 달러의 지원을 끊겠다고 말했다. 인류기원연구소 이사회는 긴급회의를 소집했고, 고든 게티는 조핸슨을 해임하라고 말했다. "만약 모두가 부끄러움을 최소화하려는 마음이 있다면, 그 역시 최소한의 당혹감을 가지고 물러날 수 있을 것 같습니다." 게티는 이사회에서 이렇게 보고하듯 말했다. 이 안건은 투표에 붙여져 9대 4로 기각됐다(조핸슨 해임에 찬성한 사람은 게티, 커티스, 폴 르네, 클라크 하월이었다). 이후 판세가 뒤바뀌었다. 조핸슨 지지자 중 한 명이 지질연대학자 그룹를 해체하라는 안건을 올려 역시 9대 4의 득표 차로 통과됐다. 조핸슨을 해임하려던 사람들이 거꾸로 스스로를 해임한 결과를 낳은 것이다. 고든 게티는 인류기원연구소 이사회에서 물러난 후, 새로 만들어질 독립적인 지질 연대 측정 그룹(미들 아와시의 발굴 작업과 관련이 깊었다)에 매년 100만 달러를 지원하겠다고 약속했다. 어수선한 법률 싸움이 끝나고, 양측은 합의에 도달했다. 조핸슨은 3년 뒤 연구소를 애리조나 주립대학으로 옮겼다.

에티오피아에서, 조핸슨은 또 다른 문제와 마주쳤다. 1994년에 베르하네 아스포와 기다이 월데가브리엘, 요나스 베예네, 요하네스 하일레셀라시에, 그리고 실레시 세모가 조핸슨과 인류기원연구소에 대해 여러 건의 혐의를 제기했다. 거기에는 무덤 도굴(조핸슨이 자기 책에서 드라마틱하게 묘사해서 백일하에 드러난 일)과 에티오피아 유적 상업화, 그리고 에티오피아의 새 고고유물 관련 법을 위반한 화석 캐스트 유통 등의 혐의가 포함돼 있었다. 혐의를 제기한 사람 중 네 명은 미들 아와시 팀이었다. 베르하네는 나중에 이렇게 말했다. "우린 그들이 이 나라에서 20년 넘게 누려온 뻔뻔한 착취와 특권 남용을 더 이상 용인할 수 없었어요." 고나 역시 전장이 됐다. 실레시 세모는 인류기원연구소가 자신의 새 영역에 무단으로 들어온 것은 '우선권 침해'라고 고소했다. 인류기원연구소는 고소 내용을 부정하며, 이를 라이벌 세력의 방해 공작이라며 대수롭지 않게 넘겼다. "그들은 우리 조직을 와해시키려고 했어요"라고 인류기원연구소의 과학 디렉터 빌 킴벨은 비난했다. 에티오피아 법무부 장관은 고소 내용의 조사를 시작했고, 정부는 인류기원연구소의 연구 허가를 중단했다.

조핸슨과 킴벨, 인류기원연구소 팀이 다시 하다르에서 연구 허가를 받기까지는 5년이 걸렸다.

조핸슨은 자신이 겪은 어려움을 미들 아와시 팀 탓으로 돌렸다. 그는 그 사실을 잊을 수 없었다.

* * *

이후 수십 년에 걸쳐, 두 캠프의 경쟁 관계는 점점 심해졌다. 미들 아와시 팀은 조핸슨이 에티오피아 고고유물국을 좀 더 외국인 친화적으로 만들기 위해 베르하네를 내칠 음모를 꾸몄다고 믿었다. "내가 자리에서 쫓겨났다는 말을 듣자 조핸슨은 호텔에서 파티를 열었어요. 믿어지세요? 파티를 열었다고요!" 베르하네가 말했다. 한번은 에티오피아 기자가 베르하네에 대해 비판적인 방송을 했는데, 베르하네는 그 방송에 나온 사진 중 하나가 그의 대학원 시절 인류기원연구소에서 찍힌 사진임을 알아봤다. 미들 아와시 팀은 두 팀의 충돌을 선명한 언어로 요약했다. 자신들은 개발도상국을 위해 연구를 하는 반면, 조핸슨은 자신을 위해서만 연구하는 '사파리 인류학자'라는 것이었다. 반대로 조핸슨은 라이벌들이 자기들만 에티오피아 연구에서 강자로서의 영향력을 독점하기 위해 거짓으로 자신을 고소했다고 비난했다. 그는 베르하네와 화이트, 그리고 그들의 연합팀이 통제하는 화석 산지가 늘어나고 있다고 목소리를 높였다. 미들 아와시뿐 아니라 베르하네의 조사 프로젝트에 참여한 경험 많은 연구자들이 권리를 획득한 추가 지역이 많다는 것이었다. "이 모든 일에 공통적으로 관여한 단 한 사람은 화이트가 분명했어요." 조핸슨은 여러 해 뒤 이렇게 말했다. "그가 일에 접근하는 방식을 보면, 매우 똑똑하고 마키아벨리적이죠."

"화이트가 내게 여러 차례 말했지만, 권력은 화석에 있어요." 조핸슨이 덧붙였다. "발굴 현장을 통제할 수 있다면 화석 발굴은 물론이 분야 자체를 장악할 수 있다, 이것이 화이트의 시각이었죠. 그는 이 분야 전체에 대한 지배력이 너무나 탁월했어요. 그리고 그렇게 하는 방법 중 하나는, 당연히 지금까지 발견된 것 중 가장 뛰어난 화석 발굴 현장인 아파르 삼각주 장악이었죠."

화이트는 이런 이야기가 "조핸슨이 너무 나간 것"이며 오히려 자신의 입지를 강화하려는 시도라고 일축했다. 화이트에게 조핸슨은 피해야 할 모델, 반영웅이었다. 출판사 관계자들이 화이트에게 대중서 집필을 문의했을 때, 화이트는 거절하고 그들에게 베르하네 아스포를 소개해줬다. 화이트는 같은 분야 전문가들과도 거리를 뒀다. 1994년, 그는 캘리포니아대학 버클리 캠퍼스 인류학과를 떠났다. 그곳이 과학을 믿지 않는 포스트모던 사회인류학자들 판으로 전락했다고 생각했기에, 통합 생물학 분야로 옮겼다. 그의 팀은 문명의 경계 너머에서 화석 사냥을 했듯이, 과학 분야에서도 변두리에서 일하게 될 터였다.

조핸슨은 사람들이 화이트를 루시 화석의 공동 발견자라고 잘못 알고 있다고 화를 내곤 했다. 루시라는 이름을 붙일 때 화이트가 함께했을 뿐인데 말이다. 마찬가지로, 그는 프랑스의 많은 사람들이 이브 코팡이 루시를 발견했다고 잘못 알고 있는 데에도 점점 화가 났다. 사실 화석을 누가 발견했는지는 과학에서 별로 중요하지 않다. 하지만 어떤 연구자들에게는 매우 중요하다. "고인류학 탐사를 이끄는 사람 중 한 명이 발견했다는 것은 매우 뜻밖의 일이죠. 그래서 저는 그 발견을 제 커리어와 삶에서 아주 소중하게 여깁니다." 조핸슨은 나중에 이렇게 설명했다.

일부 동료 연구자들은 그에게 개인적으로 질문하기도 했는데, 루시 화석은 실제로 그가 발견했다. 루시 팀 내에서조차 일부는 그 유명한 화석을 실제로는 조핸슨의 대학원생 조교 톰 그레이가 발견했다고 의심했다. 모리스 타이에브도 그렇게 생각했다. 그 루머는 거짓이었다. 그레이와 조핸슨이 모두 거짓이라고 말했다. 그 루머는 질투와 소유욕, 그리고 의심의 동역학을 드러내줬다. 가장 가까운 곳에 있던 목격자 그레이가, 조핸슨이 1974년 그날 루시 화석의 첫 번째 조각을 찾았다고 확인해줬다. 첫 발견 몇 초 뒤, 그레이는 자신이 조핸슨 옆에서 두 번째 화석인 작은 머리뼈 조각을 찾았다고 이야기했다(《루시》에서 조핸슨은 그 화석도 자신이 찾았다고 주장했다). 그레이는 루시 발견의 공로가 두 사람 모두에게 있어야 한다고 생각했지만, 발굴 뒤 하루가 지나지 않아 무기력한 깨달음을 얻었다. "나는 그 공로에서 제외될 예정이었죠." 그는 조핸슨의 책 《루시》에 있는 무덤 도굴 에피소드에 관해서도 항의했다. 아파르의 돌무덤에 가서 뼈를 훔친 것은 그레이라고 적혀 있었기 때문이다. 그레이는 그렇지 않다고, 조핸슨이 훔쳤다고 주장했다. "나는 내 손을 거기 넣으면 빌어먹을 뱀한테 물리겠구나, 그렇게 생각했다고요." 그레이가 주장했다. "세상에, 나는 그런 일을 할 수 없어요. 안 했다고 맹세할 수 있어요." 그렇다면 왜 《루시》에서는 도굴을 한 게 그라고 못 박았을까? "내 생각에 조핸슨은 그게 잘못이라는 걸, 그러니까 도둑질이라는 걸 알았던 것 같아요. 책임을 뒤집어쓰고 싶지 않았겠죠." 그레이가 말했다. 이 에피소드에 대한 질문을 받자, 조핸슨은 책의 정확성을 위해 그레이에게 미리 책을 살펴볼 기회를 줬고 그레이는 가볍게 이의를 제기했지만 크게 문제 삼지 않았다고 말했다. 그레이는 결국 조교 일을 그만뒀다. "조핸슨은 복수심이 몹시 강해요. 만약 내가 너무 심하게 불쾌해했다면, 그가 내 학위 논문 통과를 망치려 했을지도 몰라요." 공정을 기하기 위해 말하자면, 인류학계에서는 무덤을 파내는 오랜 전통이 있다. 비교를 위해 수집한 뼈 전체가 고대 묘지에서 파낸 것인 경우도 있다. 그럼에도 불구하고 조핸슨의 적들은 그의 무덤 도굴을 불법과 사적 이익 추구의 상징으로 취급하며, 그가 뼈를 훔쳤다고 계속 공격했다.

지질학자 모리스 타이에브는 자신의 회고록에서, 조핸슨은 갑작스러운 유명세의 유혹을 조절하기에는 너무 젊었을 뿐이라고 썼다. 조핸슨을 화석이 풍부한 아파르 현장으로 처음 초대한 사람이 타이에브였으나, 얼마 후 그는 자신이 인류기원연구소에서 제명됐음을 알게 됐다. 타이에브는 프랑스어 억양이 섞인 영어로 이렇게 말했다. "돈 조핸슨은 에고가 강했어요. 오직 자신만 영예를 독차지하길 원했죠."

루시 발굴 20년이 지난 뒤, 아와시 계곡에서 두 번째 블록버스터급 발견이 이루어졌다. 조핸슨을 유명하게 한 것보다 120만 년 더 오래된 화석들이 발견된 것이다. 미들 아와시 팀은 이 일이 딩크네시 이후 가장 큰 발견이 될 것임을 알았다. 그러나 많은 면에서 다르게 전개될 것이었다. 연구가 다 끝날 때까지 그에 대해 대중에게 거의 알리지 않을 예정이었다. 제한된 사람들만 비밀리에 연구에 참여하고, 그중 아프리카인 학자들도 동등한 파트너로 대우할 것이었다.

다시 한번, 새로 발굴된 화석들이 캠프 테이블에 펼쳐졌다. 1995년 1월의 마지막 밤, 발굴팀은 그것들을 박물관으로 보내기 위해 준비했다. 인류학자들이 싱글거리며 화석들을 구겨진 신문지와 화장지로 감쌌다. 이 순간을 기록하기 위해 그들은 비디오카메라를 켰고, 베르하네와 요하네스는 에티오피아 텔레비전을 위해 발견 과정의 전모를 암하라어로 설명했다. 화이트는 뒤에서 조용히 서서 계속 일

요하네스 하일레셀라시에와 베르하네 아스포가 현장 발굴 시즌 막바지에 화석을 포장하며 만면에 웃음을 띠고 있다.

하고 있었다. 그의 성공 비결은 언제 앞으로 나와 작업을 책임지고, 언제 뒤로 빠져 에티오피아인들에게 경의를 표해야 할지 안다는 것이었다.

다시 한번, 화석 발견자들은 누가 새 화석 발굴의 공을 가져가야 하는지에 대해 모호하게 말했다. 비디오 촬영자가 요하네스에게 어떻게 그 첫 번째 화석 조각을 찾았는지 말해달라고 했지만, 그는 답하지 않았다. 불편한 것 같았다. 자기 스스로 업적을 자랑하는 건 너무 무례하고 에티오피아인답지 않은 행동이었다.

"내가 발견했다고 말하고 싶지 않아요." 요하네스가 말했다.

"음." 화이트가 목소리를 높였다. "그럼 우리가 발견했다고 해두지."

11장

플라이오세 복원

그다음 놀라운 사태는 연구실에서 벌어졌다.

현장 발굴 시즌 막바지에, 탐사대의 차량 행렬이 먼지 구름을 일으키며 황무지를 벗어나 천천히 되돌아가고 있었다. 흥분된 상태였지만, 이들은 자신들이 발견한 게 무엇인지 아직 정확히 알지 못했다. 화석 상당수는 여전히 고대에 형성된 퇴적층에 갇힌 채 정형외과에서 쓰는 붕대와 알루미늄 호일로 감겨 있었다. 화석은 그 상태로 에티오피아 국립박물관에 도착했다. 잘 모르는 사람 눈에는 화석이 아니라 아직 싹이 안 튼 구근식물을 대충 심어놓은 것으로 보일 법했다. 발굴팀은 박물관에서 그 화석들을 확인하고는, 기자회견을 통해 자신들이 발견한 내용을 성의 없이 발표했다. 가능한 한 많은 화석을 발굴하기 위해 현장 발굴 시즌을 계속해서 연장했기에, 화이트는 아디스아바바를 떠나는 비행기를 탈 때까지 겨우 한 개의 뼈만 돌에서 분리해 흙을 털어 정리할 수 있었다. 직감에 따라 그가 고른 단 하나의 뼈는, 표본 번호 88번인 작은 발뼈로 안쪽쐐기뼈medial cuneiform라고 불렸다.

안쪽쐐기뼈는 영장류가 다른 발가락들과 마주 보는 엄지를 가졌는지를 확인시켜준다. 유인원의 경우 이 뼈의 가장 끝부분에 원통 모양의 관절이 있어 발의 첫째 발허리뼈와 연결된다. 덕분에 발가락을 펼쳤다 오므리면서 물건을 쥘 수 있다. 두 뼈를 연결하는 인간의 관절은 납작해 엄지발가락을 다른 발가락과 나란한 방향으로 향하게 한다. 마주 볼 수 있는 발가락이 없어졌는지의 여부는 우리 조상이 언제 나무 타기를 포기하고 땅 위에서 직립보행을 했는지를 알려주는 분수령이 된다. 라미두스는 루비콘을 건넜을까?

비행기 탑승 시간이 임박한 시점에, 화이트는 미스터리를 풀 답을 발견했다.

발은 화석으로 남는 법이 드물다. 손발은 맛있는 인대와 힘줄로 가득 차 있기에, 사체를 먹는 동물들에게는 '나를 먹어주세요'라는 유인물과 같다. "발은 육식동물에게는 전채 요리와 같지요." 화이트가 설명했다. "발은 다리 끝에 위치한 데다 쉽게 물어뜯을 수 있습니다. 사체 가운데 가장 먼저 사라지는 부위지요." 대표적인 사례가 루시였다. 루시의 발에는 발가락뼈 두 개와 발목뼈만 남아 있었다. 마찬가지로 '최초의 가족' 발굴 현장에서 아파렌시스를 최소 열세 개체 발굴했지만, 온전한 발은 하나도 찾지 못했다. 가장 상태가 좋은 것이 앞 절반이 사라지고 부분만 남은 발 화석이었다. 화이트와 스와 겐은 라에톨리 발자국 화석의 주인공 아파렌시스의 발 복원을 시도한 적이 있는데, 거의 200만 년에 걸쳐 살았던 네 개의 다른 개체 화석에서 나온 부위를 조잡하게 맞춘 것이었다. 완전한 복원을 불가능하게 하는 화석의 이런 결핍성은 살벌한 논쟁으로 이어졌다.

라미두스 화석은 특이한 예외였다. 발굴팀은 440만 년 전 발뼈 화석을 여럿 찾아냈다. 발에 있는 긴 뼈인 발허리뼈 일부는 오스트랄로피테쿠스 아파렌시스와 닮았고 이족보행을 암시했다. 파손된 머리뼈 파편도 마찬가지였다. 머리뼈 형상을 보면 곧추선 척주 꼭대기에 그것이 위치해 있음을 알 수 있었다. 반대로 손가락과 발가락은 길고 구부러져 있었는데, 이는 나무를 타는 유인원의 특성과 비슷했다. 88번 표본은 이 화석의 주인공이 나무 위 생활을 했음을 증명하는 특징, 그러니까 쥐는 발가락을 지녔는지 여부를 밝혀낼 것이었다.

화이트는 국립박물관의 호미니드 전시실 안에 틀어박혔다. 그는 감상적인 사람이 아니었지만, 그 화석의 어떤 점이 그를 경외감에 빠뜨렸다. 그의 가장 큰 즐거움 중 하나, 정확히는 특권 중 하나는 멸종한 종의 재현을 목도하는 것이었다. "타임머신 같은 것"이라고 그는 언젠가 말했다. "화석에서 모래알을 털어내면, 그 누구도 보지 못한 생명체를 마주할 수 있게 되죠." 그에게 있어 화석 손상은 단순한 실수가 아니었다. 인류애에 반하는 범죄였다. 한 번의 잘못된 손동작으로 다시는 발견될 수 없는 멸종한 종의 마지막 흔적을 파괴할 수 있었다.

그는 치과용 드릴이나 고압 에어건, 산성 용액 등으로 화석을 손상을 입힌 동료들의 부주의함을 한탄했으며, 그런 손상을 자신은 현미경 수준으로 찾아낼 수 있다고 믿었다. 아프리카에서 발견된 첫 번째 호미니드 화석인 타웅 아이Taung Child에는 톱니 모양으로 움푹 팬 자국이 있었다. 발견자인 레이먼드 다트가 아내의 뜨개질바늘로 바위를 긁어내다 생긴 자국이었다. 한 네안데르탈인 머리뼈 화석에는 사포질 자국이 있었는데, 어떤 연구자가 그것을 매장 의식에서 생긴 자국이라고 잘못 해석했다. "화석 표본을 준비하다 만든 이런 자국은 **지긋지긋해**." 화이트는 쯧쯧 소리를 내며 말했다. 가끔 그는 아마추어의 손에 표본이 망가지느니 차라리 땅속에 묻혀 있는 게 낫다고 생각했다.

현미경을 통해 보자 뼈 가장 끝부분의 둥근 표면이 보였다. 안쪽 쐐기뼈 위가 그렇다는 건 한 가지로 해석할 수밖에 없었다. 발가락으로 무언가를 쥘 수 있게 하는 관절. 나무를 오르는 동물이라는 뜻

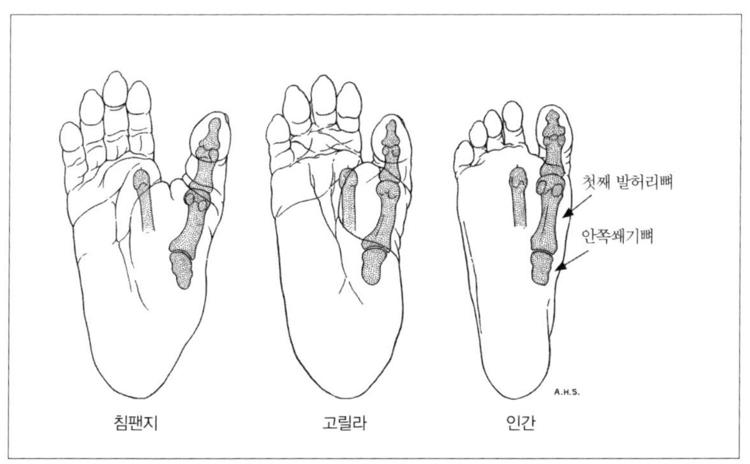

안쪽쐐기뼈는 첫째 발허리뼈와 연결돼 있다. 유인원에서 이 관절은 표면이 원통형이라 발가락을 움켜쥘 수 있게 해준다.

이었다.

화이트가 소년 시절에 엄지손가락이 닳도록 읽었던 책인《얼리 맨》에는 두 발로 선 원인猿人이 그려져 있었다. 앞으로 튀어나온 코와 입, 그리고 벌어진 발가락이 특징이었다. 성인이 된 화이트는 그 아름다운 일러스트가 예술가의 상상력으로 그린 그림임을 알았다. 그런 특징을 지닌 인류 계통은 아무도 발견한 적이 없었다.

그때까지는 말이다.

이제는 마주 볼 수 있는 발가락을 지닌 인류 계통의 일원이 확인되었다. 이는 과학계에 전례 없는 새로운 사건이었다. 화이트는 '유레카의 순간'이라는 신화를 싫어했다. 작가들 및 대중 영합적인 학자들이나 함부로 쓰는 수사라고 생각했다. 하지만 돌이켜보건대, 그 뼈를 봤을 때가 바로 그 순간이었음을 인정했다. 전체 뼈 가운데 가장 놀라움을 주는 뼈였다. 그는 화석에서 모든 암석을 제거할 시간은 없었지만, 중요한 발견을 하기엔 충분했다. 심리학자들이 밝혔듯, 전문적 식견의 원천은 대단한 게 아니라 다년간의 경험으로 패턴을 찾아내는 능력이다.

화이트는 뼈에 대한 책을 썼다. 하지만 보행과 관련한 의문에 대해서는 단 한 사람의 의견에만 기댔다. 에티오피아를 떠나는 비행기에 타기 몇 시간 전, 화이트는 화석 캐스트를 만드는 연구실에 가서 안쪽쐐기뼈의 사본을 만들어달라고 했다. 그는 그 캐스트를 그가 신뢰하는 전문가에게 보낼 예정이었다. 당시 그의 오랜 친구는 개인적 비극에 휘청거리며 스스로 선택한 유배에 들어가 있었고, 다른 전문가들은 그를 잊고 있었다.

12장

직립

오언 러브조이는 구레나룻을 기른 중년의 인류학자였다. 경력 초반에는 무덤 파는 일을 했는데, 다른 점이 있다면 그 와중에 뼈를 발굴했다는 것이었다. 이런 행위가 논란이 되거나 불법이기 이전에 러브조이는 고대 무덤을 수백 기나 팠다. 거기서 나온 각각의 뼈는 독특한 기벽과 질병을 알게 해줬고, 그는 그게 놀라웠다. 그런 질병은 어디에서 왔을까? 신학대학 중퇴자인 그는 진화라는 이단적 관념을 품었기에 과학자가 되었고, 뛰어난 통찰을 지닌 전문가로서 명성을 얻었다.

러브조이는 인류 조상을 두 발로 걷는 존재로 본 것으로 유명했다. 20년 전, 그는 루시 팀의 보행 연구 전문가로 일하며 오스트랄로피테쿠스 아파렌시스가 300만 년 이전에 직립보행을 했음을 밝혔다. 많은 학자들이 예상한 것보다 훨씬 이른 시점이었다.

러브조이는 깊은 저음의 켄터키 토박이 억양으로 말했는데, 버번

위스키 광고에 어울리는 목소리였다. 그 목소리는 마음에 들지 않는 생각을 접할 때면 멸시의 뜻을 담은 으르렁거림으로 바뀌었는데, 그런 경우가 잦았다. "인류 진화와 관련해서는 다른 어떤 과학 분야보다 신화가 많을 겁니다. 그리고 그 신화가 사라지지도 않고요!" 그는 정중하게 말하지 않았다. 마음에 들지 않는 것에 대해서는 정신 나간, 어리석은, 절망적인 짓이라며 배격했다. 또는 들어본 것 중 가장 바보 같은 소리라고 했다. 이런 표현들 때문에 그는 그의 표현대로라면 '전문가들'로부터 별로 사랑받지 못했다.

"인류학자가 환자를 다룰 수 없다는 건 문제예요. 내 적들은 죽은 환자를 받거든요."

직업적인 면에서 봤을 때, 그 역시 죽은 것이나 다름없었다.

1995년 1월, 눈이 오하이오에 위치한 러브조이의 집 주변 땅을 덮었다. 51세의 과학자는 인생의 엄혹한 겨울을 맞이하고 있었다. 한때 그는 자신의 분야에서 가장 창의적이고 날카로운 정신을 지닌 사람 중 한 명으로 꼽혔다. 하지만 몇 년간의 침묵이 이어지자 친구고 적이고 할 것 없이 그가 일을 그만두기로 작정했는지 궁금해하기 시작했다. 두 달 전 아내가 뇌종양으로 세상을 떠나자 삶의 희망을 잃은 이 해부학자는 지적인 위기를 맞이해 연구를 등한시했다. 몇몇 학술지에 내겠다고 약속한 논문을 도저히 쓸 수가 없었다. 그는 클리블랜드 자연사박물관의 화석 수장고 방문을 피했다. 아내가 작별 인사를 할 겨를도 없이 가버리는 모습을 본 병원을 떠올리게 했기 때문이다. 그는 학계와 그 안에서 벌어지는 빌어먹을 정치에 염증을 느껴 모든 일들을 욕하며 우롱했다. 그러고는 이른 나이에 은퇴를 해버렸다.

그 뒤 팀 화이트로부터 소포가 도착했다.

화이트는 러브조이가 연락을 지속하고 있는 몇 안 되는 학자 중 한 명이었다. 둘은 화이트가 미시간대학 대학원생이던 1970년대부터 알던 사이였다. 당시 화이트는 자신의 픽업트럭을 몰고 오하이오에 와서 클리블랜드 자연사박물관의 화석 표본을 점검하고는 러브조이의 거실 소파에서 잠을 잤었다. "우리는 둘 다 똑같이 인류학자들이 하는 일이라면 뭐든 의심하는 성격이었고, 남은 생 역시 그럴 사람들이었어요." 러브조이는 회상했다.

그들은 서로 너무나 달랐기 때문에 서로를 마음에 들어했다. 화이트는 인생의 상당 부분을 사막에서 전갈과 뱀, 그리고 총 든 유목민에 둘러싸인 채 보낸 현장형 인물이었다. 러브조이는 사실 화이트가 에티오피아에서 무엇을 하는지에 대해 어렴풋하게만 알았다. 화이트가 가을이면 다음 시즌 탐사를 준비하기 위해 애를 태운다는 점, 몇 달 동안 문명의 밖으로 사라진다는 것, 그리고 말도 안 되는 이야기들과 흥미로운 화석들을 잔뜩 안고 돌아온다는 것 정도. 러브조이는 야외 연구를 피했고, 손에 더러운 것을 묻히기도 싫어했다. 딱 하나 예외는 법의학이 필요한 사건을 도우라는 법적인 요청을 받을 때였다. 화이트는 견고한 데이터를 필요로 하는 경험주의자였고, 러브조이는 지성으로 획기적인 발전을 이끄는 이론가였다. 화이트는 사실적이고 경쟁심이 강한 반면, 러브조이는 사색적이고 고독했다.

소포 안에서 러브조이가 발견한 것은 치과용 석고로 만든, 코르크 크기의 덩어리였다. 급히 떠나야 해서 연구실 테크니션이 서둘러 만든, 인류 가계에서 가장 오래된 종의 발에서 나온 안쪽쐐기뼈 석고본이었다. 원본 화석이 여전히 흙에 묻혀 있었기에 그 석고 본이 뼈라기보다는 석고 덩어리로 보인 것이었다. 노출된 관절 표면은 새끼손가락의 손톱보다 작았다. 화이트는 이메일로 러브조이에게 감상을 말해달라며 폭탄 발언을 했다.

"마주 볼 수 있는 엄지발가락에 적합한 관절을 지니고 있어요."

흥. 엄지손가락처럼 마주 볼 수 있는 엄지발가락이라고? 러브조이는 동의하지 않았다. 인류 조상에게 눈에 띌 만한 특징이 하나 있다면, 그건 바로 옆으로 벌어지지 않고 앞을 향하고 있는 엄지발가락이었다(해부학적으로 말하자면 다른 영장류들은 '외전 가능한abductable' 엄지발가락을 지녀 발가락을 벌리고 오므릴 수 있는 반면 인간은 '내전 가능한adducted' 엄지발가락을 갖고 있다는 뜻이다). 해부학자들은 오랫동안 이런 인간의 엄지발가락이야말로 동물계에서 유례가 없는 독특한 특징이라고 생각해왔다. 엄지발가락은 그리스어로 '앞으로 나오다'라는 뜻의 "핼럭스hallux"라고 불렸고, 알려진 다른 모든 인류 조상은 앞으로 향한 이런 엄지발가락을 지니고 있었다. 물론 '전문가' 일부는 다른 주장을 하기도 했지만, 러브조이는 그들의 대둔근을 발로 차도 그들은 자신을 찬 발가락이 내전 엄지발가락인지도 모르는 얼간이라고 무시했다.

러브조이는 지난 10여 년간 루시 같은 인류 조상을 가짜 유인원으로 바꾸려는 사람들과 싸워왔었다. 반대자들이 루시 종에서 봤다는 나무 위 생활의 특징들, 그러니까 쥐는 엄지발가락이나 서커스에 나오는 유인원들과 비슷한 골반과 무릎을 구부린 걸음걸이 어쩌고저

쩌고 하는 소리를 듣는 데 너무 질려, 콘퍼런스에 가는 것도 그만뒀다. 그의 눈에, 그와 반대 의견을 지닌 학자들은 뭐든 본능적으로 나무 끝까지 쫓아 올라가는 사냥개 같았다. 그런데 그가 가장 오랫동안 알고 지냈고 가장 신뢰하는 동료가 또 그런 주장을 하고 있었다. **화이트, 자네마저?**

* * *

러브조이는 자랄 때 창조론자로 키워졌다. 켄터키주 렉싱턴의 독실한 감리교 집안 출신으로, 아버지가 지역 교회 성가대를 이끌었고 자식들은 매주 성경 학교에 다녔다. 성경 구절은 여전히 영향을 주었기에 그는 때때로 고린도전서의 구절을 읊었다. "어렸을 때, 나는 내 멘토가 가르치는 것이라면 다 믿었어요"라고 러브조이는 회상했다. "최근 40년 동안은 내가 배웠던 모든 것을 회의하는 데 할애하고 있죠." 러브조이의 가족은 여름휴가를 미시간 북부의 산림에서 보냈다. 그곳에서 소년 러브조이는 숲을 탐험하고 호수에서 빈둥거리며 지냈다. 그리고 생물학에 관심을 갖게 됐다. 열세 살이 됐을 때, 그는 아버지의 골프 경기에 캐디로 나섰다. 집으로 돌아오는 길에 아버지가 자동차 정비소에 들렀다가 심근경색으로 급사하는 모습을 지켜봤다. 러브조이는 독실한 기독교인이 그래야 하듯, 아버지가 천국에 갔을 것이라고 상상했다.

러브조이는 자연스레 일리노이주에 위치한 복음주의 대학인 휘턴대학에 입학했다. 빌리 그레이엄 목사의 모교였다. 위대한 책들은 그의 비판적 사고를 일깨워 그를 무신론으로 이끌었다. (못된 장난을 치기도 했다. 오르간의 파이프에 탁구공을 넣어 예배 중 내내 달그락거리는 소리를 내게 하는 식이었다.) 러브조이는 휘턴대학을 중퇴하고 클리블랜드의 웨스턴리저브대학으로 옮겼다(이 대학은 나중에 근처의 케이스공과대학과 합병됐다). 한동안 그는 자신이 시인이라고 생각했다. 심리학을 공부했지만 정신을 연구한다는 게 그의 취향에는 너무 모호하게 느껴졌다. 한번은 재미로 여름에 고고학자 올라프 프루퍼가 이끄는 옛 아메리카 원주민 매장지의 고고학 발굴 일을 했다. 프루퍼는 땅딸막한 키에 성상 파괴를 일삼는 폭탄 같은 인물로, 노인 같은 턱수염을 한 채 독일어 억양으로 말하고 지성 대신 힘을 앞세웠다. 정치적 올바름이나 학문적 고상함 같은 것은 무시했다. 프루퍼는 독특한 혈통이었다. 그의 아버지는 제1차 세계대전 중 독일 스파이로 중동에서 아라비아의 로렌스와 영국에 대항해 지정학적 체스 시합을 벌였다. 유년기이던 나치 시대에 프루퍼는 히틀러 유스에 가입했고, 아버지는 브라질의 나치 대사로 일했다. 전후에 프루퍼는 아버지와 사이가 틀어졌고, 새로 독립한 인도의 선사시대 유적지를 발굴하는 정부 과제를 수행하러 갔다. 그는 하버드대학에서 박사 학위를 딴 뒤 오하이오 아메리카 원주민 전문 고고학자가 됐다. 이런 거짓말 같은 이력 덕분에 그는 매우 공격적인 지적 독립심을 갖게 됐고, 멍청한 사람들에 대해서는 참는 법이 거의 없었다. 그런 그가 러브조이는 좋았다.

러브조이의 말에 따르면, 프루퍼가 그를 고용한 데에 고고학적 능력은 별로 관련이 없었다. 러브조이는 어느 날 밤 캠프파이어 주변에서 기타를 치면서 술 취한 발굴팀 사람들을 즐겁게 했는데 그 때문이라는 것이다. 그는 근면한 학생이었고, 1967년 프루퍼는 그를 오하이오 북서부 리벤Libben에 위치한 보다 큰 발굴 현장의 '수석 삽잡이'로 임명했다. "우리는 1500구의 유골을 발굴했어요. 그리고 모든 게 바뀌었죠." 러브조이가 회상했다. "유골 발굴이 내 인생이 됐어요."

리벤에는 1000년도 더 전에 포티지Portage강 주변에 있던 어촌 마을의 유적이 있었다. 오하이오 북서부가 그레이트 블랙 스웜프(오하이오주 북서부에서 인디애나주 북동쪽까지 약 4000제곱킬로미터를 뒤덮고 있는 거대한 습지로, 빙하에 의해 형성됐다-옮긴이)에 덮여 있던 시절에 형성된 마을이었다. 그곳에서 미국에서 가장 큰 묘지가 발굴되었다. 발굴팀이 유골을 발견할 때마다, 정형외과 전문의 킹 헤이플이 구덩이에 들어가 즉석에서 그들이 발견한 이상한 부분에 대해 설명을 해줬다. 발굴한 **모든** 유골에 이상한 점이 있었다. 한 젊은 남성의 유골은 늑대 꼬리로 만든 머리 장식을 쓰고 있었는데, 몸에는 척추와 갈비뼈에 화살촉이 박혀 있었다. 머리뼈에는 깊게 베인 상처가 있었다. 칼에 베였다는 암시였다. 거의 모든 유골에 관절염, 암, 부러졌다 회복된 흔적, 신장 결석, 방광 결석, 부적절하게 융합된 뼈 등 병리 현상이 보였다. 전형적인 유골이란 것은 없었다. 대신 **정상**이 넓은 범위의 생물학적 변형과 불완전함에 걸쳐 있었다.

러브조이는 뼈의 미묘한 차이에 매료됐다. 프루퍼가 매사추세츠 대학으로 자리를 옮기자 러브조이도 따라서 옮겼다. 그는 거기에서 생물인류학 박사 학위를 취득하고 리벤 유골을 주제로 논문을 썼다.

당시 대부분의 인류학자들은 해부학만 대충 배웠으며 생체역학은 아무도 배우지 않았다. 러브조이는 정형외과 전문의와 인공 골반 및 무릎을 설계한 의공학자로부터 도제식으로 배웠고, 주말이면 공학 교과서의 문제를 풀면서 시간을 보냈다. 그는 인류 진화에 생체역학 공학을 적용한 최초의 학자가 됐다.

1968년 프루퍼가 오하이오의 켄트 주립대학으로 옮기자, 러브조이는 아직 박사과정 중이었음에도 다시 그를 따라가 인류학을 가르쳤다. 한동안 그는 오염에 의해 인류가 갑자기 멸종할 수 있다는 내용의 파국을 설파하는 예지자로 활동했다. 1970년 베트남전에 반대하는 저항운동이 캠퍼스를 휩쓸자, 러브조이는 밖에서 벌어지는 소요에 대해 듣고 학과 건물 지붕으로 올라갔다. 그곳에서 그는 오하이오 방위대에 대항하는 시위대를 봤다. "총성을 들었어요." 러브조이가 회상했다. "난리가 났다는 걸 알기 전까진 폭죽 소리라고 생각했죠." 그는 반전 운동이 클라이맥스에 이르는 순간을 목격했다. 켄트 주립대학 총격 사건이었다. 방위군이 학생 시위대를 향해 발포해 네 명이 죽고 아홉 명이 다쳤다. 그런 혼란의 시기에, 권위에 대한 불신이 강의실 안에도 팽배했다. 학생들은 모든 것에 의문을 표했지만, 젊은 교수들은 교과서에 나온 대로 가르쳤다. 교수가 정설을 수호하지 못한다면 뭔가 잘못됐다는 뜻이기 때문이었다.

제기되는 의문 중에는 인간 보행의 진화를 둘러싸고 널리 퍼져 있던 지식에 대한 것도 있었다. 당시 초기 화석 기록은 주로 남아프리카에서 나온 오스트랄로피테쿠스였는데 많은 과학자들이 그들은 반직립만 할 수 있는 비효율적인 이족보행을 했다고 단언했다. 영국 해부학자 윌프리드 E. 르 그로스 클라크처럼 선견지명이 있는 학자들은 일찍이 1950년대에 오스트랄로피테쿠스가 직립할 수 있다고 알아봤지만, 학계 전반적인 분위기와는 거리가 있었다. 영국 인류학자 존 네이피어는 그들이 비효율적인 "덜걱거리는 걸음"으로 어기적거렸다고 묘사했다. 셔우드 워시번은 그들이 "질질 끌며 반쯤 뛰는 자세"로 직립했다고 설명했다. 영국 학자 솔리 주커먼 경에 따르면 일부 저명한 학자들은 오스트랄로피테쿠스를 멸종해 대가 끊긴 계통이라고, "그저 유인원일 뿐"이라고 간주했다.

하지만 러브조이는 인류학으로 훈련된 사람이 아니었고, 보행에 관한 그간의 논문들은 그에겐 공상에 근거한 이야기로 느껴졌다. 그는 두 발로 걷는 인간과 아프리카 유인원을 생체역학적으로 비교했다. 그러고는 발견한 내용을 당시 가장 오래된 호미니드인, 남아프리카 오스트랄로피테쿠스 화석에 적용해봤다. 그 화석은 약 200만 년 전 것으로 알려져 있었다. 가장 중요한 증거는 넙다리뼈와 골반뼈였다. 러브조이는 오스트랄로피테쿠스가 두 발 걸음의 주요한 특징을 지니고 있다고 결론 내렸다. 1973년에 러브조이는 큰 두뇌나 도구 사용보다 훨씬 먼저 이족보행의 특징이 나타났으며, 오스트랄로피테쿠스는 현생인류처럼 성큼성큼 걸을 수 있었다고 결론 내렸다.

그리고 그의 문 앞으로 확실한 증거가 도착했다.

1973년 돈 조핸슨은 켄트에 위치한 러브조이의 집에 "영장류"라고 적힌 상자를 들고 나타났다. 조핸슨은 에티오피아 아파르 저지대에서의 첫 번째 화석 탐사에서 막 돌아온 참이었고, 자신이 발견한 것을 러브조이에게 보여주고 싶었다. 상자 안엔 무릎뼈 화석이 스티

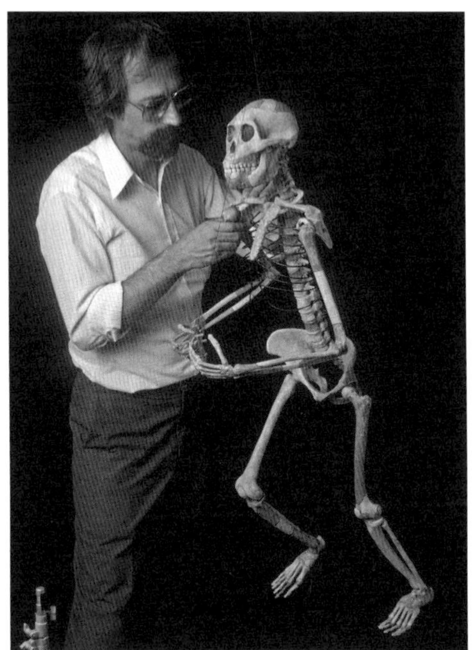
Photograph © 1985 David L. Brill

1985년 오언 러브조이가 실제 크기의 루시 골격 모형과 함께 있다. 오스트랄로피테쿠스 아파렌시스가 발달된 이족보행을 했다는 그의 믿음은, 루시 종이 나무 위 생활을 했다고 주장해온 반대파로부터 큰 반발을 불러일으켰다.

로폼에 포근히 둘러싸여 있었다. 아파르의 무덤에서 막 훔쳐 온 것이었다. 조핸슨은 치아와 턱뼈 전문가였기에 보행 전문가의 조언이 필요했다.

두 사람은 거실 바닥에 앉았다. 러브조이는 무릎뼈 화석을 살펴봤다. "놀라웠어요." 그가 수십 년 전의 기억에 새삼 감동하며 말했다. "아름다울 정도로 보존이 잘돼 있었죠." 크기는 작았지만(화석의 주인공은 똑바로 서도 키가 약 1미터 정도일 것이었다), 이족보행을 하는 무릎의 강력한 증거를 보여주고 있었다. 가장 놀라운 것은 연대였다. 최소 300만 년 전 것이었다. 직립보행의 시점이 100만 년이나 더 앞당겨졌다.

이듬해 조핸슨은 루시 화석을 갖고 돌아왔다. 루시의 무릎은 전에 조핸슨이 보여준, 러브조이가 이족보행의 강력한 증거라고 결론 내린 첫 번째 화석과 똑같았다. 4년 뒤, 라에톨리의 발자국 화석을 통해 직립보행의 오랜 역사가 더욱 확실하게 증명됐다. 그리고 팀 화이트는 친구의 혜안에 깊이 감명 받았다.

러브조이의 명성은 높아졌다. 조핸슨의 대중서와 텔레비전 다큐멘터리는 그를 인류 진화와 보행의 예지자로 추켜세웠다. 하지만 몇 해 지나지 않아 비평가들은 러브조이에게 등을 돌렸다. 1980년대에, 뉴욕 주립대학 스토니브룩 캠퍼스 과학자들을 중심으로 반대 의견이 나타났다. 그들은 루시가 속한 종이 나무 위 생활을 했다고 믿었고, 러브조이의 해석을 '동화'로 치부했다. 비평가들은 러브조이가 유인원스러운 호미니드를 "작은 인간"으로 묘사하며 현생인류와 비슷한 것으로 과장했다고 비난했다. 스토니브룩의 한 인류학자는 루시의 골반을 나무 위 생활을 하던 수상 유인원과 비슷하게 재구성했다. 러브조이는 그에게 당신은 자신이 무슨 말을 하고 있는지 모른다고 답하곤, 대화 자체를 그만둬버렸다. 프랑스 학자 그룹 역시 루시가 속한 종이 나무 위 생활을 했다고 주장했다. 스위스 학자 두 명도 또 다른 점을 들어 유인원다운 복원을 제안하며, 루시는 실은 남성이었기에 '루시퍼'라고 이름을 바꿔야 한다고 주장했다. 전에 러브조이의 편이었던 동료들은 루시와 그의 종은 나무를 탔다는 새로운 관점으로 빠졌다.

러브조이는 한 학술지에 실린 글을 보고 경악했다. 그가 보기에, 그를 반대하는 사람들은 정량화와 해부학적 환원주의에 빠져 있었다. 그들은 해부학적 특징을 확인하고 측정을 한 뒤 그게 인류 평균에 들어오는지 확인했다. 그러고는 '유레카!'라며 나무 위에 사는 수상 유인원이라고 결론 내렸다. 러브조이는 루시가 때때로 나무를 탔지만 나무에서 너무 많은 시간을 보내는 것은 포기했다고 주장했다. "루시는 직립보행을 할 수 있을 뿐 아니라, 그것이 유일한 선택이 됐습니다." 그가 말했다. 그는 자기 연구실 천장 구멍에 그 학술지를 던져 넣어서 자신에 대한 비판적인 논문을 시야에서 없애버렸다. "그는 책상 위에 서 있었어요. 그 구멍에 학술지를 던져 넣고 다시 구멍을 닫아버렸죠." 러브조이의 학생이었던 빌 킴벨이 웃음을 터뜨리며 말했다. "그는 언젠가 천장이 무너져서 깔려 죽을까 봐 걱정했어요!"

주변 학자들은 러브조이에게 반대자들에게 답을 하라고 했다. 그는 근거 없는 이유로 자기를 무시하는 사람들과 다투는 것은 시간 낭비라고 중얼거렸다. 그는 콘퍼런스 참석을 그만두고, 보행에 관한 논문 출간도 미루었다. 그는 과학 잡지 〈사이언티픽 아메리칸〉에 그 유명한 인류 보행에 관한 글을 게재했지만, 다른 관점에 대해서는 알기조차 거부했다. 그가 비판을 직접 마주하고 반론을 싣기까지는 12년의 시간이 걸렸지만, 인류학 학술지는 아니었다. 인류 보행에 관한 그의 걸작 논문은 정형외과 학술지에 발표되었다. 러브조이가 물러섰기 때문에 논쟁의 주도권은 쉽게 반대 측으로 옮겨갔고, 학계

의견의 추는 약 20년 동안 루시가 나무 위 생활을 했다는 쪽으로 기울었다. 〈내셔널 지오그래픽〉은 1970년대에는 직립보행을 하는 루시의 일러스트를 실었지만, 10년 뒤에는 루시가 나무 위에 있는 모습을 선보였다.

이것이 유일한 논란 지점은 아니었다. 1981년, 러브조이는 이족보행의 기원에 대한 논쟁적인 이론을 제시했다. 인류 조상의 손이 자유로워지면서 남성들은 아이들과 배우자들에게 먹을 것을 공급할 수 있게 되었고, 그리하여 일부일처 짝짓기 전략이 가능해졌다는 내용이었다. 그는 이 이론으로 인해 성서에 나오는 돌팔매질을 학계에서 겪었다.

한동안 러브조이는 두려움에 움츠린 채 지내며 대학에는 잘 가지 않았다. 고급 자동차 전문가인 그는 여러 날을 들여 자신의 스포츠카를 수리하고 동네 자동차 정비소에서 기술자들과 어울렸다. 정비소 주인들은 그에게 기술자들이 입는 유니폼을 줬는데, 가슴 패치에는 "오언"이라는 그의 이름이 쓰여 있었다. 그는 그 옷을 입고 자동차 부품 도매상까지 뛰어다니곤 했다. 학생들은 그에게 질문이 있을 경우 정비소로 전화를 걸었다.

러브조이는 이혼을 했다. 몇 해 뒤 재혼을 했는데, 그의 두 번째 아내인 린이 두통을 느끼며 잠에서 깨어나기 시작했다. 의사는 처음엔 편두통이라고 진단했다. 그게 암이라고 밝혀졌을 땐 몸 전체에 전이된 상태였다. 넉 달밖에 살지 못한다고 했다. 린은 1994년 11월 2일 클리블랜드대학 병원에서 세상을 떠났다. 그 병원은 러브조이가 루시 시대에 세상을 놀라게 한 발견을 한 클리블랜드 자연사박물관에서 한두 블록 떨어진 곳에 있었다. 아내가 세상을 떠난 하루 뒤, 에티오피아 화석 발굴팀이 새로운 라미두스의 첫 번째 화석 조각을 발굴했다. 그리고 한겨울에, 슬픔에 빠진 그 해부학자는 가장 흥미로운 뼈를 손에 넣었다.

러브조이는 여러 날에 걸쳐 안쪽쐐기뼈를 쳐다봤다. 그는 화이트가 왜 이 뼈를 마주 보는 발가락이라고 부르는지 이해가 안 갔다.

러브조이는 직립보행이야말로 인류 계통을 다른 유인원과 구분해주는 유일한 진화적 혁신이라고 믿었다. 인류 가계 일원으로 포함되려면 이족보행을 해야 한다. 발가락은 앞을 향해야 한다. 끝. 이족보행이면서 나무 위 생활을 할 수는 없었다. 아, 물론 인류 조상도 때때로 포식자를 피하거나 먹을거리를 얻기 위해 나무 위에 오를 수는 있었을 것이다. 하지만 나무 타기 전문가라고 불리기엔 부족할 것이었다. 그의 생각에, 직립보행을 하려면 신체를 극적으로 재구성해야 하기에 인류 조상이 나무 위 생활을 떠났다면 다시 되돌아오기란 불가능했다. 나무 위 생활을 하며 이족보행을 하는 하이브리드 체계는 말이 끄는 자동차처럼 우스꽝스러운 개념, 생체역학을 아는 사람이라면 누구나 믿기 어려워할 내용이었다. 사람들이 반대 주장을 펼치면, 러브조이는 머리를 흔들며 이렇게 되뇔 뿐이었다. "이런, 난 환자를 보는 게 아냐." 인류 조상이 직립보행을 했을 때 마주 보는 발가락은 지질학적 시간의 리듬 속으로 사라졌다는 게 그의 믿음이었다.

화이트와 이메일로 일주일간 언쟁을 벌이는 내내, 러브조이는 그가 보낸 이메일의 행간에서 불만스럽게 내지르는 목소리가 들리는 듯했다. 버클리로 돌아온 화이트는 침팬지 발에서 똑같은 부위를 찾아 그 화석과 비교하곤 거의 구분하지 못하겠다고 했다.

"이 화석의 주인공은 발로 쥘 수 있었다고요, 오언." 그가 주장했다.

러브조이가 미동도 하지 않자 화이트는 더 약이 올랐다. '누가 러브조이 아니랄까 봐…. 고집불통 같으니.' 다른 학자들이 일평생 눈으로 본 것보다 더 많은 화석을 클리닝했던 화이트는, 뼈에 있는 작은 특성에서도 의미를 파악할 만큼 노련했다. 그는 러브조이에게 외측 관절면lateral facet을 살펴보라고 했다. 안쪽쐐기뼈가 다리뼈와 이어지는 부드러운 표면 부위였다. "이해했죠? 이제 뼈를 테이블 위에 뉘어놓고 발가락이 연결되는 관절 표면이 원통 모양인 걸 확인하라고요." 러브조이는 볼멘소리를 하면서도, 어쩔 수 없이 시키는 대로 했다.

그리고 기억이 맞다면, 러브조이는 그 순간 욕설을 섞어 냅다 소리를 질렀다.

러브조이는 이 뼈 화석의 깊은 진실이 드러나기까지 그렇게나 오랜 시간을 들여다봐야 할지 미처 몰랐다. 안경을 코에 걸친 채, 그는 다른 각도에서 그 화석을 연구했다. 반전이 일어났다. 뼈를 인접한 뼈들과 관절을 이루게 두고 뼈의 주인공이 어떻게 움직였을지 생각해봤다. 잠시 다른 일을 하면서 의문이 마음속에서 우러나오게 했다. 어느 날, 새로운 진실이 마치 우편함에 편지가 꽂히듯 예상치 못하게 드러났다. 러브조이는 마침내 지금까지 평범해 보였던 모습에 숨겨져 있던 비밀을 발견해냈다. 그리고 그걸 여태 보지 못한 자신에게 만정이 떨어졌다.

오직 한 가지로밖에 해석할 수 없는 볼록한 관절 표면이 보이기 시작했다. 마주 보는 발가락이었다.

한 주 동안은 사실이 아닐 가능성을 떠올리며 저항했지만, 결국 포기했다. 인류 계통에서 이제까지 밝혀진 가장 오래된 종인 이 화석의 주인공은, 쥐는 발을 지니고 있었다. "패배를 받아들일 준비가 됐습니다." 그는 화이트에게 메일을 썼다. "인정하고 싶지 않지만 젠장, 화이트 당신이 맞았어요."

13장

전 세계가 알고 싶어하는 것

도대체 이게 뭘까? 처음에는 이걸 뭐라고 불러야 할지 아무도 몰랐다. 해부학적 토론 과정에서, 러브조이와 화이트는 이걸 "ML"이라는 별칭으로 불렀다. 자신의 발견에 대해 거드름을 피우며 오래된 클리셰인 '미싱 링크'를 운운하는 비평가들을 놀리는 업계 내부의 익살이 담긴 말이었다. 러브조이는 "짐승beast"이라고 부르기 시작했다.

밤에 잠이 오지 않자 러브조이는 아내를 생각하지 않기 위해 새 화석을 떠올렸다. 그는 은퇴하지 않을 것이었다. 자리를 지키며 그 짐승의 아름다움을 밝히는 놀라움을 함께할 것이었다. 마주 볼 수 있는 발가락을 여전히 지닌 본원적 존재라니, 이런 놀라운 존재를 마주하게 되리라고는 예상하지 못했다. 이것은 이 존재가 인류 계통 중에서도 해부학적으로 매우 독특한 특성을 지녔음을 암시하는 것이었다. 그는 이미 이 화석 덕분에 그를 비판하던 사람들이 틀렸다는 사실이 증명됐음을 알았다. 그를 비판하는 사람들이 말했던 것처럼, 루시는 유인원과 이족보행을 하는 인류 사이의 미싱 링크가 더 이상 아니었다. 이 화석이야말로 이족보행으로 전이되는 중간 과정 또는 최소한 그에 아주 근접한 과정을 보이는 존재였다. 직립보행은 루시 이전에 등장했고, 이 새로운 종은 그것이 어떻게 생겨났는지 보여줄 가능성이 높았다.

발견의 전율이 러브조이를 다시 휘감았다. 에티오피아 박물관에서는 어떤 다른 사실을 만날 수 있을 것인가? 아파르 황무지에서 화이트와 발굴팀은 또 무엇을 발견했을까? 러브조이가 화이트에게 말했다. "당신이 '짐승'에 대해 기술한 내용에 따르면, 이 종의 기원과 관련해 놀랄 일이 훨씬 더 많을 것 같군요!"

* * *

1995년 5월, 〈네이처〉에 짧은 발굴 보고가 실렸다. 거의 아무런 설명도 없이, 미들 아와시 팀이 라미두스를 '아르디피테쿠스'라는 새로운 속에 배치했다는 내용이었다. 그 결과 인류 조상 중 가장 오래된 종은 오스트랄로피테쿠스 라미두스가 아니라 아르디피테쿠스 라미두스가 됐다. 새로운 속의 이름은 땅을 의미하는 아파르어 '아르디Ardi'와, 유인원 혹은 원숭이를 의미하는 그리스어 '피테코스pithēkos'에서 유래했다(화석에 어울리게, '트릭스터trickster'(원시 신화에 등장하는 동물로, 장난을 통해 질서를 흐트러뜨리는 역할을 한다 – 옮긴이)라는 뜻도 있다). 이 이름은 지상 유인원이자 인류 계통의 뿌리에 위치하는 종이라는 뜻을 담고 있었고, 인류 계통에서 가장 오래된 이 여인은 "아르디"

라고 불리게 됐다.

그런데 이런 내용이 실린 곳이 엉뚱하게도 그 학술지의 '바로잡습니다' 섹션이었다. 이렇게 엄청난 발견이 그런 섹션에 발표된 것은 전례 없는 일이었다. 학자들은 행간을 읽으려 애썼다. 후손인 오스트랄로피테쿠스와 비교해서, 새로운 속인 아르디피테쿠스는 씹는 데 사용되는 큰 치아가 없고 에나멜 층이 얇으며 송곳니는 더 컸다. 발표문은 뼈에 대해 간략하게 언급했지만, 자세한 사항은 없었다(뼈 자체도 몇 개 안 되는 기사를 통해서야 알려졌다). 마주 보는 발가락과 나무 타기 적응력은 이후 14년 동안 비밀로 남아 있을 터였다.

그해 봄, 화이트는 버클리에서 강의가 끝나기 무섭게 에티오피아로 돌아왔다. 인류의 무게가 자신의 어깨를 짓누르는 듯했다. 그는 〈샌프란시스코 크로니클〉과의 인터뷰에서 "아르디는 지금 시점에서 세계에서 가장 중요한 화석종"이라고 말했다. 나중에 그는 〈내셔널지오그래픽〉과의 인터뷰에서 이렇게 말했다. "라미두스는 침팬지와 인류의 공통 조상 가운데 최초의 종입니다. 더 이상 '잃어버린 고리(미싱 링크)'가 아니라, 바로 그 고리가 되는 종입니다." 그는 아직도 진흙 덩어리 안에 갇혀 있는 모든 화석을 클리닝하기 위한 대대적인 계획을 세웠다. 하지만 먼저 화석의 최초 상태를 모두 기록하기 위해 오랜 시간을 들였다. 어느 날 그가 박물관 밖 야외에서 화석의 사진과 비디오를 찍고 있을 때였다. 에티오피아 공무원이 오더니 물었다.

"언제 박물관에 전시할 수 있을까요?"

"아마 3~4년은 걸리겠죠." 화이트가 대답했다.

"그렇게나 오래요?"

화이트는 복잡한 화석을 복원하는 일의 고단함에 대해 설명했다. 그가 화석 하나를 보여줬다. 엉치뼈였다. 척추 기초부에 위치한, 척추뼈가 융합돼 삼각형을 이룬 부위로 아직 흙에 파묻힌 상태였다.

"침팬지에 더 가까운가요, 인간과 더 가까운가요?"

"아직 발굴 중이라 우리도 모릅니다." 화이트가 대답했다. "우리가 연구할 내용 중 하나죠."

"그 화석들에서도 흙과 돌을 제거할 건가요?"

"모든 화석에서 다 제거할 거예요. 하지만 시간이 오래 걸리겠죠."

"사람들이 이상하게 생각하는 게 바로 그 점이에요." 공무원이 재촉했다. "두 달이나 세 달 안에 끝낼 수 있나요?"

"안 돼요." 화이트가 대답했다. "몇 가지 이유로, 그렇게는 절대 안 돼요."

당시 화이트는 아르디피테쿠스의 일대기에 본격적으로 빠져들려던 차였다. 순수주의자인 그에게 과학은 끝이 없는 작업이었다. 이 중요한 화석을 다른 누군가의 호기심을 충족시키거나 조급함을 달래기 위해 서둘러 연구할 생각은 없었다. 그는 빨리 결론을 내거나 유명세를 타는 것보다 정확성이 중요한, 매우 까다로운 성미의 소유자였다. "많은 사람이 화석을 놓고 연구하다가 '논문으로 낼 만하다'는 단계에 도달하죠." 미들 아와시 팀과 오래 함께했던 지질학자 폴 르네가 말했다. "화이트는 그 단계에서 멈추지 않습니다. 완벽한 단계에 이를 때까지 더 멀리 나아가요."

연구는 철저한 비밀 속에 진행됐다. 데즈먼드 클라크와 팀 화이트의 팀이 1982년 NSF에 아르디(그리고 다른 화석들도) 발굴을 위한 자금 지원서를 쓸 때, 다음과 같은 협력을 약속했었다. "미들 아와시 팀이 수집한 화석은 특정한 사람이나 그룹이 배타적으로 소유하지 않고 과학계 전체가 이용할 수 있게 한다." 이런 접근에 대한 일정은 지정되지 않았다. 10여 년 뒤 아르디가 박물관에 도착했을 때, 팀 외의 어느 누구도 화석에 접근하지 못한다는 그들의 입장이 공고해졌다. 새로운 고고유물 관련 법이 발효되어 연구 조건이 더 까다로워지자, 발굴팀은 버티기에 들어갔다. 에티오피아 규제에 따르면 연구자들은 "모든 발견을 비밀에 부쳐야" 하며, 정보를 공개할 땐 엄격한 절차를 밟아야 했다. 허가받지 않은 유출은 연구 허가를 취소할 명분이 됐다.

발굴팀에게 일정 기간 독점권을 보호해주는 것은 관행이었다. 고된 작업 끝에 화석을 발굴한 사람들이 그 화석에 대해 기술할 첫 번째 기회를 가질 자격이 있음을 받아들인 것이다. 하지만 일관된 기준이 있는 것은 아니어서 실제로는 연구팀마다 적용이 매우 달랐다. 이는 분쟁의 불씨였다. 화석, 영토, 그리고 돈은 고인류학 분야의 원동력이기에 이것들을 놓고 경쟁이 벌어졌다. 일부 팀은 친한 동료들에게 몰래 화석을 보여주거나 특별히 접근을 허가했다. 또는 자신들의 이해를 높이기 위해 외부의 의견을 듣는 것을 높이 평가하는 경우도 있었다. 하지만 미들 아와시 팀은 모두에게 다음과 같은 똑같은 답을 했다. 미안하지만, 팀이 작업을 모두 마칠 때까지는 아무것도 밝힐 수 없다고. 화이트는 공정성을 들어 이 정책을 옹호했다.

"누군가에겐 슬쩍 보여주고 다른 사람에겐 보여주지 않는 것, 우리에게 그런 편애는 없습니다." 나중에 그는 이렇게 설명했다. "대학원생일 때 그런 경우를 봤기 때문에 지금 이렇게 단호한 겁니다. 리처드 리키는 '자기네 편'에게는 특별히 화석을 볼 수 있게 해줬어요. 네덜란드 왕세자나 스티븐 제이 굴드라면, 특별 대우를 받을 수 있었죠." 루시 시대에 조핸슨은 자신보다 먼저 논문을 내지 않겠다고 동의하는 조건으로 외부 연구자들에게 오스트랄로피테쿠스 아파렌시스 화석을 연구할 기회를 줬다. 아르디 팀은 이런 조건을 단 조사 기회를 제공하지 않았고(예외는 거의 없었다), 사실은 물론이고 그 의미까지 모두 분명히 말할 수 있기 전에는 해부학적 특징을 기술하지 않고 미뤘다. 러브조이는 이렇게 말했다. "우리는 이것이 처음 논문으로 나올 때 진실이 되게 하리라고 마음먹었어요." 다른 학자들과 기자들은 입이 무거운 아르디 팀을 "고인류학계의 맨해튼 프로젝트"라고 불렀다.

15년 동안, 아무 내용도 외부에 새어 나가지 않았다. 화이트는 팀원들에게 입조심하라고 주기적으로 일깨웠다. 한번은 수다스러운 브루스 라티머가 기자에게 아직 논문으로 쓰지 않은 화석에 대해 비밀을 누설했다가 화이트로부터 큰 질책을 당해, 동료들에게 반면교사 사례로 각인되었다. "나는 헛간에 끌려갔어요." 라티머가 말했다. "이후론 입을 다물었죠."

화이트는 옷장 크기에 불과한, 박물관의 호미니드 연구실에 틀어박혔다. 여러 주 동안 그는 하루 18시간씩 치과용 도구와 주사기, 현미경을 갖고 씨름하며 모든 뼛조각을 클리닝했다. 다른 사람이 대신 하지도 못하게 했다.

그는 세밀한 발굴을 이어갔고, 책상에는 금세 먼지가 가득해졌다. 모암을 부드럽게 하기 위해 물을 몇 방울 떨어뜨렸을 때, 화이트는 아라미스에서 우기에 일어나는 일을 가까이에서 지켜볼 수 있었다. 퇴적물이 젖어서 부풀었고, 건조해지자 다시 수축했다. 이런 일이 되풀이되면 표면 부근의 화석들이 파괴됐다. 연구실의 화학 경화제만 화석들을 온전하게 유지시킬 수 있었다. 발굴팀은 운 좋게도 화석들을 시의적절한 때에 우연히 만날 수 있었다. 표면에서 가까워 발견하기 쉬우면서도, 연약한 뼈 화석들이 망가지지 않을 정도로는 흙에 묻혀 있었다. 우기를 두어 해 더 겪었더라면 그것들은 영원히 찾을 수 없었을 것이다.

그렇다 해도, 그 화석들은 지질학적 공격을 400만 년 이상 받아온 것이었다. 대표적인 예가 골반이었다. 지표 부근에 묻혀 있었는데, 토양이 가장 심하게 부풀어 오른 곳이었다. 그 화석들의 주인공이 어떻게 움직였는지 밝혀내는 데 골반보다 더 중요한 부위는 없는데, 하필 그 부위가 가장 파손이 심했다. 포일 파우치 안에서 화이트는 자갈처럼 보이는 것들을 한 줌 모았다. 골반의 납작한 부위에서 나온 파편들이었다. "너무 심하게 부서졌다"라고 그는 노트에 적었다. "이걸 원래 모습으로 복원할 수 있을지 모르겠다." 부풀어 오른 토양은 볼기뼈 절구hip socket를 파괴했다. 검고 흰 점이 보였다. 방해석과 망간이 뼈 안에 결정화된 부분이었다. 엉치뼈는 복구가 불가능한 것으로 밝혀졌다. 화이트는 기초가 되는 이 뼈를 중시했는데, 대부분이 산산조각 나 있었다. 그는 추가 손상을 우려해 골반 클리닝을 중단했다. "더 이상 실수를 해서는 안 됐어요"라고 스콧 심프슨은 말했다. "그리고 화이트는 실수하지 않았죠."

1995년 여름이 끝날 때까지, 화이트는 최근 발굴에서 찾은 대부분의 뼈에 대한 응급조치를 끝냈다. 더 많은 화석 조각을 찾기 위해 두 번의 발굴이 추가로 이뤄질 예정이었다. 중요한 두 부위인 골반과 머리뼈는 복원에 몇 년이 더 필요했다. 하지만 새로운 단계의 질문을 제기할 필요가 있는 시점이었다. 이 뼈들이 인류 진화에 관해 무엇을 밝혀줄 것인가? 오래된 격언이 말하듯, 가장 중요한 것은 무엇을 발견하느냐가 아니라 무엇을 알아내느냐니까.

그해 여름, 러브조이는 처음으로 그 '짐승'을 직접 만났다. 그는 아디스아바바에서 팀에 합류했다. 국립박물관에서 클리닝을 마친 새 화석을 들여다보며 분석을 시작했다. 그 화석과 관련해 가장 놀라운 점은 그 존재 자체였다.

"육식동물에 물린 이빨 자국이 있나요?" 러브조이가 물었다.

"없어요." 화이트가 답했다. "육식동물은 만난 것 같지 않아요."

여러 해의 복원 끝에 마침내 화석 주인공의 전모가 드러났다. 아르디는 섰을 때 키가 1.2미터 정도였다(루시보다 약간 컸다). 뇌는 자몽 크기 정도인 300세제곱센티미터로 현생인류의 4분의 1 정도였다. 여러 면에서 비전문가들은 유인원이라 착각할 만했다. 하지만 소수의 중요한 해부학적 단서를 통해 인류 가계와의 관련성을 보여주고 있었다.

러브조이는 흙더미에서 파낸 골반뼈의 특징 하나에 유심히 주의를 기울였다. 볼기뼈 앞쪽 끝부분에 굴곡지고 튀어나온 부위인 앞아래엉덩뼈가시anterior inferior iliac spine였다. 이 해부학적 특성은 이족보행에서만 볼 수 있는 넓적다리 근육 조직을 지녔음을 시사했다. 이 특징만 생각한다면 "절대적으로, 독특한 호미니드"라고 러브조이는 선언했다.

"이 뼈는 루시와 매우 비슷한 특성을 가졌어요. 그대로 루시 골반에 이어도 될 정도로." 러브조이가 말했다.

하지만 여전히 마주 볼 수 있는 발가락은 나무 위 생활의 분명한 증거였다.

1980년대의 지난한 보행 논쟁 과정에서 학자들은 마주 볼 수 있는 엄지발가락 없이 나무 위에서 생활할 수 있는지에 대해 격렬하게 논쟁했다. 아르디는 이런 의문을 뒤집었다. 마주 볼 수 있는 발가락을 지녔는데 이족보행이 가능할까?

더 혼란스러워졌을 뿐이었다. 인류의 엄지발가락은 다른 발가락보다 훨씬 튼튼하다. 땅을 박차고 나갈 때 마지막 힘을 받기 때문이다. 아르디는 둘째 발가락이 튼튼했다. 쥐는 엄지발가락은 옆으로 튀어나와 있고, 둘째 발가락이 발끝을 떼는 동작을 사실상 수행했다. (우리 손이 아르디의 발이라고 상상하면 된다. 엄지손가락이 옆으로 나와 있고, 집게손가락이 미는 동작 마지막에 하중을 감당하는 것이다.) 아르디는 해부학의 집합체 같은 존재였다. 침팬지처럼 마주 볼 수 있는 엄지발가락을 지녔고, 초창기 이족보행의 특성인 평평한 발도 지녔다. 손은 크고 손가락은 나무 위 생활을 하는 수상 유인원처럼 구부러져 있었다. 골반은 인류와 비슷한 이족보행의 해부학적 특성을 암시하고 있었다. 어떤 비밀이 얼마나 더 남았는지 알 수 없었다. 그리스 신화에서, 키메라는 각각 다른 동물에서 유래한 다양한 특성들이 서로 어울리지 않게 조합된 생명체였다. 머리는 사자, 몸은 염소, 꼬리는 뱀이었다. 아르디는 유인원계의 키메라 같았다. 낯선 조합으로 각 부위가 뒤죽박죽 합쳐져 있었다. 〈내셔널 지오그래픽〉과의 인터뷰에서, 화이트는 다른 연구자들을 감질나게 할 정보를 언급했다. "아르디처럼 걷는 존재를 찾고 싶다면, 〈스타워즈〉에 나오는 술집에 가보는 게 나을지도 몰라요."

1995년 여름 어느 날, 화이트는 박물관의 캐스트 테크니션 주변을 기웃거리고 있었다. 알레무 아데마수는 에티오피아에서 나온 모든 인류 조상 화석의 복제본을 만드는 능력을 인정받고 있었다. 베르하네의 지도를 받았으며, 캘리포니아대학 버클리 캠퍼스와 클리블랜드 자연사박물관에서 경험을 쌓으며 많은 파렌지(외국인)를 도왔지만, 그의 어깨 너머로 다가오는 사람보다 그의 도움이 더 필요한 사람은 없었다.

그때 알레무는 골반뼈 화석의 복제본을 만들고 있었다. 전화가 울렸고, 화이트는 화석 캐스트 연구실까지 연락해 구체적인 내용을 알려달라고 압박하는 기자에게 간략히 설명했다. "라미두스는 아직 작업할 게 많이 남았어요."

화이트가 전화를 끊고는 투덜거렸다. "모두가 당신이 만들고 있는 골반에 대해 궁금해하고 있어요. 세상 모두가 골반을 알고 싶어 한다고요."

Photograph © 1995 David L. Brill

캐스트 테크니션 알레무 아데마수가 1995년 여름, 아르디피테쿠스의 치아 복제본을 만들고 있다. 그를 가장 필요로 하는 고객인 화이트가 작업물을 유심히 바라보고 있다.

그 전화는 아르디의 발꿈치까지 바싹 추격한 다른 연구팀의 발견 때문에 걸려온 것이었다. 케냐의 리키 팀이 이족보행 흔적을 발견했는데, 그들은 그 걸음의 주인공이 루시의 조상에 더 가깝다고 주장하고 있었다.

새로운 발견은 대지구대에서 남서쪽으로 900킬로미터 정도 떨어진 곳에서 이루어졌다. 오모강은 에티오피아에서 케냐로 흘러 투르카나 호수로 들어간다. 이 호수는 광대한 계곡의 가장 아래 지역에 자리잡고 있으며 바다로 물이 빠져나가는 길은 없다. 아파르 저지대처럼, 투르카나 분지도 거대한 침전 지형을 형성했다. 리처드 리키는 1960~1970년대에 이 지역을 국제적으로 유망한 곳으로 부각시켰지만, 과학적 논쟁과 케냐 정치의 문턱을 넘지 못하고 주저앉았다(최악의 상황은 비판자가 이런 제목의 책을 냈을 때였다. 《리처드 E. 리키: 사기의 달인》). 리처드 리키의 아내인 동물학자 미브 리키는 가족의 탐사를 이어받아 에티오피아의 동료들과 같은 임무, 그러니까 인류 가계의 가장 오래된 흔적을 찾는 임무를 수행했다. 투르카나 호수 주변에서는 마이오세 후기 및 플라이오세 전기와 관련한 유망한 발굴이 몇 건 있었다. 1960년대에는 미국 하버드대학 인류학자 브라이언 패터슨이 위팔뼈와 아래턱뼈 화석 일부를 발굴했다. 하지만 그것들은 파편화돼 있었고 연대가 불분명했다. 1994년과 1995년에는 리키 일가 팀이 같은 지역에서 턱뼈와 치아, 그리고 이족보행 특성을 갖춘 정강뼈를 발굴했다. 루시보다 오래된 인류 조상의 화석이었다. 미브 리키는 에티오피아 박물관을 방문해 자신이 새로 발굴한 화석과 아르디 팀이 새롭게 발견한 라미두스 치아를 비교해봤다(이것은 아르디 팀이 논문으로 발표하지 않은 화석을 보여준 매우 드문 사례인데, 각 팀은 어떻게든 서로 관련이 있기 때문이었다). 미브 리키와 화이트는 두 종이 다르다는 데 의견을 같이했다.

리키 일가는 아파렌시스를 약 400만~300만 년 전 인류 진화의 주요한 계통으로 묘사하는 화이트와 조핸슨의 인류 가계도에 반대했다. "모든 사람이 아파렌시스가 이후에 등장한 모든 종의 공통 조상이라고 가정하고 있었어요." 미브 리키가 말했다. "난 항상 그건 완전히 말도 안 되는 소리라고 했죠." 미브 리키는 아파렌시스와는 다른 무언가를 찾기 위해 발굴을 시작했지만, 루시 종의 생존 기간을 더 길게 만들 뿐이었다.

1995년 8월, 미브 리키와 발굴팀은 새로운 종인 오스트랄로피테쿠스 아나멘시스*Australopithecus anamensis*를 발표했다. 400만 년 전 인류로 오스트랄로피테쿠스속 인류 가운데 가장 오래된 종이라고 이 팀은 주장했다. 또한 인류 계통에서 가장 먼저 이족보행을 한 종이라고도 했다. 이어 여러 해에 걸쳐 화석이 추가로 발견되고 과학계의 합의가 이뤄지면서, 아나멘시스는 루시가 속한 아파렌시스의 조상으로 여겨지게 됐다.

〈내셔널 지오그래픽〉에서 미브 리키는 자신이 발굴한 새 화석에 대해 다음과 같이 단언했다. "이 새 화석이 루시의 조상을 대표하고, 아르디피테쿠스는 인류 가계도에서 다른 가지에 존재할 것이다. 여러 호미니드 종이 이 초기 단계에 진화했을 것이다." 케냐에서 이루어진 이 새 발견에 주목한 일부 사람들은, 에티오피아에서 새롭게 발견된 종이 원시 침팬지거나 아니면 가계도에서 대가 끊긴 종일 수 있다는 의혹을 제기했다. 미국 뉴욕 자연사박물관의 이언 태터솔은 기사에서 이렇게 말했다. "라미두스가 이후 인류 종들의 직접적 조상이라는 라미두스 연구진 측의 주장은 크게 약화됐다." 돈 조핸슨은 외견상 라미두스로 보이는 종이 "후대 호미니드가 아닌 유인원의 조상일 수 있다"고 말했다. 만약 세계가 아르디의 크나큰 비밀인 유인원스러운 발가락에 대해 알게 된다면, 이런 의혹은 훨씬 더 심각하게 받아들여질 터였다.

하지만 아르디 팀에게는 또 다른 비밀이 있었다. 리키 팀이 막 발표한 것과 똑같은 아나멘시스 종을 그들이 이미 발굴한 것이다. 그것도 리키 팀이 발굴한 곳보다 더 후대의 지층에서 말이다.

그들의 발견은 익숙한 패턴을 따랐다. 알레마예후 아스포가 돌아다니다가 뭔가 특이한 것을 발견했다. 1994년 발굴 시즌 초기였다. 알레마예후는 위턱뼈 조각 두 개를 아라미스 근처 다른 지역에서 찾았다. 발굴팀은 그 화석을 바로 수집했지만, 이어 아르디 화석이 잭팟을 터뜨리면서 관심에서 멀어졌다. 나중에야 그들은 알레마예후가 발견한 위턱뼈가 리키 팀이 투르카나 분지에서 발견한 바로 그 종이라는 사실을 알았다. 알레마예후의 턱뼈는 아르디가 발견된 지층보다 약 80미터 위에서 발견됐고, 대강 20만 년 뒤의 연대였다. 이후 2년여에 걸쳐 미들 아와시 팀은 더 많은 아나멘시스 화석을 발굴했다(여기에는 약 10킬로미터 떨어진, 아사 이시에Asa Issie라는 지역에서 발굴한 최소 여덟 개체의 아나멘시스 화석 서른 개가 포함돼 있었다). 이 후대 화석종은 아르디와 달랐는데, 송곳니가 작고 어금니는 강인했다. 이는 오스트랄로피테쿠스속의 전형적인 특징이었다. 리키 팀은 오스트랄로피테쿠스 아나멘시스가 아르디피테쿠스 라미두스와는 관련 없는 또 다른 계통이라고 주장했다. 하지만 아르디 팀은 이렇게 다양한 종이 당시 동시에 존재했다는 증거를 발견할 수 없었다. 미들 아와시에서 오래된 종들은 갑작스럽게 나중의 종에게 자리를 넘겼다. 시간이 흐르면서 한 종이 다른 종으로 진화했다는 사실을 뒷받침하는 증거였다.

정말로 한 종이 다른 종으로 진화했을까? 두 호미니드 종 사이의 지층에서 답을 찾을 수 있다면 가장 좋을 것이었다. 하지만 안타깝게도 그 중간에 낀 시기에 아와시 계곡의 호수가 크게 넘치며 홍수가 나서, 두 호미니드가 나온 층 사이의 지층에서 발견된 화석은 물고기밖에 없었다.

아르디 팀은 가능성 있는 두 가지 설명을 생각해냈다. 하나는 종이 연속적 혈통으로 이어졌다는 것. 아르디가 속한 종이 오스트랄로피테쿠스 아나멘시스와 그 이후의 모든 오스트랄로피테쿠스를 낳았다는 내용이다. 두 번째 시나리오는 종의 분기가 있었다는 것. 아르디피테쿠스속의 초기 집단 일부 또는 가까운 친척 종이 분기해 오스트랄로피테쿠스로 진화했다는 내용이다. 비평가들은 나중에 아르디 팀이 싫어하는 세 번째 선택지를 추가했다. 아르디피테쿠스는 오스트랄로피테쿠스나 현생인류와 관련 없는, 대가 끊긴 계통이라는 것이었다.

하지만 아르디 팀은 세 번째는 가능성이 없다고 생각했다. 그들의 판단으로는, 다이아몬드 모양 송곳니 및 인간과 비슷한 하체의 해부학적 특성은 아르디가 인류 계통에 속했음을 증명하고 있었다. 만약 직접적 조상이 아니라면 최소한 침팬지와 인류 분기 이후 인류 쪽에 속할 것이었다. 초창기 언론 인터뷰에서, 화이트는 세 종이 전부 시간의 흐름에 따라 진화한 단일 계통이라고 주장했다. ("화석 기록에 진화가 반영된 또 하나의 좋은 사례"라고 화이트는 1995년 어느 인터뷰에서 말했다. "아나멘시스는 라미두스와 아파렌시스 사이의 완벽한 중간 과정 같다.") 후에 발굴팀은 단일 계통 이론을 좀 완화하면서 라미두스가 분리된 계통일 가능성을 인정했다. 하지만 인류 가계의 일원이라고 밝혔다.

화석 순서가 인류의 초기 화석을 찾는 모든 발굴팀을 오랫동안 괴롭혀온 미스터리에 빛을 비춰줬다. 왜 400만 년 전에는 인류 조상이 드물었고 이후에는 점점 많아지는가? 미들 아와시 팀은 답을 생태학적 탈주에서 찾았다.

그들의 이론은 이런 식이었다. 인류 가계의 초기 구성원은 좁은 서식지에 갇혀 있었다. 아르디 같은 종은 나무에서 내려올 수 있었지만 완전히 나무를 떠날 수는 없었다. 400만 년 전 무렵 오스트랄로피테쿠스는 생태 영역을 더 넓혔고, 쥘 수 있는 발가락을 버리고 인류 최초로 완전한 이족보행을 하는 존재가 됐다. 당연히, 오스트랄로피테쿠스는 강력한 팔과 구부러진 손가락을 여전히 지니고 있었고 후대에 이족보행을 한 인류보다 나무 위 생활에 더 익숙했다. 하지만 자연선택이 지상에서의 삶 쪽으로 압력을 가하고 있었다. 오스트랄로피테쿠스는 크고 두꺼운 에나멜 층을 형성하고 있는 어금니가 두드러졌고, 더 개방된 서식지에서 나는 거친 먹을거리를 먹을 수 있게 적응했다. (이렇게 커다란 어금니는 호모속이 등장한 뒤에야 다시 작아졌다. 이런 변화에 대해 일부에서는 석기의 출현이 영향을 미쳤을 것이라고 본다.) 루시가 속한 종은 인류 가계 최초의 '잡초 종weed species'을 대표하는데, 아프리카 전역에서 여러 번 등장했다는 뜻이다. 오스트랄로피테쿠스는 거의 300만 년간 지속되며 동부 및 중부, 남부 아프리카에 퍼진 속으로, 여러 종을 포함하고 있었다. 250만 년 전에, 인류 조상은 최소 두 개(그리고 아마 그 이상) 계통이 존재했다. 한 그룹은 어금니를 발달시켰다. 호두까기 인형 같은 턱을 지닌 파란트로푸스*Paranthropus*가 대표적인 예다. 보다 연약한 또 다른 그룹은 호모속 조상으로 널리 받아들여지고 있다. 물론 일부 학자들은 종의 분화가 훨씬 더 많이 이뤄졌다고 주장하며, 오스트랄로피테쿠스를 "쓰레기통" 속genus이라고 설명한다. 생물학적 다양성을 덮어버릴 정도로 범위가 넓은 범주를 포함하고 있다는 뜻이다. 이 논쟁은 잠시 덮어두자. 핵심은 **무엇인가가**, 한때 존재했던 희귀한 이족보행 유인원을 아프리카 전역에 걸쳐 늘어나게 했다는 것이다. 인류 가계도는, 최소한 유인원의 기준에서는 더 코즈모폴리턴적이 됐다. 약 200만 년 전부터 호모속이 아프리카에 등장해 유럽과 아시아로 퍼졌고 지구 전역의 대륙을 점령했다. 마지막까지 생존한 종인 호모 사피엔스는 모든 서식지를 차지했을 뿐만 아니라, 지구 환경 전체를 **뒤바꾸고** 지구 너머까지 탐사했다. 그러는 동안, 다른 거대 유인원들은 좁은 생태계 틈에 갇힌 채 멸종을 향해 서서히 나아갔다.

이 장대한 드라마는 나무 아래 똑바로 서 있는, 이족보행을 하는 본원적인 존재에서 시작된다. 아르디는 특유의 걸음걸이로, 인류 가계도 전체와 관련된 격렬한 논쟁 속으로 걸어 들어갔다.

14장

나무와 덤불

생명의 나무는 진화를 상징하는 오랜 메타포이기도 하고, 논란의 불쏘시개이기도 하다. 미들 아와시 팀의 주장처럼, 인류 가계도는 잔가지가 별로 없는 나무 형태일까? 아니면 많은 종을 낳았지만, 그 대부분은 멸종하게 된 것일까? 논쟁은 병합파lumper와 세분파splitter라는, 상반된 견해를 지닌 두 진영 사이의 대결이 됐다.

논쟁 대부분은 아직 과학이 '종'을 어떻게 정의해야 할지 잘 모른다는 사실에서 기인했다. 모두가 종이 동물학의 기본단위라는 사실에는 동의한다. 하지만 종이 실제로 의미하는 바로 넘어가면 합의가 좀처럼 쉽지 않다. 통용되는 정의가 스무 가지가 넘는다. 가장 흔한 정의는 1942년 에른스트 마이어가 제시한 "생물학적 종 개념"이다. 종은 번식이 가능한 풀pool, 또는 서로 짝짓기할 수 있는 집단의 총합이라는 정의다. 하지만 오랫동안 믿어져온 이 정의에도 결함이 있다. 서로 다른 종이지만 짝짓기를 통해 생식이 가능하거나 불가능한 자손을 낳는 경우가 일부 있다. 얼룩말과 당나귀가 짝짓기하면 종키zonkey가 태어나고, 사자와 호랑이가 짝짓기하면 라이거가 태어난다. 북미에서는 유전자 분석을 통해 붉은늑대red wolf가 회색늑대와 코요테의 잡종임을 밝혀내기도 했다. 종 분화의 가장 유명한 사례인 다윈의 핀치는 자주 종을 뛰어넘는 짝짓기가 일어나는 종이다. (사실 조류의 9퍼센트는 야생에서 종간 짝짓기를 하는 것으로 알려져 있고, 일부 계통은 1000만 년에 걸쳐 종간 짝짓기가 일어나고 있다.) 화석종은 분류가 더 어렵다. 생물학적 시료가 모두 화석화되어 유전자 분석이 어렵기 때문이다. 과학자들은 이전에 어떤 짝짓기 풀이 있었으며 조상은 누구였을지 추측만 할 수 있다. 화석 파편을 토대로 실제 종을 추측할 수 있는 사람이 누가 있을까? 어떻게 조상과 후손을 알아내고, 진화하는 계통을 종으로 갈라낼 수 있을까? 이는 화석의 해석적 접근에 관한 논쟁이었다.

생물학적 분류는 진화에 대해 전혀 모를 때 발명된 개념이다. 근대 분류학 체계는 스웨덴 식물학사 칼 린네가 18세기에 확립했다(그는 "*Homo sapiens*"처럼 속 이름을 대문자로 쓰고 다음에 종 이름을 소문자로 쓰는 학명 체계를 발명했다). 종을 정의하면서, 린네는 그리스 철학에서 두 가지 개념을 빌렸다. 하나는 플라톤의 이데아 개념이고, 다른 하나는 아리스토텔레스의 본질 개념이다. 이것들은 실체를 정의하는 특징을 의미한다. 이런 개념들이 전체 종의 대표 개체를 의미하는 모식표본에 남아 있다. 이런 좁은 정의는 실제 살아 있는 종을 대상으로 적용하기에는 문제가 있다(어떤 개인이 전체 인류를 포괄할 수 있겠는가). 심지어 오랜 시간에 걸쳐 진화하는 종에게는 더욱 문제가 많다.

'종'과 가계도의 형태에 대한 논쟁은 고인류학계를 괴롭혔다. 이 분야는 20세기 중반부터 현대 과학의 영역에 들어섰다. 1950년이 분수령이었다. 그때 이후 진화론은 과학계에서 광범위하게 받아들여졌다. 하지만 **어떻게** 진화가 일어나는가라는 메커니즘에 대한 합의는 천천히 이루어졌다. (자연선택이라는 다윈의 이론은 진화에 대한 그의 일반적인 개념을 다 담고 있지는 않았다.) 유전학자들은 유전 형질을 이해하기 시작했고, 집단유전학의 창시자들은 통계적 방법론을 사용해 어떻게 유리한 유전자가 퍼질 수 있는지를 보였다. 이 분야 덕분에 다윈주의 자연선택을 설명할 수 있는 메커니즘이 마련됐고, 유전학과 진화학의 결합은 "현대적 종합modern synthesis"이라는 새 패러다임을 낳았다. 이런 종합은 "서로 짝짓기할 수 있는 매우 다양한 개체로 이루어진 풀"이라는 마이어의 종 정의를 포용했다.

처음에 고생물학자들 및 인류학자들은 이런 새로운 사상을 완강히 무시했다. 종은 좋든 싫든 이제 과학 연구에서 별로 특별할 게 없는 존재가 됐다. 많은 인류학자들은 유형학에 익숙했다. 개별 화석을 상이한 분류("유형type")에 따라 구분하는 접근법이다. 유형학자들은 각 표본을 별도의 종으로 분류한다. 베이징인Peking Man, 자바인Java Man, 브로큰힐인Broken Hill Man, 크로마뇽인Cro-Magnon Man 등이 그런 화석 기록에 포함된다. 반대로 집단유전학자들은 이 화석들을 넓은 분류군 안에 존재하는 다양한 변주로 이해한다. 1950년까지 인류 계통분류학은 약 30개의 속, 100개 이상의 종이 저마다 그럴듯한 이름을 내걸고 있어 혼란스러운 상태였다. 당시는 화석이 지금보다 드문드문하게 존재했음에도 불구하고 그랬다. 진화생물학자 테오도시우스 도브잔스키는 "종 이름의 남용 때문에 이 매력적인 분야가 다른 생물학자들에게 혼란스럽게 보이게 됐다"고 한탄했다.

1950년에 뛰어난 생물학자들과 고생물학자들이 롱아일랜드 북쪽 해변에 위치한 콜드스프링하버연구소에 모여 "화석인류"라고 불리는 그 혼란스러운 존재들에 대해 토론했다. 너무 무성하게 자라버린 숲에서 가지를 치는 임무가 에른스트 마이어에게 주어졌다. 조류 생물학자로 종의 현대적 정의를 만든 그가 이제는 인류 가계도에 종 개념 적용을 시도하게 된 것이다. 마이어는 모든 인류 조상을 호모속의 세 종에 배치하고는 "다양한 지질학적 분포를 고려하면 어느 한 시기에 한 종 이상의 인류는 절대 살지 못했다"고 선언했다. 나중에 마이어는 자신이 지나치게 한꺼번에 종을 병합한 것은 "순간적으로 지나친 단순화"에 빠진 결과라고 밝히고, 오스트랄로피테쿠스는 좀 더 가냘픈 체구의 호모 계통과 공존한 분리된 계통이라고 인정했다. 기본적으로 Y자 모양 가계도에 힘을 실어주는 결과였다. 하지만 그는 두 계통 이상은 인정하지 않았고, 이 같은 분류는 이후 20여 년에 걸쳐 인류학계를 지배했다. 왜 인류 조상은 다른 포유류처럼 활발히 새로운 종으로 분화하지 않았을까? 마이어는 "특정 분야에 특화되지 않는 데에 특화됐기 때문"이라고 추정했다. 다시 말해 인류 조상은 많은 환경에 적응할 수 있는 **제너럴리스트**였다는 것이다. 반대로, **스페셜리스트**는 좁은 생태적 지위ecological niche를 차지하며 다양한 종으로 더 잘 분화되는 경향을 보인다.

이 논쟁에는 현대사도 영향을 미쳤다. 제2차 세계대전이 일어나고 나치즘에 대한 공포가 부상했다. 생물학자들은 옛 '인종인류학racial anthropology'과, 그것이 고착화한 민족ethnic group('인종 집단'으로도 번역되지만 이에 해당하는 정확한 한국어는 없다. 공통된 문화 등을 공유하는 집단에도 널리 쓰이며 현대 생명과학, 집단유전학 등에서는 특정 인구집단을 지칭할 때 생물학적 인종 개념 대신 이 개념을 쓰기도 한다-옮긴이) 및 인종 사이의 생물학적 차이라는 개념에 대해 반발했다. 전후 시대에, 생물학자들은 인류에 대해 보다 포용적인 관점을 갖게 됐다. 현재 인류와 과거 인류 모두에게 말이다.

콜드스프링하버 콘퍼런스에 모인 생물학자들 역시 고인류학을 현대적 종합 관점으로 끌어들였다. 평생 유인원과 원숭이를 연구해온 해부학자 아돌프 슐츠 존스홉킨스대학 교수는, 오늘날의 종은 다양한 개체와 여러 지역에 분포하는 인구집단을 포괄하는 큰 범주라고 주장했다. 고생물학자 조지 게이로드 심프슨은 이 같은 아이디어를 진화적 관점으로 확장했다. 시간이 지나면서 종이 계통lineages으로 진화한다는 것이다. 종이 동물학의 기본단위이듯, 계통은 진화의 핵심이다. 심프슨은 미국 서부 출신의 고집쟁이 고생물학자로 포유류 진화에 관한 중요한 지식을 섭렵한, 넓은 시야를 갖춘 그 시대의 탁월한 분류학자였다. 그는 현대 고생물학 정초에 누구보다 기여했으며, 나중에 그와 정면으로 충돌한 비판자들조차 실은 그의 어깨 위에 서서 비판한 것이었다. 심프슨은 진화의 세 가지 방법을 구분했다. '종 분화speciation'(분화 사건), '계통 진화phyletic evolution'(계통 안에서의 점진적 변화), 그리고 '양자 진화quantum evolution'(갑작스러운 '폭발적' 점프). 그는 계통 안에서의 느린 변화인 계통 진화가 진화를 이끄는 주요한 힘이라고 생각했다. 현대적 종합을 구축한 다른 설계자들처럼, 심프슨 역시 인류 계통은 생명의 나무에 나 있는 초라한 가지 한 줄기에 불과하다고 봤다. 그는 나중에 이를 "오히려 하나의 집단 안에서 일어난 진보"라고 설명했다.

종을 덩어리로 생각하는 직선적인 사고방식이 새로운 신조가 됐다. 가계도에 넘쳐나던 이름들 대신 오스트랄로피테쿠스와 호모라는 단 두 개의 가지만 자리를 잡았고, 논쟁은 어떻게 오스트랄로피테쿠스가 호모속으로 진화했는지에 대한 것으로 좁혀졌다. 인류 진화는 유인원에서 인류로, 잔가지 없는 하나의 큰 줄기를 따라 점진적으로 변화한 것으로 설명됐다. 콜드스프링하버 콘퍼런스는 신종 이름 붙이기라는 오랜 열망에 찬물을 끼얹었고, 이 같은 보수적인 접근법은 아프리카 화석 발굴 경쟁의 첫 수십 년을 지배했다. 현대 고인류학의 아버지 F. 클라크 하월은 젊은 학자 시절에 그 콘퍼런스에 참석해 교훈을 가슴에 새겼다. 그의 책《얼리 맨》에는 "진보의 행진"이라 불리는 일러스트가 포함돼 있다. 주먹을 땅에 대고 걷는 너클보행 유인원부터 현생인류까지 늘어선 그림으로, 인류 계보를 직선적으로 바라보는 관점의 상징이 됐다. 리처드 리키는 케냐에서의 모든 발굴 성과에도 불구하고 화석에 한 번도 신종 이름을 붙인 적이 없고 박물관 번호와 별명만 붙였다. 이런 보수적인 분위기 때문에 루시의 등장은 특히 더 극적으로 느껴졌다. 루시가 속한 종인 오스트랄로피테쿠스 아파렌시스는 14년 만에 처음으로 새롭게 등장한 인류 조상 이름이었다.

1970년대까지, 현대적 종합의 직선적 관점은 두 측면에서 공격을 받았다. 하나는 종의 분화를 강조하는 이론적 변화였다. 심프슨의 계통 개념은 전문가들이 조상과 후손을 알아볼 수 있다는 가정에 근거하고 있었다. 하지만 회의적인 질문이 제기되기 시작했다. 과연 뼈의 형태만 보고 어떤 화석종 조상이 어떤 후손을 낳았는지를 알 수 있을까? 비판자들은 심프슨의 접근법을 '비과학적'이라고 비난했다. 객관적으로 시험할 수 있는 가설이 아니라 주관적인 판단에 기대고 있다는 이유였다.

독일 곤충 연구자 이야기로 들어가보자. 곤충학자 빌리 헤니히는 진화적 관계를 **공유하는 파생 형질**, 그러니까 잠재적 공통 조상의 후손들이 공유하는 해부학적 특징을 바탕으로 재구성할 수 있는 더 객관적인 접근법을 개발했다. 그의 방법은 독특하고 새로운 특징 등장을 근거로 종 사이의 관계를 논리적으로 추론하고자 했다(예를 들어 척추동물에서 척추의 등장, 유인원에서 꼬리의 사라짐, 기타 더 세밀한 수준의 해부학적 특징들). 사실 고생물학자들은 이미 이런 접근법을 오랫동안 사용해왔는데, 헤니히는 이를 더 정식화했다. 이는 순수주의자purist들에게 매우 설득력 있었다. 이 새 방법론은 '분기학cladistics'으로, 이를 따르는 사람들은 '분기학자'로 알려졌다(분기학이라는 명칭은 관련된 분류군과 그 공통 조상을 의미하는 '분기군clade'에서 유래했다). 엄격한 분기학자들은 특정 조상과 후손 사이를 선으로 연결시키지 않음으로써 누가 누구를 낳았는지 따지는 논쟁에서 비켜섰다. 그들이 보기에, 그건 알 수 없는 문제였다. 대신 그들은 가설상의 조상을 공유하는 후손인 '자매군sister taxa'을 생각해냈다. 뉴욕 자연사박물관의 어류 고생물학자인 개러스 넬슨은 그들의 태도를 이렇게 정리했다. "화석 기록을 통해 조상을 찾는 것은 정직한 사람을 찾는 것과 비슷하다. 이론적으로는 분명 존재하지만 실제로 찾는 것은, 안타깝지만 완전히 다른 문제다." 분기학은 한 인류 조상을 다른 인류 조상으로 직선적으로 연결하는 방식 대신, 모든 종을 끝이 끊어진 가지에서 갈라져 나온, 빗과 비슷한 모양의 도식으로 묘사했다.

현대적 종합에 대한 두 번째 공격은 진화의 속도에 의문을 제기했다. 현대적 종합을 따르는 생물학자들은 대부분의 진화론적 변화가 점진적으로 일어난다고 가정했다. 하지만 이는 화석 기록과 일치하지 않았다. 화석 기록은 느닷없이 등장했다 사라지는 것처럼 보였기 때문이다. 왜 하나의 계통에 속하는 화석들이 연속적인 변화를 보여주지 않을까? 다윈은 생명의 책에 잃어버린 페이지가 있다고 주장했다. "지질학적 기록은 매우 불완전하다. 이 사실은 멸종 생물과 현존 생물 모두를 매우 미세한 단계로 연결시키는, 끝없이 계속되는 변종들을 우리가 찾지 못하는 이유를 상당 부분 설명해준다." 하지만 1970년대 초반에, 한 새로운 학파가 반대 관점을 취했다. 고생물학자 스티븐 제이 굴드와 나일스 엘드리지는 화석 기록이 실제로 지구상의 생명에 대해 충실한 설명을 제공했다며, 진화는 정말로 한 챕터에서 다음 챕터로 갑자기 점프하는 것이라고 했다. 굴드와 엘드리지는 점진적인 진화는 생명의 다양성을 설명하는 데 충분하지 않다고 주장했다. 마르크스주의자로 자란 굴드는 서양 과학자들이 점진주의를 선호하는 경향이 있다고 믿었다. 그게 부르주아 계급이 이해하는 진보의 개념과 잘 어울리기 때문이다. 굴드와 엘드리지에게, 진화는 혁명에 따른 결과였다. 오랫동안 정체된 상태가 유지되다 갑자기 폭발하듯 일어나는 종 분화라는 혁명 말이다. 그들의 이론은 곧 "단속 평형punctuated equilibrium"이라고 불리게 됐다.

하버드대학 교수인 굴드는 많은 작품을 쓰는 뛰어난 에세이스트로서, 종 분화라는 아이디어를 옹호하며 인류를 그 전형적 사례로 언급했다. 1976년, 그는 유명한 선언을 했다. "우리는 그저 한때 울창했던 덤불에서 유일하게 살아남은 가지에 불과하다." 굴드의 이 비유가 칡덩굴처럼 퍼지면서 종 분화 개념이 재유행하게 되었고, 인류 가계도는 다시 덤불처럼 그려지기 시작했다.

밝혀진 대로, 아르디피테쿠스 라미두스는 인류 가계에 새롭게 포함된 존재들 가운데 첫 번째 인류가 됐다. 2000년대로 들어서면서 다른 친척들이 약 400만~300만 년 전에 살던 루시 곁에 등장했다. 케냐에서 발굴된 케냔트로푸스 플라티오프스*Kenyanthropus platyops*, 차드에서 발굴된 오스트랄로피테쿠스 바렐가잘리*Australopithecus bahrelghazali*, 남아프리카에서 발굴된 오스트랄로피테쿠스 프로메테우스*Australopithecus prometheus* 등이다. 그리고 나중에 더 많은 종이 추가됐다. 인류 가계도의 일부 새 가지들은 허무맹랑해 보이기도 했는데 2004년에 발굴된, 일명 '호빗'인 호모 플로레시엔시스*Homo floresiensis*가 그렇다. 인도네시아에서 약 1만 8000년 전까지 현생인류와 공존했던 작은 종이다(호모 플로레시엔시스의 마지막 생존 연대는 2016년 연구에서 약 5만 년 전으로 정정됐다-옮긴이). 이상한 인류가 많아질수록 인류의 가계도는 '진보의 행진'과는 다른 모습이 되어 기이한 사람들로 가득한 쇼처럼 보였다. 2002년까지 굴드는 병합파를 비주류로 밀어내며 다음과 같이 말했다. "이 분야를 주도하는 전문가 가운데 호미니드의 활발한 종 분화 개념이 인류 계통학에서 일어나는 핵심적인 현상이라는 사실을 부정하는 사람은 없다고 본다."

실은 한 명의 주도적 전문가는 이런 의견에 반대했다. 바로 팀 화이트였다. 성공한 화석 발굴 전문가로서 그는 어느 세분파보다 더 많이 인류 조상에 이름을 붙였다. 하지만 그는 뼛속까지 병합파였다. 마이어와 슐츠, 그리고 심프슨의 아들이었던 셈이다. 그는 자신이 "콜드스프링하버의 유령"이라고 부르는 것에 계속 시달렸다. 그가 기본적으로 가정하는 것은, 동시대에 나온 두 호미니드는 그렇지 않다는 증거가 나오기 전까지는 같은 분류군에 속한다는 것이었다. 그는 '종'이 다양한 변이를 허용하는 커다란 그릇이라고 생각했다(어느 한 시점이든, 그 계통이 진화하며 거친 시간 전체든 말이다). 현장 연구자로서, 화이트는 기반암이 필요했다. 새로운 발견이 이루어질 때마다 뒤집어지는 것이 아닌, 부동의 분류학 체계 말이다. 그는 가계도의 외견상 뿌리와 줄기 모두에 이름을 붙인 사람으로서, 다른 곳에서 발견된 화석들이 모두 같은 분류군에 속하는 변이에 불과하다는 보수적인 해석을 지지했다. 그는 예전에 콜드스프링하버 콘퍼런스에서 있었던 비판에 동조했다. 즉 세분파는 종 안의 평범한 다양성을 보고 다른 종으로 오해해 새로운 이름을 붙이고, 그 각각을 별도의 계통이라고 가정한다는 것이다. 화이트는 그것을 "유령 계통ghost lineage"이라고 불렀다. 그는 가지가 많은 가계도를 학계의 일시적 유행이라며 배척했고, 커리어에 도움이 될 것을 기대하고 쓸모없는 종을 발표하는 동료들을 욕했다. 어쨌든 인류 계통의 신종 발견은 국제적인 뉴스가 되어 〈사이언스〉나 〈네이처〉 같은 주요 학술지에서 크게 다뤄졌지만, 이미 알려진 분류군의 다른 표본은 결국 잊혀졌다.

"우리 인류의 가계도는 크레오소트 관목보다는 사구아로 선인장과 더 닮았다"라고 화이트는 적었다.

화이트와 미들 아와시 팀 같은 전통주의자들에게, 화석 기록은 적응에 대한 스토리다. 아르디피테쿠스에서 오스트랄로피테쿠스를 거쳐 호모속에 이르는 연속적인 변화다. 세분파와 분기학자들은 이런 이야기를 믿지 않는다. 그들은 화석 기록을 보며 종의 폭발적인 등장을 읽는다. 이 관점에서는 화석들은 뿌리가 얽혀 있고 각기 독자적인 역사를 지니고 있으며 통일된 주제란 것은 없다. 그리고 한 시대에서 나온 화석이 동일한 진화적 스토리에 속하고, 다른 시대 화석은 다른 스토리를 지닌다는 사실을 믿지 않는다.

팀 화이트가 병합파의 모식표본이라면, 이언 태터솔은 세분파의 모식표본이다. 태터솔은 뉴욕 자연사박물관의 인류학 큐레이터였다. 키가 크고 턱수염을 기른 이 영국인은 스웨터와 블레이저를 자주 입었고, 박식한 태도로 말했다. 그의 연구실에는 입 언저리가 크고 두터운 눈썹 능선을 가진, 멸종한 인류 마네킹 머리가 줄 지어 서 있었다. 일렬로 늘어선 그 머리들은 와인 병 보관 선반을 쳐다보고 있었다(그는 와인에 조예가 깊었다. 인류 진화에 관해 스무 권이 넘는 책을 쓴 뒤 와인의 자연사로 집필 영역을 넓혔다).

맨해튼 센트럴파크 서쪽에 자리잡은 뉴욕 자연사박물관은 역사적으로 가지가 많은 나무 형태의 가계도를 지지하는 진영의 보루였다. 태터솔은 1971년 이 박물관에 왔는데, 당시는 분기학자로 가득하다 균형을 찾아가던 때였다. 케임브리지대학과 예일대학에서 공부한 태터솔은 현대적 종합의 직선적인 진화 관점에서 그의 학창 시절을 돌아봤다. 젊은 시절 자신의 천진난만함을 이해할 수 없다는 듯이. 그는 5000만 년간 마다가스카르에서 고립된 영장류인 여우원숭이를 연구했다. 여우원숭이는 그 기간 동안 쥐부터 고릴라 크기에 이르는 매우 다양한 종으로 분화했다. 태터솔은 다양성과 종 분화가 포유류 전체에 적용되는 규칙이라고 결론 내렸다. 여기에는 인류도 포함됐다. 그에게는, 인류의 분기군이 그의 고인류학 연구실 창밖으로 보이는 나무와 비슷했다. 복잡한 패턴으로 가지가 나 있고, 끝은 끊겨 있는 모습이었다.

그는 불만스럽게 말했다. "직선적 사고가 여전히 고인류학 분야를 압박하고 있어요." 미들 아와시 팀이 특히 그랬다. "미들 아와시 연구자들은 매우 오랜 시대에 걸쳐 형성된 훌륭한 퇴적층을 확보하고 있어요. 그렇다 보니 모든 게 직선적인 단일 역사라는 시각과 이상할 정도로 잘 맞죠." 태터솔은 냉소적으로 이렇게 말했다. "뭐, 인류 진화는 분명 **전부** 미들 아와시에서 일어난 것 같군요."

이런 논평은 에티오피아에서 아르디 및 다른 화석들이 쏟아져 나온 지 20년 후에 나온 것이었다. 오랫동안 태터솔은 논문을 통해 화이트와 그의 팀에 대한 비판적인 언급을 했다. 그는 그들이 항상 자신들이 발견한 것과 현생인류 사이를 잇는 선을 그리고 싶어한다고 했다. 한 책에서는 화이트를 미시간대학 단일종 학파에서 살아남은 "열성적인 단일론자"라고 묘사했다. (이건 지나친 단순화였다. 화이트는 인류에게 복수의 계통이 있다고 봤다. 다만 그렇게 나누기 전에 뚜렷한 차이의 증거가 필요하다는 입장이었다.)

태터솔이 연습용 펜싱 검을 휘둘렀다면, 화이트는 전투용 도끼로 공격했다. 2002년, 화이트는 태터솔의 책 《거울 속에 비친 원숭이》를 무참히 비판하는 비평을 썼다. 작가에 대해서는 "정치적으로 올바른 고인류학적 오만함"의 달인이며 "인류 가계도의 관점을 심각하게 오도"할 수 있다고 말했다. 화이트는 독자들에게 진 아우얼의 과학소설 《동굴곰족》을 읽는 게 나을 거라고 말하기도 했다.

태터솔과 화이트는 근본적인 면에서 다른 두 캠프를 대표했다. 화이트는 콜드스프링하버의 몽상가들을 긍정적으로 봤고, 태터솔은 그들을 부정적으로 봤다. 특히 마이어에 대해 그랬는데, 태터솔은 그가 인류 가계도를 둘러싼 악의적인 비평으로 "정신적인 충격을 가했다"고 말했다. 미들 아와시 팀은 인류 진화를 점진적 진화와 적응에 따른 정체기가 이어지는 것으로 묘사했다. 태터솔은 이런 이야기를 "인간의 정신이 빚은 산물이지 자연의 산물은 아니다"라며 비판했다. 다르게 말해보면 이렇다. 인류 진화가 연극이라고 생각해보자. 아르디 팀처럼 전통적 입장을 고수하는 사람들은 전반적인 줄거리에 초점을 맞추는 반면, 태터솔 같은 분기론자들은 인물의 캐스팅과 그들 사이의 관계에 초점을 맞춘다. 많을수록 더 재미있다.

태터솔이 전통적인 고생물학의 직선적 진화 내러티브를 공격한 유일한 인물은 아니었다. 1999년, 〈네이처〉 편집자 헨리 지는 이렇게 썼다. "화석들을 늘어놓고 이들이 한 계통이라고 주장하는 것은 검증할 수 있는 과학적인 가설은 아니다. 잠 잘 때 듣는 동화랑 비슷한 한갓 주장이다. 재밌고 아마도 교육적일 수도 있지만, 어쨌든 과학적인 내용은 아니다." 새로운 인류가 더 많이 발견되자, 〈네이처〉

는 신종에 대한 기사 헤드라인에 자주 "다양성"이라는 말을 썼다.

태터솔과 화이트는 실험실 분석을 주로 하는 과학자와 현장 발굴 과학자 사이의 깊은 골도 드러냈다. 젊은 시절이던 1974년, 태터솔은 여우원숭이 연구를 하다 마다가스카르에서 쫓겨나 연구를 중단한 경험이 있었다. 아프리카와 중동, 아시아에서 인류 조상을 찾으려 한 초기 시도들은 화석을 하나도 발굴하지 못한 채 막을 내렸다. 태터솔의 말에 따르면, 그는 술 취한 유고슬라비아 선원이 호텔에 뛰어 들어와 날뛰는 통에 지부티 탐사를 취소했다. 그는 "박물관 선반에 보관된 화석들을 제대로 해석하는 일은 새 화석 발굴만큼이나 중요하다"는 한 가지 사명으로 박물관 큐레이터가 됐다. 그가 속한 자연사박물관은 매년 그곳을 찾는 수백만 명의 관람객들에게 다양성을 주입시켰다. 그는 미디어 입장에서 보자면 대단히 믿음직한 권위자이자 영리한 취재원이었다. 그는 학술지와 대중잡지, 책을 통해 가지가 많은 인류 가계도라는 복음을 전파했고, 전통적인 심프슨 주의자들의(당시의 대표 주자인 미들 아와시 팀도 포함됐다) 계통 개념에 대한 멸시에 찬 신랄한 비판을 지속했다. 태터솔은 화석을 직접 연구하고 싶어하는 실험실 연구자들의 지위를 높이기 위한 대변자 역할도 했다. 그들이 연구하기를 바라는 대상 중에는 에티오피아 국립박물관에서 논문으로 쓰여지기를 기다리고 있는 화석들도 있었다.

종을 둘러싼 논쟁은 여전히 격렬하지만, 그 선택지는 모두가 몇 해 전 가정했던 것만큼 단순하지 않다. 최근에는 비교유전체학과 화석 발굴을 통해 인류 가계가 훨씬 다양했다는 사실이 확인되었다. 현생인류는 과거 변이의 보잘것없는 잔재이며, 유전적으로 다양성이 가장 떨어지는 영장류 종 가운데 하나다. 예를 들어, 침팬지 중 한 지역에 사는 아종(*Pan troglodytes troglodytes*)은 전 세계 80억 인류 전체가 가진 유전적 다양성보다 두 배 더 많은 유전적 다양성을 보유하고 있다. 하지만 인류 가계가 항상 한 종만 존재했던 것은 아니다. 한때는 전 세계에 최소 네 종의 고대 인류 조상이 호모 사피엔스와 공존했다. 하지만 여기에 함정이 있다. 우리가 이 멸종한 인류들 가운데 일부를 알 수 있었던 이유는 그들이 우리 유전체에 흔적을 남겼기 때문이다. 즉 그들은 우리 조상과 이종 짝짓기를 했다는 뜻이다. 따라서 마이어의 정의에 따르면 이들 종과 우리는 하나의 큰 번식풀과 하나의 종에 속했다. 인류 가계도는 가지가 많아 보일 수 있지만, 그 가지가 반드시 멸종으로 끊기지는 않는다. 가지는 갈라지고 다양해지며, 다시 만나기를 반복한다. 이는 인류 가계도를 가지 많은 덤불이나 선인장에 비유한 것이 적절하지 않았음을 의미한다. 논쟁은 진정한 생물학적 복잡성을 포착하는 데 실패한 의미론에 갇혔다. 사실 많은 유전학자들은 이러한 고대 인류들을 더 이상 종으로 지칭하지 않고, 대신 "메타 개체군metapopulation"이라는 말을 썼다. 아무도 유전체학에 대해 들어본 적 없던 1950년에 콜드스프링하버에서 발표된 개념의 그림자가 어렴풋하게 떠도는 용어였다. 아르디가 마침내 공개돼 인류 가계도를 흔들었을 때는, 계통수라는 개념이 시들해지기 시작한 시기였다. 하지만 그것은 이 이야기를 앞서가는 것이다.

15장

유랑

고대의 해부학자들은 몸을 "소우주"라고 불렀다. 해부학의 역사는 고대의 절개부터 현대의 분자생물학에 이르기까지 2500년에 걸쳐 있다. 가장 오래된 문헌은 기원전 5~기원전 4세기 고대 그리스의 문헌이다. 해부학은 신체를 잘라내는 행위에 기초해 발전했다. 해부학anatomy이라는 말도 그리스어 'ana'(위 방향으로)와 'tome'(자르기)에서 왔다. 고대 그리스인들이 이 분야에 남긴 유산은 매우 많다. 무릎과 발목 사이의 뼈들을 의미하는 두 개의 해부학 용어인 'tibia'(정강뼈. '피리'라는 뜻)와 'fibula'(종아리뼈. '바늘'이라는 뜻)가 대표적이다. 몸통 중앙부를 가리키는 'thorax'는 가슴 부위에 걸쳤던 갑옷의 그리스어이고, 손가락뼈와 발가락뼈를 의미하는 'phalanx'는 고대 그리스의 군사 밀집 대형이다.

로마인들이 고대 세계의 지배자가 된 이후에도, 그리스어는 외과 의사 계층에서 계속 강력한 영향력을 발휘했다. 결국 로마인들은 일부 용어를 자신들의 언어로 전환시켰다. 그리스어 'kynodontes'(개의 이빨)는 'dentes canini'로 라틴어화됐다. 로마제국의 그리스인 의사인 페르가몬의 갈레노스는 고대 세계의 야심 찬 해부학자로, 젊어서는 다친 검투사를 치료했고 나중에는 황제 마르쿠스 아우렐리우스의 주치의가 됐다. 로마법은 인간 해부를 금지했지만, 황제는 갈레노스가 연구의 폭을 넓힐 수 있도록 게르만족 대상 군사 작전에 합류하면 죽은 이방인들을 해부할 수 있게 하겠다고 했다. 그러나 갈레노스는 새로운 것을 배울 수 없을 거라고 생각해 그 제안을 거절했다. 갈레노스는 필사자들을 고용해 1000년 이상 해부학계의 정전이 된 방대한 양의 저작을 기록하게 했다. 아쉽게도, 갈레노스 연구의 상당 부분은 다른 동물들의 해부에 기반한 것으로 밝혀졌다. 이 당혹스러운 사실이 탄로 날 때까지 1000년 이상이 걸렸다는 것은, 강력한 권위의 무게가 어떻게 새로운 지식의 형성을 억누르는지를 보여주는 교훈담이다.

해부학 분야는 유럽 르네상스 시대에 다시 발전했다. 15세기에 레오나르도 다빈치는 작품에서 인체를 더 정확히 묘사하기 위해 시신을 해부하며 "소우주의 구조"를 탐구했다. 그는 기존 교육 과정에서 여러 오류를 발견했다. 만약 그가 위대한 해부학 논문을 남기고자 하는 열망에 눈을 떴더라면 의학 역사의 한 자리를 장식할 수 있었을 것이다. 하지만 안타깝게도 그는 논문을 완성하지 못하고 세상을 떠났다. 최초의 종합 인체 해부학 도해서는 안드레아스 베살리우스가 제작했다. 그는 1543년 《인체의 구조에 관하여》라는 책을 출간했다. 베살리우스에 이르러 마침내 갈레노스의 오류가 밝혀졌다(예상할 수 있듯, 베살리우스는 정통 학설에 반하는 이설을 주장했다는 이유로 학계 동료들의 비난을 받았다). 하지만 기존 정통 학설에 대한 믿음이 여전히 지배적이었기에, 한 신실한 갈레노스 신봉자는 그 고대 스승의 시대 이후 인체가 얼마나 많이 변했는지에 대해 놀라움을 표하기도 했다. 그럼에도 불구하고 인체에 대한 탐구는 계속 진지하게 이루어졌고, 해부학은 과학으로 여겨지게 되었다. 1555년, 피에르 벨롱은 인간과 새의 골격을 일대일로 비교해 둘이 대응되는 뼈를 지니고 있음을 보였다. 오늘날 상동 부위라고 부르는 내용이다. 이 같은 유사성이 공통 조상에서 유래했다는 사실을 해부학자들이 깨닫기까지는 수백 년의 시간이 걸렸다.

1859년, 찰스 다윈은 《종의 기원》을 펴내 자신의 진화 이론(그는 "변이를 통한 유전"이라고 불렀다)을 발표했다. 해부학은 치아나 정강뼈, 손가락뼈 등 공통 조상으로부터 물려받은 상동 부위를 비교하는 방식으로 진화 연구에 활용되기 시작했다. 오래된 뼈 화석은 DNA를 지니고 있지 않기에, 비교해부학은 진화 역사를 재현해 하나의 형태가 어떻게 다른 형태로 진화했는지를 밝히며 다윈이 "위대한 생명의 나무"라고 부른 것을 재구성하는 주요 도구가 됐다.

아르디 연구의 다음 단계는 여러 세기 동안 해부학자들을 어리둥절하게 만든 이상한 존재들이 가득한 또 다른 미지의 세계를 향한 여정이었다. 그들은 오늘날 지구에 사는 그 어떤 존재와도 닮지 않았기 때문이었다. 어울리게도, 그 여정은 르네상스 미술 작품으로 장식된 배의 출항으로부터 시작되었다.

외국 연구자들은 때때로 미국의 인류 기원 연구의 특이함에 대해 말하곤 한다. 후원 사업에 의존한다는 점이다. 중요한 화석이 발견되면 부호들이 가만있지 않는다. 아르디 팀에는 한 중년 여성이 함께했는데, 신문 사회면이나 광택 나는 라이프스타일 매거진 독자라면 얼굴을 알 만한 앤 게티였다. 한 패션 매거진은 그녀를 "샌프란시스코 사교계의 여왕"이라고 했다. 앤 게티의 남편 고든 게티는 석유 갑부 게티 가문의 후계자였다. 아르디 발굴 몇 해 전, 앤 게티는 화이트의 인류학 강의를 듣고 화석에 흠뻑 빠졌다. 이후 미들 아와시 팀의 현장 발굴에 여러 차례 참여했다. (아르디 발굴 시즌 막바지에 그녀는 자신의 옷가지를 가난한 아파르족 두어 명에게 기증했는데, 그들은 그 비싸고 좋은 자외선 차단 의복을 두고두고 자랑했다.) 앤 게티는 연구실에서도 자주 연구자들 어깨너머로 벌어지는 일을 지켜봤다. 게티 부부는 인류 기원 연구에 아낌없이 후원했고, 자신들의 전용 727기인 '제티'를 아르디 팀에 배속했다.

1996년 여름, 인류학자들은 게티 부부의 비행기에 올랐다. 내부 장식과 관련해 건축 잡지 〈아키텍추럴 다이제스트〉에 기사가 실렸던 비행기였다. 고든 게티가 아내의 생일에 선물한 이 비행기 내부에는 비단 시트가 덮인 침대가 놓인 비공개 접견실과 고급 요리를 만드는 부엌, 와인 바, 청동으로 만든 싱크대, 그리고 대리석 상판 식탁이 있었다. 한 고인류학자는 신랄하게 말했다. "이렇게나 많은 대리석을 싣고 날 수 있을지 몰랐네." (이 일은 나중에 고든 게티가 아내 몰래 두 번째 가정을 꾸린 일부다처론자였다는 사실이 한 타블로이드 신문을 통해 밝혀지면서 더욱 이상한 경험이 되었다.) 벽에는 가죽 양피지 패널과 모조품 책이 줄지어 가득 꽂혀 있었고, 움푹 들어간 천장 돔에는 금박으로 칠해진 태양 그림이 번쩍였다. 어디에 착륙하든, 리무진이 와서 그들을 태우고는 가장 좋은 호텔로 데려갔다. "그보다 더 찬란할 수는 없었죠." 러브조이가 회상했다.

비행기 객실 사이 복도에는 금박을 입힌 화판에 담긴, 네덜란드계 독일인 지도 제작자 안드레아스 셀라리우스의 1609년 지도들이 나란히 걸려 있었다. 그 비행기가 수리에 들어갔을 때 인테리어 디자이너들은 정교한 복제품 지도를 놓자고 제안했지만, 앤은 돈을 아끼지 말고 원본을 사라고 했다. 디자이너들은 원본 지도들을 사서 온도와 습도가 조절되는 케이스 안에 넣어 걸었다. 그것들은 과거의 미지의 영토를 탐험하는 해부학자들과 잘 어울렸다.

그들은 유인원이 살던 과거 지구의 유적을 찾고자 떠났다. 마이오세는 19세기 지질학자 찰스 라이엘이 정한 이름으로, '덜 최근'이라는 뜻이다. 이는 '보다 최근'이라는 뜻의 플라이오세와 대비되는 명명이다. 역설적으로, 더 과거 시대의 유인원 화석이 이후 시대의 그것보다 더 풍부하게 발견된다. 마이오세 시대 동안(대략 2300만~530만 년 전 사이) 따뜻하고 습한 숲과 삼림지대가 지구를 덮었고, 수많은 유인원들이 아프리카와 유럽, 아시아에서 번성했다. 초기 마이오세 유인원 가운데 아프리카에 살았던 것으로 확인된 것만 14개 속이다. 화석을 통해 알려진 마이오세 유인원은 전부 30종이 넘는다. 고양이 크기의 미크로피테쿠스*Micropithecus*부터 북극곰 크기의 기간토피테쿠스*Gigantopithecus*까지. 하지만 실제로는 훨씬 더 많은 종이 있었을 것으로 추정된다. 일부 고생물학자들은 당시 유인원이 100종이 넘었을 것으로 추정한다. 이렇게 다양한 형태의 유인원 사이에 인류와 현생 유인원의 조상도 있었을 것이다.

이후 유인원들에게 사건이 발생했다. 마이오세의 기후가 차가워지고 숲이 줄어들었다. 동아프리카는 건조한 기후로 바뀌고 유럽은 온대가 되었다. 마이오세에는 유인원이 번성하고 원숭이류가 드물었지만, 상황이 바뀌자 반대로 원숭이류가 늘고 유인원이 점점 줄어들었다. 마이오세 유인원의 화석 기록은 약 800만 년 전 이후 사라졌다. 오늘날의 유인원들은 이전의 다양성이 남긴 빈약한 흔적이다. 안타깝게도, 어떤 화석종이 현생 유인원의 조상인지는 여전히 불분명하다(하나의 예외는 시바피테쿠스*Sivapithecus*로, 현생 오랑우탄의 조상일 가능성이 높다). 설상가상으로, 1990년대에는 침팬지나 고릴라 계통으로 확실히 분류될 수 있는 화석이 하나도 발견되지 않았다(오늘날에도 사정은 약간만 나을 뿐이다). 반대로 인류 화석은 풍부해 보였다.

과거의 유인원 중 누가 아르디에 관한 단서를 제공해줄까? 발굴팀은 바르셀로나와 피렌체, 나이로비, 아디스아바바, 요하네스버그의 박물관을 돌아다녔다. 박물관들은 클라크 하월이 있다는 이유로 문호를 개방해줬다. 하월은 버클리의 원로급 인류학자로 일생 동안 전 세계 동료들에게 호의를 베풀어왔다. 또 젊은 후배 학자들은 갖지 못한 평정심과 세련된 감각의 소유자이기도 했다. 박물관에 갈 때마다 발굴팀은 박물관 연구 공간을 차지했다. 화이트는 마이오세 유인원 화석을 조사하기 위한 일련의 작업 절차를 가동했다. 케냐에서는 프로콘술*Proconsul*을, 이탈리아에서는 오레오피테쿠스*Oreopithecus*

를, 스페인에서는 히스파노피테쿠스*Hispanopithecus*를 조사하는 식이었다. 때때로 화이트는 엄지손가락을 펼쳤다 오므렸다 하며 동료들의 주의를 끌었다. 아르디의 마주 보는 발가락에 관한 비밀을 암시하는 팀 내부의 장난이었다.

피렌체에서 발굴팀은 레오나르도 다빈치가 500년 전에 해부학 조사를 했던 곳이 있는 자갈길을 걸었고, 실물 같은 손으로 유명한 미켈란젤로의 다비드상 등 르네상스 시대의 미술 작품을 감상했다. 토스카나의 와인 양조장에서 게티 부부와 함께 호화로운 연회를 즐기기도 했다. 나이로비에서는 리키의 저택에서 저녁 식사를 대접받았다. 이는 화석계의 냉전이 완화되는 시기가 도래했음을 알리는 신호였다. 요하네스버그의 비트바테르스란트대학에서 러브조이는 인류학자 필립 토비아스를 찾아갔는데, 토비아스는 러브조이를 별로 보고 싶어하지 않았다. 이 일이 있기 얼마 전, 토비아스는 "리틀 풋Little Foot"이라는 별명으로 불리는 약 300만 년 전 화석에 관한 논문을 발표하며 그 주인공이 나무 위 생활을 한 인류 조상이며 마주 볼 수 있는 발가락을 지녔다고 했다. 마주 볼 수 있는 발가락에 대해 누구도 부인할 수 없는 권위자 러브조이는 언론 인터뷰에서 그 해석이 "명백히 엉터리"라고 말했다. 두 사람은 연구실로 들어갔고, 동료들은 문 뒤에서 오가는 고성을 들었다. 러브조이는 동요한 표정으로 나와 "그가 날 꼴 보기 싫어하네"라고 우물우물 말했다. 반면 비트바테르스란트대학의 젊고 야심 찬 인류학자인 리 버거는 루시에 관한 책들에서 읽었던 유명한 과학자들로 구성된 소위 '드림팀'의 방문에 압도됐다. 당시 버거는 남아프리카를 인류 요람의 지위로 복원하고

Photograph © 1995 David L. Brill

아르디 팀이 엄지를 펼쳤다 오므렸다 하며 함께 웃고 있다. 이 동작은 아르디의 마주 볼 수 있는 발가락에 관한 비밀 신호였다. 아르디 화석의 이런 특성은 15년간 비밀이었다. (왼쪽에서 오른쪽으로) 스콧 심프슨, 브루스 라티머, 베르하네 아스포, 오언 러브조이, 팀 화이트, 스와 겐.

"인류 진화에 관한 동아프리카 헤게모니"에 도전하는, 앞으로 10여 년에 걸쳐 이어질 발굴 임무를 막 시작한 상황이었다. 그곳 일정 막바지에, 아르디 팀은 버거가 최근 논문으로 발표한 다른 주장들에 대해 직접 질문을 하고자 그를 불렀다. 스테르크폰테인Sterkfontein 동굴에서 발굴한 "침팬지스러운" 정강뼈를 기술한 논문으로, 남아프리카에서 발굴한 이 화석이 동아프리카에서 발굴한 오스트랄로피테쿠스 아파렌시스보다 더 본원적이고 유인원 친척들과 보다 비슷하다는 내용을 담고 있었다. "화이트는 버거를 아주 박살을 냈어요." 당시 여정을 함께한 미브 리키는 이렇게 회상했다. 버거는 일부 주장을 철회하도록 강요받았다. 버거의 회상에 따르면, 그를 몰아세운 화이트(별명이 '백상아리'였다)는 주머니에서 펜을 꺼내 논문 사본 위에 탁탁 치면서 교활한 미소와 함께 이렇게 요구했다. "이 논문 철회한다고 서명하시죠."

이 여행 막바지에, 한 가지 사실이 분명해졌다. 아르디는 이전에 발견된 어떤 화석과도 비슷하지 않았다. "다녀본 어떤 곳에서도 아르디피테쿠스와 혼동할 만한 것을 볼 수 없었어요." 화이트가 떠올렸다. 스콧 심프슨이 덧붙였다. "알려진 어떤 동물원에도 모델이 될 만한 동물이 없었죠." 하지만 이 '잃어버린 유인원의 세계'에서, 그들은 여러 해 뒤에야 제대로 가치를 알아보게 될 단서를 찾을 수 있었다.

인류는 손을 잘 쓰는 존재에 속한다. 영장류가 다른 동물과 가장 다른 특징은, 쥘 수 있는 손을 지녔다는 점이다. 대부분의 영장류는 마주 볼 수 있는 엄지를 지녔다(극히 일부 종만이 엄지가 퇴화해 네 손가락으로 나무를 오른다). 보통 우리를 포함한 대형 유인원들은 팔다리 끝이 다 다르다. 유인원의 어깨는 종 사이에 별로 차이가 없다. 하지만 손은 큰 차이를 보인다. 너클보행을 하는 침팬지의 손, 갈고리가 여럿 달린 닻 같은 오랑우탄의 손, 그리고 재주 많은 인류의 손. 비인간 영장류의 손은 손동작과 보행 두 가지 역할을 담당한다. 인류의 손은 돌아다니는 역할에서 해방된 채 손동작에 특화됐다.

우리의 손은 도구를 만들 수 있고, 상징을 쓸 수 있으며, 〈최후의 만찬〉을 그릴 수 있고, 1분에 70 단어를 타이핑할 수 있다. 시속 160킬로미터 속구로 스핀을 넣기도 한다. 널리 알려진 사례를 보면 유인원의 손재주는 상대적으로 서툴다. 침팬지는 물건을 던질 수는 있지만 그 방향은 정확하지 않다(침팬지가 동물원 관람객들에게 똥을 던지는 습성이 있음을 생각하면 다행스러운 일이다). 인간의 손은 체중의 1퍼센트 미만을 차지할 뿐이지만, 뇌에서는 어울리지 않을 정도로 커다란 비중을 차지한다(일부 연구의 추정에 따르면, 운동 피질의 거의 3분의 1을 차지한다). 감각과 운동 통제를 위한 신경망이 매우 복잡하게 얽혀 있기 때문이다.

기원전 5세기에 그리스 철학자 아낙사고라스는 인류가 손을 쓰기 때문에 가장 지적인 동물이라고 주장했다. 한 세기 뒤 아리스토텔레스는 반대 입장을 취하며 자연이 인류에게 다재다능한 손을 준 것은 이미 인류가 똑똑했기 때문이라고 주장했다. 이렇게 2000년에 걸친, 닭이 먼저냐 달걀이 먼저냐 하는 논쟁이 시작됐다. 무엇이 먼저인가, 인류의 손재주인가 지적 능력인가?

인류의 손에 관한 최초의 중요한 논문은, 스코틀랜드 의사 찰스 벨이 1833년에 썼다. 그는 인류의 손이 해부학계의 만능 스위스 칼이라고 상찬했다. "손은 모든 도구의 기능을 제공한다. 여기에 지적 능력이 결합해 인류를 세계의 지배자로 만들었다." 벨은 손의 다재다능한 특성이 해부학적 특성이기도 하지만, 신경학적 특성이 더 크다고 봤다. 비슷한 시기에, 젊은 찰스 다윈은 비글호를 타고 세계를 항해했다. 다윈은 손을 인류 진화의 핵심 특성으로 보고 이렇게 주장했다. "인간이 손을 쓰지 못했더라면 지구에서 현재의 지배적인 위치에 오르지 못했을 것이다. 손은 인간 의지에 따라 행동하는 데 감탄할 만큼 잘 적응해 있다." 다윈은 손재주와 도구, 큰 뇌, 작아진

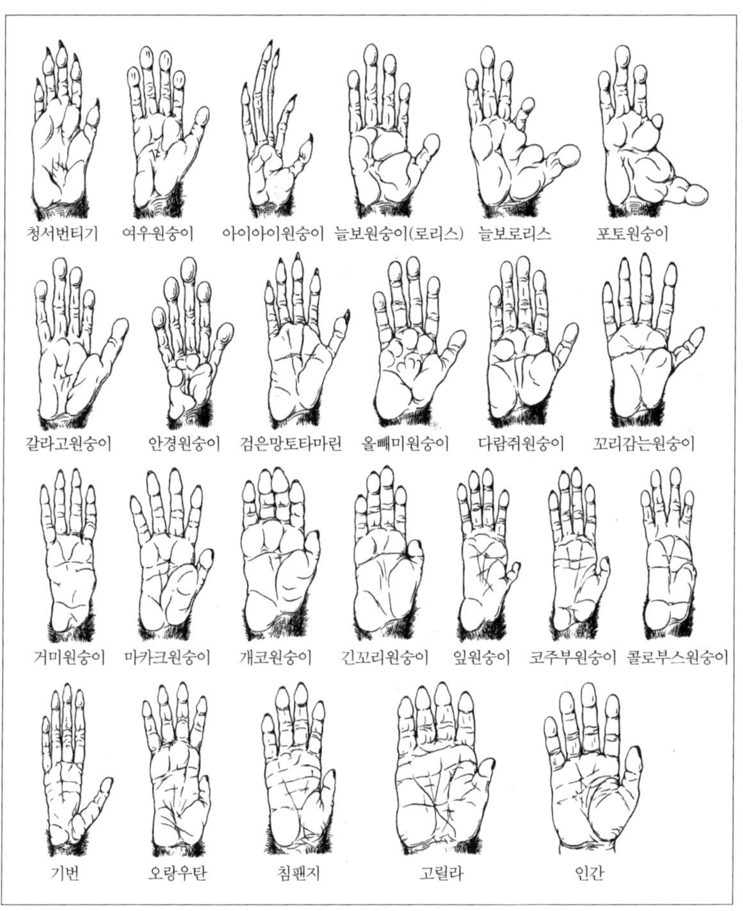

여러 종의 생명체가 공통 조상으로부터 물려받은 신체 부위를 어떻게 적응시켰는지를 보여주는 진화 연구 사례. 아돌프 슐츠가 그린 이 해부학 스케치는 영장류가 진화적 역할에 따라 손을 어떻게 적응시켰는지를 묘사하고 있다.

송곳니, 그리고 직립보행이 패키지로 진화했다는 이론을 세웠다. 그러나 이 이론은 루시와 그가 속한 오스트랄로피테쿠스 아파렌시스에 의해 부정되었다.

다윈 이후 한 세기 동안, 화석 기록이 부족해 손의 진화는 미스터리로 남아 있었다. 상황은 1960년에 바뀌기 시작했다. 루이스 리키와 메리 리키가 175만 년 전 손뼈를 올두바이 협곡에서 발견한 것이다. 원시적인 석기 근처에서 발견됐기에, 그 화석의 주인공에게 '손 쓰는 사람'이라는 뜻의 호모 하빌리스*Homo habilis*라는 이름이 붙었다. 해석에는 항상 그 시대의 지배적인 생각이 덧씌워지게 마련이고, 호모 하빌리스가 발견된 당시에는 도구가 인류를 정의하는 요소였다. 1949년에 케네스 오클리가 출간한 《도구 제작자 인간》이라는 책에서 제시된 패러다임이었다. 리키 부부는 손 쓰는 사람의 손에 도구를 쥐여주었다.

리키 부부는 올두바이에서 발굴한 손 화석의 분석을 영국 의사 겸 영장류학자 존 러셀 네이피어에게 맡겼다. 네이피어의 멘토인 프레더릭 우드 존스는 인류의 손이 다른 영장류와 별 차이가 없는 본원적 특성의 기관이라고 봤지만, 네이피어는 반대 입장을 취하며 인류의 손이 독특하게도 도구 제작에 특화됐다고 주장했다. 그는 쥐는 동작을 두 가지 기본 양식으로 유형화했다. 하나는 꽉 쥐는 동작(파워 그립)으로 물체를 손바닥으로 꽉 잡고 엄지손가락과 다른 손가락으로 감싸는 방식이다. 야구 배트나 쇠망치를 휘두르는 것처럼 말이다. 다른 하나는 정교하게 쥐는 동작(정밀 그립)으로 미술용 붓이나 외과 수술용 칼을 쓸 때처럼 손가락 끝으로 물체를 집는 동작이다. 네이피어는 이 두 가지 쥐는 동작이 인류 진화의 핵심 단계를 보여준다고 주장했다. 아프리카 유인원들은 뭉툭한 엄지 끝을 나머지 긴 네 손가락 끝과 맞잡지 못한다. 따라서 그들은 파워 그립 단계에 머물러 있다. 네이피어는 이것이 인류 조상의 상태를 나타낸다고 봤다.

올두바이 협곡에서 발굴한 손은 너무나 불완전했고(소수의 손가락 뼈와 엄지 끝부분의 뼈 한 조각이 거의 전부였다), 이 손가락들의 비율은 추정만 가능한 상태였다. 네이피어는 엄지 외의 손가락들이 짧다고 가정하고는 엄지를 쓰지 않고 원시 도구를 복제하는 실험을 해봤고, 유인원 같은 파워 그립으로도 도구를 만들 수 있다고 결론 내렸다. 그리하여 인류 조상은 섬세한 조작이 불가능한 유인원 같은 손에서 시작했다는, 수십 년간 학계를 지배한 모델이 확립되었다. 우리 조상들이 석기를 깎았듯이 자연선택은 우리의 손을 조각했다. 즉 엄지 손가락은 점점 길어지고 다른 네 손가락들은 짧아졌다. 이렇게 인류는 정교하게 쥐는 능력을 얻었다. 네이피어가 "궁극의 쥐는 동작"이라고 극찬한 능력을. 이러한 생각은 일부 사람들을 혼란스러운 순환 논리에 빠뜨렸다. 정교하게 쥘 수 있는 손 화석의 주인공은 모두 도구 제작자로 간주한 것이다. 근처에서 도구가 발견되지 않더라도 말이다.

1960년대에 인류와 아프리카 유인원들이 유전적으로 가깝다는 사실이 밝혀지면서, 인류의 손이 현생 고릴라나 침팬지처럼 긴 손가락과 짧은 엄지를 가지고 너클보행을 하는 선조로부터 진화했다는 아이디어가 부상했다. 셔우드 워시번은 너클보행을, 수상 유인원과 이족보행 지상 유인원 사이를 잇는 "중간 단계"라고 불렀다. 워시번은 해부학적 논쟁 대부분을 다 알기 어려웠기에, 그저 주먹을 땅에 짚는 미식축구의 라인맨(전위)을 언급하며 손가락 바깥쪽에 털이 없는 게 너클보행의 증거라고 주장했다. 이 관점을 검증할 수 있는 화

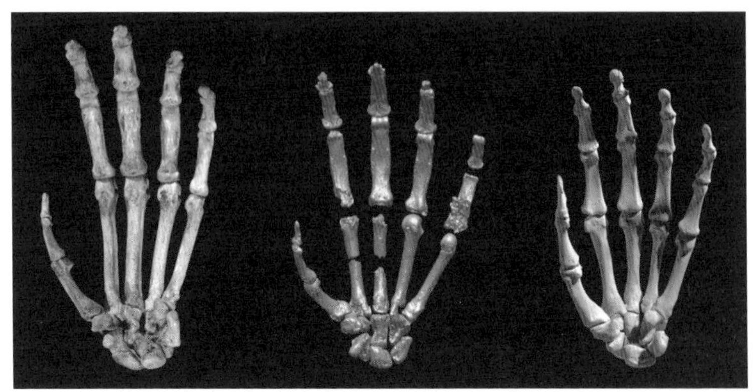

침팬지(왼쪽)와 아르디(가운데), 인간(오른쪽)의 손 비교. 침팬지: 긴 손바닥과 손가락, 경직된 손목을 지녀 너클보행과 나무 타기에 유리했다. 아르디: 길고 구부러진 손가락을 지녀 나무 타기에 적합했다. 손바닥은 침팬지보다 짧고 엄지는 침팬지보다 상대적으로 길지만 인간보다는 짧다. 손목은 유연하다. 인간: 상대적으로 짧은 손바닥과 손가락을 지녔다. 긴 엄지 덕분에 회전하는 동작이 가능하고, 엄지로 다른 손가락들의 끝을 짚는 동작도 가능하다. 이를 통해 정교한 조작이 가능하다.

석 증거는 거의 없었다. 루시는 손뼈가 두 개만 남아 있었고, 루시가 속한 오스트랄로피테쿠스 아파렌시스의 다른 손 화석들은 분리된 표본이었다. 오스트랄로피테쿠스 아파렌시스는 섬세한 손동작이 가능했던 것 같았지만, 정확한 손가락 비율은 알 수 없었다. 어떤 뼈들이 동일한 개체에 속한 것인지 불확실했기 때문이다. 반면 아르디 화석의 손은 거의 완벽했다.

대부분의 과학 연구에서, 연구자들은 가설을 세워 연구를 시작하고 그것을 검증할 데이터를 모은다. 화석 연구자들은 그 반대로 한다. 그들은 데이터, 그러니까 뼈에서부터 연구를 시작하고 이후 그것을 설명하는 가설을 만든다. 그러므로 아르디피테쿠스의 손과 관련한 가설도 존재했다. 화석의 다른 부위는 여러 해에 걸친 고통스러운 복원 과정을 거쳐야 했지만, 손뼈는 작은 데다 본래 모습 그대로 보존될 만큼 튼튼했다. 연구자들은 거의 곧바로 손의 골격 대부분을 재구성해낼 수 있었다. 그것은 전에 봤던 그 어떤 손과도 달랐다.

손목뼈는 부정형의 뼈가 차곡차곡 맞춰진 형태다. 인간의 경우, 돌아가는 손목은 뒤로도 젖힐 수 있다(후방 굽힘). 우리가 기어갈 때나 손바닥을 바닥에 대고 팔굽혀펴기를 할 때 그러듯 말이다. 침팬지와 고릴라는 손목의 구조상 후방 굽힘에 제약이 있고, 억센 인대가 너클보행 시 관절을 경직시키는 역할을 한다.

아르디에게는 그런 경직된 손목의 징후가 거의 없었다. 손가락뼈는 본원적 특성을 지닌 조상에게서 볼 법하듯 길고 휘어 있었지만, 손목뼈는 인류학자가 한 번도 본 적이 없는 형태였다. 아르디 팀이 보기에, 아르디의 유연한 손목은 아르디가 너클보행을 하지 않고 손바닥으로 기어오르는 동작을 취했음을 시사했다. 이런 보행 형태는 현생 유인원 가운데서는 발견할 수 없지만, 마이오세에 살았던 멸종한 유인원과 현생 원숭이에게는 흔하다.

전에 많은 이들이 그랬듯, 아르디 팀도 이 화석 손이 어떻게 정교하게 쥐는 동작이 가능한 도구 사용자의 손으로 변했는지 설명할 방법을 찾았다. 인류의 손재주는 상대적으로 긴 엄지와 네 개의 짧은 손가락, 그리고 손가락 끝끼리 닿을 수 있게 해주는 이동 범위가 넓은 관절 덕분이다. 반대로 침팬지는 손바닥이 길고 손가락도 길며 엄지는 자그마하다(침팬지는 가끔 엄지와 검지 옆면 사이에 물건을 끼우기도 한다). 침팬지는 인간보다 훨씬 더 힘이 세지만(대략 2~5배 정도 더 센 것으로 알려져 있다), 엄지손가락을 움직이는 핵심 근육의 힘은 인간보다 약하다.

아르디의 엄지손가락은 강력한 긴엄지굽힘근을 갖고 있었기에 무언가를 강하게 쥘 수 있었을 것이다. 이런 근육은 인류에게 잘 발달돼 있지만 다른 대형 유인원에게는 없거나 흔적만 보이는 수준이다. 아르디의 엄지는 비록 짧지만, 다른 손가락들과 비교한 상대적 길이는 침팬지에 비해 약간 길다. 그래서 나무 타기에 유리한 큰 손을 지녔음에도 불구하고, 아르디는 현생 침팬지에 비해 더 정교한 손동작이 가능했을 것이다.

이런 사실이 아르디가 도구를 사용했다는 사실을 증명하지는 않는다. 손은 쥐는 동작에 유리한 형태였고 엄지 근육도 강인했지만 이는 **본원적**인 특성으로, 석기보다 수백만 년 전에 나타났다. 아르디는 침팬지보다 나무 타기에 덜 능숙했지만, 정교한 손동작이 가능했기에 먹을거리를 구하는 데엔 더 민첩했다. 게다가 이런 능력은 점점 더 발전했다. 아르디 등장 이후 100만 년이 채 되지 않아 오스트랄로피테쿠스 아파렌시스의 손 골격 비율은 더 발달된 동작이 가능하도록 바뀌었다. 아르디 팀은 나중에 이렇게 결론 내렸다. "우리의 초기 조상은 전체 손의 비율에서 엄지가 약간 길고 다른 손가락들은 짧다는 것만으로 도구를 사용하는 손재주를 크게 향상시킬 수 있었다."

런던에서 게티 부부는 발굴팀을 근사한 호텔에 묵게 했다. 심프슨과 러브조이는 방에 틀어박혀 이상한 손뼈를 이해해보고자 노력했다. 아르디는 어떻게 유인원 조상으로부터 진화했을까? 이런 손은 어떻게 인류로의 진화를 이끌었을까? 두 사람은 아프리카 유인원들의 손뼈 표본이 옆에 놓여 있는 테이블 위에서, 아르디 손뼈 캐스트를 조립했다. 작업할 공간을 확보하기 위해 테이블을 방 한가운데로 옮길 때 너무 무거워서 고생했는데, 이유를 나중에야 알게 되었다. 과거를 탐구하는 임무에 너무나 열중한 나머지, 그 테이블에 딸린 수납장에 냉장고가 있었음을 몰랐던 것이다.

몇 달 뒤인 1996년 12월, 발굴팀은 아라미스로 돌아가 화석 발굴지에서 세 번째이자 마지막 발굴을 시작했다. 첫해에는 풍부한 화석 산지를 발견했고, 두 번째 해에는 추가적으로 머리뼈 앞쪽 뼈를 발굴했다. 하지만 마지막 해에는 아무것도 찾을 수 없었다. 화이트는 발굴팀을 탈탈 털었던 것처럼 발굴지도 탈탈 털었다. "화이트 말고는 **아무도** 그 모든 화석을 얻을 수 없었을 거예요. 그중 일부는 렌틸콩만큼 작았으니까요." 베르하네 아스포가 말했다.

아라미스에서의 마지막 시즌 때, 가디는 자신의 친구 '독터 티'에게 어린 낙타를 주겠다고 했다. 이것은 대단한 찬사였다. 낙타는 아파르 사막에서 픽업트럭 역할을 하는 가축으로 물품을 나를 뿐 아니라 번영의 상징이기도 했다. 더 중요한 쓸모로는, 아파르족 아침 식사에 거품 많은 신선한 젖을 제공해준다는 것이었다. 화이트는 낙타는 비행기에 태울 수 없다고 말했다. 가디는 비행기와, 카다 다암 아아투 뼈 화석을 오매불망 바라는 외국인들에 대해 아무것도 몰랐다. 그는 화이트에게 물었다.

아내는 몇 명 있어요?

없어요.

아이는 몇 명 있고요?

없어요.

그럼, 뭐가 있죠?

고양이 한 마리를 키우고 있네요.

고양이? 아파르에서는 낙타와 소, 염소 떼를 길러야 재산을 모을 수 있다. 고양이를 키운다는 말은 영어와 달리 아파르어에서는 잘 성립하지 않았다. 그럼에도 불구하고, 어느 날 아침 가디는 마치 부랑자가 지팡이에 물건을 묶어 다니듯 장총에 꾸러미를 묶어 들고 발굴지에 나타났다. 그는 어깨나 머리 등에 걸치는 옷인 가비gabi를 풀었는데, 안에 네 발이 묶인 아기 고양이가 들어 있었다. 가디는 그 고양이를 화이트의 발치에 내려놓았다.

오랫동안 혼자 살던 화이트는 고양이를 아주 좋아했다. 아기 고양이가 도망치기 시작했고, 사람들이 뒤쫓았다. "밟지 않게 조심해!" 화이트가 소리 질렀다. 다른 아파르 친구들이 가비를 고양이에게 던져 그놈의 목덜미를 잡아채 새 주인에게 인도했다. 고양이는 바늘같이 날카로운 이빨을 화이트의 엄지에 피가 날 정도로 박아 넣어 버렸다.

화이트는 비명을 질렀지만, 첫눈에 그 고양이에게 매료됐다. 그는 그놈을 키우기로 하고, 목줄을 채워서 밥을 먹을 때마다 무릎에 앉혔다. 그 고양이가 죽을 뻔한 일이 있었다. 어느 날 밤 커다란 올빼미가 귀청이 떨어질 듯한 날카로운 소리를 내지르며 저녁 식사 중인 테이블을 급습해 바닥에 있던 그 고양이를 낚아챌 뻔한 것이다. 발굴 시즌 막바지에 화이트는 고양이를 에티오피아로부터 반출하기 위한 허가를 받았고, 공항을 통해 고양이를 고향으로 데려갔다. 나중에 알고 보니 그놈은 집고양이가 아니라 아프리카 '야생 고양이'였다. 다리가 길고 털이 많은 고리 모양의 흰 꼬리를 가지고 있는, 성정이 사나운 펠리스 실베스트리스 리비카*Felis silvestris libyca*였다. "이 종 수컷들은 단독 생활을 하고 매우 사나워요"라고 화이트는 설명했다. (루이스 리키는 언젠가 이 종에 대해 이렇게 말했다. "이 종을 길들이는 데 성공한 경우를 본 적이 없어요. 마지막엔 항상 엄청나게 화를 내고 관계가 파탄 나곤 하죠.") 버클리에 온 뒤 그 고양이는 무법자가 되어 온 동네 고양이들을 흠씬 패며 돌아다녔다. 화이트가 중성화 수술을 시켰는데도 그랬다. 화이트는 그놈에게 '사자'라는 뜻의 루바카Lubaka

팀 화이트와 아파르 야생 고양이 루바카.

라는 아파르어 이름을 붙여줬다. 일단 루바카가 이웃집으로 쳐들어가면 그 집 고양이는 다친다고 보면 되었다. 다툼이 일어나 동물 병원 청구서가 날아오는 일이 잦아지자, 결국 화이트는 루바카를 집 안에 가둬놓을 수밖에 없었다. 그는 해가 잘 드는 방 하나를 꾸며 루바카가 낮에는 그 안에 갇혀 지내게 했다. 그 처지는 그의 연구팀이 학계에서 처한 상황과 비슷해 보였다.

16장

플라이오세 임무

과거를 향한 여정에는 부서진 뼈 화석만 필요한 게 아니라 고대 세상에 대한 정보도 필요하다. 아르디가 걸어 다닌 흙, 아르디가 올랐던 나무, 먹은 음식, 만난 동물, 그리고 아르디를 해친 육식동물까지. 여러 해 동안, 발굴팀은 아르디를 포함한 초기 인류 친척들의 거주지에 대한 질문에 답하기 위해 혹독하게 데이터를 모았다. 10대 때 화이트는 NASA의 달 탐사 임무인 아폴로 임무를 보도하는 텔레비전 방송을 보며 자리를 뜨지 못한 적이 있었다. 그는 초기 인류의 거주지를 찾는 이 임무를 "플라이오세 탐사 임무"라고 불렀다.

진화론은 환경이 생명에 영향을 미친다는 개념에 기대고 있다. 이 아이디어는 여러 세기에 걸쳐 천천히 뿌리를 내렸다. 탐험의 시대에 유럽인들은 멀리 떨어진 지역에서 독특한 종들을 만났고, 지구가 생각보다 훨씬 더 풍부한 생물학적 다양성을 품고 있다는 사실을 알게 됐다. 18세기에 스웨덴 식물학자 칼 린네는 생명 다양성을 기록한 자신의 목록에 각 종이 생존한 환경을 기록했다(그는 '동물상fauna'과 '식물상flora'이라는 단어를 널리 알리기도 했다). 비슷한 시대에 프랑스 박물학자 조르주루이 뷔퐁은 동물이 지역 기후에 적응하며, 종은 불변하는 것이 아니라 변할 수 있는 존재라고 주장했다. 19세기 중반 찰스 다윈과 앨프리드 러셀 월리스는, 종은 환경에 적응한다는 현대 진화론을 확립했다.

어떤 거주 환경이 인류를 만들었을까. 두 세기 동안 이론가들은 영장류가 나무에서 벗어나거나 숲 자체가 사라지면서 걷기 시작했고, 그 과정에서 인류가 탄생했다는 개념을 받아들였다. 이런 아이디어는 심지어 진화론이 제대로 정립되기 전에 나오기 시작했다. 장 바티스트 라마르크는 1809년 저서 《동물학의 철학》에서 "사지동물 일부 종은 환경이나 다른 어떤 이유로 나무를 오르는 습관을 잃었을 수 있다"라고 썼다. 다윈은 "나무 위보다는 땅 위에서 더 지내는" 조상을 마음속에 그렸다. 1889년, 월리스는 "조상 인류ancestral man"라는 개념을 광활한 유라시아 초원에 옮겼다. "그 조상은 온대나 아열대 기후대에 넓게 펼쳐진 평야나 고원지대에서 살기 시작했을 가능성이 높다." 비슷하게, 1920년대에 컬럼비아대학 및 뉴욕 자연사박물관 교수 헨리 페어필드 오즈번은 인류의 기원지로 아시아 고원을 지목했다. 숲은 정체된 장소인 반면 평원은 "활기를 주는 장소"라고 그는 주장했다. 레이먼드 다트는 아프리카에서 인류 계통의 첫 번째 구성원을 발견한 뒤, 오스트랄로피테쿠스 아프리카누스가 남아프리카 특유의 초원을 뛰어다니는 상상을 했다. 세간에는 초원에서 인류 조상이 나타났다는 이론이 다트의 것으로 알려져 있지만 실은 그렇지 않고, 그는 그것을 아프리카에 이식했을 뿐이다. 이 이론은 나중에 '사바나'와 관련된다. 이 용어(아프리카에서 유래한 것이 아니라 실은 아메리카 대륙의 카리브어에서 유래했다)는 끝없이 이어진 초원 풍경을 묘사하는 단어로, 매우 다양한 풍경과 기후대를 포괄한다.

20세기 중반까지 사바나는 직립보행이나 도구 사용, 육식, 사냥, 뇌의 폭발적 팽창, 신체 비율 등의 인류 특징을 설명할 때 흔히 이야기됐다. 하지만 이런 주장은 제대로 된 검증을 받지는 않았다. 학계는 사바나 이론이 **맞는지** 검증하지 않고 **왜** 맞는지를 진단했다.

진화에 대한 고전적 설명에 따르면 인류와 유인원의 공통 조상이 등장한 고향인, 마이오세 시대의 아프리카는 광대한 우림이었다. 이 이론에 따르면 숲이 줄어들고 초원은 넓어졌으며 인류 조상은 사바나를 걷게 됐다. 그 과정에서 직립보행을 하고 도구를 사용하며 육식을 하게 됐다. 반면 친척 유인원들은 줄어들어 마지막 남은 숲에 머물렀다. 하지만 마이오세의 우림이라는 아이디어는 불충분한 데이터에 기대고 있었다. 나무 화석이 나온 한두 개 발굴지에 대한 데이터가 아프리카 전체를 대표한다고 가정한 것이다. 이런 가정은 틀린 것으로 밝혀졌다. 마이오세 우림이 해변에서 해변으로 이어졌다는 가설은 물론, 거기 유인원이 살았다는 가설도 오류였다.

1970년대에 고기후학이 마침내 진지한 과학 연구의 주제가 됐다. 심해 시추를 통해 고대 지층의 탄소 및 산소 동위원소를 연구하면서 고대 기후의 장기 패턴이 드러났다. 1981년, 남아프리카 연구자 C. K. 밥 브레인은 〈아프리카의 인류 진화—신생대 한랭화의 결과

인가?〉라는 논문을 썼다. 그는 한랭화 경향이 마이오세 후기에 정점에 달하면서 극지의 만년설이 팽창하고, 해수면은 낮아지고, 지브롤터 해협이 닫히고, 지중해는 말랐다고 지적했다. 그는 아프리카 숲이 줄어들고 사바나가 팽창하는 과정에서 직립보행 유인원에게 새로운 서식지가 생겨났다고 추측했다. 그의 논문은 새로운 학문 조류를 만들어냈다. 환경에 변화가 있었다면 그것을 통해 어떻게 인류가 태어날 수 있었는지 생각해낼 이론가는 있었다. 지중해가 마르거나, 범람이 일어나 지중해가 다시 물에 잠기거나, 항로가 막히거나, 산맥이 융기하거나, 지구 기온이 변화하거나, 화산이 폭발하거나, 지구의 자전 주기가 변화하거나 등등. 하나의 반복되는 주제는 건조한 사바나의 팽창이었다. 500만 년 전, 250만 년 전, 100만 년 전 등으로 추정 시기는 다양했다.

1990년대에 사바나 이론은 첫 번째 어려움에 처했다. 아르디피테쿠스 라미두스와 오스트랄로피테쿠스 아나멘시스같이 여전히 나무 위에서 생활하던 초기 인류 조상이 발견됐다. 화석은 가장 먼저, 가장 큰 목소리로 말한다. 아르디피테쿠스 화석은 나무 화석과 잎을 먹는 쿠두, 그리고 원숭이나 다람쥐처럼 나무 위 생활을 하는 동물 화석 옆에서 발견됐다. 모두 '폐쇄적인, 숲 중심의 서식지'에 살았다는 증거였다. 화이트는 인류 진화를 기후변화의 결과로 설명하는 환경결정론에 대해 오랫동안 회의적인 반응을 표해왔다. 마찬가지로 러브조이도 초원에서 이족보행이 유래했다는 이야기에 의혹을 품고 있었는데, 그는 인류 조상이 나무 밑에서 이족보행에 도달했다고 믿었다. 플라이오세 탐사 임무는 아르디라는 유명한 목격자와 함께 사바나 이론을 시험대에 서게 했다.

발굴팀은 많은 화석과 기타 데이터를 이용해 아르디가 살던 세상을 다시 창조할 수 있었다. 우선 지질학 탐사를 통해 모든 뼛조각이 발굴된 연대와, 임무 전반이 이뤄진 기반암을 알 수 있었다. (화석 연구는 지질학에 기반하는데, 아이러니하게도 인류 기원 분야의 '록 스타'는 실제로는 암석rock 전문가가 될 수 없다.) 거대한 규모의 연구가 아라미스에서 시작됐다. 지질학 팀은 알리세라의 황무지로 가서 고인류학 연보에 나온 고대 지층 가운데 가장 잘 기록된 지층을 연구하기 시작했다. 센트럴 아와시 콤플렉스는 단층이 쪼개지면서 거의 500제곱킬로미터 넓이에 걸쳐 퍼져 있었다. 250미터 두께의 지층 단면 중단 한 곳도 온전히 보존된 곳이 없었다. 대신 일부 지층은 이곳에, 다른 지층은 저곳에 노출돼 있었다. 지질학자들은 여기저기를 오가며 판 구조가 갈라놓은 지층을 재구성하려고 애썼다.

지퍼맨이 1992년 채집한 재는 시작에 불과했다. 다섯 번이 넘는 현장 발굴 시즌 동안 지질학자들은 수백 개의 재 및 용암 시료를 수집했고, 560만 년 전에서 390만 년 전 사이에 형성된 열두 개의 화산재 층을 구분해냈다. 버클리 지질연대학센터 폴 르네 교수와 그의 연구팀은 이 지층들의 연대를 두 번째 연대표와 연결시켰다. 바로 암석의 자기장 방향이었다. 지구의 자기장 방향은 주기적으로 저절로 역전된다. 지질학자들은 셀트럴 아와시 콤플렉스 지역에서 이런 지자기 역전 현상이 여덟 차례 일어났다는 사실을 발견했다. (아르디피테쿠스 라미두스가 땅 위를 걸어 다닐 때, 나침반 바늘은 오늘날처럼 북쪽이 아니라 남쪽을 가리켰을 것이다.) 더구나 지구화학적 '지문'은 지역에 따라 암석과 잘 일치했다. 또 화석이 풍부한 노두가 다른 노두와 정말 같은 시기에 속하는지도 보여줬다. "남김없이 알아냈어요." 지질학자 기다이 월데가브리엘이 설명했다. "몰라서 운에 맡겨야 할 부분이 하나도 없었어요." 이 모든 증거로, 그 지역에서 수집한 모든 화석의 연대는 10만 년 이내의 오차 범위에서 정확하게 연대를 맞힐 수 있었다. 오랜 과거의 것치고는 놀랄 만큼 정확한 것이었다.

층서학 연구를 통해, 지구대가 서서히 벌어지고 낮아지는 동안 이 고대 계곡 지역이 어떻게 변화했는지 밝힐 수 있었다. 지층은 땅의 진화를 증명했다. 고대의 호수와 빠르게 흐르는 강, 폭발적인 화산 분출, 용암의 흐름 등등. 440만 년 전, 그 지역의 풍경은 강이 자주

화석 발굴팀은 풍화된 지표에 노출된 화석을 찾기 위해 아라미스 지역을 여러 해에 걸쳐 돌아다녔다. 1996년 발굴팀이 아라미스 지역을 탐사하고 있는 모습.

넘치는 바람에 붉은 점토를 퇴적시키는 범람원으로 바뀌었다. 그 층이 바로 화석이 풍부하게 출토되는 '갈라'와 '다암 아아투' 지층 사이의, 재가 발견된 지층이다. 방사성 연대 측정 결과 두 층은 440만 년 전에 형성된 것으로 나타났는데, 이로써 연구팀은 플라이오세 아프리카의 매우 짧은 기간을 스냅사진처럼 집중적으로 살피게 됐다. 기껏해야 수백 년에서 수천 년 정도의 찰나의 기간을 말이다.

이 지층은 아라미스 주변에 조각조각 흩어진 채 노출돼 있었다. 다른 곳에 있는 많은 화석 발굴지처럼, 뼈들은 흐르는 물에 의해 퇴적됐고 다른 서식지에서 온 동물들이 그 뼈들을 뒤섞었다. 하지만 고대 아라미스에서는 범람한 물이 느리게 흘러 고운 점토에 뼈들이 묻히게 했을 뿐, 그것들을 이동시키지는 않았다. 즉 화석이 해당 동물이 죽은 곳에 그대로 머물러 있었기에 그 동물의 서식지를 정확히 추적할 수 있었다. 10년 동안, 발굴팀은 침식된 지표에 노출된 화석 조각을 수집하러 갔다. 이렇게 모은 화석이 15만 점이나 됐다. 대학원생 데이비드 데구스타는 자신이 참여한 마지막 발굴을 떠올리면서, '끝없이' 기어 다니며 땅을 샅샅이 훑었던 그 작업에 대해 이렇게 설명했다. "어떻게 화석이라곤 거의 하나도 없는 지표 상태가 됐는지 놀라웠어요. 화이트와 저는 '만약 다른 고인류학자들이 여기 온다면 우리가 일부러 발굴지 좌표를 잘못 알려줬다고 생각할 것 같다'고 농담을 했어요."

그 많은 화석 가운데 6000개만 종이나 속으로 구분할 수 있었다. 나머지는 너무 파편이라 분류가 불가능했다. 긴뼈들은 끝부분이 없었는데, 육식동물이 관절부의 해면 조직을 씹어 먹었기 때문이었다.

많은 화석에서 나선형 조각이 발견됐는데, 이는 화석의 주인공이 죽은 지 얼마 안 돼 뼈가 부서졌다는 뜻이었다. 일부 뼈들에는 시체를 먹는 설치류의 이빨 자국이나 벌레가 뚫은 구멍이 나 있었다. 어떤 화석들은 세 종의 하이에나, 거대한 곰, 고양잇과 맹수, 그리고 네 종의 돼지가 파괴한 것으로 추측됐다. 일부 화석들에는 육식동물의 소화관을 통과하면서 산에 부식된 흔적이 남아 있었다. 아르디피테쿠스의 어금니 화석 하나도 그랬다.

작은 동물의 뼈는 본래 형태를 유지한 채 남아 있는 경우가 많다. 박쥐나 뾰족뒤쥐, 쥐 등 소형 포유류들은 포식자에게 통째로 잡아먹힐 수 있는데, 이들은 가치 있는 정보를 제공해준다. 특정 종은 숲이나 초원 등 특정 서식지에서만 살 수 있기 때문이다. 아르디 화석이 나온 곳 100미터 떨어진 지역에서, 발굴팀은 '마이크로포나 microfauna(좁은 범위의 동물상 – 옮긴이)의 증거' 및 1만 개 이상의 작은 화석들을 발굴했다. 발굴팀은 화석의 흙을 털고 캠프 옆 강에서 체로 거른 뒤 햇볕에 말렸다. 박물관에 돌아온 뒤엔 현미경과 핀셋을 든 전문가들이 작은 물건 위에 올릴 수 있을 정도로 작은 치아와 턱뼈, 기타 뼈들을 분류했다. 새 전문가들은 작은 동물 화석이 집중된 점을 들어 올빼미가 토해낸 먹이나 배설한 둥지의 잔해가 아니겠냐고 의심했다. 그들은 그 고대의 올빼미도 찾았는데, 바로 티토*Tyto*라고 불리는 종이었다.

아라미스 주변 모든 지역에서 발굴팀은 탄산칼슘으로 된 두꺼운 판을 발견했다. 물이 표면 근처에서 빠르게 증발하는 환경에서 형성되는 광물화된 지층이었다. 그 암석들은 아르디가 살던 세상의 잡다한 물건들을 보존하고 있었다. 돌이 된 나무와 씨앗, 달팽이, 쇠똥구리 알, 노래기, 동물이 판 굴, 개미굴, 원숭이 머리뼈, 심지어 바로 어제 부화한 듯 보이는 부서진 알 껍질도 있었다.

모든 데이터는 아르디의 과거 생태계를 묘사할 새로운 그림의 픽셀을 이뤘다. 이런 연구 과정은 정말 너무하다 싶을 정도로 느렸다. 대중은 에덴동산의 진화 버전 이야기에 열광했지만 그곳의 선악과와 뱀, 그리고 그 밖의 동물들에 대해 관심을 갖는 사람은 거의 없었다. 인류 조상으로 구분되는 화석은 2퍼센트 미만에 불과했고, 그 외 모든 화석은 무시하는 게 편하고 가성비도 좋았다. 연구를 이끄는 사람들에게도 다른 화석들은 성가실 수 있었지만, 화이트는 임무 중간에 이렇게 말했다. "사람들은 나머지 화석에 대해선 관심이 없으니까 내가 만약 '좋아요, 규칙을 정해요. 우리는 결국 인류학의 지원을 받으니 호미니드만 연구하고 조류와 연체동물, 돼지 따윈엔 신경 꺼요'라고 말한다면 일은 쉬워지겠죠. 하지만 그렇게 하진 않을 거예요."

각 동물은 모두 과거의 증거였다. 가장 풍성한 것은 우제류인 솟과 동물로, 많은 종으로 분화된 이들은 서식지에 대한 풍부한 정보를 주는 지표였다. 윌더비스트wildebeest나 가젤, 오릭스 등 빨리 달리는 초식동물은 탁 트인 초지, 워터벅은 호수나 강가, 나선형 뿔을 가진 쿠두는 나무로 덮인 지역을 암시했다.

발굴팀의 솟과 전문가는 예일대학의 엘리자베스 브르바였다(경력 초창기에는 C.K. 브레인 밑에서 일하기도 했다). 브르바는 20세기 후반에 환경이 진화를 이끈다는 아이디어를 그 어떤 인물보다 강력히 지지

한 인물로, 반복되는 기후 '펄스'가 종의 분화와 멸종을 폭발적으로 이끌었다고 가정했다. 브르바는 마이오세 말기에 이 같은 기후 유도 펄스가 인류 계통을 낳았다고 이론화했다.

화이트는 연구자로서 브르바를 높이 인정했지만, 그 이론은 믿지 않았다. 둘 다 논쟁이 오직 화석을 통해서만 해결된다는 데에는 합의한 상태였다. 브르바는 미들 아와시 팀에 솟과 전문가 자격으로 합류했다. 1990년대 어느 날, 두 연구자는 에티오피아 박물관의 아라미스 화석 컬렉션 앞에 앉았다.

브르바가 뼈를 집어 들었다. "이건 하테비스트속alcelaphine(윌더비스트, 하테비스트 등이 속한 우제류-옮긴이)이군요." 넓은 초원을 빠르게 달리는 동물이었다.

"가져와서 여기 놔봐요." 화이트가 말했다.

"호미니드 층에서 나온 건가요?" 브르바가 물었다.

"맞아요." 화이트가 답했다.

브르바가 미소를 지었다. "아하. 그럼 하테비스트가 거기 있었겠군요. 좋네요. 탁 트인 초지, 아마 범람원 옆이었겠죠."

하지만 그 화석이 나온 곳은 아르디가 살던 전형적인 장소와는 달랐다. 잎을 먹는 트라겔라푸스속(쿠두 등)이 풀을 먹는 하테비스트속보다 60대 1 정도로 많은 곳이었다. 화석 컬렉션을 놓고 곰곰이 생각하다, 브르바와 데구스타는 솟과 동물의 정강뼈를 이용해 서식지 선호도를 추론할 수 있는 방법을 개발해냈다. 숲에 사는 동물들은 나무 사이를 달리기 위해 다리가 튼튼했고, 초원의 솟과 동물들은 직선으로 빠르게 달리는 데 유리한 형태였다. 데구스타는 이런 신체 설계 차이를 지프와 개조한 경주용 차에 비유했다. 아라미스에서 나온 화석 대부분은 숲에 적응한 지프 같았다.

발굴팀은 9킬로미터 넘게 펼쳐진 노두에서 화석을 수집했다. 호 모양의 노두 가운데 4분의 3(아르디피테쿠스 화석이 집중적으로 나온 지역)은 최소한 부분적으로라도 숲으로 덮인 풍경이었던 것으로 보였다. 쿠두는 이 지역에서 나온 치아 화석의 40퍼센트를 차지했다. 콜로부스원숭이와 개코원숭이는 거의 30퍼센트로 나타났다. 가장 흔하게 발견되는 새는 공작이나 앵무새 등 삼림지대에 사는 종이었다. 남동쪽은 좀 더 넓게 트인, 풀이 덮인 물가였던 것으로 추정됐다. 여기에서 연구자들은 하마나 악어, 거북 등 수생동물의 화석을 발견했다. 아르디피테쿠스 화석은 발견하지 못했다.

고대 토양에서 더 많은 증거가 발견됐다. 대부분의 식물은 C_3와 C_4로 알려진 두 가지 광합성 가운데 하나를 사용한다. 오늘날의 C_3 식물은 키 큰 나무(교목)와 키 작은 나무(덤불 나무), 초본식물, 채소, 과일, 그리고 일부 음지에서 자라는 볏과 등이 있다. C_4 식물은 열대 볏과와 무더운 지역에서 자라는 사초속이 있다. 이 두 가지 광합성 과정은 다른 비율의 탄소 동위원소를 남기기 때문에 숲이 우거진 환경(C_3)이나 풀이 우세한 환경(C_4)을 나타내는 지시자로 널리 활용된다. 일리노이대학 어배너섐페인 캠퍼스의 동위원소 전문가 스탠 앰브로즈는 아라미스 발굴지를 파헤쳐 440년간 햇빛을 보지 못한 깨끗한 토양 시료를 채취했다. 연구실로 돌아와 분석한 결과, 아르디피테쿠스 라미두스가 살았던 지역은 C_3 흔적이 강했다. 이는 아르디 종이 숲이 우거진 환경을 선호했다는 뜻이다.

치아 에나멜은 먹었던 음식물을 짐작하게 해주는 동위원소 단서를 품고 있다. 풀을 뜯는 말은 C_4 흔적을 보일 것이고, 과일을 먹는 침팬지는 C_3 흔적을 보일 것이다. 두 식물을 모두 먹는 동물은 혼합된 결론을 보일 것이고, 육식동물은 먹잇감의 경향을 따를 것이다. 화이트는 177개의 포유류 치아 화석을 골라 에나멜 시료를 채취했다. 그리고 그것들에 숫자만 매겨 앰브로즈에게 보냈다. 이후 숫자와 이름을 맞춰볼 시간이 왔다. 화이트는 일부러 아르디피테쿠스 치아 화석 시료를 돼지 치아 화석 시료라고 하여 앰브로즈를 속인 상태였다. "이 블라인드 테스트의 신용도를 떨어뜨릴 위험"을 제거하기 위한 조치였다. 당시는 치아 동위원소 분석 기술이 신종 기술이었기에, 보수적인 화이트로서는 그 기술을 신뢰하지 않았다. "뭐, 그래서 앰브로즈를 속인 거죠." 화이트가 인정했다. 결과가 나왔을 때 화이트는 앰브로즈에게 '돼지'를 '아르디피테쿠스'로 바꾸라고 했다. 알게 된 사실은 다음과 같았다. 아르디 종은 주로 C_3 식물을 먹고 살았다는 것(숲에 사는 침팬지처럼). 즉 주로 숲에서 먹고 살다 죽었다는 것.

연구자들은 확보한 모든 데이터를 통해, 아르디피테쿠스 라미두스가 숲에 살았다는 결론을 내렸다. 초지는 아니었다. 나무가 있는 초지도. 17년간의 연구 끝에 내놓은 최종 보고서에서 검사와 같은 목소리 톤을 발견하기란 어렵지 않았다. "초지 환경은 초기 호미니드의 진화를 이끈 주요 동력이 아니었다." 매체들이 17년간의 연구 결과를 앞다투어 보도하는 가운데, 화이트는 사바나 가설의 종말을 선언했다.

논문의 일부 공저자들조차 이런 공격적인 결론에 불안해졌다. 왜냐하면 플라이오세 탐사 임무에서 얻은 정보는 좀 더 미묘한 뉘앙스의 관점을 지지할 수 있었기 때문이다. 미들 아와시 토양은 식물석phytolith(식물 조직, 특히 풀 조직이 들어 있는 규소 수화물형의 광물성 입자-옮긴이)을 많이 포함하고 있었다. 그리고 대부분의 시료는 절반은 볏과, 절반은 사초속이었다. 고식물학자들은 이를 바탕으로 이 지역의 40~60퍼센트가 초지로 덮여 있었다고 해석했다. "팀 화이트는 우리의 결과를 받아들이지 않았어요." 프랑스 연구자 레이몽드 본피유가 말했다. 본피유는 지도하는 학생인 도리스 바르보니와 함께 연구에 참여했다. 본피유가 말했다. "화이트는 충분히 객관적이진 않았어요. 저는 편견이 없었고요. 화이트에게 말했죠. '화이트, 우리는 시료 50개를 갖고 있어요. 그중 하나가 그런 결과를 보인 게 아니라 50개 전부가 식물석을 갖고 있어요! 초지가, 광범위한 초지가 있었을 거예요'라고." 하지만 화이트와 그의 동료들은 식물석보다 화석을 더 신뢰했다. 미세한 식물석 입자는 모든 곳에서 나올 수 있지만(실제로 해저를 시추해도 발견할 수 있다), 뼈 화석은 동물이 죽은 곳에만 머물러 있는 경우가 많아 더 신뢰성이 높다. 오랜 내부 논쟁 끝에, 발굴팀 리더들은 식물석을 신뢰할 수 없다고 결론 내렸다. 본피유에게는 경악스러운 일이었다. 식물석 데이터는 논문 보충 자료에 두루뭉술하게 언급되었을 뿐 주요 분석에서는 강조되지 않았다. 나중에 비판가들은 아르디가 살았던 환경이 발굴팀이 묘사했던 것보다는 초지가 많고 숲은 적었다고 주장하기 위해 그 보충 자료 정보를 이용했다.

마침내 논쟁은 (곤란한 일들이 자주 그렇듯) 부분적으로 의미론의 문제가 되었다. '사바나'라는 용어는 나무가 없는 초지부터 최대 80퍼센트가 나무로 덮인 빽빽한 삼림지대까지 포괄하는, 다양한 식생과 강우량을 지닌 지역을 가리켜왔다. 열대나 아열대 지역 절반 정도가 사바나로 분류될 수 있었다. 그렇다면 인류 조상이 사바나에서 진화했다는 말은 인류가 육상에서 진화했다는 말과 크게 다르지 않았다. 즉 큰 의미가 없는 말이었다. 유네스코는 이렇듯 그 용어가 모호하기에 사용을 꺼렸다. 하지만 인류학자들은 예전부터 널리 쓰이던 그 용어를 폐기하고 싶지 않았기에, 자신들이 생각하는 뜻이 무엇인지를 놓고 하찮은 말다툼이 일어날 수밖에 없었다. 아르디처럼 숲에 살며 두 발로 걸었던 인류는 사바나라는 용어의 정의에 따라 사바나 이론을 지지하는 증거도, 그 반대의 증거도 될 수 있었다. 따라서 당연히, 몇 년 뒤 플라이오세 탐사 임무가 대중에게 알려졌을 때 논쟁이 벌어질 수밖에 없었다.

지난 40년 이상, 고기후학 연구는 패러독스를 양산해왔다. 기후 데이터가 점점 선명해질수록 기후가 진화에 미친 영향은 흐릿해져 갔다. 고기후학 연구 붐으로 지질시대에 따른 아프리카의 강수와 온도, 식생 기록이 상세히 제시되었다. 그 결과 알게 된 이야기는 전혀 단순하지 않았다. 동아프리카의 기후와 식물 생태는 지구대에 큰 호수가 형성되는 우기와 해안가 해저에 퇴적물이 쌓이는 건기가 반복될 때마다 급격한 변화를 겪었고, 때로는 두 시기를 동시에 겪으며 혼란스러운 모습을 보였다. 꽃가루 연구를 통해서는 초본과 목본, 사막 식물의 비율 변화를 알 수 있었다. 장기간에 걸쳐 여러 지역에서 공통적으로 나타나는 경향이 일부 눈에 띄었다. 마이오세 기간 동안의 전반적 기온 하강, 이산화탄소 농도 하강 경향, C_4 초본식물의 극적인 팽창 등이었다. 동아프리카에서의 큰 이벤트의 시작은 650만 년 전 나무 식생의 후퇴였다. 250만 년 전에는 C_4 초본식물의 팽창과 동시에 다시 한번 숲이 줄어들었다(이 이벤트는 호모속의 등장 및 석기의 발달과 관련이 있었다). 그럼에도 불구하고 전체적으로 단순한 해석은 나오지 않았다. 오히려 드러나는 것은 모자이크 같은 다양한 서식지가 끝없이 변화하고 사라지는 모습, 아프리카 전반이 아닌 국지적 환경에 영향을 미치는 요소들이었다. 기후가 인류 진화를 이끌었다는 한 편의 완결된 이야기를 위한 여정은 완수되지 못한 채 남게 됐다.

과거의 가정과는 반대로, C_4 식물의 번성조차 초지 확장과 숲 축소를 나타내는 단순한 지표로 더 이상 여겨지지 않는다. 동아프리카에서 해저 코어를 통해 확인된 퇴적물은 혼란스러운 모순을 보여줬다. 볏과 식물 화분 수치가 줄어드는데 C_4 수치는 늘어났다. 왜 초본의 화분 수치가 떨어지는데 C_4(오랫동안 마른 땅에 자라는 초본식물의 지표로 사용된)가 늘어나는가? 단순히 목본에서 초본으로의 변화가 이루어진 게 아니었다. 어떤 한 종류의 초본에서 다른 초본으로의 변화가 이루어진 것이었다. C_4 식물이 C_3 초본식물을 대체했다. "C_4의 확산은 초지 지역의 확장 없이 이루어졌어요. 그 둘은 아주 다른 이야기예요." 서던캘리포니아대학 지구과학과 교수 세라 피킨스가 말했다. 하지만 사람들은 처음에는 이 이야기를 놓쳤다. 오늘날의 환경이 먼 과거의 모델이 될 수 있다고 가정했기 때문이다. 하지만 잘못된 생각이었다. 종도 마찬가지지만, 현재가 항상 과거 세계에 대한 신뢰할 만한 비교 대상이 되어주는 것은 아니다. "오늘날 아프리카 저지대에는 C_3 식물로 된 초지가 없어요." 피긴스가 덧붙였다. "마이오세는 오래전이고, 생태계 일부는 오늘날과 다를 것이라고 생각해야 합니다." 그렇다면, C_3 숲 대 C_4 초지의 구도는 잘못된 이분법이라고 할 수 있다. 사바나 패러다임은 "이미 죽었어야 할 패러다임"이라고 피긴스가 말했다.

"정말 이상해요. 데이터가 바로 그 논문에 있는데, 그 패러다임이 아직 안 죽고 있어요." 피긴스는 혼잣말하듯 웅얼거렸다.

오늘날의 고기후학 데이터에 따르면, 과거의 상상과는 달리 마이오세 아프리카는 우거진 숲이 아니었다. 그보다는 상록수림과 낙엽수림, 그리고 초지가 모인 곳이었다. 마이오세에 살았던 대부분의 유인원들은 폐쇄된 숲이 아니라, 부분적으로 트인 곳이 있는 숲 사바나 환경에서 생활했다. 그리고 인류 계통은 자신만의 길을 가기 오래전에 땅에서 많은 시간을 보냈다. 그러므로 인류 계통의 발생은 단순히 초본의 갑작스러운 등장이나 숲의 소멸 때문에 일어난 게 아니었다. 유인원이 갑자기 지상에 내려온 탓도 아니었다. 초지가 점차 숲을 대체했다는 아이디어는 신화이고, 인류 진화의 환경적 맥락은 훨씬 더 복잡하다. 사바나 이야기는 인류의 결점을 다시 상기시켰다. 나무 몇 그루만 볼 수 있으면서 숲 전체를 설명하려고 하는 결점 말이다.

17장

화석 수확

아르디피테쿠스와 아르디의 주 광맥을 발견한 일로 발굴팀은 예정보다 몇 년 더 아라미스에 머물렀다. 플라이오세 탐사 임무가 미완으로 남았기에, 발굴팀은 인류가 진화했던 또 다른 기간을 위한 새로운 탐사를 시작하며 원대한 목표를 추구하기로 했다. 바로 원숭이에서 사피엔스까지 인류의 역사를 밝힌다는 목표였다.

뼈 화석으로 덮인 미들 아와시 지역에, 화이트가 촬영해 앨범에 담고 싶어하는 600만 년간의 진화 역사가 보존돼 있었다. 발굴팀은 다윈의 생명의 나무를 뼈로 채워 한 번도 보지 못한 새로운 인류 가족 구성원을 밝히고자 했다. 1997년, 발굴팀은 새로운 고대 인류 두 종을 포함해 연대가 500만 년에 걸쳐 있는 주요한 발견을 잇달아 해냈다. 이 발굴 시즌 동안 이들은 열광적으로 현장 발굴에 임했을 뿐 아니라, 모든 발견을 최고 걸작으로 만들고자 하는 추진력을 발휘했다. 그리고 이들의 발견은 일부 동료 연구자들 사이에서 파문을 일으켰다.

큰 성공은 재난으로 시작했다. 수 세기 동안 에티오피아 소작농들은 계절에 따른 달력에 맞춰 살았다. '키렘트Kiremt'라는 우기는 6월부터 9월 사이였다(에티오피아가 역사적으로 기근에 취약한 이유 중 하나는 우기가 짧기 때문이다). '베가Bega'라는 수확 시즌은 기후가 건조해지는 10월경 시작되는데, 이때 농부들은 수확을 하고 화석 사냥꾼들은 뼈를 발굴하러 아파르 저지대로 향한다. 1997년, 강우량이 정상적이지 않아 에티오피아는 가뭄과 기근이라는 불행을 견뎠다.

그 이후엔 홍수가 났다. 건기가 시작됐어야 할 10월, 동아프리카 전역에 큰 비가 내리기 시작했다. 이상 기후 패턴인 엘니뇨와 인도양 다이폴이 동시에 강타해 최악의 폭풍을 불러왔다. 비가 가득 찬 고지대에서 흘러내린 유출수가 너무 많아 투르카나 호수와 빅토리아 호수 수위가 2미터 가까이 높아졌다. 동아프리카 전역에서 6000명 이상이 사망했다. 에티오피아에서는 홍수로 농작물이 망가져 수확에 차질을 빚었으며, 가축도 수없이 죽었다. 정부와 국제 구호 기구의 빠른 도움만이 또 다른 기근을 막을 수 있었다.

아디스아바바에서, 미들 아와시 팀은 박물관에 진을 치고 앉아 안개 낀 창밖을 바라보며 발굴 시즌이 속절없이 줄어드는 모습을 지켜보고 있었다. 다시 현장에 갈 방법을 찾고 싶었던 베르하네는 분위기를 보기 위해 밖으로 나갔다가 불어난 강물에 고속도로가 막힌 것을 발견했다. 며칠 뒤, 발굴팀은 지구대의 서쪽 단층면을 내려가 자동차가 한 대도 가본 적이 없는 지역으로 향하는 새 길을 개척했다. 그들은 화석 발굴지에 가기 위해 수풀을 자르고, 불어난 강을 건넜

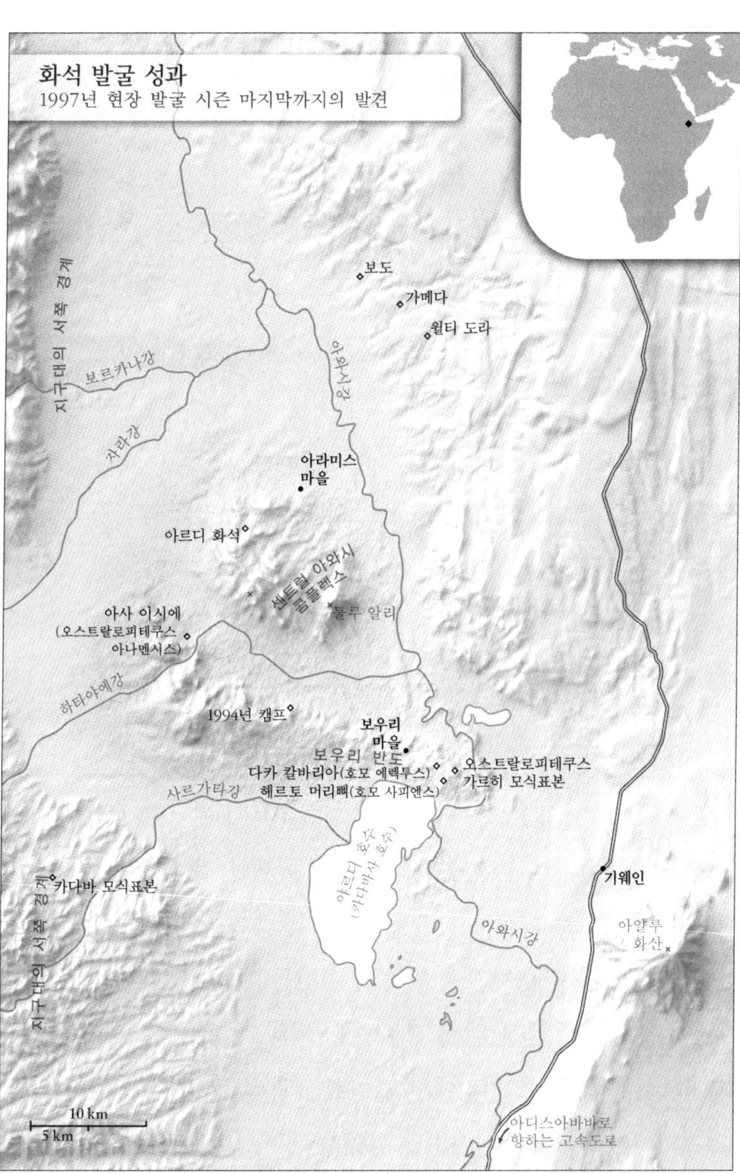

화석 발굴 성과
1997년 현장 발굴 시즌 마지막까지의 발견
보도
가메다
윌티 도라
지구대의 서쪽 경계
보르카나강
자라강
아와시강
아라미스 마을
아르디 화석
센트럴 아와시 콤플렉스
둘루 알리
아사 이시에 (오스트랄로피테쿠스 아나멘시스)
하타야예강
1994년 캠프
보우리 마을
보우리 반도
다카 칼바리아(호모 에렉투스)
헤르토 머리뼈(호모 사피엔스)
오스트랄로피테쿠스 가르히 모식표본
사르가타강
아르디 호수 (야디바사 호수)
기웨인
아얄루 화산
카다바 모식표본
지구대의 서쪽 경계
아와시강
10 km
5 km
아디스아바바로 향하는 고속도로

발견의 땅 아와시

종	연대	미들 아와시에서 이뤄진 주요 발견	장소
호모 사피엔스	16만 년 전	헤르토 머리뼈, 1997년(헤르토)	보우리 반도
호모 에렉투스	100만 년 전	다카 칼바리아, 1997년(다카)	보우리 반도
오스트랄로피테쿠스 가르히	250만 년 전	모식표본 머리뼈, 1997년	보우리 반도
아르디피테쿠스 카다바	580만~550만 년 전	모식표본, 1997년	서쪽 경계

으며, 모기떼를 견디는 나흘간의 강행군을 했다. 새 경로에서, 한 아파르 족장이 도로 폐쇄 표지판을 세우고는 죽이겠다고 협박했다. 그는 그 길을 자신이 통행료를 받는 길로 만들고 싶어했다.

홍수로 불어난 물로 인해 경로는 다 막혔고, 왔던 길도 마찬가지였다. 발굴팀은 목표 지점에서 고립됐는데, '보우리'라는 융기한 반도 지역이었다. 보물섬이 될 것 같았다. 길이 10킬로미터, 넓이 4킬로미터의 풍부한 퇴적층을 지닌 그곳 지층에는 250만~10만 년 전의 화석이 풍부했다. 그 기간은 호모속이 존재했던 기간과 거의 일치한다. 오스트랄로피테쿠스가 어떻게 호모속으로 진화했는지는 여전히 알려진 게 없고, 마지막 종 사피엔스의 등장 역시 그랬다.

조사 첫날, 발굴팀은 헤르토Herto라는 아파르 마을을 지나갔다. 풀로 짠 멍석이 밖으로 나와 있고, 빈 헛간이 갈비뼈처럼 휑뎅그렁하게 서 있는, 으스스한 분위기의 버려진 마을이었다. 폭풍은 유목민을 몰아냈고, 가축 똥과 발굽으로 어지럽혀진 땅을 씻어내 화석이 드러났다. 화이트는 땅에 드러난 1미터 길이의 하마 머리뼈를 발견했다. 자세히 보니 그 머리뼈에 크게 절단된 자국이 있었고, 이는 근처에서 하마를 도축한 사람 화석이 발견될 수 있다는 단서였다. 그 반도에서 가장 최근에 형성된 퇴적층 위에 지어진 마을 헤르토는(연대는 20만 년 이내), 그로 인해 초기 호모 사피엔스를 찾는 가장 중요한 발굴 지점이 되었다. 1987년, 버클리의 생화학자들은 모든 현생 인류의 미토콘드리아 DNA가 20만 년 전 아프리카에 살았던 한 명의 모계 조상으로부터 유래했다고 발표했다. "미토콘드리아 이브"라고 불리는 조상이다. (이 발견은 게놈의 일부분에 근거했고, 조상 인구집단이 작다는 잘못된 예측으로 이어졌다. 하지만 전장 게놈을 이용한 보다 최근 연구에 따르면, 우리는 많은 인구집단을 지녔던 계통의 후손이다.) 그 시점에서 초기 사피엔스의 유골은 여전히 희귀했고, 헤르토는 그것을 찾을 기회가 있는 곳이었다.

발굴팀은 나중에 헤르토로 돌아와 세 개의 호모 사피엔스 머리뼈를 발견했다. 연대는 16만 년 전으로 측정됐다. 이 머리뼈들은 우리가 속한 종 화석 가운데 가장 오래된 화석이라는 타이틀을 금세 거머쥐었다. 발굴팀은 이것들에 대해 "해부학적으로 보아, 현생인류의 직접적인 조상일 가능성이 있다"고 설명했다.• 하지만 무언가 이상해 보였다. 왜 목 아래의 뼈는 남지 않았을까? 이 미스터리는 연구실에서 더 섬뜩해질 것이다. 하지만 먼저 찾아야 할 게 더 많았다.

보우리 다른 지역에서, 발굴팀은 250만 년 전의 이상한 머리뼈를 발견했다. 오스트랄로피테쿠스에서 호모속으로 전환되는 과정을 밝히기에 딱 맞는 연대였다. 아무도 예상하지 못했던 문제를 제외하면 말이다. 초기 호모속은 오스트랄로피테쿠스보다 작은 어금니를 가졌을 것으로 예상됐다. 하지만 이 이상한 보우리 화석의 주인공은 매우 큰 어금니와 앞어금니, 앞으로 돌출된 입을 지녔으며 호모속으로 분류하기엔 두뇌가 너무 작았다. 발견자들은 이 종에게 오스트랄

• 헤르토 머리뼈는 인류가 아프리카에서 얼마나 최근에 기원했는지를 둘러싼 격렬한 논쟁에서 핵심 증거가 됐다. 초기 호모속은 200만 년 전에 아프리카를 떠나 아시아와 아프리카에 퍼졌다. 문제는, 우리 인류 가계의 옛 구성원(네안데르탈인 포함)이 유라시아에 남아 현생인류가 됐는가, 아니면 나중에 아프리카 사피엔스가 그들을 대체했는가이다. '다지역 연계론자multi-regionalists' 학파는 현생 사피엔스가 아프리카와 아시아, 유럽에서 동시에 진화했다고 주장한다. 이와 대립한 학파는 '아프리카 기원론recent African origins' 학파(설립한 인물 중 데즈먼드 클라크도 있다)라고도 하는데, 그들은 현생인류가 좀 더 최근에 사하라 이남 아프리카 인구집단으로부터 진화해 앞선 고대 사촌들을 대체했다고 봤다. 초기 DNA 연구는 아프리카 기원론 진영을 뒷받침했고, 헤르토 머리뼈 화석은 좀 더 강건한 네안데르탈인과 해부학적으로 분명한 차이를 보이는 초기 사피엔스의 첫 번째 신체적 증거가 됐다. 하지만 2010년 이후 출판된 연구 결과를 보면 진실은 더 복잡하다. 우선 사피엔스와 네안데르탈인, 그리고 유라시아의 다른 고대 인류 조상 사이에 일부 이종 짝짓기가 일어났다. 둘째, 전장 게놈(1980년대에 분석된, 제한된 미토콘드리아 게놈보다 훨씬 큰 것)에 대한 보다 자세한 분석에 따르면, 조상 인구집단은 한 곳에서 유래한 하나의 계통이 아니라 여러 갈래였다. 마지막으로, 아프리카와 중동의 다양한 지역에서 발견된 사피엔스 머리뼈는 다른 종들과 구분되는 분명한 '조상' 특징이 아니라 다양한 특성을 보였다. 요약하면, 현생인류는 다양한 여러 인구집단에서 유래해 서로 이종 짝짓기를 하며 뒤섞이다 오늘날의 인류에 이르렀다. 현재 사피엔스로 여겨지는 가장 오래된 화석은 모로코에서 나왔으며, 많은 학자들은 '아프리카 다지역 연계론African multiregionalism'이라는 새로운 모델로 옮겨 갔다. 더 자세한 평가를 위해서는 스트링거가 쓴 〈호모 사피엔스의 기원과 진화〉와 스케리 등이 쓴 〈우리가 속한 종은 아프리카 곳곳에 나뉘어 존재한 인구집단들로부터 진화했는가, 그 사실은 왜 중요한가?〉를 봐야 한다.

로피테쿠스 가르히*Australopithecus garhi*라는 이름을 붙였는데, 뒤의 종소명은 아파르어로 '놀라움'이라는 뜻이다. 이 종은 약 250만 년 전에 등장한 최소 세 종의 인류 친척 중 한 종이었다. 특이한 형태학적 특징에도 불구하고, 발굴팀은 "초기 호모속의 조상이 되기에 적합한 장소, 적합한 시대의 종이다"라고 주장했다. (하지만 일부 동료 학자들은 나중에 가르히가 호모속의 조상 같진 않다고 했다.) 같은 시대에 절단된 자국이 있는 또 다른 동물 화석이 발견됐다. 도구 사용을 암시하는 초기 단서였다. 1997년 초에, 고나 하류 팀은 260만 년 전 석기를 발견했다고 밝혔다. 당시 세계에서 가장 오래된 석기였다.

400만 년 전 아라미스에서 호미니드는 육식동물에 의해 파괴되었다. 200만 년 전 보우리에서는 그들의 후손이 파괴 행위를 시작했는데, 이족보행을 하는 그들은 아르디나 루시와는 달랐다. 호모속은 뇌가 더 컸고 지적으로 더 뛰어났으며 기술이 좋았다. 석기의 날을 세워 살을 발라내고 뼈를 부쉈다. "이 시기는 이가 큰 이족보행 침팬지의 시대죠. 그리고 육식을 하는, 뇌가 큰 호미니드도 나왔고요." 화이트가 1999년에 말했다. 그는 이들을 영장류계의 하이에나에 비유했다. 시체를 뼛조각만 남기고 처리하는 육식동물 무리라는 뜻이었다. 그들은 도구를 사용하는 이족보행 동물로, 동물계에서 대형 육식동물과 경쟁하는 독자적인 생태적 지위를 획득했다. 이런 새로운 지위는 지능과 손재주, 기술, 그리고 사회적 협력에 관한 자연선택을 촉진했다. 연속된 각 지층에서, 호모속이 복잡한 도구•나 문화, 그리고 자멸 등 인간적인 행위를 했다는 증거가 늘어났다.

범람한 물의 수위가 낮아졌을 때, 발굴팀은 다시 한번 놀라운 발견과 마주했다. 아르디보다 더 오래된, 인류 가계의 뿌리에 위치할 화석이었다.

인간과 침팬지의 마지막 공통 조상은 고인류학의 성배로 불린다. 신화의 성배가 그렇듯이 오랫동안 여러 차례 발견됐다는 주장이 제기됐으나 역시 사실이 아닌 것으로 드러났다. 즉 제대로 된 성과는 나오지 않았다. 미들 아와시에서 그 화석을 찾을 최적의 장소는 지구대 서쪽 경계에 있었다. 계단 형태의 언덕들이 이어진 곳으로, 그곳의 가장 오래된 암석의 연대는 인류와 침팬지가 갈라진 것으로 추정되는 마이오세 후기와 대략 일치했다. 미들 아와시 팀은 1996년 NSF에 연구비 지원을 요청하면서 원하는 바를 다음과 같이 분명한 목소리로 이야기했다. "마지막 공통 조상의 유해는 600만~450만 년 전 사이의 퇴적층에서 발견될 것이라고 강하게 예상할 수 있다."

• 도구는 문화를 알려주는 첫 시각적 증거이자 사회적 집단이 공유하는 지식과 신앙, 관습, 그리고 기술을 드러내는 실체다. 도구는 매우 느린 최초의 산업혁명을 보여주기도 한다. "만약 이 고대의 인류가 서로 대화를 했다면, 그들은 같은 말을 하고 또 했을 거예요"라고 데즈먼드 클라크는 익살맞게 말했다. 최초로 발견되는 도구 양식은 올도완Oldowan 양식이라고 불린다. 1997년, 고나 발굴팀은 260만 년 전의 도구를 발견했다고 발표했다. 이는 세계에서 가장 오래된 올도완 석기다(2015년, 다른 연구팀이 330만 년 전 도구를 케냐에서 발굴했지만, 이 발굴 결과에 대해서는 논란이 있다). 170만 년 전쯤 도구 제작자들은 서양배 모양 손도끼로 유명한, 더 발달한 석기 양식인 아슐리안Acheulean 양식을 발전시켰다. 인류가 발견한 가장 오래된 무기는 약 40만 년 전 만들어진 것이다. 아와시 계곡에서는 화석 못지않게 석기에 대해서도 대하소설급의 다양한 발견이 이어졌다. 클라크의 고고학 팀은 여러 해 동안 강 양안에서 올도완과 아슐리안 양식의 석기를 발굴했다. 아파르 마을에서 북쪽으로 얼마 떨어지지 않은 아두마Aduma라는 마을에서, 존 옐렌과 앨리슨 브룩스가 이끄는 또 다른 고고학 팀이 10만~8만 년 전에 만들어진 더 발달한 석기를 발굴했다. 이곳에서는 더욱 섬세하게 제작된 중석기 시대의 찌르개projectile point, 뚜르개perforator, 그리고 돌날blade 등이 나왔다. 아르디 같은 초기 인류가 속한 시대의 석기가 발견된 적은 없다. 유인원은 음식을 얻기 위해 막대와 망치형 석기를 썼다고 알려져 있지만, 그런 도구는 고고학적 기록으로는 거의 남지 않았다.

1997년 홍수 이전에, 발굴팀은 지질학자 기다이 월데가브리엘과 고생물학자 요하네스 하일레셀라시에의 주도로 좀 더 집중적인 탐사를 진행했다. 위성 영상으로 목표 지역을 찾은 뒤, 그들은 30킬로미터의 깎아지른 듯한 산등성이와 절벽, 그리고 너무 깊어 해가 한낮에나 겨우 땅에 드리우는 계곡을 걸어 탐사했다. 탐사 결과, 보우리 대신 그곳을 새 탐사지로 삼아도 될 만큼 화석 발굴 가능성이 높다고 판단했다.

1997년 12월 어느 날 아침, 차량 행렬이 지구대를 가로질러 이동하고 있었다. 그러다가 땅이 너무 거칠어지자 발굴팀은 걸어서 이동하기 시작했다. 요하네스가 천천히 앞으로 나아가며 무전기에 대고 말했다.

"화이트, 들려요? 호미니드를 발견했어요. 호미니드 턱뼈예요."

"호미니드인지 어떻게 알았어요?"

"그야, 호미니드니까요."

사막 표면에 부서진 아래턱뼈가 놓여 있었다. 이는 연대가 580만~540만 년 전 사이로 추정되는 새로운 아르디피테쿠스속의 모식표본이 됐다. 그들은 갑자기 마이오세 기간으로 진입해 아르디의 조상으로 생각되는 화석을 발견한 것이다. 아파르 발라바트(족장)의 아들이 '큰 아버지' 또는 '할아버지'라는 뜻의 '카다바kadabba'라는 종명을 제안했다. 4년 뒤, 발굴팀은 "침팬지와 인류 사이의 공통 조상에 근접한" 새로운 발견을 공표했다. (처음에 카다바는 아르디피테쿠스 라미두스의 아종으로 생각됐다. 하지만 이어진 발견으로 어엿한 종인 아르디피테쿠스 카다바*Ardipithecus kadabba*로 지위가 올라갔다.) 요하네스는 크게

기다이 월데가브리엘이 서쪽 경계 노두 위에서 메모를 하고 있다.

기뻐했다. "누구도 우리가 거기에서 호미니드를 발견할 거라고 생각하지 못했어요. 이제는 모든 사람이 우리가 화석을 발견할 거라고 기대하고 있죠."

하지만 할아버지 화석은 나오지 않았다. 9년간 마이오세 후기 동물군을 집중적으로 발굴한 결과 육식동물과 원숭이, 돼지, 하마, 기린, 말, 그리고 코끼리 등의 화석 2800개를 발굴할 수 있었다. 호미니드 화석은 전체의 0.5퍼센트인 열다섯 조각으로 턱뼈와 여러 종류의 치아, 부러진 손가락뼈와 발가락뼈, 그리고 두 개의 팔뼈가 다였다. 조상의 뼈는 오래된 것일수록 드물었다.

더 오래된 아르디피테쿠스의 발견은 아프리카 내 다른 지역의 마이오세 화석 발굴로 이어졌다. 2000년, 케냐에서 마틴 픽퍼드와 브리지트 세누트가 오로린 투게넨시스*Orrorin tugenensis*('최초의 인류'라는 뜻)라고 불리는, 600만 년 전 호미니드의 치아와 넙다리뼈를 발견했다. 그들은 발견 내용을 몇 주 만에 공개하고 석 달 만에 논문으로 제출했다. 그렇게 오로린 투게넨시스가 마이오세에 이름을 올린 인류 최초의 종이 되었다. 2002년에는 프랑스 고인류학자 미셸 브뤼네가 이끄는 팀이 차드에서 사헬란트로푸스 차덴시스*Sahelanthropus tchadensis*를 발견했다고 보고했다. 그것은 700만~600만 년 전으로 연대가 측정된, 상태가 좋은 머리뼈 화석 형태였다. 사헬란트로푸스가 가장 오래된 인류 종이라는 주장이 나왔지만, 화석에 머리뼈만 있고 몸을 이루는 뼈는 없었기에 아르디는 여전히 가장 오래된 인류 화석

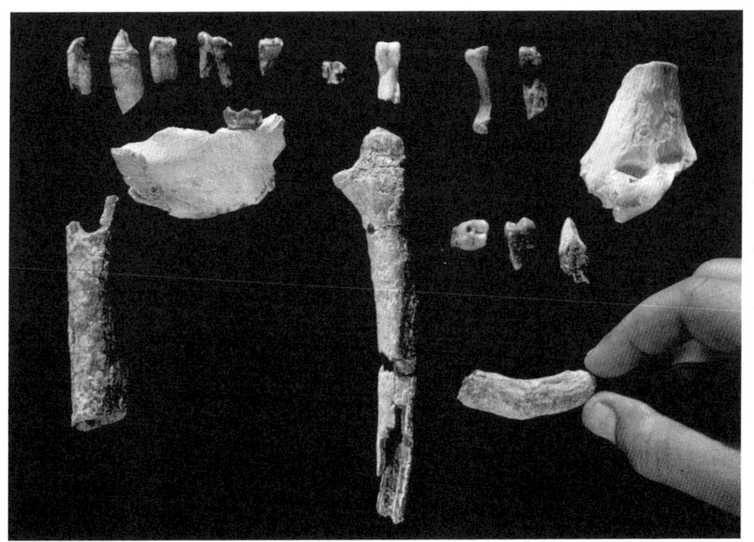

Photograph © 1999 Tim D. White

1999년 발굴된 아르디피테쿠스 카다바 화석 컬렉션. 마이오세의 인류 조상 화석을 찾기 위해 집중적으로 노력한 수년간의 성과는 한 줌의 뼈와 치아 화석뿐이었다. 모식표본 턱뼈 화석은 왼쪽 위에 있다.

으로 남아 있었다. 모든 발굴팀이 제각기 자기들이 발견한 마이오세 화석이 초기 인류 조상이며, 직립보행을 했으며, 침팬지와 인류의 마지막 공통 조상에 가깝다고 주장했다. 그럼에도 불구하고 세 마이오세 종은 직접적인 비교를 위한 몇 가지 공통점을 가지고 있었다.

아르디 팀은 이 모든 장면을 동일한 가족 앨범에 포함시켰다. 그들의 거대한 진화 시나리오에서, 세 종의 마이오세 인류는 모두 아르디피테쿠스라는 같은 속에 속하며 심지어 하나의 계통일 수 있었다. 그들은 인류 진화에 안정기가 세 번 있었으며, 그 각각이 아르디피테쿠스와 오스트랄로피테쿠스, 그리고 호모라는 인류 조상 세 속과 대응할 수 있다고 봤다. 이 세 속은 신체 형태와 먹는 음식, 이동방식을 공유하는 밀접한 종들의 분류를 나타낸다. 첫 번째는 아르디피테쿠스와 사헬란트로푸스, 오로린을 포함한 것으로 침팬지와 인류의 분기 이후 원시적인 이족보행을 했다. 모두 잡식성으로 송곳니 크기가 줄어들었으며 숲에서 먹을 것을 찾아다녔다. 때로는 나무를 탔고 때로는 땅 위에서 곧게 서서 걸었다. 이 그룹의 가장 대표적인 사례는 박물관에 화석으로 전시되어 있는 아르디다.

두 번째 안정기는 약 400만 년 전 오스트랄로피테쿠스의 등장과 함께 시작됐다. 이들은 루시처럼 이족보행을 했고 씹는 치아가 크게 발달했다. 나무 위 생활에서 멀어지면서 아프리카 전역으로 확산됐고, 최소 두 개의 계통으로 분화해 여러 종을 낳았다. 가장 최근에 발견된 종은 가르히다. 세 번째 안정기는 300만 년 전 시작됐으며 이때 호모가 등장했다. 호모는 도구를 사용하는 포식자로, 아프리카에서 등장해 전 세계로 퍼져나갔다. 마침내 세계를 정복한 슈퍼 포식자, 사피엔스가 태어났다. 20만 년 전부터 인류의 신체는 오늘날의 우리 몸과 거의 같아졌다. 이후 진화의 드라마는 해부학적인 면보다 뇌와 행동에 관한 것이 되었다.

"인류의 진화 역사 전체를 볼 수 있는 한 장소에 여러분을 데려갈 수 있습니다. 에티오피아의 미들 아와시죠." 베르하네 아스포가 2006년 한 콘퍼런스에서 이렇게 말했다. 때때로 비평가들은 미들 아와시 팀이 모든 인류 진화가 아와시 계곡에서 일어났다고 주장했다며 비판했다. 그들은 그렇게까지 주장하진 않았지만, 인류 역사의 광범위한 부분을 그곳에서 "한눈에 볼 수 있다"라고 강조하긴 했다. 그 말은 정말 맞는 말이었다. 만약 그 지역에 광범위하게 퍼져 있는 퇴적층을 한 군데에 쌓을 수 있다면, 마이오세 후기부터 현재까지 1킬로미터 두께로 쌓을 수 있을 것이며 그것은 진화 역사에 관한 보기 드문 과정을 담고 있을 것이다. 그들은 그 지역을 "아프리

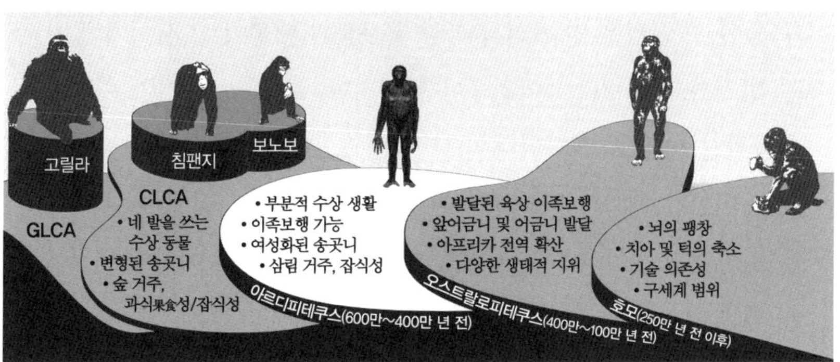

미들 아와시 팀이 현생인류의 출현을 이끈 세 번의 적응적 안정기를 묘사한 그림이다. 안정기는 아르디피테쿠스, 오스트랄로피테쿠스, 호모와 대응된다(GLCA/CLCA는 고릴라/침팬지와의 마지막 공통 조상을 의미한다). 1997년 발굴 시즌에 세 건의 새로운 발견이 있었으며 그중 두 개는 신종이었다. 수십 년에 걸친 현장 조사를 통해 더 많은 화석이 축적될 것이다.

카에서 인류 기원과 진화를 연구하기 위한 가장 중요한 자연 실험실"이라고 불렀다.

하지만 미들 아와시 가족 앨범으로 묘사된 단순한 이야기는 논쟁에 휩싸였다. 일부 연구자들은 그들의 주장을, 인류 과거를 계단식으로 설명하는 퇴보된 의견으로 간주했다. 자신들의 발견을 현생인류와 연결시키려는 그들의 열망에 대한 반발은 말할 필요도 없었다. 일부 학자들은 이 팀이 더 다양한 계통에 관한 증거를 확보하고도 공개하지 않고 있다고 주장했다. 늘 그랬듯, 인류 가계도가 어떤 모습인지는 인류 진화 분야에서 가장 격렬한 논쟁 지점이었다. 한 가지 중요한 사실, 즉 그들이 그 누구보다 화석을 많이 찾았다는 것 때문에 미들 아와시 팀은 논쟁의 중심에 설 수밖에 없었다.

폭풍은 에티오피아의 취약한 식량 안보를 형편없이 망가뜨렸지만, 화석은 역대급으로 많이 발견됐다. 홍수가 일어난 1997년의 몇 주 동안, 발굴팀은 인류 역사의 양 끝부분과 더불어 그 사이에 들어갈 발견까지 해냈다. "어려움이 있었지만, 그해 발굴 시즌은 가장 생산적인 시즌 중 하나였다"라고 팀은 보고했다. 현장 발굴 작업이 해를 이어갈 때마다 논문으로 발표하지 않은 발견 뒤에 다시 새로운 미공개 발견이 더해졌다. 마침내 연구팀은 400곳 이상의 현장에서 최소 일곱 종의 고대 인류 화석을(그리고 훨씬 더 많은 다른 생물상의 화석을) 발견했고, 300곳 이상의 고고학 유물 현장을 발굴했다. 다른 연구자들은 미들 아와시에서 쏟아져 나온 화석들에 대해 빨리 논문을 써서 발표하라고 아우성쳤다. 특히 수수께끼에 싸여 있는 아르디피테쿠스에 대해 이런 목소리가 높았다. NSF는 미들 아와시 팀이 너무나 화석 발굴을 잘해서 논문이 화석의 홍수를 따라가지 못하고 있다고 우려했다. 한 NSF 심사자는 이렇게 적었다. "땅에서 나온 화석 자료의 분량 자체가 너무 많아 연구팀이 자신들이 발견한 내용을 〈사이언스〉나 〈네이처〉의 짧은 논문 코너에 발표하지 못하고 있다. (…) 정보를 제때 논문으로 공개하는 것은 NSF가 연구 자금을 지속적으로 지원할 때 필요한 요건이다."

박물관에서 아르디(인류의 뿌리로 여겨지는 화석)는 안전하게 봉인돼 있었다. 곧, 일련의 사건들로 아르디의 뼈는 접근이 금지된다. 심지어 아르디를 발견한 이들에게조차.

* * *

연구실에서 화석 사냥꾼들은 인류의 어두운 면을 만날 수 있었다. 헤르토에서 그 연구자들은 다수의 머리뼈 화석 조각을 발굴했다. 그런데 주변 마을을 온통 뒤져도 목 아래 뼈는 발견할 수 없었다. 왜 그랬을까. 연구실에서, 화이트는 화석 파편에서 구멍들을 발견했다. 머리뼈를 복원하다 보니 이 구멍들이 연결됐다. 길고 깊은, 베인 상처였다. 도구를 사용하던 초기의 우리 호모 사피엔스는, 다른 동물만 도축한 게 아니었다. 다른 호모 사피엔스도 도륙했다.

이 같은 흔적에 대해 가장 잘 아는 사람이 화이트였다. 1981년 에티오피아를 처음 방문했을 때, 화이트는 미들 아와시에서 자신의 전임자인 존 칼브와 그의 팀이 발굴한 화석, 특히 "보도인Bodo Man"이라고 불리던 고대 호모속 인류의 머리뼈를 주의 깊게 연구했다. 그러다 화이트는 칼브 팀이 놓친 것을 발견해냈다. 바로 눈구멍의 깊게 베인 자국이었다. 육식동물 때문에 생기는 전형적인 상처와는 형태가 달랐다. 그 파인 상처는 뼈가 신선할 때 생긴 것이 분명했다. 연구실에서 어느 솜씨 없는 연구자가 서투르게 화석을 다뤄서 생긴 흔적이 아니었다. 그는 또한 그 머리뼈가 부적절하게 클리닝되고 불완전하게 접합되었다고 판단했다. 그는 추가 복원을 위해 그 화석을 버클리까지 반출해도 좋다는 허가를 에티오피아 정부로부터 받았다(이 프로젝트는 베르하네를 훈련시키기 위한 프로그램 성격도 있었다). 남아 있는 암석을 제거하면서 화이트는 눈, 얼굴, 머리뼈 주변에서 더 많은 베인 상처를 발견했다. 그 보도인은 다른 호미니드에 의해 훼손된 것이었다.

에티오피아가 현장 연구를 금지시켰을 때, 화이트는 다른 사람을 칼로 자르는, 독특한 인간 습성에 대해 연구한 적이 있었다. 이 주제는 몇 가지 이유에서 화이트를 매료시켰다. 문헌에는 카니발리즘(식인 풍습)에 대한 소름 끼치는 주장이 많았지만, 그것을 인식하기 위한 방법론은 부족했다. 사후 절단 행위를 과학적으로 분석할 방법을 개발하기 위해, 화이트는 콜로라도의 아나사지 푸에블로Anasazi pueblo에서 나온 인류 유적을 참고했다(인류학자 크리스티 G. 터너 2세는 1960년대와 1970년대에 아나사지 현장이 카니발리즘의 증거라고 보고했다). 화이트는 그곳에서 살던 인류가 마치 사슴 고기처럼 해체됐다고 결론 내렸다. 그들을 해체한 이들은 도끼를 이용해 긴뼈를 깨서 지방이 많은 골수를 빼 먹었고, 뼈에서 고기를 저며냈다. 머리뼈는 부숴서 뇌를 꺼내 먹었다. 일부 뼈들은 윤이 났는데, 이는 요리의 결과였다. 어떤 뼈는 불에 그을려 있었다. 화이트는 동료 연구자들과 함께 전 세계의 다른 사례들을 연구했다. 크로아티아와 프랑스의 동굴에서 발견된, 카니발리즘에 희생된 네안데르탈인들, 그리고 남아프리카에서 발견된 훼손된 턱뼈 등을. 그러고는 1992년, 화이트는 〈만코스 5MTUMR-2346의 선사시대 카니발리즘〉이라는 논문을 발표했다. 이 논문은 골학 기록을 통해 카니발리즘과 사후 시신 변형을 연구하는 이들에게 반드시 참고해야 할 표준 문헌이 됐다. 그러니까 헤르토에서 새로 발견된 머리뼈들은, 거기 남은 독특한 흔적을 해석할 수 있는 최고 전문가의 손에 들어간 셈이었다.

하지만 이 사피엔스 머리뼈들에 남은 흔적은 전형적인 카니발리즘의 흔적과는 달랐다. 인간 도살자들은 머리뼈를 연 뒤 박살을 낸다. 안에 들어 있는, 지방과 단백질이 풍부한 뇌를 먹기 위해서다. 헤르토에서 나온 뼈들은 화석화 이후 산산조각이 난 와중에도 깨끗한 부분이 있었다. 누군가 목을 베고 연결 조직을 절단한 뒤 뇌를 꺼낼 수 있을 만큼만 머리뼈의 기저부를 깨고, 나머지는 깨지 않기 위해 주의를 기울인 것이다. 두 개의 머리뼈에는 의도적으로 표면을 긁고 연마한 흔적이 있었다. 베르하네는 여섯 살 정도의 아이 것으로 보이는 세 번째 머리뼈를 복원했는데, 표면이 독특한 녹청색으로 빛나고 있었다. 이는 여러 차례에 걸쳐 반복적으로 손질됐음을 의미했다. 화이트는 파푸아뉴기니의 의식용 머리뼈를 떠올렸다. 왜 고대 사피엔스가 머리뼈를 가지고 다녔을까? 적을 살해한 것을 자랑하기 위한 트로피로? 사후 세계를 기리는 의식으로? 사랑하던 사람을 추억하기 위해? 어느 경우든 대단히 소름 끼치는 일이었지만, 화이트는 억측을 자제했다. "우리는 냉혹한 현장을 마주한 법의학자들과 비슷해요. 지금 우리가 말할 수 있는 것은 어떤 종류의 장례 행위가 우리 조상 인류에 의해 행해졌다는 것뿐입니다." 당시 화이트는 이렇게 말했었다. 한 가지 사실만은 분명했다. 오래된 뼈를 소유하려는 욕망이 우리 종 깊이 뿌리박혀 있다는 것.

화이트의 고상한 선배인 데즈먼드 클라크는 더 냉소적인 반응을 보였다. 훼손된 머리뼈가 비인간성의 서막이라고 말이다. "오히려 그들이 우리와 비슷하다고 생각되는데요. 우리는 무시무시한 종이라 학습을 통해 순화시키지 않으면 스스로를 망치고 말 거예요."

18장

국경을 둘러싼 전쟁

1999년, 미들 아와시보다 하류 지역에 위치한 고나의 화석 발굴팀이 이전에 탐사한 적 없는 400만 년 전 지층을 조사하기 시작했다. 그곳에서 발굴팀은 본원적 특성을 지닌 인류 조상 화석들을 발굴했다. 이것들은 나중에 아르디피테쿠스로 밝혀졌다. 미들 아와시 지역 밖에서 발견된 첫 번째 아르디피테쿠스였다. 그해 발굴 시즌 어느 날, 하늘에서 굉음이 들리기 시작했다. 고개를 든 고나 팀은 전투기 여러 대가 대형을 이뤄 북쪽으로 날아가는 모습을 봤다. 전투기 뒤에는 프로펠러를 단 에티오피아 공군 폭격기가 우르르 몰려가고 있었다. 에티오피아와 이웃 에리트레아가 전쟁을 시작한 것이다.

에리트레아는 에티오피아의 해안가 주였는데, 내전이 끝난 뒤 평화적인 투표를 통해 독립을 쟁취했다. 두 정부 모두 데르그를 타도하기 위해 연합한 지역 해방운동에서 성장했다. 하지만 전에 동맹이었던 두 정부는 곧 적이 됐다. 새로운 무력 충돌의 시작을 알리는 공습 소리가 북쪽 전장에서 멀리 떨어진 곳까지 들려왔다. 에티오피아와 에리트레아 사이 국경에서, 50만 명 규모의 군대가 제1차 세계대전의 참호를 떠올리게 하는 960킬로미터 길이의 전선에서 대치했다. 한 특파원은 "세계에서 가장 어리석은, 이해가 가지 않는 전쟁"이라고 말했다. 아파르의 목동들은 남쪽으로 쫓겨났고, 영토와 물을 놓고 다툼이 벌어졌다. 이사족은 동쪽과 남쪽에서 아파르 영토 쪽으로 밀고 들어왔고, 발굴 현장에서도 부족 간 전쟁이 새롭게 발생했다. 매해, 미들 아와시 탐사팀 리더들은 예전에 함께했던 아파르 동료들이 폭력 사태로 세상을 떠났다는 소식을 듣곤 했다. 희생자 중에는 네이나 타히로라는 아파르족 정치인이 있었다. 카다바라는 종명을 붙인 사람이었다. 부족 간의 평화를 촉구하던 그는 2000년에 이사족 정착지를 방문했다 총에 맞았다. 그의 죽음으로 아파르 고속도로에 인접한 마을들에서 유혈 복수극이 벌어졌다. 부족들은 영토와 초지, 물, 고속도로 판자촌의 지배권을 놓고 전투를 벌였다. 2002년, 이사족 한 무리가 새로 지은 아파르 행정기관 건물을 파괴하러 왔다가 매복한 복병들의 손에 열세 명이 죽고 열 명이 다쳤다. 그 일은 그해에 일어난 수많은 유혈 충돌 가운데 하나에 불과했다.

아르디 팀에도 초창기에 인명 사고가 있었다. 1998년에 가디가 아와시강을 건너다 이사족과 총격전을 벌였고, 다리에 부상을 입었다. 며칠 뒤 상처에 감염이 일어났다. 의료 기관을 찾았을 땐 너무 늦은 뒤였다. "그는 치료를 받기 위해 총을 팔려고 했어요." 베르하네 아스포가 회상했다. "누구도 그를 돕지 않았죠. 마지막 순간에 그는 '베르하네나 화이트에게 전화해달라'고 말했죠." 그 메시지가 수도에 도착하자, 발굴팀은 차에 올라타 그 아파르족 친구를 돕기 위해 달려갔다. 하지만 너무 늦게 도착했다. 가디는 이미 무덤에 들어간 뒤였다. 화이트는 침통해했다. 버클리로 돌아와서 그는 가디의 사진을 액자에 담아 책상 위에 올려놓았다. 그래서 척주옆굽음증이 있는, 소총을 어깨에 멘 가디는 아르디 발굴 기간 동안 그랬듯이 매일 그를 지켜봤다.

그즈음 돈 조핸슨은 에티오피아 발굴 작업 허가를 다시 받았다. 인류기원연구소는 베르하네 아스포 일행의 고소로 촉발된 에티오피아 법무부 장관의 조사 이후 5년간 운영을 하지 못하고 있었다. 그러다 1999년에 조핸슨과 공동 연구자 빌 킴벨이 하다르에서 발굴 재허가를 받은 것이다. "우리는 법무부 장관과 3일 동안 함께 보내라는 요청을 받았어요." 조핸슨이 화를 내며 말했다. "조사를 받고 구치소에 갇힐 줄은 몰랐죠. 빌 킴벨과 나는 그 작은 방에 검사, 법무부 장관과 함께 앉아 고소 내용에 대해 한 줄 한 줄 답해야 했어요. 마지막 순간에야 그들은 '기소할 게 없다'고 말했죠."

그는 이 같은 곤경이 미들 아와시 팀 때문이라고 비난했다. 조핸슨은 그들의 라이벌 관계를 "서로 목을 움켜쥐고 있는 두 그룹"이라고 묘사했다. 에티오피아 발굴을 재개하면서 그는 고고유물국에서 그의 말에 귀 기울여줄 사람을 발견했고, 또다시 곧 미들 아와시 팀과의 일련의 분쟁에 휘말렸다. 이 계속되는 고질적인 다툼에 다른 연구 그룹과 현지 언론, 외교관, 그리고 정부 관리도 얽혀들었다. 가뜩이나 에티오피아의 정치적 상황도 혼란스러운데 말이다. 당시 에티오피아에는 자유롭게 토론하거나 분쟁을 조정하는 전통이 거의 없었다. 개인적인 다툼이 일어나면 악화일로를 걷다가 양측이 폭발하는 경우가 많았다. "에티오피아인들 사이에 타협은 쉬운 일이 아닙니다." 미국에서 수련한 박사급 연구원이자 고고유물국의 전임 공무원 젤라렘 아세파가 말했다. "적의가 오래가거든요." 서양에서 온 화석 발굴자들이라고 꼭 평화를 가져오는 것은 아니었다. 그러다 보니 땅과 화석, 돈, 규제, 그리고 이기적인 종種이 자서전을 쓸 때 필요한 모든 요소를 둘러싼 밥그릇 싸움이 뒤범벅이 돼 갈등이 극대화됐다.

오래된 암하라 격언은 이렇게 경고한다. "부단히 의심하지 않는 자는 땅에서 쫓겨난다." 고인류학계는 이 경고를 잘 지켜왔다. 화석이 풍부한 땅이 항상 성공을 보장하는 것은 아니고, 많은 아마추어의 경우 현장에서 전문 지식이 부족해 실패하곤 한다. 하지만 화석이 부족한 땅의 발굴 작업은, 아무리 최고 전문가라도 실패가 보장되어 있다. 미들 아와시 프로젝트를 통해 요하네스 하일레셀라시에는 경력을 쌓을 수 있었다. 버클리에서 대학원 과정을 거의 마칠 즈음인 1998년, 요하네스는 충돌이 잦은 아파르 고속도로 근처의 갈릴리산과, 소말리아 접경을 오가며 낙타로 밀수를 하는 밀수꾼들의 안식처이자 이사족의 작은 마을인 가다마이투Gadamaitu 근처에서 자신의 현장 프로젝트를 시작했다. 지도교수의 도움을 받으며 첫 조사를 한 끝에, 요하네스는 400만 년 전 호미니드의 치아를 발굴했다. 루시 이전 세계로 향하는 또 다른 유망한 문이라는 신호였다. 이사족 강도와 밀수꾼을 만날 위험 때문에, 발굴팀은 구소련의 군용 트럭을 타고 에티오피아 군인들의 호위를 받으며 이동했다. "무척 큰 총을 들고 말이죠." 기다이 월데가브리엘이 당시를 떠올리며 말했다.

하지만 다른 팀도 같은 땅에 눈독을 들였다. 호르스트 자이틀러는 빈대학의 유명한 인류학자로, 해부학 연구를 위한 컴퓨터단층촬영(CT) 전문가였다. (그는 알프스에서 발견된, 5300년 된 미라 시신인 "티롤의 아이스맨Tyrolean Iceman" 외치Ötzi 조사에 CT를 도입해 명성을 얻었다. 그는 외치가 잠이 들었다가 동사한 것으로 추측했다. 나중에 다른 연구자들이 그 아이스맨의 죽음이 그렇게 평화롭지 않았음을 발견했다. 몸 안에 화살촉이 있고, 머리에 가해진 충격으로 머리뼈가 부서진 것은 물론 뇌도 손상됐음이 밝혀졌다.) 인류의 초기 뿌리를 찾기 위한 열망에 사로잡힌 자이틀러는 에티오피아로 가서 고고유물 연구를 관장하는 문화유산연구보존기관(ARCCH)의 기관장 자라 하일레 마리암과 친분을 쌓았다. 자이틀러는 에티오피아 탐사 경험이 없었기에, 존 칼브를 비롯한 경험 있는 연구자들에게 조언을 구했다. 칼브는 당시 에티오피아에서 다시 연구 경력을 이어갈 방법을 찾던 중이었다. 이렇게 해서, 두 팀이 같은 지역의 발굴 허가를 받게 된 것이다.

2000년 2월, 요하네스는 국립박물관에서 일하고 있다가 동료로부터 오스트리아 발굴팀이 자신의 프로젝트 지역에 들어왔다는 사실을 들었다. 화가 난 요하네스와 베르하네는 갈릴리까지 장시간 차를 몰고 가, 라이벌 팀이 자신들의 발굴 지역에 와 있는 것을 발견했다. 그들은 캠프를 향해 달려갔다. "돌이켜보면 잘못된 행동이었죠. 그들에겐 무장한 경호원이 있어 우리 차를 쏠 수도 있었어요." 요하네스가 회상했다. 요하네스는 자이틀러 발굴팀에게 자신의 주장을 입증할 정부 문서를 보여주고는 떠났다. 며칠 뒤, 양측은 아디스아바바에서 만났다. 자이틀러는 혼란을 일으킨 데 대해 사과하며, 요하네스에게 자신의 팀으로 들어오라고 했다. 요하네스는 분개하며 거절했다. 양측은 각기 유효한 허가증이 있다고 주장했지만 양측 사이의 경계나, 누가 우선권을 갖는지에 대해서는 합의하지 못했다. 박물관 정원에서, 베르하네와 요하네스는 탐사 중에 화석이 많은 갈릴리(그들은 그곳에 '엘도라도'라는 별명을 붙였다)를 독자적으로 발견했다고 주장하는 자이틀러 팀의 이탈리아인들과 냉랭하게 마주했다. 이미들 아와시 팀 연구자들은 누군가 내부 정보를 라이벌 팀에 흘려, 혼란이 곧 심각한 교착 상태로 확대됐다고 주장했다. 그해 말, 요하네스는 미국 형질인류학자협회 연례 총회에서 발표를 했다. 동료 과학자들이 모인 그 자리에서 요하네스는 자이틀러 팀이 먼저 권리를 빼앗았다고 공개적으로 비판했다.

자이틀러와 공동 연구자들은 자신들은 그 발굴 현장에서 이미 다른 작업이 이뤄지고 있는 줄은 몰랐다고 주장했다. "맹세하건대, 요하네스의 현장일 줄은 전혀 몰랐어요." 자이틀러는 한 기자에게 이렇게 말했다. 그는 자신이 제대로 된 절차를 따랐으며, 고고유물국의 협조 아래 "투명하고 합법적인 방법으로" 발굴 허가 권한을 얻었다는 입장을 고수했다. 나중에 요하네스는 자기 팀이 체질을 하고 난 뒤 남긴 흙더미 옆에서 자이틀러 팀이 작업하고 있는 사진을 공개하기도 했다. 하지만 상대측은 미들 아와시 팀의 주장에 동의하지 않았다. "그들은 200년은 부지런히 일해도 될 정도의 영역을 확보했어요." 칼브가 말했다. "그런데도 그 대학원생을 보내 전혀 필요하지도 않은 땅까지 확보하려고 한 거예요."

2000년 7월, ARCCH는 새로운 지침을 내렸다. 해외에서 연구 중인 에티오피아인 학생은 발굴 허가 기간을 3년으로 제한한다는 내용으로, 요하네스에게 소급 적용되었다. 그 직후, 당국은 자이틀러에게 허가를 내렸다. "논란이 컸어요." ARCCH 직원이자 미들 아와시 팀 일원이기도 했던 요하네스 베예네가 회상했다. "하루아침에 그 오스트리아인들은 발굴지에 들어가고, 난 일자리를 잃었죠." 베르하네 아스포는 이 에피소드가 "고인류학 역사상 가장 터무니없는 권리 약탈 행위"였다고 단언했다.

더 이상 정부에 고용된 상태가 아니게 된 베르하네는 프리랜서 감시자로 활동하며, 자신의 연구 분야나 에티오피아에 해가 되는 장면을 목격할 때마다 경고를 날렸다. 일부 외국인들은 그가 여전히 박물관을 이끌고 있다고 잘못 알았다(일부 기자들은 물론 〈네이처〉 역시 그를 관장이라고 잘못 표현했다). "그는 여러 해 동안 정부 소속으로 돌아다녔고, 늘 박물관 현장에 있었거든요." 그에게 여러 번 당한 조핸슨이 화를 내며 말했다. 언젠가 고인류학자 제러세네이 '제레이' 알렘세게드는 베르하네가 고고유물국 관리들을 번갈아 반대한다며 다음과 같이 비판했다. "누구든 책임자는 당신의 적이군요." 베르하네는 사과하지 않았다. 그의 눈에 정치인과 관료는 언제나 과학을 이해하지 못했고, 외국인은 에티오피아 후생에 신경 쓰지 않는 경우가 있었다. 에티오피아는 유적을 약탈당한 슬픈 역사가 있었다. 악숨 오벨리스크는 전리품으로 빼앗겨 로마의 로터리에 세워졌는데,

무솔리니의 에티오피아 점령을 기념하기 위해서였다. 외국 박물관에 보관돼 있는 고대 문서도 있었고, 셀 수 없이 많은 화석들이 에티오피아가 자체 화석 연구실을 세우기 전에 반출됐다. 베르하네에게는 개인적인 목표가 있었다. 에티오피아 유물을 보호하고 에티오피아를 국제사회에 알리기 위해 공부하는 것. 그게 자신이 할 일이며, 에티오피아 정부가 원하지 않더라도 그렇게 행동할 것이었다. "도대체 왜 시민들은 외국인이 자국 전문가보다 더 잘할 거라고 맹목적으로 믿는 걸까요?" 베르하네는 이렇게 반문했다. (다른 아픈 지점도 있었다. 사람들이 에티오피아 과학자들을 계속 팀 화이트의 부하로 취급했다는 점이다.) 화이트의 팀은 여러 해 동안 직접 노동력을 제공하는 형태로 박물관 건설에 참여하고, 수집품을 체계적으로 정리했으며, 과학 연구가 어떻게 이뤄져야 하는지 주관을 강하게 드러냈다. "의심할 여지 없이, 화이트와 베르하네는 많은 사람들을 잘못된 길로 이끌었어요." 에티오피아에서 연구한 미국 과학자 존 플리글이 말했다. "그들은 분명 자신들이 판을 주도한다고, 또는 그래야 한다고 생각했어요. 동시에, 그 박물관에 걸어 들어가면 누가 그 모든 자원과 돈을 투자했는지도 알 수 있죠."

자이틀러 팀은 전 세계 화석의 전자 데이터 저장소를 구축하기 위한 캠페인을 시작했다. 또한 에티오피아 화석 표본을 빈으로 옮겨 CT 촬영을 하는 것에 대한 동의도 얻었다. 베르하네는 ARCCH 기관장 자라 하일레가 식사와 술을 대접받으며 "빈 등의 도시로 편안한 여행을 제공받는" 대가로 오스트리아 팀에게 특혜를 줬다며 고소했다. 오스트리아 팀이 발표한 일부 논문에는 자라 하일레가 공동

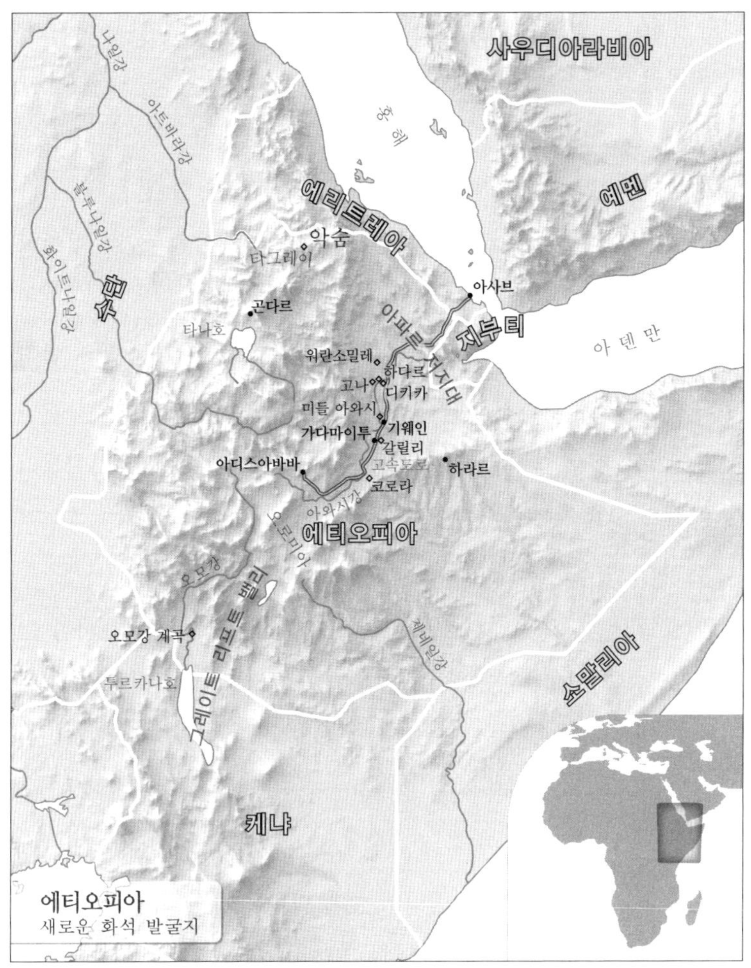

저자로 올라가 있었다. 하지만 그는 건축가였다. 반면 자라는 베르하네가 "거짓말을 퍼뜨린 전력이 있는" 의혹 양산자라며 비판했다.

빈 연구팀이 화석 일부의 CT 스캔 결과를 논문으로 발행해 CD에 담아 판매하자, 베르하네는 이들이 에티오피아의 국가적 보물을 상업화했다고 비난했다. 한번은 베르하네와 자이틀러가 아디스아바바의 콘퍼런스 장소에서 대면했다.

"CD를 열었더니 국기는 하나도 보이지 않더군요. 오스트리아 정부 엠블럼만 있고요." 베르하네가 격앙된 목소리로 말했다.

"그건 사실이 아닙니다!" 자이틀러가 항의했다. 그는 모든 저작권은 여전히 에티오피아 박물관에 있다고 주장했다.

베르하네가 받아쳤다. "우리나라도 엠블럼이 있고 국새가 있어요. 근데 당신 나라 엠블럼만 CD에 인쇄돼 있었다고요! 뚜껑을 열면 오스트리아 정부 엠블럼만 볼 수 있다고요!" 베르하네가 자이틀러의 가슴을 향해 삿대질을 했다.

"표지를 봐달라고요!" 자이틀러가 말했다.

베르하네는 꾸짖듯 손가락을 흔들었다. 표지에는 에티오피아 고고유물국 표시가 되어 있었지만, 그는 CD의 실제 데이터가 영리 목적으로 판매될 수 있고 외국인들이 에티오피아에서 다시 자원을 약탈할 것이라는 두려움을 느꼈다(자이틀러는 그런 일은 하지 않을 거라고 주장했다). "내가 여기 있는 게 마음에 안 들어요? 난 우리나라에게 불공정하다고 느껴지는 게 있다면 그게 뭐든 대응할 책임이 있어요. 그럴 책임이 있다고요!" 베르하네가 말했다.

"맞아요. 하지만 당신은 우리에게도 기회를 줘야 해요. 그리고 다른 사람 주장에 귀 기울일 줄 아는 아량도 좀 갖춰요. 당신은 늘 똑같은 주제로 주장만 하고 있어요." 자이틀러가 비난했다.

화해하는 데엔 2년이 걸렸다. 장관의 중재로 다음과 같이 합의했다. 자이틀러는 갈릴리에서 발굴을 계속하고, 요하네스는 아직 가보지 않은 새로운 현장을 발굴하기로(이 합의는 나중에 요하네스가 새 현장에서 중요한 발견을 하게 되면서, 전화위복으로 판명되었다). 마침내 분쟁 지역에 대한 권리를 확인받은 자이틀러는 개선장군처럼 돌아와 연구자와 기자, 그리고 영상 감독으로 구성된 국제 탐사대를 조직하기 시작했다. 독일 신문 〈디 자이트〉의 기자는 아디스 힐튼에서 자이틀러를 만났는데, 그가 바와 풀장에서 줄담배를 피우며 시간을 보냈고, 팀 화이트에 대해 "재연할 수 없는" 무례한 말로 적의에 찬 욕을 했다고 썼다.

며칠 뒤 자이틀러는 큰 탐사대를 이끌고 아파르 저지대로 돌아갔다. 기자는 모든 연구자가 백인이고 모든 인부는 흑인이라고 지적했다. 자이틀러는 아프리카인 훈련을 향후 임무에 포함시키겠다고 말했다. 다큐멘터리 촬영팀은 자이틀러가 이사족 리더와 함께 앉아 있는 모습과 카트khat(아프리카 등지에 있는 화살나뭇과 나무 – 옮긴이)를 씹는 모습, 우물이나 학교 및 병원 등의 개발 계획을 논의하는 장면을 찍었다. 그는 그 지역 바의 소유주에게 많은 현금을 맡겼다.

화석 발굴 결과는 신통치 않았다. 존 칼브는 발굴지에서 나와, 이거 대형 사기극 아니냐고 큰 소리로 외쳤다. 미들 아와시 팀이 라이벌들을 사막에 몰아넣고 놀리려고 갈릴리가 화석이 많은 장소인 척한 것이 아니냐고. 칼브와 그의 동료들은 문제란 문제는 다 미들 아와시 팀 탓으로 돌렸다. 관료주의와 충돌이 생기거나 먼 지역에서 사람들이 자신들을 염탐하러 올 때, 그리고 흥미로운 화석을 발견하지 못한 무능력 등을 모두 다.

4일째 되는 날, 강도가 캠프를 급습했다. 이사족 경호원들은 이상하게도 있으나 마나였다. "25명의 소말리아인들이 캠프를 습격했어요. 수석 지질학자의 아내는 누가 칼로 텐트를 찢자 완전히 겁에 질려 정신을 잃었죠." 칼브가 회상했다. 자이틀러 팀은 화석 발굴에서 돌아와 잃어버린 물건이 있는지 확인했다. "텐트에 있던 모든 것을 잃어버렸어요." 인류학자 딘 포크가 말했다. "우리 다 마찬가지였죠."

그들은 캠프를 해산하고 도망쳤다.

"자이틀러 교수는 팀 화이트 쪽 사람들이 공격을 사주했다고 확신했다"고 〈디 자이트〉는 보도했다. "그렇지 않다면 왜 과학과 관련 있는 자료들을 노렸겠는가? 탐사는 끝났다. 너무 이르게, 실패한 채로."

화이트는 이 같은 의혹에 비웃음으로 답했다. 그는 이 사태가 있을 때 버클리에 있었다. 그는 다르게 해석했다. 연구 측면에서 보잘것없는 프로젝트가 실력에 비해 무리한 일을 벌였다는 것이다. "능력이 전혀 없는 사람들이었어요. 화석 발굴에 대해 아무것도 모른다니까요." 화이트가 말했다.

하지만 갈릴리는 시작에 불과했다. 그 충돌은 미들 아와시 팀의 존재를 위협해 아르디 화석을 빼앗길 뻔하게 만든 더 큰 전투의 전조였다.

2000년 7월, 에티오피아 ARCCH는 새로운 규정을 발표했다. 발굴 시즌이 아닐 때는 정부가 연구팀의 차량과 장비를 징발하고, 연구 허가 만료 시 연구팀의 모든 자산 소유권도 주장할 수 있다는 내용을 담고 있었다. 박물관 연구실 1일 사용료도 높아졌다. 또한 허가 발굴 구역 넓이를 100제곱킬로미터로 제한하는 조항은, 미들 아와시 팀의 프로젝트를 말 그대로 수백 개 조각으로 쪼갤 수 있었다. "우리에겐 더 많은 연구 경쟁이 필요합니다." 자라가 설명했다. 새로운 규정으로 인해 마감 기한도 더 엄격해져, 논문으로 발표하지 않은 채 5년이 넘은 발견은 다른 연구자들이 연구할 수 있게 되었다.

미들 아와시 팀은 이런 새 규정을 연구에 대한 공격이라고 봤다. "부도덕한 개인들은 가능한 한 작은 크기의 허가 지역을 좋아하지요." 화이트는 논쟁의 열기 속에서 말했다. "나라 전체를 모자이크처럼 잘게 자르면, 부패한 정부 관료들이 각 연구 그룹에게 뇌물을 요청할 기회가 늘겠죠. 아주 간단한 경제학입니다."

그해 가을, 화이트와 데즈먼드 클라크는 버클리에서 구술 역사가와 인터뷰를 하기 위해 앉아 있었다. 아프리카 고고학계를 주름잡던 클라크는 인생의 황혼 무렵에 와 있었고, 후대를 위해 기억을 기록하고 있었다. 이 작업에 종종 동료들이 함께했다. 화이트는 며칠 뒤 에티오피아로 떠날 예정이었다. 그 나라 정부의 새로운 규정이 그의 마음을 무겁게 짓눌렀다.

"에티오피아 정부가 글쎄, 발견한 화석을 클리닝하는 비용으로 하루에 25달러씩 내라고 하고 있어요." 화이트가 설명했다.

"뭐라고요?" 클라크가 숨이 찬 듯 말했다.

"게다가 우리 에티오피아 동료 연구자들에게 월급에서 하루 100달러를 청구하려고 해요. 그들이 자신이 발견한 화석을 연구하는 대가로요."

“말도 안 돼.” 클라크가 외쳤다.

“물론, 이런 조치들이 개인에 따라서는 적용되지 않기도 할 거예요. 고고유물 담당관의 아들에게, 또는 담당관이 제안한 뭔가에 돈을 좀 찔러주는 사람에게는요. 이게 바로 부패의 작동 방식이죠.” 화이트가 말했다.

“초창기엔 절대 그렇지 않았어요, 절대로.” 클라크가 말했다. “식민시대의 낙후된 옛 시스템하에서는, 현장에 들어가거나 연구실 작업을 하기가 훨씬 쉬웠어요. 비용도 훨씬 쌌고요.”

“하지만 그런 시대는 끝났어요.” 화이트가 말했다. “다시 올 리도 없고요.”

알려 하면 할수록, 화이트는 이 문제가 과학의 핵심을 둘러싼 싸움이라는 사실을 깨달을 수 있었다. 그는 분열된 마니교 세계에 살고 있었다. 옳음과 그름, 과학자와 출세주의자, 친구와 적, 능력자와 무능력자 등이 그가 보는 세계였다. 그의 눈에 에티오피아 동료 연구자들은 자국 과학을 보전하고 자신들의 독립성을 지키기 위해 싸우는 사람들이었다. “만약 그들이 이 싸움에서 식민주의적인 사람들의 지원을 받는 무능력하고 탐욕적이며 이기적인 가짜 연구자들에게 진다면, 교수님도 떠나시는 게 좋을 거예요.” 화이트가 경고했다.

에티오피아 정부의 간계는 외부인들 눈에는 이해가 가지 않을 때가 많았다. 전 미국 대사인 데이비드 신은 “비잔틴식 절차”라고 말했다. “고지 에티오피아인들은 매우 비밀스럽고 외국인들에 대해 의심이 많다”는 것이다. 여당에서 유출돼 망명자 그룹에서 공개한 문건에서 일부 단서를 얻을 수 있다. 국제기구와 지식인들에게 에티오피아의 국가 비전인 '혁명적 민주주의'에 동조하도록 강요할 목적이 분명한 전략이었다. 이 문건은 외국 기업과 기관, 그리고 그들의 에티오피아 주재자들이 "의무를 다하도록 법적 장치를 통해 압력을 가할" 것을 명시하고 있었다. 반대자들에겐 "세금 부담을 가중해 배고픈 빈털터리로 만들어서" 반대 의견을 누그러뜨리게 하라고 돼 있었다. 예를 들어 국제 구호 기구가 여당의 의제에 동조하지 않는다면 규제를 만든다는 식이었다. 같은 이유로, 여당은 열성 지지자들에 대한 과세는 줄였다. 하지만 이런 순수주의 이데올로기가 일선 관료들에 의해 항상 실행되지는 않았다. 당 지도부는 정부 관료들 사이의 뿌리 깊은 사적 축재蓄財 문화를 비판했다. 또 다른 요인은 관료주의 문화였다. 체제와 이데올로기는 바뀌었지만 관료주의는 살아남았고, 황제의 봉건 체제가 남긴 흔적도 여전히 유지되고 있었다. 고위 공무원들은 책임은 거의 지지 않았고, 그들 개인은 종종 시스템에 의해 좌우됐다. 하급 공무원들은 책임을 상부에 미루면서, 자신의 일자리를 위태롭게 할 수 있는 위험을 피했다. 단순 업무 처리도 여러 기관의 사무소를 거쳐야 했는데, 고집 센 관료를 만나면 요구 사항 미비 등을 이유로 어느 사무소에서든 절차가 멈춰버릴 수 있었다. 허가 지원서도 끝없는 관료주의의 연옥을 헤맬 수 있었다. 반대로 형벌 또는 상이 될 수 있는 윗선의 한마디에 꽉 막혀 있던 절차가 뚫리기도 했다.

이러한 요소들 중 어떤 것이 고고유물 분쟁에서 역할을 했을까? 아니면 그건 단지 고집 센 관료들과 고집 센 민간 연구자들 사이의 낮은 수준의 대치였을까? 정말로 내막을 아는 사람은 말하지 않을 것이다.

2000년 가을, 에티오피아 수상이 미국 워싱턴 D.C.에 와서 에티오피아 대사관에서 연구자들을 만났다. 미들 아와시 팀의 연구자 네 명이 참석했다. 기다이 월데가브리엘, 팀 화이트, 클라크 하월, 그리고 존 옐렌(NSF 관리로, 데즈먼드 클라크가 미들 아와시 임무를 시작할 때 도움을 줬고 나중에 고고학자 자격으로 팀에 합류했다)이었다. 대사관 문 앞에서, 경비원이 기다이에게 리셉션은 과학자들이 참석하는 자리이지 에티오피아인이 올 자리는 아니라고 했다. 기다이는 자신이 둘 다에 해당한다고 답했다. 일행은 모두 통과할 수 있었다. 대사관 안에서, 기다이는 머리가 벗겨지고 눈썹이 짙으며 둥근 안경을 낀 친숙한 인물을 발견했다. 자신의 오랜 학교 친구인 멜레스 제나위였다.

기다이는 혁명이 한창일 때 대학에 다녔다. 그 시기 그의 고향 티그레이 출신 다른 학생들은 정치 선언문의 초안을 잡고는, 아디스아바바를 빠져나가 북쪽 산악지대에서 게릴라 부대를 만들어 데르그 체제에 대항했다. 처음 자취를 감춘 사람 중 한 명은 세요움 메스핀으로, 나중에 반군의 외국인 사무소를 이끌었다. 곧 혁명주의자들 사이에 의대생 레게세 제나위가 합류했다. 레게세는 전우가 전사한 뒤, 멜레스가 쓴 가명이었다. 신출내기 지식인들은 스스로 군대 전술을 익히고 농민군을 모집하고 무기를 모아 경찰서와 구치소, 은행 등을 불시에 치고 빠지는 습격전을 벌였다. 이후 16년이 지난 1991년, 그들은 데르그 정부를 전복한 동맹군 중 가장 강력한 군대인 티그레이인민해방전선(TPLF)으로 성장했다. 내전이 끝난 뒤 36세의 멜레스는 에티오피아 수상에 올라 아프리카에서 가장 젊은 국가 원수가 됐다. 그의 옛 전우인 세요움 메스핀은 에피오피아 외교부 장관이 됐고, 또 다른 TPLF 출신 군인 베르하네 게브레 크리스토스는 미국 대사가 됐다. 그 세 명이 2000년에 이 대사관 미팅에 참석해 연구자들과 마주 앉았다. 허여멀건한 미국 연구자들 틈에서, 멜레스 수상은 자신의 옛 친구 기다이를 발견했다! 그는 기다이에게 따뜻한 인사를 건넸고, 서로 포옹했다.

멜레스는 모든 면에서 눈길을 끌었다. 그는 지칠 줄 모르는 독서가였고, 영리한 전략가로서 정적들의 허를 찌르며 거듭 승리했다. 〈뉴욕 타임스〉는 언젠가 그를 "모퉁이 너머를 보는 사람"이라고 묘사했다. 미국 대사 데이비드 신은 멜레스를 "내가 만난 이들 가운데 가장 똑똑한 사람"으로 기억했다. 다른 대사인 도널드 야마모토는 미국 국무부에 이렇게 타전했다. "우리가 우려를 제기할 때마다, 그는 매우 미묘하면서 매우 디테일한 내용으로 우리의 주장에 맞선다. (…) 멜레스가 원정군을 훨씬 능가하는 모습을 여러 상황에서 보곤 한다." 기다이에게도 비슷한 기억이 있었다. "누구도 그를 궁지에 몰아넣을 수 없어요."

멜레스야말로 현대 에티오피아를 건설한 건축가라고 할 수 있었다. 그가 속한 정당은 장악력이 뛰어났고, 그의 정적들은 그것을 이유로 그를 욕하곤 했다. 하지만 멜레스는 전형적인 아프리카 독재자와는 달랐다. 그는 부드럽고 설득력 있는 말로 지성에 호소했다. 그리고 검소했다. 재산 축적에는 관심이 없었다. 하지만 경제개발에는 관심이 많았다. (수상이 되고 개최한 첫 기자회견에서, 그는 에티오피아인들이 하루 세 끼 식사를 할 수 있게 하겠다는 단순한 목표를 제시했다.) 이를 염두에 두고, 그의 당은 국가의 경제와 정치에 강력하게 개입했다. 마르크스주의자 출신인 그는 서방과 동맹을 맺었다. 그는 에리트레아와의 전쟁, 경제개발, 위태로운 아프리카의 뿔 지역 안보 등을 논의하러 워싱턴에 온 것이었으며, 에티오피아에서 이루어지는 연구에 대한 논의도 바로 이 대사관 모임에 포함되어 있었다.

질문 시간이 됐을 때, 멜레스는 미들 아와시 팀 연구자들로부터 고고유물국의 관료주의에 대한 우려를 들었다. "허가를 얻는 데 몇 달이 걸릴지 모른다는 것, 그걸 그때 우리가 어필했죠." 기다이가 회상했다. "연구자들이 현장보다 수도에 더 오래 머물러야 했으니까요." 미들 아와시 팀은 에티오피아의 새로운 고고유물 관련 규제가 연구계와 에티오피아 양쪽 모두의 이해와 상충한다고 경고했다. 청중석에 있던 돈 조핸슨은, 화이트가 문서 뭉치를 넘겨주는 장면을 봤다. ("화이트가 그걸 수상에게 주려고 일어나자 경호원들이 굉장히 예민하게 반응했죠." 조핸슨이 회상했다. 화이트는 조핸슨의 설명이 '날조'라며 일축했다.) 화이트는 위법 행위에 대해 멜레스에게 명확하고 자세하게 이야기했다. 멜레스는 처음에는 방어적으로 화를 내다가, 결국 외국인 연구자들에게 부적절한 비용 지불 압력에 굴하지 말 것을 촉구했다. 그는 단호하게 이렇게 말했다. "1원도 안 됩니다." 옐렌은 수상의 이 메시지를 기억하고 있다. "그는 부패나 뇌물 근절을 바랐어요. 연구자들도 동조하길 바랐죠."

그들은 자신들의 운명에 개입하는 관료들을 단순히 비판한 정도가 아니라 에티오피아 수상과 외교부 장관, 그리고 미국 대사 면전에서 비판한 것이었다. ("아디스아바바에도 그 이야기가 흘러 들어갔겠죠." 조핸슨이 말했다.) 미들 아와시 팀은 곧 그 결과를 체감했다.

한 달 뒤인 2000년 10월, 자라가 미들 아와시 프로젝트의 장비 목록과 차량 열쇠를 가져오라고 했다. 나쁜 징조였다. 정부가 이런 소유물들을 어떻게 압류할 수 있는지 새 규정에 명시돼 있었기 때문이다. 미들 아와시 팀은 모든 장비와 차량이 후원 기관인 캘리포니아대학 버클리 캠퍼스 소유라고 설명했다. 하지만 2001년 2월, 자라는 새 지침을 인용해 현장 발굴 시즌이 아닐 때는 정부가 발굴팀의 장비를 사용할 권리가 있다고 주장했다. 발굴팀이 요구에 응하지 않자, 자라는 그다음 주에 "본국의 법을 존중할 생각이 없다"는 이유로 그 팀의 연구 허가를 보류했다.

연구자들은 이 같은 변화가 그들이 새 지침에 대해 비판한 데 따른 보복인지 물었다. 두 달 동안 그들은 아무런 답을 들을 수 없었다. 그사이 익명의 중상모략가가 에티오피아 뉴스 사이트에 미들 아와시 팀에 대한 공격을 시작했다. 에티오피아는 정권 교체 이후 자유 언론이 새로운 현상으로 떠올랐고, 그를 통해 정치적 이해가 다른 파벌끼리 인신공격과 거친 비방전을 벌이곤 했다. 베르하네는 사방의 적과 맞서며 전 세계에 고고학계 및 고인류학계의 더러운 정치를 적나라하게 알렸다. 베르하네는 이 과정에서 자라가 조핸슨의 연구 재허가를 도왔다고 반복해서 비판했다. "에티오피아의 국보를 지키고 관련 연구를 규제하는 임무를 부여받은 사람이, 자신의 기관과 나라를 뒤에서 훼손하는 결정을 하고 있다니 믿을 수가 없다. 그는 인류기원연구소와 그 리더 도널드 조핸슨의 편에 섰다. 조핸슨은 개인적 이득을 위해 에티오피아의 법을 어긴 사람인데 말이다." 그러자 자라는 4월에 〈아디스 제멘〉 신문에 다음과 같이 불만을 표했다. "팀 화이트가 이끄는 미들 아와시 프로젝트는 그 지역을 독점하고 싶어해서, 다른 연구자들이 접근하지 못하게 한다." 그는 아르디 화석이 발굴된 지 7년이 지나도록 논문으로 발표되지 않자 점점 더 조바심을 내고 있었다. "이 확장주의자들은 적절한 시점에 라미두스 연구 논문을 출간하는 데 반대하고 있다."

아르디 팀이 자신들의 발견을 공유하지 않았다는 것을 흠잡으면서, 자라는 심지어 그들은 과학적인 가치를 아무것도 생산하지 못했다고 주장했다. "지난 20년 동안 미들 아와시 지역에서 현장 연구를 해왔다고 주장한 이 그룹은 중상모략만 일삼았을 뿐, 중요하거나 언급할 만한 가치가 있는 연구 결과는 성취하지 못했다. 우리 나라를 세계에 알리는 데 거의 기여하지 않았다."

연구자들은 ARCCH를 감독하는, 자라의 상사인 정보문화부 장관 월데미카엘 체무에게 편지를 보내 중재를 요청했다. 하지만 장관이 그들에게 사과를 요구하자 그들은 거절했다. 2001년 4월 말, 자라는 그 팀의 허가가 더 이상 보류 상태가 아니라 철회됐다고 말했다. 미들 아와시 연구자들은 연구실과 현장 출입이 금지됐다. 그들의 자동차와 장비는 박물관에 몰수됐다.

새로운 규정에 따라, 그 팀은 30일 동안 장관에게 항소할 수 있었다. 일단 철회가 확정되면 정부는 그들의 소유물을 소유할 권리를 주장할 수 있었고, 프로젝트 지역을 분배해 다른 연구팀에게 줄 수 있었으며, 화석을 라이벌 연구자들에게 넘겨줄 수도 있었다. 연구자들은 이 문제가 공공 분쟁이 되어 고위 연방 공무원들이 개입하게 되기를 바랐지만, 화이트는 자신들의 고통이 "그것을 해소할 수 있는 사람들의 레이더에는 잡히지 않는다"며 비통해했다. 늘어나는 인구를 먹여 살려야 하고, 에리트레아와 전쟁 중이며, 고집 센 야당까지 둔 정부에게, 오래된 뼈를 둘러싼 갈등은 우선순위가 낮았다.

더구나, 권력 다툼으로 정부가 위협받고 있을 때였다. 멜레스는 집권 여당의 재정비를 시작했다. 그는 부패한 엘리트층이 국가를 개인적인 축재의 장으로 변질시킬 거라고 경고했고, 자신을 권력에서 거의 몰아낼 뻔했던 반대파로부터 거센 반격을 받았다. 그러나 그가 교활한 전략가임이 또다시 입증되었다. 반대파는 체포되었다. 정당 정치의 비밀스러운 속성으로 인해 외부인들은 이 같은 숙청이 정말로 부정행위 때문인지, 아니면 불충에 대한 징벌인지 판단하기 어려웠다. 멜레스는 외국의 이익을 위한 매판 행위를 경고했다. 선사시대 연구 영역에서 미들 아와시 팀이 반복적으로 상기시킨 내용이었다.

미들 아와시 팀은 목숨을 걸고 싸웠다. 수상, 외교부 장관, 대사관, NSF, 세계은행 등 도움이 될 만한 사람이나 기관에 모두 편지를 보냈다. 그러다가 에티오피아 정부 최고위층과 직접 연결되는 동맹자를 찾아냈다. 미국인 폴 헨즈는 "친에티오피아파"라고 불리는 학자들 중에서도 유독 널리 알려진, 어딘가 좀 수수께끼 같은 사람이었다. 공식 이력서에 따르면 그는 전직 외교관이었지만, 실제로는 퇴역한 정보부대 장교였다. 하일레 셀라시에 정권이 끝나갈 때에, 그는 CIA 에티오피아 지부장으로 근무하면서 외교관 대행으로 일하다 에티오피아 역사에 매료됐다. 암하라어를 배우고, 랜드로버를 타고 교외를 탐사하면서 싸구려 호텔에서 자거나 노지에서 야영을 했다. 말과 노새 행렬을 이끌고 산맥을 전전하기도 했다. "아버지가 주말 동안 아디스아바바에 머무른 기억이 없어요." 그의 딸 리베트 헨즈가 말했다. "항상 시골에 나가 있었어요." 헨즈는 황제가 몰락하기 2년 전 에티오피아를 떠났고, 그의 에티오피아인 친구 몇 명은 데르그 정부에 의해 숙청당했다. 헨즈는 전임 멩기스투 정권에 대해 깊은 혐오감을 느꼈다. 카터 행정부 시절에 그는 미국 국가안전보장회의에서 일하면서 '미국의 소리'(미국 정보국의 대외용 방송–옮긴이)가 암하라어로 방송을 시작하도록 압력을 넣었다. CIA에서 은퇴한 뒤, 헨즈는 책과 정기간행물에 계속해서 에티오피아에 관한 글을 썼다. 내전 중에는 워싱턴에서 멜레스를 만났다(경험 많은 혁명주의자는 옛 미국 스파이가 미국 정책에 대해 영향력 있는 목소리를 내는 사람이라는 것을 알아차렸다). 멜레스는 맨발로 앉아 줄담배를 피워댔으며 흥분하면 벌떡 일어나는 습관이 있었다. 헨즈는 그의 지성과 솔직함에 깊은 인상을 받았다. 데르그의 전복과 함께, 이 맨발의 혁명가는 국가의 수장이 됐고 두 사람은 평생 친구 관계를 유지했다. 멜레스는 헨즈에게 에티오피아에 "언제 와도 환영하겠다"고 말했다. 일부 학자들은 헨즈가 멜레스 정부를 찬양만 하고 그의 권위주의적인 일 추진 방식에는 눈을 감는다고 비판했다. 헨즈는 현실 정치 측면에서 현 정부가 안정성을 회복시키는 데 가장 좋은 선택지라고 봤고, 심각한 부패를 일소할 것을 반복적으로 촉구했다.

오랫동안 에티오피아를 지켜봐온 사람으로서, 헨즈는 인류 진화 연구에 깊은 관심을 가졌고 화이트와도 친분을 쌓았다. 그의 발굴팀이 처한 최근의 문제들에 대해 들은 뒤, 헨즈는 "소름 끼치는 상황!"이라는 제목으로 연구자들에게 이메일을 돌렸다. 그는 도와주겠다고 약속했다. 권력의 어느 스위치를 당겨야 하는지는 알고 있었다. 헨즈는 화이트에게 "할 수 있는 한 대항력을 가장 높은 곳까지 끌어올릴 필요가 있다"고 말했다.

이후 몇 개월 동안, 헨즈는 자신이 알고 있는 에티오피아 정부 관계자들을 접촉하고 대사관에 연락해 연구팀의 문제를 풀어달라고 했다. 헨즈는 베르하네 게브레 크리스토스 대사에게 그런 부탁을 하거나 식탁에 마주 앉아 정치에 대해 솔직히 이야기할 만큼 친했다. 헨즈는 화이트에게 에티오피아 외교관들이 "당신이 처한 문제에 대해 깊이 우려하고 있다"며 "에티오피아 정부에도 강하게 이야기했다"고 말했다. 에티오피아 정부는 정치적 억압과 인권 침해를 비판하는 반체제 망명자들에 대응하기 위해 미국의 지원을 기대했다(워싱턴 D.C.는 전 세계에서 아디스아바바 다음으로 가장 많은 에티오피아인들이 사는 곳이었다). 대사관은 고인류학계의 분쟁이 NSF가 후원하는 연구에 대한 에티오피아의 전망과 국제적 명성을 어둡게 했다고 인정했다. 고인류학은 정치적이지 않은 주제로 에티오피아가 뉴스 헤드라인에 등장할 수 있는 축복 받은 분야였다(관련된 사람들은 수백만 년 전에 죽었지만 말이다). 민족 분열은 에티오피아 정치의 화약고였지만, 인류의 기원은 모든 인류가 공통 조상을 지닌다는 메시지를 전했다. 먼 과거를 배경으로 하는 격전장에서, 에티오피아는 세계의 리더가 될 수 있었다. 지금 장거리 육상 종목을 휩쓸고 있듯이 말이다. 대표적인 사례로, 2년 전에 미들 아와시에서 출토된 머리뼈 화석이 〈타임〉 표지를 장식했다. "외교부 장관 세요움은 우리의 연구를 고마워했어요. 모든 종류의 매체에서 볼 수 있었기 때문이죠. 〈뉴스위크〉 표지, 〈타임〉 표지 등등에서." 베르하네가 회상했다. "외교부 장관이 아는 사실이라면, 멜레스도 당연히 알았을 겁니다."

허가를 둘러싼 논쟁이 한창일 때, 연구팀은 에티오피아가 더 많은 언론의 주목을 끌 수 있는 일을 벌였다. 2001년 7월, 아르디의 할아버지라고 불리는 카다바(발견 이후 4년간 비밀에 부쳐졌다)를 논문으로 공개한 것이다. 보통 이런 논문에는 저자로 여러 명이 올라가는데, 〈네이처〉에 발표된 이 논문에는 요하네스 하일레셀라시에만 단독 저자로 표기됐다. 그리하여 세계는 아프리카 연구자의 세계적인 발견이라는 낯선 광경을 목도하게 되었다. 공개되지 않은 내용도 있었는데, 그 역시 화석이 보관된 박물관에 출입할 수 없다는 사실이었다.

연구팀은 전 세계로부터 축하를 받고 있는 이 에티오피아 연구자의 역설적인 상황을 공개적으로 이슈화하지는 않았다. 대신 그들은 분별력 있는 사람들이 부조리한 상황을 인지할 수 있게 하는 암묵적인 전략을 추구했다. 화이트는 기자들에게 정치적 논쟁보다는 연구 성과에 초점을 맞춰달라고 요청했다. 뒤에서는, 헨즈가 좀 더 직접적으로 나섰다. 에티오피아 대사관 직원 브룩 하일루에게 메일을 보낸 것이다. "에티오피아 문화부 장관의 입장은 놀라울 정도로 부정적입니다. 그런 태도는 창피할 뿐만 아니라 에티오피아 이익 극대화에 반하기도 합니다. 이런 발견의 발표는 에티오피아가 해본 '가장 긍정적인 홍보 활동'이 될 겁니다. 정부는 최대한 이를 활용해야 합니다." 헨즈는 즉시 수상에게 이 사실을 알리라고 재촉했다. 헨즈의 날카로운 예상대로 세계 언론은 연구팀을 두둔했고, 관료들의 추가 공격은 "사소한 방해"일 뿐이었다.

〈네이처〉가 발행된 날, 화이트는 정보문화부 장관인 월데미카엘 체무를 만나러 갔다. 그는 프로젝트의 명운을 쥔 자였다. 새로 나온 기사를 가리키며, 화이트는 장관에게 카다바를 세계적 자랑거리라는 관점에서 봐달라고 말했다. 그러고는 발굴팀의 요청에 대해 결정을 내려달라고 했다. 하지만 장관은 자라에게 다시 가보라고 말할 뿐이었다. 한편 자라의 ARCCH는 자체적으로 이상한 보도자료를 냈다. 자신들은 카다바에 대해 아는 바가 없으며 발굴자들과 아무런 관련이 없다고 밝혔다. 그리고 미들 아와시 팀의 허가가 취소됐다는 사실을 상기시켰다.

그러나 오래된 인맥 네트워크는 외부인이 접근할 수 없는 곳까지 침투할 수 있었다. 티그레이 소작농 집안에서 자란 기다이 월데가브리엘은 여당 지도자들과 출신 배경이 같았고, 여당의 사명에 자신의 과학이 어떻게 봉사할 수 있는지를 직관적으로 이해했다. 그들은 격변기 혁명 와중에 에티오피아의 명문 국립대를 다녔다는 공통점도 있었다. 기다이는 에티오피아로 날아가 에티오피아 고관을 만났다(기다이는 그게 누구인지는 공개하지 않았다). 커피를 마시며 비공식 담소를 나누는 동안, 기다이는 자신들이 처한 어려움에 대해 이야기했다. 기다이에 따르면, 이 만남으로 그는 고위 공직자들이 이 문제를 알고 있으며 해결을 약속했음을 확인했다. "그는 '걱정 마세요'라고 말했어요. 그게 끝이었죠." 기다이가 회상했다.

그해 여름 늦게, 체무 장관이 편지를 보냈지만 연구자들은 그 편지를 제대로 이해할 수 없었다. 허가 철회와 연구 재개의 암시가 동시에 담겨 있는 듯했다. 결국 허가가 다시 나왔음이 확인됐다. 하지만 다음 발굴 시즌을 계획하기에는 너무 늦은 때였다. 오래지 않아 정부에서 새 장관을 임명했다. 새 고고유물 관련 규정 중 가장 논란이 된 조항은 시행되지 않았다. 자라는 기관장 자리를 보전했지만, 자신의 권력이 고인류학계의 아프리카 야생 고양이들에게 영향을 미치는 데는 한계가 있음을 깨달았다. "그들은 자라의 삶을 지옥으로 만들었어요." 돈 조핸슨이 화가 난 듯 말했다. "자라는 자신이 신경쇠약에 걸릴 것 같다고 했죠." 미들 아와시 팀은 1년 하고도 현장 발굴 시즌 대부분을 잃었지만, 살아남았다. "많은 사람들이 우리가 에티오피아에서, 특히 정부 부처에 의견을 거침없이 말하는 걸 좋아하지 않아요." 기다이가 말했다. "끝없는 싸움이 될 거예요. 하지만 우리를 방해하려는 사람들은 한 번 더 생각해보게 되겠죠."

19장

반골

아르디 팀은 오래된 격언을 따랐다. 과학은 인기 경쟁이 아니라는 격언을. 한 가지 예는 손에 관한 것이었다. 초창기부터, 아르디 연구자들은 자신들이 발견한 화석에 너클보행의 흔적이 없다고 생각해 왔다. 2000년, 아르디 팀은 "인류가 너클보행하는 조상으로부터 진화했다는 증거"라는 제목의 〈네이처〉 커버스토리를 보고 놀랐다. 저자인 조지워싱턴대학 브라이언 리치먼드와 데이비드 스트레이트는 오스트랄로피테쿠스 화석 둘의 캐스트에 "영상에 근거한 형태계측학"을 적용한 뒤, 측정치가 너클보행을 하는 현생 유인원과 일치한다고 결론 내렸다. 화이트는 〈네이처〉 에디터 헨리 지에게 불평했다. "우리끼리니까 하는 말인데, 그 커버스토리는 돌고래 갈비뼈와 호미니드 빗장뼈 사이에서 혼동을 일으켰던 플리퍼피테쿠스 이후 〈네이처〉가 호미니드 분야에 남긴 최악의 기사일 거예요." 화이트는 "잘못된 증거와 해석"이 무비판적으로 교과서에 올라갈 것이라고 경고했다. 그는 몇 달 동안 끈질기게 저자들과 에디터들에게 질문을 하고, 방법론을 비판하고, 폭로 위협을 가했다. 결국 헨리 지는 두 손 들고 문제를 부편집자들에게 넘겼고, 이메일을 수신하지 말 것을 요청했다. (〈네이처〉는 저자들을 지지하는 논문 심사자를 지명했다.) 이 싸움은, 군대식 용어로 비대칭 교전이었다. 아르디 팀은 인류 계통에서 가장 오래된 화석에 접근할 수 있는 우선권이 있었고, 적들은 그렇지 못했다. 논쟁이 한창일 때 리치먼드와 스트레이트는 화이트가 가장 좋은 증거를 제시하면 문제를 풀 수 있지 않냐고 말했다. 비밀에 싸인 아르디피테쿠스를. 하지만 아르디 팀은 아르디피테쿠스의 손을 공개하길 거절했다.

21세기 초에, 형질인류학 분야 최고 학술지로 꼽히는 〈미국 형질인류학회 저널〉의 에디터들은 몇 명의 저명한 연구자들에게 자신의 분야에 관해 한마디씩 해달라는 요청을 했다. 대부분 점잖은 말을 보내왔다. 화이트 차례가 되기 전에는. 화이트는 "뭔가가 잘못됐다. 그런데 고인류학자 직함을 달고 있는 사람 대부분은, 너무나 정치가스럽게 그걸 볼 줄도 모르거나 바꿀 의지가 없다"고 말했다.

그는 학계 사람들을 '진짜' 연구자와 출세주의자로 양분했다. 그의 편견 가득한 눈에는, 인기에 굶주린 연구자와 성장 추구형 대학에 의해 보상 체계가 왜곡돼 있었다. 그는 고인류학 핵심 분야에 만연한 무지를 비난했고, 미덥지 않아 보이는 주장을 담은 수많은 논문들에 대해서도 의혹을 품었다. "그런 무책임한 선언은 대중매체 뉴스를 통해 일시적으로 대중의 주목을 받고 바로 교과서에 실린다. 하지만 철회는 거의 이뤄지지 않는다." 화이트는 불만스럽게 말했다.

그는 따로 이름을 나열할 필요가 없었다. 그가 드는 많은 사례들 가운데서, 동료 학자들은 다른 동료나 자신을 쉽게 알아볼 수 있었다. "안락의자 해설자가 많다." 화이트는 이렇게 썼다. "화석 데이터의 실제 생산자는 점점 사라지고 있다." 그는 인류학 분야가, 너무 많은 사람들이 너무 적은 자원을 놓고 경쟁하는 고전적 비극을 재현하고 있다고 봤다. 해결책은? 화이트는 성장을 멈춰야 한다고 주장했다. 더 이상 많은 학생을 대학원 과정에 들이지 말고, 자격 미달인 자들을 학계에 넘치게 하지 말며, 조악한 연구 결과로 논문을 오염시키지 말라는 것이다. 화이트는 자기 분야의 대가들을 퇴물 취급하더니, 소위 '팀계The Tim Commandment'(모세의 십계를 패러디한 말로, 팀 화이트의 율법이라는 뜻–옮긴이)라는 다음과 같은 일련의 칙령을 젊은 세대에게 전했다.

> 현장에서 첫날 차량에서 나와 20미터 반경 안에서 호미니드 화석을 찾을 수 있을 거라고 생각하지 마라. 다른 사람이 화석을 찾았다고 자신도 찾을 수 있을 거라고 착각하지 마라. 진실은 언젠가 반드시 드러난다. 화석을 매입하지 마라. 공무원들에게 뇌물을 주지 마라. 다른 사람의 발굴 현장을 빼앗지 마라. 특히 그 사람이 개발도상국 현지 학자라면 더욱.
>
> 야망이 윤리를 저버리게 하지 마라. 커리어의 목적이 돈을 버는 것이라면, 의학전문대학원에 가서 무릎 수술 외과의가 되어 교외 지역 축구 선수를 대상으로 시술하라. 단, 의료 사고 보험은 들어야 한다. 치

료를 얼마나 잘하는지도 중요하다. 실수는 너희의 미래에 반드시 영향을 미친다.

그의 밀레니엄 선언은 그 어떤 에피소드보다 연구 캠프 사이의 균열을 잘 보여줬다. 화이트는 그의 연구에 대한 동료 평가를 요청받은 동료들, 그의 논문을 출판한 학술지, 심지어 그의 연구 자금을 지원한 NSF에게도 혹평을 퍼부었다. 그리하여 적들은 화이트에게 위법행위나 사실 관계의 오류, 또는 해석의 오류가 하나라도 있기를 바라게 됐다. 그로 인해 이 독선적인 비난꾼이 그렇게 무결점의 인간은 아니라는 사실도 드러나게 됐다. 연구에 대한 그의 비전은 아르디에서 실현될 것이고, 적들은 그와 같은 방법으로 응수할 예정이었다.

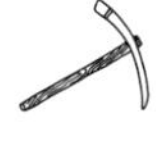

20장

조마조마

여러 해가 흘렀다. 미들 아와시 팀은 아르디피테쿠스 카다바, 오스트랄로피테쿠스 가르히, 그리고 아라미스의 지질에 대한 분석 등 몇 가지 중요한 발견을 논문으로 발표했다. 하지만 사람들이 정말로 알고 싶어하는 아르디에 대해서는 아무것도 공개하지 않았다. 모두가 미들 아와시 팀이 세계에서 가장 오래된 화석을 발굴했다는 사실을 알고 있었다. 세계가 이해하지 못한 것은 소위 "로제타 스톤"이라고 불리는 부분들이 여전히 잔해 더미와 당황스러울 정도로 닮았다는 사실이었다. 가장 기본적인 작업 중 하나는 팔다리 길이와 신체 비율을 결정하는 일이었다. 그 모든 작업에는 공들인 추리가 필요했고, 아르디가 땅 밖으로 나온 지 몇 해 뒤 여진이 일어났다.

팔다리 비율은 오랫동안 해부학자들을 매료시켰고, 동시에 혼란스럽게 했다. 그리스인과 로마인은 인체의 해부학적 비율을 이상화했다. 기원전 1세기 때의 로마 건축가 마르쿠스 비트루비우스는 사람의 키가 양팔을 펼쳤을 때의 넓이와 같다고 봤다. 다시 말하면 우리가 T자 자세로 섰을 때, 키와 양쪽 팔을 벌린 폭이 정사각형을 이룬다는 말이다. 비트루비우스는 펼친 팔과 다리가 배꼽을 중심으로 그린 원의 둘레에 닿는 것도 관찰했다. 레오나르도 다빈치는 고전적인 묘사물인 〈비트루비우스적 인간Vitruvian Man〉을 그림으로써, 이 아이디어를 영원불멸하게 만들었다. 르네상스적 인간은 말 그대로 둥근 모양이거나, 어떻게 펼치는지에 따라 완벽한 정사각형을 이룰 수 있었다.

한 부지런한 연구자가 이 매혹적인 이야기를 무너뜨렸다. 19세기 중반에 영국 조각가 조지프 보노미는 84명의 사람을 계측했고, 그 가운데 여섯 명만 완벽한 정사각형을 이룬다는 사실을 확인했다. 사람들 절대 다수는 팔을 펼친 길이가 키를 넘어섰다. 20세기에 인류계측학이 붐을 이루면서, 신성한 비율이라는 신화는 데이터에 의해 산산이 부서졌다. 실제로는, 인체 비율은 진화적 유산을 반영한다. 특히 다른 보행 스타일에 대한 적응을 반영한다. 인류와 유인원, 원숭이는 같은 사지 골격을 갖고 있다. 진화는 이런 공통의 요소를 얼기설기 땜질해 영장류라는 테마를 다양하게 변주해냈다.

다른 모든 대형 유인원은 '매달린suspensory' 영장류로 분류된다. 긴 팔과 손이 가지 아래에 매달리는 데 유리하게 적응한 것으로 해석되기 때문이다. 오랑우탄은 나무 위 생활에 가장 잘 적응한 대형 유인원으로, 팔을 잘 쓴다. 오랑우탄의 팔은 다리보다 40퍼센트나 길다. 오랑우탄이 땅에서 걸을 때 팔은 목발 같아 보인다. 인류의 친척 유

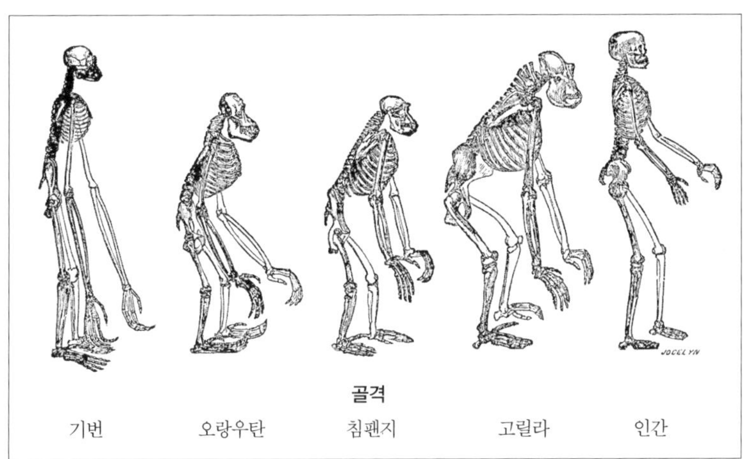

1863년에 발간된 토머스 헨리 헉슬리의 책《자연 속 인간의 자리》에 나오는 고전적인 유인원 골격 일러스트. 가장 왼쪽에 있는, 매달리기 좋은 긴 팔을 가진 기번(긴팔원숭이)에 주목하자. 모든 인류 친척 유인원들은 다리보다 팔이 길다. 인간은 특이하게 다리가 팔보다 길다. 나무 위 생활에도 불구하고 아르디 역시 다리가 팔보다 살짝 긴 것으로 밝혀졌다.

인원 가운데 가장 지상 생활을 많이 하는 고릴라도 팔이 다리보다 16퍼센트 정도 길다. 비슷하게 침팬지도 팔이 다리보다 살짝 길다. 반면 인류는 다리가 더 길다. 팔은 다리 길이의 약 70퍼센트에 불과하다.

학자들은 오랫동안 인류의 진화는 팔이 긴 유인원이 다리가 긴 인간으로 변모한 과정으로 생각해왔다. 루시는 이 같은 관점을 확인시켜주는 것 같았다. 루시의 팔은 다리 길이의 약 85퍼센트였다. 이 비율은 대강 침팬지와 인간 사이였다. 아르디 연구자들은 여러 가지 이유에서 자신들이 발견한 더 오래된 화석이 팔이 긴 유인원과 보다 가까울 것이라고 기대했다. 연구실에서, 화이트는 아르디의 사지 뼈를 자기 몸 옆에 대보며 즐거워했다. 비록 키가 120센티미터 정도에 불과했지만, 아르디의 팔은 화이트의 팔만큼이나 길었다. 초기의 인상은 팔은 길고 다리는 짧으리라는 예상과 일치하는 듯했다.

아르디는 자신의 비밀을 쉽게 보여주지 않았다. 화석은 팔을 이루는 두 뼈인 거의 완벽한 노뼈(요골)와 자뼈(척골)를 포함하고 있었다. 하지만 위팔뼈(상완골)는 분실된 상태였다. 운이 좋게도, 발굴팀은 아르디의 크기로 맞출 수 있는 다른 아르디피테쿠스 라미두스 개체에서 상완골을 복원했다.

아르디는 다리에서 넙다리뼈 일부와 정강뼈 긴 부분만 가지고 있었고, 발목과 연결되는 끝부분은 없었다. 연구자들은 남아 있는 일부의 뼈로 원래의 길이를 추정해야 했다. 뼈에는 해부학적 랜드마크가 있는데, 근육과 인대가 붙는 부위의 거친 표면이다. 화석에서 이 부분이 보존돼 있는 경우가 많으며, 이 부분은 원래 길이에 대한 단서를 제공한다. 예를 들어 화이트는 아르디의 정강뼈에서 인대의 흔

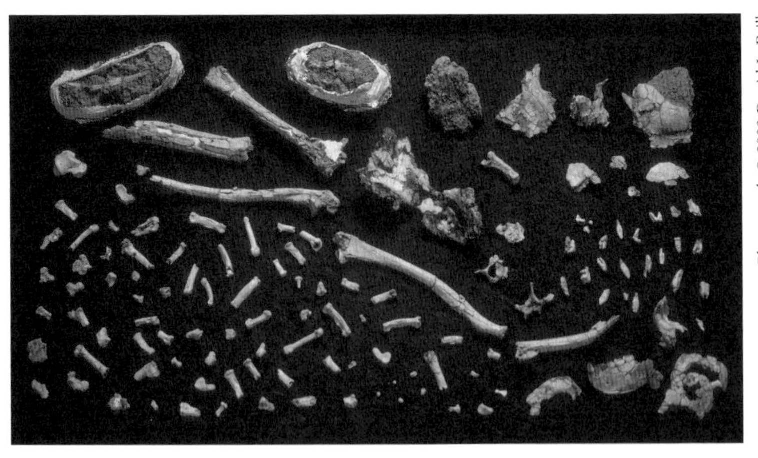

Photograph © 2003 David L. Brill

조각이 맞춰지길 기다리는 퍼즐. 2003년 아르디의 화석 조각들.

적을 찾았다. 그는 아르디의 정강뼈를 AL-288이라는 다른 화석, 흔히 루시라고 알려져 있는 개체의 같은 부위 화석 옆에 놨다. 두 개의 랜드마크가 정렬되었을 때, 아르디는 정강뼈의 조금이 아니라 상당한 부분, 즉 발목과 연결되는 안쪽복사로 알려진 끝부분을 잃었다는 것이 명확해졌다.

더 정확하게 비교하려면 몇 개의 숫자가 필요했다. 연구자들은 수백 마리의 유인원과 화석인류 조상의 측정 데이터를 확보한 뒤, 회귀분석을 통해 아르디의 사지 길이를 계산했는데, 종종 없는 부위의 크기를 추정하기 위해 해부학적 랜드마크에서 연결 부위를 떼어냈다. 정확도를 높이기 위해 화이트와 러브조이, 스와가 각기 따로 길이를 추정했다. 수개월 간 애쓴 끝에, 아르디의 팔이 다리보다 짧다는 사실이 드러났다. 기초적인 비교 지수로 '막간 지수intermembral index'라는 것이 있다. 팔의 긴뼈(위팔뼈와 노뼈)를 다리의 긴뼈(넙다리뼈와 정강뼈)로 나눈 값이다. 아르디의 팔은 다리의 약 90퍼센트 길이였다. 이상하게도, 아르디의 사지 비율은 루시와 매우 비슷했다. 아르디는 침팬지와 함께 우리의 공통 조상에 더 가까워져야 했지만, 아르디의 사지 비율은 현생 유인원과 비슷하지 않았다.

이 발견은 오래 이어져온 생각들과 배치됐다. 1889년 아서 키스라는 스코틀랜드 의사는 말레이반도에 위치한 시암(지금의 태국)의 금 채굴 기업 의료 담당관 자격으로 동남아시아행 배에 올랐다. 금광에서 남는 시간에 키스는 열대 정글을 걸었다. 그는 이국적인 식물과 동물에 매료됐는데, 특히 머리 위에서 허둥지둥 도망가는 재빠

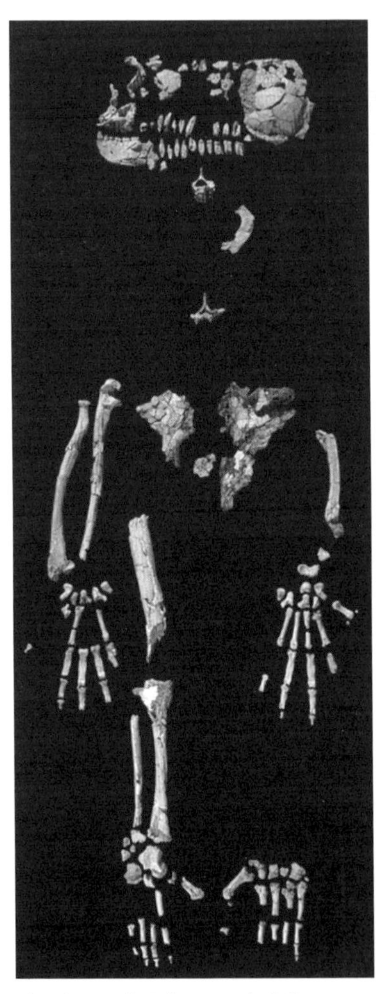

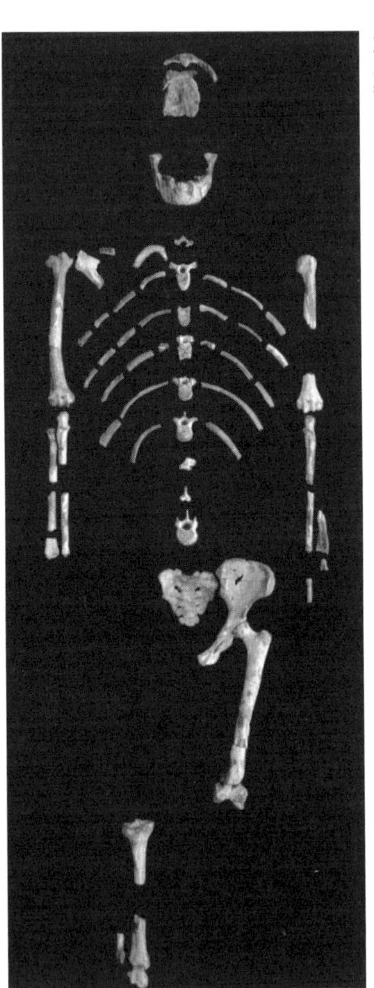

아르디(왼쪽)와 루시(오른쪽)의 화석.

른 원숭이에 감탄했다. 한 동물과 만난 그는 넋을 잃었다. 원숭이처럼 가지 위를 네 발로 걷지 않고, 마치 공중그네를 타는 곡예사처럼 가지에 매달려 있는 노란 영장류였다. 가끔은 긴 막대를 들고 외줄 타기를 하는 사람처럼, 긴 팔을 뻗은 채 가지 위를 성큼성큼 걷기도 했다. 마침내 키스는 이 동물이 원숭이가 아니라, 소형 유인원이라고도 불리는 종인 기번(긴팔원숭이)임을 깨달았다.

캠프로 돌아왔다. 말라리아가 놀라울 정도로 많은 수의 금광 노동자들을 죽음에 이르게 하고 있었다. 의사들은 정글 동물들도 말라리아에 감염되는지 궁금했다. 키스는 원숭이 한 마리를 총으로 쏜 뒤 비장의 감염 여부를 확인했고, 그 과정에서 비교해부학에 관한 관심이 되살아났다. 그는 대나무로 기둥을 세워 연구실을 만들고는, 밤낮으로 해부 테이블에 붙어 앉아 원숭이와 기번을 해부했다. 의대 시절 키스는 인간의 해부학적 독특한 특징은 직립보행에 적응하는 과정에서 생겼다고 배웠다. 놀랍게도, 그는 기번이 같은 특징들을 보이고 있음을 발견했다. 나무 위에서 생활하는데도 말이다.

키스는 영국으로 돌아와 병원 해부학자 자리를 얻어 런던 동물원의 영장류를 더 해부해봤다. 이전 세대의 진화론자들이 이야기했듯, 아프리카에서 온 유인원들이 아시아에서 온 유인원들보다 더 사람과 닮아 있었다. 1923년, 그는 왕립외과대학에서 일련의 강의를 하며 인류 진화에 대한 새로운 이론을 소개했다. 직립 자세로의 급진적 변화는 걷기가 아니라 나무 타기에 대한 적응에서 시작되었다는 내용이었다. 구세계원숭이는 보통 척추를 지면과 평행하게 하는 **횡위보행** 자세로 움직인다. 반면 유인원은 몸통을 곧게 세우는 **직립보행** 자세로 나무에 오른다. 키스의 이론에 따르면, 척추를 지면과 평행하게 한 원숭이가 곧게 세운 유인원으로 바뀔 때 신체 형태에 '큰 변화'가 일어났다. 다시 말해, 직립 자세는 나무에서 일어났다. 인류의 조상이 그가 아시아에서 본, 활갯짓하는 기번처럼 나뭇가지 아래에 매달렸기 때문이다(기번의 팔은 다리보다 약 30퍼센트 길다). 여러 편의 논문을 통해 그는 인류가 이렇게 "양팔로 매달려 팔을 번갈아 쓰며 건너가는" 식으로 움직인, 팔이 긴 조상으로부터 진화했다는 이론을 제시했다. 이 아이디어는 오늘날까지도 여러 진화 이론에 남아 있다. (오늘날의 분류에서 팔로 매달려 건너가는 동작은 매달리는 동작의 한 유형이다.)

이런 개념은 주요 아시아 탐사에 영감을 줬다. 해럴드 제퍼슨 쿨리지는 보스턴 출신의 인텔리로, 하버드 비교동물학 박물관에서 큐레이터로 일했다. 제1차 및 제2차 세계대전 사이에, 그는 아프리카와 아시아에 가는 사냥 여행을 조직했다. 카키색 바지에 헬멧을 쓴 잘난 백인 사냥꾼이, 총을 들어주는 지역민 하인을 데리고 만세를 부르고 있는 광경을 떠올리게 되는 그런 여행이었다. 1937년, 그는 '아시아 영장류 탐사Asiatic Primate Expedition'(줄이면 재미있게도 APE, 즉 '유인원'이 된다)를 조직했다. 쿨리지는 이 탐사가 "기번 같은 우리 인류의 조상"을 찾는 여행이 될 거라고 선전했다. 탐사를 통해 사람들은 (현재는 멸종 위기에 처해 보호받는) 유인원을 학살해 비교동물학 박물관에 제공하는 과정을 볼 수 있었다. 시암과 보르네오에서, 사냥꾼들은 거의 300마리의 기번을 총으로 쐈고, 다른 영장류도 일부 사냥했다. 사체는 정글에 마련된, 전설적인 해부학자 아돌프 슐츠 교수의 해부 연구실로 옮겨졌다. 강한 독일어 억양을 쓰는 슐츠는 수백 마리 동물이 체계적으로 조각나고 있는 지옥 같은 작업대를 바라보며 담배를 입에 문 채 작업했고, 때로는 진을 마시기도 했다. 슐츠는 일생을 해부학 데이터 확보라는 단 하나의 목표에 바쳤다. 표본이 많아야만 가능한 일이었다. 이를 완수하기 위해 서커스단과 동물원, 반려동물 판매상으로부터 죽은 유인원을 얻었다. 그가 볼티모어로 돌아온 후, 선적 사무원이 존스홉킨스대학 그의 연구실로 전화를 걸어 썩은 내 나는 짐을 당장 빼라고 소리쳤다. 금주법 시행 시기여서 정부 관리는 역에서 밀수꾼으로 의심되는 사람의 탑승을 막고 사람들이 보는 앞에서 짐을 열어봤는데, 놀랍게도 거기서 발견된 것은 술이 아니라 슐츠의 해부대로 배송될 죽은 원숭이들이었다.

슐츠는 야생에서 사냥한 동물을 선호했다. 수는 많을수록 좋았다. 컴퓨터가 있기 전의 다른 많은 해부학자들이 그랬듯, 그는 미술가처럼 손으로 세부 사항을 스케치했다. 세심한 관찰이 필요한, 노력이 많이 드는 일이었다. 그의 비교해부학 드로잉은 오늘날까지도 고전적인 이미지로 남아 있다. 정글 속에 만든 그의 연구실에서, 그는 밤낮으로 조수들을 바쁘게 돌렸다. 조수 중엔 막 커리어를 시작한 셔우드 워시번이 있었다. "매일이 슐츠와 하는 세미나였어요"라고 워시번은 회상했다. 하지만 장인과 견습공은 인류의 역사를 대하는 관점이 아주 달랐다. 슐츠는 자신의 해부학 연구 결과를 토대로 인류가 다른 유인원과 아주 오래전에, 우리 조상 종이 나뭇가지 아래에 매달리는 데 특화된 긴 팔을 진화시키기 '전에' 분리됐다고 믿었다. 쉽게 말해, 키스의 이론을 믿지 않았다. 반면 워시번은 인류가 좀 더 최근에, 긴 팔로 가지에 매달릴 수 있는 오늘날의 침팬지나 고릴라 같은 유인원으로부터 가지에서 떨어져 나왔다고 믿게 됐다.

1960년대에, 워시번은 미국인류학회장이 됐다. 하지만 가지에 매달려 이동하는 조상에 대한 관점을 고수하고 있는 한 그는 학계에서 소수파로 분류될 수밖에 없었다. 대부분의 학자들이 슐츠 같은 해부학자들의 주장에 수긍했기 때문이다. 나무 위 생활을 했던 조상이라는 아이디어를 대표하던 아서 키스조차 말년에는 자신의 이론을 포기했다. 워시번은 인류가 겨우 수백만 년 전에 팔로 가지에 매달린 채 움직인 유인원으로부터 진화했다는 관점을 심지 굳게, 하지만 외로이 고수했다.

분자 혁명이 일어나면서, 논쟁의 추는 워시번의 편으로 기울었다. 많은 학자들이 인류가 팔이 긴 수상 유인원으로부터 유래했다는 믿음에 동조하기 시작했다. 같은 맥락에서, 이 학파는 인류 조상이 직립보행 훨씬 이전에 나무 타기를 위해 직립하기 시작했다고 주장했다. 아르디는 이 이론을 시험할, 가장 강력한 도전을 제공할 존재였다.

인류와 아프리카 유인원의 공통 조상이 나무에 매달릴 수 있는 신체적 특성을 갖췄는지 여부는 해부학에만 국한된 사소한 문제가 아니었다. 우리의 진화 과정을 머리부터 발끝까지 이해하는 데 광범위한 암시를 주는 문제였다. 비슷하게, 공통 조상이 직립했는지 또는 등을 수평으로 구부린 자세였는지 여부는 공통 조상의 신체 특성에 대한 두 가지 극단적으로 다른 견해 사이의 논쟁과 관련이 있었다. 아르디의 사지 비율은 마이오세의 화석 유인원들을 생각나게 했다. 그들은 오늘날의 유인원과 달리, 팔과 다리 길이가 비슷하고 등을 지면과 수평하게 숙인 자세를 취하고 있었다.

* * *

아르디피테쿠스 미공개 기간이 길어지면서, 미들 아와시 팀과 그들의 주요 연구비 지원 기관인 NSF 사이의 관계가 틀어지기 시작했다. 1993년, 미들 아와시 팀의 연구 제안서는 NSF 심사위원 전원으로부터 '우수' 평가를 받았다. 50개 제안서 중 가장 높은 점수였다. 3년 뒤에도 심사자들은 다시 한번 강한 신뢰를 보여줬다. 한 동료 평가자는 "플래그십 프로젝트"라고 부르며 복받친 표정으로 말했다. "이것이야말로 고인류학 현장 연구가 가야 할 모범 사례지요!" 하지만 90년대 말, 리뷰어들은 발견 내용이 논문으로 발표되지 않는 데 대해 조바심을 드러내기 시작했다. 2000년 2월, NSF의 형질인류학 프로그램 디렉터인 마크 와이스는 화이트에게 재단이 연구비 그랜트(연구비 관리 기관이 제공하는 연구비에는 그랜트grant와 콘트랙트contract 두 가지가 있다. 콘트랙트는 관리 기관이 연구 주제를 지정하고 참여 연구자를 모집하는 하향식 공모 방식이고, 그랜트는 연구자가 연구 주제를 제안하는 상향식 방식이다-옮긴이) 기간을 5년에서 3년으로 줄일 것이라고 알렸다. 그는 동료 평가자들이 더 이상 기다리지 못한다고 설명했다. "화석은 접근할 수 없다면 효용이 거의 없게 돼요." 그가 화이트에게 말했다. 화이트는 화가 나서 NSF 위원들이 운영을 잘못하고 있다고 고집을 부렸다. 한 명을 빼고 모든 심사자들이 제안서를 우수하다고 평가했고 가장 낮은 평가도 '양호'였는데, 화이트는 이 양호를 "무식하고, 명백히 적대적인" 평가라고 일축했다. 연장자인 클라크 하월이 그에게 진정하고 평가를 보다 긍정적으로 보자고 말했다. 자신들이 "너무나 열정적"이었기 때문이다. 이미 이전 그랜트에 비해 예산이 깎인 상황에서, 화이트는 극한까지 밀어붙이는 전략을 썼다. 그는 제안서에서 연구비 제공을 줄이면 "전체 프로그램을 위태롭게 만들 것"이라고 경고했다. 루시와 오스트랄로피테쿠스 아파렌시스는 화석 발굴 8년 뒤 일련의 논문으로 발표됐다. 하지만 화이트는 아르디를 다른 사례들과 비교해야 한다고 고집했다. 호모 하빌리스에 관한 포괄적인 학술 논문은 나오는 데 27년이 걸렸다. "연구가 완성될 때까지 논문을 출판하지 않을 겁니다." 그가 말했다. "돈이 떨어지면, 그 기간은 더 길어질 겁니다."

수년이 지난 뒤에도 화이트는 이 논쟁으로 화를 내곤 했다. "그는 종종 전화를 걸곤 했죠. 엄청 화가 나서." 와이스가 회상했다. "이해는 가요. 하지만 나는 화이트의 이해관계 외에 다른 데에 집중해야 했어요." 화이트는 NSF에게 동료 평가자들을 바꾸라고 요청했다. 그의 끈질긴 주장은 효과가 있었다. NSF는 미들 아와시 팀의 연구비를 매년 추가로 연장해줬다. 그렇게 7년간 63만 달러 이상이 증액되었다.

1982년부터 2007년까지 NSF는 화이트에게 미들 아와시 지역 현장 발굴 비용으로 약 200만 달러를 지원했고, 다른 연구팀과 구성한 별도의 공동 연구 컨소시엄에도 250만 달러를 지원했다. 화이트는 그런 지원에 고마움을 표했지만, NSF가 대학원생 교육 프로그램에 쓸데없이 많은 돈을 쓰고 현장 연구에는 지원을 너무 안 한다고 공개적으로 비판했다. 2000년에 화이트는 이렇게 말했다. "극소수의 사람만 야외에 나가 목숨을 걸고 화석을 발굴하죠. 연구실에 앉아만 있는 95퍼센트의 사람들이 그랜트 심사를 하는데 그들은 현장 연구를 몰라요. 하나만 알죠. 화석을 빨리 손에 넣을수록 거기서 분석적인 정보를 더 많이 얻을 수 있다는 사실. 그렇게 논문을 써서 커리어를 쌓겠죠. 그래서 화석을 발굴한 사람 손에서 화석을 뺏지 못해 안달이라고요."

2002년 2월 어느 날 아침, 베르하네는 에티오피아 국립박물관에 도착해 호미니드 화석을 지키는 알레무 아데마수가 편지 한 장을 손에 든 채 안절부절못하며 기다리는 모습을 발견했다. 편지는 두 명의 외국 연구자에게 아르디 및 역시 비공개 상태인 또 다른 미들 아와시 화석들을 조사할 권한을 준다는 내용이었다. 바로 그 순간, 그 두 연구자들은 화석을 보기 위한 최종 허가를 기다리며 박물관장실에 앉아 있었다. 베르하네는 아데마수에게 단호하게 명령했다. "안 된다고 했어요."

베르하네는 서둘러 사무실에 들어가 두 명의 친숙한 얼굴을 만났다. 뉴욕 자연사박물관의 이언 태터솔과 피츠버그대학의 제프리 슈워츠였다. 그 둘은 인류의 화석 기록에 대한 여러 권의 책을 편찬하면서 표본 조사를 위해 전 세계를 돌아다니고 있었다. 2년 전 슈워츠는 미들 아와시 팀이 발굴해 논문으로 발표한 화석들을 기록하고 사진 찍는 허가를 해달라고 화이트에게 편지를 썼었다. 그 화석들 중엔 아르디피테쿠스도 포함돼 있었다. 두 캠프가 '논문'에 대한 서로 다른 정의를 가지고 있다는 것이 금방 밝혀졌다. 화이트에겐 연구에 대한 포괄적인 보고를 의미하지, 라미두스라는 이름을 학계에 알린

1994년의 초기 발표는 논문에 해당되지 않았다. 편지는 예의 바르게 오갔지만, 슈워츠는 내심 화가 많이 났다. "저 당돌함은 뭐지? 그랬다니까요."

태터솔과 슈워츠는 우회적인 방법으로 다시 한번 시도하기로 했다. 돈 조핸슨은 그들에게 ARCCH 기관장 자라 하일레 마리암과 접촉하라고 했다. 자라는 당시 관료주의를 둘러싼 싸움을 벌인 직후라 미들 아와시 팀과 사이가 좋지 않았다. (조핸슨은 발굴 5년이 지난 뒤에도 논문으로 발표하지 않은 발견은 다른 연구자에게 공개할 수 있다는, 새로운 고고유물 관련 법을 또다시 환기시켰다.) 슈워츠가 아르디피테쿠스 및 다른 미들 아와시 화석들을 보고 싶다고 요청하자, 자라는 애매한 내용의 답장을 보냈다. "관계 당국의 요구 조건을 만족시키는 실험실 연구를 할 수 있습니다." 슈워츠와 태터솔은 이것을 허가로 받아들이고 에티오피아로 날아갔다. 박물관에서, 그들은 그 편지를 제시하고 비밀에 싸인 아르디를 포함해 수장고 안의 화석들을 보여달라고 요청했다. 알레무는 뭔가 수상하다고 생각해 베르하네를 찾은 것이었다.

베르하네는 이 요구에 화가 났다. 화석을 찾기 위해 그의 팀은 고생을 했다. 그런데 지금 이 방문자들은 현장 발굴팀의 노동의 과실을 따 가려고 하지 않는가? 안 된다. 참을 수 없었다. 베르하네는 박물관장 마미투 일마(베르하네의 후임자)에게 가서 두 사람에게 자료를 볼 법적 권리가 없다고 주장했다. "그들이 밀실에서 뭘 했는지 모르겠지만, 우리는 허가를 받지 못했어요." 슈워츠가 말했다. "알레무는 우리를 수장고 안에 들여보내지 않았죠." 두 방문자들은 화가 났다. 그들은 지구를 반 바퀴 돌아서 왔고, 아디스 힐튼에 장기 투숙 예약을 해둔 상태였다. "우린 빈둥거리며 일주일을 보냈고, 연구비도 날렸어요. 팀 화이트 때문에!" 슈워츠가 씩씩대며 말했다.

한 기자가 태터솔과 슈워츠가 힐튼에 돌아와 슈냉 블랑 와인을 마시고 있는 모습을 봤다. 그들은 왜 아르디 팀이 인류 계통의 뿌리라고 주장하는 아르디에 대한 증거를 제시하지 못하는지 이유를 알고 싶었다. 두 사람은 고국에 돌아가 연구계의 다른 동료나 NSF, 기자 등 만나는 사람마다 불평을 했다. 기자들 중에는 〈사이언스〉의 앤 기번스도 포함돼 있었다. 기번스는 당시 화석 접근성에 대한 긴 기사를 쓰면서, 그 사례를 폐쇄적인 화석 접근성의 에피소드로 인용했다.

20세기 대부분의 시간 동안, 고인류학자들은 작은 그룹을 이뤄서 자신들끼리의 협상을 통해 화석에 대한 접근 권한을 얻어왔다. 1950년대에 미국은 인류학과 고고학 분야에서 매년 겨우 20명 정도의 박사를 배출했다. 1970년대에, 그 수는 연 400명 이상으로 늘어났다(2013년에는 연 600명 이상이 됐다). 학계의 이런 전문가 홍수 사태로 인해 연구비를 타거나 화석을 발굴하기 위해, 학계와 대중의 관심을 받기 위해 더 많은 경쟁을 해야 했다. 안타깝게도 발견 사례 증가 속도가 전문가 수 증가 속도를 따라가지 못했다. 소수의 인류학자들만 표본 발굴에 나섰고, 발견에 성공하는 경우는 그보다 더 적었다. 과거에는 현장에서의 발견으로 학문이 발전했다. 하지만 이제는 연구실에서의 분석을 통해 더 많은 발전이 이루어졌다. 새로운 전공 분야가 생겨나 사람들은 '컴퓨터 활용 인류학'과 '버추얼(가상)

인류학'에 대해 이야기하기 시작했다. 인터넷 세대가 등장하면서 자유롭고 광범위한 데이터 공유에 대한 기대가 높아졌다. 예를 들어 인류의 유전부호를 읽어내는 국제 공동 연구인 인간 게놈 프로젝트는, 논문이 발행되기도 전에 DNA 염기서열을 온라인에 공개했다. 사회가 최대한 활용할 수 있도록 하기 위해서였다. 많은 학자들이 이 같은 새로운 사조를 화석에도 적용하겠다는 뜻을 품었고, 화석 발굴 시 배타적 소유 기간에 제한을 둬야 한다고 강력하게 요구했다. 화석을 "쌓아놓는" 사람에게는 납세자의 세금으로 지원되는 연구비 선정을 막고, 학술지에 논문을 싣지 못하게 하며, 학회에서 배척하는 방식으로 벌칙을 가해야 한다고도 주장했다. 빈대학의 제라드 웨버는 화석 역시 5년간의 배타적 권리를 인정한 뒤에, 인간 게놈 프로젝트와 비슷한 디지털 아카이브를 통해 누구나 접근 가능하게 하는 화석 버전 글라스노스트(개방 정책) 시대가 절실하다고 주장했다. 웨버는 이렇게 썼다. "햇살이 내리쬐는 땅에 눈을 고정한 채 걷는 고인류학자들에게 이제 존경할 만한 파트너가 생겼다. 컴퓨터 연구실에서 형광 스크린 위를 응시하며 활동하는 연구자들이다."

미들 아와시의 작열하는 태양 아래에서 작업하는 이들은 기술자들을 '존경할 만하다'고 보지 않았다. 화이트는 그들을 "컴퓨터쟁이"라고 불렀다. 그가 보기에 디지털 이미지는 화석 원본을 대체할 수 없고 소프트웨어는 전문가의 판단을 대신할 수 없었다. 어떤 컴퓨터 '모델링'도 실제 발견보다 위대할 수 없었다. 그는 컬러 그래픽에 대한 맹목적인 숭배, 컴퓨터 스크린에서 회전하는 뼈, 허튼소리를 늘어놓는 아름다운 프레젠테이션 같은 기술적 탐닉이라면 눈을 치켜떴다. 그러고는 인간 게놈 프로젝트와 자주 비교되는 것을 거부했다. 화석은 복원되기 전까지는 믿을 만한 데이터가 되지 못하며, 복원 과정은 보통 오래 걸린다. 그 전까지 표본이란 그저 처리되지 않은 생물학적 시료에 더 가깝다. 해독되지 않은 게놈과 같다. 그가 보기에, 화석에 대한 접근권을 주장하는 사람들은 제목을 잘못 지었다. 글라스노스트? 어림없었다. 그건 저작권 침해로 악명 높은 파일 공유 사이트 냅스터와 같았다.

그가 보기에는, 논쟁의 프레임이 모두 잘못되어 있었다. 탐욕스러운 화석 수집가와 영웅적인 데이터 공유자의 대결이 아니었다. 그보다는 희소한 자원을 둘러싼 싸움이었다. 화이트에게, 접근권 논쟁의 실체는 갑자기 치고 들어와 빠르게 이득을 보려는 탐욕스러운 출세지상주의자들을 가리는 가면이었다. 그는 전 세계 약 50명의 연구자가 참여하고 있는 자신의 팀이 외부인들에 의해 성취를 빼앗기거나, 뼈를 물어 오는 강아지 취급을 받지 않도록 해야겠다고 생각했다.

화가 난 화이트는 앤 기번스에게 55페이지에 달하는 메모를 발송했다. "호미니드 화석을 발굴한 적도 없고 중요한 작업을 한 적도 없는 사람들이 무엇이 과학을 위한 최선의 방안인지 명령할 권리가 있습니까? 중요한 작업을 진행하는 연구자들이 잘못된 비판에 답하기 위해 시간을 낭비하게 할 권리는 있고요? 음모론자라면 시니컬하게 결론 내리겠지요. 그게 바로 그들의 목표라고."

이번 경우에는 그가 음모론자였다. 그는 박물관에서 벌어진 에피소드가 계획적이라고 봤다. 미들 아와시 팀을 당혹스럽게 하고 부정적인 여론을 조성하며 연구비를 끊고 최종적으로는 프로젝트를 취소시키기 위한 비열한 공격이라고 말이다. 그가 이렇게 의심하게 된 것은, 태터솔과 슈워츠가 호르스트 자이틀러가 개최하고 자라와 존 칼브가 포함된 많은 적수들이 참석한 학술대회에 참석하기 위해 박물관에 방문했기 때문이었다. "나는 그러한 주장의 원천인 여러 사람들의 주장을 대부분 알고 있어요. 그 동기도 잘 알고 있죠." 화이트가 단언했다.

화석 컬렉션이 늘어가면서, 또 이 같은 저항이 생겨나면서 미들 아와시 팀은 접근권 이슈에 대해 홀로 맞서는 처지가 돼버렸다. 2003년에 슈워츠와 태터솔은 결국 책을 출판했고(60개 지역에서 화석을 조사했으며 세 팀을 제외한 나머지 모든 팀으로부터 허가를 받았다), 그들은 그 책에서 미들 아와시 팀을 "편집증에 가까운 보호주의로 벽을 두르고" 자신들의 발견을 보호하는 소수 그룹 중 하나로 지목했다.

"서술자들이 숨기려고 하는 것은 추측만 할 수 있을 뿐이다"고 그들은 썼다.

2002년의 박물관 에피소드 직후, 화이트는 석학 동료 클라크 하월과 함께 또 다른 NSF 보조금을 신청했다. 제안서는 몇몇 다른 연구팀과 협업해 초기 인류 진화를 연구하기 위한 자금 250만 달러를 요청하는 내용이었다. 이 제안서는 심사를 통과하지 못했는데, 한 심사자는 "새롭게 발견된 공정한 기회 제공의 정신과, 새 화석을 이용할 수 있게 해줄 열망"을 화이트가 지녔는지 의문이 든다고 했다. 일부 심사자들은 그의 제안서 내용이 이전에 그가 '안락의자 이론가들' 및 기생충 같은 연구실 과학자들에 대해 비판했을 때와 이상할 정도로 어조가 다르다는 점을 지적했다. 또 다른 심사자는 "공동 연구와 데이터 공유에는 보조금이 필요하지 않다"고 썼다. "그들에게 필요한 것은, 어떻게 행동해야 할지 연구자들끼리 결정하는 것이다."

2003년 화이트와 하월은 NSF에 또 다른 제안서를 제출했다. 아르디가 등장하기 전의 인류 계통을 연구하기 위해 화석 발굴팀부터 현장에서 유인원을 연구하는 영장류학자 팀까지 33개 팀이 참여하는 국제 공동 연구 계획을 담고 있었다. 다시 한번 일부 심사자들이 그의 선의를 의심하면서, 아르디피테쿠스를 공개하지 않는 것에 대한 불만의 목소리를 냈다. 한 심사자는 이렇게 썼다. "중요한 호미니드 화석들 중 하나는 11년 전에 발굴됐는데, 성실한 연구자들은 그 화석을 연구할 수 없고 전체 논문도 아직 나오지 않았다. 수집된 화석, 그리고 그들이 제시한 분류학상의 다른 가설들은 통상적인 연구 사정의 대상이 될 수 없다. 이런 실적으로는 이 제안서의 말들을 진지하게 받아들이기 어렵다."

NSF와 학술지는 미들 아와시 팀의 프로젝트와 관련해 까다로운 난관에 봉착했다. 편견을 갖지 않은 심사자를 찾기가 어려웠다. 화이트는 자기 분야 사람들 상당수를 질리게 만들었다. 그들도 화이트를 화나게 하는 건 마찬가지였지만 말이다. 이렇다 보니 그는 논문을 제출할 때면 자기 논문을 심사해선 안 되는 저명한 학자들의 리스트를 함께 보내곤 했다(이 리스트는 나중에 일곱 페이지를 꽉 채울 정도로 길어졌다). 이전처럼 화이트는 NSF 관리들을 따라다니고, 회유하고, 폭로하겠다고 위협했다. 그리고 원하는 바를 얻었다. 2003년, NSF가 그의 컨소시엄에 250만 달러의 연구비를 준 것이다. 심사자들은 화이트가 이 연구비를 마음대로 분배하는 권한을 갖게 될 것을 우려했기에, NSF는 그에게 예산에 대한 책임을 강조하는 한편 자문 위원회에게 그 프로젝트의 감독을 요청했다. 위원회는 데이터 공유가 연구자들의 재량에 맡겨질 것이라며 불안해했는데, 화이트와 하월은 이 같은 우려에 대해 "온당하지 않은, 거의 과대망상적인 불신"이라고 표현했다.

미국에서는 이 같은 충돌이 일어났지만, 에티오피아에서는 다른 갈등이 수그러들었다. 2003년 6월, 베르하네 아스포는 세계 언론 앞에 섰다. 그는 스펀지 공들이 늘어서 있는 상자에 손을 뻗어, 6년간 공개하지 않았던 보물인 헤르토 머리뼈 하나를 공개했다. 당시 알려진 것 가운데 가장 오래된 해부학적 현생 호모 사피엔스가 처음 모습을 드러낸 것이다. 6년 전 홍수 기간에 발견된 이 화석에는 도구에 의해 생긴 이상한 상처가 나 있었다. "연구자로서 머리뼈가 어디에서 발견됐든 기뻐했을 것입니다. 하지만 에티오피아 국민으로서, 저는 이 화석이 이곳 에티오피아에서 발견됐다는 것을 매우 자랑스럽게 생각합니다." 베르하네는 기자회견에서 이렇게 말했다.

에티오피아 정부도 마찬가지 심정이었다. 이 기자회견을 다룬 커버스토리가 〈네이처〉에 실렸고, 다른 전 세계 언론 매체에서도 보도가 잇따랐다. 이 사건으로 미들 아와시 팀과 에티오피아의 관계가 변화하기 시작했다. 베르하네 옆에는 새 문화부 장관 테쇼메 토가가 앉아 있었다. 그는 통계학자 겸 인구학자로, 과학을 개발의 도구로 바라봤다. 그는 화석 발굴팀을 동맹군으로 여겼으며 에티오피아 연구자들의 성취를 매우 자랑스러워했다. 그는 에티오피아의 고대 조상을 발표하는 이 순간을 함께하게 되어 영광이라고 말했다. 정보부 장관은 기자회견 개최에 도움을 줬다.

정부는 자국의 유산에 대해 새롭게 관심을 가졌다. 국립박물관을 대대적으로 확장할 계획을 오랜만에 꺼내 들었다. 10여 년 전 NSF의 자금 지원을 받아 건설된 옛 연구실은 에티오피아의 수많은 발굴지에서 쏟아져 나오는 화석과 석기를 보관하기에는 비좁았기에, 2003년 1000만 달러 규모의 6층짜리 건물을 짓기 위해 철거되었다. (정부는 어느 한 개별 연구팀보다 지출을 적게 했고 건물을 실제로 준비하기 위한 계획도 세우지 않았다. 그래서 나중에 연구자들이 연구실에 장비를 들이고 표본을 옮기기 위해 직접 나서야 했다.) 화이트가 NSF로부터 받은 가장 최근의 연구비 가운데 남은 일부가 박물관 장비 마련에 사용됐다. 오랫동안 에티오피아 재건에 뜻을 같이해온 미들 아와시 팀은, 에티오피아 인력 및 시설 개발을 연구 자체만큼이나 중요하게 진행하겠다고 약속했다. "당신이 이 나라를 위해 뭔가를 한다면 아무도 당신을 힘들게 하지 않을 겁니다." 기다이 월데가브리엘이 말하자, 그의 미국인 파트너 화이트는 충성심을 명확하게 드러냈다. 2004년 초에 열린 에티오피아 정부·산업·관광 분야 고위급 콘퍼런스에서 화이트는 일부 외국인들이 "명성을 목적으로 인류 조상 화석을 수집하는 치고 빠지기 프로젝트"에 열중하고 있으며 "에티오피아의 잠재력을 키우는 게 아니라 이용하려 한다"고 경고했다. 이 같은 우려는 외국의 착취에 대해 역사적인 경각심을 갖고 있고 개발에 대해 큰 동경을 품고 있는 에티오피아에게 호소력이 컸다. (수상 멜레스는 '에티오피아 르네상스'를 비전으로 내세웠다. 하지만 서양의 신자유주의 경제 모델에 기대고 싶어하지는 않았다.) 화이트는 에티오피아에 단단히 뿌리내린 가치인 국가적 자부심과 주권에 호소했다. 그는 고국의 인류학자들과는 불화를 겪었지만 연구를 가능하게 해준 에티오피아에게는 신의를 보였고, 심지어 에티오피아 학자가 등장한다면 다윈이 기뻐할 거라고까지 말했다. "이제 에티오피아는 세계 고인류학계의 선두 주자입니다." 그는 대중 앞에서 말했다. "우리는 계속해서 이 사실을 전 세계에 알릴 것입니다."

에티오피아 정부와의 평화로운 분위기 속에서 아르디 팀은 인체의 자연사 속으로 떠나는 여정을 계획했다.

21장

레이더 아래에서

2003년 12월, 비즈니스 수트를 입은 두 사람이 아디스아바바의 볼Bole 국제공항 검색대를 통과하고 있었다. 그들은 파란 수트케이스를 소중히 든 채 눈에 띄지 않으려 애쓰고 있었다. 화석을 나라 밖으로 나르고 있었다.

두 사람은 요나스 베예네와 스와 겐이었다. 평범한 수트케이스는 평범하지 않은 짐을 숨기고 있었다. 440만 년 만에 처음으로, 아르디가 에티오피아를 떠나고 있었다. 화석을 둘러싼 싸움이 잠잠해지면서, 아르디 팀은 정부로부터 아르디피테쿠스 화석을 도쿄에 있는 스와 겐의 연구실로 반출해 추가 연구를 해도 좋다는 허가를 받았다. 이들의 여정에는 민감한 문제가 있었다. 꼭 연약한 화석 때문만은 아니었다. 베르하네는 예전에 자이틀러가 화석을 스캔하기 위해 빈으로 가져가는 것을 못마땅해했었다. (에티오피아 정부가 2007년 루시 화석을 박물관 투어를 위해 보냈을 때도, 아르디 팀과 다른 연구자들은 대체 불가능한 표본이 기껏해야 홍보를 위해 반출이라는 불필요한 위험을 감수해야 하냐며 반대했다.) 하지만 이번 경우 화석은 자신들이 발견한 것이었고, 스캔은 대중에게 배포하기 위한 목적이 아니라 과학에 대한 임무로서 신중하게 진행될 예정이었다. 그들은 경호원 없이 이동했고, 다른 사업 방문객들 틈에서 보안 검사 절차를 밟았다. 아르디는 수트케이스에 담긴 채 끌려다녔고, 비행기 객실에서는 머리 위 보관함에 있었다. "우리 둘 다 겁이 났어요." 요나스가 말했다. "우리는 교대로 잤어요. 우리 눈은 언제나 보관함을 보고 있었죠."

도착한 뒤, 그들은 도쿄대학 박물관으로 향하는 열차를 탔다. 화석을 수장고에 넣기 전에 그들은 수트케이스를 열어봤다. "단 하나의 뼈도 부서지지 않았죠." 요나스가 말했다. "우리가 담아 온 그대로 완벽한 상태를 유지하고 있었어요."

이 여행으로 연구는 새로운 단계에 접어들었다. 전통적인 기술은 한계에 부딪혔다. 머리뼈와 골반은 너무 연약해서 화이트는 더 이상의 복원을 시도하지 않을 예정이었다. 대신 연구자들은 이 오래된 화석을 산업용 및 의료용으로 개발된 영상 기술인 마이크로-CT 촬영을 이용해 살펴보기로 했다. 전통적인 X선과 달리 마이크로-CT는 3차원 이미지를 포착해, 연구자들이 모암을 "전자적으로 제거하고" 조각들을 잘못될 우려 없이 재조합할 수 있게 해줬다. 마이크로-CT로 연구팀은 부비강이나 뼈의 구멍, 치근, 치아 에나멜, 그리고 속귀(내이)의 뼈미로처럼 접근하기 어려운 해부학적 특징들을 조사할 수 있었다. 그들은 해부학적 랜드마크, 표면적, 부피 사이의 거리를 측정했다.

인류 기원 연구자 중, 스와는 눈에 띄는 인물이었다. 겉으로 자신감을 드러내는 인물은 아니었기에 두드러진다고는 말할 수 없었다. 그는 과장을 싫어해서 기자회견도 피했다. 사실, 사람들이 논문만 좀 더 주의 깊게 본다면 기존의 교과서를 버려야 한다는 것을 잘 알 수 있을 것이다. 선입견을 덜 가지면 놀랄 일도 없을 것이다. "라미두스를 포함해, 아이디어를 혁신하는 발견은 축적이라는 과정의 일부입니다"라고 스와는 설명했다. "건축에 비유하자면, 자재를 계속해서 투입해야 합니다. 가능한 한 정확하게 말이죠. 어떤 발견도 혼자서는 이뤄질 수 없어요. 계속해야만 해요."

스와는 고통스러울 정도로 디테일에 집착하는 스타일이었다. 그래서 걸어 다니는 데이터베이스로 통했다. "그는 본 모든 화석을 사진처럼 기억했어요." 베르하네 아스포가 놀라워하며 말했다. "믿을 수 없었죠. 머릿속에 있는 사진을 읽고 있는 것 같았어요." 학자들 상당수는 스와에 대해 제대로 평가하지 않았다. 하지만 그를 진정으로 이해하는 사람들은 그를 매우 높게 평가했다. 그는 누구도 위협하거나 함정에 빠뜨리지 않았고 당황시키지도 않았다. 그는 그저 통에 데이터를 가능한 한 많이 넣을 뿐이었다. 쥐가 익사할 때까지. "그는 개소리 감지에 뛰어난 소질이 있었죠." 스콧 심프슨이 웃으며 말했다. "누가 처음 말한 내용은 절대 아무것도 믿지 않았어요!"

스와는 근무 시간을 보통 두 배씩 초과해 일하는, 고인류학 분야의 일본 워커홀릭이었다. 그는 작업에 얼마나 많은 시간을 들일까? 흠, 그런 질문은 스와를 당황스럽게 했다. 그가 정량화하지 않은 매우 드문 데이터 중 하나였기 때문이다. "일 외엔 하는 게 없어요."

그가 인정했다. 상사인 팀 화이트는 스와가 아르디와 관련해 연구실에서 보내는 시간이 자신의 두 배라고 짐작했다. 중요한 일이라면, 화이트는 이미 과로 중인 스와에게 맡아달라고 요청하곤 했다. "겐, 내가 믿을 사람이라곤 당신뿐이네요." 스와는 소프트웨어에 버그가 있는 것 같을 때 그걸 확인해서 결국은 찾아내는 그런 유형의 과학자였다. 그는 일본학술진흥회에서 100만 달러 규모의 연구 자금을 지원받아 CT 기기를 구입하고 소프트웨어를 시험했으며, 문제점을 발견해 그것을 해결할 새 코드를 작성했다.

도쿄에서, 스와와 그의 팀은 사람 머리카락보다 더 미세한 해상도의 CT 슬라이스로 각각의 치아를 스캔했다. 맨눈이나 현미경으로는 겉으로 보이는 특징만 확인할 수 있지만, CT를 이용하면 치아 속을 볼 수 있었다. 에나멜 코팅을 100만분의 1미터 두께로 측정하고 나이테 같은 성장선을 세어 일생을 재구성할 수도 있었다. 현미경으로 확인할 수 있는 마모를 보다 자세히 조사해, 동물이 무엇을 먹었는지 알아낼 수도 있었다.

라미두스에 대한 최초 발표에서 보고된 치아는 스무 개가 채 안 되었다. 플라이오세 탐사 임무로 시료의 수는 여섯 배로 늘어났다. 최소 21개체 이상의 아르디피테쿠스 라미두스로부터 145개의 치아가 나왔다. 집단 분석에 충분한 수였다. 예를 들어, 발굴팀은 23개의 송곳니를 복원했다. 모든 현생 및 화석 유인원은 서로 맞물리는 송곳니를 갖고 있다. 단검 같은 위 송곳니는 아래 앞어금니 사이에서 저절로 날카롭게 벼려진다. 자연에서 위협적인 무기를 유지하는 방법이다. 인류 계통에서, 단검은 쟁기로 두들겨 맞았다. 즉 우리의 송곳니는 작아지고 다이아몬드 모양이 되었는데, 이는 초기 인류를 구분하는 특징이다. 다른 해부학적 특징이 유인원과 닮았더라도, 송곳니가 이런 형태면 초기 인류로 보는 것이다. 아르디의 송곳니는 이런 인류 계통 패턴이었다. 다시 말해 아르디피테쿠스 라미두스의 위 송곳니나 아래 앞어금니 가운데 연마의 흔적은 없었으며, 유인원의 것보다 작은 송곳니는 다이아몬드 형태였다. 송곳니는 끝에서부터 닳고 시간이 지날수록 무뎌지기에 그것을 통해 나이를 알 수 있다. 나이가 많은 개체일수록 송곳니가 무디다.

치아 중에 송곳니는 성적 차이를 밝혀주는 단서가 된다. 수컷이 암컷보다 더 큰 송곳니를 지니기 때문이다. 아르디의 송곳니는 같은 종의 다양한 사례 가운데 가장 작은 범주에 들었다. 여성 화석이라는 사실을 확인시켜주는 결과였다. 송곳니 이형성dimorphism은 암컷을 차지하기 위해 수컷들이 폭력적으로 경쟁하는 종에서 가장 높게 나타난다. 전체 개체군을 조사해보니 아르디피테쿠스 라미두스의 치아 크기 차이는 다른 영장류와 비교해 낮은 수준으로, 공격성이 낮다는 징표였다.

인류 계통의 세 가지 마이오세 종인 아르디피테쿠스, 오로린, 사헬란트로푸스는 송곳니 특성이 현생 유인원과 비슷하지 않았다. 사헬란트로푸스는 송곳니의 크기가 600만 년 전 또는 700만 년 전부터 줄어들었음을 보여주었다. 아르디 때에 송곳니는 더 작아졌고, 이 초기 인류가 다른 친척 유인원들과는 매우 다른 사회구조를 가지고 있었음이 밝혀졌다. 더구나 아르디는 오스트랄로피테쿠스의 커다란 어금니가 등장하기 전에 송곳니가 작아지기 시작했음을 보여

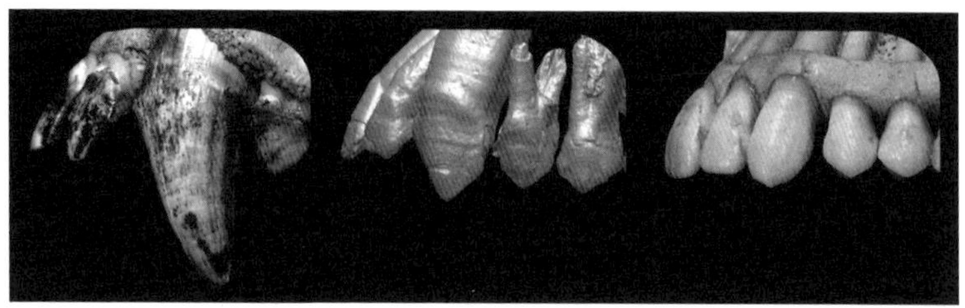

송곳니의 축소 : 인간과 유인원은 송곳니가 크게 다르다. 수컷 침팬지(왼쪽)는 아래 앞어금니와 계속 마찰하면서 저절로 날카로워지는 거대한 송곳니를 가지고 있다. 인간(오른쪽)은 다른 유인원들과 갈라진 이후로 크기가 줄어든, 다이아몬드 모양의 송곳니를 가지고 있다. 아르디피테쿠스 라미두스(가운데. 수컷 개체)는 송곳니의 축소가 440만 년 전부터 진행되었고, 송곳니가 날카롭게 갈리는 과정이 사라졌음을 보여주었다. 침팬지는 송곳니의 크기가 성별에 따라 크게 다르지만, 아르디피테쿠스를 포함한 인류 계통에서 송곳니의 성적 이형성은 낮게 나타난다.

주었는데, 이는 송곳니 축소와 어금니 확장이 서로 연관되어 있다는 이전의 이론과 배치되는 사실이었다.

또한 치아는 아르디가 가계도에서 어디에 위치할지를 확인시켜줬다. 거친 먹을거리를 섭취하는 동물은 에나멜이 두꺼운 경향이 있다. 반대로 부드러운 먹을거리를 주식으로 하는 동물은 에나멜이 얇다(침팬지처럼 주로 과일을 먹는 동물이 그렇다). 처음에 아르디 팀은 라미두스의 에나멜이 얇다고 기술했다. 많은 학자들은 이것이 오랫동안 기대해오던 침팬지를 닮은 조상의 증거라고 생각했다. 심지어 일부 학자들은 아르디가 인류가 아니라 침팬지의 조상임을 암시하기 위해 얇은 에나멜을 인용하기도 했다.

하지만 에나멜이 두껍거나 얇다고 분류하는 것은 거친 일반화였고, 스와의 감식력으로 보기엔 너무 부정확했다. 하나의 치아에서도, 에나멜의 두께는 한 가지로 말할 수 없었다. 좀 더 정확히 하려면, 각각의 치아에 대해 특정 부분에서 미크론(100만분의 1미터. 오늘날 국제단위계에서는 마이크로미터라고 부른다 - 옮긴이) 단위로 두께를 측정하는 게 나왔다. 아쉽게도, 논문에는 영장류 치아 에나멜에 대한 통합적인 데이터가 제시되지 않았다. 이런 불분명한 상태에서 스와의 팀은 유인원과 원숭이, 인류 조상 수백 개체에 대한 새로운 측정 데이터를 구축하는 지루한 작업에 돌입했다.

이 모든 데이터를 바탕으로, 스와 팀은 지형도처럼 등고선과 색을 써서 에나멜 두께를 이미지로 묘사해냈다. 이 등고선을 통해 스와는 더 심오한 내용을 발견했다. 아르디피테쿠스 라미두스는 인류 계통에서만 볼 수 있는 에나멜 **분포**를 보인다는 사실이었다. 루시가 속한 오스트랄로피테쿠스에게 특징적으로 발견되는 패턴의 초기 버전이었다.

그럼 아르디가 루시의 조상일까? 스와는 라미두스를 유력한 후보라고 생각했다. 그는 오스트랄로피테쿠스가 아르디의 종인 라미두스의 후손인지, 아니면 아르디피테쿠스속의 초기 종인지는 명확히 말할 수 없었다. 하지만 에나멜 패턴과 송곳니의 축소, 그리고 다른 여러 단서들을 통해, 아르디가 가계도에서 인류 가지에 자리하고 있다고 확신할 수는 있었다.

치아는 아르디가 무엇을 먹고 어디에 살았는지에 대해서도 알려줬다. 아르디 이후, 오스트랄로피테쿠스속이 더 광범위한 생태적 지위로 옮겨 갔다. 오스트랄로피테쿠스는 더 크고 두꺼운 에나멜 층을 가진 어금니에 광대뼈(해부학 용어로는 광대활 또는 관골궁이라고 부른다)가 컸으며, 씹는 데 관여하는 저작 근육이 강인했다. 그 밖에 이

종이 나무 위에서 거친 먹을거리로 연명했다는 사실을 알려주는 징표도 있었다. 예를 들어, 오스트랄로피테쿠스 아파렌시스는 개활지가 많은 지역에서 전형적으로 볼 수 있는 거친 먹을거리를 먹느라 치아에 평행하게 긁힌 자국이 깊게 나 있었다.

아르디는 이런 이행 과정을 보여주지 않았다. 이 종은 치아가 작고 광대뼈가 갸름했다. 저작 근육이 약했다는 뜻이다. 현미경으로 치아의 손상 부위를 관측한 결과 손상은 미세했고 무작위로 나 있었다. 다양한 먹을거리를 섭취했다는 뜻이었다. 이 같은 증거를 통해, 아르디는 나무 위와 땅 위에서 먹을거리를 얻은 잡식성이었음이 밝혀졌다. 화학물질을 이용한 연구 역시 이 같은 주장을 뒷받침했다. 치아의 탄소 동위원소를 보면 라미두스는 C_3 식물을 주로 먹었던 것으로 보였고, 이는 나무 위에서 먹을거리를 섭취했다는 뜻이다. (380만 년 전까지만 해도 인간 조상은 무거운 C_4 식물을 먹이로 삼지 않았다.) 후대 인류 종들은 더 넓은 범위의 동위원소 수치를 보였고, 이는 다양한 장소에서 먹을거리를 구했음을 암시했다. (흥미롭게도, 우리 조상들이 우리와 공유하지 않은 점이 하나 있다. 충치다. 충치는 석기시대의 도구를 쓰는 수렵채집인 가운데 2퍼센트 미만의 인구에서만 볼 수 있었고, 초기 인류 종 사이에서는 그보다 더 드물었다. 충치가 흔해진 것은 1만 년 전 곡식 농사가 시작되면서부터였으며, 19세기와 20세기에 가공식품과 설탕이 보편화되면서 급속히 증가했다.)

그러므로 아르디는 지상에서 먹을거리를 채집했지만 나무 위 생활과 완전히 결별한 것은 아니었다. 아르디의 종은 루시와 뒤 이은 모든 인류 조상들과는 다른 생태적 환경을 차지하고 살았다. 하지만 치아를 보면 이 삼림지대 잡식 인류가 나중에 등장할 인류 종들과 밀접하게 관련돼 있다는 사실 또한 확인할 수 있었다.

스와가 아르디의 입안을 조사하고 있는 동안, 지구 반대편에 있던 그의 동료는 신체의 다른 쪽 끝부분과 관련한 문제에 직면해 있었다.

22장

걸음을 둘러싼 문제

어느 날 러브조이는 입방뼈cuboid라고 불리는 작은 발뼈를 살펴보고 있었다. 그 뼈를 입방체로 보다니, 역시 해부학은 사람을 미치게 만드는 특징이 있었다. 발 중간에 위치한 입방뼈는 뼈의 면면이 불규칙했다. 여섯 개의 정사각형 면을 지닌 것은 아니었다.

러브조이는 캐스트에서 이해가 가지 않는 다른 부분을 발견했다. 아르디의 입방뼈 바깥쪽 끝은 표면이 크고 부드러웠다. 관절면facet이라고 알려진 부분이었다. 이 관절면은 뼈가 비부골os peroneum이라고 불리는, 작은 종자뼈sesamoid 표면과 마찰했음을 알려주는 단서다. 종자뼈는 손과 발의 힘줄 안에 들어가 있는 작은 뼈로, 도르래와 회전축처럼 작용해 회전 부위 주위의 힘줄을 강화시킨다. 인체에서 가장 큰 종자뼈는 무릎뼈(슬개골)이며 대부분은 매우 크기가 작다. 발에만 10여 개의 종자뼈가 있으며 대부분 발가락에 위치하고 있다. 일부는 커피콩처럼 생겼고 일부는 렌틸콩이나 병아리콩처럼 생겼다. 종자뼈라는 이름은 고대의 해부학자들이 참깨sesame 씨와 비슷하게 생겼다고 해서 붙였다.

러브조이는 캐스트를 보고 혼란스러웠다. 아르디의 입방뼈에 비부골인 종자뼈와 맞닿는 관절면이 있다는 것은 무슨 뜻일까? 인간의 경우, 종자뼈는 긴종아리근의 힘줄에 위치한다. 이 힘줄은 발 바깥쪽을 따라 휘어지고 발바닥을 가로질러 안쪽으로 향한다. 유인원에서 이 힘줄은 쥐는 발가락을 닫는 데 도움을 준다. 인간에서 이 힘줄은 걸을 때 발가락 끝으로 땅을 박차는 동작을 강화하고 발의 아치를 지지하는 역할을 한다. 이곳에서 뭔가 변화가 일어났다는 것은 직립보행 출현에 관한 중요한 신호가 될 터였다. 그런데 그게 무엇일까?

러브조이는 개인적으로 수집한 침팬지와 고릴라 뼈를 살펴봤다. 우리와 가장 가까운 친척들이 공유하는 특성이라면 그건 **본원적인** 것이며, 우리의 공통 조상 역시 그 특성을 공유할 가능성이 높다고 생각했다.

하지만 종자뼈와 닿는 관절면을 지닌 유인원은 없었다.

이상했다. 아르디는 루시보다 100만 년이나 더 오래전에 살았으니 아프리카 유인원들과 더 닮았어야 했다. 하지만 유인원들과 달리, 아르디는 크고 이상한 관절면을 지니고 있었다.

뭔가 앞뒤가 맞지 않았다. 이 작은 관절면과 종자뼈는 중요치 않은 사소한 것일까? 아니면 뭔가가 더 있을까? 러브조이는 이 구조에 대해 고민해본 적이 없었다. 아르디가 발견되기 전까지는, 초기 인류 화석에서 입방뼈는 존재하지 않았다. 그는 이 작은 뼈가 이족보

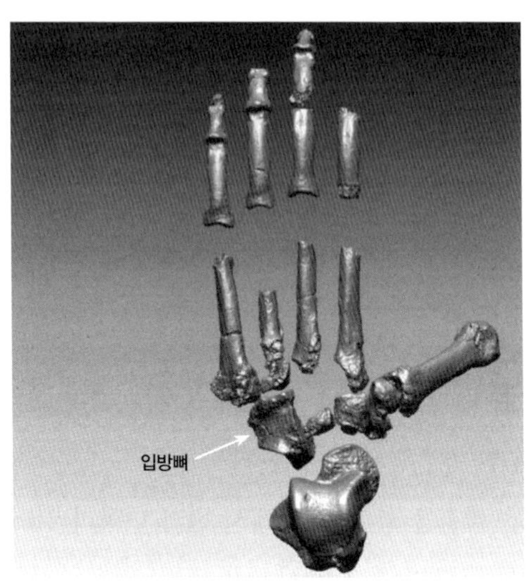

아르디 발 골격을 위에서 본 CT 이미지.

행과 관련해 새로운 사실을 알려주는 것 같았다. 그게 뭔지는 아직 몰랐지만.

* * *

생물학자들은 인간이 상시적 이족보행을 한다고 말한다. 인류 조상은 큰 두뇌를 갖거나 석기를 만들기 전에 두 발로 섰고, 동물계에서 전례 없던 독특한 형태의 보행 방법을 발달시켰다. 어떤 현생 영장류도 마주 볼 수 있는 발가락을 퇴화시키지 않았다. 지구상에 존재하는 수백만 종 가운데 인류는 아치가 있는 발을 지닌 유일한 존재다. 아치가 있는 발은 발을 디딜 때 체중을 흡수하기 위한 구조로, 딛는 즉시 앞으로 나아가기 위한 탄성 있는 지렛대로 변한다. 일부 다른 동물도 두 발로 이동하긴 한다. 하지만 그들의 걸음은 인류와 다르다. 그리스 철학자들은 인류를 "깃털 없는 이족보행 동물"로 분류했다. 두 발로 걷는다는 점으로 분류하면 우리가 새와 같은 분류군에 들기 때문이다. 사실 일부 새는 우리보다 이족보행에 더 능숙하다. 키가 2.7미터에 이르는 타조는 생물학자들이 "그루초 달리기Groucho Running"(그루초는 코미디언 그룹인 '마르크스 형제' 중 한 명의 이름)라고 부르는, 무릎을 구부린 채 뛰는 방법으로 시속 60킬로미터 이상 달릴 수 있다. 악명 높은 T. 렉스도 이족보행을 했다. 하지만 영화 〈쥬라기 공원〉에 나왔다는 사실과 별개로, 이 공룡이 정확히 어떻게 달렸는지는 아무도 모른다. 캥거루도 이족보행을 한다. 하지만 성큼성큼 걷는 식은 아니고 폴짝폴짝 뛴다. 바퀴벌레, 심지어 일부 도마뱀도 두 발로 달릴 수 있다. 하지만 이들 가운데 어느 동물도 인간처럼 걷지는 못한다.

그러나 비천한 발은 마땅히 받아야 할 대접을 받지 못한다. 두뇌와 손은 인류가 지닌 특수성 가운데 최고봉으로 칭송받는다. 반면 발은 둔하고 냄새나는 당나귀처럼 취급된다. 하지만 해부학자에게 인류의 발은 반가운 진화적 혁신이다. 레오나르도 다빈치는 발에 집착한 해부학자들의 시초다. 그의 일지에는 작은 "오시 페트로시ossi petrosi"(돌처럼 딱딱한 뼈)인 종자뼈에 대한 자세한 설명과 그림이 가득했다. 1944년, 영국 해부학자 프레더릭 우드 존스는 인간의 발에 대한 찬사를 남겼다. "인간의 신체에서 무엇보다 독특한 부위다. (…) 발이야말로 인간을 다른 동물들과 구분할 수 있게 해준다." 해부학자들은 무지한 다른 학자들이 발을 손의 어설픈 버전이라고 할 때마다, 저절로 이마를 찌푸릴 수밖에 없었다. 인간의 손은 영장류 손을 조금 수선한 정도지만, 발은 완전히 리모델링된 것이다.

우리 팔과 다리에 딸린 부속기관은 매우 다르게 작동한다. 손은 조작에 능숙하고, 발은 지지하고 앞으로 추진하는 데 유리하다. 인간의 손은 손재주에 좋은 구조로 돼 있고 물건 주위를 감싸 쥘 수 있다. 근육, 힘줄, 뼈, 신경은 손가락들을 독립적이고 정교하게 작동할 수 있게 한다. 반면 발은 체중을 견디는 지지대 역할이 주요 목적이기에 그 근육은 상대적으로 움직임이 거의 없고 지탱 및 안정화, 밀어내기에 집중한다. 손가락에서는 굴근과 신근이 서로 정반대로 움직인다. 하나가 이완하면 다른 하나는 수축한다. 하지만 발에서는 그 근육들이 때로 동시에 수축한다.

결국 이족보행은 나무 타는 유인원을 이동하는 생물로 개조시켜 장거리를 여행하게 하고, 손으로 도구를 만들고 불을 피울 수 있게 했으며, 지구 전역에서 살 수 있게 했다. 이족보행으로 인해 자유로워진 손은 인간 지능의 대리인이 되었다. 하지만 이 기묘한 발은 어디에서 왔을까? 이 같은 의문에서 러브조이와 동료 연구자들은 10년 넘게 이어질, 계속해서 길을 잃게 만든 긴 지적 탐구에 들어갔다.

아르디는 오스트랄로피테쿠스보다 더 오래된 발을 처음으로 엿볼 수 있게 했다. 이상한 점이 있었다. 나무 타는 유인원처럼 마주 볼 수 있는 발가락과 휘어진 발가락을 지녔고 인류와 달리 아치가 없는 편평한 발이었지만, 발 측면에는 땅을 미는 이족보행에 적합한 관절이 있었다. 아르디의 화석에는 무릎이 부분적으로만 존재했는데, 가장 보존이 잘된 부분인 목말뼈talus를 보면 나무 타는 유인원처럼 유연한 관절을 지닌 것으로 보였다. 이족보행을 하는 후대의 인류처럼 충격을 흡수하기 좋은 단단한 뒤꿈치는 없는 것 같았다. 화석의 다른 많은 부분처럼, 아르디의 발은 여러 부위들을 서툴게 고쳐 붙인 것 같은 모습이었다. 여기에 입방뼈가 또 다른 이상한 점을 추가시켰다.

종자뼈를 둘러싼 수수께끼를 의식한 채, 러브조이는 클리블랜드 자연사박물관에 들어갔다. 거기서 그는 지하에 위치한 벙커 같은 방으로 내려갔다. 3000명 이상의 인간과 1200마리 이상의 영장류 뼈를 갖춘 하먼-토드Hamann-Todd 화석 컬렉션이 그곳에 있었다. 20년 전 루시 연구팀이 같은 방에 앉아 에티오피아에서 온 오스트랄로피테쿠스 아파렌시스 화석을 상세히 조사하면서, 그것과 컬렉션을 비교했었다. 러브조이는 다른 임무를 갖고 돌아왔다. 아르디에서 발견할 수 있는 새로운 사실은 무엇일까?

그는 스탠드에 걸려 있는 인체 골격 화석 사이를 통과해 '압축기' 공간에 들어갔다. 자동차를 압착해 부술 것 같은 이름이지만, 압축기는 수천 개의 화석을 전동 트랙을 이용해 바닥부터 천장까지 차곡차곡 쌓는 공간 절약형 화석 보관 시스템이다. 그는 유인원 화석을 보관하고 있는 복도에 들어가 침팬지와 고릴라 칸을 열고 입방뼈를 꺼내 관절면을 확인했다. 처음 꺼낸 화석에는, 아르디와 달리 관절면이 없었다. 두 번째, 세 번째 것에도 없었다. 결국 50마리의 침팬지와 50마리의 고릴라를 확인했지만, 어떤 개체에도 관절면은 없었다. 그는 자신의 개인 화석 컬렉션에서 본 것이 틀리지 않았음을 확인했다. 즉 아프리카 유인원에는 그런 특징이 없었다.

인간은 어떨까? 그는 다른 복도로 가서 그가 "박스카 윌리스Boxcar Willies"라고 부르는 오랜 친구들과 상의했다.

해부학자들은 자발적으로 해부에 참여할 사람을 모집할 수가 없다. 과학이 발달하던 초창기에, 르네상스 해부학자들은 교수대에서 시신을 가져와야 했다. 18~19세기 영국에서는 '부활인'이라고 알려진 악한들이 밤에 공동묘지에 몰래 들어가, 무덤에 막 묻힌 시신을 꺼내 해부학자나 의과대학에 팔았다. 분노하는 여론이 커지자 의회는 시신을 사고파는 행위를 규제하는 대신, 해부학자들에게 사형당한 범죄자나 빈민의 시신을 얻을 수 있는 법적 권리를 줬다. 클리블랜드 자연사박물관의 선반에 놓인 뼈들은 이런 으스스한 전통의 결과물이었다.

클리블랜드는 비교해부학의 메카가 됐다. 운 나쁘고 궁핍하며 버림받은 사람들, 산업도시의 취객들을 데려와 인체 해부학의 정예부대로 만든 한 열정적인 스코틀랜드인 덕분이었다. T. 윈게이트 토드는 만났던 모든 사람(살아 있는 사람이든 죽은 사람이든)에게 인상적인 인물이었다. 1885년에 태어난 토드는 맨체스터대학에서 공부했다. 당시는 해부용 메스가 생물학의 첨단을 이끌던 시기였다. 20세기 초반에 클리블랜드의 웨스턴리저브대학은 미국 최고의 의학 연구기관 중 하나가 되길 열망했다. 이 대학의 의과대학 학장은 아서 키스(영어권에서 당시 해부학 분야의 탁월한 석학)에게 편지를 써서 "영국 최고의 젊은 인재"를 추천해달라고 했다. 키스는 딱 맞는 후보를 알고 있었다. T. 윈게이트 토드였다. 미국에 오기 일주일 전, 과학에 대한 토드의 집념을 확인할 수 있는 사건이 있었다. 자기 결혼식에 늦은 것이었다. 연구실에서 "마음을 사로잡는 해부"를 하느라고 말이다.

1912년, 토드는 웨스턴리저브대학 해부학 학과장이 됐다. 진지한 해부학자라면 비교 표본이 필요했다. 많을수록 좋았다. 이전에 그는 누비아족 고고학 조사에 참여해 유골을 대상으로 고전적인 연구를 한 적이 있었다. 아스완댐에 의한 나일강 상류의 홍수로 물에 잠긴 고대 공동묘지를 발굴하는 조사였다. 고고학자들은 5000년에 걸쳐 그곳에 살았던 7500명의 유골을 발굴해 그중 다수를 맨체스터로 보냈다. 토드는 바로 그 유골들을 목록화하고 정리했다. 그가 "가장 전율했던 일"이라고 기억하는 임무였다. 인류 유골을 바탕으로 초기 문명의 보건 및 질병 역사를 재구성한 선구적 연구였다.

하지만 그 이집트 뼈 집합체에는 한 가지 중요한 단점이 있었다. 매장 뒤 수 세기가 지나고 나서야 발굴된 익명의 유골들이기에 각각의 나이, 인종, 직업, 그리고 죽음의 원인이 불분명하다는 점이었다. 토드는 생명 관련 통계 수치가 있는 컬렉션을 계획했다. 전임자인 칼 오거스트 하먼이 시작한 작은 규모의 컬렉션을 바탕으로, 토드는 남은 인생을 뼈를 모으는 데 바쳤다. 당시 클리블랜드는 공장과 철도, 운하, 부두가 있는 신생 도시로 전 세계 노동자들을 끌어모으고 있었다. 토드가 도착하기 한 해 전, 오하이오주는 궁핍으로 인해 그냥 묻힐 수밖에 없는 시신을 의과대학이 수집할 수 있게 하는 법을 통과시켰다. 연고가 없는 시신은 토드 같은 연구자들에게 적합했다. 각각의 시신은 해부학 수업에서 해부되었고, 남은 뼈들은 열로 소독

된 뒤 탄약 상자에 보관됐다. 뼈가 보관된 방은 마침내 탄약 상자로 가득한 군수품 창고처럼 보이게 되었다. 26년 넘게, 토드는 3300구의 인체 골격을 수집했고 비교할 만한 다수의 유인원 표본도 축적했다(1930년대에 전 세계 고릴라, 침팬지, 오랑우탄, 기번 골격의 절반이 이곳에 있었다). "전 세계를 통틀어 그런 컬렉션은 없었어요." 한 동료 학자가 말했다. "그리고 아마 다시 존재할 수도 없을 거예요."

연구실에는 사람들의 신발 끈을 푸는 걸 기쁨으로 생각했던 짓궂은 침팬지를 포함해 다른 수집품들도 있었다. 한번은 클리블랜드 동물원 관리인이 사나운 코끼리를 총으로 쏘고 그 사체를 의과대학 뒷골목에 버렸다. 회의차 버팔로에 갔다가 전보를 받은 토드는 서둘러 돌아와, 그 거대한 사체가 가스로 부푼 모습을 마주했다. 그가 칼로 찌르자마자 가스와 함께 위 속 내용물이 뿜어져 나왔다. 집에 가는 전차 안에서, 승객들은 토드에게서 멀찍이 떨어져 앉았다.

토드는 거의 유명 인사가 되었다. 그는 개인이 일생 동안 어떤 골격 변화를 겪는지에 대한 기념비적인 연구를 했다. 투탕카멘 왕의 무덤을 발견한 하워드 카터는, 미라화된 시신의 나이를 확인하기 위해 토드에게 눈을 돌렸다. 투탕카멘 왕의 머리뼈와 다리뼈가 클리블랜드로 보내졌고, 토드는 그가 18.5세쯤 사망했다고 결론 내렸다. 이 추정치는 오늘날의 과학기술로도 재확인됐다.

별명이 '대장'이었던 토드는 위압감 있는 완벽주의자였다. 그는 스스로를 아침부터 밤까지 몰아세웠고, 냉혹한 평가로 아랫사람을 울리는 일도 있었다. 오케스트라 콘서트에 가서 서류가방을 꺼내기도 했고, 거기서 그냥 잠이 들기도 했다. 그는 말 그대로 집에도 일

거리를 가져갔다. 그의 집 벽난로 옆에는 "필사자 센비Senbi the Scribe" 라고 불리는 이집트 미라가 서 있었다. 53세에 그는 심장 발작으로 아내와 세 아이, 그리고 기념비적인 인체 유골 컬렉션을 남긴 채 사망했다. 그로부터 10년이 채 지나지 않아 그의 연구 분야는 망해갔다. 생물학이 미시적 분자적 수준의 조직 연구로 발전함에 따라, 의과대학은 해부학 강의를 줄이고 새로운 전공 분야를 늘려갔다. 마침내 대학은 토드의 수집품을 없애기로 하고 모든 유골을 클리블랜드 자연사박물관으로 옮겼다. 토드는 고전적인 해부학 기풍을 미국 중서부 지역에 전했다. 진화론자들이 그가 만든 유골 컬렉션을 재발굴해 그 가치를 높이 평가하기까지는 거의 한 세기가 걸렸다.

러브조이는 인체 유골이 보관된 복도를 거닐며 서랍을 열기 시작했다. 한 명 분의 유골이 한 칸씩을 차지하고 있었는데, 긴뼈는 한쪽에 쌓여 있고 척추와 갈비뼈는 다른 쪽에, 골반뼈는 중앙에, 손뼈와 발뼈는 작은 상자에 담겨 있었다. 반으로 깨끗이 잘려 있는 머리뼈는 별도의 칸에 놓여 있었다. 뼈는 신원 미상으로 시체 보관소에서 삶을 마쳐야 했던 빈자들의 삶을 그대로 드러내고 있었다. 일부 뼈들에는 치료받지 못한 골절의 흔적이나 병리학적 손상, 혹은 매독에 의한 손상이 보였다. 한 부서진 머리뼈에는 나비뼈(접형골) 안에 깨진 맥주병 조각이 박혀 있었다. 총이 관통한 구멍이 나 있는 뼈도 있고, 총알이나 칼날이 박혀 있는 뼈도 있었다.

러브조이는 발뼈가 담긴 상자를 열어보기 시작했다. 사람도 아르디처럼 종자뼈를 갖고 있을까? 그는 논문을 찾아보고는, 비부골에 대한 내용은 애매하다는 것을 확인했다. 일부 최근 연구는 사람들의 30퍼센트 이하만 종자뼈를 갖고 있다며 이를 퇴화 과정에 있는 진화적 흔적으로 설명하기도 했다. 이는 러브조이가 세 명의 인간 입방뼈를 조사하면 그중 한 명에게서만 관절면을 찾게 될 것이라는 뜻이었다. 비부골 자체는 보통 컬렉션의 나머지 뼈들과 함께 보존되지 않으므로(화석으로는 훨씬 적게 복원된다) 입방뼈의 관절면, 그 윤이 나는 표면이 작은 종자뼈의 존재를 대신 증명할 것이었다.

처음 조사한 사람 유골에는 관절면이 있었다. 두 번째 것에도 있었다. 세 번째 것에도, 10여 명의 유골을 더 조사해봐도 마찬가지였다. 모든 사람의 입방뼈에 관절면이 있었다. 아르디처럼.

그는 계속 확인했다. 모든 종은 개체마다 해부학적 다양성을 보이기 때문에, 책임감 있는 연구자는 '정상'의 모든 스펙트럼을 이해하기 위해 많은 표본을 조사해야 한다. 러브조이는 대부분의 인류학자들이 정상적인 다양성에 대해 모른다고 불평했다. 그 때문에 어떤 화석이 현대인의 '평균'과 조금 차이가 있다는 이유로 '발견'이라고 떠벌려지는 일이 반복됐다. 러브조이는 자신의 컬렉션을 통해, 인류의 정상적인 다양성에 포함되는 동일한 특성을 여러 번 설명했었다. 한 콘퍼런스에서 그의 비판자 한 명이 루시의 어깨가 나무 위 생활을 증명한다고 주장했다. 러브조이는 그와 비슷한 어깨뼈를 리벤Libben의 현생인류 묘지에서 발굴했다. 사람들은 장난처럼 말했다. 아마 그 뼈의 주인공은 마을의 공식 나무 타기 선수였을 거라고.

러브조이는 수백 구의 유골을 확인했다. 관절면은 인류의 보편적인 특성으로 보였다. 논문을 보고 그가 예상했던 것과 배치되는 내용이었다. 종자뼈는 조약돌 크기의 작은 뼈였지만, 신발 속에 있는 돌처럼 러브조이를 괴롭혔다.

수십 년 전에, 러브조이의 대학원생인 브루스 라티머는 발의 진화에 관한 박사 논문을 썼다. 그 시절 라티머는 혈기 왕성하고 수다스러운 금발의 젊은이로 비치보이스 멤버 중 한 명을 닮았었고, 동료들은 그가 내륙인 오하이오주 출신임은 아랑곳하지 않고 그를 종종 "서퍼"라고 불렀다.

라티머는 어린 시절부터 해부학의 섬뜩한 매력에 빠져들었다. 고등학생 때 그는 로드킬을 당한 동물들의 사체로 침실에 머리뼈 컬렉션을 만들었다. 한번은 귀여운 소녀를 차에 태우고 저녁 식사 데이트 자리에 가다가, 다른 차에 치인 여우를 발견했다. 라티머는 자신의 행운을 믿을 수가 없었다. 붉은여우라니! 너무나도 자신의 머리뼈 컬렉션에 추가하고 싶었던 종이었고, 신의 섭리로 마침내 기회가 온 것이었다. 그는 차를 갓길에 대고 트렁크에서 손도끼를 꺼낸 후 여우의 목을 땄다. 비닐봉지에 여우의 목을 넣고 차에 도로 타자, 데이트 상대는 집에 돌아가고 싶다고 했다.

라티머는 하다르에서 발굴된 역사적 발견물이 클리블랜드에 왔을 때, 마침 운 좋게도 학교에 있었다. 돈 조핸슨이 그를 조수로 임명해 오스트랄로피테쿠스 아파렌시스의 발 조사를 이끌게 했고, 켄트 주립대학의 오언 러브조이 아래에서 대학원 과정을 밟게 했다. 당시는 몰랐겠지만 나중에 고마워할 일이었다. 러브조이는 고대의 플린트 가공 기술자가 석기를 다듬듯이 학생들을 훈련시켰다. 반복적으로

스트레스를 가하면서. 라티머와 그의 동료 연구원인 빌 킴벨은 클리블랜드 자연사박물관 지하에 종일 머무르며 일했고, 녹슨 구닥다리 차를 타고 켄트로 달려갔다. 늦게 도착하는 일도 잦았는데, 그럴 때면 러브조이는 강의를 멈추고 화난 목소리로 말했다. “이거 누가 오셨나. 한 명은 똥으로 가득 찬 머리고, 또 한 명은 머리가 달린 똥이군.” 두 학생은 그게 각각 누구인지 감히 구분하려 들지 않았다.

아파렌시스를 둘러싼 싸움이 한창일 때, 러브조이는 콘퍼런스에 참석해 답을 들을 가치가 없는 반대파들과 논쟁하느라 시간을 허비할 필요가 없다고 판단했다. 라티머가 그를 대신해 참석했고, 반대파들의 혹독한 비판을 견뎠다. 이런 과정을 거치며 라티머는 발 분야에서 세계적 전문가가 됐다. 케이스웨스턴 의학대학에서 가르치는 동안 수백 개의 사람 발을 해부하면서, 그는 나중에 러브조이를 괴롭히게 될 바로 그 뼈에 대한 해부학적인 사소한 정보에 주목한 적이 있었다.

입방뼈 바닥 쪽에 눈에 띄게 움푹 파인 부분이 있었다. 구세계원숭이와 유인원에게 이 홈은 긴종아리근 힘줄이 들어가는 곳이다. 대부분의 사람들은 인간의 긴종아리근 힘줄 역시 다른 영장류의 그것처럼 홈에 들어갈 거라고 생각했다. 하지만 라티머는 이상한 점을 발견했다. 인간의 긴종아리근 힘줄은 교과서에 기록된 것처럼 홈 안에 미끄러져 들어가지 않고, 약간 홈 밖으로 떠 있었다. 입방뼈 위로 지나가기 위해, 힘줄은 비부골인 종자뼈에 끼워져 있었다. 나중에 러브조이의 이목을 끈, 반질반질한 관절면 바로 그곳에.

러브조이는 당시에는 그 정보가 자신이 교과서보다 많이 알고 있음을 학생들에게 떠벌릴 때나 유용한, 사소한 것이라 여겼었다. 그런데 이제 그 사실이 갑자기 중요하게 느껴졌다. 힘줄이 홈 안으로 들어가지 않는 것이, 도대체 왜 힘줄을 고정시키기 위한 특별한 설계처럼 보일까? 러브조이는 좋아하는 시나리오를 뒷받침하기 위해 해부학적 지식을 취사선택하는 동료들에게 종종 짜증을 냈었다. 하지만 그는 이 세부 사항이 더 큰 진실, 즉 몸 전체 계획의 재설계를 의미한다고 추정하게 되었다.

유인원의 발에 대해 기록한 최초의 해부학자는 에드워드 타이슨이라는 17세기 영국인이었다. 그에 대해 알려진 사실은 거의 없지만 "스스로를 순결에 바친" 엄숙하고 진지한 독신자로, 가장 큰 기분 전환 거리는 죽은 동물을 절개하고 내장에 구멍을 뚫는 일이었다. "연구는 그의 가장 큰 즐거움이었다"라고 한 지인은 적었다. "그 외에 그가 때때로 한 일이라곤 낚시뿐이었다." 런던에서 그는 생물학에 미친 괴짜들이 찾는 유명 인사가 됐다. 상선 사람들이 가져온, 영국 사람들의 눈에는 이상해 보이는 돌고래와 타조, 방울뱀 등이 그의 해부대에 올랐다. 1698년에 타이슨은 인간도 짐승도 아닌, 그 중간쯤 돼 보이는 또 하나의 이상한 생물과 마주쳤다. 무엇보다 놀라운 사실은, 다리 끝에 손이 달려 있다는 것이었다.

서아프리카 앙골라에서 배에 실려 런던까지 온 생물이었다. 키는 60센티가 조금 넘었는데, 검은 털로 뒤덮인 그것은 섬뜩할 정도로 인간과 비슷하게 행동했다. 타이슨에 따르면, 그 동물은 배에서 선원들을 더 좋아했고 원숭이들은 "자신과 닮지 않은 동물인 양" 멀리했다. 타이슨은 그 어린 동물을, 고대 그리스인들이 전설적인 왜소 인종에게 붙인 이름인 "피그미"라고 불렀다. 이보다 더 좋은 이름은 떠오르지 않았다. 때로는 그 동물을 당시 유럽 과학계에 알려진 유일한 유인원인 오랑우탄(말레이 언어로 '숲의 인간'이라는 뜻)으로 간주하기도 했다. 사실 그 동물은 반세기 뒤에야 알려질, 미성숙한 침팬지였다.

그 침팬지는 영국에 온 뒤 얼마 되지 않아 병으로 죽었고, 그 후 타이슨의 해부대에 올랐다. 타이슨은 이 종이 "다른 어떤 동물보다 사람과 닮았다"며 인류 속에 해당하는 호모 실베스트리스*Homo sylvestris*라고 분류했다. '숲의 인간'이라는 뜻이었다. 하지만 한 가지 특성이 사람과 달랐다. 발이었다. 엄지손가락 같은 거대한 발가락 하나와, 손가락들을 닮은 나머지 네 개의 나란한 발가락, 그리고 손바닥을 닮아 물건을 감싸 쥘 수 있는 발바닥. 타이슨은 "발보다는 오히려 손 같다"라고 썼다. 그는 이 동물을 네발짐승으로 분류할 수 없었다. 그래서 네 손 짐승이라는 뜻으로 새로운 단어인 '사수류quadrumanus'를 제안했다.

1699년, 타이슨은 연구 결과를 논문으로 발표했다. 유인원에 대한 최초의 해부학적 설명으로, 중요한 과학적 이정표였다. 타이슨의 논문 상당 부분은 그의 "피그미"와 이전 세대로부터 전해져 내려온 야생 인류 신화의 관련성에 할애됐다. 타이슨은 유인원과 원숭이를 과장해서 생각한 나머지 그런 신화가 탄생했을 거라고 결론 내렸다. 돌이켜보면, 우리는 이 선구적인 해부학자가 시대를 초월한 과제와 힘겹게 싸우고 있었음을 알 수 있다. 과거의 생각을 새로운 증거와

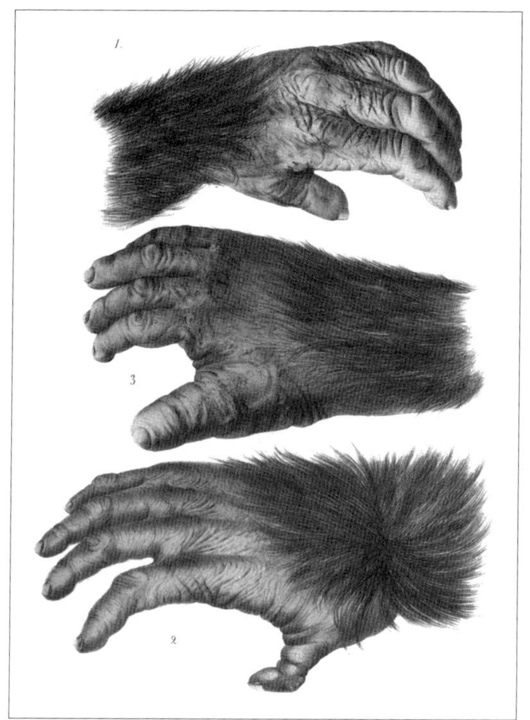

사수류: 침팬지의 손(그림 1, 2)과 발(그림 3).

연결시키려는 시도였다.

계몽주의 시대에 학자들은 진화(또는 그 원형이 된 단어인 '생물변이설transformism')에 대해 거의 알지 못했다. 대신 박물학자들은 생명의 다양성에 초점을 맞췄다. 그 중요한 사례가 칼 린네가 출간한《자연의 체계》다. 종을 신체 특성에 따라 분류한 획기적인 작업이었다. 린네는 창조설을 의심하지 않았지만, 해부학적 유사성을 바탕으로 인류를 다른 영장류와 함께 묶었다. 루터파 대주교가 그를 "신앙심이 없다"고 비난하자, 린네는 증거를 보면 다른 선택은 할 수 없다고 항변했다. 그는 1747년 한 편지에서 이렇게 적었다. "인류를 영장류 가운데 두는 게 즐거운 일은 아닙니다. (…) 하지만 저는 자연사의 원리에 기반한 인간과 유인원의 일반적 차이점을 당신과 전 세계로부터 구할 수 있기를 절실하게 바랍니다. 제가 확실하게 아는 차이점은 하나도 없습니다. 누군가 하나라도 알려준다면 좋겠습니다!" 한 권위 있는 박물학자가, 오랜 후에 타이슨이 빌려 쓰게 될 용어를 써서 차이점을 알려주었다. 요한 프리드리히 블루멘바흐가 그의 저서 《자연사 매뉴얼》(1779)에서 영장류를 사수류(유인원과 원숭이)와 이수류bimana(인류)로 나누자고 제안한 것이다. 자유롭게 조작할 수 있는 발은 인간과 유인원을 수월하게 가르는 특성이 됐다. 이 차이점은 19세기 초에 가장 큰 영향력을 행사한 박물학자 조르주 퀴비에에 의해 채택되어 다윈 시대까지 강력한 지지를 받았다.

하지만 19세기 후반에 이르자 비교해부학은 진화론자들에게 인간이 유인원과 해부학적으로 닮았을 뿐만 아니라 '연관돼 있다'고 확신시켰다. 다윈은 저서 《인간의 유래와 성 선택》에서 다음과 같이 설명했다. "만약 인간이 그 자신의 분류자가 아니었다면, 자신이 속할 별도의 목order을 만들 생각을 하지 않았을 것이다." 다윈은 유인원을 "인간의 가장 가까운 동지이자 (…) 우리의 초기 조상을 가장 잘 대표하는 존재"라고 했다.

이후 진화론자들을 사로잡는 새로운 질문이 나타났다. 어떻게 쥘 수 있는 유인원의 발이 인간의 발로 진화했을까? 다윈 이후 한 세기 동안, 이를 둘러싼 논쟁이 진공 상태에서 진행됐다. 왜냐하면

1960년대까지 발 화석은 거의 발견되지 않았기 때문이다. 대신, 학자들은 현생 유인원을 모델 삼아 인류 조상의 발을 연구했다. 20세기 중반에 가장 영향력 있던 발 전문가는 예일대학과 컬럼비아대학, 그리고 뉴욕 자연사박물관 소속의 해부학자 더들리 J. 모턴이었다. (첫 번째 발가락보다 더 긴 두 번째 발가락을 의미하는 '모턴의 발가락Morton's toe'은 그의 이름을 딴 것이다.) 모턴은 '선행 인류의 발'이 고릴라와 인간 발의 중간 형태였을 것이라고 추측했다. (실제로 많은 비교해부학자들이 고릴라의 발이 인간의 발과 가장 비슷하다고 봤다.) 많은 해부학자들은 화석 기록이 갱신되는 동안에도 어느 정도 비슷한 입장을 고수했다. 새로운 발견들은 아프리카 유인원에서 인류로 이행하는 중간 과정으로 묘사되었다. 분자 혁명은 라티머 같은 전문가들에게 영감을 주어, 조상의 발과 보다 가까운 형태를 추적할 수 있게 했다. 즉 침팬지의 발이 가장 가까운 형태였다. 러브조이와 라티머는 네 손 짐승의 발에서 단서를 알아차리려고 고군분투했다.

라티머는 쥐는 발가락을 지닌 유인원의 발이 어떻게 튀어오르기 좋은 인간의 발로 바뀌었는지 침팬지, 오스트랄로피테쿠스 아파렌시스, 인간이라는 세 점을 연결 지어 설명하는 데 일생을 바쳤다. 이야기는 이런 식이었다. 발 중간이 길어졌고, 발가락은 짧아졌으며, 엄지발가락은 마주 볼 수 있는 형태에서 나머지 발가락과 나란하도록 바뀌었다.

이제 아르디가 아프리카 유인원과 루시 사이에 네 번째 점으로 들어갔다. 하지만 기대만큼 정확히 설명되지는 않았다. 마주 볼 수 있는 발가락을 유지하면서도 왜 아르디의 발 중간 부분은 침팬지의 그것보다 길어졌을까? 아르디가 여전히 나무를 탔다면, 왜 발가락은 짧아졌을까?

"인류학에는 이런 절차가 있어요." 러브조이가 말했다. "의심스럽다면, 측정하라!"

그래서 그들도 측정을 해봤다. 그들은 뼈의 길이와 둘레, 관절 표면적, 그리고 엄지발가락이 얼마나 마주 보고 있는지 등을 기록했다. 측정하고 또 측정했다. 하지만 진전은 별로 없었다. 매번 회의 때마다 러브조이는 그들의 해석을 요약해 기록했다. 하지만 그는 자신이 적은 내용이 납득이 잘 가지 않았고, 컴퓨터는 잘못된 결과로 혼란만 더 키웠다. 발견된 조상 가운데 가장 침팬지스럽다고 처음으로 기록된 아르디피테쿠스는, 주어진 역할을 하지 못했다.

"우리는 아르디가 그 역할을 수행하도록 끼워 맞추려고 했어요." 라티머가 말했다. "하지만 실은 맞지 않았던 거죠."

그런데 또 하나 맞지 않는 게 있었다. 문제의 종자뼈였다. 440만 년 전의 발은 더욱 아프리카 유인원의 발을 닮아야 했지만, 그렇지 않았다. 비부골이 존재하는 것과 없는 것, 둘 중 무엇이 더 본원적일까? 비교해부학 컬렉션과 오늘날의 논문들 가운데 그 무엇도 이 질문에 제대로 답을 주지 않았다. 러브조이는 가장 신뢰하는, 세상을 떠난 해부학자들에게 눈을 돌렸다.

최고의 해부학적 데이터는 종종 50년 또는 100년 전에 출판된 논문에서 나왔다. 러브조이는 해부학 분야의 베토벤이나 바흐 같은 존재들, 다시 못 올 해부학의 황금기를 보낸 그들을 바라보았다. 그들은 인간과 유인원 사체를 계속해서 해부하는 구식 방법으로 해부학 지식을 섭렵했다. "당시 해부학이 연구되던 방식이었죠. 논리와 기능에 기반한 방식." 러브조이가 말했다. "그 뒤 컴퓨터가 도입됐어요. 그때부터 사람들은 뼈를 측정해서 그 정보를 컴퓨터에 집어넣으면 나타나는 열세 가지 색상의 아름다운 그래프가 뭔가 진실에 가까울 거라고 생각합니다. 으으으." 그는 비웃는 듯 불편한 소리를 냈다. "그렇게 해서 얻는 것은 **카오스**에 가까운 무언가일 뿐이에요."

현장 발굴팀의 발굴이 중단된 지 오래된 시점에서, 러브조이는 먼지 쌓인 기록 보관소를 파헤쳤다. 가끔은 어떤 전자 데이터베이스에서도 옛 논문을 찾을 수 없는 경우가 있었다. 그러면 그는 외딴 창고에 보관돼 있던 곰팡내 나는 논문집을 주문했다. 재미없는 해부학 논문의 기준으로도, 입방뼈와 종자뼈는 그리 매력적인 주제가 아니었다. 1908년, 케임브리지대학의 해부학자 T. 매너스스미스는 이집트에서 발굴한 550구의 유골(T. 윈게이트 토드가 미국에 오기 전에 수집한 것)을 통해 입방뼈와 비부골을 상세히 연구했다. 논문에서는 해부학자들만 알아들을(또는 견딜) 정밀도로 입방뼈를 기술했다. 러브조이는 이 논문에서 인간 입방뼈에 대한 이런 설명을 발견했다. "결합부에서 가장 흥미로운 부분은, 긴종아리근 힘줄에 종자뼈를 위한 관절면이 존재한다는 사실이다." 해석하자면, 인간은 아르디와 똑같은 입방뼈 관절면을 갖고 있다는 것이다. 그가 처음 관심을 가졌던 바로 그 특성이었다. (1928년 발표된 또 다른 논문에서도 그 관절면이 93퍼센트의 사람들에게 존재한다고 보고되었다.)

매너스스미스는 고릴라와 침팬지, 오랑우탄 수십 마리도 연구한 뒤 이들 유인원에게는 종자뼈에 대응하는 관절면이 없다고 보고했다. 옛 논문들은 비부골과 그에 대응하는 입방뼈의 관절면이 현생인류에게는 보편적으로 관찰되고, 유인원에게는 없음을 확인시켜줬다. 현대의 논문들은 이 한 가지 특성에 한해서는 틀렸다. 아르디는 인간과 비슷했고, 현생 유인원과는 달랐다.

혼란스러운 질문은 여전히 남았다. 무엇이 더 본원적인가. 현생 아프리카 유인원인가, 인류 계통인가?

이제 옛 해부학자들과 우열을 가릴 시간이 됐다. 메스를 들고 해부를 해야 했다.

동물원 원장은 유인원이 죽었을 때 두 가지를 생각해야 한다. 첫째, 동물원 직원들은 사체가 부패하기 전에 빨리 움직여야 한다는 것. 둘째, 해부학자가 곧 전화를 할 거라는 것.

오늘날 대형 유인원은 멸종 위기에 처해 있고, 법과 국제조약으로 보호받기에 포획 상태에서 죽지 않는 한 해부 대상이 되는 경우는 거의 없다. 클리블랜드 메트로파크 동물원에서 유인원이 죽으면 마치 사후경직이 찾아오듯, 라티머의 전화가 반드시 오게 돼 있었다. 그 해부학 교수는 친구인 동물원 원장에게 진지한 말투로 이렇게 말할 것이었다. "침팬지의 죽음에 깊은 애도를 표합니다." 원장은 라티머에게 가증스러운 인간이라고 말하며 사체를 가져가도 좋다고 할 것이었다.

이런 절차를 거쳐, 냉동된 침팬지 다리가 클리블랜드 자연사박물관의 연구실 냉동고로 이동했다. 라티머는 마치 양고기를 녹이듯 그다리를 밤새 녹였다. 아침에 출근한 직원들이 흰 가운을 입은 연구자 두 명에게 둘러싸인, 털이 많은 유인원의 피투성이 다리를 발견하고는 진저리를 쳤다. 더 나빴을 수도 있었다. 유인원의 사체는 워낙 구하기가 어려워, 해부학자들은 아무리 부패한 것이라도 받아들였기 때문이다. 때로 그들은 악취를 막기 위해 기침 완화 연고를 코 밑에 발랐다. 한번은 켄트 주립대학의 냉동고에 약 160킬로그램의 수컷 고릴라 사체를 넣었다가 냉동고가 고장난 적도 있었다. 직원들이 드라이아이스로 그 사체를 보전하기 위해 여러 날 고생을 했지만, 질 수밖에 없는 전투였다. 김이 모락모락 나는 퇴비 더미처럼, 부패로 열이 발생했다. 며칠 뒤, 고릴라 사체에서 냄새나는 액체가 침출되기 시작했다. 러브조이와 그의 동료들은 고무 부츠와 장갑을 착용하고, 320킬로그램으로 불어난 그 찐득찐득한 고릴라 사체를 비닐에 담았다. "원래대로라면 보관 전문가들이 도와줬어야 하는데." 그가 회상했다. "그 사람들이 얼마나 빨리 사라졌는지 알아야 한다니까요. 도망쳐버렸다고요." 운 좋게도, 해동되고 있던 침팬지 다리의 냄새는 견딜 만했다. 냄새를 빼는 후드도 없었는데 말이다.

라티머는 긴종아리근 힘줄이 입방뼈 주위를 지나가는 곳까지 잘랐다. 힘줄을 당기자 도르래에 감겼다 빠져나가는 밧줄처럼, 죽은 침팬지의 엄지발가락이 괴상하게 펴졌다 구부러졌다.

그들은 힘줄을 해부했다. 종자뼈는 없었다. 라티머는 더 깊게 잘라서 입방뼈를 노출시켰다. 그래도 관절면은 보이지 않았다. 이번 해부로 그들이 유골 컬렉션에서 관찰했던 내용이 확인되었다. 침팬지에는 비부골과 관절면이 없었다.

의대로 돌아간 아르디 연구자들은, 해부용 인체 시신을 해부해 모든 사람에게 종자뼈와 관절면이 있다는 사실을 확인했다. 그들은 시신을 X선 기기에 넣고 X선 영상을 촬영했다. 종자뼈가 영상에 나타나기도 하고 나타나지 않기도 했다. 모든 비부골이 보통 뼈처럼 석회화되지는 않기 때문이다. 비부골은 연골 조직이기에, 때로 X선 영상에 나타나지 않았다. 더 신뢰할 만한 지표는 관절면이었다. 종자뼈가 입방뼈에 남긴 발자국 같은 그 관절면은 거의 모든 인간이 갖고 있었다.

최근의 논문은 틀렸다. 오늘날의 연구자들은 직접 해부하고 관찰하는 대신 영상 기술과 2차 논문에 의존해 틀린 결론에 이른 것이다.

또 다른 수수께끼가 있었다. 인류와 침팬지의 공통 조상에게도 그 작은 종자뼈가 있었을까?

1908년의 논문은 또 다른 흥미로운 세부 사항을 보여주었다. 종자뼈가 소위 하등 영장류에서 더 흔하게 발견된다는 내용이었다. 구세계 원숭이 거의 대부분이 비부골을 갖고 있었는데, 이는 매우 본원적인 특성이라는 뜻이었다. 원숭이와 인간이 마지막으로 공통 조상을 공유한 때는 약 3000만 년 전으로, 우리의 혈통이 아프리카 유인원에서 갈라지기 한참 전이었다.

급진적인 아이디어의 씨앗이 그들의 마음속에서 자라났다. 만약 인류 계통이 애초에 그 특성을 잃은 적이 없다면? 인류가 고릴라나 침팬지 같은 발을 가진 적이 없다면?

두 남자는 피투성이 침팬지 다리를 사이에 두고 서로를 바라봤다. 러브조이가 말했다. “개코원숭이를 조사해보자고!”

개코원숭이는 엉덩이에 털이 없고 어금니가 큰 아프리카 원숭이로, 한데 몰린 구슬 같은 눈과 긴 주둥이, 쌍발 산탄총 같은 코가 특징이다. 올리브개코원숭이는 파피오 아누비스*Papio Anubis*라는 학명을 얻었다. 방부 처리 및 미라화를 담당하는, 파라오에 영원성을 부여하는 자칼 머리 이집트 신의 이름이었다. 주둥이가 긴 올리브개코원숭이의 얼굴은, 투탕카멘 전시를 본 사람이라면 친근할 수밖에 없다.

멸종 위기에 빠진 다른 유인원들과 달리, 개코원숭이는 설치류처럼 번식했고 여러 종으로 분화했다. 에티오피아 전역에 걸쳐 많은 무리가 배회했고, 아파르의 목동들은 종종 시끄러운 싸움으로부터 가축을 보호하기 위해 난폭한 다암 아이투를 총으로 쐈다. 수컷들은 사자를 위협할 정도로 대범했다. 라티머는 아프리카에서 개코원숭이를 여러 번 만났다. 클리블랜드 자연사박물관장 재직 기간에 그는 주요 기부자들을 사파리에 데려갔고, 그때마다 물병이나 귀중품을 내려놓지 말라고 반복해서 경고했다. 그러나 관광객들은 어쩔 수 없이 부주의해졌고, 개코원숭이는 카메라나 물병을 훔쳐 나무 위로 도망갔다. "개코원숭이는 자기들 식으로 웃고 있었죠." 라티머가 말했다. 미들 아와시 탐사에서 라티머는 물통에 물을 채우기 전에, 우물을 더럽힌 개코원숭이의 똥부터 퍼내야 했다. 라티머의 기억에, 개코원숭이는 귀찮은 존재였지 연구 대상은 아니었다. 그때까지는 말이다.

라티머와 러브조이는 급히 압축기 공간으로 돌아갔다. 이번엔 유인원과 인간 유골이 있는 복도가 아니라, 컬렉션의 마지막 복도로 향했다. 개코원숭이의 뼈를 보관하고 있는 곳. 사실 아무도 그 복도의 서랍들에는 주목하지 않았는데, 그 복도가 너무 외진 곳에 있다는 것 자체가 원숭이 중요성의 평가절하를 상징했다. 즉 원숭이는 인류 기원에 대해 많은 것을 밝히기엔 너무 동떨어진 존재였다. 또는 그렇게 여겨졌다.

라티머와 러브조이는 개코원숭이가 보관된 서랍을 열어 입방뼈를 꺼냈다.

관절면이 있었다!

개코원숭이는 인간과 아르디처럼 비부골을 가지고 있었다. 그 두 연구자는 개코원숭이의 발에서 살은 벗겨내고 힘줄과 인대만 보전한, 소위 '인대 카데바'를 살펴봤다. 종자뼈가 컸다. 말이 먹는 커다란 알약처럼.

그들은 전체 컬렉션에서 가장 오래된 영장류를 꺼내기 시작했다. 1500만 년 전 또는 2000만 년 전 파키스탄과 케냐에서 살았던 마이오세 유인원들이었다. **관절면이 더 많았다!** 이 특성으로 보자면 마이오세 유인원들은 개코원숭이 및 인간과 닮았다. 비부골 종자뼈는 본원적이었다. **정말로** 본원적이었다. 급진적인 생각이 뿌리를 내렸다. **현생 아프리카 유인원들은 우리 조상의 발 연구에 적합한 모델이 아닌 걸까?**

"그 순간 크게 놀랐습니다." 라티머가 말했다. "젠장, 인간은 본원적인 존재였어요!"

새로운 사실은 때때로 천천히 모습을 드러낸다. 그 연구자들은 마침내 그들이 평생 헤맨 미로를 위에서 바라볼 수 있게 됐다. 미궁에 갇힌 쥐의 시선에서 사피엔스의 시선으로 옮겨가자, 불쌍하고 무지한 존재가 그것을 이해하는 데 이렇게나 오래 걸렸다는 사실이 새삼 놀라웠다. 그 불쌍한 존재가 바로 이전의 자신들이었다. 그들은 자신들이 했던 모든 헛발질과 머리를 찧었던 모든 막다른 길을 본 후, 오래전부터 찾기를 소망했던 진정한 길을 바라봤다.

수십 년 동안 러브조이와 라티머는 미로의 막다른 길이었을 수도 있는, 바로 그 압축기 공간 복도를 오갔다. 예전부터 그들은 현생 아프리카 유인원들을 본원적 인류 조상의 모델로 받아들였다. 궁금한 점이 생기면? 침팬지와 고릴라를 살펴봤다. 마이오세 유인원이나 원숭이는 거의 보지 않았다. "그런 생각을 하며 자랐고, 그 입장을 고수했습니다." 라티머가 말했다. "그러다 커다란 망치로 머리를 맞고는 '우와 잠깐만, 실수했어!'라고 하게 된 거죠."

러브조이와 라티머가 아르디의 심오한 메시지를 이해하기까지 여러 해가 걸렸다. 인류와 유인원의 공통 조상에 대한 옛 이미지는 잘못된 생각에 기인한 것이었다. 그들은 이미 알고 있던 동물학 지식에 낚인 나머지 미지의 동물 쇼를 상상하는 데 실패한 것이었다. 다리뼈를 펼쳐놓자 마이오세 유인원부터 아르디를 거쳐 인간에 이르기까지 세 점 사이의 관계를 보기가 좀 더 수월해졌다. 현생 아프리카 유인원이 갑자기 아웃라이어처럼 보였다. 현생 유인원은 우리의 공통 조상의 유골이 되기에 적합하지 않았다. 차라리 인간과의 공통 조상에서 분리된 뒤 그들만의 특수한 방향으로 진화했다고 보는 게 나았다.

두 사람은 이제껏 거꾸로 된 질문을 한 것이었다. 왜 인간 조상은 발 중간 부위가 길어졌는가가 아니라, 반대로 물었어야 했다. 왜, 그리고 어떻게 현생 유인원들은 발 중간 부위가 짧아졌는가? 마찬가지로 사람 발가락이 왜 짧아졌는지가 아니라, 침팬지 조상의 발가락이 왜 길어졌는지를 물었어야 했다.

아르디 연구자들은 새로운 이론을 구상했다. 현생 아프리카 유인원은 네 발로 움직이는 마이오세 유인원의 단단한 발을 버리고 쥐는 데 더 특화된 발을 진화시켰다는 것이다. 비부골은 힘줄의 움직임을 제약하기 때문에 침팬지와 고릴라에게서는 퇴화됐을 것으로 추정됐다. 종자뼈를 없애면서 유인원은 더 강한 힘과 운동 범위를 지니는, 손 같은 발을 갖게 됐다. 이들은 사지가 모두 손인 동물, '사수류'가 됐다.

하지만 인류 계통은 다른 길을 걸었다. 인류의 조상은 쥘 수 있는 발을 직립보행에 적합한 희한한 형태로 리모델링했다. 쥐는 발가락 근처에 있던 힘줄은 땅을 박차는 새로운 기능을 수행하게 됐다.

아르디는 마침내 라티머를 20년 동안 혼란스럽게 했던 미스터리를 풀었다. 왜 인간의 힘줄은 입방뼈의 홈 바깥을 지날까? 한때 불가사의했던 그 작은 실마리는 이야기의 한 부분이 됐다. 하지만 어떻게?

그들은 몇 주에 걸쳐 논쟁한 끝에 답을 내렸다. **힘줄이 아치 지지대가 된 것이다!**

아르디의 발은 편평했다. 하지만 루시 종의 시대에는 아치가 있는 발이 등장했다. 이는 라에톨리 발자국과 이후 발견된 화석을 통해 확인됐다. 어느 시점에서 인류 조상은 발 길이를 늘였고, 형태가 변하면서 힘줄을 앞으로 기울여 홈 안에서의 배열을 바꿨다. 라티머가 여러 해 전에 발견했지만 아르디를 만나기 전에는 이해하지 못했던 형태였다. 제대로 된 창조자라면 힘줄이 원래 경로에서 벗어나도록 설계하지 않았을 것이다. 하지만 자연선택은 무에서 시작되는 게 아니다. 물려받은 요소에 대해 적응하며 이뤄진다. 결국 해부학은 이상한 절충적 디자인과 이상적이지 않은 설계, 오래된 과거의 유산들

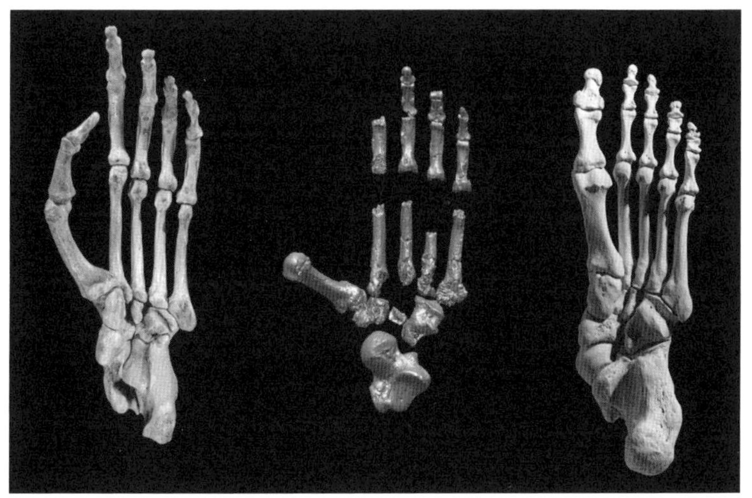

침팬지(왼쪽), 아르디(가운데), 인간(오른쪽)의 발바닥 뼈(바닥면. 아래에서 위를 본 모습) 비교 사진.

침팬지: 마주 볼 수 있는 발가락과 유연한 발 중간 부위, 길고 휘어진 발가락, 작은 발꿈치뼈calcaneus가 특징이다.

아르디: 마주 볼 수 있는 발가락은 침팬지의 커다란 엄지발가락보다 더 벌어져 있다. 이족보행을 하지만 발에 아치는 없다. 발 중간 부위는 침팬지보다 더 단단하다. 발볼은 곧게 서서 걸을 때 옆으로 나란히 나 있는 네 개의 발가락을 밀도록 적응했다. 발꿈치뼈는 조각만 발견됐기에 움직임이 어땠는지는 알 수 없다.

인간: 엄지발가락이 튼튼하고 앞을 향해 있다. 발 중간은 단단하고 아치가 있다. 발허리뼈는 끝부분이 돔 모양으로 발가락의 등쪽굽힘dorsiflexion을 가능하게 해주고 땅을 밀어낼 수 있게 돕는다. 단단한 발꿈치뼈는 충격을 흡수한다.

로 가득 차게 된다. 생물학자 테오도시우스 도브잔스키는 이렇게 적었다. "진화를 고려하지 않고 이해할 수 있는 생물학은 없다."

비부골은 힘줄의 방향을 바꾸는 전환점이다. 아르디 팀은 비부골이 인류 진화에서도 전환점이 된다는 사실을 발견했다. 이 스토리는 전형적으로 러브조이스러운 면이 있었다. 작은 단서에 주목하는 특유의 시선, 몸의 설계에 대한 해박한 이해, 그리고 여러 가지를 한 번에 설명하는 적응성을 갖추고 사안을 해석했다. 다른 해부학자들이 어쩔 수 없이 객관적 시스템, 계측, 그리고 소프트웨어 쪽으로 나아간 것과 대조적이었다. 러브조이는 분석 도구는 인간의 두뇌라는 블랙박스보다 더 나은 인사이트를 가져다주지 않는다고 믿었다. 그는 사람들 중 아주 적은 수의 핵심 인물들만이 아르디의 비밀을 푸는 데 적합한 전문성을 갖추고 있다고 믿었다. 이 같은 태도가 동료 연구자들 사이에서 분노와 경멸을 불러일으킨 것은 이상한 일이 아니었지만, 러브조이는 신경도 쓰지 않았다.

아르디 연구자들이 피 흘리는 침팬지 다리로부터 발견한 내용의 가치를 충분히 이해하는 데까지 수년의 시간이 걸렸다. 작은 종자뼈는 더 이상 해부학적 일화의 대상이 아니라, 전모를 드러내는 제유법의 대상이 됐다. 화석의 다른 부위에서 이루어진 발견이 연쇄적으로 쏟아졌다.

23장

대면

프랑스 학사원은 파리 센강의 좌안에 세워져 있다. 반원 형태의 곁채를 지닌 돔 지붕 건물의 모습은 마치 두 팔 벌린 사람의 머리처럼 보인다. 이 바로크 건물은 프랑스 지성의 상징으로, 학사원에 속한 다섯 학회 가운데 아카데미프랑세즈의 '불멸Immortels'(아카데미프랑세즈의 회원. 총 40명으로 구성되며 동료들이 선출한다－옮긴이)은 프랑스어의 순수성을 수호하는 역할을 맡고 있다. 또 하나의 학회인 과학아카데미는 2004년 9월, 인류의 기원에 관한 콘퍼런스를 개최했다. 여기에는 사헬란트로푸스와 오로린, 아르디피테쿠스 등 인류 초기 멤버 셋의 발견자들이 참석했다. 나무로 된 장식 판자를 댄 대형 회의실에서, 프랑스 지성계의 석학들이 연구자들을 차갑게 응시하고 있었다.

팀 화이트와 오로린의 발견자 브리지트 세누트 사이에 난타전이 시작됐다. 오로린은 케냐에서 발굴된 600만 년 전 종으로, 치아와

두 개의 넙다리뼈만 발견되었다. 세누트는 아르디피테쿠스는 침팬지의 조상, 사헬란트로푸스는 고릴라의 조상이라며 자신만 유일하게 인류의 조상을 발견했다고 주장했다. 이에 대해 화이트는 세누트가 창조론자의 말을 지지한다며 비꼬았다. 세누트는 오로린이 인간처럼 걸었다고 주장했지만 증거를 제시하지 못했기 때문이다. 창조론자라고요? 내가요? 세누트는 화가 나서 화이트에게 논문도 공개하지 않은 당신의 화석이나 증거를 대라고 받아쳤다. 미지의 아르디피테쿠스 화석은 발견된 지 10년이 지났건만 여전히 비밀에 싸여 있었다.

이어 화이트가 취한 행동은 모두를 놀라게 했다. 그는 컴퓨터를 열어 아르디의 머리뼈 이미지를 프로젝터 화면에 띄웠다. 머리뼈 이미지가 공개된 것은 이때가 처음이었다. 극적인 장면이었지만, 많은 것을 알려주진 못했다. 뼈는 스팀 롤러 차량에 박살이 난 도자기 같아 보였다. "지금까지 발견된 호미니드 화석 가운데 가장 산산조각이 나 있는 화석입니다." 화이트가 말했다. "이렇게 오래 걸린 건 미안합니다만, 저는 여러분들이 빠른 답이 아니라 제대로 된 답을 원하신다고 생각합니다."

고인류학자에게 머리뼈는 가장 중요한 화석 부위다. 치아와 턱뼈, 감각기관, 뇌 등 집중적인 자연선택을 받은 부위가 많은 곳이기 때문이다. 우리의 뇌는 우리와 가장 가까운 유인원 친척들의 뇌보다 세 배가량 크다. 우리 몸의 다른 부위가 비슷한 비율로 커졌다면, 키가 기린만 해졌을 것이다. 아르디와 루시 시대를 포함해 인류 역사

대부분의 기간 동안, 뇌는 매우 천천히 커졌거나 거의 커지지 않았다. 마지막 200만 년 전에 두 배로 커졌고, 20만 년 전에야 오늘날의 크기가 됐다. 하지만 완전한 현대적 **행동**(적어도 복잡한 도구와 예술, 상징 등을 통해 표현되는)은 훨씬 늦게 등장했다. 인류의 지능은 단순히 뇌 크기의 문제가 아니라 신경회로 변화 및 조직과 관련이 있는 것으로 보인다. 약하고 느린 영장류는 우리 머리뼈라는 용광로 안에서 벌어진 신경학적 드라마 덕분에 자연의 지배자가 됐다.

자연선택으로 머리뼈는 내구성을 갖게 됐다. 머리뼈 파편은 치아에 이어 두 번째로 자주 발견되는 화석이다. 인류의 머리는 28개의 뼈로 이루어져 있다. 8개는 뇌머리뼈, 14개는 얼굴뼈, 6개는 속귀 안에서 작은 귓속뼈를 이루고 있다. (속귀의 작은 뼈와 굴 또는 동sinus을 구성하는 종잇장처럼 얇은 뼈는 화석으로는 거의 남지 않는다.) 발굴팀은 아르디의 머리덮개뼈(두개원개), 머리뼈바닥(두개저), 오른쪽 얼굴뼈, 왼쪽 아래턱뼈, 그리고 대부분의 치아를 거의 복원했다. 머리뼈는 달걀 껍데기처럼 부서져 있었고 1인치 정도 두께로 눌려 있었다. 화이트는 아르디의 시체가 고대 범람원에 놓여 있을 때 코끼리나 하마가 짓누르고 지나갔을 거라고 추측했다. 일부 조각은 너무 약해서 화이트는 토양에 묻힌 상태 그대로 두었다. 발굴팀은 아무 위험 없이 분리할 수 있도록 그 조각들의 석고 본을 뜬 뒤 서로 붙여 거친 초기 모형을 만들었다. 발굴팀은 최선을 다해 복원했다. 마지막 희망은 스와겐과 그의 컴퓨터에게 달려 있었다.

2007년, 스와는 오랜 시간 동안 뒤틀린 머리뼈를 원래 모습으로 복원하는 일에 매달렸다. 그의 연구팀은 머리뼈 파편 CT 영상을

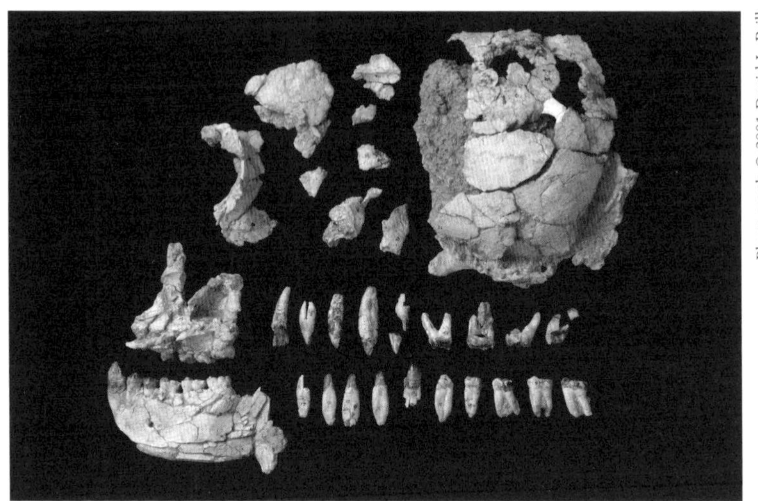

클리닝을 마친 아르디의 머리뼈 화석 파편. 각 조각은 캐스트 제작과 디지털 복원이 가능하도록 본을 떴다.

5000장 이상 찍었고, 거울 상을 만들어 발굴하지 못한 부위를 복원했다. 작은 흔적들이 단서를 제공했다. 지그재그 모양의 머리뼈 봉합선suture, 뇌머리뼈 안쪽에 남아 있는 혈관의 가지 같은 자국, 신경과 혈관이 머리뼈 안으로 들어간 구멍 등. 일부 연구자들은 기술에 판단을 맡기고 전자 측정 장비에 의존한다. 소프트웨어가 답을 내놓을 것이라고 믿는다. 스와는 아르디의 머리뼈를 밀리미터 단위로 재구축하는 디지털 모델링 스튜디오로 컴퓨터를 활용했다. 컴퓨터 옆에는 비교를 위해 침팬지와 인류 조상의 머리뼈가 놓여 있었다. 스와는 그가 배치한 화석 파편의 위치를 다른 영장류 통계와 크로스체크했다. 스와의 팀은 각 조각을 가능한 한 정확한 자리에 위치시켰고, 여러 증거를 이용해 확인하고 다시 조정하는 과정을 반복했다.

복원에는 해부학과 기하학, 통계학, 그리고 계량이 불가능한 전문가의 판단이 동원됐다.

스와는 일에 몰두하길 좋아하는 느리고 꼼꼼한 연구자였다. 문제는 그가 다른 일에도 빠져 있었다는 것이다. 그는 도쿄대학 박물관 수집품들을 관리했고, 학생들을 가르쳤으며, 연구를 지도했다. 하루 종일 질문 세례를 받았기에, 집중력을 유지하기가 힘들었다. "복원은 그렇게 해서는 할 수 없어요." 그가 말했다. "집중, 정말 깊이 집중해야 하죠. 다른 것은 다 잊고요."

남은 선택지는 하나, 밤에 일하는 것이었다. 동료들이 다 집에 간 뒤, 스와는 하루 여덟 시간을 추가로 일했다. 때로는 전철이 운행을 멈춘 뒤까지 일했고, 그럴 때면 박물관 근처 호텔에 들어가 두어 시간 잠을 자고 아침 일찍 되돌아왔다. 주간에 해야 할 업무가 시작되기 전에 화석을 좀 더 복원하기 위해서였다. 그는 숙박비를 자비로 충당했다. 일본에서는 연구비로 호텔에서 숙박할 수 없기 때문이었다. 그는 여름방학 3주도 머리뼈 복원에 바쳤다. "말 그대로, 집중 작업 기간이죠." 그가 설명했다.

중요한 조각 중 하나인 머리뼈바닥은 여전히 없는 상태였다. 다행히 손상된 다른 아르디피테쿠스가 발굴됐다. 아르디 화석 발견 전에 화이트는 두 조각의 부서진 뒤통수뼈(후두골)와 관자뼈를 발견했다. 척주 위에 놓일 머리뼈 바닥 부위의 일부를 이루는 뼈들이었다. 구멍으로 추정하건대, 육식동물이 불쌍한 화석 주인공의 측두근을 뼈에서 떼어내기 위해 거칠게 다룬 것 같았다. 그럼에도, 관자놀이뼈와 뒤통수뼈는 결합돼 있었다. 머리뼈 뼈를 연결시키는 지그재그 형태의 봉합선이 매우 견고하다는 증거였다.

파괴된 머리뼈바닥과 아르디 모두 봉합선 이음매 부위는 조금밖에 남아 있지 않았다. 스와는 파편의 크기를 아르디의 크기(정확히는 원본의 92퍼센트)로 줄여 복원에 추가시켰다. 관자뼈에는 이도耳道 입구와 섬세한 청각 및 균형 기관도 포함돼 있었다(살아 있는 생물에서 미로 같은 이들 기관은 액체와, 몸의 움직임 및 방향을 감지하는 작은 털로 채워져 있다). 스와는 반원 형태의 체내 관을 고해상도 영상으로 촬영하는 방법으로 복원 결과를 미세조정했다. 그는 수백 개의 화석 속 특징을 이용해 비슷한 방식으로 조정을 거듭하며 정확도를 향상시켰다.

해부학자들은 머리뼈바닥를 보면 인류와 유인원을 구분할 수 있다는 사실을 오래전부터 알고 있었다. 인간의 경우, 영장류보다 뇌 아래 바닥 부분이 짧고 (앞에서 뒤로) 넓다. (일부 학자들은 독특한 인간의 머리뼈바닥 형태가 직립보행 때문이라고 한다. 반면 다른 학자들은 뇌의 팽창을 원인으로 꼽는다.) 머리뼈 바닥면에서 이뤄진 이 같은 해부학적 변화는 오스트랄로피테쿠스 아파렌시스까지 거슬러 올라가는 인류 친척들에게서도 발견됐다. 그리고 아르디피테쿠스에서도 볼 수 있었다.

그뿐만이 아니다. 머리뼈 바닥면에는 큰구멍foramen magnum(대후두공)이라는 게 있다. 척주가 두개 안으로 들어가는 입구다. 큰구멍 바로 앞부분은 머리뼈바닥의 비스듬틀clivus이라는 부위다. 비스듬틀은 '경사'라는 뜻의 라틴어에서 딴 말로, 각도가 가파르게 증가하기에 붙은 이름이다. 인간의 경우 머리뼈바닥은 직각에 가깝게 "구부러

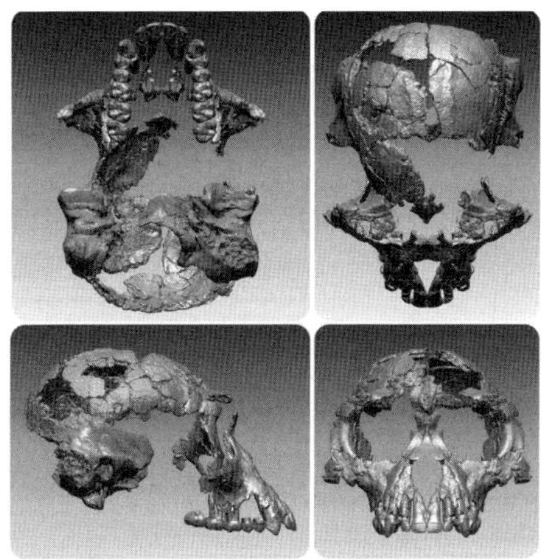

스와 겐의 아르디 머리뼈 가상 복원.

져" 있으며, 침팬지의 그것은 좀 더 둔각을 이룬다. 아르디피테쿠스는 다른 인류 계통들처럼 비스듬틀이 급격하게 치솟는다. 뇌는 작았지만, 아르디는 연구자들이 나중에 초기 신경 재조직화의 "감질나는 증거"라고 기술한 특징을 보였다.

차드에서 발굴된 사헬란트로푸스 머리뼈는 아르디보다 최소 150만 년 연대가 앞서는데, 이 역시 친척 인류들과 비슷한 머리뼈바닥을 갖고 있다. 두뇌는 유인원 크기지만, 이들 초기 인류 조상은 머리뼈바닥 아래 부분에서 현생 아프리카 유인원과는 다른 해부학적 변화를 보였다.

머리뼈는 척주의 가장 윗부분인 고리뼈(환추) 위에 위치한다. 고리뼈에 해당하는 영어 단어 '아틀라스atlas'는 그리스 신화에서 지구를 어깨에 짊어진 인물의 이름이다. 침팬지에서, 이 부위의 관절은 좀 더 뒤에 위치하고 척주는 좀 더 예각을 이루며 들어간다. 아르디피테쿠스의 경우, 이 부위의 관절은 인간처럼 훨씬 앞인 귀가 시작되는 지점에 위치한다. 머리가 똑바로 선 척주 위에 놓인다는 또 다른 표식이었다.

입 부위가 튀어나온 아르디의 머리뼈를 형태가 둥글고 얼굴은 편평한 헤르토의 호모 사피엔스 머리뼈와 비교하면, 400만 년의 진화 결과가 드라마틱하게 드러난다. 아르디의 머리뼈가 마치 축구공 옆에 놓인 작은 멜론처럼 보인다. 헤르토 머리뼈에 테프(에티오피아의 대표적인 은저라njera 빵을 만드는 곡식)를 채워보니 뇌의 부피가 1450제곱센티미터로 추정됐다. 현생인류의 뇌 부피 상한선이었다. 아르디의 뇌는 그 4분의 1 크기였다. 이 역시 아파르 화석 현장에 기록된 또 하나의 생생한 진화적 변화 사례였다.

머리뼈 복원에는 두 해가 걸렸다. 중간쯤 했을 때, 스와는 견본을

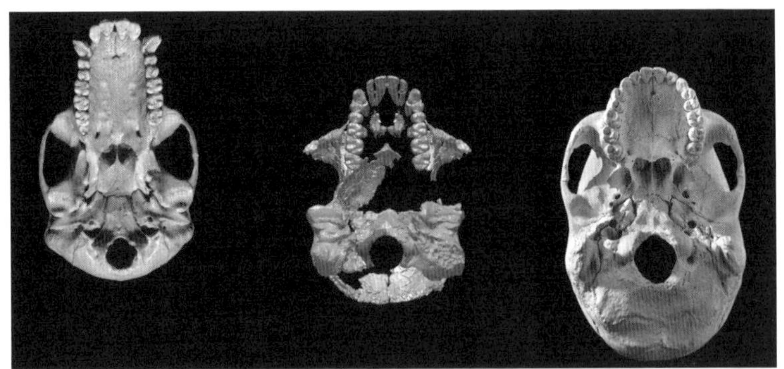

침팬지(왼쪽), 아르디(가운데), 인간(오른쪽)의 머리뼈 바닥면 모습. 머리뼈를 척주가 지나가는 구멍인 큰구멍에 따라 정렬했다. 비교해보면 침팬지는 머리뼈바닥이 더 길고 주둥이가 튀어나온 얼굴을 진화시켰음을 알 수 있다. 아르디는 머리뼈바닥이 짧은데, 이는 아르디피테쿠스 라미두스가 인류 계통에 속한다는 또 다른 단서다.

에티오피아에 가져가 원본 화석과 비교한 뒤 다시 도쿄에 돌아와 미세조정을 계속했다. 그는 2009년 1월 그 작업을 마쳤다. 아르디 팀이 논문 최종고를 제출하기 겨우 몇 달 전이었다. 그는 마지막 버전을 R10이라고 불렀다. 열 번째로 다시 만든 머리뼈라는 뜻이었다.

그와 별도로, 이 디지털 복원은 또 다른 시험에 봉착했다. 바로 팀 화이트였다.

버클리로 돌아온 뒤, 화이트는 구식 방법대로 손으로 별도의 석고 모델을 만들었다. 노고가 배로 들었지만, 그는 크로스체크가 중요하다고 믿었다. 화이트는 루시 때에도 비슷한 작업을 했었다. 1979년, 그와 빌 킴벨은 많은 파편들로부터 오스트랄로피테쿠스 아파렌시스 머리뼈를 복원했다. 당시 아파렌시스의 완벽한 머리뼈 화석은 복원된 적이 없었다. 따라서 인류학자들은 13구의 다른 개체 화석(여기에는 100개의 조각으로 산산조각 난 머리뼈 부분도 있었다)을 조합해야 했다. 연구자들은 침팬지와 고릴라 머리뼈들을 나란히 테이블 위에 늘어놓고 뼈 퍼즐을 맞추는 데 참고했다. 복원을 다 마쳤을 때, 루시 팀은 튀어나온 입 부위가 현생 아프리카 유인원과 너무도 닮아서 놀랐다. "입이 많이 튀어나온 얼굴이었습니다." 젊은 화이트는 다큐멘터리 영상 제작자들에게 복원 결과를 보여주며 말했다. "알려진 어떤 화석 호미니드보다 유인원스러웠죠." 당시 팽배하던 생각에 따라, 루시 팀은 더 오래된 인류 조상은 유인원과 점점 더 구분하기 어려워질 것이라고 예상했다. 아파렌시스 머리뼈가 완성돼갈 때, 화이트는 클리블랜드 자연사박물관에 나가지 않은 채 몇 주간 돈 조핸슨의 집 지하에 틀어박혀 지냈다. 그는 머리뼈에 마지막 마무리를 하러 다시 박물관에 나왔고, 잠시 부주의한 사이에 소중한 석고 복제 모형이 테이블에서 굴러떨어져 바닥에서 산산조각이 났다. 동료들은 고통스러운 비명과 터져나오는 욕설을 들었다. 화이트는 크게 낙심했고, 자신은 그 괴로운 일을 다시 할 수 없다고 고집을 부렸다. 하지만 결국 자신을 추스르고 새로 모형을 만들었다. 그는 고통스러운 교훈을 얻었다. 자신의 저서 《인체 골학》에서, 그는 머리뼈가 바닥에 굴러떨어지는 것을 방지하기 위해 모래주머니나 천을 사용하

암컷 침팬지(왼쪽)와 아르디(오른쪽)의 머리뼈를 나란히 비교한 사진이다. 침팬지는 눈두덩이 더 두드러지고 깊으며 튀어나온 주둥이와 커다란 송곳니가 특징이다. 아르디는 입이 덜 튀어나왔고 송곳니가 작아졌다. 뇌머리뼈 부분은 좀 더 높은 돔 형태를 띠고 있다. 이 이미지는 눈구멍(안와) 가로 길이가 같도록 스케일을 조정한 것이며, 실제 크기 차이는 반영하지 않았다.

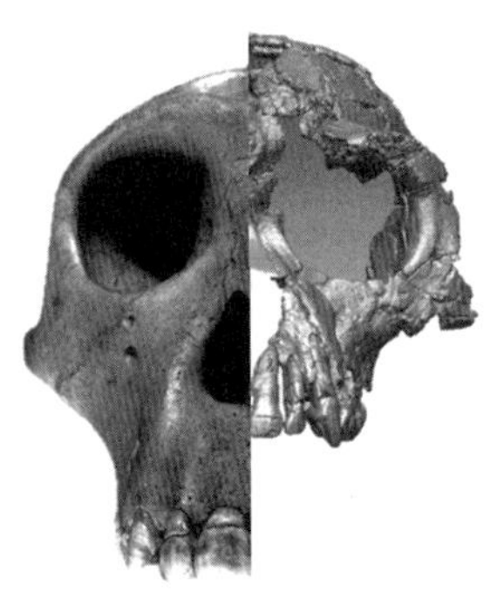

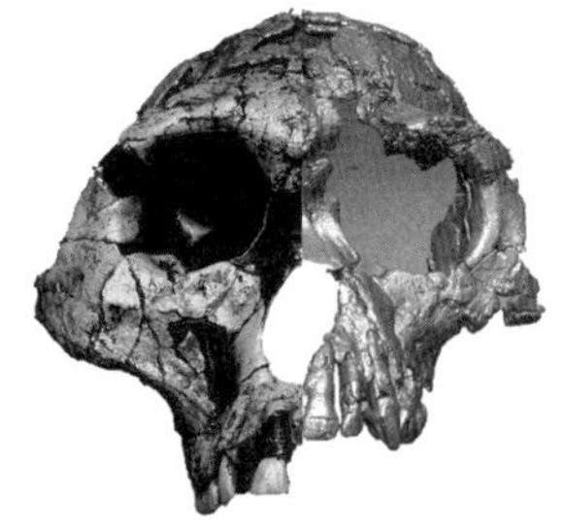

310만 년 전 오스트랄로피테쿠스 아파렌시스(왼쪽)와 440만 년 전 아르디피테쿠스 라미두스(오른쪽)의 또 다른 비교도다. 아파렌시스는 하다르에서 발견된 루시 종의 다른 여성 개체로, 씹기 위한 강한 근육이 붙을 수 있도록 광대뼈가 두드러져 있다. 이는 아파렌시스를 다른 종과 구분시켜주는 특징이다. 아르디피테쿠스의 광대뼈는 더 작고 본원적인 유인원의 상태를 보인다. 두 머리뼈 사이에 보이는 전반적인 형태학적 유사성에 주의하자. 둘 다 높은 돔 형태의 뇌머리뼈와 코 부위 아래 입의 비중이 줄어들었다. 이는 송곳니가 들어갈 공간을 줄였다.

침팬지와 아파렌시스 사진 및 일러스트는 윌리엄 킴벨의 작품으로, 허가를 받아 게재했다.

라고 조언했다.

그로부터 30년을 빠르게 감아보자. 화이트의 나이는 두 배가 됐고 그의 새 머리뼈 화석 연대는 100만 년 더 오래된 것이었다. 이번엔 다른 게 산산이 부서졌다. 바로 그의 기대였다. 종을 학계에 처음 보고할 때, 화이트 팀은 라미두스 머리뼈를 "놀라울 정도로 침팬지와 비슷한 형태학적 특징"이라는 말과 함께 설명했다. 하지만 이는 골격이 발견되기 전 부스러진 상태의 화석 파편을 바탕으로 내린 결론이었다. 연구자들은 여러 해 뒤 아르디의 머리뼈를 상세히 복원하면서, 인류의 가장 가까운 친척 유인원과 닮지 않은 특징을 발견하곤 정반대로 충격을 받았다. 침팬지는 큰 주둥이와 튀어나온 송곳니, 넓은 앞니를 갖고 있었다. 아르디의 입은 좀 더 짧고 가늘었으며 저절로 날카롭게 벼려지는 송곳니와 넓은 앞니가 없었다. 더 오래된 사헬란트로푸스 머리뼈는 송곳니가 작았으며 스스로 벼려졌다는 증거가 없었다. 머리뼈바닥은 짧았고 뇌도 작았다. (사헬란트로푸스의 머리뼈는 보다 발달한 눈두덩 덕분에 더 컸다. 아르디 팀은 이런 차이가 성차에서 비롯됐다고 봤다. 아르디는 작은 여성이고 사헬란트로푸스는 더 큰 남성이었기 때문이다.) 아르디 팀은 두 머리뼈가 같은 속에 속하며, 인류와 아프리카 유인원 마지막 공통 조상의 '선구적 상태'와 가까울 것이라고 제안했다. 하지만 침팬지와는 놀라울 정도로 비슷해 보이지 않았다. '본원적'이라는 말에 대한 오래된 개념이 부정됐다. 부서진 머리뼈는 다시 합쳐질 수 있고, 오래된 개념은 손상될 수 있다.

"과거로 가면 더 침팬지스러울 수 있다는 기대, 우선 그걸 품지 말았어야 했어요." 화이트가 여러 해 뒤에 회상했다. "공백을 비슷한 것으로 채웠어요. 모든 현장에서 벌어진 일이었죠."

화석 발굴팀이 인류 머리뼈의 진화를 다시 생각하기 시작했을 때 신경과학자들은 머리뼈 안에서 벌어진 일을 다시 생각하고 있었다. 버클리에 있는 화이트의 책상 위에 놓인 그림 한 장에서 이야기는 시작된다.

그림은 빅토리아 시대에 토머스 헨리 헉슬리를 묘사한 캐리커처다. 헉슬리는 영국의 해부학자로, 진화론을 적극적으로 방어해 '다윈의 불도그'라고 불렸다. 헉슬리는 디킨스풍의 런던 슬럼가 부둣가에서 자랐다. 그는 스스로 이렇게 말했다. "나는 체중 미달이지만 대신 내 안엔 야생 고양이 속성이 있다." 만평에서, 헉슬리는 커다란 머리에 넓게 기른 구레나룻을 한 채 앞을 째려보고 있었다. 일생 동안 그는 혀를 외과용 메스만큼이나 날카롭게 놀려댔다. "원숭이를 해부하는 것이 그의 장기였다." 한 작가는 1870년 이렇게 썼다. "그리고 사람을 난도질하는 것은 단점이었다."

헉슬리는 진화론자들이 뇌를 보는 관점에 한 세기 이상 영향을 미쳤다. 가장 유명한 것은, 영국박물관의 자연사 파트 수장이었던 리처드 오언과 벌인 역사적 싸움이다. 오언은 인류만이 특정한 대뇌 구조를 갖고 있다는 잘못된 믿음에 근거해 인류를 아르첸세팔라*archencephala*(지배하는 뇌)라는 새로운 분류군으로 확실히 구분하고자 했다. 그가 든 인류의 특정한 뇌 구조는 뒤엽posterior lobe, 가쪽뇌실lateral ventricle의 뒤뿔posterior horn, 소해마hippocampus minor였다. 헉슬리는 오언의 주장이 헛소리라는 사실을 알아채고 3년에 걸쳐 영장류의 뇌를 해부해서 유인원도 같은 부위를 갖고 있음을 보였다. 종종 이야기되는 이 역사적 사건으로 모델 하나가 만들어졌다. 인간과 유인원이 같은 뇌 디자인을 공유하며 단지 크기와 비율, 그리고 주름의 복잡도가 다를 뿐이라는 모형이었다. 쉽게 말해, 인류의 뇌는 비율을 조정한 유인원의 뇌라는 것이다. 다윈은 인류를 다른 고등동물과 "정도가 다를 뿐 종류까지 다르지는 않은 뇌가 커진 유인원"이라고 불렀다. 이 같은 관점은 한 세기 이상 지속됐다. 뇌과학자들은 포유류 뇌의 '기본적인 일치성'에 대해 말하며 세포 차원에서 기본적인 구조는 인간과 유인원이 공유한다고 주장했다. 많은 연구자들은 인간의 뇌가 독특하다는 생각에 반대했다. 매우 인간중심적인 생각으로 인간이 나머지 자연과 별개의 존재라고 가정하고 있어서였다.

하지만 지난 세기 대부분의 시간 동안, 뇌 진화 연구는 데이터 부족에 시달려 앙상한 수준이었다. 연조직은 화석화되지 않기에 기록은 고인류 머리뼈와 머릿속 내부를 나타내는 형endocast(뇌머리뼈 안을 채운 화석화된 내용물), 그리고 행위 기록(고고학 발굴 결과) 등으로 제한됐다. 머리뼈 화석을 가지고 뇌의 진화를 연구하는 것은 컴퓨터의 껍데기를 보고 컴퓨터의 발전 과정을 재구성하는 것과 비슷했다. 형태의 변화는 내부 회로에 대해서는 거의 아무것도 알려주지 않는다. 가장 오래된 머리뼈 화석은 현생 유인원과 크기가 비슷한 뇌를 지녔기에, 침팬지는 오랫동안 초기 인류 인지능력을 연구하기 위한 모델로 널리 활용됐다.

아르디가 복원됐을 때쯤 모든 것이 변하기 시작했다. MRI나 양전자방출단층촬영(PET) 같은 의료 영상 기술이 전에는 볼 수 없던 살아 있는 뇌를 비춰줬다. 새 기술로 연구자들은 특정 신경세포와 신경전달물질을 분류할 수 있게 됐고, 현미경 수준에서만 볼 수 있는 종간 차이를 연구할 수 있게 됐다. 분자생물학의 발전으로 어떻게 특정한 유전자가 뇌에서 발현되는지도 알게 됐다. 이들 도구를 바탕으로 연구자들은 인류와 침팬지 뇌 사이에 세포 구조와 연결성, 형태, 유전자 발현, 생화학 측면에서 어떤 차이가 있는지를 점점 더 많이 알게 됐다. 에모리대학의 신경과학자 토드 프레우스는 이렇게 정리했다. "인류의 뇌는 단지 유인원이나 원숭이의 뇌에서 규모만 커진 게 아니다. 인류의 뇌와 유인원, 영장류의 뇌는 오늘날까지 자세히 연구된 거의 모든 시스템에서 차이점이 광범위하게 발견된다. 또 게놈부터 시작해 거의 모든 수준에서 차이가 난다." 인류는 단지 뇌가 커진 유인원이 아니었다. 뇌의 **회로를 재구성한** 존재였다.

하지만 사유에 관한 오랜 관성을 재고하는 것은 어려운 일이었다. 수십 년 동안 연구자들을 침팬지를 초기 인류를 대신할 존재로 바라봤다. 2004년, 루이지애나대학 라피엣 캠퍼스의 신경과학자 대니얼 존 포비넬리는 많은 전문가들이 침팬지를 "급진적으로 의인화하고", 인간 행동의 전 단계를 우리의 가장 가까운 친척에게서 찾기 위한 강박에 시달리고 있다고 탄식했다. "인간과 유인원 사이의 정신이 정도의 차이가 있을 뿐 연속체를 이룬다는 과장된 주장을 수십 년 동안 주입받은 결과, 많은 연구자와 비전문가가 모두 근본적인 차이의 실재를 마주하기 어려워하고 있다."

복원된 아르디 머리뼈를 앞에 두고, 연구자들은 말 그대로 극명한 차이를 마주하게 됐다.

24장

남은 문제들

오언 러브조이는 일생 대부분을 뼈를 둘러싼 수수께끼들을 풀며 보냈다. 무덤에서 발굴한 뼈는 쉬운 편이었다. 어려운 것은 다른 사람에게 살해당한 사람의 뼈였다.

가끔 검시관이 전화를 걸어 살인 사건 문제를 도와달라고 요청하면, 러브조이는 선사시대를 제쳐두고 의무감으로 그 으스스한 일에 뛰어들었다. 용광로 재에서 긁어낸 뼈도 있었고, 클리블랜드 하수구에서 끌어 올린 부패한 시신도 있었다. 연쇄살인범의 집에서 발견한 해체된 신체 부위를 다룬 적도 있다. 한번은 '밀워키의 식인종' 제프리 다머의 첫 번째 희생자 유해를 복원해, 실종된 히치하이커의 척주와 대조해보기도 했다(다머는 체포되기 전까지 17명의 사람을 살해했고 일부 희생자의 시신을 먹었다). 러브조이가 시체 안치소에서 돌아온 후, 주머니에서 구더기가 튀어나온 일이 있었다. 그는 "구더기가 45센티미터나 뛰어오를 수 있군!"이라며 감탄했다. 구더기와 검정파리blowfly는 그래도 괜찮은 편이었다. 이 두 곤충은 부패한 조직을 먹었다. 더 나쁜 것은 구더기가 접근하지 못하는 시신이었다. 특히 살인자가 비닐봉지 안에 넣은 시신의 경우가 그랬다. 그는 그 악취를 잊을 수 없었다.

일부 사건은 창의적인 조사가 필요했다. 1999년, 쿠야호가 카운티의 검시관이 러브조이에게 1954년 일어난 마릴린 리스 셰퍼드 살인 사건 조사를 도와달라고 요청했다. 마릴린 리스는 남편 샘 셰퍼드가 연루된 유명한 살인 사건의 피해자였다. (이 사건은 두 사람의 아들이 억울한 투옥을 이유로 오하이오주를 상대로 소송을 제기하면서 재개됐다.) 시신을 파헤친 뒤 러브조이는 살인 도구로 추정되는 무기에 대해 전문가 의견을 냈다. 그는 머리뼈를 받아 내부에 지방을 채워 지방질이 풍부한 뇌 조직을 모사했다. 이후 손전등과 모닥불 부지깽이, 큰 펜치, 무거운 렌치로 내리쳤다. 그 결과 하나 알게 된 것은 자신에게 살해 본능이 없다는 사실이다. "이런 시도에 능숙하지 않다"고 러브조이는 검시관에게 보고했다. "나는 중요한 타격 목표(이마뼈)를 못 맞혔다. 빗나간 타격만 있을 뿐이다. (…) 머리뼈에는 손상이 없었다." 의심의 여지 없이 그의 친구 팀 화이트는 그걸 단번에 박살냈을 것이다.

아르디에서, 러브조이는 궁극의 미제 사건을 맡았다.

고전적 해부학자들은 '그릇'을 뜻하는 라틴어 단어 pelvis를 따서 골반을 명명했다. 보행의 주춧돌이라고 불리는 골반은 아르디가 어떻게 이동했는지를 해독하는 데 가장 중요한 부위가 될 것이었다.

또한 가장 손상이 심한 부위라서 가장 연구하기 어려울 것이었다.

골반은 세 개의 주요 부위로 구성돼 있다. 두 개의 볼기뼈hip bone(하나는 왼쪽에, 다른 하나는 오른쪽에 있다), 그리고 한 개의 엉치뼈sacrum(척주 맨 아래의, 척추뼈가 융합된 삼각형 부위)다. 각각의 볼기뼈는 실은 세 개의 분리된 뼈로 발생했다가 성인이 될 때까지 하나로 결합한다. 이들 세 뼈는 엉덩뼈ilium(장골. 위쪽에 위치한 납작한 부위로, 허리 옆과 뒤에 만져지는 튀어나온 부위가 그 가장자리다), 궁둥뼈ischium(좌골. 앉을 때 사용되는 아래쪽 돌기 부위), 그리고 두덩뼈pubis(치골. 골반 반쪽이 서로 만나는 곳으로 은밀한 부위에 있다)다. 아르디는 이 세 뼈가 모두 남아 있었다.

하지만 지질학이 가한 천벌은 오늘날의 살인자가 행한 일들과는 비교할 수가 없었다. 왼쪽 볼기뼈는 대부분 완벽했지만, 엉덩뼈는 뒤틀리고 상단 끝부분이 유실된 상태였다. 오른쪽 볼기뼈 부위도 심하게 손상되어 있었고, 두덩뼈가지pubic ramus(사타구니의 일부)는 세 조각이 나 있었다. 볼기뼈 중앙에는 볼기뼈 절구acetabulum라고 불리는 찻잔처럼 오목한 구조가 있다(볼기뼈 절구에 해당하는 영단어는 '식초 컵'이라는 뜻의 라틴어에서 왔다). 넙다리뼈 끝이 절구공이관절(절굿공이 모양의 한쪽 뼈 끝이 다른 뼈의 절구 모양 공간에 끼워져 연결되어 있는 관절-옮긴이)로 골반과 연결되는 곳이다. 이곳은 체중을 (달릴 때엔 체중의 다섯 배까지를) 견디는 지렛목처럼 작동한다. 아르디의 이 관절 중 절구 부분은 모암의 팽창으로 쪼개져 있었다. 엉치뼈 대부분과 엉덩뼈 윗부분도 사라져 있었다.

CT 스캔을 통해 연구자들은 손과 도구로 할 수 없는 일을 해냈다.

그렇지만, 디지털 재현은 근본적인 제약을 극복할 수는 없었다. 복제 표본을 완성할 만큼 충분하지 않았다. 일부 조각은 참조를 통해서만 재창조할 수 있을 뿐이었다. 화이트는 그것을 제대로 된 복원이라고 부를 수 없다며 '조각'이라고 부르자고 주장했다. 그들이 생각하는 실제 모습을 표현한 3차원 가설이라는 것이다. 다행히, 가장 정보를 많이 제공해주는 해부학 부위가 남아 있었다.

20년 전, 러브조이는 루시의 골반을 복원하고 그게 유인원과 얼마나 다른지를 보였다. 침팬지에서, 엉덩뼈는 인간보다 훨씬 길다. 유인원의 볼기뼈는 앞뒤를 향하고 있다. 옆에서 보면 얇은 노처럼 보인다. 이 방향에 나무를 오르기 위한 근육이 붙었다. 인간의 경우, 볼기뼈는 좀 더 앞으로 또 측면으로 회전돼 있어서 그릇 모양을 이룬다. 고전 해부학자들이 그릇이라는 뜻의 이름 붙인 이유다. 그 결과 고관절 근육은 몸의 측면에 위치하게 됐다. 이는 한 다리로 균형을 잡게 해줬다. 이족보행 동물이 다리를 흔들어 땅을 밀칠 때 반대쪽 고관절 근육은 수축해 몸을 직립으로 유지시킨다. 루시의 엉덩뼈는 침팬지의 엉덩뼈보다 짧고 끝이 좀 더 측면으로 벌어져 있다. 루시의 골반과 넓적다리 위에 붙은 근육을 통해 이족보행 다리의 근육 조직을 알 수 있었다. 비슷하게, 루시의 고관절 부근 넓적다리 상부는 이족보행 특유의 해면뼈 패턴을 보여주고 있었다. 이는 직립보행의 압력에 적응한 결과다. 쉽게 말해, 루시의 골반은 이미 한 발로 균형을 잡도록 적응해 있었다. 러브조이는 직립보행이 루시 시대에 "완벽해졌다"고 주장했다. 그는 심지어 루시가 현생인류보다 더 잘 걸었을 것이라고 생각했다. 루시의 골반은 머리가 큰 아기를 태어나게 할 산도를 확보하기 위한 절충이 이뤄지지 않았기 때문이다(오스트랄로피테쿠스 아파렌시스의 뇌는 침팬지 뇌보다 아주 조금 클 뿐이었다). 이후 300만 년에 걸쳐 뇌는 세 배 이상 커졌고 인류 조상은 '분만의 딜레마'를 마주했다. 보행(좁은 골반을 선호한다)과 머리가 큰 아이의 출산(넓은 골반을 선호한다) 사이의 딜레마. 러브조이는 뒤이은 골반의 변화는 보행을 위한 '개선'이 아니라 커지는 뇌를 위한 '희생'이었다고 주장했다. 걷고 달리는 능력은 나빠졌다. 진화적 트레이드오프였다. 반대자들은 러브조이의 복원을 맹공격했다. 하지만 러브조이는 그들이 생체역학과 해부학 지식이 없다고 말하면서 무시했다. 그는 루시 시대에 이족보행은 확고하게 자리매김했으며 따라서 인류의 조상은 그 이전 오랜 기간에 걸쳐 직립보행했다고 일관되게 주장했다.

지나고 보니, 루시 복원은 쉬운 일이었다. 루시의 골반 복원은 깨진 찻잔 수리나 마찬가지였다. 아르디 복원은 맷돌로 산산조각 난 찻잔 수리에 가까웠다. 러브조이는 이전에 자신의 학생이었던 법의학 고고학자 린다 스펄록에게 도움을 요청했다. 범죄 현장 기술자들을 가르치는 스펄록은 사람 옷을 입힌(때로는 섹시한 속옷을 입혔다) 돼지 사체를 총으로 쏘고 칼로 찌르고 차로 친 뒤, 야트막한 무덤에 묻었다. 그러고는 학생들에게 그것을 발굴해 증거를 해석하라는 과제를 내줬다. 7년 동안, 러브조이와 스펄록은 아르디의 골반 모형을 여러 번 되풀이해 만들었다. "우리는 완벽하다고 생각되는 단계에 도달하면 캐스트를 만들어 겐에게 보냈어요." 러브조이가 말했다. "그럼 스와가 완전하지 않은 곳을 말해줬죠." 스와에게 아이디어를 보내는 것은 해부학자에게 자신의 신체를 기증하는 것과 비슷했다. 싹 난도질당하는 것이다. 그러면 다시 한번 복원 모델을 만들었다. 그리고 또다시. "스와는 내가 만난 사람 중 가장 정확한 사람이에요. 한 명만 빼고… 그건 팀 화이트죠." 러브조이가 말했다. "고문이 따로 없죠."

골반은 경쟁하는 요구들이 화해하는 해부학적 회합의 장이다. 러브조이와 동료들은 경력 초창기에 리벤에서 산도에 태아가 걸려 죽은 섬뜩한 여성 시신을 발굴한 적이 있다. 뇌가 작은 유인원들은 출산 때 어려움으로 죽는 경우가 거의 없다. 아르디피테쿠스도 아마 그랬을 그럴 것이다. 아르디는 두 종류의 이동 형태를 절충했다. 땅

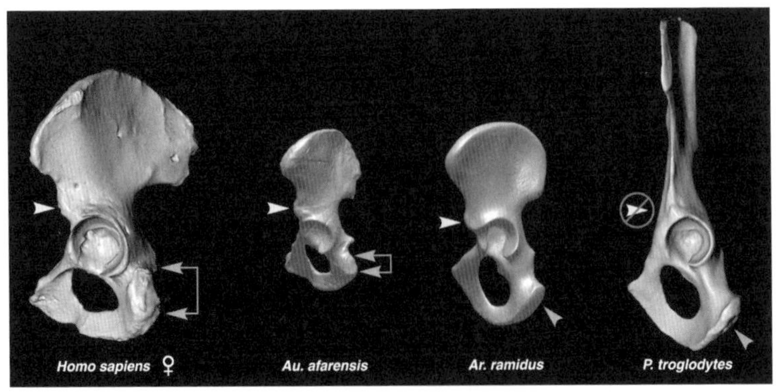

볼기뼈 비교. (왼쪽부터 오른쪽으로) 인간, 루시, 아르디, 침팬지. 인류 계통 세 종(왼쪽)은 엉덩뼈가 짧고 넓적하지만 침팬지는 위로 길다. 인류 계통은 앞아래엉덩뼈가시anterior inferior iliac spine(각 종 왼쪽에 있는 화살표 한 개)에 돌기가 나와서 직립보행을 위한 근육을 고정시킨다. 인간과 루시의 경우, 궁둥뼈 표면(화살표 두 개)에 모가 나 있어 직립보행을 위한 햄스트링(뒷다리 관절 뒤 힘줄) 근육을 고정시킨다. 아르디와 침팬지의 경우 같은 구조(오른쪽 아래 회색 화살표 하나)가 아래를 향하고 있어 나무를 오르는 근육을 고정시킨다. 아르디의 골반은 나무 타기와 두 발 걷기 양쪽의 해부학적 특징을 조합해 갖고 있다.

에서 걷거나, 나무를 오르거나.

뼈를 친숙하게 느끼는 사람들임에도, 경력 초기의 해부학자들은 볼기뼈 연구를 괴로워했다. 그들이 알고 있는 어떤 것과도 닮지 않았기 때문이었다. 볼기뼈는 익명의 뼈가 됐다. 아이러니하게도, 설명하기 너무 어려운 이 뼈는 보행에 대해서는 대단히 많은 정보를 줬다. 에드워드 타이슨은 1699년 선구적으로 침팬지를 해부한 뒤 인류와의 차이를 기록하며, 볼기뼈가 어떤 다른 뼈보다 인류와 침팬지 사이에 크게 차이가 난다고 적었다.

처음 골반을 봤을 때, 화이트와 러브조이는 생생한 단서를 확인했다. 앞아래엉덩뼈가시에서 두드러진 돌기였다. 골반의 이 부위는 넙다리곧은근(허벅지 사두근의 일부)과 엉덩넙다리인대(인체에서 가장 강한 인대)를 고정시킨다. 이것은 인류 계통의 이족보행 고유의 구조로, 아르디에서도 볼 수 있었다. (일부 유인원에게서도 작은 돌기가 보이지만, 인류처럼 두드러지는 유인원은 없다.)

이후 사태는 더 복잡해졌다.

골반의 아래쪽인 궁둥뼈에는 궁둥뼈결절이라는 돌출된 부위가 둘 있다. 엉덩이로 털썩 앉을 때 기대는 부위라 흔히 '좌골坐骨'이라고 부른다. 침팬지에서, 이 궁둥뼈는 나무를 오를 때 필요한 강력한 근육을 고정시킨다. 루시와 이족보행을 하는 다른 인류 계통에서, 이 구조의 크기는 유인원의 그것보다 줄어들었다. 러브조이는 바로 이 사실을, 나무 타기 능력을 희생시키고 대신 땅 위에서의 직립보행을 강화시킨 신호로 받아들였다.

하지만 아르디는 아직 이 같은 변화를 보이고 있지 않았다. 화이트는 화석을 클리닝하다가, 긴 궁둥뼈를 발견했다. 나무 타기에 적응한 유인원스러운 특성으로, 인류 계통에서는 본 적이 없는 형태였다. 연구할 때마다 연달아, 연구자들은 아르디가 침팬지와 고릴라와 다르다는 사실을 발견하고 놀랐다. 하지만 골반 아래쪽에 관한 한, 아르디는 수상 유인원과 비슷한 것으로 드러났다. 골반은 발이 그렇듯 나무 타기와 땅 위에서의 직립보행 양쪽에 모두 적응한 것 같았다.

골반 복원에는 15년이 걸렸고, 세 개 대륙에 걸쳐 총 열한 번 반복해서 이뤄졌다. 심지어 오랫동안 연구한 끝에 얻은 최종 결과에 러브조이는 충격을 받았다. "간극, 대륙적인 큰 간극이 골반 상부와 하부 사이에 있었습니다." 그는 놀라움에 휩싸여 말했다. 사람의 특성을 지닌 상부는 직립보행을 위해 설계된 것 같았다. 하지만 유인원스러운 하부는 나무 타기를 위해 만들어진 것 같았다. 아르디 이전이었다면, 러브조이는 이런 하이브리드 개념이 진화 법칙을 부정한다고 일축했을 것이다. 하지만 그는 자신의 손으로 직접, 이전에 불가능하다고 생각했던 존재를 복원했다.

화석의 다른 많은 특징과 마찬가지로, 이상한 골반은 아르디 팀으로 하여금 불편한 질문에 시달리게 만들었다. 두 특징이 섞인 아르디피테쿠스의 골반이 불과 수십만 년 만에 두 발로 걷는 오스트랄로피테쿠스의 골반으로 진화할 수 있는 걸까? 아르디는 440만 년 전에 살았고, 오스트랄로피테쿠스 가운데 알려진 가장 이른 종은 약 420만 년 전에 등장했다. 더구나, 침팬지와 고릴라가 독립적으로 비슷한 골반을 진화시킬 수 있었을까? 이 같은 질문에 답하기 위해 러

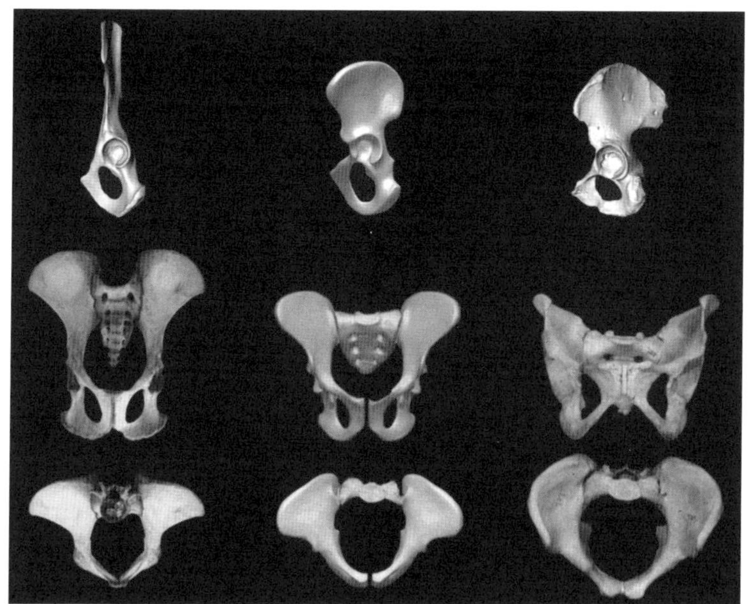

침팬지(왼쪽)와 아르디(가운데), 인간(오른쪽)의 골반 비교. 침팬지는 엉덩뼈가 길고 볼기뼈 가운데에는 좁은 잘록isthmus(협부)이 위치하고 있다. 인간은 엉덩뼈가 회전해 좀 더 그릇 모양을 하고 있다. 아르디 복원 결과는 이족보행과 나무 타기 요소가 결합돼 있다.

브조이는 뼈에서 분자, 초파리, 성게, 그리고 작은 어류로 관심을 돌렸다.

아르디피테쿠스가 발견되기 몇 해 전, 켄트 주립대학은 러브조이를 '석학 교수university professor'로 임명했다. 강의 의무에서 면제돼 자유롭게 연구에 집중할 수 있으며 종신 고용이 보장됐다. 홀가분해진 그는 인류 보행의 진화에 관한 걸작을 집필하기 시작했다. 그때까지만 해도 그는 성인의 골격과 생체역학에 초점을 맞추고 있었고, 뼈가 처음에 어떻게 만들어졌는지에 대해서는 고려하지 않았다. 처음에 그는 인체가 자궁 안에서 어떻게 발달하는지 알아봤다. "첫 챕터를 쓰려고 앉았지요." 그가 말했다. "그런데 정신이 아득해졌어요."

20세기 중반 이후, 진화생물학은 '현대적 종합'이라는 패러다임에 따라 움직였다. 현대적 종합은 1940년대로 거슬러 올라가는 모델로, 1950년 콜드스프링하버 콘퍼런스에서 고인류학계를 강타했다. 현대적 종합은 큰 진화적 변화가(심지어 새 종의 탄생조차) 긴 시간에 걸친 미세진화의 누적된 영향으로 일어난다고 상정했다. 하지만 현대적 종합에는 한 가지 큰 문제가 있었다. 형태가 어떻게 바뀌는지 설명하지 못한다는 점이었다. 현대적 종합이 정교화되던 1940년대와 1950년대에도 유전자는 여전히 추상적인 개념으로 남아 있었고, 과학자들은 유전적 부호가 형태학적으로 번역되는 메커니즘에 대해 거의 모르고 있었다. 수정란이 어떻게 복잡한 생명체로 발생할까? 분자생물학자 숀 B. 캐럴이 지적했듯, 현대적 종합은 발생학을 '블랙박스' 즉 유전적 부호를 완성된 형태의 동물로 변화시키는 미지의 과정으로 취급했다. 점진적 변화는 정말 완전히 새로운 종을 탄생시킬 수 있을까? 물고기를 네발짐승으로, 육상 포유류를 고래로, 수상 유인원을 이족보행 인류로 변화시킬 수 있을까?

학자들은 오랫동안 소위 '상동'인 신체 부위가 있다는 사실을 알았다. 포유류의 앞다리와 새의 날개 같은 경우로, 공통 혈통의 증거다. 하지만 현대적 종합을 지지하는 생물학자들은 관여하는 유전자가 상동인지 의심했고, 동물의 유전적 특성은 시간의 경과에 따라 점차 어긋나게 됐다고 가정했다. 이 같은 믿음은 고작 초파리 때문에 박살이 났다.

1980년대와 1990년대에, 일련의 획기적인 발전으로 진화발생생물학, 즉 이보디보evo-devo라는 새로운 분자생물학 분과가 등장했다. 연구자들은 초파리와 쥐, 인간 등 다양한 동물이 수억 년이 흐르는 동안에도 거의 변화하지 않은 기초적인 '연장통tool kit' 유전자를 공유한다는 사실을 발견했다. 쥐의 눈 유전자를 드로소필라*Drosophila* 초파리에 그대로 넣으면 정상적인 겹눈(과 많은 시각 수용체)을 만들 수 있다. 비슷한 다리 형성 유전자가 파리 날개와 물고기 지느러미, 닭의 날개, 그리고 인간의 사지를 형성했다. 초파리의 체절을 형성한 유전자는 척추동물의 분절된 척추를 형성하는 데에 재배치됐다. 이보디보는 다윈이 발견한 근본적인 문제인 종의 기원에 대한 돌파구를 열었다. 자연은 진화적으로 새로운 생명을 탄생시키기 위해 유전부호를 처음부터 한 줄 한 줄 다시 쓰지 않는다. 대신, 옛 유전부호를 새로운 방식으로 재활용한다. 진화를 이끄는 가장 주요한 요인은 '조절', 그러니까 고대의 연장통 유전자를 켜고 끄는 유전적 스위치다.

유전자는 기능적 역할을 하는 단백질 구성 인자와, 이들 인자의 배치를 제어하는 조절 인자를 포함한다. 다시 말해 유전자에는 무언가를 만드는 연장과, 그 연장이 언제 어디에서 어떻게 쓰여야 하는지 알려주는 지시문이 들어 있다. 연장(구조 유전자)은 수억 년 동안 따로 발달해 관계가 멀어진 종 사이에서도 거의 변화가 없이 유지된다. 하지만 지시문을 담은 매뉴얼(조절 유전자)은 믿을 수 있는 오래된 연장통 유전자를 새로운 방법으로 사용해 동물계의 다양성을 창출한다. 유전자를 이렇게 복잡하고 다양하게 입력한다는 것은 유전자가 사용되는 시점이나 공간적 패턴, 유전자 발현의 강도를 바꿔

연장통 유전자로 하여금 '다면발현적pleiotropic'(그리스어로 '많은 방법'이라는 뜻이다)이 되도록, 그러니까 많은 효과를 내도록 한다는 것을 의미한다. 1976년, 분자생물학 분야의 선구자 중 한 명인 에밀 주커캔들은 인류의 유전자를 적절히 조절할 수만 있다면, 이론적으로 어떤 영장류든지 다 만들 수 있다고 생각했다.

전통적으로, 대부분의 생물학자들은 진화가 구조적 유전자들의 변이에 의해 천천히 일어난다고 가정해왔다. 이보디보는 이런 점진주의 시각을 타파하고 유전자 발현에서의 변화가 신체 형태에 급진적 변화를 가져올 수 있음을 보였다. 화석 기록을 보면, 수만 년의 세월이 압축돼 있는 얇은 지층에서 불쑥 거대한 변화가 나타날 수 있다. 평행진화parallel evolution(다른 종들이 비슷한 특성을 독립적으로 획득하는 현상)가 설득력을 얻기 시작했다. 비슷한 연장통을 지닌 동물들은 비슷한 적응을 할 가능성이 높았기 때문이다.

이보디보를 접한 러브조이는 죽비를 맞은 기분이었다. 그는 자신이 뼈와 진화에 관해 알고 있다고 생각했던 것들의 상당수가 잘못됐다는 사실을 고통스럽게 자각했다. 그의 스승들은 그가 생체역학적으로 사고하도록 훈련시켰다. 하지만 이제 그는 자신을 발달생물학의 관점에서 사고하도록 재훈련시켰다. 뼈를 지닌 하드웨어가 아니라, 유전적 소프트웨어에 대해 이야기하기 시작했다. "마침내 눈을 덮고 있던 비늘이 떨어졌어요." 그가 말했다. "신체는 막다른 길이라는 사실을 깨달았죠."

러브조이의 전환은 마티 콘이라는 학생이 들어온 시기와 일치한다. 콘은 생물학 배경이 별로 없는 상태에서 전통적인 인류학과 대학원생으로서의 이력을 시작했다. 그는 1991년 켄트 주립대학에 와서 침팬지 너클보행의 생체역학을 연구했다(오랫동안 이족보행의 선구자로 알려진 셔우드 워시번의 추천이 있었다). 러브조이는 재빨리 콘을 다른 방향으로 이끌었다. 어느 날 밤 연구실에서, 콘은 인류학이 진화가 **왜** 일어나는지에 대해서는 집착하지만 **어떻게** 일어나는지에 대해서는 아무 생각이 없는 것 같다고 말했다. 러브조이는 콘에게 드로소필라 초파리와 호메오박스homeobox(개체 발생 과정에서 신체기관의 분화에 중요한 역할을 하는 염기서열 영역－옮긴이) 유전자에 대해 아느냐고 물었다. "그 둘에 대한 내 답은 같았어요. 아는 게 하나도 없었죠." 콘이 회상했다.

"백지 상태네!" 러브조이가 외쳤다. "발생학부터 읽어보도록 해요."

러브조이는 콘을 연구 조교로 고용해 함께 새로운 논문들을 읽어나가기 시작했다. 몇 달 뒤, 두 사람은 연구실에 새로운 기술을 도입할 필요가 있다고 결정했다. 그래서 콘은 유니버시티칼리지런던(UCL)의 발생생물학자 셰릴 티클 연구실에서 여름방학 동안 근무하기로 했다. (이곳의 한 층 아래에는 발생 분야에서 두 가지 기초 개념을 발전시킨 선구자 루이스 월퍼트가 있었다. 그가 제시한 두 가지 기초 개념은 배아의 조직을 관장하는 것으로 위치 정보positional information와 패턴 형성pattern formation이다.) 콘과 러브조이는 전화로 매주 통화했다. 때로 콘은 새로운 발견을 보고했고, 러브조이는 콘이 한참 뒤에나 이해하게 될 혜안이 담긴 답으로 응수하곤 했다. 러브조이는 콘에게 인류학은 잊으라며, UCL에서 박사학위를 받고 생물학자가 되라고 했다. "제

발 남아요. 오래전에 죽은 호미니드를 붙들고 있는 것보다 커리어상 훨씬 나을 테니까."

콘은 사지 발생에 관한 분자 메커니즘을 공부했고, 한 가지 실험을 통해 생생한 깨달음을 얻었다. 콘은 성장 인자(세포 신호 단백질의 하나)를 닭의 배아에 적용했다. 이 간단한 신호는 하나의 유전자 스위치를 켜는 효과를 흉내 내 정상적인 발가락과 피부, 신경, 근육, 힘줄을 지닌 다리 하나를 더 형성시키도록 유도했다. "그걸 보는 순간 깨달았어요. 그것이 수천 개의 하위 시그널이 이룬 위계 최상단에 자리잡은 유전자라는 사실을요." 이제는 플로리다대학의 석학이 된 콘이 말했다. "이 단 하나의 스위치가 얼마나 많은 후속 결과를 가져오는지 납득할 수 있었죠." 하나의 작은 유전적 변화가 일어나면 급격한 변화를 불러온다. 생명체 전반에 걸친 변화를 말이다.

일부 이론가들은 이미 발생생물학의 혁명적 가능성을 감지했다. 1979년, 스티븐 J. 굴드와 리처드 르원틴은 진화론자들이 모든 새로운 특성이 자연선택에 의해 만들어진 활발한 적응의 결과를 의미한다는 오개념인 '적응주의자adaptationist' 사고방식에 영향받게 됐음을 경고하는 유명한 에세이를 썼다. 실제로 굴드와 르원틴은 일부 진화적 변화는 거대한 계단식 변화의 부차적 결과일 뿐, 진화적 가치가 거의 없는 골칫거리에 불과하다고 주장했다. 그들은 '스팬드럴spandrel'이라는 용어를 만들었는데, 성당 건축에서 기능적 목적을 지니지 않은 장식적 부분을 일컫는 말에서 딴 것이었다. 진화론자들에게, 스팬드럴은 빛 좋은 개살구 같은 존재였다. 러브조이가 믿었던 화석 기록은 스팬드럴로 가득 차 있었고, 그는 그것들에 대한 '그럴 법한' 이야기들을 지어낸 경력이 있었다.

러브조이는 진화를 일괄 거래(패키지 딜)라는 관점으로 바라보기 시작했다. 무수한 쓸데없는 골칫거리들과 이율배반이 있는 거래였다. 자연선택의 전반적인 방향을 가늠해줄 특성이 모인 패키지, 그러니까 핵심은 '패턴'을 찾는 것이었다. (초기 이론가들은 형태학적 패턴과 신체 계획 등에 대해 비슷한 논쟁을 했다.) 러브조이는 책을 완성할 수 없었다. 뼈 발생에 관한 입문 챕터를 쓰다가, 돌아오지 못할 길로 빠져버렸다. 한쪽에서 그는 지나간 세기의 형태학자처럼 말했고, 이 때문에 다른 동시대인들이 보기엔 고풍스러웠다. 반대편에서 그는 대부분의 인류학자들은 이해하지도 못하고 심지어 속임수라고 여기던 발생생물학의 언어로 말했다. "솔직히 말하면, 난 러브조이가 쓴 글들을 읽기는 했지만 무슨 말인지 이해를 못하겠더라고요." 보행을 둘러싼 대결 구도에서 오랫동안 라이벌이었던 스토니브룩대학의 잭 스턴이 말했다. "그가 맞는 걸로 밝혀진다면, 그건 뭐 제가 이해할 수 있는 범위를 벗어난 일인 거죠." 스토니브룩대학의 또 다른 인류학자 빌 융거스는 비웃었다. "오언이 책상머리에서 연구한 이보디보가 많은 사람에게 영향을 줄 수는 없을 거예요." 이 부분은 융거스가 맞았다. 1999년, 러브조이와 콘, 화이트는 〈미국국립과학원회보〉(PNAS)에 화석을 다루는 전문가들에게 발생생물학을 소개하는 논문을 발표했다. "고인류학계를 발생학의 시대로 이끌려 했지요." 콘이 말했다. "소용없었어요."

하지만 이들의 노력으로 아르디 연구자들은 마음가짐을 재정비할 수 있었다. 아르디를 분석하던 사람들은 루시를 해석하던 자신들의 젊은 시절과는 사안을 아주 다르게 보기 시작했다. 일부 회의적인 사람들은 아르디피테쿠스가 수십만 년 만에 오스트랄로피테쿠스를 탄생시키기엔 너무 본원적이라고 주장했다. 화석 기록의 점진적인 변화를 예상했던 전통적인 점진주의자들에게, 그런 변화는 어울리지 않을 만큼 급작스럽게 보였다. 하지만 이보디보에 충격을 받은 생물학자에게, 그런 급격한 변화는 얼마든지 가능한 일이었다. 이런 변화의 부조리한 모습은, 진화적 변천이 얇은 지질학적 층에 압축된다는 화석 기록의 속성 때문에 더 두드러졌다. 골반과 척추의 발생학적 파라미터가 조금만 변해도, 펑! 네발짐승이 직립보행하는 두발짐승이 될 수 있었다. 유전자 발현과 뼈 성장판의 약간의 변화만으로도, 짠! 몸의 비율은 급격히 달라질 수 있었다.

이런 개념은 화석 기록의 단계적 진행을 기대하도록 조건 지어진 과학을 뿌리부터 흔들었다. 사실 일부 비평가들은 이런 생각을 희망사항으로 치부했다. 예상과 다른 화석이 여전히 인류 계통에 속할 수 있는 이유를 설명하기 위해 휘두르는 요술봉이나 마찬가지라는 것이다. 그리고 그것으로도 충분하지 않다면, 아르디 화석의 마지막 요소는 이론적인 범주로 깊이 추락할 것이었다. 골반 때문에 러브조이는 심하게 손상된 구조를 다시 복원해야 했지만, 그다음 부분은 아예 남아 있는 부분이 거의 없었다.

25장

필주 조건•

척주는 비유가 필요 없다. 말 그대로 신체의 등뼈를 이룬다. 척추동물은 모두 척주의 분절된 부위들이 서로 결합해 머리부터 꼬리까지 이어지는 특징을 갖고 있다. 척주는 골격의 주축, 사지를 고정시키는 닻, 신경이 지나가는 통로다. 인류 진화에서, 척주는 급격한 변화를 겪은 부위다. 어느 순간 인류의 몸통은 수평에서 수직으로 전환되어 동물계에서 유례가 없는 S자 모양의 전만 척주를 이뤘다. 이렇게 휘어진 척주는 체중을 골반과 발에 집중시킨다. 따라서 서는 자세는 앉는 자세에 비해 에너지를 조금밖에 더 필요로 하지 않는다. 전만 척주는 이족보행의 필수 조건이다. 전만 척주가 없다면 인류는 특이한 보행 및 주행 방법을 감당하지 못했을 것이다.

• 원제는 'Spine qua non'로, 필수 조건이라는 뜻의 라틴어 'Sine qua non'에서 'sine'을 'spine'(척주)로 바꾼 말이다 – 옮긴이

이런 전환에는 많은 대가가 따랐다. 직립에는 해부학적 타협이 필요했다. 인간의 척주는 신경 압박, 추간판 탈출증, 골관절염, 근육 및 인대 손상, 엉치엉덩관절 기능 장애 등에 취약해졌다(사람들의 70~85퍼센트는 일생 중 어느 시기에 허리 문제를 겪게 된다). 이런 문제는 새로운 게 아니다. 화석인류를 봐도 척주에는 질환의 흔적이 가득하다. 루시는 척주뒤굽음증(척주후만증)으로 고통받았던 것으로 보인다. 가장 널리 알려진 호모 에렉투스는 150만 년 전에 살았던 나리오코토메 소년Nariokotome Boy인데, 이 화석의 주인공은 척주옆굽음증을 앓았다. 유럽과 중동의 동굴에서 발굴된 다수의 네안데르탈인은 골관절염에 시달렸다.

척추동물의 놀라운 다양성은 척주가 진화에 적응할 수 있다는 증거다. 배아 발달 기간의 조정을 통해 척주의 기본 요소인 척추뼈는 쓰임을 바꾼다. 그렇게 해서 목이 긴 기린과 흉곽이 긴 뱀, 쥐는 힘이 강한 꼬리를 지닌 원숭이, 등을 꼿꼿이 세운 유인원과 직립보행하는 인류가 탄생했다.

척주는 부위에 따라 구분된다. 목뼈(목), 등뼈(가슴, 갈비뼈를 품은 척추뼈), 허리뼈(허리), 엉치뼈(골반의 일부를 형성하는 융합된 척추뼈), 그리고 꼬리뼈다. 진화 과정에서는 주로 부위(개별 또는 복수의 척추뼈)가 척주 영역 사이에서 바뀌고 해당 영역의 기능이 대체되는 일이 일어났다. 자궁에서 혹스Hox('Homeobox'의 줄임말) 유전자는 각각의 부위가 예를 들어 갈비뼈를 품은 등뼈로 발달할지, 허리뼈로 발달할지, 융합된 엉치뼈로 발달할지를 결정한다. 척주의 구조는 전반적인 신체 디자인의 기초를 이룬다. 큰 해부학적 변화는 각각의 척추뼈를 한 영역에서 다른 영역으로 재배치하거나, 해당 영역의 생체역학적인 역할을 바꿈으로써 일어났다.

인류 역사에서 행위의 중심은 허리였다. 이곳은 허리뼈의 영역으로, 그 뼈는 허리 바로 위에서 안쪽으로 휘어진다. 인류의 허리는 물건을 들어올리거나, 꼬거나, 너무 오래 앉아 있으면 잘 다친다. 하지만 대형 유인원은 허리뼈 아래 척추뼈를 엉덩뼈 사이에 가둠으로써 이런 운명을 피했다. 즉 침팬지와 고릴라는 척주 관련 병은 거의 겪지 않는다. 유인원은 뻣뻣한 허리 덕분에 강한 나무 타기 능력을 가졌지만, 두 발로 걷는 것은 불편하다. 침팬지와 고릴라는 앞으로 몸을 기울이고 엉덩이와 무릎을 구부려 발 위에서 무게중심을 잡는다. 그들은 직립해 걸을 수 있지만 어색하게 '허리를 굽히고 무릎은 구부린 채' 걸을 뿐이다. 이것은 오랜 세월 연구자들이 이족보행 기원의 단서를 찾고자 관찰해온 자세다.

척추뼈는 초기 인류 화석에서는 잘 발견되지 않는데, 연약해서 화석화 과정을 견딜 만큼 오래 남아 있지 못하기 때문이다. 역사적 증거가 부족한 상황에서 인류학자들은 인류의 영장류 사촌들에게 눈을 돌려, 조상의 척주에 대한 추론을 시작했다. 인류는 평균 다섯 개의 허리뼈로 구성된 '유연한' 허리를 갖고 있다. 그와 대조적으로 대형 유인원의 허리는 짧고 뻣뻣한 서너 개의 허리뼈로 이루어져 있는데, 많은 연구자들은 인류의 척주가 이런 짧고 뻣뻣한 허리 기둥을 가진 조상으로부터 진화했을 것이라고 추정해왔다.

이들은 비교해부학과 논리에 기반해 이런 결론을 내렸다. 인류가

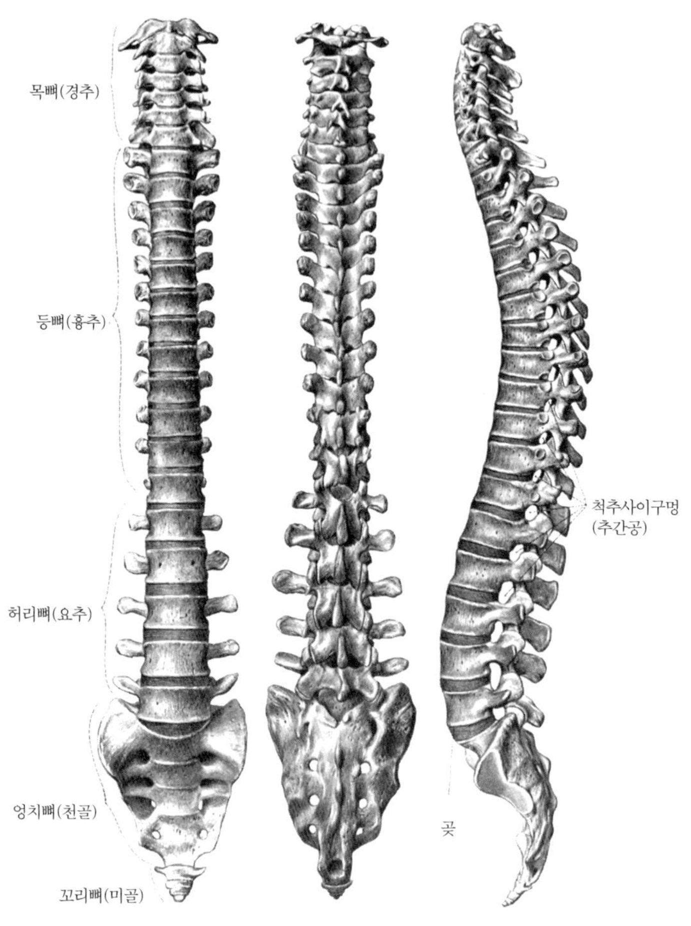

직립보행의 필수 조건인 S자 모양 인간 척주를 앞에서 본 모습(왼쪽), 뒤에서 본 모습(가운데), 좌측에서 본 모습(오른쪽).

유인원의 뻣뻣한 허리를 잃었다고 보는 게 다른 현생 유인원들이 독립적으로 단단한 허리라는 특성을 얻었다고 보는 것보다 그럴듯해 보였다. 예를 들어, 하버드대학의 데이비드 필빔은 2004년 발표한 긴 분석 논문을 통해, 인류와 유인원의 마지막 공통 조상은 현생 유인원처럼 짧고 뻣뻣한 허리뼈를 지니고 있었을 거라고 결론 내렸다.

아르디는 러브조이를 다른 생각으로 이끌었다. 발굴팀은 식별 가능한 척추뼈 단 두 개와 약간의 엉치뼈 조각만 발견했기에, 아르디피테쿠스 척주에 관해서는 이론적인 추론만 가능했다. 러브조이에게 골격에 남은 이족보행의 모든 특징은, 아르디가 유인원처럼 뻣뻣한 허리가 아니라 인류처럼 유연한 척주를 가졌을 거라는 점을 시사했다. 러브조이는 해부학자 멜라니 매콜럼과 재혼했고, 둘은 함께 이 이론에 대해 토론했다. 특히 러브조이는 엉치뼈를 깊이 연구했다. 침팬지의 엉치뼈는 좁다. 인간은 엉치뼈가 더 넓은 삼각형을 이루어 아래의 척주가 엉덩뼈 사이에서 움직이지 못하게 되는 것을 막는다. 아르디의 엉치뼈는 대부분 발견되지 않았다. 그러므로 다른 단서를 바탕으로 복원해야 했다. 아르디 팀은 아르디의 엉치뼈가 침팬지처럼 좁다면 산도 공간이 거의 남지 않는다고 판단했다. 그러니 엉치뼈는 인간처럼 넓어야 했다. 발굴팀은 루시의 엉치뼈 복제품을 만든 뒤 아르디의 크기로 키웠다. 여기에 자신들의 복원 결과를 덧붙였다. 러브조이가 보기에, 모든 패턴은 아르디가 직립보행의 필수 조건인 인간과 비슷한 S자 모양의 전만 척주를 가지고 있어야 한다고 가리키고 있었다.

아르디 팀은 최대단순성의 원리parsimony principle(가정의 개수가 가장 적은 가설을 선택하는 것이 논리적으로 옳다는 원리. 생물학에서도 이 원리를 바탕으로 계통수를 그린다 - 옮긴이)를 거스르는 결론에 도달했다. 다른 대형 유인원들이 공통 조상 이후에 각자 독립적으로 뻣뻣한 척주를 진화시켰다는 것이다. 놀랍게도, 연구자들은 친척 유인원들의 척

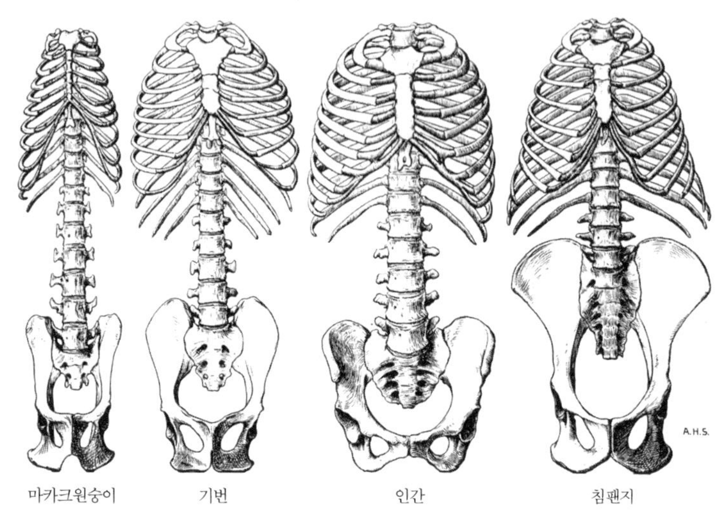

척추와 갈비뼈, 골반의 비교해부학. (왼쪽부터 오른쪽으로) 마카크원숭이, 기번, 인간, 침팬지. 침팬지의 경우 긴 엉덩뼈가 아래 허리뼈에 갇혀 있고, 허리가 뻣뻣하다.

주 영역 내 척추뼈의 배치 패턴이 다르다는 사실을 발견했다. 이들이 뻣뻣한 허리뼈를 각기 다른 경로로 진화시켰음을 암시하는 것이었다. 유인원과 인류의 척추뼈 수는 유인원 종 사이에도, 각 종 내에서도 약간씩 달랐다(예를 들어, 인간은 보통 33개의 척추뼈를 지니고 있지만 일부는 31개로 적기도 하고, 35개로 많기도 하다).

증거가 될 만한 또 다른 신체 부위가 화석으로 발굴됐다. 표면상 인류 조상의 기록은 600만 년 전 또는 700만 년 전에 사라졌지만 1500만 년 이전에 살던 마이오세 유인원의 기록은 그렇지 않다. 대부분의 마이오세 유인원은 네 발로 걸었고 길고 유연한 수평 척주를 갖고 있었다. 두 아프리카 화석종인 프로콘술*Proconsul*과 나콜라피테쿠스*Nacholapithecus*는 여섯 개의 허리뼈 척추뼈를 갖고 있다. 아프리카와 아시아의 현생 원숭이는 허리뼈가 일곱 개다. 러브조이와 동료들은 현생 유인원의 뻣뻣한 허리가 아니라 길고 유연한 허리뼈야말로 본원적 상태이며, 인류는 뻣뻣한 허리 단계를 거치지도 않았음을 확신하게 됐다. 아르디 연구자들은 직관에 반하는 것처럼 보이는, 한두 해 전이었다면 믿지 못했을 결론에 도달한 것이다. 인류의 유연한 척주와 움직이는 허리뼈 부위가 보다 조상의 상태에 가까웠고, 이런 발견은 발과 다른 많은 골격 부위에서도 이어졌다.

직립은 정말 모두가 가정했던 것보다 덜 급격한 척주 리모델링을 필요로 했을까?

춤추는 원숭이에게서 단서를 얻을 수 있다.

일본에서는 1000년 전부터 길거리 원숭이 쇼를 벌이는 전통이 있다. '사루마와시'라는 이 행사에는 일본 열도 고유의 종인 일본원숭이(일본마카크원숭이)가 출연한다. 일본원숭이는 어린 시기부터 뒷다리로 서고 하루 3킬로미터를 걷기도 한다. 연구자들은 이렇게 훈련받은 일본원숭이들이 '인류와 비슷한 걸음걸이'를 체득한다고 보고했다. 침팬지나 고릴라와 달리 이들은 양옆으로 흔들거리지도, 무릎과 허리를 굽힌 채 터벅터벅 걷지도 않는다. 대신 균형을 잘 잡으며 성큼성큼 걷는다. 다리를 끝까지 쭉 뻗고, 심지어 전만 척주를 이루기도 한다(하지만 척추뼈 사이 연조직을 바꾼 것일 뿐, 실제 뼈를 바꾼 것은 아니다). 현생 유인원과 달리, 원숭이의 척추는 엉덩뼈에 갇히지 않는다. 거미원숭이같이 남아메리카에 사는 일부 신세계원숭이는 전만 척주를 지니며 직립보행을 할 수 있다. 틀림없이, 원숭이류는 아프리카 유인원보다는 인류와 관계가 멀다. 초기 인류를 위한 모델로는 불완전하다. 하지만 러브조이는 원숭이류가 직립보행을 위한 척주의 필요조건을 알려줄 수 있다고 봤다. 엉치뼈가 넓고 볼기뼈는 짧으며 척주는 유연해야 한다. 아르디 복원은 이 모든 조건을 만족시켰다. 그리고 이들 조건은 인류와 아프리카 유인원의 공통 조상을 이론적으로 뒷받침했다.

아르디 이전에, 러브조이는 뻣뻣한 허리에서 유연한 전만 척주로 이행하기 위해 큰 변화를 겪은, 아프리카 유인원 같은 조상을 상상했었다. 심지어 그의 옛 이론으로 인해 그는 인류 계통이 마이오세에 유연한 허리를 지녔다가 뻣뻣한 허리 단계를 거치면서 그것을 잃었고, 이후 유연한 척주를 '다시 진화시켰다'고 상상할 수밖에 없었다. 아르디는 그에게 "틀렸다"고 말했다. 러브조이는 또한 허리뼈가 인류 조상 사이에서 이족보행을 가능케 한 자연선택의 초기 대상 중 하나라고 가정했었다. 다시 말하지만, 모두가 반대로 이해했던 것이다. 허리뼈 부위는 오히려 유인원에게 '나무 타기'를 할 수 있게 해준 자연선택의 대상이었다. 침팬지와 고릴라의 뻣뻣한 허리는 인류에겐 나타난 적이 없었다. 뻣뻣한 허리가 있었더라면 인류 조상이 애초에 두 발로 서지 못했을 것이라고 러브조이는 판단했다. 무릎과 허리를 구부린 채 발을 끌며 걷는 침팬지의 자세는, 인류 보행의 진화를 제대로 복원한 게 아니었다. 여러 세대에 걸쳐 연구자들은 헛물을 켜고 있었던 것이다.

아르디 때문에 러브조이는 자신이 일을 시작하게 된 미스터리를 돌아보게 됐다. 왜 마이오세의 네 발 유인원은 두 발로 서게 됐을까? 그는 한마디 답을 알고 있었다. 섹스였다.

아르디를 인류 계통으로 보게 한 두 가지 주요 적응은 직립보행과 송곳니 축소였다. 왜 한 계통의 영장류는 나무에서 쉴 수 있는 능력을 희생하고 싸울 능력을 손상시켰을까? 생존을 위해 필수적인 특징을 왜 포기했을까?

대부분의 이론은 이족보행을 직접적인 이점으로 설명하려 했다. 높은 풀 너머를 볼 수 있어졌다거나, 에너지 효율 측면에서 유리하다거나, 태양 노출을 최소화한다거나, 손의 자유로 도구 사용이 가능해졌다거나 하는 식으로. 인공 관절 엔지니어로부터 훈련을 받았던 러브조이는 이족보행이 재앙에 이르는 길임을 알았다. 무릎과 고관절에 충격이 가고, 허리가 망가지며, 햄스트링이 끊어지는 등의 일이 다 이족보행 때문에 일어났다. 만약 속도와 효율이 자연선택의 대상이었다면, 인류의 조상은 다른 모든 유인원이나 원숭이처럼 네발짐승으로 남았을 것이다. 직립보행은 형편없는 이동 방식이었으며, 물건을 나르는 데에만 편리했다.

러브조이가 보기에, 이족보행의 진짜 동인은 짝짓기 전략이었다. 인류 조상은 모노가미(일부일처)를 위해 두 발로 섰다. 생물학에서 모노가미는 단지 한 쌍의 암수 관계 형성을 가리키는 말로, 현대적인 의미의 결혼과는 관련이 없다. 동물계에는 모노가미의 사례가 많다(물론 파트너를 속이는 사례나 이혼도 일부 있다). 조류와 늑대, 비버, 백조, 독개구리, 기번이 대표적이다. 러브조이의 이론에 따르면 남성은 다른 남성과 협력해 먹을거리를 찾아다녔고, 그걸 집으로 가져와 배우자와 아이들에게 제공했다. 다수의 가구가 모인 집단에서는 남녀 모두가 양육자가 되어 후손의 생존을 늘렸다. 핵가족은 러브조이가 "섹스-식량 교환"이라고 부른 과정에서 성별 분업을 통해 탄생했다. 날카로운 송곳니가 작아진 것은 싸움 능력이 더 이상 자연선택의 주요한 기준이 아님을 보여줬다. 오히려 정반대로, 여성은 싸움꾼보다 먹여 살리는 사람을 선호했다. 인류는 다른 동물을 길들이기 오래전에 **스스로를** 길들인 것이다. 이런 사회적 혁명 과정에서, 이족보행은 그저 목적을 위한 수단이었다. 즉 재생산의 더 큰 이익을 위한 보행에서의 절충안이었다. 이족보행을 통해, 다른 유인원을 멸종에 이르게 한 인구통계학적 덫에서 빠져나갈 수 있었던 것이다.

생물학 이론에는 두 가지 대조적인 재생산 전략이 있다. 하나는 r-선택이라고 하고 다른 하나는 K-선택이라고 부른다. 둘의 차이는 양과 질로 요약될 수 있다.• 이름은 재생산률(r)과 수용력(K)의 약자다. r-선택을 따르는 종은 값싼 상품을 대량생산하는 것과 비슷한 일을 겪는다. 이들은 자손을 많이 얻는 대신 에너지는 거의 투자하지 않는다. 이들이 양육하는 방식은 토끼와 비슷하다. 토끼는 박테리아나 잡초와 함께 r-선택의 대표적인 사례다. 반면 K-선택을 하는 종은 적은 자손을 낳고 공들여 키우는 장인과 비슷한 양육 전략을 따른다. K-선택 종들은 성숙이 늦으며 자녀 양육 기간도 길다. 수명도 길

• r-선택과 K-선택 이론은 1960년대와 1970년대에 로버트 맥아더와 E. O. 윌슨 같은 생물학자에 의해 대중적으로 널리 알려졌다. 이 이론은 너무 단순하다는 비판을 받았고 이 때문에 더 복잡한 모델이 개발됐다. 그럼에도, 이 이론은 교과서 콘셉트로서 남았다. 러브조이는 자신의 이론을 '적응 형질 모음adaptive suites'이라는 용어로 재구성했다. 적응 형질 모음은 공통의 재생산 전략을 공유하는 형질을 한데 모은 패키지를 의미한다.

고, 그 지역의 환경이 수용하는 한계선 근처에서 높은 개체수를 유지한다. 여기에는 큰 동물이 포함된다. 코끼리나 거북, 그리고 무엇보다 유인원이 해당된다. 하지만 유인원은 K 전략의 가지 끝으로 훌쩍 가버리는 모험을 하게 됐다. 암컷 침팬지는 10세가 돼야 성적 성숙에 이르렀고 출산 사이 간격은 5년이었다. 때문에 21세가 돼도 세대교체가 되지 않았다. 인류는 극단적인 K-선택의 사례다. 뇌가 큰 유인원이라 혼자서는 아무것도 하지 못하는 아기를 낳는다. 생애 첫 1년은 보살핌이 필수다. 하지만 인간 조상은 잡초처럼 퍼져나갔다. 러브조이는 다음과 같이 기록했다. "오랑우탄이 멸종하고 있고 고릴라도 멸종하고 있고 침팬지도 멸종 중이다. 하지만 호미니드는 여기저기에 다 퍼져 있다. 그 이유를 알아야 한다."

자연선택은 한 가지 질문으로 요약된다. 누가 더 잘 생존하는 후손을 생산하는가? 어떤 생물의 생물학적 특성은 그 자신의 재생산 방법을 반영한다. 영장류에서 짝짓기 경쟁은 체격, 송곳니, 암컷의 배란, 수컷의 정자 생산 등에 반영된다. 유인원들은 다산과 증식을 위해 모두 다른 전략을 마련해두고 있다. 침팬지는 난혼 사회다. 수컷과 암컷은 쉽게 교배한다. 성기 주변이 부풀면서 발정기를 알리는 암컷은 다수의 파트너를 유혹한다. (제인 구달이 관찰한 바에 따르면, 한 암컷 침팬지는 열네 마리 수컷과 하루 동안 50번 교미하기도 했다.) 수컷 사이의 경쟁 때문에 칼 같은 송곳니가 생겨났고 극단적이진 않지만 암수 사이에 체격 차이도 생겼다(수컷이 암컷보다 30퍼센트 정도 더 크다). 수컷들은 암컷을 차지하기 위해 서로 경쟁할 뿐만 아니라 암컷 안에서도 경쟁한다. 침팬지와 보노보는 사정할 때마다 10억 개 이상의 정자를 뿌린다. 사람보다 0 하나가 더 붙는 숫자다. 침팬지의 고환은 인간보다 세 배 정도 크고 고릴라보다는 네 배 크다. 대표적인 다혼성 종인 침팬지의 정자는 인간이나 고릴라의 정자보다 빠르고 힘차게 헤엄쳐 간다. 침팬지는 정자를 막기 위한 흥미로운 특징도 진화시켰다. 정액을 응고시켜 이후 교미를 한 라이벌의 정자가 들어오는 걸 막는다.

확실히 하자면, 판속에 속하는 두 종, 즉 일반 침팬지*Pan troglodytes*와 보노보*Pan paniscus* 사이에는 차이점이 있다. 두 사촌은 약 200만 년 전에 갈라졌다(콩고강의 형성 때문으로 보인다). 침팬지 중에서 우두머리 수컷은 암컷을 독점하려 한다. 하지만 이들의 성 정치학은 비밀 유희와 원거리 연애, 방탕함, 그리고 이웃 집단을 습격하는 수컷들의 습성 때문에 복잡해지곤 한다. 보노보는 다르다. 수컷은 성정이 부드럽고 암컷은 사회적 지위가 높다. 일부 영장류학자들은 침팬지는 "악마의 수컷", 보노보는 "히피 유인원"이라는 표현으로 개별화했다. 영장류학자 프란스 드 발은 두 종 사이의 차이를 이렇게 요약한다. "침팬지는 성의 문제를 권력으로 해결한다. 보노보는 권력의 문제를 성으로 해결한다."

고릴라는 아주 다르다. 지배적인 '실버백' 수컷은 암컷과 새끼들로 구성된 무리(하렘)를 거느린다. 수컷 사이의 경쟁은 짝짓기 이전에 벌어진다. 그러므로 고환은 정자 생산성이 높지 않다(침팬지가 약 200배 더 많은 정자를 생산한다). 자연선택에 따라 몸집이 크고 송곳니가 날카로워 다른 수컷을 물리칠 수 있는 수컷이 더 잘 선택된다. 수컷의 몸무게는 최대 400파운드(약 180킬로그램)에 이르는데, 이는 암컷의 두 배 이상이다. 마운틴고릴라 가운데 지배적인 수컷은 새끼의 85퍼센트를 돌보기도 한다. (짝을 이루지 못한 수컷은 수컷만으로 이뤄진 무리로 쫓겨난다. 하지만 때때로 이들 가운데 일부가 우두머리 수컷을 없애고 새끼를 죽인 뒤 하렘의 새로운 왕이 된다.)

인간은 유인원 사촌들과 다르다. 남성은 여성보다 15퍼센트 체격이 클 뿐이며, 송곳니는 남녀 사이에 성차가 거의 없이 왜소하다. 폭력적인 짝짓기 경쟁이 그리 강한 선택압으로 작용하지 않았다는 뜻이다. 인간의 정자량은 침팬지보다 한참 적다(하지만 고릴라보다는 많다). 러브조이는 이 모든 특징을 바탕으로 인류가 일부일처의 특성을 지녔다고 생각했다. 1981년, 러브조이는 '인류의 기원The Origin of Man'이라는 에세이를 〈사이언스〉에 발표하면서 일부일처 이론을 소개했다. 여기에서 그는 인류 계통의 시작과 함께 핵가족, 송곳니의 축소, 이족보행이 한데 모여 하나의 적응 패키지를 형성했다고 주장했다. 그는 일부일처가 다른 유인원들에게는 알려지지 않은 사회구조인 핵가족 집단에서 진화했다고 주장했다(기번은 다가구 집단이 아니라 한 쌍의 단일 가구 안에서 일부일처를 따른다).

이 이론은 엄청난 논쟁을 불러일으켰다. 페미니스트들은 이 이론이 남성의 판타지라고 비판했다. 회의론자들은 식량 제공자들이 집에서 몰래 여성을 유혹한 라이벌들에게 당했을 거라고 했다. 비꼬길 좋아하는 사람들은 섹스를 위해 음식을 준다는 시나리오를 '러브조이'라는 이름의 남자가 주장했다며 농담 삼아 말했다. 영장류학자들은 영장류 번식에 관한 러브조이의 주장 중 일부 오류를 지적했다. (그는 침팬지에서 볼 수 있는 성기 팽창이 본원적인 특성이라고 생각했지만,

배란 은폐가 조상종의 특성이라는 사실이 밝혀졌다.)

러브조이의 이론은 화석 연구에서 영감을 받은 것이었는데 역설적으로, 가장 먼저 받은 반대 의견 중 하나는 루시에 관한 것이었다. 루시와 같은 오스트랄로피테쿠스 아파렌시스 여성들은 체구가 작았다. 하지만 같은 종에 속하는, 남성으로 추정되는 개체들은 크기가 훨씬 컸다. 이를 통해 아파렌시스가 고릴라 같은 성차를 보인다고 해석됐다. 많은 사람들이 이런 이형dimorphism을 근거로 아파렌시스가 일부일처가 아니라, 고릴라와 비슷한 일부다처 생활을 했을 거라고 봤다. 반면에 송곳니는 성차가 거의 없이 작다는 점에서, 아파렌시스는 고릴라와 매우 달랐다. 따라서 루시의 종은 패러독스를 나타내고 있었다. 신체와 치아가 서로 다른 이야기를 하는 것이었다. 러브조이는 모두가 루시를 오해했다고 설명했다.

과학계는 오랫동안 루시의 종이 매우 이형적이라는 발상을 지지해왔다. 이는 1970년대에 팀 화이트와 돈 조핸슨이 오스트랄로피테쿠스 아파렌시스가 두 종이 아니라 한 종임을 설명하기 위해 옹호했던 이론이다. 그게 아니라면, 혹시 빈약한 화석 기록 때문에 갖게 된 착각일까? 화석 시료가 많아지면서, 작은 체구의 루시는 신체 크기 분포에서 작은 쪽 끄트머리의 튀는 존재였음이 밝혀졌다. 대부분의 화석은 뚜렷한 성적 속성을 보이지 않는 개체들이었다. 러브조이는 성적 이형이 자기 실현적 예언이 됐다고 주장했다. 작은 화석은 여성으로 여겨졌고, 큰 화석은 남성으로 여겨졌다는 것이다. 러브조이와 그의 학생 필립 레노, 그리고 공동 연구자들은 더 많은 아파렌시스 시료를 모았고 새 통계학 기법을 적용해 논쟁적인 결론에 도달했다. 아파렌시스는 현생인류처럼 심하지 않은 이형을 보이며, 따라서 일부일처였음을 뒷받침한다는 것이다. (반대론자들은 여전히 납득하지 않았다. 스토니브룩대학의 빌 융거스는 이 대안 이론을 "오언과 그의 신봉자들"의 이론이라며 일축했다.)

일부일처 이론을 처음 주창한 지 30년 뒤, 러브조이는 이 주장을 아르디피테쿠스를 위해 다시 내놓았다. 제한된 화석 시료에 기반해, 연구자들은 아르디피테쿠스의 성적 이형은 인간과 침팬지 사이라고 추정했다. 러브조이는 아르디가 인류 계통을 확립한 사회 혁명의 한 단면을 보여줬다고 이론화했다. 이 적응 패키지는 우리의 빈약한 후각같이 화석 기록으로는 볼 수 없는 요소를 포함하고 있다고 그는 생각했다. 왜 우리 조상은 후각이 무뎌지게 진화했을까? 그 덕분에 파트너들은 가임 주기를 알아채지 못하고 1년 내내 섹스-식량 합의를 유지할 수 있었다.

이보다 더 위험하고 불화를 일으키는 아르디의 특성은 없었다. 다른 모든 논문에는 여러 명의 저자 이름이 나열돼 있었지만, 일부일처 이론을 담은 논문에는 러브조이의 이름만 올라가 있었다. 그는 혼자서 위험을 무릅쓸 것이었다.

26장

침팬지도 인간도 아닌

인류 진화는 크게 뼈에 관한 이야기와 게놈에 대한 이야기로 나뉜다. 때로 이 두 가지 출처의 정보는 서로 잘 맞기도 하지만, 서로 상반되는 이야기를 할 때도 있다. 지난 반세기 동안 분자유전학이 가계도의 형태를 좌지우지했고, 화석 사냥꾼들은 발굴한 화석을 그 가지에 올렸다. 아르디 화석 연구가 한창일 때, 과학은 또 다른 역사적 이정표를 지났다. 2001년, 최초의 인간 유전체(게놈) 초안이 공개된 것이다. 게놈은 우리 인류가 지닌 유전부호들로, 30억 쌍의 뉴클레오티드 염기를 이용해 부호화돼 있다. 게놈은 동물이 수정란에서 시작해 삶의 모든 단계를 거칠 때까지 온전히 살 수 있도록 하는 유전적 지침을 담은 DNA의 총체다. 4년 뒤, '침팬지 염기서열 해독 및 분석 컨소시엄'이 인류의 가장 가까운 친척 종의 게놈을 발표했다. 비교생물학은 유전자의 일부와 심지어 뉴클레오티드 염기 하나를 비교하는 수준까지 발전했다.

낙관론자들은 해독된 게놈을 삶의 청사진으로 상상했고, 큰 뇌에서 언어까지 인간 우수성의 기초를 밝히기 위해 '암호 해독'을 꿈꿨다. 그러나 암호학에서처럼, 암호화된 메시지는 우리에게 코드를 깨서 그 뜻이 무엇인지 밝혀야 하는 더 어려운 과제를 던져줬다. 전사transcription(DNA의 유전정보가 전령 RNA로 옮겨지는 과정 – 옮긴이)는 해독과는 거리가 먼 상태다. 게놈 염기서열을 밝히는 것은 진화생물학에서 약속된 땅에 도착했다는 신호가 아니었다. 그보다는 정상에 올랐더니 앞으로 올라야 할 산이 더 많고 일도 훨씬 복잡하리라는 사실을 알게 되는 일이었다. 그러나 이 사실만큼은 분명해졌다. 전에 알던 많은 지식은 지나치게 단순했다.

심지어 유전자에 대한 기초 개념도 변해야 했다. '유전자gene'라는 단어는 1909년 빌헬름 요한센이 제안한 개념으로(19세기 그레고르 멘델이 확립한 개념을 바탕으로 했다) 유전의 기본단위가 됐다. 그러나 거의 반세기 동안은 알려지지 않은 어떤 메커니즘을 가리키는 기호 같은 말로 여겨졌다. 1953년, 제임스 왓슨과 프랜시스 크릭은 DNA의 이중나선 구조에 대한 논문을 발표했고, 유전자는 곧 단백질을 암호화하는 DNA 염기서열로 정의됐다. 수십 년 동안 생명과학자들은 유전부호를 직접적인 실체라고 생각했고, 특정 유전자가 특정 형질을 나타낸다고 보는 환원주의자의 입장을 취했다. 21세기가 되자, 유전체학(알려진 유전자에 대한 체계적 연구 방법)으로 인해 이 같은 생각은 산산조각이 났다. 유전자는 정크 DNA라는 황무지에 둘러싸인 게놈 부위로, 과거의 믿음과 반대로 그 자체로 스스로 기능할 수 있는 부위가 아니었다. 오히려 유전자는 분산돼 있는 암호화 및 조절 요소들(인핸서enhancer, 리프레서repressor, 사일렌서silencer, 인슐레이터insulator)과 시스 조절cis-regulatory 요소들(프로모터promoter), 전사인자 결합 부위transcription factor binding site, 그리고 중첩 부위를 제어했다.• 조금씩 조절하는 방법으로, 단 한 줄에 불과한 유전부호가 신체 다른 부위에서 다양한 효과를 불러일으킨다. 유전자는 독재자가 아니라, 복잡한 관료주의자다.

비교유전체학은 인간과 침팬지가 거의 99퍼센트 똑같다는 사실을 다시 확인시켜줬다. 연구에 따르면, 호모속과 판속은 1.2퍼센트 달랐다. 유전적으로 가깝다는 뜻이다. (다시 말해, 인간과 침팬지는 게놈 100곳 중 한 곳이 차이가 난다. 반면 임의의 두 사람은 1000곳 중 한 곳이 차이가 난다.) 하지만 널리 이야기되는 1퍼센트 차이는 실은 오해라는 사실도 드러났다. 그 숫자는 침팬지와 인간 게놈을 직접적으로 나란히 비교하는 '병렬상동orthologous'을 의미하는 것이다. 하지만 게놈의 많은 부위는 그렇게 나란히 비교될 수 없다. 양쪽 게놈에서 많은 부분이 삽입되거나 삭제, 이동했기 때문이다. 이런 '삽입/삭제 변이indel' 또는 '구조 변이structural variants' 때문에 실제 차이는 약

• 각 용어에 대한 설명은 아래와 같다 – 옮긴이
- 인핸서: DNA 발현을 촉진하는 역할을 하는 DNA 부위.
- 리프레서: 억제인자. DNA 발현을 억제하는 단백질.
- 사일렌서: 리프레서와 결합해 DNA 발현을 억제하는 DNA 부위.
- 인슐레이터: 인핸서가 다른 유전자의 발현을 조절하지 못하도록 막거나, 반대로 외부 염색질이 사일렌서로 작동하는 것을 막는 DNA 부위.
- 프로모터: 촉진유전자. 전사에 관여하는 유전자 영역.
- 전사인자 결합 부위: 표적 유전자 근처에 결합해 발현을 조절하는 전사인자가 결합하는 유전자 부위.

5퍼센트까지 높아진다. 변경이 워낙 많기 때문에 이들 유전자의 제어 양상은 매우 다양하고, 따라서 이렇게 퍼센티지를 비교하는 것은 거의 의미가 없다.

10년이 채 안 돼 모든 대형 유인원과 일부 영장류 게놈이 해독됐고, 인간과 침팬지 사이의 유사성은 그리 놀랄 일도 아니게 됐다. 마카크원숭이는 93.5퍼센트 인간과 똑같았다(삽입/삭제 변이를 포함하면 90.8퍼센트). 쥐 게놈도 유전자의 코딩 영역coding section(또는 coding region. 유전자 중 단백질로 번역되는 부분-옮긴이)에서는 85퍼센트가 같았다. "1퍼센트 차이라는 말은 꽤 오랫동안 우리에게 요긴했습니다. 왜냐하면 우리가 얼마나 비슷한지가 그간 과소평가되었기 때문이죠." 캘리포니아대학 샌디에이고 캠퍼스의 동물학자 파스칼 개그노는 2007년 〈사이언스〉와의 인터뷰에서 말했다. "하지만 이제는 그 말이 사실을 제대로 이해하는 데 도움이 되기보다 오히려 방해가 될 뿐이라는 게 명백해졌어요." 분자유전학 시대 초창기에, 과학자들은 인류와 아프리카 유인원 사이에 유전적 차이가 작다는 사실을 알고 놀랐다. 유전체학의 시대가 되자, 과학자들은 다른 면에서 놀라게 됐다. 그런 작은 차이가 생물학적으로 어마어마한 차이를 불러일으켰다는 점이었다.

비교유전체학은 아프리카 유인원이 진화적 특성을 더 보존하고 있다는(그러니까 더 본원적이라는) 옛 생각을 위협했다. 유전적 관계를 나타낸 나무 모양의 그림에서 '가지의 길이'는 각 계통이 공통 조상에서 갈라진 뒤 변화한 뉴클레오티드의 수를 나타낸다(가지가 길수록, 유전적 변화가 더 많이 일어났다는 뜻이다). 유전자 코딩 영역에서 인간과 침팬지 가지의 길이는 거의 같다. 이는 두 계통이 비슷한 수의 유전적 변화를 겪었다는 뜻이다. 하지만 비번역 영역noncoding region에서 인간은 침팬지에 비해 3.5퍼센트 적은 변화를 보인다. "인간 게놈은 구조적 변화 측면에서 좀 더 지루해요." 워싱턴대학의 유전체학 교수 에번 아이클러가 말했다. "고릴라와 침팬지는 특히 염색체 끝부분에서 정말 많은 변화가 일어나 게놈이 재구성됐어요. 인류도 재구성되었지만, 언뜻 보기에도 인간 게놈은 우리가 생각했던 조상과 구조적으로 좀 더 가까워요."

한때 영장류 가계도를 명확하게 밝혀줬던 분자생물학은 다시 가계도를 복잡하게 하기 시작했다. 가계도를 묘사하는 전통적인 그림에서, 종은 명확한 시점에서 가지를 나눈다. 최근 밝혀지고 있는 인류의 실제 역사는 그렇게 단순하지 않다. 2006년, 하버드대학과 MIT의 연구자들은 인류와 침팬지 계통이 100만 년 이상 서로 피를 섞어왔다는 논문을 발표했다. 이전에 상상했던 '분기 시점'을 정확히 정하기 어려워졌다. 이후 새로운 발견을 통해 심지어 분기가 더 오랫동안 이뤄졌을 가능성을 제기했다. 최초로 분기가 이뤄진 뒤 최종적으로 다른 종으로 나뉘기까지 400만 년이 걸린다는 주장이었다. 여러 연구에 따르면, 고릴라 계통은 인류 조상과 침팬지가 갈라지기 시작한 뒤에도 여전히 두 종과 이종교배를 했다. 이 말은 종 분화는 여러 차례의 인구집단 고립과 재혼합으로 채워진 길고 긴 서사에 가깝다는 의미다. 인류와 침팬지 사이에 단일한 최종 공통 조상이 있어서 어느 순간 바로 두 계통으로 갈라진 것은 아니라는 말이다. 질척하고 지저분한 결별이었다. 결국, 우리 게놈의 다른 부분은 다른 역사를 갖고 있다. '불완전 유전자 계통 분류incomplete lineage sorting'라는 현상이다. 쉽게 설명하면, 하나의 유전자가 같은 동물에 있는 다른 유전자와 다른 '계통수'를 가질 수 있다는 뜻이다. 대부분의 게놈에서, 인류는 침팬지와 가장 가깝다. 하지만 인류 게놈의 3분의 1 이상은 이와 다른 양상을 보인다. (게놈의 18퍼센트에서 인류는 실제로 고릴라와 더 가깝고, 다른 18퍼센트에서는 고릴라 및 침팬지와 동등하게 가까운 것으로 나온다.) 핵심은 이렇다. 인류와 아프리카 유인원이 갈라진 정확한 시점이나 둘 사이의 마지막 **단일** 공통 조상은 찾을 수 없을 가능성이 높다. 마지막 공통 조상을 성배에 비유한 것은 의도치 않은 방향에서, 즉 상상의 산물이라는 점에서 정확했다.

어느 시점에서, 인류와 침팬지 계통은 유전자 교환을 멈췄고 분기가 마무리됐다. 짝짓기를 막은 장벽 중 하나는 다른 유인원은 염색체가 24쌍이지만 인류 조상은 두 염색체가 융합돼 23쌍이 됐다는 점이다. 인간과 유인원 사이에 교잡종이 존재할 수 있다는 끔찍한 이야기는 거의 판타지다. 인간이 시도하지 않았다는 것은 아니다. 1920년대에 소련의 동물학자 일리야 이바노비치 이바노프는 인공수정을 통해 인간과 유인원 교잡종을 만들고자 시도했지만 실패했다. (결국 소련은 이바노프를 체포해 추방했고, 수십 년 뒤 그의 영장류 보호시설에서 키운 원숭이 몇 마리를 스푸트니크 임무를 위해 우주로 쏘아 보냈다.)

유전체학은 DNA를 수집할 수 있는 생물에 관해 알려줄 뿐이다. 멸종한 생물을 복원할 수도 없고, 조상이 어땠는지 알려줄 수도 없다. 아무도 티라노사우루스 렉스나 아르디피테쿠스를 추측할 수 없다. 찾는 수밖에 없다.

2005년, 최초로 침팬지 조상이 발견됐다. 그 이전에 인류 조상 화석은 아프리카에서 수천 개나 발견됐음에도, 침팬지 조상 화석은 발견된 적이 없었다. 유인원이 희귀하기도 했고, 숲에서 뼈의 보존 상태가 열악했던 것, 인류 화석 사냥꾼들이 인류 계통을 찾고자 하는 열망이 컸던 것이 이유로 꼽혔다. 또는 이 모든 요인이 복합적으로 작용했을 수도 있다. 역설적으로, 인류 조상이 침팬지스러웠을 거라고 주장한 이론은 화석 기록이 건실해서가 아니라 부족해서 존립할 수 있었다. 침팬지에 관한 최초의 화석 기록은 케냐 투겐 힐스에서 발굴된, 에나멜이 얇게 입혀진 치아 네 개(두 개의 어금니와 두 개의 앞니)였다. 54만 5000년 전의 치아였는데, 너무 최근이라 앞니는 현생 침팬지의 앞니와 거의 같았고, 종의 진화에 대해서는 거의 아무것도 알려주지 못했다. 침팬지 진화는 이전과 마찬가지로 미스터리로 남았고, 고릴라는 아예 아무것도 알려진 게 없었다.

그 뒤, 스와 겐이 연구한 치아 몇 개가 다시 모든 걸 뒤흔들었다.

아프리카에서 1200만~700만 년 전 사이는 화석 기록이 거의 비어 있다. 이 시기는 인간과 침팬지, 고릴라의 조상이 오랫동안 살아온 기간으로 분기에 대한 중요한 정보를 줄 수 있다. 아파르 저지대에서 가장 오래된 퇴적층은 지구대의 남서쪽 급경사면에 노출된 일련의 지층인 코로라 층Chorora Formation에 있었다. 이 암흑 시대를 탐사하기 위해 스와 겐과 베르하네 아스포, 요나스 베예네는 코로라 지역을 대상으로 새로운 탐사에 나서 위성 영상을 이용해 목표 퇴적층을 찾았다. 2006년 현장 발굴 시즌 마지막 날, 캄피로 카이란테라는 젊은 에티오피아인 발굴자가 땅에서 어금니 화석을 발견했다. 스와는 그 화석이 고릴라의 조상일 가능성이 있다고 봤다. 이듬해까지, 코로라 팀은 코로라피테쿠스 아비시니쿠스*Chororapithecus abyssinicus*라는 이름의 마이오세 유인원의 치아 화석 아홉 개를 발굴했다. 스와와 동료들은 치아의 크기와 비율이 현생 고릴라와 "전체적으로 구분할 수 없다"고 결론 내렸다.

하지만 문제가 있었다. 지질학자는 처음에 코로라피테쿠스가 나온 퇴적층이 1000만 년 전 지층이라고 생각했다(나중에 800만 년 전으로 정정됐다). 이 시기는 당시 추정되던 분기 시점과 비교하면, 고릴라가 존재하기 수백만 년 전이었다. 더구나 600만 년 전에 인류 계통의 특성을 보여준 사헬란트로푸스 같은 화석을 보면, 인간과 유인원의 분기는 많은 연구자들의 추정 시기보다 더 빨리 이뤄졌을 가능성이 높았다. 코로라 팀은 고릴라 계통은 1200만 년 전에 갈라졌을 것이라고 결론 내렸다. 이는 인간과 침팬지의 분기가 최소한 900만 년 전에는 이뤄졌다는 뜻이다. 나중에 독일 막스플랑크 진화인류학 연구소의 분자유전학자들은 침팬지와 인류의 분기 시점은 1300만~700만 년 전으로, 고릴라의 분기 시점은 1900만~800만 년 전으로 더 먼 과거로 끌어내렸다. 새로운 추정에 따라 인류와 침팬지의 분리는 기존의 예상보다 두 배 더 오래된 일이 됐다. (오늘날 인간과 침팬지의 분리 시점 추정치는 1000만~650만 년 전이다. 분기 시점은 여전히 논란이 많지만, 대부분의 사람들이 더 오래전으로 봐야 한다는 데 동의하고 있다.)

오랫동안 많은 고인류학자들은 초창기 분자유전학 연구 성과들을 신탁처럼 받아들였다. 분자유전학이 지닌 객관성과 정확성, 그리고 무결성의 아우라 때문이었다. 하지만 사실 분자유전학은 각 세대의 길이, 고대 인구의 유전적 다양성, 유전자의 변화 속도 등 여러 가지를 가정한 뒤 추정하는 방법으로 결과를 얻었다. 그렇다 보니 가정에 오류가 있을 경우 종종 눈덩이처럼 불어난 오류가 발생할 수 있었다. 이들의 시도가 순환논법에 빠질 때도 있었다. 분기 시점을 조정할 때 화석을 참고하고, 그렇게 해서 얻은 추정 분기 시점을 이용해 화석을 설명하는 식이었다. 의문이 점점 커짐에 따라, 비평가들이 하나둘 분자 연대학이 "닭 내장 점괘 읽기와 비슷하다"고 비판했다(닭 내장 점은 고대 로마에서 이뤄진 점이다. 2004년 미국 휴스턴대학 연구팀은 〈닭 내장 점괘 읽기: 진화의 분자적 시간 척도와 정확도의 환상〉이라는 논문을 발표하며 분자 연대학을 직접 겨냥해 비판했다 – 옮긴이).

2000년대가 되자, 기술이 발전해 연구자들이 직접 부모와 자식 사이의 변이 발생 속도를 측정할 수 있게 됐다. 그 결과 분자 수준의 진화가 생각보다 훨씬 느리게 일어난다는 사실이 드러났다. 분자 '시계' 역시 사람들의 상상과 달리 일정한 속도로 작동하지 않았다(변이 발생 속도는 종에 따라, 시대에 따라, 심지어 같은 게놈 안에서도 각기 달랐다). 생각보다 느린 변이 발생 속도를 고려하면, 인류와 유인원 사이의 유전적 차이에 따른 시간 간격은 더 벌어져야 했다. 인간과 침팬지 사이의 추정 분기 시점은 마이오세까지로 거슬러 올라갔다. 이를 참고하면, 아르디가 유인원 사촌들과 많이 다르다는 사실이 꼭 놀랍지만은 않았다. 우리의 공통 조상이 수백만 년 더 전에 살았을 것이기 때문이다.

아르디가 화제가 되기 시작했을 때, 화석 발굴자들은 아르디가 인간과 아프리카 유인원의 마지막 공통 조상의 계보를 잇는 존재로 유망하다고 생각했다. 하지만 시간이 지나면서 공통 조상이라는 목표는 흐릿해졌고 더 과거로 후퇴해버렸다. 화석이 없는 마이오세 기간을 지나가면, 매우 오래전의 고대 유인원 화석 기록이 나왔다. 이들은 현생 유인원과는 많이 달랐다.

어느 날 오언 러브조이는 차를 타고 1500만 년 전 유인원 화석을 보러 갔다. 자신이 깨닫지 못하는 사이에 중요한 단서를 지나쳤을 수도 있다고 생각했다.

그는 전에 게티의 비행기를 타고 이동할 때 자신의 목표 연대를 처음 만났다. 1996년, 아르디 팀은 케냐 국립박물관을 방문했다가 새로 발굴한 마이오세 화석을 들여다보고 있는 오랜 친구를 만났다. 루시 팀에서 함께 일했던 스티브 워드였다. 워드는 호미니드 전문가는 아니었지만 현생 및 멸종 유인원이 포함된 분류군인 호미노이드hominoid 전문가였다. 접미사의 작은 차이가 전문가의 영역에서는 큰 차이를 낳는다. 마이오세 호미노이드 학자들이 모인 학회는 뭔지 잘 모르겠는 화석종에 대해 정중하게 토론하는 온건한 분위기의 학회였다. 거기에는 튀는 사람도, 자의식이 강한 사람도 없었고, 인류 조상일지 모를 종을 둘러싼 가혹한 논쟁도 없었다. 이유는 단순했다. 솔직히, 그걸 도대체 누가 알겠는가? 호미니드 연구자들은 달랐다. 야수이거나, 학계의 총잡이였다. "오언과 화이트에게, 호미니드 학계는 피 튀기는 스포츠의 현장이었죠." 워드가 말했다. 그날 워드는 그 박물관에서 자신의 경력을 통틀어 가장 짜릿한 순간을 즐기고 있었다. 마이오세 유인원 에쿠아토리우스*Equatorius*를 보고 있었던 것이다. 화이트가 곁에 다가와 워드의 그 화석을 보고 "금 간 원숭이"라고 농담을 했다. 그것은 마이오세 '유인원'이었지 원숭이가 아니었고, 워드의 오랜 친구 화이트는 그 사실을 아주 잘 알고 있었다. 많은 인류학자들은 이 마이오세 유인원을 너무 멀게 느꼈다. 인류 조상에 대해 정보를 제공할 만큼 충분히 '유인원스럽다'(현생 아프리카 유인원을 의미한다)고 여기지도 않았다.

아르디 팀은 다시 생각했다. 그들은 기묘하게 생긴 마이오세 유인원(오늘날 살아 있는 유인원과는 많이 다른)이 현생 유인원보다 인류 진화 재구성에 더 나은 시작점을 제공할 거라는 결론에 이르렀다. 러브조이는 워드에게 다시 연락해서 말했다. 금 간 원숭이를 한 번 더 보여줄 수 있냐고. 다행히, 러브조이는 다시 아프리카로 날아갈 필요가 없었다. 워드는 차로 15분이면 가는 노스이스트 오하이오 의과대학의 자기 연구실에 에쿠아토리우스 캐스트를 갖고 있었다. 그는 그걸 기꺼이 러브조이에게 보여준다고 했다.

러브조이는 차량에 올라타서 오하이오 교외를 달렸다. 그는 운전을 좋아했는데, 너무 많이 좋아하다 곤란에 빠지는 일이 없도록 차량 대시보드에 레이더 감지기를 뒀다. 젊은 시절, 그는 클래식 카인 브리티시MG와 트라이엄프를 갖고 있었다. 결혼하고는 볼보를 샀다. 이혼하고는 알파로메오를 샀다. 중년에는 포르셰와 람보르기니를 타는 '액션 카' 시기를 보냈다. 결국, 러브조이는 자신이 이탈리아 자동차를 타기엔 너무 나이를 먹었다고 보고 메르세데스, 아우디 등 독일 정밀공학의 결정체에 정착했다. (학계에서의 유명세 덕분에 러브조이는 켄트 주립대학에서 총장과 극소수의 고위 행정직, 그리고 미식축구 및 야구 감독 다음으로 높은 연봉을 받았다.) 자동차와 마찬가지로, 동물도 디자인 테마를 드러낸다. 옛 해부학자들은 그것을 신체 구조 또는 건축 구조를 뜻하는 독일 단어 '바우플란bauplan'을 써서 설명했다. 바우플란을 해독하면 그 동물의 생태학적·행태학적 적응을 이해할 수 있어, 작은 부분으로 전체의 많은 부분을 밝힐 수 있다. 바로 그런 탐구가 그를 다시 에쿠아토리우스로 데려간 것이다.

에쿠아토리우스는 마이오세 유인원이 공통으로 지니는, 손바닥을 이용해 나무를 오르는 동물의 신체 구조를 갖고 있었다. 러브조이는 그 손을 조사하고 싶었다. 워드의 화석에는 손목과 연결되는 부위의 손바닥뼈인 다섯째 손허리뼈가 보존돼 있었다. 러브조이는 캐스트를 조사하는 과정에서 그 뼈가 아르디의 뼈와 일치한다는 사실을 확인했다. 두 종이 1000만 년을 사이에 두고 살았는데도 그랬다. 러브조이는 당시 이렇게 생각했다. 이럴 수가. 똑같아! 이 방문으로 그와 그의 팀은 여러 증거를 바탕으로 아르디와 인류가 손바닥으로 걷는 마이오세 유인원의 후손이지 너클보행을 하는 유인원의 후손은 아니라고 믿게 됐다. 이는 우리 조상이 팔다리 길이가 거의 같고 손목을 구부릴 수 있으며 척주는 유연하고 허리뼈 부위가 구부러지며 비부골 종자뼈를 지닌 지렛대 같은 발을 가진 신체 구조였음을 의미했다. 그리고 그런 특징들이 아르디에 남아 있었다.

러브조이는 자신의 관찰 내용을 비밀로 남겨뒀다. 많은 연구자들이 그렇듯이, 워드는 아르디피테쿠스 관련 뉴스를 기다려왔다. 특히 러브조이가 그 분야에서 가장 뛰어난 사람이라고 생각했기에 더욱 그랬다. "세상에, 초특급 비밀이더라고요!" 워드는 당시를 회상하며 웃었다. "저와 공동 연구자들은 참을 수가 없었어요. 도대체 무엇 때문에 그 화석 논문을 내기까지 그렇게 오래 걸리는지를." 하지만 그는 러브조이가 작별 인사를 할 때까지 가만히 기다렸다.

* * *

가장 큰 비밀은 러브조이와 공동 연구자들이 다른 가설을 주장하게 됐다는 사실이었다. 분자유전학 혁명과 루시의 시대가 지난 뒤, 많은 인류학자들은 인류 계통에서 가장 오래된 화석이 현생 침팬지나 고릴라와 닮은 조상으로 수렴될 것이라고 기대해왔다. 아르디는 그런 조상에 바짝 다가선 고인류였다. 하지만 화석을 여러 해 동안 연구한 연구자들은 이런 생각이 전부 틀렸다고 결론 내렸다. 인류 조상은 오늘날 생존해 있는 어떤 유인원과도 비슷한 단계를 전혀 거치지 않았다. 현생 아프리카 유인원은 '타임머신'이 아니었다. 오히려 그들은 조상을 찾는 한 편의 추리소설에서 진짜 범인에 쏠려야 할 주의를 흐트러뜨려 잘못된 결론으로 이끌었을 뿐이었다. 이상하게도, 실제 마이오세 조상의 흔적 일부는 현생 아프리카 유인원보다 인간에게 더 잘 보존되어 있었다. 더구나 사람들이 모호하게 '본원적'이라는 말로 한데 묶어 생각하던 현생 유인원들 각각은 서로 별로 비슷하지 않았다. 오히려 사회구조와 팔다리 비율, 심지어 너클보행 스타일까지 많이 달랐다. 학자들은 이런 특성들이 모두 공통 조상에서 갈라진 이후 고도로 발달한 특성이라고 여겨왔지만 말이다. 러브조이의 이 같은 생각은 30년 이상 이어져온 인류 진화의 주류 패러다임을 완전히 부정하는 것이었다.

하지만 완전히 새로운 아이디어는 아니었다. 일부 해부학자들은 반세기 전에 비슷한 예상을 했었다. 1940년대 후반에, 당시 가장 뛰어난 해부학자 중 한 명이었던 옥스퍼드대학의 윌프리드 E. 르 그로스 클라크 교수는 루이스와 메리 리키 팀이 케냐에서 발견한 마이오세 유인원 프로콘술 화석 여럿을 분석했다. 그것들은 오늘날의 유인원과 비슷해 보이지 않았다. 그래서 르 그로스 클라크는 그 화석의 주인공들을 원숭이류와 비교했다(본 적 없던 존재를 기술하기 위해 익숙한 것과 비교한 해부학자의 또 다른 사례다). 하지만 그는 그들이 초기 영장류가 맞다는 사실은 인지했다. 르 그로스 클라크는 이런 '일반화된' 네발짐승(다시 말해 특화된 보행은 못하지만 대신 어떤 보행이든 가능한)이 인류와 현생 유인원의 공통 조상일 가능성이 있다고 결론 내렸다. 그는 너클보행을 하는 현생 침팬지나 고릴라, 또는 나무 위에 매달려 생활하는 오랑우탄과 비슷한 특화된 형태로부터 인류가 "유래했을 가능성은 거의 없다"고 생각했다. 존스홉킨스대학의 아돌프 슐츠(20세기 중반에 활동한, 해부에 집착했던 해부학자. 아시아 영장류 탐사와 콜드스프링하버 이야기가 나온 앞에서도 등장했다) 역시 현생 아프리카 유인원은 매우 보행이 특화됐고, 인간은 해부학적으로 볼 때 여러 측면에서 좀 더 본원적이라고 믿었다(큰 뇌와 직립 자세는 명백한 예외라고 봤다). 존스홉킨스대학의 또 다른 학자인 윌리엄 스트라우스는 인류의 조상이 진화 역사 초기에 직립해 걷기 시작했으며, 현생 유인원과 같은 단계(특히 긴 팔로 나무에 매달리는 단계)는 거치지 않았다고 주장했다. 스트라우스는 이런 자신의 관점을 1949년에 〈인류 조상을 둘러싼 수수께끼〉라는 고전적 논문으로 발표했다. 반세기 뒤, 이 논문의 선견지명을 간파한 다른 해부학자가 노년의 석학이 직접 서명한 논문을 받았다. "제가 가장 아끼는 소중한 물건 중 하나죠." 오언 러브조이의 말이다.

분자유전학의 시대에, 이 같은 관점은 환영받지 못했다. 진화론자들은 점점 더 현생 유인원에게서 인류 조상의 단서를 기대했다. 잘 알려진 분기학적 접근에 따른다면, 인류의 공통 조상을 알려면 현생 종이 논리적으로 참조할 만한 대상이었다. 여러 측면에서 마이오세 유인원은 하버드대학의 데이비드 필빔이 "호미니드 기원에 대해 밝혀주는 게 거의 없다"고 말한, 멸종한 옛 종들을 묶어놓은 분류군으로 인식되고 있었다. 하지만 해부학적으로 자세히 보면 볼수록, 인류가 손바닥으로 걸었던 마이오세 유인원의 후손으로 해석되는 게 맞다는 사실을 아르디 팀은 확인했다. 그들은 침팬지와 고릴라 역시 특화된 보행을 하지 않았던 마이오세 조상의 후손일 가능성이 높다고 결론 냈다. 반세기 전 해부학자들의 추정대로 말이다.

소수의 학자들만 조용히 마이오세 조상설을 주장했었지만, 아르디 팀은 전례 없는 초기 인류 계통 화석을 확보한 덕에 이 주장을 더 강하게 내세울 수 있었다. 아르디는 모두가 기대한 조상은 아니었다. 입 언저리가 튀어나오지도 않았고, 침팬지나 고릴라처럼 칼 모양의 송곳니를 갖고 있지도 않았다. 마이오세 화석 유인원과 마찬가지로 너클보행의 흔적도 없었다. 아르디의 손은 컸고 분명 나무 위 생활에 적합했다. 하지만 나무에 매달려 이동하는 유인원이 갖고 있는, 나무에 거는 기관은 갖추고 있지 않았다. 대신 자세한 손동작에 더 유리한 구조를 보였다. 아르디는 알려진 어떤 인류 조상보다 나무 위 생활에 능숙했지만 침팬지처럼 곡예를 하는 수준은 아니었다. 직립보행을 했지만, 이전에 알려진 형태의 이족보행과는 달랐다. 아르디는 학계에 알려지지 않은 완전히 새로운 존재였다. 연구자들은 아르디를 "침팬지도 인간도 아닌" 존재라고 묘사했다.

2009년, 아르디 팀은 드디어 아르디의 손과 나머지 전신 골격 화석을 공개할 준비를 마쳤다. 논문을 출판하라는 압력을 고집스럽게 버틴 끝에 말이다. 아르디피테쿠스 라미두스의 첫 화석인 치아를 발견한 지 17년, 나머지 뼈 화석을 발굴한 지 15년 만이었다. "서로 다른 증거들이 한 장의 논리적인 그림으로 합쳐졌습니다." 스와 겐이 말했다. "이제 라미두스의 고생물학을 이해할 수 있게 된 거죠."

여정을 시작한 모든 사람이 종착지에 다다른 것은 아니었다. 데즈먼드 클라크는 그 자신이 "세기의 발견"이라고 찬양한 라미두스를 종합적으로 다룬 논문 발표를 보지 못하고 생을 마감했다. 아프리카의 다학제 현장 연구를 개척한 클라크 하월 역시 자신이 아이디어를 냈던 대규모 연구 결과 발표를 앞두고 세상을 떠났다. 가디와 다른 아프리카 연구자들 역시 그 '카다 다암 아이투'가 마침내 세상에 모습을 드러냈다는 소식을 듣지 못했다.

2009년 5월, 아르디 팀은 여러 편의 연구 논문을 학술지 〈사이언스〉에 제출했다. 〈사이언스〉는 달에 인류가 착륙한 아폴로 11호 임무에 대해 특별호를 발행한 적이 있는데, 이번 호를 아르디피테쿠스 헌정 특별호로 발행하겠다고 합의했다. 다시 한번, 동료 평가가 까다로운 문제로 떠올랐다. 학계와 껄끄러운 관계이다 보니, 미들 아와시 팀은 개인적 증오나 철학적 입장 차를 이유로 일부 적대적인 사람들을 제외해달라고 요구하는 경우가 많았다. ("그 사람들도 그 후보 명단에 오르는 걸 좋아하지 않았겠죠"라며 화이트는 만족스럽게 웃었다.) 담당 에디터 브룩스 핸슨은 그 논문들의 리뷰 과정에 대해서는 언급하지 않았다. 다만 각 논문이 최소 두 명의 에디터와 두 명의 동료 평가자를 거친다는 일반적인 정책만 언급했다. "해석이 모두 맞았든 틀렸든, 그 논문들이 여전히 매우 중요한 자료라는 사실만은 분명합니다." 핸슨은 나중에 이렇게 회상했다. "가능한 한 자세한 상태로 세상에 내놓는 것이 여러 학계를 위해서도 좋지요. 우리 프로젝트에서 연구했던 사람이라면, 가장 혹독한 평가는 우리 내부의 평가일 수밖에 없다는 사실을 인정할걸요." 화이트가 주장했다. 러브조이가 다음과 같이 덧붙였다. "우리도 동료 평가 과정에서 논문 수정을 거쳤어요. 하지만 우리가 자체 수정했던 게 훨씬 더 많았다고 확신해요. 다른 데였다면 이런 피드백은 쓸모가 없었겠죠. 하지만 우리 팀에서는 아주 중요했습니다." 다른 사람들은 이 같은 스스로에 대한 신뢰는 위험이 따른다고 경고했다. "고립주의자 전략의 결과는 반향실에 살게 되기 쉽다는 거예요. 같은 사람들과 몇 번이고 다시 말하는 환경에선, 새롭거나 다른 관점은 들을 수가 없죠. 고립주의자 전략은 어쩔 수 없이 우리의 관점을 좁히는 효과를 낳아요."

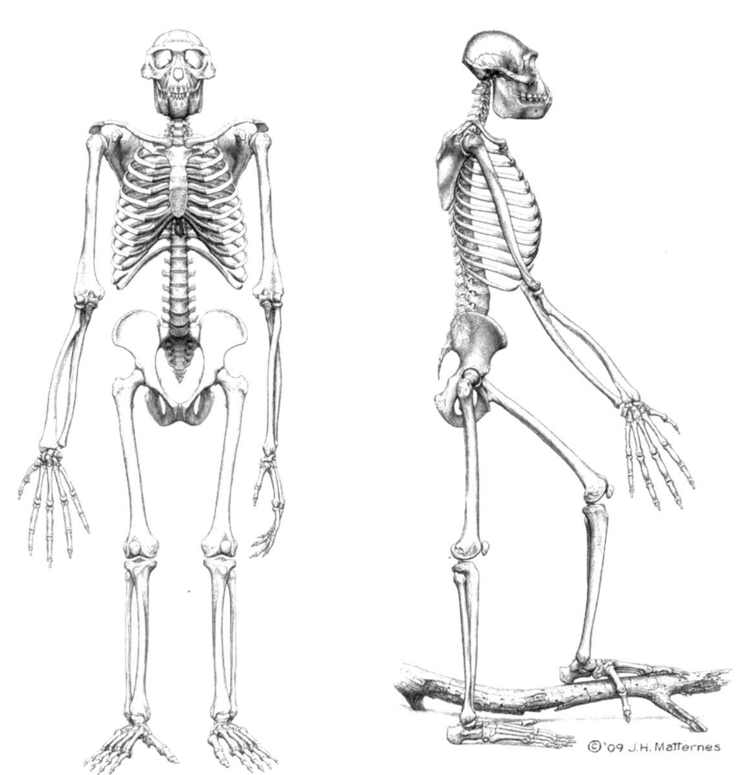

아티스트 제이 매터네스가 상상한 아르디의 모습. 부러지거나 발견되지 않은 뼈까지 그려 전체 골격을 표현했다.

빌 킴벨의 말이다.

논문 출판 직전에, 비판자들은 다시 한번 아르디 팀이 너무 느리게 연구했다고 볼멘소리를 했다. 2009년 9월, 〈사이언티픽 아메리칸〉은 사설을 통해 배타적 화석 접근 기간에 제한을 둘 것과, 발굴팀이 논문 출판 시 데이터도 공개하도록 학술지가 나서줄 것을 요구했다. 사설은 NSF에게도 "데이터 접근 규칙을 계속 따르지 않는 지원자는 예외 없이 지원을 거절해야 한다"고 촉구했다. 이 글은 '고인류학계의 맨해튼 프로젝트'라는 표현을 다시 한번 써서 화이트와 미들 아와시 팀을 콕 찍어 언급했다. 당시는 루시 화석이 미국 박물관을 순회 전시 중이었는데, 이 사설은 두 화석을 대조적으로 표현했다. 하나는 전 세계를 돌며 전시되고 있었고, 다른 하나는 아직도 베일에 감춰져 있었다. (이 사설을 준비한 스태프 중 한 명은 케이트 웡으로, 돈 조핸슨의 루시 시리즈 마지막 권의 공저자다.) 이 글 옆에는 만평이 실려 있었는데, 연구자들이 열어달라고 간청을 하는데도 짐승이 닫힌 연구실 문을 지키고 있는 장면이었다. 화이트는 불같이 화를 냈지만, 이 글이 인쇄되고 있을 무렵 화이트의 팀은 이미 다른 방법으로 응수하고 있었다. 맨해튼 프로젝트가 핵폭탄을 투하한 것이다.

27장

벽장에서 나온 화석

15년간 비밀을 지킨 끝에, 아르디가 세상과 만났다. 2009년 10월, 아르디 팀은 자신들의 발견을 〈사이언스〉 특별호를 통해 공개하고 에티오피아와 미국의 수도에서 기자회견을 열었다. 워싱턴 D.C.에서는 에티오피아 대사가 참석한 가운데 화이트와 러브조이, 요하네스, 그리고 기다이가 기자들로 가득 찬 회견장에 섰다. "우리는 오늘 이 자리에서," 화이트가 말했다. "아주 먼 과거를 향한 연구 결과를 발표하려 합니다."

플라이오세 탐사 임무가 현재로 귀환했다. 연구자들은 아르디피테쿠스를 루시 이전의 인류 조상 대표로 설명했다. 아르디는 440만 년 전 산림지대에 살던 종으로 유인원 크기의 뇌와 다이아몬드 모양의 송곳니, 그리고 이상한 직립보행을 보였던 유인원과 인간의 특징이 조합된, 아무도 예상하지 못했던 인류였다. 러브조이는 이렇게 말했다. "아르디피테쿠스로부터 우리는, 루시는 절대 주지 못했던 인류 진화의 초기 단계에 대한 정보를 얻게 됐습니다. 아르디는 내가 상상했던 가장 많은 새로운 정보를 주는 호미니드 화석이었습니다."

오랫동안 침묵을 지킨 끝에, 아르디 팀은 자세한 해부학 기술과 사진, CT 촬영 영상 그리고 온라인 보조 자료를 담은 총 384쪽 분량의 논문 11편을 학계에 투하했다. 연구자들이 처음 라미두스의 존재를 보고했을 때는, 그것이 그간 알려진 조상 가운데 가장 침팬지와 닮았다고 설명했었다. 하지만 이번에는 같은 종이 갑자기 인류 조상의 침팬지 유사설을 반박하는 데 재등장했다. 기존 모든 학파는 무시됐다. 계몽되지 못한 사람들은 아르디 팀 특유의 직설적인 말투로 오류를 지적받았다. 논문 저자들은 현생 아프리카 유인원들을 '적응적 퀴드삭cul-de-sacs', 그러니까 진화의 막다른 골목이며 인류가 걸어온 길과는 관련이 없다고 단호하게 말했다. 그들은 '침류학자chimpologist'(침팬지와 인류학을 합성한 조어 – 옮긴이)들에게 그들이 인류 기원을 엉뚱한 나무에서 찾아왔으며, 초기 인류를 현생 영장류와 연결시키려 한 그들의 시도는 아르디의 등장으로 무효가 됐다고 주장했다. 마지막 공통 조상이 현생 종과 닮지 않았기 때문이었다. 너클보행이나 나무에 매달려 이동하는 조상이라는 추정은 "이제는 논란의 대상"이었다. 마찬가지로, 아르디 팀은 이번 화석 연구 결과 "상시적 직립보행을 설명하기 위해 침팬지나 고릴라 같은 조상을 가정하는 이론을 기각해야 한다"고 주장했다. 저자들은 비교해부학보다 컴퓨터 모델링을 더 믿은 학자들을 "가정은 너무 많이 하지만 정작 화석 정보는 너무 적은 사태를 불러일으킨 트렌드"에 영합했다고 비판했다. 첨단기술로 무장한 마법보다 거의 잊힌 존재였던 지난 세기의 해부학자들이 훨씬 나은 결과를 낳았다. 날카로운 눈매와 외과 메스로 무장한 채, 그들은 컴퓨터를 쓰는 학자들보다 공통 조상을 더 잘 예측해낸 것이다. 사바나 패러다임은 폐기됐다. 아르디는 새로운 **진실**을 드러냈다.

메시지는 화석 이상으로 나아갔다. 인류 계통에 가지가 더 많다고 주장하는 세분파 시대에, 이들 반대파는 아르디피테쿠스(만약 아르디가 속한 종이 아니라면 속한 속이라도), 오스트랄로피테쿠스, 그리고 호모속으로 이어지는 적응적 안정기가 이어졌을 것이라는 더 단순한 시나리오를 상상했다. 그들은 인류 가계의 초기 구성원인 차드의 사헬란트로푸스와 케냐의 오로린도 모두 아르디피테쿠스속에 속할 것이며, 심지어 단일 계통일 가능성도 있다고 주장했다. 저자들은 아르디피테쿠스가 어떻게 오스트랄로피테쿠스와 호모속으로 이어졌는지 몇 가지 시나리오도 제시했다. 하지만 아르디가 인류 계통에 속하지 않을 경우의 가설은 제시하지 않았다.

그해는 다윈의 《종의 기원》이 나온 지 150주년이 되는 해였고, 아르디 팀은 자신들의 발견을 이런 역사적 이정표와 관련 지어 발표했다. 다윈은 그 책에서 언젠가 "인류의 기원과 역사에 빛이 드리울 것"이라고 추측했다. 〈사이언스〉에 실린 일련의 논문들은 "다윈 이후 지속돼온 근본적인 진화적 질문을 풀어주는" 인류의 조상 아르디의 등장으로 새로운 새벽이 열렸다고 선언했다. 화이트는 홍보에 많은 공을 들였다. 라에톨리 발자국의 주인공을 그렸고, 10대 시절 팀 화이트의 상상력을 사로잡았던 생명 진화 연대기를 그린 해부학

아티스트 제이 매터네스는 아름다운, 살아 있는 듯한 드로잉으로 아르디에게 생명을 불어넣어줬다. 〈디스커버리〉 채널 다큐멘터리(모두의 예상보다 훨씬 오래 이어진 엠바고를 지키며 제작됐다)에서는 "다윈은 상상할 수밖에 없던 화석 증거"라는 표현까지 썼다. 펜실베이니아주립대학 교수로 존경받는 석학인 앨런 워커는 기자들에게 제3자로서 평가를 내렸다. "이 발견은 루시보다 훨씬 더 중요하다."

학계에 닥친 '충격과 공포' 작전이었다. 학자들은 놀라서 할 말을 잃었다. "인류 진화라는 좁은 분야에서 빅 사이언스(대형 연구)에 가장 근접한 사례"라며 위스콘신대학 인류학자 존 호크스는 블로그에 이렇게 썼다. "팀 화이트가 한 일은 초대형 입자 충돌기를 모두의 눈앞에 건설한 것과 같다." 전 세계 매체가 크든 작든 헤드라인으로 다뤘다. "루시보다 앞선 화석, 인류 조상의 역사를 앞당기다"〈뉴욕 타임스〉, "인류 진화에 관한 이론을 뒤엎은 화석"〈크리스천 사이언스 모니터〉, "아르디가 루시로부터 인류의 첫 번째 조상 자리를 빼앗다"〈데일리 미러〉, "모든 인류의 어머니, 아르디를 만나다"

〈글로브 앤드 메일〉, "인류 가계도를 다시 그린 새로운 조상"〈인터내셔널 헤럴드 트리뷴〉, "원숭이를 통설로 만든 발견"〈콘래드 모니터〉. 처음에는, 매체 보도는 메시지에 머물렀다. 직립보행의 기원이 발견됐다, 인류는 침팬지 같은 조상으로부터 진화한 것이 아니다, 사바나 이론은 틀렸다, 등등.•

팡파르는 여러 달 동안 이어졌다. 미국과학진흥협회(AAAS)는 아르디를 '올해의 과학 성과'로 꼽았다. 게티 가문은 아르디 팀을 초대해 샌프란시스코의 대저택에서 파티를 열어줬다. 이듬해 봄, 화이트는 〈타임〉이 꼽은 세계에서 가장 영향력 있는 100인 안에 이름을 올렸다. 버락 오바마, 빌 클린턴, 레이디 가가, 오프라 윈프리, 일론 머스크, 스티브 잡스 등과 함께였다. 화이트는 〈타임〉이 주최한 행사에 아내 레슬리아 흘루스코와 함께 참석했다. 흘루스코는 버클리 교수이자 아르디 팀 멤버였다(그들은 2004년 결혼했다). "농담으로 내가 정부고 진짜 아내는 아르디라고 할 정도였어요." 흘루스코가 회상했다. "내가 그를 안 기간 내내, 아르디는 화이트의 인생 그 자체였어요." 〈내셔널 지오그래픽〉은 아르디를 표지에 싣고 미들 아와시를 "인류의 고향"이라고 칭했다. 기자들은 끊임없이 발견의 순간에 대

• 한 가지 뉴스는 엉뚱한 메시지를 전했다. 알자지라 방송은 서양의 과학자들이 다윈의 진화론을 비판했다고 보도했다. 아랍 세계에서 가장 유명한 이 방송국은 '침팬지에서 유래하지 않았다'는 메시지를 진화론 자체에 대한 논박으로 곡해했고, 이에 대해 이집트 지질학자가 "서양인들이 제정신을 차렸다"며 안도하는 인터뷰를 내보냈다. 이 뉴스는 켄트 주립대학의 보도자료를 기반으로 했는데, 거기에는 러브조이가 한 어색한 인터뷰 문구가 담겨 있었다("사람들은 자주 우리가 유인원에게서 진화했다고 생각하는데, 아닙니다. 유인원이 여러모로 우리로부터 진화한 것이죠"). 분류에 대한 학계의 집착에 지친 러브조이는 용어를 신중하지 못하게 구사할 때가 많았고 그 때문에 곤란을 겪곤 했다. 학계는 혼란에 빠졌고, 팀원들은 낙담했으며, 창조론자들은 환호했다.

해 물어왔고 화이트는 주문처럼 되풀이해 말했다. "진짜 연구는 긴 시간 인내의 결과일 뿐입니다. 몇 가지 일화나 인상적인 말, '유레카'를 외치는 순간으로 그걸 대체할 수는 없습니다."

아르디 팀의 아르디 해석은 미디어를 통해 금세 전파됐다. 호미니드 치아가 고대 하이에나의 소화관을 통과하는 것만큼이나 간단했다. 하지만 과학적으로 확고한 지위를 획득하기까지는 아직 소화시키지 못할 중요한 내용이 남아 있었다.

아르디 관련 기자회견이 열렸을 때, 조지워싱턴대학 버나드 우드 교수는 기자회견장에서 몇 블록 떨어지지 않은 그의 연구실에 있었다. 그는 부흥회가 열리는 천막에 들어갈 준비가 전혀 되어 있지 않았다. "화이트가 무슨 논문을 낼 때, 그는 모세의 석판을 발행하는 것처럼 생각하는 것 같아요. '내가 산에서 내려왔다. 너희가 기다려온 메시지가 여기 있다. 잘 받들도록 해라.'" 우드가 말했다. 젊은 연구자 시절 우드와 화이트는 '회사'라고 불렸던 리처드 리키의 케냐 팀에서 함께 일했는데, 최근의 뉴스로 인해 두 사람이 이후 서로 얼마나 멀어졌는지가 확인되었다. "모세의 석판이 기자회견과 논문, 그리고 화이트가 경멸해왔던 복잡하기 그지없는 교묘한 홍보 자료로 전파됐죠." 우드가 말했다. "그렇게 권위에 기댄 선언이 꼭 진실이라는 법은 없습니다. 일방적인 해석이잖아요. 다른 해석도 존재합니다."

15년 전 라미두스의 첫 번째 화석 조각이 발견됐을 때, 우드는 그것이 '미싱 링크'라며 이 발견이 고인류학 분야의 '성숙성'을 보여주는 신호라고 반기는 글을 썼었다. 그 화석이 그간 예측했던 내용인 침팬지를 닮은 조상을 입증하는 것처럼 보였기 때문이다. 하지만 이제 그 화석은 벽장에서 나와 춤을 추며 모두를 고통스럽게 하고 있었다. 전혀 성숙하지 않은 과학 관점을 담은 메시지로. 한편 우드의 견해도 진화했다. 그가 맞이한 신세계는 계측학과 컴퓨터, 가지가 많은 계통수를 채택했고, 뼈와 치아에 근거한 진화 시나리오에 대해서는 주의를 요청하고 있었다. 그는 발견한 내용을 권위 있게 발표하는 게 맞는지 더 이상 확신할 수가 없었다. 대신 매우 많은 것들이 아직 밝혀지지 않은 것에 대해 죄의식을 느꼈다. 그는 더 이상 어떤 발견이 조상에 대해 뭔가 알려줄 거라고 생각하지도 않았고, 인류 가계도가 직선적이라고 믿지도 않았으며, 형태학도 신뢰하지 않았다. 그리고 전문가의 발표도 믿지 않았다. 그에게, 아르디 그룹은 왜곡된 시간에 갇힌 것 같았다.

"나는 그들이 아르디피테쿠스에 대해 확신하는 것만큼이나 그 무엇에도 확신을 할 수가 없어요." 우드가 말했다. "그들은 거의 복음이라고 할 수 있을 만큼 확신했어요. '밝혔다'라는 단어를 고집했어요. 성경에 '밝혔다'라는 말이 많이 나오잖아요. 종교적 숭배가 떠올랐습니다."

그는 이 사실에 관해 뭔가 써야겠다고 생각했다.

기자회견 18일 뒤, 런던의 왕립학회는 미리 계획돼 있던 인류 진화에 관한 포럼을 개최했다. 이 자리는 아르디가 과학계와 만나는 첫 번째 자리였다. 왕립학회는 세계에서 가장 뛰어난 학회 중 하나로 찰스 다윈과 알베르트 아인슈타인, 토머스 헨리 헉슬리가 이곳을 거쳤다. 또 다른 회원인 에드워드 타이슨은 1699년 최초로 침팬지를 관찰해 기술했다. 침팬지는 놀라운 동물이어서, 그는 그에 대해 기술하기 위해 새로운 언어를 발명해야 했다. 그로부터 300년이 지나, 왕립학회는 새롭게 밝혀진 존재인 아르디피테쿠스를 만날 수 있는 콘퍼런스를 개최했다. 콘퍼런스는 초기 인류 진화에 초점을 맞췄는데, 첫 일정(최근의 아르디 발표 전에 초안이 잡힌)의 주제가 어색했다. '초기 인류 조상 모델로서의 침팬지'였다.

첫 연사는 아르디 연구자들과 오래 친분을 쌓아온 윌리엄 맥그루였다. 케임브리지대학 진화영장류학자로서, 맥그루는 침팬지가 인류 기원에 인사이트를 줄 수 있다는 자신의 생각을 모두가 공유한다고 보고 콘퍼런스 개막 연사 초청에 응했다. "약간 우회해야 했지요. 왜냐하면 이런 침팬지 추종은 2주 전 〈사이언스〉 10월 2일자 발행 이후 무의미한 것으로 여겨졌거든요." 그가 말했다.

맥그루는 현장에서 유인원을 관찰한 기간만 40년인, 자칭 '침팬지 추종자'였다. 그는 팀 화이트의 마지막 NSF 과제에서 연구비를 제공한 공동 연구에 합류했다. 침팬지 행동 연구와 호미니드 화석 연구가 상호 보완적이라고 여겨지던 과거에 만들어진 파트너십이었다. 한때 러브조이와 맥그루는 휴가를 같이 가는 막역한 사이였다. 하지만 더는 아니었다. 그 전해에, 러브조이와 그의 학생 켄 세이어스는 영장류학자의 '침팬지 중심주의'와 '참조 모델링'을 비판하는 "침팬지에겐 옷이 없다"라는 도발적인 글을 썼다. 이들이 비판한 영장류학자에는 맥그루와 그의 아내 린다 마천트가 포함돼 있었다. 여기에 아르디가 등장했다. 러브조이는 아르디의 발견이 현생 유인원을 바탕으로 인간의 기원을 찾는 모델의 "근본적인 오류를 증명한다"고 주장했다.

과거에 맥그루는 대부분의 고인류학자들이 야생 침팬지를 본 적이 없다고 한탄했다. 차갑게 화를 내며, 맥그루는 연단에 서서 몇 가지를 정정했다. 침팬지는 아르디 팀이 주장하는 것처럼 단순히 열대우림에만 사는 게 아니라는 것이었다. 오히려, 침팬지는 아르디피테쿠스처럼 숲에서 사바나까지 다양한 곳에 살았다. 아르디 팀은 '인류만이' 인지를 진화시켰다고 주장했다. 맥그루는 이 같은 주장이 "자신들이 침팬지 인지를 연구하고 있다고 생각했던 라이프치히와 교토, 세인트 애드루스, 그리고 애틀랜타의 에모리대학 사람들을 놀라게 했다"고 말했다. 그는 현생 침팬지가 할 수 있는 것은 모두 수백만 년 전 우리의 마지막 공통 조상도 할 수 있었을 거라고 주장했다. 그는 침팬지와 보노보는 초기 인류 조상과 비슷한 크기의 두뇌를 지녔으며 취학 전의 어린이와 비슷한 수준의 지능을 가졌다고 말했다. 도구의 사용과 직립보행, 사냥, 던지는 동작, 공간 탐색 능력 등 이전에는 인간만이 갖췄다고 여겨졌던 행동들을 침팬지도 할 수 있다는 연구 결과가 끊임없이 나왔다. 침팬지는 관찰을 통해 배우고 서로 흉내를 낼 수 있으며 자아를 인식하고 있다. 심지어 자기 나름의 도덕성도 보인다. 침팬지는 사회적 규범을 어긴 개체를 추방하기도 한다. 사람처럼.

"맥그루는 이젠 저와는 말도 안 하려 할 거예요." 러브조이가 옛 친구에 대해 말했다. "회의에서는 그냥 절 무시했죠. 그는 우리가 침팬지의 지위에 손상을 입혔고 따라서 우리가 자신들을 위협했다고 여겼죠." (맥그루는 이에 대해 아무런 답도 하지 않았다.) 왕립학회 행사에서, 맥그루는 다음과 같은 호소와 함께 발표를 마쳤다. "침팬지 모델이 아무 소용이 없다면, 우리 모두는 침팬지 이야기를 하기보단 그들을 구하려는 노력을 기울이는 게 나을 것입니다."

아르디 논문은 일부 영장류 학자들을 화나게 했고 그중 일부는 매우 분노했다. 왕립학회 콘퍼런스의 질의응답 시간에, 한 영장류학자는 아르디가 침팬지와 닮지 않았다 하더라도, 왜 그 비슷한 조상의 후손이 될 수 없느냐고 물었다. 화이트와 러브조이는 송곳니와 어금니, 비부골 종자뼈, 그리고 엄지에 있는 긴엄지굽힘근flexor pollicis longus 등에 대해 한참을 되풀이해 설명했다. 그 뒤 화이트가 빈정대듯 덧붙였다. "종합하면, 이런 특징들을 빼면 침팬지와 비슷하다고 할 수도 있겠군요." 청중들 사이에서 웃음이 터져 나왔다. 하지만 현생 영장류를 연구하는 학자들은 웃지 않았다. "좀 진지하게 말해주세요!" 누군가 소리쳤다. 어떤 이들은 아르디 팀이 밀짚으로 유인원 인형을 만들어 세웠다가 그걸 찢어버렸다고 불평했다. 나중에 10여 명의 영장류학자들은 침팬지가 인류의 공통 조상을 연구하기 위한 모델로 부적합하다는 아르디 팀의 공격에 담긴 핵심 메시지를 논박하는 글을 〈사이언스〉에 보냈다. 그들은 글에서 "지나치게 단순화해 해석한 그 같은 발언은 인류의 과거에 관한 다양한 증거들을 통합하는 흥미로운 진전이 갖는 가치를 깎아내릴 것"이라고 밝혔다. 비판자들은 사적으로는 돌려 말하지 않았다. 일부 영장류학자들은 〈사이언스〉에 연달아 실린 논평 중 아르디 팀의 주장이 실린 곳

여백에 "바보 같다"라고 적은 뒤 학술 웹사이트에 게시했다.

전문가의 의견 차이보다 더 위험한 게 있었다. 침팬지 연구가 여러 측면에서 위기에 빠졌다. 일부 연구자들은 이 경이로운 생명체가 (놀랍게도 우리처럼) 사라지고 있으며, 그럼에도 그들의 가장 가까운 친척인 우리가 그 사실에 신경도 쓰지 않고 있다는 사실에 절망했다. 인간들은 숲의 황폐화와 개발, 밀렵을 통해 남은 유인원들마저 멸종을 향해 몰고 가고 있었다. 제인 구달이나 리처드 도킨스, 재레드 다이아몬드 같은 선각자들은 '대형 유인원 프로젝트'를 만들어 포획된 침팬지와 보노보, 오랑우탄, 고릴라에게 '인간다움'의 권리를 요구했다. 이 캠페인은 인간과 유인원 사이의 선이 흐릿해져야 가능한 캠페인이었다. 〈사이언스〉의 기자 존 코헨이 《올모스트 침팬지》를 썼을 때, 한 유명한 침팬지 연구자는 그에게 환경보호론자들은 인간과 침팬지의 차이를 강조하는 설명에 화를 낼 것이라고 경고했다. 이런 상황이다 보니, 아르디는 야생동물 고기를 노리는 사냥꾼과 비슷한 수준의 환영을 받았다. 많은 과학 분야에서 연구자들은 윤리적 제약과 연구 수행의 어려움, 또는 동물 자체에서 얻을 수 있는 정보가 기대에 미치지 않는다는 이유로 침팬지와 거리를 두고 있었다. (실제로 몇 해 안 돼 미국의 침습적 의생명과학 연구가 중단되고 포획돼 있던 유인원이 보호구역으로 돌아간 일이 벌어졌다.) 2009년, 이 같은 분위기는 《침팬지는 아니다》라는 반항적 제목의 책이 나오며 절정에 달했다. 아르디는 거기에 느낌표 하나를 더했다.

왕립학회 콘퍼런스는 인류 계통의 가장 오래된 화석을 둘러싼 경쟁의 장이 됐다. 유전학자와 영장류학자가 지지하는 쪽은 논리적으로 추론했을 때 현생 유인원이 인류의 공통 조상이 되는 게 맞다고 봤다. (맥그루는 청중에게 말했다. "현생 유인원은 이 방에 있는 여기 어떤 사람들보다도 공통 조상에 대해 직접적인 정보를 줄 수 있습니다. 그러니 이걸로 모델을 삼아야 합니다. 그렇게 해야만 합니다.") 반대로, 화석을 바탕으로 하는 사람들은 바닥에서부터 접근하는 방법을 따랐다. 실제로 무슨 일이 일어났는지는 뼈로 밝힐 수 있다는 것이었다. 두 가지 사고방식은 각기 다른 증거에 근거했고, 다른 가정을 했으며, 필연적으로 다른 결론에 접근했다. 첫 번째 접근에서, 인간과 유인원의 관계는 부정할 수 없는 사실이지만 그 둘의 공통 조상의 형태학에 대해서는 여전히 추측만 가능할 뿐이었다. 화석 기반 접근에서, 뼈는 과거의 형태에 대해서는 증거가 확고했지만 그것들이 계통상 어디에 속하는지와 인간과 어떤 관계인지는 짐작에 의존할 수밖에 없었다. 양 진영이 자신들의 연구를 인류의 기원과 연관짓기 위해 싸웠다. 아르디는 그 싸움의 핵심 쟁점이었다.

요컨대, 과학적 세계관이 부딪힌 고전적인 충돌이었다. 과학은 단지 새로운 사실을 추구하는 여정이 아니다. 자연을 해석하는 라이벌 모델과의 경쟁이기도 하다. 1962년 기념비적인 책 《과학혁명의 구조》에서 역사학자 토머스 쿤은 과학의 패러다임이라는 개념을 도입했다. 패러다임은 연구계를 통합하는 일련의 이론과 방법론을 의미한다. 쿤은 정상과학normal science을 "자연을 전문적인 교육이 제공하는 개념 영역에 넣고자 하는 격렬하고 헌신적인 시도"라고 기술했다. 쿤은 과학 훈련이 초심자의 머릿속에 욱여넣는 주입식으로 이뤄지고 있다고 봤다("아마 정통적인 신학을 제외하고는 그 어떤 분야보다 더 심할 것이다"). 물론 과학은 그 이론을 반증 시험에 들게 하고 새로운 정보를 받아들인다는 중요한 차이가 있다. 그렇다 하더라도 자신의 선험적인 믿음을 확신하기 위해 심리학자들이 "동기 기반 추론motivated reasoning(원하는 결과나 목표를 성취하려는 동기에 영향을 받은 편향된 추론 – 옮긴이)"이라고 부르는 것에서 과학자들이 면제된 것은 아니었다. 지지자들은 고집스럽게 자신들의 신념을 지키며, 반대자들이 어떻게 그렇게 계속 우둔한지 놀라움을 표한다. 가장 독단적인 이들은 자신들이 과학의 충직한 수호자 역할을(그들 나름의 버전으로) 할 수 있다는 사실을 기꺼이 받아들인다. 그들은 라이벌들이 비과학적이라며 비난한다. 양측의 신봉자들이 본 빛은 그 기원이 다르며, 이야기는 엇갈리고 논쟁은 같은 자리를 맴돌 뿐 해결되지 않는다. 하지만 지식에 대한 탐구가 진행됨에 따라 연구자들은 현재의 이론을 바탕으로 앞다퉈 발견을 할 수밖에 없고, 과거의 방법으로는 풀 수 없는 질문과 마주해야 한다. 이런 이상이 축적됐을 때 패러다임은 위기를 맞고 수정되거나 대체돼야 한다. 아르디가 그랬다.

왕립학회 콘퍼런스에서, 과학자들은 오랜 기다림 끝에 공개된 아르디피테쿠스의 캐스트를 멍하니 바라봤다. 프랑스 고인류학자 미셸 브뤼네는 심지어 더 오래된 표본을 들고 왔다. 차드에서 발굴된 사헬란트로푸스의 머리뼈 복제품으로 "투마이"라는 별명을 갖고 있었다. 추정 연대는 600만 년 전 또는 700만 년 전이었다. 브뤼네는 연구 발표를 오페라를 연출하듯 하는 재미있는 발표자였다. 발표 중간 극적인 효과를 위해 말을 멈추기도 했고, 단상을 두드리면서 말을 강조하기도 했다. 브뤼네는 자신의 부족한 영어 실력을 농담 소재로 활용했다. 목에 스카프를 두른 채, 그는 스스로를 거만한 프랑스식 허세를 지닌 사람이라고 했다. "아시다시피, 전 프랑스인입니다." 그는 자신을 이렇게 런던의 청중에게 소개했다. "아무도 완벽하진 않아요." 그는 자신이 발견한 화석을 "이 칭구"라고 부르며 큰 소리로 말했다. "현.장.에.더.많.은.팀.이.필.요.항.미.다!" 청중들은 그가 더 많은 팀이 필요하다는 것인지, 팀 화이트가 필요하다는 것인지, 둘 다인지 헷갈렸다.

화이트는 '프로페서 브뤼네'와 장난스럽게 티격대며 우정을 유지해왔다. 둘 다 화석은 비공개로 해두고, 자신들이 충분히 준비가 되기 전에는 공개하지 않았다. 그들은 연구실에서 어깨를 나란히 하고 앉아 서로의 발견을 비교했고(서로 화석을 보여줬다), 장난을 치면서 즐거워했다. 브뤼네는 사헬란트로푸스를 〈네이처〉에 발표했을 때, 루바카에게 감사한다고 감사의 말에 적었다. 화이트가 키우는 아파르 야생 고양이였다.

브뤼네는 자신이 발굴한 머리뼈 화석이 '분지점dichotomie', 그러니까 인간과 침팬지 계통 사이의 분기점에 가깝다고 생각했다. 화이트는 "친애하는 동료"가 연대를 잘못 측정했으며, 사헬란트로푸스는 실제로는 미들 아와시의 '카다바'와 비슷한 연대로 모두 같은 종에 속할 것이라고 봤다.

브뤼네는 사헬란트로푸스, 아르디피테쿠스, 오로린이 모두 비슷한 단계의 초기 인류 조상에 속한다는 사실에는 동의했지만, 이들 사이의 정확한 관계에 대해서는 확신이 없었다. 하나의 계통일까? 하나의 공통 조상에게서 각기 다른 계통으로 갈라졌을까? 이 질문은 그를 곤혹스럽게 했다. 아르디피테쿠스가 먼저 이름을 가졌기 때문에 우선권을 갖고 있어서였다. 만약 두 종이 같은 것으로 발표될 경우, 브뤼네가 이름을 붙인 속은 아르디피테쿠스에게 흡수될 것이었다. 브뤼네는 이 문제에 대한 답을 확실히 알려면 보다 많은 화석이 필요하다고만 말했고, 그가 시사하는 정보를 주는 표본이 있을 수도 있다고 암시했지만 몇 년간은 침묵을 지켰다. 그런데 지금은 소원해진 그의 발굴팀원이 화석 일부가 사막에 놓여 있는 사진을 논문에 공개했다. "존재하지만 논문으로는 발표되지 않은 이상한 넙다리뼈가 있습니다"라고 콘퍼런스를 주최한 런던 자연사박물관의 인류학자 크리스 스트링거가 나중에 설명했다. "만약 그 사실을 브뤼네에게 이야기하면 그는 폭발할 거예요." 브뤼네는 팀 화이트만큼이나 접근 옹호자들을 질색하게 한, 희귀한 화석 발굴자였다.

두 고인류학자는 한 가지 핵심적인 지점에 대해 동의했다. 자신들이 발굴한 초기 인류가 둘 다 침팬지와는 놀라울 정도로 닮지 않았다는 것이었다. 아르디 팀처럼, 브뤼네도 인류의 진화를 추적하기 위해서는 마이오세 유인원이 더 좋은 출발점이라고 생각했다. "침팬지는 매우 파생적이에요. 대단히, 대단히 파생적이죠." 브뤼네가 말했다. "우리의 마지막 공통 조상을 찾는 데 그다지 좋지 않아요. 안 좋아요."

또 다른 지원의 목소리가 예상치 못한 곳에서 목소리를 높였다. 빌 킴벨은 고인류학 분야의 냉전기에 에티오피아의 라이벌 진영이었던 인류기원연구소의 소장으로, 돈 조핸슨의 오른팔이었다. 킴벨은 미들 아와시 팀과의 반목으로 에티오피아 발굴 허가를 5년간 받지 못했던 일을 여전히 분하게 생각하고 있었다. 그럼에도 불구하고 그 불화 기간 동안, 그의 생각이 변했다. 생각의 평행진화였다. "형태학적인 관점에서, 침팬지가 특별히 좋은 모델이라고는 생각하지 않습니다." 킴벨이 청중에게 말했다. 루시가 속한 오스트랄로피테쿠스는 침팬지와 일부 비슷한 점이 있었지만, 그런 특징 중 상당수가 마이오세에 살았던 많은 화석 유인원이 공통으로 지니는 일반적인 특징으로 밝혀졌다. 학자들은 침팬지가 인류로 변화하는 과정에 화석을 끼워 맞추려 너무 오랫동안 애써왔다. 모두가 '본원적'이라는 개념을 잘못 이해하면서 논쟁은 수렁에 빠졌다. 여러 해에 걸쳐 의혹이 불길한 소식처럼 늘어났고, 결국은 모이고 모여 확고한 형태가 됐다. 바로 아르디피테쿠스였다.

28장

역풍

이후 진정한 반격이 시작됐다. 아르디는 동요를 일으키는 화석에 그치지 않았다. 아르디에 대한 분석 내용은 인류 진화에 대해 사람들이 갖고 있던 생각과 연구 방식을 근본적으로 부정했다. 아르디 팀이 제기한 시나리오를 따르려면, 현생 유인원들의 평행진화를 상당 부분 인정해야 했다. 많은 사람들은 이 사실을 받아들이기 힘들어했다. "솔직히 전 아르디가 호미니드라고도, 이족보행을 한 존재라고도 생각하지 않아요." 스탠퍼드대학의 인류학자 리처드 G. 클라인은 〈뉴욕 타임스〉와의 인터뷰에서 이렇게 말했다. 1980년대부터 보행 방식을 둘러싸고 오랫동안 논쟁을 벌였던 러브조이의 라이벌인 잭 스턴 스토니브룩대학 교수는 깔깔대며 웃었다. "다른 건 됐고, 오언의 아르디피테쿠스 해석은 틀린 것 같네요. 웃음이 나올 정도라니까요." (스턴은 개인적으로 비판을 받기도 했는데, 그와 그의 동료 수전 라슨이 침팬지를 이족보행 모델로 연구하기 위해 NSF로부터 190만 달러의 연구비를 지원받았기 때문이었다.) 다른 사람들은 아르디 화석이 실은 발굴자들의 생각보다 훨씬 더 침팬지와 비슷하다고 주장했다. 서던캘리포니아대학의 영장류학자 크레이그 스탠퍼드는 아르디가 사실은 "매우 침팬지스러운" 존재라며 미들 아와시 팀의 주장이 "터무니없다"고 주장했다. "침팬지를 인류 진화 모델에서 제외시키려면 초기 인류와 현생 유인원이 닮지 않았다고 해야 합니다. 설사 모든 증거가 정반대 사실을 가리키고 있더라도 말이죠."

'세기의 발견'이라고 해서 기대했는데 다음 세기까지 기다린 뒤에야 결과를 접할 수 있었던 일부 학자들은 1950년대를 연상시키는 이론이 다시 등장했다는 데 화가 났다. "아르디 팀은 시대에 30년은 뒤떨어졌어요." 인류학자 마틴 피크포드가 말했다. 그는 아르디를 침팬지 계통으로 분류했다. 일부 사람들은 아르디 팀이 현생인류에 이르는 위대한 여정을 설명하고픈 열망이 너무 크다는 사실에 주목했다. 러브조이의 일부일처 이론은 또 다른 파장을 일으켰다.

거의 400쪽이나 되는 논문이 쏟아져 나왔지만, 데이터 접근성에 대한 불만이 거의 바로 튀어나왔다. 아르디 팀은 치아의 기본적인 계측치를 논문에 포함시키길 거부했다(그리고 향후 5년간 그러겠다고 했다). 존 호크스는 자신의 인류학 블로그에서 이런 데이터의 부재를 정부의 검열에 비유했다. "데이터가 하나도 없는 표입니다. 도대체 무슨 이름 없는 학술지도 아닌데요!" (화이트는 그 정보는 누구나 연구팀에 직접 연락하면 제공하겠다고 말했다.)

논문 출간 8개월 뒤, 〈사이언스〉는 연구에 참여하지 않은 학자들이 제기한 일련의 비평을 소개하며 회의적인 보도를 새로 시작했다. 2010년 5월, 〈타임〉은 "아르디 – 존재하지 않았던 인류 조상?"이라는 제목의 기사를 실었다. 두어 달 뒤 〈사이언티픽 아메리칸〉은 "아르디는 인류 조상이 아니었나"라는 제목의 기사를 실었다. 존 호크스는 블로그에 이런 글을 올렸다. "아르디피테쿠스 역풍이 시작되다."

버나드 우드는 마음속에 품고 있던 꺼림칙함을 기록으로 남겼다. 그와 뉴욕대학의 테리 해리슨은 〈네이처〉 2011년 2월호에 아르디가 정말 인류 계통에 속하는지 의문을 제기하는 긴 에세이를 발표했다. "사람들이 왜 자신들이 발굴한 화석이 조상이길 바라는지 그 이유가 흥미롭습니다." 우드는 한 인터뷰에서 이렇게 말했다. "현실은 대부분의 화석은 조상이 아니라는 겁니다. 저는 아르디피테쿠스가 조상이 아니라고 생각해요." 그는 모든 화석은 멸종에 이른 존재라고 가정해야 한다며 정반대의 접근법을 지지했다. 10년 전 우드와 그의 지도 학생 마크 콜라드는 현생 유인원과 원숭이 시료를 다수 분석한 뒤, 머리뼈와 치아로 재구성한 가계도는 분자유전학을 근거로 만든 가계도와 다르다는 사실을 발견했다. 당시 얻은 교훈은 '형태학은 잘못된 결론을 이끌어낼 수 있다'는 것이었다. 그가 보기에, 만약 저자들이 적어도 화석이 인류 계통에 속하지 않을 수 있다는 사실을 고려하기만 했어도 더욱 흥미로웠을 것이었다. "화이트는 그러지 않았죠." 우드가 말했다. "그 대신, 아르디 팀은 자신들의 발견이 인류의 기원에 가깝도록 왜곡했습니다. 그들의 문제는 아르디피테쿠스가 무엇인지 자신들이 결정하고, 모든 증거를 그 상자에 짜넣었다는 거죠."

〈네이처〉 논문에서, 우드와 해리슨은 두 가지 주의할 사례를 언급했다. 라마피테쿠스*Ramapithecus*와 오레오피테쿠스*Oreopithecus*라는, 인류 조상으로 공식적으로 거론됐지만 나중에 멸종한 유인원으로 판명이 난 화석종이었다. 우드와 해리슨은 아르디가 골반과 발의 "상대적으로 적은" 특징들과 척주와 관련된 "대단히 추측성인" 추론에 근거해 직립보행했다고 보는 주장에 의문을 제기했다. "만약 아르디의 발이 이족보행을 한 형태라면, 토요일 저녁에 돌아다니는 술 취한 아일랜드인의 발이 그런 모습이겠죠." 우드가 빈정댔다(우드는 영국인이다). 콘퍼런스에서, 우드는 더 큰 의혹을 이야기했다. "이족보행에 관한 추론 대부분은 골반에서 나왔습니다. 하지만 골반은 매우 찌그러져 있어요. 러시 림보(미국 정치평론가 겸 방송인 – 옮긴이)가 변기에 잘못 앉은 것 같죠."

화이트는 불같이 화를 냈다. 아르디 팀은 모든 기능을 종합적으로 기술했다. 한두 가지 특징을 기술한 게 아니었다. 우드와 해리슨은 실제 증거를 논의하지 않고 논문 전체에 의혹을 제기했다. "사주받은, 빌어먹을 여섯 쪽짜리 〈네이처〉 논문!" 화이트는 캘리포니아대학 버클리 캠퍼스 연구실에서 소리쳤다. "철저히 아무 내용도 없어요. 아무 의미도 없다고요."

아르디 팀은 우드와 해리슨이 실제로 화석을 연구하지 않았다는 데 특히 더 화가 났다. 드디어 (이 분야 연구자들에게는 놀랍게도) 화석을 조사할 수 있게 됐는데도 말이다. (공식적인 복제본이나 3차원 스캔 데이터를 다운로드할 수는 없었기 때문에 사람들은 발굴팀과 함께 화석을 조사하는 일정을 잡아야 했다.) 한 콘퍼런스에서 베르하네 아스포는 박물관에서 만든 캐스트를 내놓고 학자들에게 와서 조사하라고 했는데, 우드가 눈에 띄게 외면했다고 회상했다. 화이트는 이렇게 말했다. "웃긴 건 그가 아르디를 공격하는 〈네이처〉 원고를 이미 써둔 뒤였다는 거죠." 이에 대해 우드는 이렇게 설명했다. "나는 아르디피테쿠스를 보러 갈 수 없는 상황이었는데 화이트가 나를 압박했어요. (…) 유용한 대화는 아니었죠."

화이트는 〈네이처〉에 직접 답할 필요가 없다고 결론 내렸다. 대신 미디어를 통해 응답하기로 했다. 그는 〈사이언스 뉴스〉와의 인터뷰에서 이렇게 말했다. "새로운 데이터, 아이디어, 방법론, 가설, 실험, 화석, 심지어 새로운 분류도 제기된 게 없습니다. 그 논문을 본 사람들은 다 〈네이처〉의 동료 평가 프로세스가 제대로 작동하는지 의구심을 갖게 될 겁니다."

하지만 그 논문을 읽고 사람들이 의구심을 갖게 된 대상은 아르디였다. 〈네이처〉의 비판은 괴물 같은 이 존재에게 중대한 의문점이 있다는 낙인을 찍었다. 만약 아르디가 인류 계통에 속하지 않는다면, 패러다임을 뒤흔들 모든 주장은 흔들리게 될 것이다.

회의적인 입장을 지닌 일부 학자들은 논문의 일러스트를 이용해 계측을 한 뒤, 아르디가 발굴팀의 주장과 달리 실제로는 팔이 길어 나무에 매달리는 침팬지와 유사한 동물이었다는 헛소문을 퍼뜨렸다. (사실 사진은 정강뼈의 끝부분이 없어서 오해를 불러일으켰다. 아르디팀의 해부학 기술은 간단해서, 화석이 입은 손상을 제대로 설명하지 않았고 사람들도 제대로 확인하지 않았다.)

몇 년 사이에, 몇 명의 학생이 아르디피테쿠스를 다르게 해석하거나 인류 계통 어디에 위치하는지를 새롭게 제시하는 논문으로 박사학위를 받았다. 하지만 미들 아와시 팀에게 직접 도전할 배짱이 있는 사람은 거의 없었다. "그들이 하는 말이라곤 그저 '팀 화이트와 오언 러브조이와의 논쟁에 휘말리면 얻어터질 뿐이다' 이거였어요." 돈 조핸슨이 말했다. "에너지를 쓸 필요가 없다는 거죠. '이 주제 근처에도 가지 않을 거예요!'라며 제게 온 대학원생들도 있어요."

많은 사람들이 반대를 거의 하지 않는 길을 택했다. 그들은 아르디와 거리를 둔 채 아무 일도 없다는 듯이 하던 연구를 계속했다. 그렇게 하자고 합의한 건 아니었지만 아르디를 무시했다. 논문이 출판되기 전에 비판적 입장의 학자들은 아르디피테쿠스에 대한 정보가 부족하다고 비난했다. 논문이 나온 이후에, 같은 비판가들 중 일부는 무시하기 위해 기를 썼고 다른 사람에게도 동참해달라고 요구했다. "아르디에 대해 정부 사업에 대해서보다 말을 아꼈어요." 조핸슨이 말했다. "그 때문에 다른 학자들은 증오심이 치솟아 나중엔 이런 말을 할 지경이 됐죠. '쳇, 이런 논문 거들떠보지도 않을 거야. 참을 수가 없군. 12년을 기다린다? 뭣 때문에? 유인원 때문에?'"

하지만 선택적인 분노였다. 다른 사람들은 거의 불평하지 않고 화석을 비밀에 붙였다. 2014년, 파키스탄에서 발굴된 마이오세 유인원의 볼기뼈는 발굴된 지 24년 만에 논문으로 발표됐다. 2017년, 에티오피아 디키카에서 발굴된 특이한 오스트랄로피테쿠스 아파렌시스 척주는 끈질긴 연구자가 사암 덩어리에서 화석을 분리하기 위해 13년간 힘들게 작업한 끝에 공개될 수 있었다. 같은 화석의 발 일부는 발굴된 지 16년 만에 논문이 나왔다. 남아프리카공화국에서 발견된, 루시보다 더 잘 보전된 370만 년 전 화석인 '리틀 풋'은 동굴에서 끌과 에어스크라이브로 세심히 분리하기 위해 20년이 넘는 세월이 필요했다. 그런 사람들이 있는 분야에서, 아르디처럼 부스러지기 쉬운 화석의 발표를 기다리는 일은 그렇게 특이한 일이 아니었다. 하지만 비판이 많았다. 왜 그랬을까? 많은 요인이 복합적으로 작용했다. 인류의 기원과 관련이 있다고 주장한 초창기의 선전이 기대감을 불러일으켰고, 국민의 세금으로 연구비를 지원받았기에 그에 따른 기대치도 있었다. 현장 연구의 어려움에 공감하지 못하는 다른 학자들은 인내심이 없었다. 여기에 아르디 팀의 전투적이고 반항적인 태도, 엄청나게 많은 발견, 그리고 당연히 개인적인 원한들도 비판적 여론에 한몫했다.

아르디 팀은 자신들 앞의 문이 잠겨 있다는 사실을 깨달았다. 2013년, 화이트의 대학원생 중 한 명이 마이오세 유인원인 오레오피테쿠스의 골반 연구 허가를 받는 데 실패했다. 이 화석은 아르디를 둘러싼 논쟁 과정에서 새롭게 관심을 받고 있었다. 이탈리아 박물관의 큐레이터는 이 화석이 추가적인 복원이 필요하며 "논문이 나오지 않은 새로운 표본"으로 재분류됐다는 이유로 비공개로 돌려버렸다. 이 화석은 1958년에 발굴된 것이었다.

의심의 여지없이, 아르디 팀은 자신들의 논문 출판 전략에 대한 대가를 치렀다. 이 이야기의 교훈은 누구에게 묻느냐에 따라 달라졌다. 화이트는 발굴팀이 시간을 더 들여서 메시지를 세련되게 다듬고 메시지도 더 단순화했어야 했다는 것이 교훈이었다. 쏟아낸 논문들이 "기다려온 모든 사람들의 주파수 대역폭을 넘어가버렸기" 때문이었다. 반면 어떤 연구자들에게는 고립이 얼마나 위험한지를 알려주는 객관적인 교훈이었다. 대사제들이 스스로를 너무 오래 교회에 감금했다는 것이다. 더 다양한 관점에 스스로를 드러내지 않음으로써 그들은 자신들의 주장을 대중에게 널리 알리기 전에 충분히 시험할 기회를 놓쳤다. 그리고 그 결과 고통을 받고 있다. "만약 그들이 더 일찍 개방 전략, 그러니까 발굴팀이 화석을 연구할 때까지 다른 사람들의 연구를 유예하는 합리적인 조건을 그대로 둔 채 화석을 공개했더라면 오늘날과 같은 어려움에 처하지는 않았을 거예요." 빌 킴벨이 말했다. "사람들은 화석을 보고 그들과 토론할 수 있었겠죠. 그렇게 진행됐어야 했어요."

뉴욕 자연사박물관의 이언 태터솔도 이렇게 말했다. "화이트는 매우 명민하고 부지런하며 일도 많이 합니다. 하지만 저는 그의 정보 분배 방식은 건설적이지 않아, 발굴한 화석들의 진정한 중요성을 감소시킨다고 생각합니다." 실제로 이런 이미지가 미들 아와시 팀이 발표한 논문 성과를 가리는 경우가 많았다. 그들은 수십 년에 걸쳐 수천 페이지에 달하는 논문과 학술서를 썼다. 아르디 공개 직전에도, 미들 아와시 팀은 480쪽 분량의 호모 에렉투스 학술서와 664쪽 분량의 아르디피테쿠스 카다바 학술서를 펴냈다. 둘 다 쓰는 데만 10년이 넘게 걸린 자세한 해설서였다(호기심에 펼쳐볼 만한 책은 확실히 아니다).

비판적인 입장의 학자들은 아르디와 그 발견자들이 비슷한 모티프로 설명했다. 에티오피아에 살던, 대가 끊긴 존재. 미들 아와시 팀은 학계의 조류를 잇따라 거슬러 헤엄쳤다. "우리가 미들 아와시에서 했던 지난 30년간의 모든 일들은 광범위하고 포용적이고 융합적이며 신중하고 느린 증거 확보 과정이었습니다." 화이트가 발끈해서 말했다. "학계와 언론계, 연구비 지원 기관 등 모든 곳의 트렌드는 그와 반대였어요." 점점 더 그들 사이엔 언어의 간극마저 깊어졌다. 침팬지로부터 분리된 이후 인류 계통에 속한 존재들은 수십 년 동안 "호미니드"라고 불렸다. 하지만 2000년대에 들어서 대부분의 과학계는 새로운 용어를 채택해 인류 계통은 "호미닌"이 됐다. 미들 아와시 팀은 옛 용어를 고수하는, 나날이 줄어가는 소수파였다. 여러 의미에서 그들은 화석맨이었다.

2011년 가을 어느 날 러브조이는 뼈가 어지럽게 놓인, 켄트 주립대학 연구실 책상에 앉아 있었다. 그에게 아르디가 불러온 결과(보다 최근에는 그 결과의 부재)는 소위 '직업'이 여전히 사고의 오랜 습관에 갇혀 있다는 추가적인 증거였다. "정말 놀라게 한 것은, 우리가 이 모든 것을 제시했는데 거의 다 무시당했다는 거죠." 그가 말했다. "아무도 그 망할 놈의 '우리가 침팬지다'라는 말을 포기를 못 해요." 그는 일상이 돼버린 한탄으로 돌아갔다. 아르디피테쿠스 발견을 제대로 알아볼 만큼 해부학적 교양을 지닌 인류학자가 거의 없다는 이야기였다. 학계는 좁은 전문 분야에서 훈련받은, 해부학적 형태에 무지한 사람들을 양산했다. 그 전문가들은 나무는 알려줄 수 있겠지만, 숲을 헤쳐나가는 방법을 물을 수 있는 대상은 아니었다. 너그러워질 때면 러브조이는 더욱 철학적인 관점을 취했다. 학계 동료들은 수년간 아르디 팀을 개인적으로 괴롭힌 똑같은 불신과 씨름했던 것이라고. "라미두스는 2009년 어느 날 갑자기 튀어나왔어요." 스와겐이 말했다. "오스트랄로피테쿠스와 관련해 그와 상응하는 양의 정보가 나오는 데엔 수십 년이 걸렸죠. 사람들에게 큰 문제가 된 이유가 그거였어요. 라미두스는 갑자기 나왔기에 패러다임을 크게 바꾸는 존재이자 생각을 혁신하는 존재였죠."

이런 불화는 흔한 게 아니었다. 위대한 독일 물리학자 막스 플랑크는 어느 날 이런 사실을 깨달았다. "새로운 과학적 진실은 상대를 납득시켜 빛을 보게 함으로써가 아니라, 상대가 결국 죽고 새로운 지식에 익숙한 새로운 세대가 자람으로써 승리한다." 책상 위의 뼈 쪽으로 몸을 숙이면서, 러브조이는 이를 더 냉소적인 말로 의역했다.

"과학은, 교수들이 죽어야 전진한다."

비판가들은 모두 한마음으로 아르디를 매장했다. 2009년 가을 아르디가 공개된 직후, 두 명의 연구자가 에티오피아의 발굴 현장에 모습을 드러냈다. 로얀 가니와 나히드 가니라는 두 명의 젊은 지질학자 부부였다. 그들은 아르디피테쿠스의 환경에 대해 이견을 제기하기 위해 찾아왔다. 처음에는 미들 아와시 팀과 친근하게 의견을 교환했고, 골격 화석이 발견된 지점 3미터 떨어진 곳에서 치아와 척추 화석을 발굴했다고 보고하기도 했다. 척추는 거의 발견되지 않았다는 점을 고려할 때, 아르디의 척주는 블록버스터급 발굴이 될 터였다. 가니 부부는 인간 척주의 디지털 이미지를 덧씌운 구불구불한 형태의 덩어리를 사진으로 찍어 이메일로 보냈다. "잘 맞죠?" 로얀이 물었다. 화이트는 그 사진을 보고 다르게 판단했다. 화석화된 나무뿌리라는 것이었다.

이후 이들의 의견은 크게 엇갈렸다. 2011년 12월, 가니 부부는 학술지 〈네이처 커뮤니케이션스〉에 아르디 팀이 아라미스의 환경을 매우 잘못 해석했다는 주장을 제기했다. 그 부부는 아르디가 탁 트인 사바나의 큰 강 주위 강둑에 살았으며, 그 지역은 숲이 우거져 있었다고 결론 내렸다. 그들은 강의 수로에서 사암을 발견했다고 보고하며 강에서 둥글게 마모된 돌 사진을 첨부했다.

미들 아와시 팀은 화가 났다. 그들이 여러 해에 걸쳐 한 복원에 대해, 현장에 단 한 번 왔을 뿐인 두 명의 풋내기 박사들이 도전한 것이었다. 아르디 팀에 따르면 가니 부부가 말한 강의 '사암'은 얕은 물에 떨어진 화산재이며, 둥글게 마모된 돌은 발굴팀이 발굴지 주위에 경계를 표시하기 위해 갖다둔 돌 중 하나로 현장에 원래 돌이 아니었다. 다시 한번, 화이트는 학술지에 응답하려 애쓰지 않았다. 그가 가니 부부에게 응답한 것은 3년 뒤였다. 그것도 다른 비평에 대해 다른 학술지에 응답한 것으로, 내용도 "학술지의 리뷰 프로세스에 대한 한탄"이었다. 가니 부부는 자신들의 주장을 뒷받침하기 위해 노력했지만, 화이트는 퉁명스러운 세 문단짜리 글로 그 주장을 일축했고, 더 확실한 반론은 자신이 원할 때 내겠다고 기분 나쁜 어투로 덧붙였다. 로얀 가니는 자신의 대학과 연구비 지원 기관에 화이트가 끊임없이 불만을 제기했다고, 즉 가니 부부가 치아 화석을 허가 없이 발굴했다는 식으로 그가 폭로하는 바람에 학자로서의 경력에 방해를 받았다고 말했다. "화이트는 다윈주의 진화를 잘 아는 사람이죠." 가니가 슬픈 듯이 말했다. "그런 사람이 다윈주의 개념인 적자 생존을 과학의 경쟁에 도입해 사용했어요."

하지만 이 일화는 인류 진화의 주요 무대로 일컬어지는 사바나를 둘러싼 더 큰 전투의 작은 일부로서의 분쟁이었을 뿐이다. 유타대학의 듀어 설링이 이끄는 연구팀은 아라미스의 동위원소와 식물석, 화석 데이터를 분석해 아르디가 발굴팀의 설명과 달리 숲이 우거진 환경에서 살지 않았을 것이라고 주장했다. 오히려 그들은 아르디가 숲 면적이 25퍼센트 미만인 '덤불 사바나'에서 살았고, 따라서 400만 년 이전에 살았던 그 어떤 인류 조상보다 초지가 많은 환경에서 살았다고 결론 내렸다. 즉 그들은 아르디가 사바나 가설이 틀렸음을 증명하는 게 아니라, 오히려 지지할 수 있다고 주장했다. "사바나 가설은 여전히 유효합니다." 오랫동안 인류 진화를 초지 확산과 관련지어 연구해온 설링이 단언했다.

일부 주장은 기술적인 것이었다. 유타대학 연구팀과 미들 아와시 팀은 토양의 동위원소를 해석하는 모델이 달랐다. 하지만 더 많은 차이는 의미 해석과 관련이 있었다. 두 진영은 '사바나'의 의미에 합의할 수 없었다. 아르디 팀에게 사바나는 탁 트인 초지였으나, 설링에게는 최대 80퍼센트까지 나무로 덮인 곳도 사바나였다. 후자는 곧 사바나 이론을 지지하지 않는 화석 기록은 거의 없음을 의미했다.

용어 외에도 큰 논쟁거리가 있었다. 아르디 팀이 아라미스 초지에 대한 증거를 충분히 인지하고 있었나에 대한 논쟁이었다. 아르디 팀에 속했던 소수의 공저자들이 의혹을 표했다. "저도 듀어 설링의 해석에 동의합니다." 미들 아와시 팀의 프랑스 화분 전문가 레이몽드 본피유는 동위원소와 식물석 데이터를 바탕으로 이렇게 말했다. "의심할 여지가 없어요." 고나의 아와시 계곡 하류에서 다른 발굴팀이 아르디피테쿠스가 좀 더 탁 트인 지역에 살았다고 보고했다. "아르디가 팀 화이트가 말한 것보다 더 다양한 지역에 살았다고 봅니다." 양쪽 탐사에 모두 참여했던 인류학자 스콧 심프슨이 말했다. "덜 트인 곳에서 탁 트인 곳까지 다양한 환경에 살았다고 보는 게 맞아요. 다만 사바나는 아니고 숲이 우거진 초지에서였죠." 심프슨은 아르디 팀이 다양한 환경에서 발굴된 여러 '혼합된 화석 조합'으로서의 특성을 2009년 논문에서 무시했다고 지적했다. "그건 직업적인 모욕이죠." 심프슨이 큰 소리로 말했다. "전 화이트를 매우 존경하지만, 그런 내용이 논문으로 나갔다는 건 믿기지 않아요." 설링이 덧붙였다. "화이트는 비판을 못 견뎌요. 그가 스스로를 수정할 여지는 결단코 없어요."

논쟁이 마지막 불씨를 태우고 있을 때 한쪽 진영은 아르디가 "숲이 우거진 초지"에 살았다고 주장했고, 다른 진영은 "초지로 덮인 숲"에 살았다고 주장했다. 초지라는 신호가 "막혀 있고 숲이 우거진" 환경이라는 최초의 기술보다 더 강하게 느껴질 수 있었다. 그러나 화이트는 증거 전체(치아 에나멜 동위원소, 치아 마모 패턴, 마주 볼 수 있는 발가락, 함께 발굴된 다른 동물 화석 등)가 압도적으로 나무와 떨어질 수 없는 숲 서식 동물을 가리킨다고 주장했다. 그는 상대측이 "친사바나적"이라며 비웃었고, 좀처럼 사라지지 않는 사바나 이론의 심장에 말뚝을 박는 행위를 계속 이어갔다. "두 세기에 걸쳐 이어진 이론이에요." 화이트가 말했다. "하지만 이제 허구라는 사실이 밝혀질 때도 됐죠."

논쟁이 더욱 개인적인 것으로 바뀌면서 교육보다는 '부정'에 관한 것이 되었다. 화이트와 마누엘 도밍게즈로드리고 마드리드대학 교수가 2014년 2월 〈커런트 앤스로폴로지〉에서 주고받은 논쟁을 살펴보면 이렇다.

> "도밍게즈로드리고는 독자적인 연구나 새로운 데이터도 없는 상태에서 말장난과 수정주의적 역사를 통해 '오래된 사바나 가설의 정신'을 부활시키고자 노력하고 있다. (…) 시대에 뒤떨어진 이런 사고방식을 되살리려는 기도는 헛된 노력을 기리는 기념비적인 상징물이 될 것이다." –팀 화이트

> "이 증거를 거부함으로써, 패러다임이 공격받으면 구 패러다임 지지자들이 점점 늘어나는 증거를 의도적으로 외면하거나 데이터를 선택적으로 사용하는 방법으로 변화에 저항한다는 쿤의 아이디어를 화이트는 완벽히 보여주고 있다." –마누엘 도밍게즈로드리고

하지만 학계에서 벌어진 이 전쟁에서 아르디 팀은 수적으로 불리했다. 화이트가 수가 너무 많다고 비판했던 대학원 프로그램에서 배출된, 그와 철학이 다른 사람들이 학계를 채우고 있었기 때문이다.

유명한 대가들도 예외는 아니었다. 아프리카에서 화석 발굴 러시가 일어났던 초창기부터, 인류의 기원은 유명한 화석 발굴자들이 이끌었다. 그중 가장 유명한 사람이 아르디 화석에 대해 의문을 제기했다.

"난 아르디피테쿠스를 인정하지 않아요." 리처드 리키가 말했다.

리키는 롱아일랜드의 스토니브룩대학 투르카나분지연구소에 마련된 사무실에서 아르디를 생각하다 고개를 젓더니 엄지를 까딱거렸다. "발이 문제예요." 그가 설명했다.

리키는 호미니드(그 역시 새로운 용어인 '호미닌'에는 아직 익숙해지지 않았다)가 '곧게 뻗은' 발가락을 가져야 이족보행이 가능하다는 옛 아이디어를 고수하고 있었다. 마주 볼 수 있는 발가락은 인류 계통에 속할 수 있는 특성이 아니기에, 그는 아르디가 인류 계통이 아니라 나무 위 생활을 한 수상 동물의 일종이라고 생각했다. 리키는 구체적인 부분에 대해서는 얼버무렸다. "아르디를 연구해본 건 아니에요." 그가 인정했다. 과학적 해석 외에 다른 부분에 대해서도 리키는 비판적이었다. "이런 화석을 갖고 10년, 15년 동안 연구한다는 걸 용납할 수가 없네요." 흥미롭게도, 리키의 아내 미브는 인류 진화의 배경 환경으로 덤불을 꼽는 입장임에도 불구하고 아르디를 인류 계통의 일원으로 기꺼이 받아들였다. 그들의 딸 루이스는 나중에 아르디를 호미닌으로 보는 연구에 공동 연구자로 참여했다.

하지만 리키 가문의 우두머리는 여전히 회의적이었다. 리키는 화이트가 자신의 모든 성과에 대해 끊임없이 비판하는 이야기를 지겹게 들어왔다. 40년 전 케냐에서 공동으로 연구할 때 이후 변하지 않는 게 하나 있었다. 화이트는 늘 자기가 옳다고 생각한다는 점이었다. "그는 동기를 의심하죠." 리처드 리키가 말했다. "그는 객관성의 결여, 과학적 엄격함의 결여를 늘 비난해요. 제가 보기엔 좀 부당하지만요."

돈 조핸슨 역시 자신이 발굴한 것보다 100만 년 이상 이른 시기에 살았던 것으로 주목받은 화석에 의혹의 눈초리를 보였다. 그는 아르디가 인류 가계의 일원임은 인정했지만, 아르디가 속한 종인 아르디피테쿠스가 그의 자랑스러운 루시나 현생인류의 조상이라는 데엔 의혹을 제기했다. "모든 종이 후손을 갖는 것은 아니죠. 일부는 절멸해요." 그가 말했다. "아마 아르디피테쿠스도 대가 끊긴 계통이었겠죠." 아르디에 대해 의심을 제기하면서, 조핸슨은 루시 발굴 시대에 자신의 자문단으로 활동했던 바로 그 사람들이 그런 판단을 했다는 사실을 이상하게 생각했다. 그는 미들 아와시 팀의 일러스트에서, 아르디가 직립보행 인류 조상임을 강조하기 위해 언제나 서 있는 자세로 그려졌다는 사실에 주목했다. 조핸슨은 아르디가 네 발로 나무 위를 유인원스럽게 기어 올라가는 모습을 아티스트에게 그리게 해서, 그 그림을 대중 강연에서 공개했다. 뉴욕 자연사박물관의 한 행사에서, 조핸슨은 자신의 옛 적인 리처드 리키와 나란히 등장했다. 원로 정치가들처럼, 두 오랜 라이벌이 서로 화해한 것이다(조핸슨은 루시가 너무 유명해져서 일반인들은 루시를 리키 가문에서 발견했다고 오해한다며 농담을 하곤 했다). 사석에서, 조핸슨은 리키에게 아르디를 어떻게 생각하느냐고 물었다. 리키는 이렇게 대답했다. "난 유인원은 연구하지 않아요."

쇼맨십을 새로운 경지로 올린 인류학자 리 버거는 이렇게 주장했다. "아르디는 지금까지 발굴된 것 중 가장 멋진 유인원입니다. 현장이 원하던 바로 그 화석이에요. 우리에겐 호미니드가 무엇인지 이해하게 해줄 유인원이 필요합니다."

이 모든 비판가들에게는 한 가지 공통점이 있었다. 아무도 아르디 화석이나 캐스트를 실제로 조사한 적이 없다는 것이었다. 그것들을 조사한 사람들은 전혀 다른 인상을 받았다.

29장

제길, 맞는 말이었어

믿을 수가 없었다.

스토니브룩대학 캠퍼스의 리키 연구실에서 멀지 않은 곳에 인류학자 빌 융거스가 있었다. 그는 살집이 있는 곰 같은 외모의 남자로, 얼굴에 표정이 풍부하고 흰 염소수염을 하고 있었다. 그는 아르디 논문을 읽었지만 그대로 받아들이진 않았다. 20년 전 '아파렌시스 대전'에서 그는 화이트 및 러브조이를 들이받은 적이 있었다. 융거스와 동료들은 적들을 "화석 강도 클럽"이라는 별명으로 불렀다. 구식 게슈탈트 형태학자들이 육감에 과도하게 의존하고 현대적이고 계측에 근거한 분석은 멀리한다는 비판이었다.

다른 사람들이 다 그랬듯, 융거스는 화석의 세부 사항이 공개되길 기다려왔다. 그리고 마침내 그날이 왔다. 이거야? 아, 이거 어디서부터 시작해야 하지? 융거스는 아르디가 인류의 조상이라는 것도, 직립했다는 것도 납득하지 못했다. "그건 이족보행 발이 아닌데요."

그는 〈내셔널 지오그래픽〉과의 인터뷰에서 그렇게 말했다. 아르디의 발은 그가 본 움켜쥐는 발가락 가운데 가장 많이 갈라진 경우였다. 몸을 수평으로 해서 나무를 기어오를 것 같은 동물이 왜 땅 위를 직립으로 걸을까? 그는 아르디의 골반 복원을 '3차원 로르샤흐 테스트'라고 생각했다. 로르샤흐 테스트는 해석자의 편향을 반영하는 모호한 형태를 의미한다. 그는 아르디의 척주에 관한 추측을 부정했다. 그들은 이 망할 것에 관한 대부분을 심지어 **찾지도** 못했다! 결국 그는 이족보행이 짝짓기 전략으로서 발생했다는 러브조이의 주장을 비웃기에 이르렀다. "아르디 관련 내용 중 가장 거칠고 모호한 이야기였어요."

언론에 몇 건의 회의적인 언급을 한 뒤, 융거스는 대학원 시절부터 알던 오랜 지인인 팀 화이트로부터 연락을 받았다. 그는 융거스에게, 잘 모르는 내용을 마음대로 지껄이기 전에 증거를 조사해야 하지 않겠느냐고 말했다. 융거스는 깜짝 놀랐다. 팀 화이트가 제3자를 맨해튼 프로젝트에 부른다고? 2011년에 융거스는 팀을 꾸려서 버클리로 가서 캐스트를 보았고, 다시 에티오피아로 가서 원본 화석을 연구했다. 그리고 큰 정신적 충격을 받았다.

놀랍게도 융거스는 자신이 처음에 말도 안 된다며 무시했던 주장에 동의하게 됐음을 알게 됐다. 아르디의 발, 손, 손목은 인류 계통에서만 발견되는 특징들을 보이고 있었다. 또한 그는 실물 화석을 가까이에서 보기 전까지는 복원된 골반을 믿기 힘들다는 사실을 알게 됐다. 그가 보기에, 그 이상한 해부학적 구조에 대해서는 한 가지 해석만 가능했다. 아르디는 나무 위를 올랐고, 땅에서는 두 발로 걸었다는 것이다. 예상과는 반대로, 그는 직립보행의 증거가 아르디 팀이 기술했던 내용보다 더 강력하다고 결론 내렸다. 인류 가계의 일원? "제길, 맞는 말이었어!" 융거스가 외쳤다. 그는 아르디가 대가 끊긴 유인원 계통이며 인류 계통에 들지 않는다는 개념을 부정했다. "그건 말도 안 되는 이야기예요." 그가 말했다. "아르디를 본 적 없거나 제대로 주의해서 보지 않은 사람들이나 하는 소리죠."

융거스는 몇 가지 의견이 다른 부분이 있었다. 아르디가 지상에서 어떻게 이동했는지에 대해서는 아르디 팀이 맞았지만 나무를 오르는 방법에 대해서는 틀렸다고 생각했다. 그는 침팬지를 전면적으로 제외하는 것은 지나치다고 여겼지만, 복원된 아르디를 놀란 눈으로 마주했다. 연약한 화석 조각을 보건대, 아르디 팀이 그렇게 오랜 시간 작업을 한 것도 놀랄 일은 아니라고 생각했다. 그는 근본적으로 완전히 달라진 관점을 갖고 집으로 향했다. "돌아왔을 땐 아르디 팀에게 약간의 슬픔을 느꼈고, '그들의 말이 맞아요'라고 말했죠." 융거스가 당시를 떠올리며 말했다. "아마 사람들은 그 말을 듣고 싶지 않았을 거예요."

다른 학자들도 비슷한 전환의 고통을 겪었다. 연구계에서 또 다른 백발의 현자로 불리는 보스턴대학의 맷 카트밀은 처음에는 아르디 논문들이 터무니없다며 믿지 않았다. "화가 많이 났어요." 카트밀이 말했다. 그는 오랜 친구 러브조이와 연락을 해 오하이오로 가서 아르디의 캐스트를 확인했다. "그가 말하던 내용 상당수가 맞다는 사실을 충분히 인식하게 됐죠." 카트밀이 2013년 말했다. "처음부터 내내 함께하진 못했지만 저도 문턱까지 갔었어요. 하지만 피를 흘리며 밖에 서 있었죠. 분해하면서."

빌 킴벨도 그랬다. 여러 해 동안 그는 아르디 팀이 에티오피아를 오가는 모습을 봐왔지만, 그들이 무엇을 하려는 것인지는 도통 몰랐다. 킴벨은 자신이 최초로 발견한 오스트랄로피테쿠스 아파렌시스 머리뼈 화석 때문에 내내 바빴다. 핵심 연구 주제 가운데 하나는 아프리카 유인원과 초기 인류를 구분해주는 해부학적 특징인 머리뼈 바닥이었다. 킴벨과 이스라엘 출신 공동 연구자 요엘 라크는 인간의 특징을 지닌 머리뼈바닥이 300만 년 이상 된 오스트랄로피테쿠스 아파렌시스까지 거슬러 올라갈 수 있음을 확인시켰다. 이 특징이 과연 아르디까지 100만 년을 더 거슬러 올라갈까?

그랬다. 킴벨이 아르디피테쿠스를 조사했을 때, 거의 루시의 종으로 교체될 수 있는 머리뼈바닥을 발견했다. 아르디의 발과 골반의 인류스러운 특징을 보고는 더욱 확신이 섰다. "두세 개의 독립된 데이터 소스가 있다는 점에서 확신이 갑니다." 킴벨이 말했다. "침팬지와 갈라진, 인류 계통이에요."

많은 사람들은 킴벨이 동료인 돈 조핸슨만큼이나 비판적일 거라고 예상했다. 하지만 킴벨에게, 과학은 명쾌했다. 그는 소원해진 친구 팀 화이트와 함께 오래된 관습인 공동 연구를 되살렸다. 오랜 원한에 지친 킴벨은 과거부터 이어져온 고고학 냉전에서 손을 떼기로 결정했다. 그리고 그는 아와시강 상류에서 동료가 한 발견이 초기 인류 역사 분야에서 루시와 오스트랄로피테쿠스 아파렌시스 이후 가장 중요한 발견임을 눈치챘다. 절반쯤 농담으로, 그는 그 순간을 냉전 끝 무렵에 로널드 레이건이 한 유명한 베를린 장벽 연설에

비유했다. "이 장벽을 허무시오!" 두 팀은 새로운 협력기를 열었다.•
심지어 미들 아와시 팀은 논문으로 발표하지 않은 발견을 공유했고, 킴벨과 화이트는 다시 친한 논쟁 상대가 됐다. 킴벨과 라크는 아르디 팀의 주요 연구자들과 함께 인류의 머리뼈바닥 진화를 기술하고 아르디피테쿠스 라미두스가 실제로 인류 가계에 속했다는 사실을 지지하는 논문을 썼다. 이는 아르디 팀 외부에서 나온 최초의 지지 사례였다.

서서히, 학계 사람들은 고인류학 분야에서 가장 원성을 사고 있는 화이트가 실은 여러 측면에서 옳았다는, 받아들이기 힘든 진실을 마주하기 시작했다. 맨해튼 프로젝트의 과학은 오늘날의 시대에 한물간 것 같아 보였지만, 핵폭탄은 여전히 핵폭탄이었다. "결국 받아들여질 거라고 확신해요." 런던 자연사박물관의 마이오세 유인원 전문가 피터 앤드루스는 아르디에 대해 이렇게 말했다. "화이트가 현장을 떠나기 전까지는 쉽게 받아들여지지 않겠지만요."

하지만 '인정'은 의견이 화석보다 훨씬 더 풍부한 학문 분야에서 상대적인 용어였다. 예를 들어 융거스와 동료들은 여전히 아르디 또는 인류와 아프리카 유인원의 마지막 공통 조상이 손바닥을 이용해 나무 위를 걸어다녔을 거라고 의심했다. 그가 보기에, 아르디는 다양한 보행이 가능한 다재다능한 나무 타기 명수였다. 다만 아르디

• 화이트는 인류기원연구소의 설립자인 조핸슨과는 여전히 아무 관계도 없음을 명확히 했다. 조핸슨은 아르디 조사를 요청했지만 퇴짜를 맞았다고 불만스러워했다.

팀이 설명한 편평한 손바닥을 이용해 가지 위를 걷는 방식만 빼고. 융거스는 아르디의 손이 어느 정도는 나무에 매달리기 좋은 손이지만 현생 침팬지만큼은 아니라고 해석했다. "아르디 팀은 침팬지를 조상의 반열에서 떨어뜨린다는 열망에 사로잡힌 나머지 선을 넘었어요." 융거스가 말했다. 마찬가지로, 다른 사람들도 아르디가 수평이 아니라 거의 직립 자세로 나무를 탔을 거라고 믿었다.

화석과 CT 스캔에 대한 접근 허가를 받은 융거스 팀은 3차원 기하전형질분석geometric morphometrics이라는 기술(디지털판 비교해부학)을 이용해 여러 해 동안 아르디 화석을 분석했고, 최초 기술의 일부에서 논쟁이 될 만한 부분들을 확인했다. 예를 들어 그들은 인류의 손이 본원적인 비율에 더 가깝고, 침팬지의 손은 더 많이 진화했다고 결론 내렸다. (더구나, 침팬지와 고릴라는 매우 다른 손 비율과 독자적인 진화 역사를 지니고 있다.) 비슷하게, 그들은 넙다리뼈 분석을 통해 이족보행 동물이 현생 아프리카 유인원이 아니라 마이오세 화석 유인원으로부터 진화했을 가능성을 제기했다. 하지만 다른 연구에서는 아르디 발의 혼합적인 성격이 확인됐다. 움켜쥐는 발가락을 여전히 가지고 있음에도 발 측면은 땅 위에서 직립할 수 있도록 리모델링됐다는 것이다. 융거스와 다른 여러 연구자들이 처음에 이상하다고 생각했던 특이한 부분이었다.

계속해서, 연구자들은 모자이크 진화라는 현실에 직면했다. 모자이크 진화는 하나의 신체 부위에서 보이는 패턴이 다른 곳에는 적용되지 않는 것을 의미한다. 예를 들어, 연조직에 관한 몇몇 연구는 인간의 친척 유인원들이 몇몇 해부학적 측면에서 인간보다 더 본원적임을 시사한다. 루이 디오고(버나드 우드의 학생)는 영장류의 머리 및 목, 앞다리 근육을 체계적으로 해부한 결과, 우리의 공통 조상 이후로 침팬지와 보노보는 훨씬 적은 변화를 축적했음을 발견했다. (조상의 상태는 현생 종 사이의 비교를 통해 추정됐다.) 보노보가 특히 조상의 상태에 가깝게 남아 있었다. 반대로 인간은 다른 두 친척 유인원에 비해 근육에 두 배 많은 변화가 일어났다. 이 같은 연조직 연구 결과는 뼈를 바탕으로 한 아르디 팀의 결과와 크게 대조적이었다. 우드는 이 같은 결과가 "모두로 하여금 하던 일을 멈추고 '공통 조상이 어떤 모습일지 너무 가정하지 말자'라고 말하게 만들 것"이라고 했다.

아르디의 기묘한 혼합 보행 스타일은 그것을 어떤 보행 범주에 넣어야 할 것인지를 둘러싼 논쟁을 불러일으켰다. 그것은 작은 일에서 비롯됐지만 큰 소동으로 비화됐다. 아르디 팀의 2009년 설명 중 일부는 혼란을 불러일으켰는데, 많은 학자들은 아르디가 나무 사이나 땅 위를 어떻게 이동했는지에 대해서는 확실히 이해하지 못했다. 문외한들에게는 이런 차이가 사소해 보일지 모르겠지만, 학계에서는 소수만 아는 이런 심오한 내용이 경력을 유지하는 데 중요했다. 마치 작은 글자로 인쇄된 숨겨진 문구가 법률 시장을 먹여 살리는 것과 비슷한 이치다. 인류학은 분류를 좋아하는데, 자주 인용되는 분류를 보면 현생 유인원의 보행을 74가지로 나누고 있었다. 하지만 멸종한 동물까지 같은 범주에 분류될 필요는 없었다. 아르디는 다양한 이동 기술을 이용해 나무를 탔으므로 나무에서 많은 일들을 했을 것이다. 가지 끝을 기어올랐지만 원숭이처럼 재빠르지는 않았다. 수평으로 나무를 탈 수 있었지만 침팬지처럼 힘 좋게 타진 않았다. 나무에 매달릴 수 있었지만 팔이 긴 오랑우탄만큼은 아니었다. 직립보행을 할 수 있었지만 인간만큼 잘 걷지는 못했다. 반사적으로, 학자들은 아르디를 분류하고 싶어했다. 아르디는 몸을 지면에 평행하게 하고 걸었을까(pronograde)? 몸을 지면에서 수직으로 세워서 걸었을까(orthograde)? 손바닥으로 걸었을까(palmigrade)? 자신들의 발견을 현존하는 보행 방식에 욱여넣고 싶지 않았던(그리고 비평가들에게 정당성을 주고 싶지 않았던) 아르디 팀은 다른 분류를 개발했다. 다양한 방식과 자세로 걸었다(multigrady)는 것이다. 아르디를 설명하려면 새로운 언어가 필요했다.

아르디 팀은 마침내 자신들의 발견을 좀 더 짧게 요약한 논문을 〈미국국립과학원회보〉(PNAS)에 발표했다. 새 논문은 이전에 발표한 일련의 논문들에 비해서는 덜 도발적이었다. 다른 학자들에게 물을 양동이째로 퍼붓는 대신, 한 모금 떠주는 식으로 아르디를 소개했다. 이번에는 외부에서 피드백을 받아 개선도 했다. 아르디 팀은 더 이상 현생 유인원과의 관련성을 무시하지 않았다. 대신 침팬지가 공통 조상의 다른 후손을 나타내는 **대조적인** 모델로서 "매우 많은 정보를 준다"고 했다. 아르디 팀은 치아의 계측 정보를 공유했고, 아르디의 나무 위 보행을 설명한 부분에서는 강조점을 미묘하게 바꾸는 식으로 수정을 했다. 하지만 큰 틀에서의 발견 내용은 여전히 확고하게 유지하고 있었다. 아르디는 한때 상상할 수도 없던 인류와 아프리카 유인원 사이의 공통 조상과 오스트랄로피테쿠스 사이의 진화적 단계를 보여줬다. 화석만으로 미스터리를 풀 수 있다는 사실도 상기시켜줬다.

또 아르디는 루시를 재조명했다. 더 본원적인 아르디피테쿠스 라미두스가 등장하자, 루시가 속한 오스트랄로피테쿠스 아파렌시스가 갑자기 훨씬 덜 유인원스러워졌다. 사람들이 침팬지와 고릴라로 이어지는 연결점 역할을 억지로 부여하지 않아도 됐기 때문이다. 새로운 발견으로 오스트랄로피테쿠스 아파렌시스를 둘러싼 퍼즐 조각이 좀 더 맞춰졌다. (이 종은 디키카와 워란소밀레Woranso-Mille에서 에티오피아인들이 주도한 새로운 발견과 하다르에서의 풍부한 발굴 성과 덕분에 가장 많은 내용이 밝혀진 고인류 화석종이다.) 루시 종은 비록 손가락은 휘어 있었지만 앞으로 향한 엄지발가락과 아치가 있는 발을 이용해 걸었다. 유인원과는 다른, 사람과 비슷한 통 모양의 흉곽을 지녔다. 이는 과거에 생각했던 깔때기 모양의 흉곽과는 정반대였다. 이때 학자들은 부서진 화석에서 미발견 부위를 복원하면서 침팬지와 닮게 복원했었다. 그렇다. 오스트랄로피테쿠스 아파렌시스가 나무를 탔을 수도 있다. 하지만 추는 다시 옛 관점으로 돌아갔다. 루시는 발달된 이족보행이 가능한 종이었다. "왜 다시 바뀌었냐면요," 빌 킴벨이 말했다. "아르디피테쿠스가 있기 때문이죠."

〈사이언스〉에 논문이 발표된 지 4년 뒤인 2013년, 다른 연구자들이 보스턴대학에서 아르디피테쿠스를 주제로 공개 포럼을 개최했다. 킴벨은 아르디가 인류 가계의 본원적 일원임을 설득력 있게 제시했다. 융거스와 카트밀은 자신들의 아르디 비판이 너무 성급했음을 고백했다. 이런 일은 학계에서는 빈번하게 반복돼왔다. 융거스는 인정했다. "이전에 했던 말을 취소하라면 해야죠."

해명을 기분 좋게 받아들일 자리였지만, 아르디 팀은 참석하지 않았다. 바로 그 시간에, 발굴팀은 추가 화석을 발굴하러 에티오피아의 지구地溝로 차를 몰고 있었다. 그들에게는 아직 풀어야 할 수수께끼가 남아 있었다.

30장

미지의 동물원으로 되돌아오다

그들은 기관총으로 무장한 채 황야로 돌아왔다.

2013년 12월, 미들 아와시 팀은 아디스아바바에 모였다. 독한 스모그가 무분별하게 팽창하는 수도를 뒤덮고 있었다. 연례 행사인 현장 발굴 시즌이 시작됐다. 울타리로 둘러싸인 베르하네 아스포의 집 정원에서, 오랜 친구들은 포옹하거나 에티오피아식 악수를 하거나 어깨를 부딪치며 인사를 나눴다. 은퇴 후 이제는 치아가 절반이나 빠진 할아버지가 된 알레마예후 아스포, 역시나 지팡이를 짚는 노인이 된 캐스트 제작 테크니션 알레무 아데마수도 포함돼 있었다. 이 30명의 팀원에 여러 민족으로 구성된 에티오피아의 특성이 그대로 반영돼 있었다. 박물관 근무자와 젊은 교수, 사복 군인도 함께했다. 20년 전에 대부분의 연구자들은 코카서스 백인이었다. 하지만 이제는 한 명을 빼고 모두 아프리카인이었다.

"이 막대들을 길이 순서로 정리해요." 사람들이 차에 짐을 싸고 있을 때 화이트가 외쳤다. "군대식으로!"

먼지 묻은 작업용 앞치마를 앞뒤로 두른 젊은이가 짐 싣는 작업을 지시했다. 그의 이름은 와가노 아메르가였다. 몇 해 전까지 그는 국립박물관 바로 옆의 초가지붕 식당에서 코카콜라와 음식을 나르던 거리의 아이였다. 베르하네와 화이트가 식사를 하러 올 때마다 그 소년은 자신을 화석 발굴 현장에 데려가달라고 졸랐다. 소년이 베르하네와 화이트에게 자신이 열여덟 살이라고 말하면, 그들은 웃으며 대꾸했다. "어 그래. 열세 살이라는 거지." 소년은 여러 해를 졸랐고, 베르하네는 결국 일을 맡겼다. 소년은 화석을 식별하는 방법과 클리닝하는 방법을 배웠고, 복원에 소질이 있음을 보여줬다. 이제 그는 발굴팀의 현장 임무를 위한 물품 수송을 책임지고 있었다.

그들은 베르하네의 집 지하 저장고 선반에서 장비를 꺼냈다. 낙엽 청소기, 고고학 도구 꾸러미, 갈퀴, 쇠사슬톱, 드릴, 뱀에 물린 상처 치료용 키트. 모든 것이 효율적으로 실렸다. 자갈이 깔린 차선 건너편 높은 울타리와 가시 철조망으로 둘러싸인 마당에서, 베르하네가 연필과 작업 체크리스트를 손에 든 채 더 많은 차에 짐을 싣는 모습을 지켜보고 있었다.

미들 아와시 팀은 현장 발굴에 대한 열정을 멈추지 않았지만, 이번은 특이한 경우였다. 그해에 미국 형질인류학자협회 연례 총회에서 1000개 이상의 연구 결과가 발표됐는데, 단 세 편만이 새로운 인류 조상 화석 발굴을 다루고 있었다. 형질인류학은 오래전 뼈를 바탕으로 세워진 분야지만 이제는 과거 발견을 기술적으로 분석하거나 DNA를 연구하고 영장류 보행, 침팬지의 섹스나 공격 등 다른 분야로 관심을 넓혔다. 하지만 미들 아와시 팀에게는 현장 발굴이 여전히 최전선이었다. 오래전 뼈가 쓸모없어지는 때는 절대 오지 않을 것이었다.

그들은 반나절에 걸쳐 사막에서 5주 동안 생존하기에 충분한 물품을 차에 실었다. 픽업트럭에 연료를 실은 제리캔을 채우고, 랜드크루저에는 멜론과 양배추, 아보카도, 텐트, 침낭, 주방 도구, 테이블, 그리고 지도와 위성사진을 말아 넣은 원통을 실었다. 이어 지붕 위 짐받이에 짐을 싣고 방수포를 덮었다. 팀원들은 앞좌석에 조그만 공간이라도 있으면 비집고 들어가 앉았다. 오후가 되자 열 대로 구성된 차량 행렬이 에티오피아를 관통하는 이틀간의 여정을 시작했다. 에티오피아는 변화를 겪고 있었다. 인구는 9500만 명으로 크게 늘었는데, 이는 40년 전 루시가 발견됐을 때의 거의 세 배였다. 그들은 공사 중인 고층 건물과 스카이라인 위로 삐죽 솟은 크레인, 그리고 중국인들이 건설 중인 도심 철도를 지나갔다. 교통 체증으로 길이 막혀 도시를 빠져나가는 데 두 시간이 걸렸다.

차량 행렬은 아파르로 향하는 오래된 고속도로를 따라갔다. 도로는 여전히 군데군데 부서져 있었고, 2차선 길은 지부티의 항구를 오가는 컨테이너 트럭 때문에 꽉 막혀 있었다. 맞은편에서 트럭이 검은 배기가스를 내뿜으며 굉음과 함께 언덕을 올라왔다. 승객으로 가득 찬 미니밴이 차선을 넘어 돌진해왔다. 당나귀를 실은 짐차와 세 바퀴의 바자즈bajaj 택시가 어깨를 나란히 한 채 달렸다. 사고 난 자동차 파편들이 길가에 흩어져 있었다. 늘 그랬듯, 서늘한 고지대의 공기는 지구대의 건조한 열기에 맥을 못 췄다. 차량 행렬은 어두워질 때까지 운행했고, 밤이면 일행은 게넷Genet(암하라어로 '천국'이라는 뜻)이라고 불리는 호텔에서 잠을 잤다. 해가 뜨면 아침 식사도 거른 채 다시 운전을 시작했다. 아와시강을 건너는 다리 근처부터 길은 깊은 계곡으로 향했다. 개코원숭이가 절벽을 허둥지둥 내려오더니 차량을 따라 걸으며 먹을 것을 달라고 했다. 고속도로는 건조한 덤불을 통과하며 저지대로 향했고, 아얄루 화산은 지평선 위에서 더 커 보였다. 전통 의상을 입은 아파르족은 뿔이 긴 소 떼를 갓길을 따라 몰았다.

화이트 옆에는 엘레마가 앉아 있었다. 그는 여전히 발굴팀의 가이드이자 지역민들의 대사로 일하고 있었다. 이제 엘레마는 62세였지만, 그 절반 나이로밖에 보이지 않았다. 아내가 세 명 있었는데 가장 젊은 아내는 17세였다. 아들 중 한 명의 이름은 베르하네였다. 화이트는 엘레마가 총 두 자루를 들고 캠프에 쳐들어와 자기 땅에서 나가라고 했던 첫 만남을 떠올리며 박장대소했다. "아침 먹고 있는데, 젠장 이 친구 때문에 다 망쳤지!" 화이트가 고속도로를 운전해 가면서 소리쳤다.

"1992년 이후로는 아무 문제도 없어요." 엘레마가 말했다. "나와 미들 아와시 프로젝트는 좋은 친구죠."

화석 발굴팀이 그곳에 처음 나타났을 때, 엘레마는 영어를 전혀 모르는 아파르 토박이 중 하나였다. "하나도, 제길, 하나도 몰랐다고요." 그가 말했다. 이제 그는 고생물학과 지질학, 분석학糞石學 전문용어로 말할 수 있었다. 마을의 노인, 고위 경관, 외국 과학자, 정부 관료까지 그가 모르는 사람은 없어 보였다. 자동차 안에서 휴대

전화 벨 소리가 계속 울렸다. "휴대전화를 가진 아파르인이라!" 화이트가 신기하다며 머리를 흔들었다. 이곳에 대체 무슨 일이 일어난 거지?

이해에, 발굴팀은 그 어느 때보다 엘레마에게 많은 빚을 졌다. 그들은 지난 20년 동안 거의 탐사하지 않았던 아와시강 동안으로 향하고 있었다. 그곳은 오랫동안 현지인들이 외지인에게 총을 쏘는 지역이었다. 차량 행렬은 이사족이 1991년 차량 행렬을 향해 총알을 퍼부었던 시바카이에투를 통과했다(이 사건은 전화위복이었다. 어쩔 수 없이 강 서안으로 물러났는데, 그곳에서 아르디피테쿠스를 발견했다). 이번 발굴 한 해 전인 2012년에 발굴팀은 용기를 내 강 동안에 다시 가봤는데, 머리 위로 총탄이 날아다녔다. "예광탄이 공중에서 날아다니는 모습을 볼 수 있었어요." 기다이 월데가브리엘이 당시를 떠올리며 말했다. 에티오피아 군인으로 이뤄진 부대가 계곡의 사격수들을 몰아 항복을 받아냈다. 그들은 방문자들이 정부 관료들이라고 착각해서 머리 위로 총을 쏴 쫓아버리려 했다고 했다. "그들을 알아요." 기다이가 말했다. "우리를 위해 일했던 사람들이죠." 그게 그들이 가고자 하는 지역의 현실이었다. 아파르족과 이사족이 총을 들고 뛰어다녔고, 화석 발굴팀도 십자포화를 당하지 않기 위해 이리저리 뛰어다녀야 했다.

여행 시작 이틀 뒤, 차량 행렬은 오운다 파오Ounda Fao라는 먼지 자욱한 길가 마을에 진입했다. 그곳에는 투켈tukel(작은 가지를 끈으로 엮어 만든 전통 가옥–옮긴이)과 주름진 금속으로 만든 오두막이 있었는데, 컨테이너 트럭의 굉음 속에서 염소 울음소리가 들렸다. 위장

복을 입은 군인 무리가 플라스틱 용기 더미를 태우고 있는 곳 옆의 나무 그늘에 늘어져 있었다. 그들은 발굴팀의 보안부대로, 자동화기로 무장한 30명의 에티오피아 연방 경찰로 구성된 준 군사 조직이었다. 출발을 위해 자동차 시동을 걸자 군인들은 땅을 박차고 일어나 AK-47 소총을 집어 들고 흰 픽업트럭 뒷자리에 올라탔다. 총알집을 두른 한 근육질 남성이 차량 위에 부대 기관총을 올렸다. 미들아와시 팀은 그렇게 꽤나 중무장한 채 현장으로 향하고 있었다. 화이트는 아파르 경찰서장 모자를 쓰고 손가락이 없는 운전 장갑을 낀 채 랜드크루저 운전대를 잡았다. 조종용 선글라스 너머로 그는 쭉 뻗은 기관총 총열을 보고는 환하게 웃었다. "이사족은 보라지." 그가 크게 소리쳤다. "이거랑 한판 뜨고 싶진 않겠지?"

기관총은 고속도로를 따라 몇 킬로미터를 더 이동한 뒤 진흙을 깐 길로 옮겨졌다. '아스팔트를 떠나며'라는 의식이었다. 지난 이틀간, 문명의 편의시설은 점점 줄어들었다. 식당, 주유소, 수도, 그리고 포장도로가 멀어져갔다. 여기서부터 휴대전화도 터지지 않고 길도 없으며 인프라 시설이라곤 하나도, 제길, 단 하나도 없을 것이었다. 이곳은 부족들의 영토였다. 여기서 멀지 않은 곳에서 아파르족 친구 가디가 이사족과의 총격전에서 치명상을 입었었다. "이사족이 이곳을 완전히 장악했어요." 화이트가 말했다. "강에 가는 모든 지점마다 이사족이 감시인을 뒀어요. 아파르족 머리가 보였다 하면 저 범람원에서 쏴버린다고요. 농담이 아니에요."

차는 현무암 자갈이 군데군데 박힌 초지 고지대를 쿵쾅거리며 지나갔다. 덤불에 긁히면서 다시 20킬로미터를 간 뒤에야 여전히 안전이 의심스러운 곳에 캠프를 칠 수 있었다. 다리가 긴 낙타 떼가 풀위를 성큼성큼 걸었다. 가젤들이 목초지에서 머리를 들고 경계하는 표정으로 쳐다봤다.

"이 지역에서 마지막으로 총격이 벌어진 게 언제였죠?" 화이트가 말했다.

"작년이었죠." 엘레마가 말했다. "작년 발굴 시즌 끝나고요."

멀리, 시든 갈색 언덕에서 흰 점들이 천천히 움직였다. 염소 떼였다. 이사족 남자들이 입는 선명한 흰색 치마를 입은, 마른 두 사람의 실루엣이 꼭대기에 보였다. 어깨에 무엇인가를 메고 있었다. 동물을 다루는 지팡이인지 아니면 총인지 멀리서는 구분하기 힘들었다.

화이트가 중얼거렸다. "우릴 봤군."

화이트와 엘레마.

그들은 아파르족이 '분쟁의 장소'라는 뜻의 "윌티 도라"라고 부르는 곳에 캠프를 차렸다. 나무 그늘이 있으면서 주위를 충분히 볼 수 있어 안전하고, 불을 질러 공격하지 못하도록 긴 풀이 없는 곳을 찾느라 시간이 걸렸다. 황야를 5주간 편하게 지낼 곳으로 바꾸느라 첫 며칠을 썼다. 보급 등 생활 문제를 제대로 해결해주지 않을 경우, 팀워크는 금세 똥으로 전락해버린다. 말 그대로 다른 사람의 똥을 밟는 지경이 된다는 뜻이다. "캠프를 제대로 세우기 위해 시간을 들이지 않아도 처음 4, 5일 정도는 괜찮아요. 하지만 이후 불편해지고 사기가 확 꺾이게 되죠." 화이트가 설명했다. "일단 그런 일이 일어나면, 화석 발굴 효율은 저세상으로 가버려요."

사람들은 브러시를 빨고 나무 밑동을 파내고 갈퀴로 땅의 흙을 쓸어냈다. 나뭇가지를 캠프 가장자리로 끌고 가 울타리를 만들어서 염소나 자칼, 하이에나, 개코원숭이가 오지 못하게 했다. 땅을 파 화덕을 만들어서 염소를 굽거나 라자냐를 요리하고 따끈한 빵을 구웠다. 할당받은 하루 치 물 2갤런(약 7.5리터)과 개인에게 공급한 샤워백으로 먼지와 땀을 씻어낼 수 있는 샤워장도 설치했다. 군인들은 그늘진 숲 아래에 기지를 설치했다. 화이트는 곳곳을 다니며 텐트 폴이 수직으로 잘 섰는지, 불안하게 기울어 있진 않은지, 가스 용기가 제대로 실려 있는지, 도구가 잘 설치됐는지, 그리고 모든 게 그의 마스터플랜에 따라 놓여 있는지 확인했다. 에티오피아 동료들은 조용히 자기 할 일을 했다.

해가 떴다. 풍경이 열로 물결치듯 흔들렸다. 대기에 벌레 소리가 가득 찼다. 30여 명의 사람들이 작업을 시작했다. 땀이 먼지 가득한 셔츠에 점점이 떨어졌다. 정오에 화이트가 중지하라는 신호를 보냈다. 그는 모자를 벗고 테이블에 머리를 올린 뒤 큰 손수건을 덮어썼다.

그는 아팠다. 기웨인에서 들른 마지막 식당에서 그는 다른 사람들에게 먼저 식사하라고 하고 마지막으로 밥을 먹었다. 그런데 과로한 요리사가 상한 달걀을 제대로 익히지 않은 채 내왔던 듯하다. 캠프를 한창 쳐야 할 때 그는 자꾸 눕고만 싶었다. 하지만 그러지 않았다. 해가 낮아지면 그의 인내심도 바닥이 났다. "그놈의 텐트 하나 세우는 데 여섯 명씩 붙어서 하고 있어요. 망할, 시간 낭비하고 있다고요. 바닥에 깔 방수포 가져와요. 빨리!" 그가 나가며 말했다. "비켜요!"

어둠이 내리면, 와가노 일행은 소음을 줄이기 위해 전기 발전기를 흰개미 굴에 넣고 전선을 묻은 뒤 코드를 이어 전깃불과 콘센트에 전원을 넣었다. 발전기가 돌자 알전구가 간이 식탁과 라디오, GPS 장비, 컴퓨터 등이 늘어선 캠프 사무실을 비췄다. 마지막으로 헤드램프를 켜고 개인 텐트를 쳤다. 언제나 단체 활동이 개인 활동보다 우선이었다.

화이트는 기진맥진한 모습으로 저녁 식사 시간에 등장했다. 다시, 그는 머리를 테이블에 누이고 위에 수건을 얹었다. "화이트도 모든 걸 다 직접 할 수는 없어요." 기다이가 말했다. "이 나이가 그래요."

5일째 되던 날, 팀원들은 마침내 화석 발굴을 시작했다. 발굴팀은 이번 시즌에 250만 년 전 고대 호수와 강을 따라 형성된 연약한 사암층을 발굴하기로 했다. 대략 그 시기에 인류 조상은 호모속으로 분류될 수 있을 만큼 오늘날의 인류를 닮아갔다. 하지만 그 과정은 여전히 미스터리로 남아 있었다. 과학자들은 호모속에 해당하는 특징이 무엇이며 언제 처음 등장했는지 오래 논쟁해왔다. 용어만 본다면, 언제 어디에서 우리가 속한 속이 등장했는지 알 수 있다. 1758년 스웨덴에서였다. 칼 린네가 현생인류를 '호모 사피엔스'로 분류했던 시기다. 이후, 모든 게 더 모호해졌다. 호모속을 정의하기 위한 기준이 계속 바뀌었다. 과거에 정의됐던 특징들을 유인원이나 그 이전에 등장했던 오스트랄로피테쿠스속도 갖고 있다는 사실이 밝혀졌기 때문이다. 300만~250만 년 전 사이의 증거를 시급히 확보해야 한다는 한 가지 사실만이 분명해졌다. 그 시간대에 살았던 종은 여럿 알려져 있었다. 미들 아와시에서 나온 오스트랄로피테쿠스 가르히와, 남아프리카에서 나온 오스트랄로피테쿠스 세디바 및 오스트랄로피테쿠스 아프리카누스가 대표적이었다. 그해 초, 다른 발굴팀이 에티오피아에서 280만 년 전 아래턱뼈를 발견했는데, 호모속에 속한 화석 중 가장 연대가 앞선 것이었다. 미들 아와시는 플라이오세와 플라이스토세 시대의 암석이 풍부한 곳이다. 이 미스터리를 풀 가능성이 높았다.

그런데 발굴팀의 임무는 통상적인 것이 아니었다. NSF는 대외적으로는 자신들의 과거 연구비 지원 덕분에 미들 아와시에서 수많은 발견이 이뤄졌다고 높이 평가했다. NSF는 2010년, 아르디를 "세상을 떠들썩하게 한 60가지 연구" 중 하나로 꼽았다. 구글 검색 엔진과 바코드, 광섬유, 블랙홀 발견, 오존층 발견 등과 함께였다. 공개

보고서와 의회 증언에서도 NSF는 아르디를 세금으로 놀라운 과학적 성과를 지원한 모범 사례로 소개했다. 하지만 내부적으로는 달랐다. NSF의 동료 평가자들은 미들 아와시 팀에 대해 그리 좋은 평을 하지 않았다.

2011년, 미들 아와시 팀은 300만~250만 년 전 시기를 연구하기 위해 여러 팀이 공동으로 참여하는 발굴 임무를 계획하고 NSF에 연구비를 신청했다. 이번에 가게 된 바로 그 임무였다. 그 제안서는 탈락했다. 한 익명의 평가자는 이렇게 불평했다. "미들 아와시 프로젝트는 중요한 발견을 논문으로 발표하는 속도가 너무 느리고, 캐스트 공개나 데이터 공유 성과가 형편없으며, 다른 연구자들이 발견 내용을 쉽게 활용하도록 하는 데에도 소극적이다. 이런 행동 패턴이 바뀔 가능성은 거의 없다고 보며, 이는 연구계가 용인할 수 있는 수준이 아니다. 얻을 수 있는 것도 훨씬 적다고 본다." (같은 평가자는 화이트에 대해서도 코멘트를 남겼는데, NSF 프로그램 디렉터는 그 내용이 너무 개인적이라고 판단해 무시했다.) 당시 NSF 프로그램은 한 팀만 지원할 예정이었고, 결국 연구비 지원은 다른 프로젝트에 돌아갔다.

2012년, 미들 아와시 팀은 다시 지원했다. 이번에 공동 연구팀 책임자로는 화이트 대신 하워드대학의 레이먼드 버너(전 NSF 프로그램 디렉터)를 올렸다. 하지만 평가자들은 이 제안서에 대해 "경쟁력이 없다"며 또 탈락시켰다. 제안서 내용 중 검증받아야 할 가설의 구체성이 떨어지고, 뭔가 정말 찾을 수 있을지 확신할 수 없다며 흠을 잡았다. 화이트는 불가능한 기준이라며 불만을 표시했다. 어떻게 발견하기도 전에 그 발견 내용을 말할 수 있단 말인가?

2013년, 미들 아와시 프로젝트는 세 번째로 지원했다. 이번에는 NSF 인류학 프로그램이 아니라 지구과학 프로그램이었다. 원한 관계를 고려해 평가자에서 빼야 할 전문가 리스트를 세 페이지에 걸쳐 문서로 제출했는데 리키 가문, 돈 조핸슨, 호르스트 자이틀러, 리 버거, 듀어 설링, 빌 맥그루 등 그 분야에서 가장 영향력 있는 명사들이 거의 다 포함된 인명록 같았다. 패널은 제안서를 강력하게 검토했지만, 기술적 부분이 부족하다며 다시 한번 탈락시켰다.

발굴 현장 캠프의 어느 날 밤, 화이트는 간이식당의 테이블에서 분노를 터뜨렸다.

"우리더러 프로젝트에 '모델링 측면'이 부족하다고 하더라고요."

"변명이죠." 기다이가 말했다.

"그렇죠. 그 사람들의 망할 변명." 화이트가 말했다. "빌어먹을 진드기가 다리에서 가랑이까지 얼마나 빨리 올라오는지를 모델링하면 되겠네. 엿같은 일이에요. 뭐, 모델링?"

화이트는 분노에 차서 손으로 테이블을 쾅쾅 쳤다.

"여기서 요지는, 그들이 우리가 현장에서 찾은 화석을 버나드 우드 같은 사람에게 넘겨주길 바란다는 거죠. 그걸 해석할 똑똑한 사람이니까. 우린 멍청하다는 거지. 젠장, 만약 우리가 멍청한 게 아니라면, 그러니까 나만 멍청한 거라면, 우리 팀에 아프리카인도 있는 게 싫은 거예요. 그걸로 우리가 자격이 없다고 결론 내버린 거죠."

초기 인류 진화는 아프리카에서 시작됐다. 하지만 그 이야기를 하는 사람들은 여전히 아프리카인 이외의 사람들이다. 미국 형질인류학자협회가 한 조사에 따르면, 생물인류학 분야 전체를 통틀어 아프리카계 연구자는 2퍼센트에 불과했다(백인은 89퍼센트였다). 이번 발굴의 경우 연구자 가운데 네 명이 아프리카인 박사였고, 현장 멤버들은 전원이 베르하네와 화이트가 가르친 에티오피아인들이었다. (이 해에는 모두 남성이었다.) 하지만 이렇게 아프리카인들에 대한 교육과 훈련을 강조하는 것이 이 분야 생태계에서 꼭 유리하게 작용하는 것은 아니었다. 탈락한 NSF 연구 제안서를 심사한 한 평가자는 NSF의 의무 조항을 "에티오피아를 위한 인프라 시설을 구축하고 에티오피아인 학생을 모집, 훈련해 미국인들의 일자리와 경합하게 하는 것"에까지 적용할 수는 없다고 지적했다.

"케냐, 탄자니아, 남아프리카공화국 등 그 어느 곳의 연구팀을 봐도 미들 아와시 팀처럼 진짜 현지인이 공동 연구를 하는 경우는 없어요." 기다이가 테이블 양측에 둘러앉은 아프리카인들을 가리키며 말했다. "그들은 현장 연구를 직접 하고 싶지는 않지만 정보는 모두 자신들에게 다 넘어오길 바라고 있어요. 이런 조건을 받아들이지 않으면 도우려 하지 않을 겁니다. 이건 사실 과학의 진보를 막는 행위입니다."

테이블 맞은편에서, 화이트는 연구실에 머무르는 연구자들의 '음모'에 대해 끝없이 욕을 했다. 특히 최근 고기후古氣候와 그것이 진화에 미친 영향을 연구하기 위해 수백만 달러를 지원하기로 한 NSF 이니셔티브를 성토했다.

"차에 엉덩이 붙이고 현장으로 갈 줄 모르는 컴퓨터쟁이들, 이사족과 아파르족을 구분할 줄도 모르는 사람들." 그가 발끈해서 말했다. "그 사람들은 방 안에 앉아서 컴퓨터나 만지면서, 특정 조건을 적용하면 플라이오세에 어떤 일이 일어났을지 이야기하죠. 하와이 섬에 엘니뇨 효과가 나타나고 라미두스가 아카시아 나무 아래에서 등장해요. 그게 모델링이에요. 광신적인 헛소리. 쓰잘데기없어요. 당연히 지원서엔 쓰지 않을 겁니다."

미들 아와시 팀은 NSF 지원을 포기하고 연구비를 자체적으로 조달하기로 했다. 버클리의 재단과 개인 후원가들의 도움을 받아 예산을 줄인 상태로 프로젝트를 시작했다. (이런 면에서 미들 아와시 팀은 혼자가 아니었다. 인류진화연구소와 투르카나분지연구소를 포함한 다른 주요 미국 연구팀 역시 개인 연구비 모금에 의존하고 있었다.) 화이트는 오랜 공동 연구자에게 연락해 출장 경비를 부탁했고, 버클리 지질연대학센터는 방사성 연대 측정 비용을 할인해줬다. "미들 아와시 프로젝트는 역사상 따라올 대상이 없을 정도로 가장 생산적인 고인류학 연구 프로젝트였어요." 지질연대학센터장 폴 르네가 말했다. "화이트가 NSF의 연구비 지원을 받지 못하는 현실이 어이가 없죠." 르네는 대부분의 적의가 화이트 개인 때문이라고 지적했다. "많은 사람들이 화이트를 좋아하지 않아요. 물론 화이트도 전에 그 사람들을 존중하지 않았지요. 뭐 형편없는 연구자랬나 뭐랬나."

후원에 기대는 형태의 모델에는 장점도 있다. 연구비를 지원받는데 더 이상 동료 학자들의 결정에 의존할 필요가 없다. 모델이 없다고, 가설이 모호하다고, 그 분야에서 사이가 나쁜 사람이 있다고, 방법론이 구식이라고, 또는 논문 발표가 늦는다고 예산을 못 받을 염려가 없다. "당장 데이터를 발표하는 것보다 데이터를 만드는 일에 더 집중할 수 있어요." 화이트가 말했다. "데이터를 발표하면 비판

그날의 임무를 계획한다.

만 받고 돈은 못 받았어요. 뭐, 괜찮아요. 연구비 지원받을 거고, 우리가 준비됐다고 생각할 때 논문을 발표할 겁니다."

데이터를 얻는 첫 과정은, 아침 식사 자리에서 독사를 피하는 법과 독사에게 물렸을 경우 어떻게 치료할지 강연을 듣는 일이었다. 팀원들은 자동차에 올라 가메다Gamedah라는 지점으로 갔다. 꼭대기가 편평한 사암층으로 덮인, 굽이굽이 언덕이 이어진 곳이었다. 고대 코끼리와 코뿔소, 원숭이 그리고 돼지의 뼈가 굴러떨어졌다. 이곳을 마지막으로 탐사한 것은 20년도 더 전이었다. 이번 탐사는 아르디피테쿠스 탐사보다 더 오래 걸릴 예정이었다. 발굴팀은 긴 게임을 하고 있었다. 만약 지질학자들이 이 지역의 암석층을 미들 아와시의 다른 지점 암석과 연결시킬 수 있다면(방사성 연대 측정이나 지구화학 지표 등의 기술을 사용한다), 모든 동물상을 단일 시료로 취급해 통합적인 분석을 할 수 있을 것이다. 이 자료는 오래전 시대를 한눈에 보여주는 증거로, 지난 수십 년 동안 발견한 화석 증거들에 대한 활용도를 높여줄 것으로 기대됐다. 게다가 이곳에서 발굴한 화석도 많았다. 프로젝트의 조사 지역 내에 연대가 600만 년에 걸쳐 있는 화석 발굴지가 439곳 있었다. 이 모든 발굴지는 100개 이상의 지층으로 구성된 주요 연대표와 잘 일치했다. 하지만 이들을 연구하는 과정은 매우 지난한 일이었다.

발굴팀은 수집할 만한 가치가 있는 화석을 발견하면(대부분은 가치가 없다), 노란 깃발을 꽂고 화이트를 불렀다. 병에서 회복한 화이트는 그들을 따라 터덜터덜 걸어갔다. 그는 측정기이자 지시기, 발굴도구, 그리고 의자 역할까지 하는 만능 도구인 얼음도끼를 항상 들고 다녔다. 이날 그는 이 도끼를 지팡이처럼 썼다. 팀원들은 화이트가 다가온다는 사실을 바위 위로 울리는, 의족을 찬 선장이 낼 법한 특이한 '딸그락 딸그락 딸그락' 소리로 알아챘다. "노인을 위한 나라는 없지." 그가 불만스러운 목소리로 말했다.

"깃발!"

부스러지는 사암 자갈 사이로 드러난 초콜릿빛 경사로에서, 다윗이라는 이름의 젊은 에티오피아인이 큰 턱뼈 조각을 찾아냈다. 화이트는 그가 호미니드를 발견했다고 축하했다. "완벽했어요." 그가 말했다. "아주 잘했어요." 2인 1조로 구성된 발굴팀은 GPS로 표본이 발견된 정확한 위치와 고도를 읽어냈다. 화이트는 다윗과 그가 발굴한 화석의 사진을 찍고 종이에 간단한 세부 사항을 기록한 뒤 강철로 된 노트 케이스를 딸깍 닫았다. "박카Bakka!"(됐어요) 그가 외쳤다. "또 다른 것, 또 다른 걸 찾죠. 여기 호미니드가 있으니까!"

매일 발굴이 이어졌다. 화이트는 땅을 기며 발굴 중인 팀원들에게 천천히 움직이고 제대로 **보라고** 잔소리를 했다. 그와 일해본 사람은 누구나 익숙한 한바탕 강의가 펼쳐졌다. "화석이 물에 휩쓸려서 모이는 낮은 지점에 집중하세요. 항상 경사로를 올라가며 찾으세요. 내려오면서 찾으면 안 됩니다. 태양빛을 막으려면 모자를 쓰세요. 태양이 등 뒤에 있으면 그림자 바깥을 찾으세요. 태양이 앞에서 비추면 반짝이는 부분을 잘 보세요. 밝은 화석이 더 빛납니다." 성미급한 사람이 너무 멀리 나아가면, 그는 갑자기 그 사람을 다른 방향으로 돌렸다. 그러면 가장 앞서 나가던 사람이 가장 늦은 사람이 됐다. 그가 '전략적으로 잘못 지도하기'라고 부르는 기술이었다.

"염소 떼를 모는 것과 비슷해요." 화이트가 짓궂게 웃으며 속삭였다. "하나 다른 게 있다면, 염소들이 풀이 어딨는지 모른다는 것?"

정통한 베테랑은 몸을 앞으로 구부린 채 걷다 화석이 많은 땅에서 속도를 늦췄다. 신참자들은 몸을 뻣뻣이 세운 채 아무 데나 걸었다. 언제나 그렇듯 소수의 야심 찬 팀원들은 정해진 구역 너머를 돌아다녔다. 그때마다 화이트는 호되게 야단을 쳤는데, 반은 분노 때문이었고 반은 연기였다. 하루 종일, 그의 목소리가 먼 언덕 위에서 염소 떼를 모는 이사족 사람들의 날카로운 외침과 섞이며 바위투성이 계곡에 울려 퍼졌다.

"저 앞에 누가 자리를 벗어나 있지? 아베베와 엘레마? 엘레마!"

보우리 씨족의 우두머리가 돌아보며 대답했다. "네!"

화이트가 얼음도끼를 허공에서 휘둘렀다.

"아침에 화석을 처음 발굴한 지역으로 다시 돌아가줘요. 경찰 바로 앞에. 엉덩이를 그 도랑에 넣고 수집할 수 있는 다른 화석들을 찾아요. 당-장! 당-장!"

"알았어요." 엘레마가 말했다.

스무 명이 천천히 바위투성이 경사로를 훑었다. 그들은 원숭이와 돼지, 소, 하마, 말, 그리고 다른 동물들의 화석을 찾았다. 그들은 잘 보존된, 뿔과 치아가 남아 있는 쿠두 머리뼈를 발굴했다. 이 모든 것이 그들이 제대로 된 장소를 발굴하고 있다는 사실을 가리키고 있었다. 250만 년 전에 살았던 인류 조상의 머리뼈 또는 다른 뼈 화석이 잘 보존돼 있을 것이다. 누군가 찾을 수만 있다면 말이다.

"좋아요, 엘레마. 아무것도 못 찾았나요?" 화이트가 외쳤다.

"아무것도요. 젠장, 하나도 없어요!"

"비주아예후! 와가노!" 화이트가 쿠두 머리뼈를 발굴하고 있는 두 사람에게 소리쳤다. "거의 됐나요?"

"거의요! 거의요!"

"빨리 차로 와요. 다른 사람들도!"

어느 날, 한 에티오피아인이 치아 두 개가 아직 남아 있는 이상한 턱뼈 조각을 발굴했다. 화이트는 그 화석에 대해 골똘히 생각하더니 씩 웃고는 발굴팀 전원을 소집했다. "자, 골학 시험을 보겠습니다."

그가 화석을 손으로 잡아 돌렸다.

"이런 건 본 적이 없어요." 와가노가 말했다.

“땅돼지aardvark(아프리카의 야행 포유류–옮긴이)일까요?”

“땅돼지는 개미를 먹죠.” 화이트가 말했다. “개미를 먹는 동물의 이빨이 아니에요.”

“원숭이 같은데요.” 고고유물국 소속 공무원이 말했다.

“원숭이도 아니에요.” 화이트가 말했다. “영장류도 아니에요. 포유류는 맞는 것 같네요.”

모두 당황했다.

“뭔가요, 화이트?” 젊은 에티오피아 고고학자 요나탄 살레가 물었다. “알려주세요.”

결국 화이트가 답을 공개했다. “자이언트 하이랙스giant hyrax. 호미니드보다 100배는 희귀한 동물이죠.” 현생 하이랙스는 토끼 크기 정도다. 하지만 플라이스토세의 하이랙스는 독일 셰퍼드만 했다. 과거의 낯선 나라에서 만난 또 하나의 특이한 동물이었다. “이 계곡, 정말 열심히 조사해보자고요.” 화이트가 말했다. “내가 본 곳 중에 화석이 가장 풍부한 곳이에요.”

탐사가 끝날 때까지, 발굴팀은 2000개 이상의 화석을 발굴했다. 그 가운데 20개만 인류 계통으로 분류됐다. 여기에는 부러진 치아, 다리뼈 조각, 턱뼈가 포함돼 있었다. 인류 화석이 이렇게 적은 경우는 흔했다. 세계에서 가장 화석이 많이 발견되는 땅에서도, 인류 조상은 전체 동물상의 2퍼센트도 안 될 때가 많다. 아라미스를 벗어나면, 인류 조상 발견 비율은 더 떨어질 것이다.

이 같은 숫자는 아르디 발견이 얼마나 희박한 일인지를 알려준다.

매일 아침이면 강 너머 안개 속에서 여러 개의 언덕이 늘어선 모습이 드러났다. 약 20년 전 가장 오래된 인류 계통 화석을 발견한 지층인 센트럴 아와시 콤플렉스였다. 화이트가 그토록 돌아오기를 갈망했던 곳이다.

"내 말 좀 들어봐요." 화이트가 아침 식사 테이블에서 말했다. 목소리는 분노로 높아져 있었다. "만약 루이스 리키가 아라미스에서 이 화석들을 찾았다고 해봐요. 우리가 논문에 쓴 것처럼 다루진 않았을 거예요. 호모속과 직접 연결되는 위대한 발견이라며 헤드라인을 장식했겠죠!"

그는 테이블에서 일어나 성큼성큼 걸어갔다. 한 시간이 지나자, 태양은 지구대 끝자락에 걸려 있었다. 이미 시간의 압박을 느끼고 있었다. 차에 짐도 실어야 하고, 지도에 대한 상의도 해야 하고, 팀원들에게 발굴을 독려해야 하고, 노두도 탐사해야 했다. 인류에 대한 우리의 생각을 바꿀, 알려지지 않은 다른 고대의 존재를 발견할 수 있을 것 같은 그런 아침이었다. 확률은 낮겠지만 그게 뭐 대수랴.

31장

나무도 덤불도 아닌

쥐는 발가락을 지닌 플라이오세의 고인류 아르디는 천천히, 어색하고 느린 발걸음으로 인류 가계의 일원이 돼갔다. 학자들은 아르디를 둘러싼 불편한 진실을 직시하기 시작했고, 아르디는 교과서에 기술되기 시작했다. 인류 진화를 논하는 논문은 아르디가 인류 계통에서 가장 오래된 화석인류이며 루시보다 100만 년 더 앞선다는 설명을 반드시 넣어야 했다. 아쉽게도, 모두가 기대하던 조상과 실제로 나타난 조상의 모습은 일치하지 않았다. 아르디는 현존하는 어떤 범주에도 정확히 속하지 않았고, 상상했던 것과도 달랐다. 제대로 표현하려면 새로운 언어가 필요했다.

아르디의 가장 중요한 교훈은, 화석 기록이 없는 구간을 메우기 위해 고안된 단순한 내러티브는 틀리기 쉽다는 사실이었다. 많은 학자들이 동의한다는 사실이 과학에서 항상 옳은 예측 결과를 보장해주지는 않는다. 한 번도 본 적이 없던 것, 그러니까 인체해부학, 멸종동물 화석, 유인원행동학, 유전자, 고생태계 등에서 드러난 새로운 모습을 그 시대가 요구하는 기대치에 맞춰 왜곡하지 않으면서 설명하려면 인내심이 필요했다. 하지만 인간은 자고로 순수한 설명 그 이상을 갈망한다. 의미와 감정적인 만족감을 주는 결론을 원한다. 이때 우리는 길을 잃고 방황한다. 내러티브에 대한 갈망이 자주 사실에 대한 이해를 넘어 그 이상으로 나아가기 때문이다. 익숙하지 않은 것을 이해하고자 노력하는 과정에서 우리는 친숙한 비유를 채택한다. 하지만 자연은 우리 뇌가 상상하는 것보다 복잡할 때가 많다. 확실히 알고자 할 때 유일한 방법은 그것을 발견하는 것뿐이다.

새로운 과학적 진실은 천천히 모습을 드러낸다. 아프리카에서 처음 발견된 인류 조상인 오스트랄로피테쿠스는 인류 가계의 일원으로 인정받기까지 약 25년을 천국도 지옥도 아닌 중간(연옥)에서 보내야 했다. 이 같은 기준으로 보면 아르디피테쿠스가 받아들여진 시간은 짧은 편일지도 모른다. 논쟁은 점차 아르디가 인류 진화 스토리에 적합한 대상인지 여부를 묻는 데에서, 인류 진화와 어떻게 연결되는지 그 방법을 묻는 쪽으로 옮겨 갔다. 심지어 여전히 현생 유인원을 '타임머신'으로 보는 사람들도 아르디를 인류 가계의 일원으로 받아들여야 하며(비록 해석은 매우 달랐지만) 자신들의 세계관과도 융합시켜야 한다고 생각했다.

학계에서는 아르디가 더 많이 받아들여졌지만, 여전히 대중에게는 거의 알려진 게 없었다. 루시는 수많은 홍보 덕분에 일상적인 대화에서도 이야기될 정도로 대중적으로 널리 알려졌지만, 아르디는 그런 홍보를 하지 않았다. 아르디를 발굴한 학자 누구도 대중서를 쓰지 않았다. 런던 자연사박물관이나 뉴욕 자연사박물관 같은 주요 자연사박물관은 대중 전시를 위한 복제 표본을 얻을 수가 없다고 불만을 표했다. 고고유물의 남용을 막기 위한 에티오피아의 보호조치 역시 연구에 필요한 정보의 흐름을 위축시키는 결과를 낳았다. 아르디를 비밀에 부치기 위해 그토록 오래 싸웠던 발견자들은, 이제 역설적으로 정반대 문제에 직면하게 됐다. 에티오피아 고고유물국이 캐스트를 유포하는 데 무관심한 나머지 아르디의 정보를 공유하고 싶어도 할 수 없는 상황이 된 것이다. (아르디 팀이 다른 학자들에게 보여준 것은 개인적인 복제 표본이었다. 에티오피아는 연구자들이 복제 표본을 만들지 못하게 규제했다.) 사용할 수 있는 복제 표본들은 정밀한 세부 정보를 알지 못하는 사기업들이 비공식적으로 만들어 몰래 유통한 것들뿐이었다. "부처 사람들은 화석을 유통하는 게 어떤 가치가 있는지 잘 몰라요." 베르하네 아스포가 한숨을 쉬며 말했다. "내가 이 부처 책임자라면, 모든 자연사박물관에 무료로 제공할 텐데 말이죠."

오늘날의 과학자들에게, 데이터란 컴퓨터에서 얻을 수 있는 것이다. 그런 생각이 점점 강해지고 있다. 하지만 아르디의 3차원 스캔 데이터는 널리 공개돼 있지 않다(일부 데이터가 다른 팀에게 제공됐지만, 개별적으로 공유된 사례다). 소수의 학자들만 아디스아바바에 성지순례 하듯 가서 원본 화석을 조사하거나 발굴팀의 연구실을 찾아가 고해상도 캐스트를 조사한다. 미들 아와시 팀은 좀 더 열린 자세를 갖게 됐고, 심지어 외부 학자들이 자신들의 화석 컬렉션을 바탕으로 오스트랄로피테쿠스의 가장 오래된 척추 화석을 발견했다고 주장하는 논문을 펴내도록 허락하기도 했다. 늘 그랬듯 화이트는 모든 측정치를 검증하길 고집했고, 정의된 내용에 이의를 제기했으며, 가정을 근본부터 부정했고, 동료들이 "논문에 헛소리를 쓰지 않는지" 감시했다. 그는 아르디의 손목에 대한 설명을 잘못 해석한 논문을 발표한 젊은 연구자를 통렬히 비판하기도 했다. "아르디를 다루려면, 화이트를 다뤄야 하죠." 빌 융거스가 말했다. "근데 그걸 피하고 싶은 사람도 있어요."

많은 요인들을 종합할 때, 아르디피테쿠스는 사람들이 전에 전혀 접해보지 못한 가장 중요한 화석이 분명했다. 2015년 버락 오바마 대통령이 에티오피아를 방문했을 때 이런 사실이 극명히 드러났다. 에티오피아는 국가적 보물을 자랑하기로 했다. 국립박물관에서 화석을 금고에서 꺼내 먼지를 턴 뒤, 오바마 대통령을 맞이하는 차량 퍼레이드로 국립궁전National Palace에 갔다(사절단의 일원이었던 베르하네의 말에 따르면, 오바마 본인과 비슷한 수준의 보안 대책을 세웠다고 했다). 저녁 식사 시간에 에티오피아 측은 오바마를 화석으로 향하는 레드카펫 위에 서게 했다. 이는 자유 진영의 리더가 소위 모든 인류의 어머니로 불리는 존재를 만나게 하려는 방송용 행사였다. 세계 모든 매체가 이 장면을 보도했다. 하지만 에티오피아가 이 자리에서 소개한 것은 자국에서 성장한 학자가 발굴한 가장 오래된 화석인 아르디가 아니었다. 고인류학자 제레이 알렘세게드가 이끄는 행사 주최측은 좀 더 후대에 살았던, 외국인이 발굴한 보다 유명한 화석 루시로 오바마를 안내했다. 나중에 정부 주최 만찬장에서, 오바마는 일어서서 "가장 오래된 인류의 조상, 루시를 위해"라며 건배했다. 텔레비전 화면에 베르하네 아스포가 궁전 뒤에서 언짢은 표정으로 서 있는 모습이 잡혔다. 그는 카메라가 없는 곳에서 오바마와 사적으로 대화를 나누는 사이였지만, 자신의 분야에서 대중적으로 알려진 인물은 아니었다. 그는 생색을 내는 사람이 아니었다. 정말 중요한 것은 그의 고국이 유명해지는 것이었다. 아르디도 그 자리에 있었다. 다만 잘 알려지지 않았을 뿐이었다.

* * *

아르디 발견자들은 인류 가계도의 뿌리를 찾으러 갔다. 그들은 화석을 찾아 그 가지를 채우려 했고 확실히 성공적이었다. 다른 사람도 마찬가지였다. 1994년 아르디가 발굴된 뒤, 인류를 나타내는 계통수에는 새로운 15종이 추가됐다. 이름을 얻은 분류군은 대략 그 전의 두 배가 됐다. 매번 새로운 발표가 있을 때마다 언론 매체와 이를 해설하는 사람들은 인류 가계도에 더 많은 가지가 있다고 말했다. 이런 가계도를 지탱하는 과학적 배경 역시 격심한 변화를 겪었다. 멸종한 조상과 사라진 과거의 생태계는 오늘날 볼 수 있는 생물 및 생태계와 비슷하지 않다. 마찬가지로 생명의 계통수 역시 오늘날 지구에서 자라는 어떤 식물과도 닮지 않았다.

200년 동안, 계통수는 진화의 핵심 메타포였다. 다윈은 《종의 기원》에서 "줄기가 큰 가지들로 갈라지고 그 가지들이 다시 더 작은 가지로 갈라지고 또 갈라지는 생명의 나무"에 대해 이야기했다. 이후 150년 동안, 이 패러다임 때문에 진화생물학에는 하나의 임무가 내려졌다. 계통수를 그리고 가지를 정의하며 그들을 추적해 공통 조상을 찾는 임무였다. 이후 등장한 분자생물학은 종이 항상 나무처럼 깔끔하게 가지를 이루며 진화·분화하는 것은 아니라는 사실을 밝혔다. 유전적으로 먼 종들 사이에서 유전자를 직접 교류하는 일들이 발견됐다. 쉽게 말해, 가지 사이를 뛰어넘는 사례가 발견된 것이다. (예를 들어 항생제 내성 유전자는 한 종의 박테리아에서 다른 종의 박테리아로 직접 이동한다. 유전자 조작 작물의 유전자는 야생 풀에 옮겨 간다.) 이 같은 '수평적 유전자 이동' 현상은 간단한 생명체에서도 매우 흔한 것으로 드러났다. 지구의 모든 생명체에 공통으로 적용할 수 있는 단 하나의 생명수를 만들려는 노력이 흔들렸다. 2000년대가 되자, 일부 생명과학자들은 계통수 모델을 버리고 '생명의 그물' 쪽으로 선회했다.

포유류처럼 계통수에서 끝부분에 존재하는 좀 더 복잡한 동물들도 마찬가지였다. 가지가 엉켰다. 이유 가운데 하나는 계통 분류가 불완전해서였다(26장에서 다뤘다). 다른 이유는 이종교배 때문이었다. 전통적으로 진화생물학자들은 동물이 종을 넘어서는 교배하지 않는다고 봤다. 다시 말해, 가지들은 재결합하지 않는다는 것이다. 하지만 진화 계통을 연구하다 보면, 그런 일이 일어난다는 사실을 알 수 있다. 식물과 곤충, 포유류, 고대 인류를 포함해 많은 종의 가지들이 갈라졌다 다시 합쳐졌다. 관계가 가까울수록 이종교배가 더 이뤄졌다. 2016년에 발표된 한 논문이 이 사실을 건조하게 기록하고 있다. "이제는 성을 종의 범주 너머까지 확장해서 바라봐야 할 것이다."

이제 인류 계통, 또는 일반화시켜서 동물이 단순한 단일 가계도 모델을 따른다고 가정할 수 없게 됐다. 계통수가 완전히 쓸모없어진 것은 아니다. 하지만 오래되고 단순한 이 표현법으로는 반복적으로 갈라지고 다시 합쳐지는 계통들의 복잡다단하고 혼란스러운 현실을 포착하지 못한다는 사실이 분명해졌다. 진화 과정에서 계통수상의 가지를 형성하는 전형적인 사례로 꼽히는 갈라파고스제도의 새, 다윈 핀치조차 종이라는 분류군의 생명력은 짧았다. 이들은 갈라져 나왔다가 다른 종과 다시 합쳐지면서 매우 복잡하게 얽힌 그물 형태의 관계를 이뤘다. 아르디나 루시처럼 오래된 화석에서는 유전정보를 얻을 수 없지만, 좀 더 연대가 가까운 화석은 완전히 광물화되기 전에 유전정보를 복원할 수 있다. 이 같은 발견으로 인류의 역사는 다시 한번 수정됐다.

지난 30년간, 인류학은 현생 호모 사피엔스가 20만 년 전에 아프리카에서 발생해 유럽과 아시아의 네안데르탈인과 같은 좀 더 오래된 종들을 완전히 대체했다는 '아프리카 기원론' 모델을 받아들여왔다. (홍수가 난 해에 발굴된, 사피엔스 화석인 헤르토의 머리뼈 화석이 이 같은 이론 틀 안에서 해석됐다.) 2010년, 한 공동 연구팀이 놀라운 발견을 했다. DNA 연구 결과 현생인류가 네안데르탈인과 이종교배를 했다는 사실이 밝혀졌다. 오늘날 모든 비非아프리카인은 2퍼센트 정도의 네안데르탈인 DNA를 갖고 있다(이는 6대 조상으로부터 물려받은 DNA의 양과 비슷한 수준이다). 이후 시베리아의 동굴에서 발견된 작은 손가락뼈 조각은 또 다른 고대 게놈이 존재했다는 사실을 확인시켰다. 데니소바인이라고 하는 제3의 친척 인류 게놈이었다(놀랍게도, 지금은 사라진 이 계통의 유전자는 먼 곳의 후손인 현생 호주 원주민aborigines과 파푸아뉴기니인에게 가장 많이 남아 있다). 이런 고대 및 현대 게놈을 분석하는 과정에서, 과학자들은 100만 년도 더 전에 갈라진 것이 분명하지만 신체적 흔적은 전혀 발견된 적이 없는 미지의 네 번째 친척 인류인 "유령 계통"을 발견했고, 이것은 이후 더 많이 발견됐다. 요컨대 복수의 인류 계통이 아프리카와 유라시아에 수십만 년 동안 공존하면서 자주 피를 섞었다. 초기 인류는 신체적으로 크게 다른 존재로 갈라졌으며 그중 일부는 별개의 종으로 분류됐다. 하지만 그 가지들은 다시 만나 합쳐졌다. "많은 고생물 종들이 서로 교배할 수 있었을 겁니다." 워싱턴대학에서 유전체학을 가르치는 에번 아이클러가 말했다. "이런 이종교배는 일반적인 일이었어요. 예외가 아니었죠."

게놈 연구자들은 인류 조상을 나무나 덤불의 가지로 설명하지 않고 '메타개체군'으로 설명하기 시작했다. 메타개체군은 어떤 개체군이 오랫동안 분리되어 서로 생물학적으로 달라졌지만, 다시 만나면 교배를 할 수 있을 정도로는 여전히 가까운 개체군 관계를 의미한다. "인류의 인구집단에서, 단순한 가계도라는 것은 존재하지 않아요." 하버드대학 유전학자이자 고DNA 연구 분야의 대표 주자 데이비드 라이크가 말했다. "실제로는 인구집단이 서로 섞이고 다시 분리되는 과정이 반복되는, 보다 격자 같은 구조에 가깝죠." 이는 기존의 나무 비유는 가을 낙엽처럼 사그라졌으며, 마지막 공통 조상의 원형이나 진화가 일어난 단 한 곳의 에덴동산을 찾으려는 기대를 접어야 한다는 뜻이었다. 다른 모두와 구분되는 인류의 단일한 어머니나 아버지를 찾을 수 없다는 뜻이기도 하다. 인류의 게놈은 수많은 인류 조상의 흔적이 담긴 30억 조각짜리 모자이크와 같다. "과거 인류에게 주류 인구집단이 있었던 적은 한 번도 없습니다." 라이크가 덧붙였다. "언제나 혼합만이 있었을 뿐이죠."

인류의 조상은, 나무 위 생활을 했을 때도 계통수 형태의 진화와는 거리가 멀었다.

가장 오래된 화석에는 DNA가 남아 있지 않기에 고대의 종은 형태학을 바탕으로 결정되는 경우가 많다. 이는 취향에 크게 좌우될 수 있다는 뜻이다. 끝없는 논란이 나오는 원인이기도 하다. 화이트는 현장에서 늘 나무를 자르는 전정 가위를 갖고 다녔다. 차가 덤불 사이를 통과하지 못할 때 그와 발굴팀은 랜드크루저 밖으로 나가 덤불을 잘라냈다. 그는 학계에서 비슷한 역할을 했다. 아르디피테쿠스가 오스트랄로피테쿠스에게 자리를 내준 플라이오세에 종이 늘어났다는 주장이 나오자 공격을 자처했다.

몇몇 새로운 종이 오스트랄로피테쿠스 아파렌시스와 동시대인 400만~300만 년 전에 나타났다. 차드에서 발굴된 오스트랄로피테쿠스 바렐가잘리, 케냐에서 발굴된 케냔트로푸스 플라티오프스, 남아프리카공화국에서 발굴된 오스트랄로피테쿠스 프로메테우스가 그 예다. 화이트는 학계의 많은 사람들이 '분류학 인플레이션'의 포로가 됐으며, 대중적으로 알려지고자 하는 욕망에 따라 부적절하게 새로운 종을 선포하고 있다고 불만스러워했다. 그는 학계가 1950년 콜드스프링하버 콘퍼런스 개최 이전의 선대 학자들처럼 '유형학적 사고'에 다시 빠졌다고 한탄했다. 그는 특히 케냔트로푸스 플라티오프스에 대해 불만이 많았다. 이 종은 케냐에서 발굴된, 얼굴이 편평한 화석종으로 미브 리키 연구팀이 이름을 지었다. 화이트는 케냔트로푸스 플라티오프스가 신종이 아니라, 오스트랄로피테쿠스 아파렌시스가 지질학적 이유로 뒤틀린 개체일 뿐이라고 여러 해에 걸쳐 주장해왔다. 화이트의 비판에 맞서기 위해 플라티오프스 팀은 고생물학자 프레드 스푸어의 주도로 자신들의 주장을 뒷받침할 증거를 발굴해왔다. 스푸어는 데이터 기반 기술로 연구하는 새로운 유형의 대표 주자로, 많은 화석 및 영장류를 분석하고 CT 촬영 결과를 이용해 통계학적 비교를 수행했다. 그 결과 케냔트로푸스 플라티오프스가 별개의 종이라고 다시 한번 확인했다. 한 콘퍼런스에서 화이트는 회의실이 쩌렁쩌렁 울리도록 이 문제에 관해 따져 물었고, 스푸어는 그가 "데이터는 하나도 없이" 주장한다고 반박했다. "화이트는 화석을 찾는 데 재능이 뛰어나요. 그건 정말 인정해야 한다고 봅니다." 스푸어는 나중에 이렇게 말했다. "하지만 그는 뛰어난 분석가는 아니에요. 현장은 매우 전문적인 영역이 됐는데 말이죠." 화이트는 그가 말하는 '전문성'이라는 건 기술을 사용한 장난이라고 일축하며 케냔트로푸스 플라티오프스를 "플라티웁스platyOOPS"라고 비웃었다.

종의 확산은 안방까지 들이닥쳤다.

아르디를 발굴한 요하네스 하일레셀라시에는 미들 아와시 팀이 낳은 스타였다. 첫 발굴 현장을 잃은 뒤 요하네스는 워란소밀레라는, 아와시 계곡의 새로운 장소에 대한 발굴 허가를 받아 많은 발굴을 할 수 있었다. 그는 클리블랜드 자연사박물관 형질인류학 분과 큐레이터가 되어, 루시가 국외 반출 중이지 않을 때 보관돼 있는 튼튼한 수장고가 있는 지하 연구실에서 일했다. 2011년, 요하네스는 브루스 라티머를 연구실로 초청해 자신이 최근 발굴한 중요한 화석인 발뼈 조각 캐스트를 보여줬다. 보행 전문가인 라티머는 그 캐스트가 바로 아르디처럼 마주 볼 수 있는 엄지발가락 관절의 특징을 갖고 있다고 확인했다. 이후 요하네스는 한 가지 중요한 사실을 더 밝혔다. 그 화석의 연대가 340만 년 전이라는 사실이었다.

잠깐! 이 연대는 아르디보다는 100만 년 늦고 루시와는 같은 시대다. 인류 가계에 속하는 두 종, 각각 이족보행과 나무 위 이동을 했던 두 종이 플라이오세 에티오피아에 공존했다는 말이다. 이 '버텔레Burtele 발' 화석은 2012년 논문으로 출판됐지만 새로운 종으로 등재되지는 않았다. 아르디 팀의 선임급 연구자들은 아르디피테쿠스가 갈라져 한 가지는 이족보행을 하는 오스트랄로피테쿠스가 됐고, 다른 가지는 계속 나무 위 생활을 고수하는(그 마지막 흔적이 움켜쥐는 발이다) 종이 됐다는 가설을 세웠다.

이후 요하네스에 의해 사태는 더욱 흥미진진하게 흘러갔다.

2015년, 요하네스는 〈네이처〉에 새로운 종을 발견했다고 발표했다. 기사 헤드라인은 "에티오피아에서 발견한 신종이 플라이오세 중반 호미닌의 다양성을 확장했다"였다. 요하네스 팀은 루시가 속한 종의 전성기와 딱 겹치는 330만 년 전 또는 350만 년 전으로 연대가 측정된 치아와 턱뼈 화석에 근거해 이 종에 오스트랄로피테쿠스 데이레메다*Australopithecus deyiremeda*라는 이름을 붙였다(아파르어로 '가까운 친척'이라는 뜻이다). 여느 때와 마찬가지로, 나무 비유는 여전히 건재했다. 〈뉴욕 타임스〉는 헤드라인에서 이렇게 선언했다. "인류 계통수가 새로운 가지로 무성해졌다."

화이트는 이 발표에 놀랐다. 과거에 요하네스는 논문 초안을 쓸 때 그에게 피드백을 요청했었다. 하지만 화이트는 이 소식을 다른 동료를 통해 들었다. "요하네스는 커리어를 쌓기 위해 널리 알려진 방법 외에도 효율적인 전략을 여럿 채택하고 있는 게 분명합니다." 화이트는 그 논문이 나온 날 그의 과거 제자에 대해 목소리를 높여 말했다. "미들 아와시 팀이 1999년 이후 연구비를 받지 못하고 있을 때, 요하네스는 연구비 그랜트를 여덟 개나 받았고, 그 수는 계속 늘어났죠. 요하네스는 다양성에 대한 시대적 요청에 힘입어 〈네이처〉에 논문을 두 편 냈어요. 결론은 말하지 않아도 아시겠죠."

클리블랜드로 돌아온 요하네스는 피곤한 듯 웃었다. 그는 자신의 전 지도교수가 가장 심하게 비판할 것을 예상하고 있었다. "30년 전부터 이어진 옛 아이디어와 잘 맞지 않는다는 이유로, 새로운 종으로 명명된 모든 것을 부정하는 건 공정하지 않다고 생각합니다." 그가 말했다. "화석이 우리에게 말하고자 하는 바를 잘 따라야 해요. 그게 핵심입니다."

요하네스는 자신의 프로젝트 영역을 고대 종들이 생활 환경을 어떻게 나누고 공유했는지를 연구하기 위한 실험실로 상상했다. 4년 뒤, 그는 다양성에 대한 또 다른 주장을 추가했다. 380만 년 된 오스트랄로피테쿠스 아나멘시스 머리뼈였다. 오스트랄로피테쿠스 가운데 가장 오래된 종으로, 학계는 이 종이 루시가 속한 오스트랄로피테쿠스 아파렌시스의 조상일 가능성이 높다고 보고 있었다. 하지만

요하네스와 그 팀은 이들이 실은 두 개의 다른 계통이라고 주장했다(화이트와 빌 킴벨 같은 회의주의자들은 동의하지 않았다). 〈네이처〉 논문에는 흥미로운 다른 포인트가 깊숙이 숨겨져 있었다. 새로운 머리뼈는 아르디와 비슷한 특성을 갖고 있었고, 이는 아르디피테쿠스가 인류 가계의 일원임을 더욱 뒷받침했다. 불과 몇 년 전에 이들에 대해 유난히 비판적이었던 바로 그 학술지에서 조용히 긍정의 뜻을 표한 셈이었다.

거미줄처럼 얽힌 플라이오세 아프리카의 메타개체군하에서, 아르디피테쿠스가 탄생한 경로는 하나가 아니었다. 고나에서 450만 년 전 연대의 또 다른 중요한 화석이 발굴됐고 15년간 비밀에 부쳐졌다(비평가들은 이번엔 그렇게 큰 불만을 표하지 않았다). 처음 발굴된 아르디는 바깥으로 벌어진 큰 엄지발가락이 있는 발로 걸었다. 고나의 아르디피테쿠스 라미두스 역시 움켜쥐는 발가락을 지녔지만 엄지발가락의 각도가 다른 발가락과 나란한 편이었다. 아르디가 둘째발가락으로 바닥을 밀며 걸음을 시작했다면, 고나에서 발굴된 화석의 주인공은 엄지발가락으로 바닥을 밀며 걸었다. 마치 현생인류처럼. 그렇다고 해도, 먼 거리를 걷지는 못했을 것으로 추정됐다. 더 나중에 살았던 이족보행 인류에게서 발견되는, 충격을 흡수하는 해부학적 특성이 무릎에 없었기 때문이다. 그래도 아르디의 친척이라는 점은 의심할 여지가 없었다. "그들은 같은 종에 속할 겁니다. 하지만 이상할 정도로 변이가 많았어요." 고나 팀의 고생물학자 스콧 심프슨이 말했다. "화석 연구에서 말도 안 되게 어려운 점이 바로 그 점이죠. 우리가 현생 인구집단에서 볼 수 있는 변이보다 다양한 변이가 발견된다는 점이요."

더 말이 안 되는 일이 나타났다. 또 다른 이상한 고인류 계통이 등장해 고인류학의 성배를 향한 긴 싸움에 불을 붙였다. 2015년, 남아프리카의 동굴에서 아르디와 상반되는 발견이 있었다. 새로운 화석 발견이라는 화려한 쇼의 주인공은 리 버거였다. 그는 아르디 발견 과정을 지켜보며 어떻게 행동하면 **안 되는지**를 깨달았다.

버거는 요하네스버그의 비트바테르스란트대학에 근무하는 미국인 학자로, 인류의 기원을 남아프리카로 되돌리기로 작정한 사람이었다(화석이 많이 발굴되는 남아프리카의 동굴 지역은 '인류의 요람'으로 널리 알려졌다). 그는 유명세를 즐겼고 제2의 돈 조핸슨이 되길 열망했지만, 조핸슨 자신에 대해서는 실망스럽게 생각했다. 버거는 프리랜서 화석 발굴자들을 고용해 1500개 이상의 화석이 있는 큰 동굴을 발견했다. 이 화석종에는 나중에 호모 날레디*Homo naledi*라는 이름이 붙었다. 그가 처음 연락한 곳은 발굴비 지원과 텔레비전 방송을 하기로 한 미국 내셔널지오그래픽협회였다. 버거는 동굴에 촬영팀을 초청하고 페이스북을 통해 공동 연구자를 모집한 뒤 최대한 빨리 논문을 발표했다. 지질 연대 측정도 하지 않은 상태였다. "연대 측정은 생물학적 관계나 진화적 관계를 이해하는 데 중요치 않습니다." 버거가 주장했다. 그는 매우 진지한 표정으로 말을 이었다. "만약 날레디가 본원적이고 호모 계통 전체의 조상과 생물학적 특징이 잘 맞는다면, 말 그대로 그런 거겠죠. 화석이 5000년 전의 것이든 500만 년 전의 것이든 그 사이 어딘가의 것이든 무슨 상관이겠어요.” (소동이 끝난 뒤, 지질학자들은 이 화석들의 연대가 23만 6000년 전에서 33만 5000년 전 사이라고 밝혔다. 이는 호모속의 조상이 되기에는 200만 년 이상이나 늦은 시기였다.)

발굴을 끝낸 뒤 3개월이 채 안 돼 날레디 팀은 〈네이처〉에 12편의 논문을 투고했다. 게재가 승인되지 않자, 버거는 제출을 철회하고 대신 온라인 학술지 〈이라이프eLife〉를 통해 논문을 발표했다. 최초 발견 2년 만이었다. 놀라울 정도로 빠른 속도였다. 이 기간에 그는 텔레비전 다큐멘터리에 나와 이같이 선언했다. “라이징 스타Rising Star 동굴 탐사는 새로운 고인류학 연구 사례가 될 것입니다. 소셜미디어와 인터넷에 익숙한 세대에 적합하죠.” 언론에서는 날레디 뼈가 동굴 안으로 옮겨졌으며 이는 죽은 자를 추모한 최초의 증거라는, 다소 논란의 여지가 있는 주장을 가장 크게 다뤘다. 버거는 전 세계의 고인류학자들에게 화석 캐스트를 나눠주고 3D 파일을 온라인에 올렸다. 아르디 팀과 완전히 대조되는 또 다른 모습이었다. 화이트는 공개된 캐스트와 파일이 제대로 된 형태학자라면 필요로 할 세밀한 부분이 빠져 있는 조악한 복제물에 불과하다고 불평했다. 하지만 아무도 상관하지 않았다. 학계 사람들은 데이터를 갖게 돼 기뻤고 새로운 공유의 시대를 환영했다. 날레디는 학계에 온라인이라는 새로운 물결이 휘몰아치게 했다. “뭔가에 쏟아부은 시간이 곧 질은 아니죠.” 버거가 말했다. “질은 질입니다. 시간이 얼마나 들어가든 그건 상관없어요.”

화이트에게, 버거와 날레디는 이 분야가 뭔가 잘못돼가고 있다는 사실을 보여주는 상징이었다. 그는 과학이 무너져 엔터테인먼트가 됐다고 대놓고 비난하는 글을 〈가디언〉의 오피니언난에 기고해, 버거의 소셜미디어 팔로어들의 공분을 자아냈다. 한 포스팅은 이렇게 적었다. "팀 화이트가 죽으면 그의 뼈를 짓밟고 말겠다." 날레디 팀의 인류학자 존 호크스는 블로그에 이렇게 적었다. "사실을 직면해야 한다. 고인류학계에는 사람들을 약 올리기 위해 저녁 식사 테이블에서 방귀를 뀌어대는 괴팍한 아저씨가 있다." 버거는 화이트에게 이렇게 받아쳤다. "그는 자신이 경고한 것을 다 하고 있다. 그는 안락의자 비평가이며, 자신의 아이디어를 홍보하기 위해 학술지가 아니라 대중매체를 이용한다. 그는 증거를 찾으려고 애쓰지 않는다. 그는 자신이 비판하는 모든 것을 그대로 다 하고 있다. 그는 프랑켄슈타인의 괴물이다."

경계 대상이 괴팍한 노인네 팀 아저씨만은 아니었다. 돈 조핸슨과 리처드 리키도 버거의 쇼맨십을 비판했다. "그는 이 업계와 대놓고 부딪치겠다고 마음먹었죠." 리키가 말했다. 빌 킴벨은 한탄했다. "논쟁 양상이 바뀌었어요. '누가 논문에서 무슨 말을 하나'는 별로 의미가 없고 대신 블로그, 트위터, 페이스북 같은 소셜미디어에서 목소리 크게 내는 게 더 중요해졌죠. 분야 전체가 망가졌어요." 킴벨은 한 발 떨어져서 사태를 보자고 했다. "장담하건대, 지금부터 50년이 채 지나지 않아 알게 될 거예요. 아르디피테쿠스는 건재하고 날레디는 반짝하고 사라져 있을 겁니다."

* * *

오하이오로 돌아온 러브조이는 20년 전, 자신의 삶을 뒤흔든 아르디를 처음 만났던 연구실에 앉아 있었다. 그는 이제 노인이었다. 흰 머리 위에 이중 초점 렌즈를 올려 썼고 수염은 회색으로 물들었다. 발에는 밑창이 두꺼운, 구두처럼 생긴 나이키 운동화를 신었다. 책상 위에는 요일이 적힌 칸으로 구분된 처방약 상자가 놓여 있었다. 거기에는 아르디피테쿠스 캐스트가 들어 있었다. 이 비밀 장소에서, 그는 고양이만 벗 삼아 홀로 연구했다. 책상 위에는 망망대해에서 홀로 노를 젓는 외로운 남자를 그린 그림이 걸려 있었다.

"계속 논문을 낸다고 해보세요. 그러다 알게 되죠. 그게 신화를 깨지는 않을 거란 걸 말이에요." 그가 말했다. "감리교 신자에게 신이 없다고 설득하려는 것과 비슷해요. 그들은 믿음에 근거해 모든 걸 받아들이죠. 믿음에 기대어 뭔가를 받아들인다면, 끝난 거예요."

러브조이는 자료와 책으로 가득한 책장에서 책 한 권을 가리키며 웃었다. 재레드 다이아몬드의 책 《제3의 침팬지》였다. 책의 제목은 인류가 현생 유인원에게서 인류의 기원을 찾던 시기의 시대정신을 반영하고 있다. "인류학자들 사이에는 인류가 특이하다는 점을 강조하지 않으려 하는 경향이 있어요. 저도 이해하죠. 왜냐하면 우리는 모두 창조론에 반대하니까." 러브조이가 말했다. "인류에 관해 뭔가 특별하다는 사실을 받아들이는 순간, 창조론자들의 손아귀에 떨어진다고요. 그러니 이렇게 말해야죠. '침팬지가 탄생한 것과 같은 원리로 인간도 탄생했다.' 뭐, 침팬지는 차를 운전하진 못하지만요."

어느 날 오후 베르하네 아스포는 캐주얼 정장 재킷을 어깨에 걸친 채 에티오피아 국립박물관 복도를 걷고 있었다. 그는 창가에 다가가 정문을 가리켰다. 약 25년 전 내전 때 박물관을 점령한 반란군에게 사정을 하던 곳이었다. 옛 연구실은 사라졌지만, 대신 지금 그가 서 있는 거대한 규모의 연구시설이 생겼다. 젊은 시절, 그는 인류의 기원을 연구할 국제 센터를 고국에 건설하겠다는 꿈을 꾸며 귀국했다. 그리고 마침내 꿈이 실현됐다. 바로 여기에 생명의 역사로 가득한 큰 박물관이 있다. 물론 꿈이 완벽히 이뤄진 것은 아니었다. 여전히 자원은 희박하고 관료주의와 다퉈야 하는 일도 있었다. 행정 직원들은 그의 자문을 피했고 인터넷 연결은 툭하면 끊겼다. 그리고 전 세계에 캐스트를 나눠줄 캐스트 제작 연구실은 여전히 마련되지 않았다. 하지만 연구를 하기에 충분했고, 에티오피아 전역에서 거의 30개 국제 공동 연구팀이 연구에 참여하고 있었다. 그는 더 이상 정부 일에 관여하지 않지만, 그의 흔적은 곳곳에서 발견된다. "베르하네를 빼고는 이 조직을 이해하기 힘들죠." 오랫동안 박물관 캐스트 제작 테크니션으로 일했던 알레무 아데마수가 말했다. "많은 사람들이 그걸 몰라요."

베르하네는 박물관 건물들을 돌아다녔고, 젊은 직원들이 문을 열어줬다. 이제 열정을 가진 에티오피아 연구자가 그 외에도 많아졌다. "이제 에티오피아에는 저만큼이나 적극적인 젊은이들이 많죠." 그가 말했다. 지하실에는 농구 코트 크기의 공간이 있어 미들 아와시 팀이 발굴한 화석들이 선반에 진열돼 있었다. 위층에서는 미들 아와시 팀이 화석 전처리실과 캐스트 제작실 준비를 돕고 있었다.

화이트는 에티오피아 목수가 지역에 자생하는 나무를 이용해 회의실의 테이블을 만들었다고 했다. 베르하네는 스와 겐의 주도로 일본이 제공한 수십 개의 큰 보관함이 늘어선 방으로 걸음을 옮겼다. 그곳에는 아르디와 루시, 셀람Selam, 카다바, 데이레메다, 그리고 정체를 밝혀야 할 다른 종들까지 수많은 초기 인류의 흔적이 보관돼 있었다. "그때만 해도 보관함이 30개면 될 거라고 생각했어요." 베르하네가 말했다. "이젠 호미니드를 보관할 공간이 거의 다 찼네요."

보관함은 더욱 붐비게 될 예정이었다. 그날 아침, 그는 랜드크루저에 올라 아파르 저지대를 향해 차를 몰았다. 아르디피테쿠스 화석을 더 찾기 위해서였다. 세계는 아직도 이 존재를 받아들일 준비가 돼 있지 못했다.

에필로그

석양

20년간 아르디 팀을 괴롭힌 문제가 있었다. 그들은 발굴지에 아르디보다 더 상태가 좋은 또 다른 아르디피테쿠스 화석이 묻혀 있을 거라고 생각했다.

그들은 그 미지의 존재를 "빅풋Bigfoot"이라고 불렀다. 그 첫 단서는 20년 전, 큰 실수 덕분에 발견되었다. 경쟁적으로 아라미스 화석을 발굴하던 1990년대에, 화이트는 그날 발굴한 화석을 점검하다 아르디피테쿠스 화석 하나가 식별되지 못한 채 잘못된 보관함에 담겨 있는 것을 발견했다. 그는 현장 발굴 인력을 감독하는 젊은 연구자를 찾아가 격하게 질책했다. 함께 작업하는 사람들이 "총 맞았다"고 표현하는 질책이었다. 다행히 화이트는 사람에 의한 실수를 막는 안전장치를 마련해뒀기에, 그 화석의 경로를 추적할 수 있었다. 그곳에서 화석들을 추가로 발견했다. 그 가운데 특이하고 커다란 발허리뼈(중족골)가 있었고, 연구팀은 그것에 빅풋이라는 별명을 붙였다.

그 화석은 화석으로 가득 찬 단단한 탄산염 암석층 근처에서 나왔는데, 절묘하게 보존된 원숭이 머리뼈도 함께 있었다. 또 다른 아르디도 함께 숨겨져 있을까? 이어진 몇 차례의 발굴을 통해 좀 더 흥미로운 단서가 발견됐지만, 머리뼈는 나오지 않았다. 2016년, 그들은 다시 한번 빅풋 화석을 발굴하기로 결정했다. 아마도 마지막 발굴이 될 터였다.

하지만 스멀스멀 연기만 뿜던 에티오피아 정치판이 내전 이후 25년 만에 최악의 정치적 위기를 불러일으키며 폭발했다. 여당인 에티오피아인민혁명민주전선(EPRDF)은 공격적인 경제성장을 추구하는 중국식 권위주의 모델을 따랐다. EPRDF가 지난 선거에서 완승하자 나라 전역에서 시위가 벌어졌고, 비쇼프투Bishoftu의 오로모Oromo 축제에서 경찰과의 충돌로 50명 이상이 죽는 사태가 벌어졌다. 활동가들은 5일간 '분노의 날'을 갖자고 했고 군중은 외국인들이 소유한 농장과 공장, 숙소를 공격했다. 시위대는 차량에 돌을 던지고 캘리포니아대학 데이비스 캠퍼스에서 온 미국 연구자를 살해했다. 이런 상황이다 보니 화이트는 버클리 학생들을 현장에 데려갈 계획을 취소했다. 너무 위험했다.

에티오피아는 2016년 10월 국가 비상사태를 선언했다. 정보를 통제하고, 휴대전화 인터넷과 소셜미디어를 차단했으며, 야당을 테러리스트로 규정했다. 정부는 국내에 주재하는 해외 외교관들이 수도 바깥을 돌아다니지 못하게 금지했다. 시위 과정에서 최소 350명 이상이 사망했고 2만 5000명 이상이 투옥됐다.

위기에도 불구하고, 베르하네와 화이트는 건기에 늘 그랬듯 미들 아와시 팀을 이끌고 현장에 왔다. 차량 행렬은 미국의 주간 고속도로를 방불케 하는, 중국이 건설한 훌륭한 도로를 타고 이동했다. 고속도로 주변을 따라 계속 새로 지어지고 있는 건물들이 눈에 띄었다. 유칼립투스 기둥으로 비계를 만든, 에티오피아 특유의 건설 방식으로 구조를 만든 건물이었다. 고층 건물이 오래된 마을의 투켈 오두막을 굽어봤다. 목축민이 중앙선을 따라 양 떼를 몰았다. 고속도로와 나란하게 새로 건설된 철길은 곧 아디스아바바와 지부티 사이를 오가며 컨테이너를 나를 예정이었다.

미들 아와시도 많이 변하고 있었다. 예전에는 자연을 가로지르기 위해 낙타가 지나간 길을 따라가는 것 외에는 방법이 없었다. 이렇게 화석팀이 처음 낸 길을 최근에는 정부 관료와 구호단체 사람들, 개발업체 사람들, 심지어 오토바이를 탄 아파르족도 이용하고 있었다. 프로젝트 영역 한가운데에 정부는 아와시강을 가로지르는 다리를 건설했고, 덕분에 며칠씩 걸리던 여정이 한 시간짜리로 변했다. 수백 명의 중국인과 러시아인 하청업자들로 구성된 원유 탐사 캠프가 불도저와 트럭으로 초기 호모 사피엔스가 출토된 헤르토의 지층을 망가뜨릴 뻔해, 엘레마가 그 차량들을 우회시켰다. 예전에 연구자들은 보안을 걱정했지만, 이제는 점점 더 개발을 걱정하게 됐다. 오릭스와 치타, 야생 당나귀, 타조가 보이지 않게 된 지 몇 년이 지났다. 사람들 눈에 띄길 싫어하는 야생 고양이들은 여전히 가끔씩만 모습을 드러냈다.

아파르 마을에는 나뭇가지와 풀로 엮어 만든 초가집 사이에 새 콘크리트 건물이 들어섰다. 부족 간의 오랜 적의는 일시적으로 수그러든 듯했고, 이사족이 태연히 아파르 마을을 가로질러 걸어가는 일도 있었다. 이번에도 위장복과 AK-47 소총으로 거의 군인처럼 무장한 파견 경찰이 화석 발굴팀을 지켰다. 밤에 군인들은 캠프 주위를 순찰하고 어둠 속에서 접근하는 사람에게 암구호를 요청했다. 아파르 노동자들이 총을 들고 나타나는 일은 없었다. 길고 구부러진 단검을 넣고 다녔던 허리띠에는 휴대전화 케이스를 차고 있었다.

아라미스 6번 지역에서, 아르디 화석 발굴지는 갈색 풀이 덮인 돌무더기가 됐다. 22년 전 발굴 시 측정을 위해 기준점 역할을 하도록 땅에 수직으로 박은 말뚝은 풍화된 언덕에 비스듬히 꽂힌 채 녹이 슬었다.

화석을 둘러싸고 또 다른 논쟁이 벌어졌다. 학계에서는 점점 더 많은 학자들이 아르디를 인류 가계에 포함시키고 있었다. 하지만 아르디와 인류가 침팬지스러운 조상으로부터 유래했다는 반론이 등장했다. 이 같은 견해를 가장 자세히 설명한 것은 하버드대학의 인류학자 데이비드 필빔과 대니얼 리버먼이었다. 이들은 120쪽짜리 포괄적인 분석 자료를 통해 아르디를 머리부터 발끝까지 "다시 복원할 것"을 제안했다. 이들은 아르디가 인류 계통의 일원으로 이족보행을 했고 너클보행은 하지 않았다는 견해에 동의했다. 그럼에도 불구하고 아르디가 침팬지스러운 너클보행을 한 수백만 년 전의 조상으로부터 진화했다고 주장했다. 만약 그렇지 않다면 유인원 친척 사이에서 다수의 평행진화가 일어났어야 했는데, 그건 "불가능하다"는 게 이유였다. 두 양립할 수 없는 패러다임이 가장 오래된 인류 화석을 둘러싸고 제기됐다. 다시 한번, 과학은 교착 상태에 빠졌다. 더 많은 화석이 발견되어야 이 문제를 해결할 수 있을 것이었다.

200미터 떨어진 경사로에 새로운 목표인 빅풋이 묻혀 있었다.

25년 전에 화이트는 아르디피테쿠스 발굴 작업은 절대 끝나지 않을 것이라고 예상했고, 실제로 끝나지 않았다. 그는 얼음도끼로 땅에 선을 그은 뒤 팀원들을 도랑 너머로 보냈다. 그들은 추가 화석을 발굴했다. 호미니드 머리뼈가 포함된 큰 화석과 손목의 큰마름뼈 trapezium, 그리고 발의 안쪽쐐기뼈였다. 대부분의 빅풋 화석은 망가니즈 농도가 높아 어두운색을 띠었지만, 더 작고 밝은색을 띤 화석도 있었다. 화이트가 보기엔 점점 희망이 커져가는 상황이었다. '한

발굴팀이 정체가 드러나지 않은 빅풋을 찾아 경사지를 발굴하고 있다. 그들은 빅풋이 아르디보다 더 잘 보존돼 있을 것으로 기대했다.

구 이상의 시체가 묻혔을지도 몰라.'

발굴팀은 다른 곳도 발굴하기 시작했다. 화석인류가 많이 남지 않은 경우 귀한 현장 발굴 시즌의 시간만 잡아먹을 위험이 있는 결정이었다. 하지만 다른 화석을 발굴해 잭팟을 터뜨릴 수도 있는 도박이기도 했다. 새 화석이 아르디를 통해 밝히지 못한 허리나 무릎, 발목 관절, 뒤꿈치뼈 등을 밝혀줄지도 모른다. 이전 발견을 통해 판단해보건대, 빅풋은 큰 남성일 가능성이 높았다. 여성인 아르디의 연구 결과를 보완할 수도 있을 것이다.

아라미스 6번 지역에 다시 한번 일사불란한 고고학 조립라인이 만들어졌다. 사람들은 모종삽으로 경사지를 팠다. 아파르인들이 흙이 담긴 양동이를 들고 와 흙먼지를 일으키며 체를 쳤다. 발굴팀은 탄산염 광물 덩어리를 골라내 망치로 깨 화석을 찾았다. "이건 진짜 탐정이 하는 일 같아요." 베르하네 아스포가 팀원들 사이에서 말했다. "대부분의 인류학자들은 잘 몰라요. 하지만 만약 무언가를 찾고 나면, 그땐 그들도 알고자 할 거예요."

어느 날 아침, 독사가 돌무더기에서 스르르 미끄러져 나왔다. 아파르인들은 그 뱀을 아베에사abeesa라고 불렀다. 치명적인 독사였다(엘레마의 형제를 죽였다). 아파르인들은 뱀이 땅에서 비키도록 쇠지렛대를 들고 자극했다. 독사는 철로 된 막대를 쓸데없이 공격하다 타는 듯한 한낮의 태양에 지쳤다. 뱀은 점점 종잡을 수 없이 움직이더니 공격도 느려졌다. 독도 떨어졌다. 아파르인들은 그제야 뱀의 머리를 잘랐다.

2주가 지났지만 화석은 발견되지 않았다. "와가노의 삽 끝이 언제든 넙다리뼈에 닿을 수 있어요." 화이트가 말했다. 하지만 시간이 지나고 날이 지나도 빅풋은 발견되지 않았다.

어느 날, 발굴팀은 시끄러운 엔진 소리에 고개를 들었다. 커다란 불도저가 황무지를 헤집고 있었다. 새로운 농장을 지을 목적으로 강가의 숲을 벤 자리를 정리하는 중이었다. 불도저 기사가 아라미스로 방향을 틀었다. 그는 오랜 아파르 친구인 아데니였다. 구식 나무 소총과 곡식 자루를 지닌 채였고, 다리가 불편했다. 수십 년 전 그는 일자리를 요구하며 총부리를 겨누고 탐사대 차량 행렬을 막았다. 이제는 그의 아들이 발굴팀에서 일하고 있었다. 이날 아데니는 불도저를 자신의 마을 쪽으로 끌고 갔다. 현대적인 에티오피아는 한때 야생 상태였던 알리세라인들의 땅까지 경작하고 있다.

그림자가 길어지면(아파르인들이 "아이로 코르테" 즉 "짧은 태양"이라고 부르는 때) 발굴팀은 캠프로 돌아갔고, 차량은 범람원을 가로질러 타는 듯한 노을을 향해 달렸다. 속도를 낼 때마다 먼지구름이 피어올랐다. 가젤이 평원을 뛰어 건너갔고, 낙타는 성큼성큼 길을 벗어났다. 옷을 입지 않았거나 전통 의상을 입은 아파르 아이들이 마을에서 나와 손을 흔들었다.

긴 커리어의 황혼이 다가오고 있었고, 빅풋을 찾느라 보낸 나날에는 다른 일은 하지 못했다. 그들에겐 끝내지 못한 프로젝트가 가득했고, 화석과 달리 인간인 연구자들은 무기한 일을 지속할 수 없다. "우린 더 이상 모험적인 일은 하지 않아요." 기다이 월데가브리엘이 고백했다. "분명히 우린 매우 나이가 들었지요. 육체적으로, 우리는 30년 전과 달라요. 제약이 많죠." 화이트의 경우, 또 하나의 제약은 가족이었다. 다른 학자들에겐 놀랍게도, 화석만 아는 이 전투적 수도승이 결혼을 해서 아버지가 되더니, 어린 딸과 시간을 보내기 위해 일을 일찍 끝내기 시작했다. 그는 베르하네 등 비슷한 연령대의 사람들이 손주를 볼 때 부모가 됐다. 그가 키우던 늙은 아파르 야생 고양이는 오래 살아남아 화이트의 이 같은 변신을 지켜봤으며, 아기가 꼬리를 홱 잡아당겨도 물지 않았다. 하지만 화이트는 크리스마스 주간에 늘 가족과 떨어져 지내야 했다. 발굴 시즌을 조정할 수가 없었기 때문이다. "매디는 이제 다섯 살이에요." 그는 발굴지 옆에 서서 집에 있는 딸에 대해 이야기했다. "올해가 그 애가 산타클로스를 믿을 마지막 해인데."

크리스마스이브에, 발굴팀은 드디어 고대 인류의 화석을 발견했다. 어금니였다. 화석 발견의 시작일까? 문제는, 치아가 작아 보인다는 사실이었다. 빅풋의 것이 아닌 것 같았다. 이어 수백 개의 파편이 발견됐다. 하이에나가 뼈를 부순 뒤 남긴 전형적인 흔적이었다.

발굴은 천천히, 클라이맥스 없이 막을 내렸다. 설날에는 희망이 사라졌다. 탐험가들은 인류 조상의 흔적을 찾길 바랐지만, 육식동물이 먼저 찾았다는 사실에 실망만 한 채 떠나게 됐다.

또 한 번의 현장 발굴 시즌이 거의 끝났다. 그들은 석회 슬라브를 조립해 모아 편평하고 큰 판을 만든 뒤 위아래를 뒤집었다. 빗물이 돌을 천천히 흩뜨려 안에 숨겨진 것을 드러내게 하기 위해서였다. 화석 발견을 극대화하려는 또 하나의 전략이었다. 경사로 끝에는 돌벽을 세워 굴러떨어진 표본들을 받아냈다. 모든 조각이 중요했다.

박물관으로 돌아오면, 새로운 발견들이 논문으로 출판되기를 기

에티오피아 과학 연구의 대표 주자들인 미들 아와시 발굴팀. 2016년.

다리고 있었다. 거기엔 호모속 초기인 250만 년 전 화석들, 200만 년 전 석기와 화석 더미, 아라미스 임무에 견줄 만큼 풍부한 75만~50만 년 전 중기 플라이스토세 시료들, 그리고 10만 년 전 해골(아프리카에서 그 기간의 유일한 것)이 포함됐다. "그들은 많은 사람들이 꿈만 꾸는, 심지어 존재 자체도 모르는 것들을 보관실에 갖고 있어요." 스콧 심프슨이 말했다. "가진 자들의 고민이죠. 접시는 이미 가득 차 있다고요." 버나드 우드는 그곳을 방문해서 수집된 시료들을 멍하니 바라봤다(그와 화이트는 서로 으르렁거릴 때를 제외하고는 실은 친하게 잘 지냈다). "이 논쟁에 관해 정보를 줄 수 있는, 아직 공개되지 않은 자료 수가 다른 데보다 0이 하나 더 붙을 정도로 압도적으로 많아요. 보관함이 꽉 차 있죠." 우드가 말했다. "머리뼈들이 막 발에 차인다니까요. 문제는, 화석을 모으기만 하고 논문으로 발표하지 않으면, 그 화석은 존재하지 않는 것과 마찬가지라는 거죠."

미들 아와시에서 40년 이상 수집한 척추동물 화석은 3만 2000개가 넘는다. 분류되지 않은 채 수집된 화석과 작은 포유류, 조류, 어류 등의 화석은 더 많다. 이 가운데 483개만 최소 7종의 인류 화석으로 분류될 수 있다(어떤 것은 화석 한 개만 존재하고, 어떤 것은 아르디처럼 골격이 남아 개체를 구성할 수 있다). 발굴팀은 트럭 여러 대 분량에 해당하는 1만 2000개 이상의 석기도 발굴했다.

에티오피아에서는 "논문으로 내거나 사라지거나"라는 의무가 적용되지 않았다. 고고유물국은 여전히 현장 발굴팀들이 자신들의 페이스대로 논문을 출간하도록 허용하겠다는 뜻을 유지했고, 수장고를 개방하라는 외부의 압력에도 버텼다. "모든 사람이 눈에 안 띄는 일을 하고 싶어하진 않죠." ARCCH의 소장인 요나스 데스타가 말했다. "찾아와서 기술을 활용해 연구하고 싶어하는 '영리한' 학자들이 있어요." 국립박물관 사무실에서 데스타는 경멸하듯 손을 내저으며, 화석을 요청하는 서양 연구기관 소속 과학자들의 전형적인 콧소리로 이렇게 그들을 흉내 냈다. "그거 대부분 팀 화이트의 프로젝트죠. 도대체 그는 자신이 누구라고 생각하는 거예요? 제가 도착하자마자 연구실에 들어갈 수 있었으면 하네요. 3주간 휴가거든요. 에티오피아에서 가고 싶은 곳을 갔으면 한다고요. 근데 연구실에 에어컨은 나와요? 인터넷은요?" 소장은 다시 원래 목소리로 돌아와 말했다. "제가 받은 이메일이 이런 식이었어요." 그가 이를 하얗게 드러내며 웃었다. "우린 화이트같이 섭씨 42도의 환경에서 30년간 버티고 살아남은 용기 있는 사람을 보호해야 할 필요가 있어요."

생존에는 현장의 친구들도 큰 도움을 줬다. 발굴팀이 빅풋을 발굴할 때 아파르 지방 당국은 연구자들을 위해 크리스마스 파티를 열어줬다. 족장과 정부 고관, 댄서, 그리고 방송사 직원 등 200여 명이 모였다. 사반세기가 넘는 시간 동안 연구팀은 지역민들에게 일자리와 의료 지원을 제공했고, 악어에 물린 소년을 구해주기도 했다. 이런 호의는 쉬이 잊히지 않았다. 한때 탐험가들이 "창조의 지옥"이라고 불렀던 사막은 전 세계적으로 유명한 진화 실험실로 이미지가 바뀌었다. 아파르족 대표단은 탐사대를 이끈 사람들에게 전통 의상을 걸쳐주며 지역 발전에 기여해줘서 감사하다고 했다. 그리고 사라지는 과거를 표현하는 의식으로 아파르 칼을 선물했다.

빅풋 관련 추가 발굴을 하지 못한 점은 실망스러웠지만, 근처 노두를 대상으로 한 조사에서는 20개의 새로운 아르디피테쿠스 화석이 발견됐다. 시간만 있다면 논문 한 편을 더 쓸 수 있는 수준이었다. 북쪽 고나 지역에서는 그들의 동료 실레시 세모가 역대 가장 보존 상태가 좋은 아르디피테쿠스 입천장 화석을 발굴했다. 캠프에서, 화이트는 그 화석의 아름다움을 과장된 목소리로 말했다. "어떤 화석은 해부학이나 과학을 넘어서는 특별한 특징이 있어요." 그는 아침 식사 테이블에서 열렬한 목소리로 말했다. "치아와 흰 뼈의 무게와 아름다움이 그래요. 보석 같죠. 거대한 다이아몬드 같다고요. 아, 정말 너무 완벽하다고요! 모든 치아는 다 완벽해!"

몇 해 전 콘퍼런스에서, 아르디피테쿠스를 비판하는 한 유명한 학자가 이 화석을 미리 보여달라고 요청했다가 거절당했다. 캠프 테이블에서 그들은 고개를 저었다. 어떻게 이런 보물 앞에서 외경심을 갖지 않을 수 있지? "그건 분노와 질투심 때문일 거예요" 기다이가 말했다. "자기 마음의 소리를 듣지 않는 거죠."

"제 생각에 그는 형태학자는 아니에요." 베르하네가 말했다. "만약 형태학자라면, 뭘 보든 다 호기심을 가졌을 테니까."

화석맨들은 여전히 호기심이 넘쳤다. 조만간 그들의 친구들이 입천장 화석에 대한 논문을 쓰기 위해 모일 것이고, 미들 아와시 팀은 의심 없는 학계 동료들에게 새로운 폭탄을 떨어뜨릴 것이다. 언제? 정확히는 아무도 모른다. 그들이 만족할 만큼 모든 게 해결됐을 때일 것이다. 몇 년이고 시간이 걸릴 것이다.

감사의 말

제정신인 사람이라면 이런 프로젝트를 하지 않을 것이다. 이 책을 시작하게 된 단 하나의 이유는, 내가 너무 순진했기 때문이다. 그리고 내가 이 책을 마칠 수 있었던 유일한 이유는 많은 사람들이 도와줬기 때문이다.

내가 이 주제에 관해 오래 빠져 있었던 건 오언 러브조이 때문이다. 내가 다른 주제를 취재하고 있다고 생각했을 때 내게 처음 아르디를 소개한 게 오언이었다. 그는 첫 대화 때부터 유쾌한 해설자이자 스토리텔러로서의 면모를 보여줬다. 그가 일생에 걸쳐 많은 고인류학의 주요 발견에 참여한 일을 듣다 보니 한 편의 과학적 서사시가 떠올랐다.

이 일로 이 특별한 연구 분야에 대한 1차 자료를 찾는 발굴팀을 취재하기에 이르렀다. 팀 화이트는 시간을 내 나를 만나줬고 끝없는 지혜를 느끼게 해줬다. 그는 "책을 쓰는 게 아니라면 더 좋겠다"고 불평을 했지만, 실은 이 책을 쓸 수 있게 해준 장본인이다. 그는 여러 해에 걸쳐 현장 발굴 장면을 기록한 영상과 사진 아카이브를 볼 수 있게 해줬다. 또 동료들의 평가와 주고받은 서신 등도 보여줬다. 현장에서 그보다 더 헌신적인 사람도, 그보다 더 까다로운 사람도 없었다. 그보다 더 유쾌한 사람이 있을지도 의심스럽다. 다년간의 그의 열정은 기념비적이었다. 때로는 그 열정에 순간 지칠 수도 있었겠지만, 장기적으로는 그렇지 않았다. 그는 언젠가 발굴팀이 5일 머무를 거라고 보고 아라미스에 갔다가 결국 5년을 머물렀다고 말했다. 진짜다. 이제는 그 말이 사실이라는 것을 안다.

기다이 월데가브리엘은 차량을 타고 이동할 때나 노두를 걸을 때 몇 시간이고 젠틀하고 친절하게 안내를 해줬다. 그는 아파르 지구대를 '움직인다'는 관점에서 볼 수 있게 해줬다. 또 자신의 세대가 한 시도들을 이해할 수 있게 도왔으며, 에티오피아인들을 위한 과학적 노력의 중요성을 알게 해줬다. 베르하네 아스포는 내가 거의 다 됐다고 하면서 몇 년을 보냈음에도 내 반복적인 질문에 참을성 있게 답해줬다. 미들 아와시 팀의 다른 멤버들도 특별한 감사의 인사를 받을 자격이 있다. 스콧 심프슨, 브루스 라티머, 스와 겐, 요나스 베예네, 헨리 길버트, 요하네스 하일레셀라시에, 레스리 흘루스코, 존 칼슨, 그리고 더그 페닝턴이 그들이다. 데이비드 브릴은 수년에 걸쳐 여러 번 에티오피아를 방문한 결과 얻을 수 있었던 아름다운 사진들로 텍스트에 활기를 불어넣어줬다. 그는 친절하게도 자신의 기억을 들려줬고, 방대한 아카이브를 정리할 때는 집도 빌려줬다.

나는 미들 아와시 캠프에 두 차례 방문했는데 그때마다 받은 발굴팀의 환대에 깊은 감사의 뜻을 전한다. 특히 엘레마와 알레마예후, 다윗, 데레제, 모우사, 알레무, 캄피로, 그리고 와가노에게 감사 인사를 보낸다. 언제나 믿음직한 정비사이자 운전기사인 아부시는 나를 세 차례에 걸쳐 발굴 현장까지 데려가고 데리고 나왔다. 아데니는 나를 아라미스 마을에 초대해 따뜻하게 맞아줬다. 그들의 호의 덕분에 3자 통역은 필요도 없었다. 수도에서 ARCCH 소장인 요나스 데스타는 다른 행정 직원들이 지연시킨 서류 작업을 신속하게 처리해줬다.

처음 만난 사람들의 친절함은 나를 여러 번 재앙에서 구해줬다. 두 명의 외교부 차관은 다른 부서에 잘못 간 내 허가 지원서가 제자리를 찾아 처리될 수 있게 도와줬다. 아파르 저지대에서 만난 친절한 두 군인은 고속도로를 막고서 나를 수도까지 태워줄 버스를 찾아줬다. 나중에 기웨인에서 경찰 한 명도 똑같이 해줬다. 처음 만난 이들이 이 '파렌지'를 친절하게 대해줬다. 아디스의 혼잡한 길에서 나를 안내해줬고, 바가지를 씌우려는 택시 운전사를 피하도록 도와줬으며, 한 착한 사람은 호텔에 전화를 걸어 내가 안전하게 도착했는지 확인까지 해줬다.

발굴팀 외에 돈 조핸슨, 빌 킴벨, 톰 그레이, 존 칼브, 빌 융거스, 버나드 우드, 리처드 리키 및 미브 리키에게도 감사 인사를 전한다. 이 논쟁적인 분야에서 서로 용납하지 못하는 사람들이 자신들끼리는 유쾌한 동료인 경우가 많다는 사실을 알게 됐다. 더 많은 사람에게 한 줄 한 줄 개인적인 인사를 전하고 싶지만, 지면 제약상(미안함을 안고) 한꺼번에 인사를 쓴다. 저자가 자기 주소록을 페이지에 쏟아붓는 순간에 도달했다.

알레무 아데마수, 가베 아두그나, 레슬리 아이엘로, 세르지오 알메치자, 스탠 앰브로즈, 패멀라 앤더슨, 피터 앤드루스, 알레마예후 아스포, 젤라렘 아세파, 피레우 아옐레, 밥 베에베, 칼레이에수스 베켈레, 리 버거, 레이몽드 본피유, 스티브 브랜트, 듀어 설링, 마틴 클레이턴, 마티 콘, 데이비드 데구스타, 일리시아 데로살리아, 제레미 데실바, 에번 아이클러, 딘 포크, 세라 피킨스, 물루게타 페세하, 앨런 픽스, 존 플리글, 모리스 굿맨, 저스틴 구즈, 알리클루 하브테, 브룩스 핸슨, 존 하브슨, 빌 하트, 킹 헤이플, 리벳 헨즈, 랄프 할러웨이, 리먼 젤레마, 피터 존스, 케빈 컨, 에단 케이, 크리스 크리시탈카, 나오미 레빈, 댄 리버먼, 레이너 루이켄, 톰 맥아니어, 멜라니 매콜럼, 메리 맥도널드, 키런 맥널티, 프리야 무르자니, 버지니아 모렐, 짐 오코넬, 마리나 오타웨이, 데이비드 필빔, 토드 프레우스, 웨스 리더, 데이비드 라이크, 폴 르네, 필 레노, 폴 살로펙, 밥 샌더스, 빈스 사리치, 알윈 스컬리, 캐시 쉬크, 제프리 슈워츠, 데이비드 신, 윌리엄 시몬스, 패멀라 J. 스미스, 프레드 스푸어, 린다 스펄록, 잭스턴, 크리스 스트링거, 모리스 타이에브, 이언 태터솔, 앨런 템플리턴, 닉 토드, 테드 베스탈, 에밀리 빈센트, 스티브 워드, 마크 바이스, 제이콥 위벨, 마틴 윌리엄스, 밀퍼드 월포프, 버나드 우드, 프레히워트 워쿠, 존 옐렌, 존 고스넬, 티앤 유안, 아지트 바르키에게 감사의 말을 전한다.

어떤 사람들은 너무 오래전에 이야기를 나눠서 내게 이야기한 사실을 기억조차 못할 수 있다. 내가 잊은 사람이 있다면 용서를 구한다. 아쉽게도 일부는 이 책을 다 쓰기 전에 세상을 떠났다. 그들의 이름을 적으며 엄숙한 감사를 전한다. 이들 목록에는 내가 직접 소통한 사람들만 적혀 있다. 더 많은 사람들이 책과 논문으로 내게 도움을 줬다.

아름다운 영장류 일러스트를 게재하게 해준 스테판 D. 내시에게도 깊은 감사를 드린다. 이 일러스트 덕분에 분류학이 예술의 범주에 오를 수 있었다. 그의 이름을 딴 위스콘신대학의 내시 영장류 일러스트 컬렉션은 역사적 미술과 일러스트레이션의 금광이었다. 런던의 웰컴 컬렉션 역시 이미지와 학문이 풍부하게 보관된 곳으로 찬사가 아깝지 않다.

나의 대리인인 라이터스Writers 하우스의 댄 코너웨이는 이 책의 가능성을 일찌감치 알아보고 그 흥미를 공유하는 사람들 손에 들어갈 수 있게 해줬다. 편집부의 헨리 페리스, 지오프 샌들러, 닉 앰플렛, 몰리 겐델에게도 감사 인사를 전한다. 데일 로보, 마크 스티븐롱, 라이에이트 스텔릭, 벤 스타인버그, 케이틀린 해리, 크리스티나 조엘, 엘리나 코헨, 오언 코리건, 키런 캐시디 등 윌리엄 모로 출판사의 나머지 직원들에게도 인사를 건넨다.

많은 친구들이 읽고 귀한 피드백을 줬다. 장하석은 안식년 중 책 두 권을 마무리하느라 바빴음에도 초고를 읽고 예리한 통찰을 보여줬다. 케니 벡맨, 제임스 밴들러, 팀 스미스는 귀한 의견을 줬다. 에번 아이클러와 세라 피킨스, 팀 화이트, 폴 르네는 원고 교정에 참여해줬다. 이몬 돌란은 유용한 제안을 해줬으며, 그의 격려는 책 중반부의 칠흑 같은 어둠을 헤쳐 나가는 등불이 됐다.

무엇보다, 가족에게 감사한다. 그들은 모두가 예상한 것보다 길게 이어진 힘든 시련을 내가 헤쳐 나갈 수 있게 지지해줬다. 나의 아이들 엘리, 앨리스테어, 시리에게 감사한다. 내 삶의 기쁨인 이 아이들은 이 책을 쓰는 동안에도 자랐다. 본가로부터도 도움을 많이 받았다. 어머니(내가 이 책을 완성할 수 있다고 언제나 믿어주셨다)와 아버지(이 책이 출판사를 찾아 함께 기뻐했지만 완성을 보지는 못하셨다), 마릴린과 팀(떠올릴 수 있는 것 이상의 방법으로 도움을 줬다), 그리고 보보와 린다에게 고마움의 인사를 보낸다. 모두가 끝까지 믿어줬고, 왜 책이 아직 안 나오냐고 자주 묻지 않는 아량을 보여줬다.

이 책을 나의 아내 마야에게 바친다. 마야는 무조건적인 지원과 무자비한 비평을 모두 선사했다. 내가 일에 파묻혀 있을 때엔 홀로 아이를 돌보는 부담을 짊어졌으며, 마감에 쫓길 때 스스로《시카고 스타일 매뉴얼》을 숙지해 교정을 보고 지루한 참고문헌 목록을 완성해줬다. 마야는 내가 과학 전문용어의 숲에 너무 깊이 빠져 헤맬 때면 그 사실을 환기시키며, 항상 독자의 관점에서 조언을 해줬다. 특히 뛰어난 편집자로서의 면모를 보이기도 했다. 당연히, 내 마지막 감사의 말은 마야의 것이다.

◎ 옮긴이의 말 ◎

덜컹거리는 캐러밴을 타고 비포장도로를 달리던 그때가 생각났다. 비포장도로 특유의 불규칙한 리듬감이 의자를 통해 엉덩이에 전해졌다. 긴 나뭇가지와 풀이 창을 긁고 때렸다. 비포장도로인 만큼 차량의 실제 이동 속도는 그저 그랬지만, 체감상으로는 매우 빠르게 느껴졌다.

2013년 1월, 탄자니아에서였다. 세렝게티 국립공원에서 동쪽으로 두 시간가량 달리자 산세베리아가 가득한 붉고 황량한 고원이 장대하게 펼쳐졌다. 올두바이 협곡이었다. 유명한 고인류학자 집안인 리키 가문의 캠프가 있던 곳으로, 루이스 리키와 미브 리키는 1950년대에 이곳에서 파란트로푸스 보이세이(당시 이름은 진잔트로푸스 보이세이)를 발견했다. 이후 호모 에렉투스 화석과 석기, 그리고 오스트랄로피테쿠스 아파렌시스의 직립보행을 증명할 증거인 라에톨리 발자국 화석이 이 근처에서 발견되면서, 이곳은 인류 진화사를 대표하는 상징적 장소가 됐다.

기자 출신의 작가 커밋 패티슨이 쓴 《화석맨》을 읽는 내내, 올두바이로 향하던 덜컹거리는 캐러밴의 질주감이 되살아났다. 책의 주요 배경이 되는 에티오피아와 같은 동아프리카 지구대에 위치한 나라의 고인류학 발굴지를 직접 찾았었기 때문만은 아니다. 땅의 요철을 고스란히 따라가느라 실제 속도는 느릴 수밖에 없지만, 한 순간도 눈을 떼지 못할 정도로 기대감과 긴장감이 여정 내내 함께했다는 점이 비슷했다.

《화석맨》은 팀 화이트 미국 캘리포니아대학 교수의 주요 연구 성과이자 고인류학계 최고 성과 중 하나로 꼽히는 아르디피테쿠스 발굴의 막전 막후를 자세히 기록한 책이다. 언론에 좀처럼 모습을 드러내지 않아 기인 취급을 받던 화이트와 그의 연구팀의 잘 알려지지 않았던 이야기를 자세한 취재와 현장 발굴 동행, 그리고 치열한 인터뷰와 자료 조사로 재구성했다. 이 책에서 다루는 내용은 고인류학 분야에서도 대단히 학구적인 소재다. 그 소재가 발굴되고 연구돼 학계에 받아들여지는 전문적이고 미묘한 과정을 다룬다. 하지만 책의 서술은 거침이 없다. 등장하는 인물에 대한 매우 입체적이고 구체적인 묘사, 영화의 한 장면을 떼어놓은 것 같은 생동감 있는 에피소드, 디테일을 충실히 재현한 인용, 그리고 속도감 있는 서술과 극적 구성이 과학사적 발견의 한 단면을 기록한 이 논픽션을 한 편의 소설처럼 만들었다. 그것도 아주 흡인력 있는 소설로.

* * *

이 책의 주인공이자 대단히 흥미로운 문제적 인물 팀 화이트에 대해서는 따로 소개를 덧붙일 필요가 없겠다. 그만큼 책의 서술이 생생하고 충실하다. 다만 이 책이 다룬 연구 성과를 발표하던 무렵의 분위기를 드러낼 일화는 참고 삼아 소개할 만하다. 인류학계의 변화하는 모습과 학계의 반응을 짐작할 수 있다.

2009년 2월, 미국 시카고에서는 과학 분야 세계 최대 학술대회 중 하나인 미국과학진흥협회(AAAS) 연례총회가 열렸다. 과학잡지 겸 학술지 〈사이언스〉를 발간하는 단체로도 유명한 AAAS는 매년 초 미국 주요 도시에서 여러 과학 분야 전문가와 기자, 기관 담당자들이 참여하는 연례총회를 개최한다. 이 해에는 과학자들과 함께 기후변화의 위험성을 알리는 데 앞장섰던 정치가 엘 고어 전 미국 부통령이 기조강연을 했다. 기후변화가 대중적인 관심을 크게 받던 상황이었고 2007년 말 기후변화에 관한 정부간 위원회(IPCC)와 함께 노벨상을 수상했으며, 《불편한 진실》이라는 책 및 다큐멘터리로 유명세를 이어가던 때라 언론의 많은 주목을 받았다.

하지만 인류 진화와 고인류학에 관심을 기울이는 사람에게는 또 다른 발표가 흥미를 끌었다. 다윈 탄생 200주년, 《종의 기원》 출간 150주년을 맞아 이 해 총회에서는 인류 진화의 패러다임을 바꿀지 모르는, 막바지를 향해 가던 두 초대형 프로젝트의 연구 책임자가 중간 발표를 하기로 돼 있었다. 많은 사람들이 오랫동안 결과를 기다리고 있었지만 정확한 내용을 알지 못한다는 점에서 두 프로젝트는 공통점이 있었다. 하지만, 그해 AAAS 연례총회에서 두 연구자가 받은 대우는 크게 달랐다.

하나는 스반테 페보 독일 막스플랑크 진화인류학연구소장의 발표였다. 1980년대부터 미라에서 DNA를 채취해 해독, 분석하는 연구를 해온 페보 소장은 이후 연구 대상을 화석으로 돌려 화석 속에 남은 DNA 파편인 고古 DNA를 채취해 해독, 분석하는 고유전체학(고게놈학) 분야를 개척해왔다. 그간 분석이 보다 손쉬운 미토콘드리아 게놈을 이용해 현생인류(호모 사피엔스)와 네안데르탈인 사이의 유전자 교환을 연구했는데, 여기에서는 두 종 사이에 유전적 교류는 없다는 결론이 나왔다. 하지만 페보 소장팀은 보다 확실한 증거인 핵게놈을 분석해 제대로 결론을 내고자 연구를 시작했고, 분석이 거의 막바지라는 소문이 돌고 있었다.

이 해 AAAS 연례총회에서 페보 소장은 행사에 단 3명 초청된 기조강연자로 선정돼 엘 고어가 발표한 바로 그 초대형 강당에서 과학자와 기자들을 맞았다. 그는 이 자리에서 네안데르탈인 게놈의 초벌번역을 완료했다는 사실을 공식 발표했다. 가장 큰 관심사인 두 인류 사이의 유전자 교류 여부는 밝히지 않았지만, 사라진 인류의 게놈을 최초로 읽어낸 만큼, 이제 교류 여부를 아는 것은 시간문제라는 사실이 드러났다. 이는 인류학 역사에 큰 이정표가 된 사건으로 기록됐다. 이날 행사장은 사전 신청을 통해 미리 의사를 밝힌 사람만 들어갈 수 있었지만, 그럼에도 청중은 복도까지 빼곡하게 앉아 발표를 들었다. 강연이 끝난 뒤에도 수십 명의 사람들이 줄을 서서 그에게 질문 세례를 퍼부었다. 필자 역시 줄을 섰다가 아시아 고인류 화석 분석 가능성을 질문할 기회를 가질 수 있었다.

또 하나의 강연은 팀 화이트의 주제 특강 '초기 인류의 진화'였다. 이 강연 역시 이 해 AAAS 연례총회가 기획한 주요 강연으로 자료집에 이름이 올라 있었다. 하지만 기조강연보다는 주목을 덜 받는 강연이었고, 강의실도 평범하고 좁은 실내 강의실이었다. 필자 역시 당시 강연장을 찾았지만, 안 그래도 좁은 강의실에 청중이 가득해 입구에서 더 들어가지 못한 채 먼 발치에서 바라보다 발길을 돌릴 수밖에 없었다.

지금 생각하면 2009년 2월 두 연구팀이 받은 관심과 대우는 당시 인류학계의 분위기를 대변한 듯하다. 인류 진화 역사를 밝히기 위해 현장 발굴과 화석 계측, 비교해부학 지식을 활용하던 전통적 고인류학에 비해, 유전학은 분석 및 연구 시간이 빠르다는 장점을 바탕으로 인류학계에서 급속하게 성장하고 있었다. 인류의 기원을 논할 때 빠짐없이 등장하는 '아프리카 이브' 연구가 바로 유전학 성과를 활용한 대표적 결과였다. 무엇보다, 유전학은 직접 현장을 찾아 발굴하는 학문이 아니라 실험실 학문이었다. 시료 분석과 데이터 해석 등 분야를 놓고 분업과 협업이 가능했고, 투입하는 시간과 물적 자원 대비 성과가 빨랐다.

고유전체학은 이렇게 수십 년에 걸쳐 인류 진화 분야에서 세를 늘려오던 유전학 분야 중에서도 가장 첨단의 기술과 지식으로 무장한 학문이었다. 그리고 그 새로운 기술은 인류 진화의 패러다임을 바꿀 결과를 빠르게 생산해냈다. 2009년 2월, 전 세계의 과학자와 기자들은 그 결과를 애타게 기다리며 페보 소장의 기조강연을 들었다.

하지만 팀 화이트는 그 정반대 입장의 전문가였다. 그는 현장 전문가였고, 화석과 해부학으로 진화를 밝히는 전통주의자였다. 그는 해석을 통해 결론을 내리는 사람이 아니었고, 새롭게 해석해야 할 전에 없던 데이터, 원본 시료를 찾고 생산하는 사람이었다. 험지에서 직접 찾은 화석이 인류 진화사를 뒤흔들 거라는 소문은 많았다. 하지만 그는 철저하게 내용에 대해 함구했고, 그 상태로 15년을 버텼다. 2009년, 그가 연구 성과를 발표하기 불과 반년 전에 가진 강연은 그런 의미에서 사람들에게 주는 기대가 적었다. 그의 연구는 궁금해하는 사람이 많았지만, 결정적인 내용을 들을 수 있으리라는 기대는 적었다. 그리고, 그 사실은 누구보다 인류학계가 잘 알고 있었다.

페보와 화이트 두 연구자는 곧 언급한 내용을 담은 역사적인 연구 결과를 발표했다. 페보 소장팀은 최초의 네안데르탈인 게놈 해독 결과를 2010년 5월 〈사이언스〉에 논문으로 공개했다. 여기에는 현생인류와 네안데르탈인 사이에 유전자 교류가 있었다는 사실이 건조하게 담겨 있었다. 언어는 건조했지만 내용은 충격적이어서 전 세계적인 주목을 받았다. 인류가 가장 가까운 친척 인류와 공통 자손을 남겼다는 사실은 현생인류가 다른 인류와 구분되는 독특한 위상을 지녔다고 믿었던 사람들에게 충격을 줬다. 또 서로 다른 종이라고 여겼던 두 인류의 사례를 통해 생물학적 종 개념을 새롭게 정립해야 할지를 놓고 논쟁이 벌어졌다. 인류는 물론 생명이 계속 다양한 종으로 분화했다고 보는 다윈 이래 150년 동안 이어져온 '생명의 나무' 비유도 위기를 맞았다.

화이트 교수 역시 10여 년간 극비리에 진행해오던 에티오피아 화석 발굴 성과를 2009년 10월 발표했다. 널리 알려진 친척 고인류인 오스트랄로피테쿠스 이전에, 직립보행 특성과 나무 타기 특성을 모두 갖춘, 분명 인류의 조상으로 추정되지만 현생 유인원과는 다른 특징을 지닌 특이한 고인류가 존재한다는 내용이었다. 〈사이언스〉는 아예 이 고인류의 신체 구조부터 식이, 보행 등을 망라한 논문 11편을 모은 특별호를 발간해 대대적으로 홍보에 나섰다. 모두가 존재와 이름은 알고 있었지만 그 실체를 몰랐던 440만 년 전 고인류 아르디피테쿠스 라미두스는 이 때에야 비로소 제대로 된 주목을 받을 수 있었다.

하지만, 놀라운 내용과 달리 대중적인 파장은 적었다. 화이트는 대중을 향해 홍보를 잘하는 사람이 아니었고, 학술적인 면에 철저하게 초점을 맞춘 공개 이벤트 역시 대중에게는 어렵게 느껴졌다. 더구나 학계에서 그는 비판을 많이 받는 사람이었다. 이 책에 언급된 것처럼 적대적인 사람도 많았다. 비판 지점은 여러 층위에 걸쳐 있었는데, 그의 독불장군 같은 태도도 있었지만 확보한 시료를 소수의 '내 편' 연구자가 독점하고 오래 쉬쉬한 점, 데이터 공유와 공개라는 새로운 과학 조류에 소극적인 점 등이 많이 꼽혔다. 게놈 연구와 같은 데이터 중심 생명과학 연구는 물론, 천문학적 연구비가 투자되는 미국항공우주국(NASA)의 우주 탐사 프로젝트도 최소한 일정 기간이 지나면 데이터를 원본까지 다 공개하는데, 화이트 팀의 비밀·독점주의는 이런 추세와는 정반대였다.

연구팀 내에 여성 연구자가 극히 적고 중년 남성 전문가가 프로젝트를 주도했던 점도 시대착오적이라는 비판을 받았다. 이 책에도 말미에 언급된 젊은 연구자 리 버거 등이 적극적으로 여성 및 젊은 연구자, 발굴자를 기용했던 점과 대조적이다. 리 버거는 2015년 발표돼 큰 주목을 받았던 고인류 호모 날레디 화석을 발표하면서, 화이트 팀을 의식한 듯 발굴 시작부터 끝까지 모조리 반대로 행해서 유명해졌다. 그는 소셜미디어를 통해 발굴자를 모집했고, 발굴 과정도 실시간으로 공개했다. 날레디가 발굴된 곳은 좁은 지하 동굴이었는데, 그곳을 발굴할 신체 조건을 갖춰서 최종 선발된 발굴자들은 공교롭게도 6명 모두 여성이었다. 험한 동굴 탐사 및 화석 발굴을 대학원생이나 갓 박사 학위를 받은 신진 학자를 포함한 젊은 여성들이 최전선에서 진행한 사례는 고인류학 역사에서도 유례가 없는 일이었다. 리 버거는 이렇게 해서 발굴한 날레디 화석의 스캔 데이터를 그대로 클라우드를 통해 전 세계 연구자들에게 공개했고, 논문은 신생 오픈액세스 저널(누구나 무료로 볼 수 있는 공개 학술지)에 배포해버렸다. 이 책에서는 화이트의 시선에서 버거의 행동이 기행처럼 묘사됐지만, 사실 그 무렵 고인류학계는 버거의 일거수일투족을 새로운 세대의 록스타가 등장한 양 혁신적으로 받아들였다.

물론 화이트는 서구 백인 위주로 진행되던 아프리카 탐사 및 진화 연구를 화석 현장을 지닌 아프리카 국가(에티오피아)가 주도하도록 오랜 시간에 걸쳐 많은 노력을 기울인 선구적이고 개혁적인 면도 있었다. 하지만 역설적으로 그런 노력마저 일부 사람에겐 은근한 배척의 대상이 됐다(고 화이트는 주장한다).

연구 내용의 생소함과 그것을 전하는 화자에 대한 반감이 더해진 결과, 좀 더 주목받아 마땅한 새로운 고인류 아르디피테쿠스는 긴 발굴 기간과는 별개로 낯선 영역에 오래 갇혀 있었다. 지금도 사람들은 고인류나 인류 조상의 대표로 아르디피테쿠스보다 연대가 100만 년쯤 늦은 오스트랄로피테쿠스 아파렌시스 '루시'를 언급한다. 루시보다 훨씬 먼저 존재했고 논쟁점을 많이 던져주며 인류 진화 역사의 패러다임까지도 뒤흔든 아르디피테쿠스의 존재는 상대적으로 널리 알려져 있지 않다. 추가적인 연구도 이뤄지고 있지만, 2015년 발표된 고인류 호모 날레디나 최근 아시아에서 발굴되고 있는 새로운 고인류 또는 벽화 등 예술 고고학 성과에 비해 큰 대중적 주목을 끌지는 않고 있다.

어쩌면 아르디피테쿠스와 팀 화이트 팀이 던진 질문이 그만큼 파괴적이라는 반증일지 모른다. 곁가지가 아니라 기원이라는 큰 줄기의 핵심에 돌진해 진화의 흐름 자체를 가늠하게 하고, 해답보다는 질문을 더 많이 제기했으며 기존 가설을 확인시키기보다는 새로운 가설을 제기한 불편한 존재 아르디피테쿠스는, 그렇게 침묵과 몰이해 속에서 답과 그보다 많은 질문을 던져줄 추가적인 화석이 빛을 볼 날을 기다리고 있다. 팀 화이트와 그의 팀이 그렇듯이.

◎ 주 ◎

주석에 사용된 약어

ADST – 외교 연구 훈련 협회The Association for Diplomatic Studies and Training

BHL – 벤틀리 역사 도서관Bentley Historical Library

MARP – 미들 아와시 연구 프로젝트Middle Awash Research Project

NSF – 미국국립과학재단U.S. National Science Foundation

제사

7 ***에티오피아 속담:*** Cerulli, "Folk Literature," 197.

머리말: T. 렉스

12 ***"해부학적으로 놀라운 특징이 가득하다":*** Lovejoy et al., "Great Divides," 73.

1장: 인류의 뿌리

25 ***깡마른 이 화석 사냥꾼은:*** 이 장면의 세부사항은 다음을 참고했다. Powers, "Digging for Old Stones and Bones"; MARP video 1981; Tim White photograph archives.

26 ***쪼갠 나무토막이 아니라 통나무를:*** Milford Wolpoff quoted in Morell, *Ancestral Passions*, 454.

26 ***"학과 내 동료 관계를 망가뜨리는 행동":*** Nelson H. H. Graburn, Department of Anthropology memo, 1981년 7월 27일, White papers.

26 ***"요즘 업계 최고":*** 1981년 9월 27일 C. Loring Brace가 Nelson H. H. Graburn에게 보낸 편지, C. Loring Brace papers, BHL, box 8, folder: White, Tim.

28 ***"그게 뭐가 됐든 극한으로 검증하는 사람":*** Steve Ward, 저자와의 인터뷰.

28 ***이 책은 루시가 "인류의 시작"이라고:*** Johanson and Edey, *Lucy: The Beginnings of Humankind*.

30 ***미국중앙정보국(CIA)의 요원 역할을 비밀리에:*** ADST, "Ambassador Owen W. Roberts," 74.

30 ***진입로에서 위장 야전복을 입은:*** 이 장면의 세부사항은 다음을 참고했다. photograph collection of Tim White and MARP video 1981.

30 ***"두 다리로 완전한 이족보행을 했습니다":*** Powers, "Digging for Old Stones and Bones"에서 인용.

30 ***"문제는 이러한 적응이 얼마나":*** Powers, "Digging for Old Stones and Bones"에서 인용.

32 ***"다수의 공상에 가까워 보이는 가상 모델 구축":*** 1979년 11월 5일 J. Desmond Clark가 Fred Wendorf에게 보낸 편지, Wendorf papers, box 18, folder 28.

33 ***생물학적·문화적으로 중요한 진전을 이룬 온상이라고:*** Clark, "Africa in Prehistory: Peripheral or Paramount?" 175.

34 ***아프리카가 없었다면:*** Clark, "Africa in Prehistory: Peripheral or Paramount?" 175.

34 ***"만약 우리가 호미니드를 발견한다면":*** Powers, "Digging for Old Stones and Bones"에서 인용.

34 ***1971년 그는 학술 행사 대표자들을:*** Williams, *Nile Waters, Sahara Sands*, 59; Martin Williams, 저자와의 인터뷰.

34 ***"그 술은 아주 많이 마셔도":*** Clark, "An Archaeologist at Work," 217.

35 ***중세 왕을 알현하는:*** Clark, "An Archaeologist at Work," 217–19.

36 ***"바주카포와 기관총, 소총에서":*** ADST, "Ambassador Arthur T. Tienken," 31.

36 ***"밤새도록 총성을 들었어요":*** Steve Brandt, 저자와의 인터뷰.

37 ***이들을 포함해 360명이 살해됐다:*** Ottaway, "Fighting Up Sharply." (그 지질학자는 빌 모턴으로, 클라크의 발굴에 합류하러 가기 전에 살해됐다.)

37 ***그 상자 안은 텅 비어 있었다고:*** Edward Ullendorff, Hiltzik, "Does Trail to Ark of Covenant End Behind Aksum Curtain?"에서 인용.

38 ***인간 행동이 생물학적 기원을 갖는다는:*** Sigmon, "Physical Anthropology in Socialist Europe," 130–39.

38 ***자신의 오랜 친구 베르하누 아베베를:*** 1978년 8월 31일 Clark가 John Yellen에게 보낸 편지, Kalb papers.

39 ***"에티오피아는 민족주의 성향이 매우 강한 국가라":*** Yellen, "Report on the Paris and Addis Ababa Conferences," 4.

39 ***"공산주의 세력이 이 지역을 다 차지하기 전에":*** 1978년 8월 31일 Clark가 John Yellen에게 보낸 편지, Kalb papers.

39 ***새 박물관 건설에 필요한 돈을:*** 1977년 Aklilu Habte가 J. Desmond Clark에게 보낸 편지, Wendorf papers, box 18, folder 29. 프랑스는 동일한 요구에 응하여 별도의 건물을 지었다.

40 ***"이단이 된다는 뜻":*** Colburn, "The Tragedy of Ethiopia's Intellectuals," 136에서 인용.

40 ***반대파들을 제압하기 위해 적색 테러를:*** Wiebel, "Revolutionary Terror Campaigns in Addis Ababa, 1976–1978."

40 ***추적해서 제거할 학생들의 졸업 사진을:*** Katz, "Ethiopia After the Revolution."

40 ***반대자 모임에 가입했다:*** 개인사적인 세부사항은 저자와 다음 인물들과의 인터뷰를 참고했다. Berhane Asfaw and Frehiwot Worku.

42 ***"좋아, 좋아!":*** Berhane Asfaw, "Tributes to J. Desmond Clark."

43 ***"에티오피아에서 그런 작업을 할 수 있게":*** 1982년 10월 11일 Berhane Asfaw가 Higher Education Commissioner에 보낸 편지, Kalb papers.

43 ***"매일이 선물과도 같았습니다":*** Berhane Asfaw, 저자와의 인터뷰.

44 ***"에티오피아 정부와의 관계는":*** 1981년 12월 29일 Clark가 John Yellen에게 보낸 편지.

45 ***그들은 초록색 텐트를 세우고:*** 캠프에 대한 세부사항은 다음을 참고했다. Krishtalka, "Bones from Afar."

45 ***"부러워 죽겠다는 편지를 보내곤 했죠":*** Krishtalka, "Bones from Afar," 18.

46 ***사막은 멸종한 종의 뼈 화석으로 가득했다:*** Krishtalka, "Bones from Afar"; NSF award 8210897 case file.

46 ***"화석을 밟지 않고는 한 걸음도 걸을 수 없었죠":*** Wilford, "Ethiopia Bones Called Oldest Ancestor of Man"에서 인용.

46 ***"호미니드의 가장 오랜 뿌리":*** NSF award 8210897 case file, Summary of Research and Conclusions, 33.

46 ***"모든 아프리카 탐사 중에서 가장 성공적이었어요":*** 1981년 12월 29일 Clark가 John Yellen에게 보낸 편지.

47 ***"세계에서 가장 중요한 연구 대상지":*** NSF award 8210897 case file, Summary of Research and Conclusions, 32.

48 ***어금니가 거대한 침팬지 머리뼈 위에:*** Institute of Human Origins, newsletter winter 1982/83, 1.

48 ***"이곳의 동물상은 단편적이다":*** White, field notes, 1981년 11월 20일.

2장: 금지 조치

49 ***자신의 존재를 풀어야 할 문제로 인식하는:*** "인간은 자신의 존재가 자신이 풀어야 할 문제인 유일한 동물이다"라고 쓴 에리히 프롬에게서 영감을 받았다. Fromm, *Man for Himself*, 40.

49 ***"가장 유력한 곳이지만":*** Darwin, *Descent of Man*, 430.

49 ***극히 일부만 헨리 모턴 스탠리가:*** Stanley, *Through the Dark Continent*.

52 ***Y자 모양의 다이어그램으로:*** Johanson and White, "Systematic Assessment."

54 ***"북부 에티오피아에 있다":*** Mayr, "Reflections on Human Paleontology," 233.

54 ***50만 달러에 가까운 연구비를:*** NSF award 8210897 case file.

54 ***'힘이 되는 사람':*** 1982년 1월 1일 J. Desmond Clark가 Fred Wendorf에게 보낸 편지, Wendorf papers, box 18, folder 23.

54 ***"뛰어난 현장 과학자이자 실험실 연구자":*** 1982년 1월 1일 J. Desmond Clark가 Fred Wendorf에게 보낸 편지, Wendorf papers, box 18, folder 23.

54 ***에티오피아 문화부의 호출을 받았다:*** 1982년 11월 7일 Clark와 White가 Dr. Steven Brush에게 보낸 편지, NSF award 8210897 case file.

55 ***"핵심은 어떤 공무원 또는 부서가":*** Korn, "Archeological Expedition Stalled," Kalb papers.

55 ***문화부를 통제하려 들었고:*** 1982년 12월 10일 J. Desmond Clark가 Dr. Stephen Brush에게 보낸 편지, NSF award 8210897 case file.

55 ***자신들이 더 많은 역할을 해야 한다고:*** 1982년 11월 7일 J. Desmond Clark와 Tim White가 Dr. Stephen Brush에게 보낸 편지, NSF award 8210897 case file.

55 ***과학기술 부처에 불려가서:*** 1982년 10월 11일 Berhane Asfaw가 Higher Education Commissioner에 보낸 편지, Kalb papers.

55 ***"내가 그 일을 돕고 있다고 욕했다":*** 1982년 10월 11일 Berhane Asfaw가 Higher Education Commissioner에 보낸 편지, Kalb papers.

56 ***"에티오피아인에 대한 '갈취'로":*** 1982년 11월 7일 Clark와 White가 Dr. Steven Brush에게 보낸 편지, NSF award 8210897 case file.

56 ***"모든 방의 전화가 도청당하고 있었죠":*** Williams, *Nile Waters, Sahara Sands*, 123.

3장: 기원

57 ***"에티오피아인들은 1000년 가까이 잠들어 있었다":*** Gibbons, *History of the Decline and Fall of the Roman Empire*, vol. 3, 281.

58 ***과학적 근거를 찾았고:*** Zena, "Archaeology, Politics and Nationalism," 408.

58 ***황제가 루이스 리키에게 왜 에티오피아에서는:*** Morell, *Ancestral Passions*, 275–76. 프랑스 학자들은 1930년대에 일찌감치 오모 계곡을 탐사했다. 1952년 하일레셀라시에 황제는 프랑스 학자들과 함께 에티오피아 고고학 연구소를 설립했다. 1963년, 네덜란드 수문학자 제라드 데커Gerard Dekker가 멜카 쿤투레Melka Kunture에서 석기를 다수 발견해, 장 샤밸롱Jean Chavaillon이 이끄는 프랑스 발굴팀이 발굴했다.

59 ***박사 학위 논문을 위해 아파르 저지대를:*** 탐험의 세부사항은 Taieb, *Sur la Terre des Premiers Hommes*, 그리고 Maurice Taieb와의 인터뷰를 참고했다.

59 ***"그 사람은 적이다. 죽여도 된다":*** Munzinger, "Narrative of a Journey," 225.

60 ***"남자는 피를 생각해야만 합니다":*** Nesbitt, *Desert and Forest*, 135.

60 ***"충동적이고, 쉽게 흥분해":*** Kalb, *Adventures in the Bone Trade*, 21.

61 ***"흥이 많은 사내였습니다":*** Don Johanson, 저자와의 인터뷰.

62 ***열기에 맥을 못 췄고 화석도 발굴하지 못했다:*** Johanson and Edey, *Lucy*, 124–25.

62 ***"당시 나는 굉장히 의욕에 차 있었습니다":*** Don Johanson, 저자와의 인터뷰.

62 ***하마의 갈비뼈로 보이는 화석을:*** 자세한 설명은 Johanson and Edey, *Lucy*, 155–59를 참조.

63 *근처 봉분에서 넙다리뼈를 훔쳤다:* 자세한 설명은 Johanson and Edey, *Lucy*, 158–59를 참조.

63 *"사람들은 당신의 말을":* Johanson and Edey, *Lucy*, 163에서 인용.

64 *"땅에서 튀어나오기 시작한":* Tom Gray, 저자와의 인터뷰.

65 *"모든 화석을 상자에 넣어":* Taieb, *Sur la Terre des Premiers Hommes*, 119.

65 *화석에 외국 이름을 붙였다고:* Taieb, *Sur la Terre des Premiers Hommes*, 144.

65 *"아무도 예측할 수 없었습니다":* Aklilu Habte, 저자와의 인터뷰.

65 *"무명의 인류학과 대학원생이 아니었다":* Johanson and Edey, *Lucy*, 185.

67 *그와 가까운 사람들 및 친척 명단을:* U.S. Embassy Ethiopia, "International Afar Expedition," WikiLeaks Cable, 1976년 10월 14일; U.S. Embassy Ethiopia, "International Afar Expedition," WikiLeaks Cable, 1976년 10월 21일.

67 *장관은 그날 저녁 귀가했다 살해당했다:* Johanson and Edey, *Lucy*, 233.

67 *"경쟁 차원에서 전개됐다":* Johanson, "Anthropologists: The Leakey Family."

68 *"같은 종이라고요?":* 이 대화는 다음에서 인용했다. Johanson and Shreeve, *Lucy's Child*, 105.

69 *"그 없이는 안 되겠다는":* Johanson and Edey, *Lucy*, 252.

70 *"다른 사람에게 혹평을 받지 않으려면":* Johanson and Edey, *Lucy*, 292.

71 *"화이트는 결국 나를 설득시켰어요":* Johanson and Edey, *Lucy*, 293.

72 *이 새로운 종에게 아파르 지역의 이름을 따서:* Hinrichsen, "How Old Are Our Ancestors."

73 *메리 리키는 격분했다:* Morell, *Ancestral Passions*, 480–81.

75 *그 자리의 토론을 기록한:* Reader, *Missing Links*, 384에서 인용.

76 *1978년 7월 4일:* Lewin, *Bones of Contention*, 290.

76 *화이트는 개의치 않고 그 뱀을 잡아 죽여:* Science Friday, "Desktop Diaries: Tim White."

77 *뿔닭을 잡는 내기를:* Peter Jones, 저자와의 인터뷰.

77 *"나는 어머니가 어떻게 저녁마다 위스키 반병을 마시고도":* Richard Leakey, 저자와의 인터뷰.

77 *"매우 유능하고 생각이 명료한 젊은이":* Morell, *Ancestral Passions*, 476–77에서 인용.

77 *코끼리 똥을 서로 던지며 놀고 있을 때 시작되었다:* 이 장면의 세부사항은 다음을 참고했다. Morell, *Ancestral Passions*, 473–490, and Reader, *Missing Links*, 408–14.

78 *"나는 팀 화이트가 내 케냐 발굴팀 일원으로서":* Mary Leakey, *Disclosing the Past*, 177.

79 *"메리는 기다리기 힘들어했던 게 기억나요":* Peter Jones, 저자와의 인터뷰.

79 *"정말 1킬로미터를 뛰어갔어요":* Tim White, 저자와의 인터뷰.

81 *"라에톨리 캠프의 내 작업실에서 팀 화이트는":* Mary Leakey, *Disclosing the Past,* 182.

81 *"내 이름을 빼주길 바랍니다":* Morell, Ancestral Passions, 489; Lewin, *Bones of Contention,* 285에서 인용.

81 *"현장에서 싸우지 않도록":* 1979년 4월 26일 Mary Leakey가 Tim White에게 보낸 편지, Morell, *Ancestral Passions*, 500에서 인용.

82 *메리는 성가신 팀원을:* Morell, *Ancestral Passions*, 500.

82 *조핸슨과 화이트가 〈사이언스〉에 같은 내용의 논문을:* Johanson and White, "Systematic Assessment of Early African Hominids."

82 *1면 헤드라인은:* Rensberger, "New-Found Species."

83 *신종의 이름에 찬성했다고 밝혔다:* Johanson and Edey, *Lucy*, 290.

83 *"오스트랄로피테쿠스 아파렌시스에 대한 당신의 설명은":* 1979년 6월 7일 Ernst Mayr가 Dr. D. C. Johanson에게 보낸 편지, Mayr papers.

84 *아프리카누스의 아종이라고 선언하려 했다:* Lewin, *Bones of Contention*, 269, 290.

84 *"돈 조핸슨의 처음 생각이 맞는 것 같은데요":* Rensberger, "Rival Anthropologists Divide."

84 *"인류학 분야를 평정했다":* Lewin, *Bones of Contention*, 171.

84 *"당신은 악당이야":* 1983년 5월 18일 Richard Leakey가 Donald Johanson에게 보낸 편지, Morell, *Ancestral Passions*, 529에서 인용.

85 *"우린 단 3일 만에 찾았는데 말이야":* Johanson and Shreeve, *Lucy's Child*, 181에서 인용.

86 *"우리가 그 지역에서 뭔가를 발굴할 수 있다면":* Johanson and Edey, *Lucy*, 375.

4장: 거짓말쟁이

87 *커서도 어린아이 같은 호기심에서 벗어나지 못하는:* Science Friday, "Desktop Diaries: Tim White"; White, "At Large in the Mountains"; 저자와의 인터뷰.

87 *"캘리포니아 남부가 사람과 자동차로 가득 차면서":* White, "At Large in the Mountains," 203.

89 *"화이트는 앉아서 우리가 조사 과정에서 발견한":* Wes Reeder, 저자와의 인터뷰.

89 *"아버지는 엄격했고":* Tim White, 저자와의 인터뷰.

90 *"뱀을 찾는 능력은":* White, "A View on the Science," 287.

90 *"그는 늘 한계를 극복하고":* Jim O'Connell, 저자와의 인터뷰.

91 *"에티오피아 남부에 있는":* Noxon, *The Man Hunters*.

91 *"세상에, 교과서가 따로 없군!":* Alan Fix, 저자와의 인터뷰.

91 *"화이트는 자신감에 차 있었습니다":* Alan Fix, 저자와의 인터뷰.

91 *"화이트로서는 어이가 없었죠":* Alan Fix, 저자와의 인터뷰.

92 *"화이트는 대단히 명석했고":* Milford Wolpoff, 저자와의 인터뷰.

92 ***"화이트는 형질인류학을 하루 24시간, 주 7일 연구했어요":*** Bill Jungers, 저자와의 인터뷰.

93 ***"작업에 대한 그의 집념은 수도사를 방불케 했다":*** 1977년 2월 18일 C. Loring Brace가 Dr. S. L. Washburn에게 보낸 편지, C. Loring Brace papers, BHL, box 8, folder: White, Tim.

93 ***"화이트는 주의성이 강한 연구자로":*** 1977년 2월 18일 C. Loring Brace가 Dr. S. L. Washburn에게 보낸 편지, C. Loring Brace papers, BHL, box 8, folder: White, Tim.

93 ***화이트는 스스로 음식을 멀리해:*** Tim White, 저자와의 인터뷰.

93 ***"만약 약점이 있었다면":*** 1976년 2월 13일 C. Loring Brace가 Tim White를 위해 써준 추천서, C. Loring Brace papers, BHL, box 8, folder: White, Tim.

94 ***"마키아벨리에 필적하는 정치적 수완":*** Morell, *Ancestral Passions*, 298.

94 ***"나는 끊임없이 야외 활동이나 하는 풋내기":*** Morell, *Ancestral Passions*, 288.

95 ***중요한 것을 발견하면 그것을 제자리에 둔 채:*** Leakey, *One Life*, 172.

95 ***비행기가 캠프 근처에 위치한:*** Rensberger, "The Face of Evolution," 54.

96 ***복원 과정에서 화석을 망가뜨렸다고:*** Morell, *Ancestral Passions*, 477.

96 ***'기념사진 촬영 기회'를 망친 것:*** Tim White, 저자와의 인터뷰, and "Ladders, Bushes, Punctuations, and Clades," 136.

96 ***현장을 매우 주의 깊게 관리해야:*** White, "A View on the Science," 290.

97 ***"화이트는 매우 화를 냈어요":*** Richard Leakey, 저자와의 인터뷰.

97 ***"화이트는 단호하게 거부하고":*** Richard Leakey, 저자와의 인터뷰.

97 ***"화가 났다":*** Tim White, journal, 1975년 9월 8일.

97 ***문을 쾅 닫았다는 말은 거짓이며:*** 2019년 10월 31일 Tim White가 저자에게 보낸 이메일.

98 ***이의를 짓누르기 위한 위압적인 전략을:*** 1986년 6월 6일 Tim White가 Roger Lewin에게 보낸 편지.

98 ***"조핸슨처럼 자신을 홍보하는 타입은":*** Tom Gray, 저자와의 인터뷰.

98 ***"격렬한 의견 차":*** 1981년 2월 13일 Phyllis Dolhinow가 anthropology department executive committee에 보낸 편지.

99 ***"정원을 넘겨 800명이 넘는":*** Anton, "Of Burnt Coffee and Pecan Pie," 36.

100 ***이 선언은 인류학계가 20세기 후반을 이끌어나갈 기본 방침이:*** Washburn, "The New Physical Anthropology."

100 ***"진화론 역사에서 가장 근본적인 실수":*** Washburn, "Fifty Years of Studies on Human Evolution," 25.

100 ***"원시적인 19세기 과학":*** Washburn, "Fifty Years of Studies on Human Evolution," 30.

100 ***"화이트는 늘 박해받고 있다고":*** William Simmons, 저자와의 인터뷰.

101 *"워시번에게 영향을 받은 대학원생 조교가 반란을":* Tim White, 저자와의 인터뷰.

101 *화이트의 동료 중 한 명이 출간한 논문에:* 이 세미나 주제는 다음의 논문이었다. "The Origin of Man" by Owen Lovejoy.

101 *"팀 화이트는 세미나에 와서":* 1981년 2월 10일 S. L. Washburn이 William S. Simmons (executive committee)에게 보낸 편지.

102 *"화이트의 행동은 내가 마주친":* 1981년 2월 10일 S. L. Washburn이 William S. Simmons (executive committee)에게 보낸 편지.

102 *학과에서는 그들의 주장을:* Nelson H. H. Graburn, Berkeley Department of Anthropology memo, 1981년 7월 27일, White papers.

103 *"관련된 인물의 융통성 없는 성격":* Nelson H. H. Graburn, Berkeley Department of Anthropology memo, 1981년 7월 27일, White papers.

103 *"나는 그 만남에서 워시번이 내게 한 말을":* 2012년 6월 8일 Tim White가 저자에게 보낸 이메일.

103 *사람들이 에티오피아에서 무엇을 발굴하길:* White, discussion at 1983 IHO conference.

104 *"딱히 없어요.":* White, discussion at 1983 IHO conference.

104 *인류학자가 결론을 내릴 때엔 확률을 고려해서:* Washburn, "The Evolution Game," 558.

104 *거짓을 참으로 확신하는 인간의 결함 때문이라고:* Washburn, "The Evolution Game," 558.

104 *확률 게임에는 취미가 전혀 없다고:* Washburn and White, discussion at 1983 IHO conference.

104 *자신이 수학이나 이론에 젬병이라는:* Johanson and Edey, *Lucy*, 292.

104 *"피그미 침팬지를 연상시킨다":* Boaz and Cramer, "Fossils of the Libyan Sahara," 39.

105 *〈내셔널 지오그래픽〉 표지에는:* Tim White, presentation, 1983 IHO conference.

105 *"비판은 연구를 더 나아지게 한다":* White, "A View on the Science," 231.

105 *화석을 찾기 전에 선입견을 갖는:* White and Suwa, "Hominid Footprints at Laetoli," 512.

105 *"과학 연구와 과학소설을 나누는 차이는 증거":* White, "Ladders, Bushes, Punctuations, and Clades," 141.

5장: 인류 최전방의 존재

106 *독재자 멩기스투가 수여하는 상을 받으러:* 1982년 12월 10일 J. Desmond Clark가 Dr. Steven Brush에게 보낸 편지, NSF SBR award 8210897.

106 *에티오피아 정부 반대파와 결탁한 미국 CIA 요원을:* Weiner, *Legacy of Ashes*, 456–58.

106 ***"반혁명 분자, 현장에서 체포되다":*** *Ethiopian Herald*, 1984년 2월 4일.

107 ***화석과 석기가 박물관 내부 및 창고에 멋대로:*** J. Desmond Clark가 John Yellen에게 보낸 편지, 1978년 10월 2일, Wendorf papers, box 18, folder 29; Clark and Howell, "Construction of a Storage/Laboratory Unit in Addis Ababa."

107 ***화석들이 뒤섞인 채 종이 상자에 들어 있는:*** Tim White, 저자와의 인터뷰.

107 ***낡은 페인트 상자에:*** Powers, "Digging for Old Stones and Bones"; Tim White, 저자와의 인터뷰.

107 ***"끔찍한 상태였어요":*** Tim White, 저자와의 인터뷰.

107 ***미 국무부는 미국에 적대적인 데다:*** Yellen, "John Kalb Reconsideration," Kalb lawsuit exhibit 6.

107 ***NSF가 8만 6000달러를:*** Clark and Howell, "Construction of a Storage/Laboratory Unit in Addis Ababa"; NSF award 7908342.

107 ***"도의적으로도 책임이 크다":*** Clark and Howell, "Construction of a Storage/Laboratory Unit in Addis Ababa," 10.

109 ***혁명 10주년을 기념하기 위해 선전물을 제작하는:*** Berhane Asfaw, Yonas Beyene, and Tim White, 저자와의 인터뷰.

109 ***전시에 '딩크네시'를 세웠다:*** *Ethiopian Herald,* "So that Open Eyes Might See."

109 ***마르크스주의 정부가 세계에 자랑할 목적으로:*** Ottaway, "Addis Ababa Sees Red on Coup Anniversary."

109 ***기근이라는 천벌이 북부 지역을:*** Giogis, "One Man's Love of Power."

109 ***베르하네는 버클리에서 대학원 과정을:*** Berhane Asfaw, 저자와의 인터뷰.

111 ***"우리가 돌아오는 것을 바라지 않았어요":*** Frehiwot Worku, 저자와의 인터뷰.

111 ***"남편은 자신의 분야를 연구할 전문가가":*** Frehiwot Worku, 저자와의 인터뷰.

111 ***"그는 국립박물관에서 고인류학 분야의":*** Yonas Beyene, 저자와의 인터뷰.

111 ***언젠가 박물관 상점 관리인이 중요한 화석을 숨기고는:*** Berhane Asfaw, "A.L. 444 Hominid from Hadar Used in a False Campaign," Walta Information Center, 2001년 4월 7일.

112 ***베르하네는 새 발굴지를 찾기 위해 전국적인 조사를:*** 조사 프로젝트에 대한 세부 사항은 다음을 참고했다. Wood, "A Remote Sense for Fossils"; Giday WoldeGabriel et al., "Kesem-Kebena: A Newly Discovered Paleoanthropological Research Area in Ethiopia"; Suwa et al., "Konso-Gardula Research Project"; Berhane Asfaw et al., "Space-Based Imagery in Paleoanthropological Research."

112 ***2만 9000달러의 연구비를 NSF에서 받았다:*** NSF award 8819735, "Paleoanthropological Survey of Ethiopia's Rift System."

113 ***전 세계 발굴 전문가들이 채택하는 선구적인:*** 예를 보려면 다음을 참고하라. Anemone et al., "GIS and Paleoanthropology."

113 *오랜 대학 친구인 기다이 월데가브리엘을:* Giday WoldeGabriel의 개인사적인 세부사항은 저자와의 인터뷰를 참고했다.

117 *127일을 현장에서 보내면서:* Suwa et al., "The Konso-Gardula Research Project," 3.

118 *"체포하라는 지침을 담은 문서까지":* From "An Archaeologist at Work," oral history, Tim White, J. Desmond Clark, and Timothy Troy, 2000년 11월 2일, 359.

118 *〈사이언스〉 표지에는 이런 문구가:* Gibbons, "First Hominid Finds from Ethiopia in a Decade."

118 *데르그 체제가 무너지자:* 세부사항은 다음을 참고하라. Cohen, "Ethiopia: Ending a Thirty-Year War."

119 *미국 측 수석 협상가가:* 세부사항은 다음을 참고하라. Cohen, "Ethiopia: Ending a Thirty-Year War," 49.

119 *박물관을 폐쇄했다:* Berhane Asfaw, 저자와의 인터뷰. 이어지는 세부사항은 저자와 다음 인물들과의 인터뷰를 참고했다. Alemu Ademassu, Yohannes Haile-Selassie, and Frehiwot Worku.

120 *"박물관 안에 절대 아무도 들여서는":* Berhane Asfaw, 저자와의 인터뷰.

120 *"어떻게 가려고요?":* Frehiwot Worku, 저자와의 인터뷰.

122 *화이트는 적은 수의 팀원만 데리고:* 세부사항은 저자와 다음 인물들과의 인터뷰를 참고했다. White, Yohannes Haile-Selassie, Zelalem Assefa, and Alemu Ademassu; White, field log, 1991년 12월 15일; White, photograph archives.

123 *"여성들과 아이들, 남성들이 많이 보인다":* White, field log, 1991년 12월 15일.

124 *"탄환이 날아다니는 소리뿐이었어요":* Yohannes Haile-Selassie, 저자와의 인터뷰.

124 *"아파르 군대가 자신들을 치러":* Yohannes Haile-Selassie, 저자와의 인터뷰.

125 *"우리는 겁이 났어요":* Zelalem Assefa, 저자와의 인터뷰.

125 *"박물관이 한 개인의 전유물에":* Mulugeta Feseha, 저자와의 인터뷰.

126 *"문제는 베르하네가 스스로 모든 것을":* Close Observer, "What Went Wrong with Prehistory Research (Part V)," 2001년 4월 14일.

126 *관리들에게 해고를 통보했다:* Berhane Asfaw, 저자에게 보낸 이메일과 인터뷰.

126 *"우리는 사무실 밖에서 사흘간":* Mulugeta Feseha, 저자와의 인터뷰.

127 *"루시 화석을 1.5킬로미터 거리에서":* Don Johanson, 저자와의 인터뷰.

128 *한번은 미국국립과학원(NAS)에서 강연을 했는데:* Kalb, *Adventures in the Bone Trade*, 253.

128 *알고 보니 개코원숭이 화석이었다:* Kalb, *Adventures in the Bone Trade*, 185.

128 *"만약 정부가 우리 모두를 추방하기로":* Kalb, "Statement Regarding the Rift Valley Research Mission in Ethiopia," 30.

129 *"CIA와 관련이 있다며 고발했다고":* Jon Kalb, 저자와의 인터뷰; Kalb, *Adventures in the Bone Trade*, 146.

129 *"개인을 제대로 구분해 생각하지 않았어요":* Aklilu Habte, 저자와의 인터뷰.

129 *"소문은 널리 퍼져 있었다":* John Yellen, memo, 1977년 12월 27일, "Jon Kalb Reconsideration," 5, Kalb lawsuit exhibit 6.

130 *"그가 뭘 보고했단 말인지 모르겠더군요":* Wendorf, "Impure Science," 402.

130 *'선인' 데즈먼드 클라크:* 1977년 5월 3일 Fred Wendorf가 Jon Kalb에게 보낸 편지, Kalb lawsuit exhibit 2.

130 *"버클리와 관련된 사람은":* Kalb, *Adventures in the Bone Trade,* 256.

130 *"아디스아바바에 또 한 명의 리키가":* Yellen, "Jon Kalb Reconsideration," 1.

130 *약 열흘 뒤 데즈먼드 클라크는:* 1978년 8월 31일 J. Desmond Clark가 John Yellen에게 보낸 편지.

130 *"그가 학계에서 신뢰가 없었기 때문이지":* Wendorf, "Impure Science," 403–4.

131 *"에티오피아 정보국이 누군가를":* Cherfas, "Grave Accusations Against Lucy Finders," 390에서 인용.

131 *베르하누 아베베에게 들은 말은 아주 달랐다:* 1994년 3월 2일 J. Desmond Clark가 Fred Wendorf에게 보낸 편지, Wendorf papers, box 11, folder 17.

132 *"결국 클라크가 칼브가 확보했던":* Charles Redman, memo, 1982년 10월 29일, "Jon Kalb case," 2, Kalb lawsuit exhibit 10.

132 *"통상적인 프로젝트보다 더 자유로운":* Redman, "Jon Kalb case," 2.

132 *"칼브의 분노를 누그러뜨리는 것뿐":* Redman, "Jon Kalb case," 2.

132 *"매우 불운한 환경의 피해자":* 1982년 11월 23일 Charles Redman이 Jon Kalb에게 보낸 편지, Kalb lawsuit exhibit 13.

132 *"NSF에서 누가 언제 어떻게":* 1982년 11월 27일 Jon Kalb가 Charles Redman에게 보낸 편지, Kalb lawsuit exhibit 14.

133 *1년 뒤 양측은 합의했다:* Stipulation of Settlement, 1987년 12월 8일, Kalb lawsuit.

133 *그는 '힘으로 밀어붙여서':* 1979년 2월 7일 J. Desmond Clark가 Maurice Taieb에게 보낸 편지, Wendorf papers, box 18, folder 29.

133 *에티오피아 정부가 칼브의 참여를 더 이상:* 1978년 9월 6일 Berhanu Abebe가 Desmond Clark에게 보낸 편지, Wendorf papers, box 18, folder 29.

6장: 황무지

134 *정부 공무원들은 칼브를 다시 초청해:* Kalb, *Adventures in the Bone Trade,* 301–2.

134 *"그들은 화이트를 위협하려 했어요":* Berhane Asfaw, 저자와의 인터뷰.

134 *"세 명이 잇따라 거절했어요":* Yonas Beyene, 저자와의 인터뷰.

135 *"자신을 지킬 유일한 방법은":* Zelalem Assefa, 저자와의 인터뷰.

135 *야외에서 맞은 첫날 아침:* 1992년 11월 29일 영상, MARP video 1992.

135 ***해가 뜨면 아파르족 아이들은:*** Ahmed Elema, Adeni, and Giday WoldeGabriel, 저자와의 인터뷰.

135 ***새 정부의 군인들과도 충돌이 있었고:*** Yasin, "Political History of the Afar in Ethiopia and Eritrea," 50n13.

136 ***엘레마라는 이름의 아파르 전사를:*** MARP video archive, 1992; Ahmed Elema, 저자와의 인터뷰.

136 ***"엘레마는 더럽게 난폭한 놈":*** Ahmed Elema, 저자와의 인터뷰.

136 ***캠프를 차린 낯선 사람들을 발견했다:*** Ahmed Elema, Tim White, Giday WoldeGabriel, and Yonas Beyene, 저자와의 인터뷰.

138 ***"아프리카는 언제나 상상 이상이군":*** Tim White, 저자와의 인터뷰.

139 ***이가 부서진 적이 있었다:*** 이 장면의 세부사항은 다음 인물들과 저자와의 인터뷰를 참고했다. Scott Simpson, Bruce Latimer, and Tim White.

140 ***"모두가 랜드크루저 뒷좌석에":*** Bruce Latimer, 저자와의 인터뷰.

141 ***"길을 찾고, 사람들과 대화했어요":*** Ahmed Elema, 저자와의 인터뷰.

146 ***250미터 두께의 퇴적층이 밀어 올려진 것이었다:*** Renne et al., "Chronostratigraphy of the Miocene-Pliocene Sagantole Formation."

147 ***칼브의 탐사대가 이미 모든 화석을 발굴해버린 것인지:*** Tim White, field notes, 1981년 11월 20일.

147 ***만만치 않게 실망한 채 그 지역을 떠났었다:*** Kalb, *Adventures in the Bone Trade,* 198.

148 ***"찾았다":*** Gen Suwa, Tim White, and Scott Simpson, 저자와의 인터뷰.

148 ***그는 대학 연구실에서 늦게까지:*** Gen Suwa의 개인사적인 세부사항은 저자와의 인터뷰를 참고했다.

150 ***에티오피아인 발굴자들을 따라가고:*** Gen Suwa, 저자와의 인터뷰.

151 ***"너무나 아쉽게도 셋째 큰어금니밖에":*** Gen Suwa, 저자와의 인터뷰.

152 ***알레마예후 아스포라는 이름의 에티오피아인이:*** Alemayehu Asfaw의 개인사적인 세부사항은 저자와의 인터뷰를 참고했다.

153 ***어린 호미니드의 아래턱뼈 파편을 찾아냈다:*** Alemayehu Asfaw, Gen Suwa, and Tim White, 저자와의 인터뷰.

154 ***"이 화석의 앞니는 폭이 좁군":*** Tim White in *Coincidence in Paradise*.

154 ***어느 날 스콧 심프슨이라는 젊은 미국인 인류학자가:*** 세부사항은 Scott Simpson과 저자와의 인터뷰를 참고했다.

155 ***작은 체구의 사람을 만난 적이 있었다:*** Tim White and Bruce Latimer, 저자와의 인터뷰.

156 ***이사족을 합동 공격한 일이 있었는데:*** 세부사항은 저자와 다음 인물들과의 인터뷰를 참고했다. Adeni, Ahmed Elema, and Giday WoldeGabriel.

157 ***"억지로 우리 점심 식사 장소에 데려왔어요":*** Berhane Asfaw, 저자와의 인터뷰.

157 ***"걸을 때 쓰는 지팡이인 하타 대신 총을":*** Scott Simpson, 저자와의 인터뷰.

157 ***아라미스에서 보낸 네 번째 날에:*** Tim White, Berhane Asfaw, and Scott Simpson, 저자와의 인터뷰; Tim White, field log.

7장: 지퍼맨의 재

159 ***차갑게 식은 재가 떨어져 땅을 덮었다:*** WoldeGabriel et al., "Volcanism, Tectonism, Sedimentation, and the Paleoanthropological Record in the Ethiopian Rift System," 95.

162 ***"인류 기원 연구는 여전히 부정확성의 바다에":*** Clark, "Radiocarbon Dating and African Archaeology," 7.

163 ***연구자들이 가장 널리 사용하는 기술이:*** Deino et al., "40Ar/39Ar Dating in Paleoanthropology and Archeology," 63.

163 ***루시의 연대를 320만 년 전으로 밝혀냈다:*** Walter, "Age of Lucy"; Renne et al., "New Data from Hadar (Ethiopia) Support Orbitally Tuned Time Scale."

163 ***새롭게 계산한 결과를 알려줬다:*** 1994년 11월 24일 Paul Renne가 Tim White에게 보낸 이메일.

165 ***혈액 단백질을 연구하기 시작했다:*** Goodman, "A Personal Account of the Origins of a New Paradigm"에 요약되어 있다.

166 ***고생물학자 조지 게이로드 심프슨 등이 그랬다:*** 심프슨은 분자유전학의 연구 결과들을 반대하지 않았다. 하지만 분류를 할 때엔 동물의 기원에만 의존해선 안 되고 형질의 적응을 고려해서 나눠야 한다고 주장했다.

166 ***가계도를 다시 쓸 수 있으리라고:*** Zuckerkandl and Pauling, "Evolutionary Divergence and Convergence in Proteins."

167 ***대학원생 빈센트 사리치에게:*** 세부사항은 다음을 참고했다. Sarich and Miele in *Race: The Reality of Human Differences,* 110–13.

167 ***〈사이언스〉에 발표했다:*** Sarich and Wilson, "Immunological Time Scale for Hominid Evolution."

167 ***"대개 그들은 우리가 바보짓을 했다고":*** Vincent Sarich, 저자와의 인터뷰.

168 ***"종달새처럼 행복해하며":*** Tim White, 저자와의 인터뷰.

168 ***"루시 덕분에 분위기가 바뀌었어요":*** Vincent Sarich, 저자와의 인터뷰.

169 ***"가설상의 공통 조상으로부터":*** Johanson and Edey, *Lucy*, 344–45.

169 ***침팬지와 99퍼센트 동일하다는:*** King and Wilson, "Evolution at Two Levels."

169 ***세 유인원의 분기 방식은 1989년에야:*** Caccone and Powell, "DNA Divergence Among Hominoids."

169 ***가계도에 대한 논쟁은:*** Ruvolo et al., "Gene Trees and Hominoid Phylogeny."

170 ***인간만이 '도구를 쓰는 존재'라고:*** 이제는 원숭이와, 심지어 뉴칼레도니아 까마귀도 도구를 쓴다는 사실이 알려졌다. 따라서 도구를 쓰는 행위는 이전에 생각하던 것만

큼 독창적인 행위는 아니다.

170 ***"이제 도구와 사람의 정의를 바꿔야겠습니다":*** Goodall, *Through a Window,* 22에서 인용.

170 ***서구와 일본 연구자들이 아프리카 유인원:*** McGrew, "The Cultured Chimpanzee," 44.

172 ***"침팬지가 조상뻘 유인원이 되어가고":*** Washburn, 1983 IHO locomotion conference.

173 ***보통 사람들을 잡아가서 옷을 벗기고:*** Diamond, *The Third Chimpanzee,* 2.

174 ***"우리 영토에서 작업하려면":*** Berhane Asfaw, 저자와의 인터뷰.

8장: 화산 아래에서

176 ***1993년 현장 시즌 세 번째 날에:*** 이 장면의 세부사항과 인용은 다음을 참고했다. MARP video 1993 n. 2.

178 ***해야 할 일을 확인했다:*** Tim White, "Daily Field Checklist," personal communication.

178 ***"그는 그냥 계속 일했어요":*** Yohannes Haile-Selassie, 저자와의 인터뷰.

178 ***다 죽어가는 자신의 목소리에:*** 1995년 1월 27일 Tim White가 Owen Lovejoy에게 보낸 이메일.

179 ***"현장 연구에 가장 능한 사람이었죠":*** Bruce Latimer, 저자와의 인터뷰.

179 ***"놀라운 지층이다":*** Tim White, field notes, 1993년 12월 26일.

180 ***4일 차에 화이트는:*** Tim White, field notes, MARP video 1993 n. 2.

181 ***"화이트가 그와 어떻게 친해졌는지는":*** Giday WoldeGabriel, 저자와의 인터뷰.

181 ***"그가 존경받게 된 것은":*** Berhane Asfaw, 저자와의 인터뷰.

183 ***"독터 티, 아미":*** 2016년 3월 23일 Tim White가 저자에게 보낸 이메일에서 인용.

183 ***"여기서 치아 전체를 찾을 수 있는":*** Tim White in MARP video 1993 n. 2, 1993년 12월 29일.

183 ***가장 오래된 인류 조상종의 모식표본이 될 치아를:*** 사소한 단서를 언급해야겠다. 1980년대에 음악가 월터 퍼거슨Walter Ferguson은 가장 오래된 인류 종 이름으로 '호모 안티쿠스 프라이겐스*Homo antiquus praegens*'를 제안하고 여기에 케냐에서 발굴된, 500만 년 전으로 연대가 추정되는 출처가 불분명한 화석이 여기에 포함된다고 주장했다. 과학자들 가운데 이 분류군을 진지하게 생각한 사람은 거의 없었고, 이 사실은 금세 잊혔다.

183 ***호미니드를 찾기 위한 열병 말기인 알레마예후 아스포는:*** Alemayehu Asfaw and Tim White, 저자와의 인터뷰.

184 ***미들 아와시 팀은 〈네이처〉에:*** White et al., "Australopithecus Ramidus, a New Species of Early Hominid."

185 ***"이 종은 가계도에서 인류 쪽 뿌리에 위치해 있다고":*** Tim White on *The MacNeil/*

Lehrer NewsHour, 1994년 9월 22일.

185 ***"아르디피테쿠스 라미두스에 덜 인류스러운 특징이 있다고":*** Gee, *In Search of Deep Time,* 203.

186 ***"만약 아르디피테쿠스 라미두스가 발견되지 않았다면":*** Gee, *In Search of Deep Time,* 204.

186 ***"'미싱 링크'라는 메타포는 잘못 사용될 때가 많지만":*** Wood, "Oldest Hominid Yet," 281.

187 ***"라미두스는 침팬지처럼 삼림 또는 숲을 서식지로 삼았으며":*** Tim White on *The MacNeil/ Lehrer NewsHour,* 1994년 9월 22일.

9장: 모든 게 그곳에 있다

188 ***기자들이 탐사에 동행하겠다고:*** White, "Feud over Old Bones."

188 ***〈선데이 타임스〉의 한 기자는:*** Fitzgerald, "Rift Valley."

188 ***"나는 미디어가 만든 소문이나 조작된 거짓 음모에는":*** Fitzgerald, "Rift Valley"에서 인용.

189 ***"발굴팀은 미디어의 주목을 받는 것을":*** Fitzgerald, "Rift Valley."

189 ***"발굴팀은 절 무시했죠":*** Fitzgerald, "Rift Valley."

189 ***캠프 반경 50킬로미터 안에는:*** White, "Feud over Old Bones."

189 ***"가디와 화이트 사이의 정서적 유대감은":*** Doug Pennington, 저자와의 인터뷰.

190 ***"아파르족이 그곳으로 낙타를 데리고 와서":*** Berhane Asfaw, 저자와의 인터뷰.

190 ***닷새 동안의 여행과 야영 끝에:*** Tim White, 저자와의 인터뷰; Tim White, field logs, 1994.

191 ***사람들의 사진을 찍었다:*** Tim White, photograph archives, 1994년 11월 5일.

191 ***"제대로 훈련을 받아 땅을 기며":*** Tim White, 저자와의 인터뷰; Tim White, photograph archives.

191 ***그는 몽당연필 크기의 부서진 화석 조각을:*** Yohannes Haile-Selassie and Tim White, 저자와의 인터뷰; White, "Paleontological Case Study."

192 ***캠프 너머에서 총성이 들렸다:*** Tim White, field log, 1994년 11월 9일; Bruce Latimer, Doug Pennington, and Henry Gilbert, 저자와의 인터뷰.

192 ***"총알이야, 불 꺼!":*** Bruce Latimer, Doug Pennington, and Henry Gilbert, 저자와의 인터뷰.

192 ***일자리를 구하려다 좌절돼 불만을 품은 사람이:*** Tim White, 저자와의 인터뷰.

192 ***가디를 비롯한 아파르인들이 총을 쏜 사람을 추격하여:*** Tim White, 저자와의 인터뷰.

193 ***첫 발견 며칠 뒤, 6번 지역으로 돌아가:*** 발견의 세부사항은 다음을 참고했다. Tim White, 저자와의 인터뷰; White, "Paleontological Case Study"; 2014년 10월 8일 Tim White가 저자에게 보낸 이메일; MARP video 1994 n. 1.

194 ***이후 비가 내렸다:*** Tim White, field log, 1994년 11월 21일, 12월 6일.

194 *"대부분의 화석이 아직":* Tim White, field log, 1994년 11월 14일.
194 *그는 그 정강뼈에서 흙을 세심히 털어내고:* Tim White, 저자에게 보낸 이메일.
195 *그날은 일 년 중 낮이 가장 짧은 날이었다:* 이 장면의 세부사항은 다음을 참고했다. MARP video 1994 n. 6.
196 *골드러시 시절에 하던 사금 채취 방식으로:* White, "A Paleontological Case Study," 549.
196 *"백 번 중 아흔아홉 번은":* Tim White, 저자와의 인터뷰.
196 *이 사실을 재확인시켜주는 흔적이:* 세부사항은 저자와 다음 인물들과의 인터뷰를 참고했다. Yonas Beyene, Berhane Asfaw, and Tim White.
197 *"언덕을 따라 내려가며 여기 이 수평선을":* MARP video 1994 n. 6, 1994년 12월 21일.
198 *"이제 우리가 할 수 있는 건":* MARP video 1994 n. 6, 1994년 12월 21일.
198 *"우리는 연구 과정에서 우리에게 정보를 제공한 존재를 파괴한다":* Flannery, "The Golden Marshalltown," 275.
199 *"우와! 이 송곳니 좀 봐!":* MARP video 1994 n. 9, 1994년 12월 31일.
200 *땅속에서 호박 크기의 퇴적물 덩어리와 함께:* MARP video 1994 n. 12, 1995년 1월 2일.
200 *"붕대가 필요해요!":* 이 장면의 모든 대화는 다음을 참고했다. MARP video 1994 n. 12, 1995년 1월 2일.
200 *"손 치워요":* MARP video 1994 n.12, 1995년 1월 2일.
201 *그는 어깨에서 총을 내려 발굴팀을 겨눴는데:* 세부사항은 다음을 참고했다. MARP video 1994 n. 13, 1994년 12월 26일.
202 *헤드라이트가 비추는 땅을 기며 12월 31일을 보냈다:* 세부사항과 대화는 다음을 참고했다. MARP video 1994 n. 10, 1994년 12월 31일.
202 *"이 발굴지에 지름길이란 없다고":* MARP video 1994 n. 10, 1994년 12월 31일.
202 *노란 깃발 사이에서 자칼의 똥이 발견됐다:* MARP video 1994 n. 12, 1995년 1월 2일.
203 *"망할 골격 화석 전체가 여기 있어!":* MARP video 1994 n. 9, 1994년 12월 31일.
203 *"아무도 이 같은 화석은":* MARP video 1994 n. 9, 1994년 12월 31일.
203 *"가운뎃손가락이야!":* MARP video 1994 n. 8, 1994년 12월 30일.
203 *"현장 사람들 중에":* MARP video 1994 n. 8, 1994년 12월 30일.
204 *같은 종의 화석을 36점 더 수집했고:* White, *"Ardipithecus ramidus and the Paleobiology of Early Hominids,"* 76.

10장: 독 나무

206 *"조핸슨은 사륜구동 자동차를 몰고":* Fitzgerald, "Rift Valley."
207 *"아르마니를 입은 인디애나 존스":* McKie, "Bone Idol."

207 *기자들과 푸아그라 샐러드와 가리비로 점심을 먹고:* McKie, "Bone Idol."
207 *"우리는 루시의 종이 인류 가계도의 뿌리라고":* Nova, *In Search of Human Origins,* part 1.
207 *"확실히, 우리는 루시의 선조를 찾았습니다":* Tim White on *The MacNeil/Lehrer NewsHour,* 1994년 9월 22일.
207 *"조핸슨은 자신이 발굴한 루시가 더 이상":* Jefferson, "This Anthropologist Has a Style That Is Bone of Contention"에서 인용.
208 *"그런 능력과 시야를 갖춘 사람은 전 세계를 통틀어":* Tim White, 저자와의 인터뷰.
208 *"나는 왕족을 만났고 상을 받았다":* Johanson and Shreeve, *Lucy's Child*, 23.
208 *"예의 조핸슨다운 탈선에 휘말렸죠":* Tim White, 저자와의 인터뷰.
209 *"본질을 중시하는 화이트가 마침내 충돌했다":* Kiefer, "The Man Who Loved Lucy"에서 인용.
209 *"나는 조핸슨을 처음 본 날 이후로":* Berhane Asfaw, 저자와의 인터뷰.
209 *"베르하네는 항상 내게":* Johanson and Wong, *Lucy's Legacy,* 81.
209 *도시 밖으로 피하는 게 좋겠다고 말했다:* Johanson and Wong, Lucy's Legacy, 40–44; Don Johanson and Berhane Asfaw, 저자와의 인터뷰.
209 *"모든 게 연막이었어요":* Don Johanson, 저자와의 인터뷰.
210 *화이트 역시 1990년 하다르 발굴에:* Tim White, 저자와의 인터뷰.
210 *타데세 테르파는 조핸슨이:* Johanson and Wong, *Lucy's Legacy,* 81.
210 *"나는 내게 일어난 일을 생각하면 그럴 순 없다고":* Don Johanson, 저자와의 인터뷰.
211 *"화이트는 모 아니면 도인 사람이에요":* Don Johanson, 저자와의 인터뷰.
211 *"그들은 늘 서로를 가차 없이 욕했어요":* Steve Brandt, 저자와의 인터뷰.
211 *"거긴 전장 같았어요":* Zelalem Assefa, 저자와의 인터뷰.
211 *"양측 사람들은 모두 심각할 정도로 자의식이 강했고":* Swisher et al., *Java Man,* 111.
212 *루이스 리키 인류학파의 말을 따랐다:* Johanson and Shreeve, *Lucy's Child,* 29.
212 *연구비의 70퍼센트를 수주했지만:* Renne, "Institute of Human Origins Breakup."
212 *오랫동안 끓어오르던 긴장은 마침내:* Jefferson, "This Anthropologist Has a Style That Is Bone of Contention"; Swisher et al., *Java Man,* 114–17.
212 *매년 해오던 100만 달러의 지원을:* 세부사항은 다음을 참고했다. Swisher et al., *Java Man,* 117–29.
212 *"만약 모두가 부끄러움을 최소화하려는":* Jefferson, "This Anthropologist Has a Style That Is Bone of Contention"에서 인용.
213 *"우린 그들이 이 나라에서 20년 넘게 누려온":* Berhane Asfaw, "Close Observer Turns to Insult When Confronted with Facts That Exposes His Connection," Walta Information Center, 2001년 4월 5일.

213 *자신의 새 영역에 무단으로 들어온 것은 '우선권 침해'라고 고소했다:* Gibbons, "Claim Jumpiing Charges"; Petit, "Berkeley Institute in Battle Over Fossils"; Wilford, "Tempers Flare."

213 *"그들은 우리 조직을 와해시키려고 했어요":* Petit, "Berkeley Institute in Battle over Fossils"에서 인용.

213 *조핸슨과 킴벨, 인류기원연구소 팀이 다시:* Don Johanson and Bill Kimbel, 저자와의 인터뷰.

214 *베르하네는 그 방송에 나온 사진 중 하나가:* Berhane Asfaw, 저자와의 인터뷰.

214 *"이 모든 일에 공통적으로 관여한":* Don Johanson, 저자와의 인터뷰.

215 *"화이트가 내게 여러 차례 말했지만":* Don Johanson, 저자와의 인터뷰.

216 *"한 명이 발견했다는 것은 매우 뜻밖의 일이죠":* Don Johanson, 저자와의 인터뷰.

216 *루시 팀 내에서조차 일부는:* Maurice Taieb and Bruce Latimer, 저자와의 인터뷰.

216 *모리스 타이에브도 그렇게 생각했다:* Maurice Taieb, 저자와의 인터뷰.

216 *첫 번째 조각을 찾았다고 확인해줬다:* Tom Gray, 저자와의 인터뷰.

216 *《루시》에서 조핸슨은:* Johanson and Edey, *Lucy,* 16.

216 *"빌어먹을 뱀한테 물리겠구나":* Tom Gray, 저자와의 인터뷰.

217 *"내 생각에 조핸슨은 그게 잘못이라는 걸":* Tom Gray, 저자와의 인터뷰.

217 *조핸슨은 책의 정확성을 위해 그레이에게:* Don Johanson, 저자와의 인터뷰.

217 *"조핸슨은 복수심이 몹시 강해요":* Tom Gray, 저자와의 인터뷰.

217 *그는 자신이 인류기원연구소에서 제명됐음을:* Maurice Taieb, 저자와의 인터뷰; Dalton, "The History Man," 269. In recent years, Johanson has acknowledged his debt to Taieb and expressed gratitude.

217 *"돈 조핸슨은 에고가 강했어요":* Maurice Taieb, 저자와의 인터뷰.

218 *새로 발굴된 화석들이 캠프 테이블에 펼쳐졌다:* 묘사와 대화는 다음을 참고했다. MARP video 1994 n. 14, 1995년 1월 5-6일.

11장: 플라이오세 복원

220 *겨우 한 개의 뼈만 돌에서 분리해:* 1995년 1월 22일 Tim White가 Owen Lovejoy에게 보낸 이메일.

220 *직감에 따라 그가 고른 단 하나의 뼈는:* 1995년 1월 22일 Tim White가 Owen Lovejoy에게 보낸 이메일, White papers.

221 *"발은 육식동물에게는":* Tim White, 저자와의 인터뷰.

222 *네 개의 다른 개체 화석에서 나온 부위를:* White and Suwa, "Hominid Footprints at Laetoli: Facts and Interpretations."

222 *이족보행을 암시했다:* 발허리뼈의 양끝에는 발가락을 밀어내는 전형적인 이족보행의 둥글납작하고 돔형인 관절이 있다.

222 *"타임머신 같은 것":* Conversations with History, "On the Trail of Our Human

Ancestors: Timothy White."

223 *"화석 표본을 준비하다 만든 이런 자국은":* Tim White, 저자와의 인터뷰.

224 *에티오피아를 떠나는 비행기에 타기 몇 시간 전:* 1995년 1월 25–26일 Tim White가 Owen Lovejoy에게 보낸 이메일.

12장: 직립

226 *"인류 진화와 관련해서는 다른 어떤 과학 분야보다 신화가":* Owen Lovejoy, 저자와의 인터뷰.

226 *"인류학자가 환자를 다룰 수 없다는 건":* Owen Lovejoy, 저자와의 인터뷰.

226 *삶의 희망을 잃은 이 해부학자는:* 1995년 1월 22일–2월 17일 Owen Lovejoy가 Tim White에게 보낸 이메일.

227 *"우리는 둘 다 똑같이 인류학자들이 하는 일이라면":* Owen Lovejoy, 저자와의 인터뷰.

228 *"마주 볼 수 있는 엄지발가락에 적합한":* 1995년 1월 25일 Tim White가 Owen Lovejoy에게 보낸 이메일.

229 *"어렸을 때, 나는 내 멘토가 가르치는 것이라면":* Owen Lovejoy, 저자와의 인터뷰.

230 *프루퍼는 독특한 혈통이었다:* Prufer의 개인사적인 세부사항은 다음을 참고했다. 2019년 10월 21일 Trina Prufer가 저자에게 보낸 메일; Edler, "Life as Artifact"; Prufer, "How to Construct a Model," 107.

231 *"우리는 1500구의 유골을":* Owen Lovejoy, 저자와의 인터뷰.

231 *정형외과 전문의 킹 헤이플이:* King Heiple, 저자와의 인터뷰.

231 *한 젊은 남성의 유골은:* Pigott, "Bone and Antler Artifacts from the Libben Site," 57.

232 *인류가 갑자기 멸종할 수 있다는:* *Daily Kent Stater,* "KSU Anthropologist Predicts Human Extinction."

232 *"총성을 들었어요":* Owen Lovejoy, 저자와의 인터뷰.

233 *윌프리드 E. 르 그로스 클라크처럼 선견지명이 있는 학자들은:* Le Gros Clark, "Penrose Memorial Lecture. The Crucial Evidence for Human Evolution," 169–70.

233 *"덜걱거리는 걸음":* Napier, "Antiquity of Human Walking," 65.

233 *"질질 끌며 반쯤 뛰는 자세":* Washburn and Moore, *Ape Into Man,* 112.

233 *"그저 유인원일 뿐":* Lewin, *Bones of Contention,* 165에서 인용.

233 *오스트랄로피테쿠스는 현생인류처럼 성큼성큼 걸을 수 있었다고:* Lovejoy et al., "The Gait of *Australopithecus*."

233 *돈 조핸슨은 켄트에 위치한 러브조이의 집에:* Johanson and Edey, *Lucy,* 162–63.

234 *"놀라웠어요":* Owen Lovejoy, 저자와의 인터뷰.

235 *1980년대에, 뉴욕 주립대학 스토니브룩 캠퍼스 과학자들을 중심으로:* Stern and

Susman, "The Locomotor Anatomy of *Australopithecus afarensis*"; Susman et al., "Arboreality and Bipedality in the Hadar Hominids."

235 ***러브조이의 해석을 '동화'로 치부했다:*** Susman et al., "Arboreality and Bipedality in the Hadar Hominids," 113.

236 ***"루시는 직립보행을 할 수 있을 뿐 아니라":*** Lovejoy, "Evolution of Human Walking," 125.

236 ***"그는 책상 위에 서 있었어요":*** Bill Kimbel, 저자와의 인터뷰.

236 ***그 유명한 인류 보행에 관한 논문을 게재했지만:*** Lovejoy, "Evolution of Human Walking."

237 ***러브조이는 이족보행의 기원에 대한 논쟁적인 이론을:*** Lovejoy, "Origin of Man."

237 ***고급 자동차 전문가인 그는 여러 날을 들여:*** Owen Lovejoy and Bruce Latimer, 저자와의 인터뷰.

238 ***이족보행이면서 나무 위 생활을 할 수는 없었다:*** 예를 보려면 다음을 참조하라. Lovejoy, "A Biomechanical Review of the Locomotor Diversity of Early Hominids."

239 ***"이 화석의 주인공은 발로 쥘 수 있었다고요":*** 1995년 1월 27일 Tim White가 Owen Lovejoy에게 보낸 이메일.

240 ***"패배를 받아들일 준비가 됐습니다":*** 1995년 1월 29일 Owen Lovejoy가 Tim White에게 보낸 이메일.

13장: 전 세계가 알고 싶어하는 것

241 ***"ML"이라는 별칭으로:*** 1995년 1월 22일-2월 17일 Tim White와 Owen Lovejoy가 주고받은 이메일.

241 ***"짐승"이라고 부르기 시작했다:*** 1995년 1월 22일-2월 17일 Tim White와 Owen Lovejoy가 주고받은 이메일.

242 ***"당신이 '짐승'에 대해 기술한 내용에 따르면":*** 1995년 1월 29일 Owen Lovejoy가 Tim White에게 보낸 이메일.

242 ***〈네이처〉에 짧은 발굴 보고가 실렸다:*** White et al., "Corrigendum."

243 ***발표문은 뼈에 대해 간략하게 언급했지만:*** 에티오피아 언론과 〈로스앤젤레스 타임스〉의 기사가 이미 화석의 발견 소식을 밝혔다.

243 ***"아르디는 지금 시점에서":*** Petit, "One Step at a Time"에서 인용.

243 ***"라미두스는 침팬지와 인류의 공통 조상 가운데":*** Gore, "First Steps"에서 인용.

243 ***에티오피아 공무원이 오더니 물었다:*** 세부사항과 대화는 다음 자료를 참고했다. MARP video 1995 n. 2.

245 ***"미들 아와시 팀이 수집한 화석은":*** NSF case file award 8210897, Appendix VIII, 81.

245 ***"모든 발견을 비밀에 부쳐야":*** Negarit Gazeta of the People's Democratic Re-

public of Ethiopia, "A Proclamation to Provide for the Study and Protection of Antiquities."

246 ***"우리에게 그런 편애는 없습니다":*** Tim White, 저자와의 인터뷰.

246 ***"처음 논문으로 나올 때 진실이 되게 하리라고":*** Owen Lovejoy, 저자와의 인터뷰.

246 ***"나는 헛간에 끌려갔어요":*** Bruce Latimer, 저자와의 인터뷰.

247 ***그는 세밀한 발굴을 이어갔고, 책상에는:*** 세부사항은 다음을 참고했다. MARP video 1995 n. 2.

247 ***"너무 심하게 부서졌다":*** MARP video 1995 n. 2.

248 ***"더 이상 실수를 해서는 안 됐어요":*** Scott Simpson, 저자와의 인터뷰.

248 ***그는 아디스아바바에서 팀에 합류했다:*** 이 장면의 세부사항과 대화는 다음을 참고했다. MARP video 1995 n. 2.

248 ***"육식동물에 물린 이빨 자국이 있나요?":*** 대화는 다음을 참고했다. MARP video 1995 n. 2.

250 ***"아르디처럼 걷는 존재를 찾고 싶다면":*** Gore, "First Steps"에서 인용.

250 ***박물관의 캐스트 테크니션 주변을:*** 이 장면의 세부사항과 대화는 다음을 참고했다. MARP video 1995 n. 3.

252 ***"모든 사람이 아파렌시스가 이후에 등장한 모든 종의":*** Meave Leakey, 저자와의 인터뷰.

253 ***미브 리키와 발굴팀은 새로운 종인:*** Leakey et al., "New Four-Million-Year- Old Hominid Species from Kanapoi."

253 ***과학계의 합의가 이뤄지면서:*** Kimbel et al., "Was *Australopithecus anamensis* Ancestral to *A. afarensis*?"

253 ***"이 새 화석이 루시의 조상을 대표하고":*** Leakey, "The Dawn of Humans," 51.

253 ***"라미두스 연구진 측의 주장은 크게 약화됐다":*** Sawyer, "New Roots for Family Tree"에서 인용.

253 ***"후대 호미니드가 아닌 유인원의 조상일 수 있다":*** Wilford, "New Fossils Reveal the First of Man's Walking Ancestors"에서 인용.

254 ***위턱뼈 조각 두 개를:*** MARP video 1994 n. 2.

254 ***리키 팀이 투르카나 분지에서 발견한:*** 세부사항은 다음을 참고했다. White et al., "Asa Issie, Aramis and the Origin of *Australopithecus*."

255 ***"화석 기록에 진화가 반영된 또 하나의":*** MARP video 1995 n. 3.

256 ***미들 아와시 팀은 답을 생태학적 탈주에서 찾았다:*** White et al., "Asa Issie, Aramis and the Origin of *Australopithecus*," 888 참조.

14장: 나무와 덤불

258 ***"생물학적 종 개념":*** 마이어는 종을 "다른 그룹과는 생식이 불가능하지만, 자신들끼리는 교배가 가능한 자연적 개체의 집단"으로 정의했다.

259 ***사실 조류의 9퍼센트는:*** Mallet et al., "How Reticulated Are Species?" 143–44.

259 ***1000만 년에 걸쳐 종간 짝짓기가:*** Mallet et al., "How Reticulated Are Species?" 143–44.

260 ***1950년까지 인류 계통분류학은 약 30개의 속:*** Mayr, "Reflections on Human Paleontology," 231.

261 ***"종 이름의 남용 때문에 이 매력적인 분야가":*** Dobzhansky, "On Species and Races of Living and Fossil Man," 257.

261 ***"다양한 지질학적 분포를 고려하면 어느 한 시기에":*** Mayr, "Taxonomic Categories in Fossil Hominids," 112.

261 ***"특정 분야에 특화되지 않는 데에 특화됐기 때문":*** Mayr, "Taxonomic Categories in Fossil Hominids," 116.

262 ***다양한 개체와 여러 지역에 분포하는 인구집단을:*** Schultz, "The Specializations of Man and His Place Among the Catarrhine Primates."

262 ***시간이 지나면서 종이 계통으로 진화한다는:*** Simpson, "Some Principles of Historical Biology Bearing on Human Origins."

262 ***계통은 진화의 핵심이다:*** Simpson, *Tempo and Mode in Evolution*, 203.

263 ***"오히려 하나의 집단 안에서":*** Simpson, "Nature and Origin of Supraspecific Taxa," 270.

264 ***"화석 기록을 통해 조상을 찾는 것은":*** Nelson, "Paleontology and Comparative Biology," 706.

265 ***"지질학적 기록은 매우 불완전하다":*** Darwin, *Origin of Species*, 342.

266 ***"단속 평형"이라고:*** Gould and Eldredge, "Punctuated Equilibria: An Alternative to Phyletic Gradualism."

266 ***"우리는 그저 한때 울창했던 덤불에서":*** Gould, "Ladders, Bushes, and Human Evolution," 31.

266 ***"이 분야를 주도하는 전문가 가운데":*** Gould, *Structure of Evolutionary Theory*, 910.

267 ***"콜드스프링하버의 유령":*** White, "Human Origins and Evolution: Cold Spring Harbor, Déjà Vu," 341.

268 ***"우리 인류의 가계도는":*** White, "Five's a Crowd," R115.

269 ***매우 다양한 종으로 분화했다:*** Tattersall, *The Strange Case of the Rickety Cossack,* 94.

269 ***"직선적 사고가 여전히":*** Tattersall, "Once We Were Not Alone," 43.

269 ***"훌륭한 퇴적층을 확보하고 있어요":*** Ian Tattersall, 저자와의 인터뷰.

269 ***"열성적인 단일론자"라고 묘사했다:*** Tattersall, *The Strange Case of the Rickety Cossack,* 161.

270 ***무참히 비판하는 비평을 썼다:*** White, "Monkey Business."

270 *"정신적인 충격을 가했다":* Tattersall, *Rickety Cossack,* 214.
270 *"인간의 정신이 빚은 산물이지":* Tattersall, *Rickety Cossack,* 184.
270 *"화석들을 늘어놓고 이들이":* Gee, *In Search of Deep Time,* 116–17.
271 *"박물관 선반에 보관된 화석들을 제대로 해석하는 일은":* Tattersall, *Rickety Cossack,* 180.
272 *가장 떨어지는 영장류:* Osada, "Genetic Diversity in Humans and Non-human Primates," 133.
272 *침팬지 중 한 지역에 사는 아종은:* Osada, "Genetic Diversity in Humans and Non-human Primates," 137.

15장: 유랑

274 *그리스어 'kynodontes'(개의 이빨)는:* Wolff, "The Language of Medicine."
274 *갈레노스가 연구의 폭을 넓힐 수 있도록:* Standring, "A Brief History of Topographical Anatomy."
274 *"소우주의 구조":* Keele, *Leonardo da Vinci's Elements of the Science of Man,* 197에서 인용.
275 *한 신실한 갈레노스 신봉자는:* Jose, "Anatomy and Leonardo da Vinci," 187.
276 *"샌프란시스코 사교계의 여왕":* West, "Pacific Heights."
276 *〈아키텍추럴 다이제스트〉에 기사가 실렸던:* Weaver, "Flying First Class."
277 *"그보다 더 찬란할 수는 없었죠":* Owen Lovejoy, 저자와의 인터뷰.
277 *안드레아스 셀라리우스의 1609년 지도들이:* Weaver, "Flying First Class."
277 *수많은 유인원들이 아프리카와 유럽, 아시아에서:* Andrews, *An Ape's View of Human Evolution;* Begun, *The Real Planet of the Apes.*
279 *"명백히 엉터리"라고:* Oliwenstein, "New Foot Steps into Walking Debate."
279 *두 사람은 연구실로 들어갔고:* Owen Lovejoy, Bruce Latimer, and Tim White, 저자와의 인터뷰.
279 *반면 비트바테르스란트대학의 젊고 야심 찬 인류학자인 리 버거는:* 세부사항은 다음을 참고했다. Berger, *In the Footsteps of Eve.*
280 *"인류 진화에 관한 동아프리카 헤게모니":* Berger, *In the Footsteps of Eve,* 205.
280 *"침팬지스러운" 정강뼈를:* Berger and Tobias, "A Chimpanzeelike Tibia from Sterkfontein." 이 논문은 동아프리카의 아파렌시스가 남아프리카의 아프리카누스의 조상이라는 이론에 대해 이견을 제시했다.
280 *"화이트는 버거를 아주 박살을 냈어요":* Meave Leakey, 저자와의 인터뷰.
281 *"이 논문 철회한다고 서명하시죠":* Berger, *In the Footsteps of Eve,* 211.
281 *"다녀본 어떤 곳에서도":* Tim White, 저자와의 인터뷰.
281 *"알려진 어떤 동물원에도":* Scott Simpson, 저자와의 인터뷰.
282 *운동 피질의 거의 3분의 1을:* Tubiana et al., *Examination of the Hand and*

Wrist, 171.

282 ***한 세기 뒤 아리스토텔레스는 반대 입장을 취하며:*** Aristole, *On the Parts of Animals,* 117–18.

282 ***"손은 모든 도구의 기능을 제공한다":*** Bell, *The Hand,* 38.

282 ***"인간이 손을 쓰지 못했더라면":*** Darwin, *The Descent of Man,* 141.

284 ***그는 쥐는 동작을 두 가지 기본 양식으로:*** Napier, "The Prehensile Movements of the Human Hand," "The Evolution of the Hand," and *Hands* 참조.

285 ***"궁극의 쥐는 동작"이라고:*** Napier, "The Evolution of the Hand," 59.

285 ***"중간 단계"라고 불렀다:*** Washburn, "Behaviour and the Origin of Man," 23.

285 ***손가락 바깥쪽에 털이 없는 게:*** Washburn and Moore, *Ape Into Man*, 34–35.

286 ***반면 아르디 화석의 손은 거의 완벽했다:*** 아르디는 양손 뼈가 다 있었다. 연구자들은 대부분의 손 뼈 화석을 다시 맞출 수 있었고 한 쪽에 없는 뼈는 반대쪽의 뼈를 거울상으로 반전시켜서 복원했다. 엄지 손가락 뼈는 근처에서 발견된 다른 개체를 통해 얻었다. 이런 방법으로, 연구팀은 손목의 콩알뼈와 손가락 끝에 위치하는 말단 손가락뼈 같이 소수의 뼈를 제외한 거의 대부분의 뼈를 복원할 수 있었다.

287 ***아르디에게는 그런 경직된 손목의:*** Lovejoy et al., "Careful Climbing" 참조.

288 ***"우리의 초기 조상은":*** Lovejoy et al., "Careful Climbing," 70.

288 ***심프슨과 러브조이는 방에 틀어박혀:*** Scott Simpson and Owen Lovejoy, 저자와의 인터뷰.

289 ***"화이트 말고는 아무도":*** Berhane Asfaw, 저자와의 인터뷰.

289 ***가디는 자신의 친구 '독터 티'에게:*** 세부사항은 저자와 다음 인물들의 인터뷰를 참고했다. Tim White, Henry Gilbert, Giday WoldeGabriel, and David Brill.

291 ***"수컷들은 단독 생활을 하고":*** Tim White, 저자와의 인터뷰.

291 ***"이 종을 길들이는 데 성공한 경우를 본 적이 없어요":*** Leakey, *Animals of East Africa,* 61.

16장: 플라이오세 임무

293 ***진화론은 환경이 생명에 영향을 미친다는:*** 개관을 위해서는 다음을 참고하라. Browne, "History of Biogeography."

294 ***"사지동물 일부 종은 환경이나":*** Bender et al., "Savannah Hypotheses," 151에서 인용.

294 ***"나무 위보다는 땅 위에서 더 지내는":*** Darwin, *Descent of Man,* 140.

294 ***"그 조상은 온대나 아열대 기후대에":*** Wallace, *Darwinism,* 459.

294 ***평원은 "활기를 주는 장소"라고:*** Bender et al., "Savannah Hypotheses," 163에서 인용.

294 ***오스트랄로피테쿠스 아프리카누스가 남아프리카 특유의 초원을:*** Dart, *"Australopithecus africanus,"* 199.

295 *마이오세의 우림이라는 아이디어는:* 고전적인 설명에 대한 더 자세한 반박은 다음을 참조하라. Bonnefille, "Cenozoic Vegetation, Climate Changes and Hominid Evolution in Tropical Africa."

295 *남아프리카 연구자 C. K. 밥 브레인은:* Brain, "Do We Owe Our Intelligence to a Predatory Past?" 참조.

296 *'폐쇄적인, 숲 중심의 서식지'에:* WoldeGabriel et al., "Ecological and Temporal Placement," 333.

296 *화이트는 인류 진화를 기후변화의 결과로 설명하는:* 화이트와 러브조이는 둘 다 사바나 이론에 의문을 표시했다. Johanson and Edey, *Lucy*, 339–40. 또한 다음도 참조하라. Shreeve, "Sunset on the Savanna" and White, "African Omnivores."

297 *센트럴 아와시 콤플렉스는 단층이 쪼개지면서:* 세부사항은 다음을 참고했다. Renne et al., "Chronostratigraphy of the Miocene–Pliocene Sagantole Formation."

298 *"남김없이 알아냈어요":* Giday WoldeGabriel, 저자와의 인터뷰.

298 *모든 화석의 연대는 10만 년 이내의 오차 범위에서 정확하게:* Renne et al., "Chronostratigraphy of the Miocene–Pliocene Sagantole Formation," 869.

299 *"어떻게 화석이라곤 거의 하나도 없는 지표 상태가":* 2016년 12월 7일 David DeGusta가 저자에게 보낸 이메일.

299 *그 많은 화석 가운데 6000개만:* White et al., "Macrovertebrate Paleontology"; and WoldeGabriel et al., "The Geological, Isotopic, Botanical, Invertebrate, and Lower Vertebrate" 참조.

301 *"사람들은 나머지 화석에 대해선 관심이":* From "An Archaeologist at Work," oral history, Tim White, J. Desmond Clark, and Timothy Troy, 2000년 11월 2일, 369.

302 *브르바는 마이오세 말기에 이 같은 기후 유도 펄스가:* 예를 보려면 다음을 참조하라. Vrba, "The Pulse That Produced Us."

302 *두 연구자는 에티오피아 박물관의:* 이 장면의 세부사항과 대화는 다음 다큐멘터리를 참고했다. *Coincidence in Paradise*.

302 *잎을 먹는 트라겔라푸스속(쿠두 등)이:* White et al., "Macrovertebrate Paleontology," SOM, 25.

302 *브르바와 데구스타는 솟과 동물의 정강뼈를:* DeGusta and Vrba, "Method for Inferring Paleohabitats"; 2016년 12월 7일 David DeGusta가 저자에게 보낸 이메일.

303 *아라미스에서 나온 화석 대부분은 숲에 적응한 지프 같았다:* White et al., "Macrovertebrate Paleontology," 90.

303 *아르디피테쿠스 화석이 집중적으로 나온 지역:* 아르디피테쿠스 화석은 두 곳에서 압도적으로 많이 발굴됐다. 한 곳은 1번 지역(최초 화석이 발견된 곳)이었고, 나머지 하나가 6번 지역(아르디의 뼈대가 발굴된 곳)이었다.

303 *치아 화석의 40퍼센트를:* White et al., "Macrovertebrate Paleontology," 88.

303 *가장 흔하게 발견되는 새는:* Louchart et al., "Taphonomic, Avian, and Small-Vertebrate Indicators," 66.

303 *아르디피테쿠스 라미두스가 살았던 지역은:* WoldeGabriel et al., "Geological, Isotopic, Botanical, Invertebrate, and Lower Vertebrate Surroundings"; Stan Ambrose, 저자와의 인터뷰.

304 *화이트는 177개의 포유류 치아 화석을:* White et al., "Macrovertebrate Paleontology"와 온라인 자료를 참조.

304 *"이 블라인드 테스트의 신용도를 떨어뜨릴 위험":* Tim White and Stan Ambrose, 저자와의 인터뷰.

304 *"뭐, 그래서 앰브로즈를 속인 거죠":* Tim White, 저자와의 인터뷰.

304 *"초지 환경은 초기 호미니드의 진화를 이끈":* White et al., "Macrovertebrate Paleontology," 67.

305 *대부분의 시료는 절반은 볏과, 절반은 사초속이었다:* Cerling, "Comment on the Paleoenvironment."

305 *40~60퍼센트가 초지로 덮여 있었다고:* Bonnefille, "Cenozoic Vegetation," 398.

305 *"팀 화이트는 우리의 결과를":* Raymonde Bonnefille, 저자와의 인터뷰.

307 *동아프리카에서의 큰 이벤트의 시작은:* Bonnefille, "Cenozoic Vegetation, Climate Changes and Hominid Evolution," 409.

307 *전체적으로 단순한 해석은 나오지 않았다:* Kingston, "Shifting Adaptive Landscapes"; Bonnefille, "Cenozoic Vegetation, Climate Changes and Hominid Evolution."

307 *C_4 식물이 C_3 초본식물을 대체했다:* Feakins et al., "Northeast African Vegetation Change."

307 *"C_4의 확산은 초지 지역의 확장 없이":* Sarah Feakins, 저자와의 인터뷰.

308 *"오늘날 아프리카 저지대에는":* Sarah Feakins, 저자와의 인터뷰.

308 *"이미 죽었어야 할 패러다임":* Sarah Feakins, 저자와의 인터뷰.

308 *그보다는 상록수림과 낙엽수림, 그리고 초지가 모인:* Bonnefille, "Cenozoic Vegetation"; Kingston, "Shifting Adaptive Landscapes."

308 *땅에서 많은 시간을 보냈다:* Andrews, *An Ape's View of Human Evolution,* xiii-xiv.

17장: 화석 수확

310 *강우량이 정상적이지 않아:* Wolde-Georgis et al., "The Case of Ethiopia."

310 *엘니뇨와 인도양 다이폴이:* Anderson, "Extremes in the Indian Ocean."

310 *새 길을 개척했다:* 2016년 5월 24일 Tim White가 저자에게 보낸 이메일.

313 *조사 첫날, 발굴팀은:* Tim White, 저자와의 인터뷰.

313 *버클리의 생화학자들은 모든 현생인류의:* Cann et al., "Mitochondrial DNA and

Human Evolution."

313 ***많은 인구 집단을 지녔던 계통의 후손이다:*** Reich, *Who We Are and How We Got Here,* 10; Stringer, "The Origin and Evolution of *Homo Sapiens*."

313 ***"해부학적으로 보아, 현생인류의 직접적인 조상일":*** White et al., "Pleistocene *Homo Sapiens* from Middle Awash," 742.

315 ***"초기 호모속의 조상이 되기에 적합한":*** Berhane Asfaw et al., *"Australopithecus Garhi,"* 634.

315 ***260만 년 전 석기를 발견했다고:*** Semaw et al., "2.5-Million-Year- Old Stone Tools from Gona, Ethiopia."

315 ***"이 시기는 이가 큰 이족보행 침팬지의 시대죠":*** AAAS, "New Species of Human Ancestor."

316 ***"마지막 공통 조상의 유해는 600만~450만 년":*** "Project Description," 10, NSF award 9632389.

317 ***무전기에 대고 말했다:*** 대화는 저자와 다음 인물들의 인터뷰를 통해 구성했다. Yohannes Haile-Selassie and Tim White.

317 ***"침팬지와 인류 사이의 공통 조상에 근접한":*** Yohannes Haile-Selassie, "Late Miocene Hominids," 180.

318 ***"누구도 우리가 거기에서":*** Radford, "Oldest Human Ancestor Discovered"에서 인용.

318 ***9년간 마이오세 후기 동물군을:*** Yohannes Haile-Selassie and Giday WoldeGabriel, *Ardipithecus kadabba,* 17–19.

318 ***케냐에서 마틴 픽퍼드와 브리지트 세누트가:*** Senut et al., "First Hominid from the Miocene."

319 ***프랑스 고인류학자 미셸 브뤼네가 이끄는 팀이:*** Brunet et al., "A New Hominid from the Upper Miocene of Chad."

320 ***그들은 인류 진화에 안정기가 세 번 있었으며:*** White et al., "*Ardipithecus Ramidus* and the Paleobiology of Early Hominids"; and White, "Human Evolution: How Has Darwin Done?"에 묘사되어 있다.

320 ***인류 조상 세 속과 대응할 수 있다고:*** 화석 기록이 드물게 발견돼 근연 관계에 있는 종들의 차이를 밝히기 어렵다 보니, 조지 게이로드 심프슨과 같은 일부 고생물학자들은 종보다는 속이 분류학 범주로 더 유용하다고 주장하기도 했다.

321 ***"인류의 진화 역사 전체를 볼 수 있는":*** Berhane Asfaw, "The Origin of Humans," 17.

322 ***"인류 기원과 진화를 연구하기 위한 가장 중요한":*** NSF award 931869 case file, "Project Description," 7.

322 ***일부 학자들은 이 팀이 더 다양한 계통에 관한 증거를:*** Begun, "The Earliest Hominins—Is Less More?" 1478.

322 ***"어려움이 있었지만":*** NSF award 9632389 case file, "Progress Report, 1997," 1.

322 ***마침내 연구팀은 400곳 이상의 현장에서:*** 2019년 1월 30일 Tim White가 저자에게 보낸 이메일.

323 ***"땅에서 나온 화석 자료의 분량 자체가":*** NSF award 9910344, panel reviews.

324 ***육식동물 때문에 생기는 전형적인 상처와는:*** White, "Cut Marks in the Bodo Cranium."

324 ***다른 사람을 칼로 자르는:*** White, *Prehistoric Cannibalism* and "Once We Were Cannibals" 참조.

326 ***"우리는 냉혹한 현장을 마주한":*** White, *Conversations with History*.

326 ***"오히려 그들이 우리와 비슷하다고":*** Salopek, "Enigmatic War"에서 인용.

18장: 국경을 둘러싼 전쟁

327 ***이것들은 나중에 아르디피테쿠스로:*** Sileshi Semaw et al., "Early Pliocene Hominids from Gona, Ethiopia."

327 ***고개를 든 고나 팀은 전투기 여러 대가:*** Scott Simpson, Kathy Schick, and Nick Toth, 저자와의 인터뷰.

328 ***"세계에서 가장 어리석은":*** Salopek, "Enigmatic War."

328 ***그는 2000년에 이사족 정착지를 방문했다 총에 맞았다:*** Markakis, "Anatomy of a Conflict," 451.

328 ***이사족 한 무리가 새로 지은 아파르 행정기관 건물을:*** Markakis, "Anatomy of a Conflict," 445–46.

328 ***다리에 부상을 입었다:*** Ahmed Elema, Adeni, and Giday WoldeGabriel, 저자와의 인터뷰.

328 ***"그는 치료를 받기 위해 총을 팔려고":*** Berhane Asfaw, 저자와의 인터뷰. 이어지는 세부사항은 저자와 다음 인물들과의 인터뷰를 참고했다. Berhane Asfaw, Tim White, Ahmed Elema, and Adeni.

329 ***"우리는 법무부 장관과 3일 동안":*** Don Johanson, 저자와의 인터뷰

329 ***"서로 목을 움켜쥐고 있는 두 그룹":*** Don Johanson, 저자와의 인터뷰.

330 ***악화일로를 걷다가 양측이 폭발하는 경우가:*** Yitbarek, "A Problem of Social Capital" and Levine," Ethiopia's Dilemma: Missed Chances" 참조.

330 ***"에티오피아인들 사이에 타협은 쉬운 일이 아닙니다":*** Zelalem Assefa, 저자와의 인터뷰.

330 ***"부단히 의심하지 않는 자는":*** Yitbarek, "A Problem of Social Capital," 6.

331 ***"무척 큰 총을 들고 말이죠":*** Giday WoldeGabriel, 저자와의 인터뷰.

331 ***동사한 것으로 추측했다:*** Seidler et al., "Anthropological Aspects of the Prehistoric Tyrolean Ice Man," 456.

331 ***몸 안에 화살촉이 있고:*** Holden, "Otzi Death Riddle Solved."

331 ***요하네스는 국립박물관에서 일하고 있다가:*** Yohannes Haile-Selassie, 저자와의 인터뷰.

331 ***"돌이켜보면 잘못된 행동이었죠":*** Yohannes Haile-Selassie, 저자와의 인터뷰.

332 ***이탈리아인들과 냉랭하게 마주했다:*** 2000년 2월 Tim White, Lorenzo Rook, Luca Bondioli, and Roberto Macchiarelli가 주고받은 이메일, White papers.

332 ***동료 과학자들이 모인 그 자리에서:*** Gibbons, *The First Human,* 180－81.

332 ***"맹세하건대, 요하네스의 현장일 줄은":*** Gibbons, *The First Human,* 183에서 인용.

332 ***"투명하고 합법적인 방법으로":*** Dalton, "Restrictions Delay Fossil Hunts," 726에서 인용.

332 ***사진을 공개하기도 했다:*** Haile-Selassie, "Photos May Offer Clues."

332 ***"그들은 200년은 부지런히 일해도":*** Jon Kalb, 저자와의 인터뷰.

333 ***"논란이 컸어요":*** Yonas Beyene, 저자와의 인터뷰.

333 ***"고인류학 역사상 가장 터무니없는 권리 약탈 행위":*** Berhane Asfaw, "Why the 'Close Observer' Cannot Face the Facts About Paleoanthropology Research in Ethiopia," Walta Information Center, 2001년 4월 28일.

333 ***"그는 여러 해 동안 정부 소속으로 돌아다녔고":*** Don Johanson, 저자와의 인터뷰.

333 ***"누구든 책임자는 당신의 적이군요":*** Zeresenay Alemseged, "Reply to Dr. Berhane Asfaw," Walta Information Center, 2001년 4월 18일.

334 ***"도대체 왜 시민들은":*** Berhane Asfaw, "Why the 'Close Observer' Cannot Face the Facts," Walta Information Center, 2001년 4월 28일.

334 ***"의심할 여지 없이":*** John Fleagle, 저자와의 인터뷰.

334 ***"빈 등의 도시로 편안한 여행을 제공받는":*** Berhane Asfaw, "Why Was the Close Observer's Team of Successful Scientists Suspended," 2001년 4월 12일.

335 ***"거짓말을 퍼뜨린 전력이 있는":*** *Addis Tribune,* "AL-444 Safe in Museum."

336 ***한번은 베르하네와 자이틀러가 아디스아바바의 콘퍼런스 장소에서:*** Scholl, *Knochenkrieg* 참조. 둘의 논쟁은 다큐멘터리 영상을 참고했다.

337 ***자이틀러는 개선장군처럼 돌아와:*** Luyken, "Der Krieg der Knochenjäger"에 서술되어 있다.

337 ***"재연할 수 없는" 무례한 말로:*** Luyken, "Der Krieg der Knochenjäger."

337 ***자이틀러가 이사족 리더와 함께 앉아:*** Tillman, *Knochenkrieg*.

337 ***그는 그 지역 바의 소유주에게:*** Luyken, "Der Krieg der Knochenjäger."

337 ***이거 대형 사기극 아니냐고:*** Luyken, "Der Krieg der Knochenjäger"에서 인용.

338 ***"25명의 소말리아인들이":*** Jon Kalb, 저자와의 인터뷰.

338 ***"텐트에 있던 모든 것을":*** Dean Falk, 저자와의 인터뷰.

338 ***"능력이 전혀 없는 사람들이었어요":*** Tim White, 저자와의 인터뷰. 결국 경쟁이 심했던 지역에서 빈대학 팀은 호미니드 화석을 거의 발견하지 못했다. 2008년 자이틀러의 팀은 6개의 호미니드 화석을 발굴했다고 보고했다. 어금니 네 개와 빗장뼈 한

개, 그리고 부서진 넙다리뼈였다. 결국 빈대학 팀은 에티오피아 프로젝트를 접고 발굴지를 스콧 심프슨에게 넘겼다.

338 ***새로운 규정을 발표했다:*** Ministry of Information and Culture, "Amended Directives."

339 ***"우리에겐 더 많은 연구 경쟁이 필요합니다":*** Traufetter, "Kabale um die Knochen."

339 ***다른 연구자들이 연구할 수 있게 되었다:*** Ministry of Information and Culture, "Amended Directives," 14. 이 규정은 나중에 현장 발굴이 끝난 뒤부터 5년을 세는 것으로 개정됐다. 현실적으로는, 발굴팀은 진행하던 현장 연구를 여러 해 동안 '중단하지 않음으로써' 쉽게 기한을 연장할 수 있었다.

339 ***"부도덕한 개인들은 가능한 한":*** From "An Archaeologist at Work," oral history, Tim White, J. Desmond Clark, and Timothy Troy, 2000년 11월 2일, 361.

339 ***"에티오피아 정부가 글쎄":*** Exchange from "An Archaeologist at Work," oral history, Tim White, J. Desmond Clark, and Timothy Troy, 2000년 11월 2일, 369–70.

340 ***"만약 그들이 이 싸움에서":*** From "An Archaeologist at Work," oral history, Tim White, J. Desmond Clark, and Timothy Troy, 2000년 11월 2일, 371–72.

340 ***"비잔틴식 절차":*** David Shinn, 저자와의 인터뷰.

341 ***'혁명적 민주주의':*** EPRDF/TPLF, "Our Revolutionary Democratic Goals."

341 ***"의무를 다하도록 법적 장치를 통해":*** EPRDF/TPLF, "Our Revolutionary Democratic Goals."

341 ***"세금 부담을 가중해 배고픈 빈털터리로 만들어서":*** Ethiopian Register, "TPLF/EPRDF Strategies."

341 ***당 지도부는 정부 관료들 사이의 뿌리 깊은:*** Milkias, "Ethiopia, the TPLF, and the Roots of the 2001 Political Tremor"; Henze, "A Political Success Story," note 16.

342 ***존 옐렌:*** 옐렌은 클라크의 팀에 합류해 미들 아와시의 아라미스 남쪽에 위치한 중석기 시대 유적인 아두마에서 NSF의 지원을 받는 고고학 임무를 수행했다.

342 ***경비원이 기다이에게 리셉션은 과학자들이 참석하는:*** Giday WoldeGabriel, 저자와의 인터뷰.

342 ***친숙한 인물을 발견했다:*** Giday WoldeGabriel, Tim White, and John Yellen, 저자와의 인터뷰.

342 ***그 시기 그의 고향 티그레이 출신 다른 학생들은:*** 세부사항은 다음 자료에 나오는 전 TPLF 멤버의 내부 사정 설명을 바탕으로 했다. Berhe, "A Political History of the Tigray People's Liberation Front."

343 ***"모퉁이 너머를 보는 사람":*** Gettleman, "A Generation Is Protesting."

343 ***"내가 만난 이들 가운데 가장 똑똑한 사람":*** David Shinn, 저자와의 인터뷰.

343 ***"우리가 우려를 제기할 때마다":*** Embassy Addis Ababa, "Inferring Prime Minister Meles's Myers-Briggs Type," WikiLeaks cable: 09ADDISABABA729_a, 2009년 3월 27일, https://wikileaks.org/plusd/cables/09ADDISABABA729_a.html.

343 ***"누구도 그를 궁지에 몰아넣을 수":*** Giday WoldeGabriel, 저자와의 인터뷰.

344 ***하루 세 끼 식사를 할 수 있게 하겠다는:*** Mohammed and de Waal, "Meles Zenawi and Ethiopia's Grand Experiment."

344 ***"허가를 얻는 데":*** Giday WoldeGabriel, 저자와의 인터뷰.

344 ***"경호원들이 굉장히 예민하게":*** Don Johanson, 저자와의 인터뷰.

344 ***조핸슨의 설명이 '날조'라며:*** 2020년 4월 4일 Tim White가 저자에게 보낸 이메일.

344 ***"1원도 안 됩니다":*** Tim White, 저자와의 인터뷰.

344 ***"그는 부패나 뇌물 근절을 바랐어요":*** John Yellen, 저자와의 인터뷰.

345 ***"아디스아바바에도 그 이야기가":*** Don Johanson, 저자와의 인터뷰.

345 ***자라가 미들 아와시 프로젝트의 장비 목록과:*** 2015년 11월 Tim White가 저자에게 보낸 이메일에서 인용.

345 ***"본국의 법을 존중할 생각이 없다":*** 2015년 11월 Tim White가 저자에게 보낸 이메일에서 인용.

345 ***"에티오피아의 국보를 지키고":*** Berhane Asfaw, "Why the 'Close Observer' Cannot Face the Facts about Paleoanthropology Research in Ethiopia," Walta Information Center, 2001년 4월 28일.

346 ***신문에 다음과 같이 불만을 표했다:*** Jara의 의견은 2001년 4월 23일 Tim White가 Paul Henze에게 보낸 이메일의 첨부 파일 "Responses to ARCCH accusations"에 인용, Henze papers, box 67, folder 23.

346 ***월데미카엘 체무에게 편지를 보내:*** 2001년 5월 6일 Tim White가 Woldemichael Chemu에게 보낸 편지, Henze papers, box 67, folder 23.

346 ***하지만 장관이 그들에게 사과를 요구하자:*** 2001년 4월 25일 Woldemichael Chemu가 Tim White에게 보낸 편지, Henze papers, box 67, folder 23.

346 ***보류 상태가 아니라 철회됐다고 말했다:*** 2001년 4월 Jara Haile Mariam이 Tim White에게 보낸 편지, Henze papers, box 67, folder 23.

347 ***"그것을 해소할 수 있는 사람들의 레이더에는":*** 2001년 4월 23일 Tim White가 Paul Henze에게 보낸 이메일, Henze papers, box 67, folder 23.

347 ***권력 다툼으로 정부가 위협받고:*** Miklas, "Ethiopia, the TPLF, and the Roots of the 2001 Political Tremor" 참조.

348 ***에티오피아 역사에 매료됐다:*** Henze, *Ethiopian Journeys and Layers of Time* 참조.

348 ***"아버지가 주말 동안":*** Libet Henze, 저자와의 인터뷰.

348 ***"언제 와도 환영하겠다":*** 1991년 12월 25일 Meles Zenawi가 Paul Henze에게 보낸 편지, Henze papers, box 66, folder 4.

349 ***부패를 일소할 것을 반복적으로 촉구했다:*** Henze, "Reflections on Development in Ethiopia," 190 참조. 1995년, 멜레스는 헨즈에게 이렇게 고백했다. "우리는 관료주의의 관성과 뿌리 깊은 보호무역주의 성향, 그리고 그 안에 존재하던 비리를 과소평가했다." (Henze, "A Political Success Story," note 16 참조).

349 ***"소름 끼치는 상황!":*** 2001년 5월 9일 Paul Henze가 Tim White에게 보낸 이메일, Henze papers, box 67, folder 23.

349 ***"할 수 있는 한 대항력을 가장 높은 곳까지":*** 2001년 5월 9일 Paul Henze가 Tim White에게 보낸 이메일, Henze papers, box 67, folder 23.

349 ***솔직히 이야기할 만큼 친했다:*** Henze, "Conversation with Ethiopian Ambassador Berhane Gebre Christos June 2001," Henze papers, box 81, folder 8.

349 ***"당신이 처한 문제에 대해 깊이":*** 2001년 5월 9일 Paul Henze가 Tim White에게 보낸 이메일, Henze papers, box 67, folder 23.

349 ***미국의 지원을 기대했다:*** 2001년 5월 9일 Paul Henze가 Tim White에게 보낸 이메일, Henze papers, box 67, folder 23.

350 ***"외교부 장관 세요움은":*** Berhane Asfaw, 저자와의 인터뷰.

350 ***화이트는 기자들에게 정치적 논쟁보다는:*** 2001년 7월 15일 Tim White가 Paul Henze에게 보낸 이메일, Henze papers, box 67, folder 23.

350 ***"에티오피아 문화부 장관의 입장은":*** 2001년 7월 15일 Paul Henze가 Brook Hailu에게 보낸 이메일, Henze papers, box 67, folder 23.

351 ***"사소한 방해"일 뿐이었다:*** 2001년 7월 15일 Paul Henze가 Tim White에게 보낸 이메일, Henze papers, box 67, folder 23.

351 ***화이트는 정보문화부 장관인 월데미카엘 체무를 만나러:*** 2001년 7월 15일 Tim White가 Paul Henze에게 보낸 이메일, Henze papers, box 67, folder 23.

351 ***자체적으로 이상한 보도자료를:*** 다음에서 인용. *"Ardipithecus Ramidus Kadabba,"* Walta Information Center, 2001년 7월 20일.

352 ***"그는 '걱정 마세요'라고":*** Giday WoldeGabriel, 저자와의 인터뷰.

352 ***체무 장관이 편지를 보냈지만:*** 2001년 7월 26일 Woldemichael Chemu가 Tim White에게 보낸 편지, Henze papers, box 67, folder 23.

352 ***"그들은 자라의 삶을 지옥으로":*** Don Johanson, 저자와의 인터뷰.

352 ***"많은 사람들이 우리가 에티오피아에서":*** Giday WoldeGabriel, 저자와의 인터뷰.

19장: 반골

353 ***〈네이처〉 커버스토리를:*** Richmond and Strait, "Evidence That Humans Evolved from a Knuckle-Walking Ancestor."

353 ***"우리끼리니까 하는 말인데":*** 2000년 3월 23일 Tim White가 Henry Gee에게 보낸 이메일.

353 ***"잘못된 증거와 해석":*** 2000년 10월 5일 Tim White가 Rosalind Cotter에게 보낸

이메일.

354 *비밀에 싸인 아르디피테쿠스를:* Richmond and Strait, "Reply to White and DeGusta," 2000.

354 *"뭔가가 잘못됐다":* White, "A View on the Science."

355 *현장에서 첫날 차량에서 나와:* White, "A View on the Science," 291.

355 *야망이 윤리를 저버리게 하지 마라:* White, "A View on the Science," 291.

20장: 조마조마

358 *영국 조각가 조지프 보노미는:* Schott, "The Extent of Man," 1519. 팔을 펼친 길이에는 양팔 길이에 가슴의 너비가 포함된다.

358 *'매달린' 영장류로 분류된다:* Fleagle, "Intermembral Index," 661－63.

361 *아르디의 팔은 다리의 약 90퍼센트:* Lovejoy et al., "Great Divides," supplementary information table S3.

361 *아서 키스라는 스코틀랜드 의사는:* Keith, *An Autobiography* and "Fifty Years Ago" 참조.

363 *그는 왕립외과대학에서 일련의 강의를:* Keith, "Man's Posture: Its Evolution and Disorders."

364 *기번의 팔은 다리보다:* Fleagle, "Intermembral Index," 663.

364 *"양팔로 매달려 팔을 번갈아 쓰며 건너가는" 식으로 움직인:* 키스는 인간 계통이 세 단계를 거쳤다는 주장을 현생종을 통해 구체화했다. 첫 단계는 팔로 매달려 이동하는 기번의 단계(Hylobatian), 두 번째는 고릴라와 침팬지처럼 너클보행을 하는 단계(Troglodytian), 마지막은 사람처럼 이족보행을 하는 단계(Plantigrade)다.

364 *"기번 같은 우리 인류의 조상":* Coolidge, "Studying the Gibbon for Light on Man's Evolution," 15.

364 *아돌프 슐츠 교수의 해부 연구실로:* 그의 이력에 대해서는 다음을 참고하라. Stewart, "Adolph Hans Schultz."

365 *"매일이 슐츠와 하는 세미나였어요":* Washburn, "Evolution of a Teacher," 4.

366 *아르디의 사지 비율은 마이오세의 화석 유인원들을:* White et al., "Neither Chimpanzee nor Human," 4879.

367 *미들 아와시 팀의 연구 제안서는 NSF 심사위원 전원으로부터:* NSF award 9318698, Panel Summary.

367 *"이것이야말로 고인류학 현장 연구가":* NSF award 9632389, Advisory Panel Summary and peer reviews.

367 *"화석은 접근할 수 없다면":* 2000년 2월 16일 Mark Weiss가 Tim White에게 보낸 이메일, White papers.

367 *"무식하고, 명백히 적대적인":* Tim White, notes on NSF award 9910344 and notes on communications with Weiss, White papers.

368 *"너무나 열정적":* Clark Howell, note to Tim White, undated (c. 2000). White papers.

368 *"전체 프로그램을 위태롭게 만들 것":* NSF award 9910344 case file, "Summary of Proposed Research."

368 *"연구가 완성될 때까지":* Tim White notes, NSF award 9910344.

368 *"그는 종종 전화를 걸곤 했죠":* Mark Weiss, 저자와의 인터뷰.

368 *화이트는 그런 지원에 고마움을 표했지만:* White, "A View on the Science," 290.

368 *"극소수의 사람만 야외에 나가":* From "An Archaeologist at Work," oral history, Tim White, J. Desmond Clark, and Timothy Troy, 2000년 11월 2일, 368.

369 *2002년 2월 어느 날 아침:* Berhane Asfaw, 저자와의 인터뷰 및 2016년 3월 28일 저자에게 보낸 이메일; Alemu Ademassu, Jeffrey Schwartz, and Ian Tattersall, 저자와의 인터뷰.

369 *"안 된다고 했어요":* 2016년 3월 28일 Berhane Asfaw가 저자에게 보낸 이메일.

369 *화이트에게 편지를 썼었다:* 2000년 3월 2–11일 Jeffrey Schwartz와 Tim White가 주고받은 이메일.

370 *"저 당돌함은 뭐지?":* Jeffrey Schwartz, 저자와의 인터뷰.

370 *ARCCH 기관장 자라 하일레 마리암과:* 2001년 10월 11일 Don Johanson이 Jeffrey Schwartz에게 보낸 이메일.

370 *"관계 당국의 요구 조건을 만족시키는":* 2002년 1월 9일 Jara Haile Mariam이 Jeffrey Schwartz에게 보낸 이메일.

370 *"그들이 밀실에서 뭘 했는지":* Jeffrey Schwartz, 저자와의 인터뷰.

371 *"우린 빈둥거리며 일주일을 보냈고":* Jeffrey Schwartz, 저자와의 인터뷰.

371 *태터솔과 슈워츠가 힐튼에 돌아와:* Luyken, "Der Krieg der Knochenjäger."

371 *그 사례를 폐쇄적인 화석 접근성의 에피소드로:* Gibbons, "Glasnost for Hominids."

371 *매년 겨우 20명 정도의 박사를:* 수치는 다음을 참고했다. Aiello, "The Wenner-Gren Foundation."

372 *화석 발굴 시 배타적 소유 기간에 제한을 둬야 한다고:* "Conroy's Manifesto" in "Paleoanthropology Today," 156 참조.

372 *화석 버전 글라스노스트(개방 정책) 시대가 절실하다고:* Weber, "Virtual Anthropology."

372 *"햇살이 내리쬐는 땅에 눈을 고정한 채":* Weber, "Virtual Anthropology," 200.

373 *파일 공유 사이트 냅스터와 같았다:* 2002년 7월 28일 Tim White가 Ann Gibbons에게 보낸 이메일.

373 *"호미니드 화석을 발굴한 적도 없고":* 2002년 7월 28일 Tim White가 Ann Gibbons에게 보낸 이메일.

374 *"나는 그러한 주장의 원천인":* 2002년 7월 28일 Tim White가 Ann Gibbons에게

보낸 이메일.

374 *"편집증에 가까운 보호주의로 벽을 두르고":* Schwartz and Tattersall, *The Human Fossil Record,* Vol. 2, x.

374 *"서술자들이 숨기려고 하는 것은":* Schwartz and Tattersall, *The Human Fossil Record,* Vol. 2, x.

374 *"새롭게 발견된 공정한 기회 제공의 정신과":* NSF proposal 0218392, Panel Summary and peer reviews.

375 *"공동 연구와 데이터 공유에는 보조금이 필요하지 않다":* NSF proposal 0218392, peer reviews.

375 *"중요한 호미니드 화석들 중 하나는":* NSF proposal 0321893, peer reviews.

376 *"온당하지 않은, 거의 과대망상적인 불신":* 2003년 5월 31일 F. Clark Howell과 T. D. White가 Mark Weiss에게 보낸 이메일.

376 *베르하네 아스포는 세계 언론 앞에:* Zane, "Ethiopia's Pride in Herto Finds."

376 *"연구자로서 머리뼈가 어디에서 발견됐든":* Zane, "Ethiopia's Pride in Herto Finds"에서 인용.

376 *새 문화부 장관 테쇼메 토가가:* IRIN News, "Interview with Teshome Toga."

377 *2003년 1000만 달러 규모의:* Pennisi, "Rocking the Cradle of Humanity."

377 *"당신이 이 나라를 위해 뭔가를 한다면":* Giday WoldeGabriel, 저자와의 인터뷰.

377 *"치고 빠지기 프로젝트":* White, "Ethiopian Paleotourism."

378 *에티오피아 학자가 등장한다면:* White, "Human Evolution: How Has Darwin Done?" 537.

378 *"이제 에티오피아는 세계 고인류학계의 선두 주자입니다":* White, "Ethiopian Paleotourism."

21장: 레이더 아래에서

379 *비즈니스 수트를 입은 두 사람이:* 화석 반출의 세부사항은 다음을 참고했다. Yonas Beyene, 저자와의 인터뷰; and Paul, *Discovering Ardi*.

380 *"우리 둘 다 겁이 났어요":* Yonas Beyene, 저자와의 인터뷰.

380 *"단 하나의 뼈도 부서지지 않았죠":* Yonas Beyene, 저자와의 인터뷰.

381 *"아이디어를 혁신하는 발견은":* Gen Suwa, 저자와의 인터뷰.

381 *"그는 본 모든 화석을 사진처럼 기억했어요":* Berhane Asfaw, 저자와의 인터뷰.

381 *"그는 개소리 감지에 뛰어난 소질이 있었죠":* Scott Simpson, 저자와의 인터뷰.

381 *"일 외엔 하는 게 없어요":* Gen Suwa, 저자와의 인터뷰.

382 *"내가 믿을 사람이라곤 당신뿐이네요":* Tim White, 저자와의 인터뷰.

382 *21개체 이상의 아르디피테쿠스 라미두스로부터:* 여기 나오는 치아 화석의 세부사항은 다음을 참고했다. Suwa et al., "*Ardipithecus Ramidus* Dentition."

386 *다양한 장소에서 먹을거리를 구했음을 암시했다:* Ungar and Sponheimer, "The

Diets of Early Hominins."

386 ***조상들이 우리와 공유하지 않은 점이 하나 있다:*** Ungar et al., "Evolution of Human Teeth and Jaws: Implications for Dentistry and Orthodontics."

22장: 걸음을 둘러싼 문제

389 ***러브조이는 캐스트를 보고 혼란스러웠다:*** 세부사항은 Owen Lovejoy와 저자와의 인터뷰를 참고했다.

391 ***작은 "오시 페트로시"(돌처럼 딱딱한 뼈)인 종자뼈에 대한:*** Clayton and Philo, *Leonardo Da Vinci: The Mechanics of Man,* 34.

391 ***"인간의 신체에서 무엇보다 독특한":*** Jones, *Structure and Function as Seen in the Foot,* 2.

393 ***종자뼈를 둘러싼 수수께끼를 의식한 채:*** 묘사는 저자와 Owen Lovejoy의 인터뷰를 참고했다.

394 ***교수대에서 시신을 가져와야 했다:*** Persaud, *History of Anatomy* 참조.

394 ***T. 윈게이트 토드는 만났던 모든 사람(살아 있는 사람이든 죽은 사람이든)에게:*** 개인사적인 세부사항은 다음을 참고했다. Kern, "T. Wingate Todd: Pioneer of Modern American Physical Anthropology."

395 ***"마음을 사로잡는 해부":*** Kern, "T. Wingate Todd," 9.

395 ***"가장 전율했던 일":*** Todd, "The Physician as Anthropologist," 588.

396 ***"전 세계를 통틀어 그런 컬렉션은":*** Cobb, "Thomas Wingate Todd," 235.

396 ***사나운 코끼리를 총으로 쏘고:*** Kern, "T. Wingate Todd," 19.

396 ***투탕카멘 왕의 무덤을 발견한 하워드 카터는:*** Kern, "T. Wingate Todd," 16.

398 ***마을의 공식 나무 타기 선수였을 거라고:*** Susman et al., "Arboreality and Bipedality in the Hadar Hominids," 122.

399 ***다른 차에 치인 여우를 발견했다:*** Bruce Latimer, 저자와의 인터뷰.

400 ***"이거 누가 오셨나":*** Bruce Latimer and Bill Kimbel, 저자와의 인터뷰.

401 ***"스스로를 순결에 바친":*** Montagu, *Edward Tyson*, 420에서 인용.

401 ***"자신과 닮지 않은 동물인 양":*** Tyson, *Orang-Outang*, 7.

402 ***"다른 어떤 동물보다 사람과 닮았다":*** Tyson, *Orang-Outang*, 5.

402 ***"발보다는 오히려 손 같다":*** Tyson, *Orang-Outang*, 13.

402 ***새로운 단어인 '사수류'를 제안했다:*** Tyson, *Orang-Outang*, 91; Montagu, *Edward Tyson,* 264.

404 ***"인류를 영장류 가운데 두는 게 즐거운 일은":*** 1747년 2월 25일 Carl Linnaeus가 Johann Georg Gmelin에게 보낸 편지, Reid, "Carolus Linnaeus," 27에서 인용.

404 ***"만약 인간이 그 자신의 분류자가 아니었다면":*** Darwin, *Descent of Man,* 191.

404 ***"인간의 가장 가까운 동지이자":*** Darwin, *Descent of Man,* 139.

405 ***모턴은 '선행 인류의 발'이:*** Morton, "Evolution of the Human Foot," 336.

406 ***"인류학에는 이런 절차가 있어요":*** Owen Lovejoy, 저자와의 인터뷰.
406 ***"우리는 아르디가 그 역할을 수행하도록":*** Bruce Latimer, 저자와의 인터뷰.
407 ***"당시 해부학이 연구되던 방식이었죠":*** Owen Lovejoy, 저자와의 인터뷰.
407 ***상세히 연구했다:*** Manners-Smith, "A Study of the Cuboid and Os Peroneum in the Primate Foot."
407 ***1928년 발표된 또 다른 논문에서도:*** Edwards, "The Relations of the Peroneal Tendons," 237.
408 ***동물원에서 유인원이 죽으면 마치:*** Bruce Latimer, 저자와의 인터뷰.
409 ***한번은 켄트 주립대학의 냉동고에:*** Owen Lovejoy, 저자와의 인터뷰.
409 ***"원래대로라면 보관 전문가들이":*** Owen Lovejoy, 저자와의 인터뷰.
409 ***라티머는 긴종아리근 힘줄이:*** 해부와 토론의 세부사항은 다음 인물들과의 인터뷰를 참고했다. Bruce Latimer and Owen Lovejoy.
410 ***"개코원숭이를 조사해보자고!":*** Owen Lovejoy and Bruce Latimer, 저자와의 인터뷰.
411 ***라티머는 아프리카에서 개코원숭이를:*** Bruce Latimer, 저자와의 인터뷰.
412 ***"그 순간 크게 놀랐습니다":*** Bruce Latimer, 저자와의 인터뷰.
413 ***"그런 생각을 하며 자랐고":*** Bruce Latimer, 저자와의 인터뷰.
414 ***아치가 있는 발이 등장했다:*** Ward et al., "Complete Fourth Metatarsal."
416 ***"진화를 고려하지 않고 이해할 수 있는 생물학은 없다":*** Dobzhansky, "Nothing in Biology Makes Sense."

23장: 대면

417 ***인류의 기원에 관한 콘퍼런스를:*** 세부사항은 다음을 참고했다. Gibbons, "Oldest Femur Wades into Controversy."
418 ***"지금까지 발견된 호미니드 화석 가운데":*** Gibbons, "Oldest Femur Wades into Controversy," 1885에서 인용.
419 ***스와는 오랜 시간 동안 뒤틀린 머리뼈를:*** Gen Suwa, 저자와의 인터뷰. 머리뼈 복원의 세부사항은 다음을 참고했다. Suwa et al., "*Ardipithecus Ramidus* Skull" and supplementary information.
421 ***문제는 그가 다른 일에도 빠져 있었다는:*** Gen Suwa, 저자와의 인터뷰.
421 ***"복원은 그렇게 해서는 할 수 없어요":*** Gen Suwa, 저자와의 인터뷰.
423 ***"감질나는 증거":*** Suwa et al., "*Ardipithecus Ramidus* Skull," 68e6.
424 ***헤르토 머리뼈에:*** White et al., "Pleistocene *Homo Sapiens* from Middle Awash," 742.
425 ***아파렌시스 머리뼈를 복원했다:*** Kimbel et al., "Cranial Morphology of *Australopithecus afarensis*"; Johanson and Edey, *Lucy*, 349–51.
425 ***"입이 많이 튀어나온 얼굴이었습니다":*** From Smeltzer, *Lucy in Disguise*.

426 *테이블에서 굴러떨어져 바닥에서 산산조각이 났다:* Johanson and Edey, *Lucy*, 351.
427 *"놀라울 정도로 침팬지와 비슷한":* White et al., "*Australopithecus Ramidus*, a New Species," 310.
427 *공통조상의 '선구적 상태'와:* White et al., "*Ardipithecus Ramidus* and the Paleobiology of Early Hominids," 78.
427 *"과거로 가면 더 침팬지스러울 수 있다는":* Tim White, 저자와의 인터뷰.
428 *"나는 체중 미달이지만":* Desmond, *Huxley*, 6에서 인용.
428 *"원숭이를 해부하는 것이":* Desmond, *Huxley*, xiii에서 인용.
428 *헉슬리는 오언의 주장이 헛소리라는 사실을:* Gross, "Huxley Versus Owen."
429 *"정도가 다를 뿐 종류까지 다르지는 않은":* Darwin, *Descent of Man*, 105.
430 *"인류의 뇌는 단지":* Preuss, "The Human Brain," 142.
430 *"급진적으로 의인화하고":* Povinelli, "Behind the Ape's Appearance," 30.
430 *"인간과 유인원 사이의 정신이 정도의 차이가 있을 뿐":* Povinelli, "Behind the Ape's Appearance," 32.

24장: 남은 문제들

431 *"구더기가 45센티미터나":* Kovacs, "Making History."
432 *"이런 시도에 능숙하지 않다":* 1999년 12월 21일 C. Owen Lovejoy가 검시관 Elizabeth K. Balraj, MD에게 보낸 편지와 보고.
433 *또한 가장 손상이 심한 부위라서:* 골반의 세부사항은 다음을 참고했다. Lovejoy et al., "The Pelvis and Femur of *Ardipithecus Ramidus*" and supplementary online information; MARP video 1995 n. 2.
434 *'조각'이라고 부르자고 주장했다:* Tim White, 저자와의 인터뷰.
434 *러브조이는 루시의 골반을 복원하고 그게 유인원과:* Lovejoy, "Evolution of Human Walking" 참조.
434 *직립보행이 루시 시대에 "완벽해졌다"고:* Lovejoy, "Evolution of Human Walking," 118.
434 *루시가 현생인류보다 더 잘 걸었을 것이라고:* Lovejoy, "Evolution of Human Walking," 122–23.
435 *골반의 변화는 보행을 위한 '개선'이 아니라 커지는 뇌를 위한 '희생'이었다고:* Lovejoy, "The Natural History of Human Gait and Posture, Part 1: Spine and Pelvis."
435 *스펄록은 사람 옷을 입힌(때로는 섹시한 속옷을 입혔다):* Spurlock, "Burying the Hatchet, the Body, and the Evidence."
435 *"우리는 완벽하다고 생각하는 단계에 도달하면":* Owen Lovejoy, 저자와의 인터뷰.
436 *"스와는 내가 만난 사람 중 가장 정확한 사람이에요":* Owen Lovejoy, 저자와의 인터뷰.

437 *에드워드 타이슨은 1699년:* Tyson, *Orang-Outang*, 74.

437 *앞아래엉덩뼈가시에서 두드러진 돌기였다:* MARP video 1995 n. 2; 1995년 2월 5일 Tim White가 Owen Lovejoy에게 보낸 이메일.

438 *"간극, 대륙적인 큰 간극이":* Owen Lovejoy, 저자와의 인터뷰.

440 *"그런데 정신이 아득해졌어요":* Owen Lovejoy, 저자와의 인터뷰.

440 *진화생물학은 '현대적 종합'이라는:* 이 주제에 대한 개관은 다음을 참고하라. Carroll et al., *From DNA to Diversity*.

440 *현대적 종합은 발생학을 '블랙박스':* Carroll, *Endless Forms*, 7.

442 *이론적으로 어떤 영장류든지 다 만들 수 있다고:* Carroll et al., *From DNA to Diversity,* 213

442 *"마침내 눈을 덮고 있던 비늘이":* Owen Lovejoy, 저자와의 인터뷰.

442 *콘은 생물학 배경이 별로 없는 상태에서:* Marty Cohn, 저자와의 인터뷰.

443 *"내 답은 같았어요":* Marty Cohn과 저자와의 인터뷰를 통해 재구성.

443 *"백지 상태네!":* Marty Cohn과 저자와의 인터뷰를 통해 재구성.

444 *"커리어상 훨씬 나을 테니까":* Owen Lovejoy와 저자와의 인터뷰를 통해 재구성.

444 *"그걸 보는 순간 깨달았어요":* Marty Cohn, 저자와의 인터뷰.

444 *'적응주의자' 사고방식에:* Gould and Lewontin, "The Spandrels of San Marco."

445 *"솔직히 말하면":* Jack Stern, 저자와의 인터뷰.

445 *"오언이 책상머리에서 연구한 이보디보가":* Bill Jungers, 저자와의 인터뷰.

445 *러브조이와 콘, 화이트는:* Lovejoy et al., "Morphological Analysis of the Mammalian Postcranium."

445 *"고인류학계를 발생학의 시대로":* Marty Cohn, 저자와의 인터뷰.

25장: 필주 조건

448 *사람들의 70~85퍼센트는:* Andersson, "Epidemiological Features of Chronic Low-Back Pain," 581.

448 *화석인류를 봐도 척주에는 질환의 흔적이:* Haeusler, "Spinal Pathologies in Fossil Hominins."

449 *침팬지와 고릴라는 척주 관련 병은:* Haeusler, "Spinal Pathologies in Fossil Hominins," 214.

451 *짧고 뻣뻣한 허리뼈를 지니고 있었을:* Pilbeam, "The Anthropoid Postcranial Axial Skeleton."

451 *발굴팀은 식별 가능한 척추뼈 단 두 개와:* White et al., "*Ardipithecus Ramidus* and the Paleobiology of Early Hominids," table S2. 복원된 척추뼈는 경추와 흉추였다. 다른 파편 2개는 임시로 척추뼈에 이름을 올렸지만, 너무 형태가 모호해서 더 이상은 식별이 불가능했다.

453 *길고 유연한 허리뼈야말로 본원적 상태이며:* Lovejoy et al., "Great Divides";

McCollum et al., "The Vertebral Formula of the Last Common Ancestor"; and Lovejoy and McCollum, "Spinopelvic Pathways to Bipedality."

453 *'인류와 비슷한 걸음걸이'를:* Hirasaki et al., "Do Highly Trained Monkeys Walk Like Humans?" 748.

454 *뻣뻣한 허리에서 유연한 전만 척주로:* Lovejoy, "Natural History of Human Gait and Posture Part 1," 102.

455 *인류 조상은 모노가미(일부일처)를 위해:* Lovejoy, "Origin of Man" and "Reexamining Human Origins."

456 *"섹스-식량 교환":* Lovejoy, "Reexamining Human Origins," 74e5.

457 *"오랑우탄이 멸종하고 있고":* Owen Lovejoy, 저자와의 인터뷰.

457 *제인 구달이 관찰한 바에 따르면:* Goodall, *Chimpanzees of Gombe,* 446.

457 *사정할 때마다 10억 개 이상의:* Gagneux, "Sperm Count."

458 *판속에 속하는 두 종, 즉 일반 침팬지와:* 개관을 위해서는 다음을 참고하라. Meder, "Great Ape Social Systems."

458 *"침팬지는 성의 문제를 권력으로":* De Waal, *Bonobo,* 32.

458 *침팬지가 약 200배 더 많은 정자를:* Fujii-Hanamoto et al., "Comparative Study on Testicular Microstructure," 570.

459 *지배적인 수컷은 새끼의 85퍼센트를:* Bradley et al., "Mountain Gorilla Tug-of-War," 9421.

459 *인간의 정자량은 침팬지보다:* Gagneux, "Sperm Count."

459 *핵가족, 송곳니의 축소, 이족보행이:* Lovejoy, "Origin of Man."

461 *현생인류처럼 심하지 않은 이형을:* Reno et al., "Sexual Dimorphism."

461 *"오언과 그의 신봉자들":* Bill Jungers, 저자와의 인터뷰.

26장: 침팬지도 아닌 인간도 아닌

463 *'암호 해독':* Pollard, "Decoding Human Accelerated Regions."

465 *마카크원숭이는 93.5퍼센트:* Gibbs et al., "Rhesus Macaque Genome," 223.

465 *쥐 게놈도 유전자의 코딩 영역에서는:* National Human Genome Research Institute, "Why Mouse Matters."

465 *"1퍼센트 차이라는 말은":* Cohen, "Myth of 1%"에서 인용.

465 *그런 작은 차이가 생물학적으로:* 일부 공상가들은 그렇게 예측했다. 1975년, 캘리포니아대학 버클리 캠퍼스의 메리클레어 킹과 앨런 윌슨은 인간과 침팬지의 가장 주요한 차이점은 유전자 조절에서 발생한다고 주장했다. 이들은 진화가 "두 단계에서" 이행되기 때문에, 작은 유전적 차이가 해부학적으로 큰 차이를 가져올 수 있다고 봤다.

465 *유전자 코딩 영역에서:* Kronenberg et al., "High-Resolution Comparative Analysis of Great Ape Genomes," 2.

466 *인간은 침팬지에 비해 3.5퍼센트 적은 변화를:* Kronenberg et al., "High-Resolu-

tion Comparative Analysis of Great Ape Genomes," 2.

466 ***"구조적 변화 측면에서 좀 더 지루해요":*** Evan Eichler, 저자와의 인터뷰.

466 ***인류와 침팬지 계통이 100만 년 이상 서로:*** Patterson et al., "Genetic Evidence for Complex Speciation."

466 ***400만 년이 걸린다는 주장이었다:*** Moorjani et al., "Variation in the Molecular Clock of Primates," 10611.

466 ***고릴라 계통은 인류 조상과:*** Prado Martinez et al., "Great Ape Genetic Diversity," 474; Langergraber et al., "Generation Times in Wild Chimpanzees and Gorillas," 15719; Moorjani et al., "Variation in the Molecular Clock of Primates," 10611–12.

467 ***인류 게놈의 3분의 1 이상은:*** Kronenberg et al., "High-Resolution Comparative Analysis of Great Ape Genomes," 2, 4.

467 ***소련의 동물학자 일리야 이바노비치 이바노프는:*** Etkind, "Beyond Eugenics," 207.

468 ***최초로 침팬지 조상이 발견됐다:*** McBrearty and Jablonski, "First Fossil Chimpanzee."

468 ***앞니는 현생 침팬지의 앞니와 거의 같았고:*** McBrearty and Jablonski, "First Fossil Chimpanzee," 106.

469 ***코로라 팀은 코로라피테쿠스 아비시니쿠스라는 이름의:*** Suwa et al., "New Species of Great Ape."

469 ***현생 고릴라와 "전체적으로 구분할 수 없다"고:*** Suwa et al., "New Species of Great Ape," 921.

469 ***인간과 유인원의 분기는:*** Suwa et al., "New Species of Great Ape," 924.

469 ***더 먼 과거로 끌어내렸다:*** Langergraber et al., "Generation Times in Wild Chimpanzees and Gorillas Suggest Earlier Divergence Times."

469 ***오늘날 인간과 침팬지의 분리 시점 추정치는:*** Moorjani et al., "Variation in the Molecular Clock of Primates."

470 ***"닭 내장 점괘 읽기와 비슷하다"고:*** Grauer and Martin, "Reading the Entrails of Chickens."

471 ***아르디 팀은 케냐 국립박물관을 방문했다가:*** 이 장면의 세부사항은 저자와 다음 인물들과의 인터뷰를 참고했다. Steve Ward, Owen Lovejoy, and Tim White.

471 ***"오언과 화이트에게":*** Steve Ward, 저자와의 인터뷰.

473 ***에쿠아토리우스는 마이오세 유인원이 공통으로 지니는:*** Ward, "*Equatorius:* A New Hominoid Genus."

473 ***이럴 수가. 똑같아!:*** Owen Lovejoy, 저자와의 인터뷰.

474 ***"세상에, 초특급 비밀이더라고요!":*** Steve Ward, 저자와의 인터뷰.

475 ***윌프리드 E. 르 그로스 클라크 교수는:*** Walker and Shipman, *The Ape in the Tree,*

37–52. 워커와 쉽먼은 프로콘술이 현생 유인원과 인류의 가장 널리 알려진 공통조상 후보라고 봤다. 이는 나중에 아르디 팀이 발전시킨 주장과 요지가 비슷했다.

475 *이런 '일반화된' 네발짐승이:* Le Gros Clark, "New Palaeontological Evidence."

475 *"유래했을 가능성은 거의 없다"고:* Le Gros Clark, "New Palaeontological Evidence," 227.

475 *현생 아프리카 유인원은 매우 보행이 특화됐고:* Schultz, "The Specializations of Man," 50–51.

476 *현생 유인원과 같은 단계는 거치지 않았다고:* Straus, "The Riddle of Man's Ancestry."

476 *"제가 가장 아끼는 소중한 물건":* 2012년 1월 13일 Owen Lovejoy가 저자에게 보낸 이메일.

476 *"호미니드 기원에 대해 밝혀주는 게":* Pilbeam, "Genetic and Morphological Records," 155.

477 *"서로 다른 증거들이 한 장의":* Gen Suwa, 저자와의 인터뷰.

477 *"세기의 발견"이라고:* Clark, "Recent Developments," 168.

478 *"그 사람들도 그 후보 명단에 오르는 걸":* Tim White, 저자와의 인터뷰.

478 *"해석이 모두 맞았든 틀렸든":* Brooks Hanson, 저자와의 인터뷰.

478 *"우리 프로젝트에서 연구했던":* Tim White, 저자와의 인터뷰.

478 *"우리도 동료 평가 과정에서":* Owen Lovejoy, 저자와의 인터뷰.

478 *"고립주의자 전략의 결과는":* Bill Kimbel, 저자와의 인터뷰.

479 *학술지가 나서줄 것을 요구했다:* *Scientific American,* "Fossils for All."

480 *화이트는 불같이 화를 냈지만:* White, "Fossils for All" (letter to the editor).

27장: 벽장에서 나온 화석

481 *"우리는 오늘 이 자리에서":* 기자회견 영상자료.

482 *'적응적 퀴드삭':* Lovejoy et al., "Great Divides," 104.

482 *아르디의 등장으로 무효가 됐다고:* Lovejoy, "Reexamining Human Origins," 74.

482 *"이제는 논란의 대상"이었다:* Lovejoy et al., "Careful Climbing," 70e5.

482 *"상시적 직립보행을 설명하기 위해":* Lovejoy, "Reexamining Human Origins," 74.

482 *"가정은 너무 많이 하지만":* Lovejoy et al., "Great Divides," 104–6.

483 *적응적 안정기가 이어졌을 것이라는:* White et al., "*Ardipithecus Ramidus* and the Paleobiology of Early Hominids," 64.

483 *"인류의 기원과 역사에 빛이 드리울 것":* Darwin, *Origin of Species,* 488.

483 *"다윈 이후 지속돼온":* White et al., "Great Divides," 80.

484 *"다윈은 상상할 수밖에 없던 화석 증거":* Paul, *Discovering Ardi.*

484 *"이 발견은 루시보다 훨씬":* Shreeve, "Oldest Skeleton"에서 인용.

484 *"가장 근접한 사례":* John Hawks weblog, 2009년 10월 1일, "Ardipithecus FAQ."

485 ***'올해의 과학 성과'로 꼽았다:*** Alberts, "Breakthroughs of 2009."
485 ***게티 가문은 아르디 팀을 초대해:*** *Haute Living,* "Ardipithecus Research Party."
485 ***〈타임〉이 꼽은 세계에서 가장 영향력 있는 100인:*** *Time,* "The 100 Most Influential People in the World."
485 ***"내가 정부고 진짜 아내는 아르디라고":*** Leslea Hlusko, 저자와의 인터뷰.
485 ***미들 아와시를 '인류의 고향'이라고:*** Table of contents, *National Geographic,* 2010년 7월; Shreeve, "Evolutionary Road."
486 ***"화이트가 무슨 논문을 낼 때":*** Bernard Wood, 저자와의 인터뷰.
486 ***"모세의 석판이 기자회견과 논문":*** Bernard Wood, 저자와의 인터뷰.
487 ***반기는 글을 썼었다:*** Wood, "Oldest Hominid Yet," 281.
487 ***"나는 그들이 아르디피테쿠스에 대해":*** Bernard Wood, 저자와의 인터뷰.
488 ***"약간 우회해야 했지요":*** 다른 언급이 없는 한 콘퍼런스에 관한 모든 말들은 왕립협회가 온라인을 통해 공개한 오디오 녹음을 바탕으로 한다.
488 ***영장류학자의 '침팬지 중심주의'와:*** Sayers and Lovejoy, "The Chimpanzee Has No Clothes."
489 ***"근본적인 오류를 증명한다"고:*** Lovejoy, "Reexamining Human Origins," 74e1.
489 ***맥그루는 대부분의 고인류학자들이:*** McGrew, "New Theaters of Conflict in the Animal Culture Wars," 175.
489 ***아르디 팀은 '인류만이' 인지를 진화시켰다고:*** Lovejoy et al., "Careful Climbing," 70.
489 ***현생 침팬지가 할 수 있는 것은 모두:*** McGrew, "In Search of the Last Common Ancestor" 참조.
489 ***"이젠 저와는 말도 안 하려":*** Owen Lovejoy, 저자와의 인터뷰.
490 ***"지나치게 단순화해 해석한 그 같은 발언은":*** Whiten et al., "Studying Extant Species to Model Our Past."
491 ***차이를 강조하는 설명에 화를 낼 것이라고:*** Cohen, *Almost Chimpanzee,* 313.
491 ***반항적 제목의 책이:*** Taylor, *Not a Chimp.*
492 ***"자연을 전문적인 교육이 제공하는 개념 영역에":*** Kuhn, *The Structure of Scientific Revolutions,* 5.
492 ***"아마 정통적인 신학을 제외하고는":*** Kuhn, *The Structure of Scientific Revolutions,* 165.
493 ***"동기 기반 추론"이라고:*** Kunda, "The Case for Motivated Reasoning."
494 ***루바카에게 감사한다고:*** Brunet, "New Hominid from the Upper Miocene of Chad," 151.
495 ***"존재하지만 논문으로는 발표되지 않은":*** Chris Stringer, 저자와의 인터뷰.

28장: 역풍

497 *"솔직히 전 아르디가 호미니드라고도":* Wilford, "Scientists Challenge 'Breakthrough'"에서 인용.

497 *"다른 건 됐고, 오언의 아르디피테쿠스 해석은":* Jack Stern, 저자와의 인터뷰.

498 *"매우 침팬지스러운":* Stanford, "Chimpanzees and the Behavior of *Ardipithecus ramidus,*" 142.

498 *"터무니없다"고:* Stanford, *The New Chimpanzee,* 195.

498 *"침팬지를 인류 진화 모델에서 제외시키려면":* Stanford, *The New Chimpanzee,* 195.

498 *"아르디 팀은 시대에 30년은 뒤떨어졌어요":* Pickford, "Marketing Palaeoanthropology," 241.

498 *"데이터가 하나도 없는 표입니다":* John Hawks weblog, 2009년 10월 3일, "Whoa, Who Stole the Data?"

499 *〈타임〉은 "아르디-존재하지 않았던 인류 조상?"이라는:* Harrell, "Ardi: The Human Ancestor Who Wasn't?"

499 *〈사이언티픽 아메리칸〉은 "아르디는 인류 조상이 아니었나"라는:* Harmon, "Was 'Ardi' Not a Human Ancestor After All?"

499 *"아르디피테쿠스 역풍이 시작되다":* John Hawks weblog, 2010년 5월 27일.

499 *아르디가 정말 인류 계통에 속하는지:* Wood and Harrison, "Evolutionary Context of the First Hominins."

499 *"저는 아르디피테쿠스가 조상이 아니라고":* From "Pikaia Interviews Bernard Wood," YouTube, 2011년 1월 24일.

499 *"화이트는 그러지 않았죠":* Bernard Wood, 저자와의 인터뷰.

499 *"그 대신, 아르디 팀은 자신들의 발견이":* Bernard Wood, 저자와의 인터뷰.

499 *"모든 증거를 그 상자에":* Bernard Wood, 저자와의 인터뷰.

500 *"상대적으로 적은" 특징들과:* Wood and Harrrison, "Evolutionary Context of the First Hominins," 348.

500 *"토요일 저녁에 돌아다니는":* Bernard Wood, 저자와의 인터뷰.

500 *"변기에 잘못 앉은 것 같죠":* Wood, "Darwin in the 21st Century."

500 *"빌어먹을 여섯 쪽짜리 〈네이처〉 논문!":* Tim White, 저자와의 인터뷰.

501 *우드가 눈에 띄게 외면했다고:* Berhane Asfaw, 저자와의 인터뷰.

501 *"웃긴 건 그가 아르디를 공격하는":* Tim White, 저자와의 인터뷰.

501 *"화이트가 나를 압박했어요":* Bernard Wood, 저자와의 인터뷰.

501 *"새로운 데이터, 아이디어":* Bower, "Human Ancestors Have Identity Crisis"에서 인용.

502 *"그들이 하는 말이라곤 그저":* Don Johanson, 저자와의 인터뷰.

502 *"아르디에 대해 정부 사업에 대해서보다":* Don Johanson, 저자와의 인터뷰.

502 ***파키스탄에서 발굴된 마이오세 유인원의:*** Morgan et al., "A Partial Hominoid Innominate from the Miocene of Pakistan."

502 ***디키카에서 발굴된 특이한 오스트랄로피테쿠스 아파렌시스 척주는:*** Ward et al., "Thoracic Vertebral Count."

502 ***같은 화석의 발 일부는:*** DeSilva et al., "A Nearly Complete Foot from Dikika."

503 ***'리틀 풋'은 동굴에서:*** Clarke, "Excavation, Reconstruction and Taphonomy of the StW 573 *Australopithecus Prometheus* Skeleton."

503 ***마이오세 유인원인 오레오피테쿠스의:*** 2013년 9월 Tim White와 Lorenzo Rook이 주고받은 이메일.

503 ***"논문이 나오지 않은 새로운 표본":*** 2013년 9월 Lorenzo Rook이 Tim White에게 보낸 이메일.

504 ***"기다려온 모든 사람들의 주파수 대역폭을":*** 2019년 9월 3일 Tim White가 저자에게 보낸 이메일.

504 ***"만약 그들이 더 일찍 개방 전략":*** Bill Kimbel, 저자와의 인터뷰.

504 ***"화이트는 매우 명민하고 부지런하며":*** Ian Tattersall, 저자와의 인터뷰.

505 ***"우리가 미들 아와시에서 했던 지난 30년간의 모든 일들은":*** Tim White, 저자와의 인터뷰.

505 ***"정말 놀라게 한 것은":*** Owen Lovejoy, 저자와의 인터뷰.

506 ***"2009년 어느 날 갑자기":*** Gen Suwa, 저자와의 인터뷰.

506 ***"새로운 과학적 진실은":*** Planck, *Scientific Autobiography,* 33–34.

506 ***"과학은, 교수들이 죽어야 전진한다":*** Owen Lovejoy, 저자와의 인터뷰.

506 ***척추 화석을 발굴했다고:*** 2010년 1월 19일과 2010년 2월 18일 M. Royhan Gani가 Tim White에게 보낸 이메일.

506 ***"잘 맞죠?":*** 2010년 2월 18일 M. Royhan Gani가 Tim White에게 보낸 이메일.

507 ***아르디 팀이 아라미스의 환경을:*** Gani and Gani, "River Margin Habitat."

507 ***"학술지의 리뷰 프로세스에":*** Gani and Gani, and White, "On the Environment of Aramis" 참조.

507 ***"화이트는 다윈주의 진화를":*** Royhan Gani, 저자와의 인터뷰.

508 ***숲 면적이 25퍼센트 미만인:*** Cerling et al., "Comment on the Paleoenvironment."

508 ***"사바나 가설은 여전히":*** Gibbons, "How a Fickle Climate," 476에서 인용.

508 ***"저도 듀어 설링의 해석에":*** Raymond Bonnefille, 저자와의 인터뷰.

509 ***"아르디가 팀 화이트가 말한 것보다":*** Scott Simpson, 저자와의 인터뷰.

509 ***'혼합된 화석 조합'으로서의 특성을:*** White et al., "Macrovertebrate Paleontology and the Pliocene Habitat of *Ardipithecus Ramidus,*" 92.

509 ***"그건 직업적인 모욕이죠":*** Scott Simpson, 저자와의 인터뷰.

509 ***"화이트는 비판을 못 견뎌요":*** Thure Cerling, 저자와의 인터뷰.

509 ***"막혀 있고 숲이 우거진":*** White et al., "Macrovertebrate Paleontology," 67.

509 ***"하지만 이제 허구라는 사실이":*** White, "Reply to Cerling et al.," 472.

510 ***"독자적인 연구나 새로운 데이터도 없는 상태에서":*** White, "Is the 'Savanna Hypothesis' a Dead Concept?" 76.

510 ***"이 증거를 거부함으로써":*** Domínguez-Rodrigo, "Is the 'Savanna Hypothesis' a Dead Concept?" 78.

511 ***"난 아르디피테쿠스를 인정하지 않아요":*** Richard Leakey, 저자와의 인터뷰.

511 ***"아르디를 연구해본 건 아니에요":*** Richard Leakey, 저자와의 인터뷰.

511 ***"이런 화석을 갖고":*** Richard Leakey, 저자와의 인터뷰.

511 ***미브는 인류 진화의 배경 환경으로:*** Meave Leakey, 저자와의 인터뷰.

511 ***아르디를 호미닌으로 보는 연구에:*** Fernández et al., "Evolution and Function of the Hominin Forefoot."

511 ***"그는 동기를 의심하죠":*** Richard Leakey, 저자와의 인터뷰.

512 ***"모든 종이 후손을 갖는 것은 아니죠":*** Don Johanson, 저자와의 인터뷰.

512 ***"난 유인원은 연구하지 않아요":*** Richard Leakey and Don Johanson, 저자와의 인터뷰.

512 ***"아르디는 지금까지 발굴된":*** Lee Berger, 저자와의 인터뷰.

29장: 제길, 맞는 말이었어

514 ***"화석 강도 클럽":*** Bill Jungers, 저자와의 인터뷰.

514 ***"그건 이족보행 발이 아닌데요":*** Shreeve, "The Birth of Bipedalism," 66에서 인용.

515 ***'3차원 로르샤흐 테스트'라고:*** Bill Jungers, 저자와의 인터뷰.

515 ***"아르디 관련 내용 중 가장 거칠고":*** Bill Jungers, 저자와의 인터뷰.

516 ***"제길, 맞는 말이었어!":*** Bill Jungers, 저자와의 인터뷰.

516 ***"그건 말도 안 되는 이야기예요":*** Bill Jungers, 저자와의 인터뷰.

516 ***"돌아왔을 땐 아르디 팀에게 약간의 슬픔을":*** Bill Jungers, 저자와의 인터뷰.

516 ***"화가 많이 났어요":*** Cartmill, "Ardipithecus Discussion BU Dialogues."

516 ***"그가 말하던 내용 상당수가 맞다는 사실을":*** Cartmill, "Ardipithecus Discussion BU Dialogues."

517 ***"독립된 데이터 소스가 있다는 점에서":*** Bill Kimbel, 저자와의 인터뷰.

518 ***인류의 머리뼈바닥 진화를 기술하고:*** Kimbel et al., "*Ardipithecus Ramidus* and the Evolution of the Human Cranial Base."

518 ***"결국 받아들여질":*** Peter Andrews, 저자와의 인터뷰.

519 ***"아르디 팀은 침팬지를 조상의 반열에서 떨어뜨린다는":*** Bill Jungers, 저자와의 인터뷰.

519 ***아르디가 수평이 아니라 거의 직립 자세로:*** 다음의 예를 참고하라. DeSilva et al., "One Small Step."

519 ***인류의 손이 본원적인 비율에 더 가깝고:*** Almécija et al., "The Evolution of Hu-

man and Ape Hand Proportions."

519 *그들은 넙다리뼈 분석을 통해:* Almécija et al., "The Femur of Orrorin Tugenensis."

519 *하지만 다른 연구에서는 아르디 발의:* Fernández et al., "Evolution and Function of the Hominin Forefoot."

520 *침팬지와 보노보는 훨씬 적은 변화를:* Diogo et al., "Bonobo Anatomy Reveals Stasis and Mosaicism in Chimpanzee Evolution."

520 *"모두로 하여금 하던 일을 멈추고":* Bernard Wood, 저자와의 인터뷰.

521 *자신들의 발견을 좀 더 짧게 요약한 논문을:* White et al., "Neither Chimpanzee nor Human."

522 *"왜 다시 바뀌었냐면요":* Bill Kimbel, 저자와의 인터뷰.

522 *다른 연구자들이 보스턴대학에서 아르디피테쿠스를 주제로:* "BU Dialogues" and "*Ardipithecus* Discussion."

30장: 되돌아오다

524 *2013년 12월, 미들 아와시 팀은:* 이 장의 모든 내용과 인용은 특별한 언급을 제외하고는 모두 에티오피아에서 저자가 취재한 내용을 바탕으로 했다.

531 *그들은 아파르 족이 '분쟁의 장소'라는 뜻의:* NSF award 8210897 case file, appendix II, 64.

533 *280만 년 전 아래턱뼈를 발견했는데:* Villmoare et al., "Early Homo at 2.8 Ma."

533 *아르디를 "세상을 떠들썩하게 한 60가지 연구":* NSF, "Sensational 60," 10.

534 *"미들 아와시 프로젝트는":* NSF proposal 1138062, panel summary and reviews.

534 *평가자들은 이 제안서에 대해 "경쟁력이 없다"며:* NSF proposal 1241314, panel summary and reviews.

535 *평가자에서 빼야 할 전문가 리스트를 세 페이지에 걸쳐:* MARP NSF proposal EAR1332712, "Reviewers Not to Include."

535 *기술적 부분이 부족하다며 다시 한번 탈락시켰다:* NSF proposal EAR1332712, reviews and panel summary.

535 *미국 형질인류학자협회가 한 조사에 따르면:* Anton et al., "Race and Diversity in U.S. Biological Anthropology," 163.

536 *"에티오피아를 위한 인프라 시설을":* NSF proposal 1138062, reviews and panel summary.

537 *"미들 아와시 프로젝트는 역사상":* Paul Renne, 저자와의 인터뷰.

537 *"많은 사람들이 화이트를 좋아하지 않아요":* Paul Renne, 저자와의 인터뷰.

539 *화석 발굴지가 439곳 있었다:* 2020년 1월 30일 Tim White가 저자에게 보낸 이메일.

31장: 나무도 덤불도 아닌

545 *아르디를 인류 가계의 일원으로 받아들여야 하며:* Pilbeam and Lieberman, "Reconstructing the Last Common Ancestor."

546 *"부처 사람들은 화석을 유통하는 게":* Berhane Asfaw, 저자와의 인터뷰.

546 *오스트랄로피테쿠스의 가장 오래된 척주 화석을:* Meyer and Williams: "Earliest Axial Fossils from the Genus *Australopithecus*."

547 *"논문에 헛소리를 쓰지 않는지":* Tim White, 저자와의 인터뷰.

547 *"아르디를 다루려면":* Bill Jungers, 저자와의 인터뷰.

547 *차량 퍼레이드로 국립궁전에 갔다:* Eilperin, "In Ethiopia, Both Obama and Ancient Fossils Get a Motorcade"; Berhane Asfaw 저자와의 인터뷰.

548 *"줄기가 큰 가지들로 갈라지고 그 가지들이 다시":* Darwin, *Origin of Species,* 129–30.

549 *계통수 모델을 버리고 '생명의 그물' 쪽으로:* Lawton, "Uprooting Darwin's Tree"; Doolittle, "Uprooting the Tree of Life."

549 *많은 종의 가지들이 갈라졌다 다시 합쳐졌다:* Mallet et al., "How Reticulated Are Species?" 144.

549 *"이제는 성을 종의 범주 너머까지":* Mallet et al., "How Reticulated Are Species?" 146.

550 *이제 인류 계통, 또는 일반화시켜서:* 또다른 접근은 나무 대신 숲으로 대체하는 방법이다. 다수의 유전자 계통수 데이터 세트를 확보하면 '합의된' 계통수를 만들 수 있다. 하지만 이들은 단지 통계적인 중심 경향을 보여주며, 각각의 게놈들은 각기 다른 분기 패턴을 보여줄 수도 있다.

550 *다윈 핀치조차 종이라는 분류군의 생명력은 짧았다:* Grants, "Synergism of Natural Selection and Introgression in the Origin of a New Species," 678–79.

550 *현생인류가 네안데르탈인과 이종교배를 했다는 사실이:* Green et al., "A Draft Sequence of the Neandertal Genome."

550 *2퍼센트 정도의 네안데르탈인 DNA를 갖고:* Pääbo, "The Contribution of Ancient Hominin Genomes."

550 *데니소바인이라고 하는 제3의 친척 인류의 게놈이었다:* Pääbo, "The Contribution of Ancient Hominin Genomes."

551 *"많은 고생물 종들이 서로":* Evan Eichler, 저자와의 인터뷰.

551 *'메타개체군'으로 설명하기:* Pääbo, "The Diverse Origins of the Human Gene Pool," 314.

551 *"단순한 가계도라는 것은 존재하지 않아요":* David Reich, 저자와의 인터뷰.

552 *"과거 인류에게 주류 인구집단이 있었던 적은":* Reich, *Who We Are and How We Got Here,* 82.

553 *한 콘퍼런스에서 화이트는:* Royal Society, *The First 4 Million Years of Human*

Evolution, audio recording for session "Hominin Diversity in the Middle Pliocene of Eastern Africa: The Maxilla of KNM-WT 40,000."

553 ***"화이트는 화석을 찾는 데":*** Fred Spoor, 저자와의 인터뷰.

553 ***화이트는 그가 말하는 '전문성'이라는 건:*** 화이트는 지속적으로 자신의 분야를 감시하는 역할을 해왔다. 예를 들어 2016년 오스틴 텍사스대 연구팀이 CT 스캔 결과 뼈에 금이 간 모습을 발견했다며 루시가 나무 위에서 떨어져 사망했을 것이라는 놀라운 주장을 〈네이처〉 논문을 통해 펼쳤다. 화이트는 겉보기에 '낙상'처럼 보이는 흔적이 화석화 과정에서 볼 수 있는 전형적인 흔적이라고 진단하고, 에티오피아 국립박물관의 고대 말과 코뿔소 등 나무 위를 오르지 않는 것으로 알려진 대형 동물의 화석에서 비슷한 상처를 찾아냈다. 그는 "이 논문은 언론의 주목을 열망하는 상업적 학술지가 클릭을 유도하기 위해 만든 고인류학 스토리텔링의 또다른 고전적 사례가 될 것"이라고 저격했다. 그는 추락한 건 루시가 아니라 과학의 수준이라고 한탄했다.

554 ***요하네스는 브루스 라티머를 연구실로 초청해:*** Bruce Latimer and Yohannes Haile-Selassie, 저자와의 인터뷰.

554 ***이 '버텔레 발' 화석은:*** Yohannes Haile-Selassie et al., "A New Hominin Foot from Ethiopia."

554 ***아르디피테쿠스가 갈라져 한 가지는 이족보행을:*** White et al., "Neither Chimpanzee Nor Human," 4882.

554 ***요하네스는 〈네이처〉에 새로운 종을 발견했다고:*** Yohannes Haile-Selassie et al., "New Species from Ethiopia."

555 ***〈뉴욕 타임스〉는 헤드라인에서 이렇게:*** Zimmer, "Human Family Tree."

555 ***"요하네스는 커리어를 쌓기 위해":*** Tim White, 저자와의 인터뷰.

555 ***"30년 전부터 이어진 옛 아이디어와 잘 맞지 않는다는 이유로":*** Yohannes Haile-Selassie, 저자와의 인터뷰.

555 ***380만 년 된 오스트랄로피테쿠스 아나멘시스 머리뼈였다:*** Yohannes Haile-Selassie et al., "A 3.8-Million-Year-Old Hominin Cranium."

556 ***고나에서 450만 년 전 연대의 또 다른 중요한 화석이:*** Simpson et al., "*Ardipithecus ramidus* Postcrania from the Gona Project Area."

556 ***"이상할 정도로 변이가 많았어요":*** Scott Simpson, 저자와의 인터뷰.

557 ***그는 아르디 발견 과정을 지켜보며:*** Lee Berger, 저자와의 인터뷰.

557 ***"연대 측정은 생물학적 관계나 진화적 관계를 이해하는 데":*** Lee Berger, 저자와의 인터뷰.

557 ***"만약 날레디가 본원적이고":*** Lee Berger, 저자와의 인터뷰.

558 ***이 화석들의 연대가 23만 6000년 전에서 33만 5000년 전 사이라고:*** Dirks et al., "The Age of *Homo naledi*."

558 ***"라이징 스타 동굴 탐사는 새로운 고인류학 연구 사례가":*** *Nova: Dawn of Humanity.*

558 ***"뭔가에 쏟아부은 시간이 곧 질은 아니죠":*** Lee Berger, 저자와의 인터뷰.

559 *〈가디언〉의 오피니언난에:* White, "Why Combining Science and Showmanship Risks the Future of Research."

559 *"팀 화이트가 죽으면 그의 뼈를":* Facebook post, 2015년 10월 25일.

559 *"저녁 식사 테이블에서 방귀를 뀌어대는 괴팍한 아저씨가":* John Hawks weblog, 2015년 11월 28일.

559 *"그는 자신이 경고한 것을":* Lee Berger, 저자와의 인터뷰.

559 *돈 조핸슨과 리처드 리키도 버거의 쇼맨십을:* Don Johanson and Richard Leakey, 저자와의 인터뷰.

559 *"논쟁 양상이 바뀌었어요":* Bill Kimbel, 저자와의 인터뷰.

560 *"계속 논문을 낸다고 해보세요":* Owen Lovejoy, 저자와의 인터뷰.

560 *"인류학자들 사이에는 인류가 특이하다는 점을":* Owen Lovejoy, 저자와의 인터뷰.

561 *어느 날 오후 베르하네 아스포는:* 2016년 12월 에티오피아 국립박물관에서 저자와의 인터뷰.

561 *"베르하네를 빼고는":* Alemu Ademassu, 저자와의 인터뷰.

562 *"그때만 해도 보관함이 30개면 될 거라고":* Berhane Asfaw, 저자와의 인터뷰.

에필로그: 석양

564 *그들은 다시 한번 빅풋 화석을 발굴하기로:* 이 장면들의 세부사항은 특별한 언급이 없는 한 2016년 12월 저자가 에티오피아로 간 취재 여행을 바탕으로 했다. 다음 인물들과의 인터뷰를 통해서도 내용을 추가했다. Tim White, Yonas Beyene, Berhane Asfaw, and Giday WoldeGabriel.

565 *부족 간의 오랜 적의는 일시적으로:* 안정은 덧없는 것이었다. 두 해 뒤 이사족이 근처에 매복해 있다 경호부대 군인을 여러 명 살해하는 일이 발생해 발굴팀은 현장 발굴을 중단해야 했다. 언론에서는 아파르족과 이사족 사이에 새로운 충돌이 연이어 발생했다고 보도했다.

566 *"다시 복원할 것"을 제안했다:* Pilbeam and Lieberman, "Reconstructing the Last Common Ancestor."

571 *"그들은 많은 사람들이 꿈만 꾸는":* Scott Simpson, 저자와의 인터뷰.

571 *"이 논쟁에 관해 정보를 줄 수 있는, 아직 공개되지 않은 자료 수가":* Bernard Wood, 저자와의 인터뷰.

572 *척추동물 화석은 3만 2000개가 넘는다:* 수집품 수의 출처는 다음과 같다. 2020년 1월 30일 Tim White가 저자에게 보낸 이메일.

572 *"모든 사람이 눈에 안 띄는 일을":* Yonas Desta, 저자와의 인터뷰.

◎ 참고문헌 ◎

책, 기사, 논문

Addis Tribune. "AL-444 Safe in Museum: ARCCH Refutes Allegations of a Missing Hominid Fossil." April 6, 2001.

Aiello, Leslie C. "The Wenner-Gren Foundation: Supporting Anthropology for 75 Years." In "The Wenner-Gren Foundation: Supporting Anthropology for 75 Years," edited by Leslie C. Aiello, Laurie Obbink, and Mark Mahoney. Supplement, *Current Anthropology* 57, no. 14 (2016): S211.

Al Jazeera. "Ardi Challenges Darwin's Theory." [in Arabic] October 3, 2009.

Alberts, Bruce. "The Breakthroughs of 2009." *Science* 326, no. 5960 (2009): 1589.

Almécija, Sergio, Jeroen B. Smaers, and William L. Jungers. "The Evolution of Human and Ape Hand Proportions." *Nature Communications* 6 (2015): 7717.

Almécija, Sergio, Melissa Tallman, David M. Alba, Marta Pina, Salvador Moyà-Solà, and William L. Jungers. "The Femur of *Orrorin tugenensis* Exhibits Morphometric Affinities with Both Miocene Apes and Later Hominins." *Nature Communications* 4 (2013): 2888.

American Association for the Advancement of Science (AAAS). "New Species of Human Ancestor." Press release, April 23, 1999.

Anderson, David. "Extremes in the Indian Ocean." *Nature* 401, no. 6751 (1999): 337.

Andersson, Gunnar B. J. "Epidemiological Features of Chronic Low-Back Pain." *Lancet* 354, no. 9178 (1999): 581.

Andrews, Peter. *An Ape's View of Human Evolution*. Cambridge: Cambridge University Press, 2015.

Anemone, R. L., G. C. Conroy, and C. W. Emerson. "GIS and Paleoanthropology: Incorporating New Approaches from the Geospatial Sciences in the Analysis of Primate and Human Evolution." In "Yearbook of Physical Anthropology," edited by Robert W. Sussman. Supplement, *American Journal of Physical Anthropology* 146, no. S53 (2011): 19.

Antón, Susan C. "Of Burnt Coffee and Pecan Pie: Recollections of F. Clark

Howell on His Birthday, November 27, 1925–March 10, 2007." *PaleoAnthropology* (2007): 36–52.

Antón, Susan C., Ripan S. Malhi, and Agustín Fuentes. "Race and Diversity in U.S. Biological Anthropology: A Decade of AAPA Initiatives." In "Yearbook of Physical Anthropology," edited by Trudy R. Turner. Supplement, *American Journal of Physical Anthropology* 165, no. S65 (2018): 158.

"*Ardipithecus ramidus kadabba*." Walta Information Center, July 20, 2001.

Aristotle. *On the Parts of Animals*. Translated by William Ogle. London: Kegan Paul, Trench and Co., 1882.

Asfaw, Berhane. "The Belohdelie Frontal: New Evidence of Early Hominid Cranial Morphology from the Afar of Ethiopia." *Journal of Human Evolution* 16, no. 7–8 (1987): 611.

______. "The Origin of Humans: The Record from the Afar of Ethiopia." In *What Is Our Real Knowledge About the Human Being?* (Pontificia Academia Scientiarum Scripta Varia 109), edited by Marcelo Sánchez Sorondo, 15–20. Vatican City: Pontifical Academy of Sciences, 2007.

Asfaw, Berhane, and Close Observer [pseud.]. "What Went Wrong with Prehistory Research" (a series of exchanges about human origins research in Ethiopia). Walta Information Center, March 17, 2001–April 28, 2001.

Asfaw, Berhane, Cynthia Ebinger, David Harding, Tim White, and Giday WoldeGabriel. "Space- Based Imagery in Paleoanthropological Research: An Ethiopian Example." *National Geographic Research* 6 (1990): 418.

Asfaw, Berhane, Tim White, Owen Lovejoy, Bruce Latimer, Scott Simpson, and Gen Suwa. "*Australopithecus garhi*: A New Species of Early Hominid from Ethiopia." *Science* 284, no. 5414 (1999): 629.

Assefa, Zelalem. "History of Paleoanthropological Research in the Southern Omo, Ethiopia." In *Proceedings of the Eleventh International Conference of Ethiopian Studies*, edited by Bahru Zewde, Richard Pankhurst, and Taddese Beyene, 71–85. Addis Ababa: Institute of Ethiopian Studies, Addis Ababa University, 1994.

Ayala, Francisco J., and John C. Avise. *Essential Readings in Evolutionary Biology*. Baltimore: Johns Hopkins University Press, 2014.

Begun, David R. "The Earliest Hominins—Is Less More?" *Science* 303, no. 5663 (2004): 1478.

Begun, David R. *The Real Planet of the Apes: A New Story of Human Origins*. Princeton, NJ: Princeton University Press, 2016.

Bell, Charles. *The Hand: Its Mechanism and Vital Endowments as Evincing*

Design. London: William Pickering, 1833.

Belt, Leonard. *Leonardo the Anatomist*. Lawrence, Kansas: University of Kansas Press, 1955.

Bender, Renato, Phillip V. Tobias, and Nicole Bender. "The Savannah Hypotheses: Origin, Reception and Impact on Paleoanthropology." In "Human Evolution Across Disciplines: Through the Looking Glass of History and Epistemology," edited by Richard G. Delisle. Special issue, *History and Philosophy of the Life Sciences* 34, no. 1–2 (2012): 147.

Berger, Lee R., and Brett Hilton-Barber. *In the Footsteps of Eve: The Mystery of Human Origins*. Washington, D.C.: National Geographic Society, 2000.

Berger, Lee R., and Phillip V. Tobias. "A Chimpanzee-like Tibia from Sterkfontein, South Africa and Its Implications for the Interpretation of Bipedalism in *Australopithecus africanus*." *Journal of Human Evolution* 30, no. 4 (1996): 343.

Berhe, Aregawi. "A Political History of the Tigray People's Liberation Front (1975–1991): Revolt, Ideology and Mobilisation in Ethiopia." Ph.D. diss., Vrije Universiteit Amsterdam, Netherlands, 2008.

Boaz, Noel T., and Douglas L. Cramer. "Fossils of the Libyan Sahara." *Natural History* 91, no. 8 (1982) 34.

Bonnefille, Raymonde. "Cenozoic Vegetation, Climate Changes and Hominid Evolution in Tropical Africa." *Global and Planetary Change* 72, no. 4 (2010): 390.

Bower, Bruce. "Human Ancestors Have Identity Crisis." *Science News*, February 17, 2011.

Bradley, Brenda J., Martha M. Robbins, Elizabeth A. Williamson, H. Dieter Steklis, Netzin Gerald Steklis, Nadin Eckhardt, Christophe Boesch, and Linda Vigilant. "Mountain Gorilla Tug-of-War: Silverbacks Have Limited Control Over Reproduction in Multimale Groups." *Proceedings of the National Academy of Sciences* 102, no. 26 (2005): 9418.

Brain, C. K. "Do We Owe Our Intelligence to a Predatory Past?" Seventieth James Arthur Lecture on the Evolution of the Human Brain. New York: American Museum of Natural History, 2001.

Browne, Janet. "History of Biogeography." In *Encyclopedia of Life Sciences*. Hoboken, NJ: John Wiley and Sons, 2001. https://doi.org/10.1038/npg.els.0003092.

Brunet, Michel, Franck Guy, David Pilbeam, Hassane Taisso Mackaye, Andossa Likius, Djimdoumalbaye Ahounta, Alain Beauvilain et al. "A New Hominid from the Upper Miocene of Chad, Central Africa." *Nature* 418, no. 6894 (2002): 145.

Caccone, Adalgisa, and Jeffrey R. Powell. "DNA Divergence Among Hominoids." *Evolution* 43, no. 5 (1989): 925.

Cann, Rebecca L., Mark Stoneking, and Allan C. Wilson. "Mitochondrial DNA and Human Evolution." *Nature* 325, no. 6099 (1987): 31.

Carpenter, Clarence Ray. "A Field Study in Siam of the Behavior and Social Relations of the Gibbon, (Hylobates lar)." *Comparative Psychology Monographs* 16, no. 5 (1940): 1.

Carroll, Sean B. *Endless Forms Most Beautiful: The New Science of Evo Devo and the Making of the Animal Kingdom*. New York: W.W. Norton and Company, 2005.

Carroll, Sean B., Jennifer K. Grenier, and Scott D. Weatherbee. *From DNA to Diversity: Molecular Genetics and the Evolution of Animal Design*. 2nd ed. Malden, MA: Blackwell Publishing, 2005.

Cerling, Thure E., Naomi E. Levin, Jay Quade, Jonathan G. Wynn, David L. Fox, John D. Kingston, Richard G. Klein, and Francis H. Brown. "Comment on the Paleoenvironment of *Ardipithecus ramidus*." *Science* 328, no. 5982 (2010): 1105.

Cerulli, Enrico. "The Folk- Literature of the Galla of Southern Abyssinia." In *Varia Africana III*, edited by E. A. Hooton and Natica I. Bates, 9–229. Vol. 3 of *Harvard African Studies*. Cambridge, MA: African Department of the Peabody Museum of Harvard University, 1922. http://nrs.harvard.edu/urn-3:FHCL:12674642.

Cherfas, Jeremy. "Grave Accusations Face Lucy Finders." *New Scientist* 97, no. 1344 (February 10, 1983): 390.

Clark, J. Desmond. "Africa in Prehistory: Peripheral or Paramount?" *Man*, New Series, 10, no. 2 (1975): 175.

______. "Digging On: A Personal Record and Appraisal of Archaeological Research in Africa and Elsewhere." *Annual Review of Anthropology* 23 (1994): 1.

______. "Radiocarbon Dating and African Archaeology." In *Radiocarbon Dating: Proceedings of the Ninth International Radiocarbon Conference, Los Angeles and La Jolla, 1976*, edited by Rainer Berger and Hans E. Suess, 7–31. Berkeley: University of California Press, 1979.

______. "Recent Developments in Human Biological and Cultural Evolution." *The South African Archaeological Bulletin* 50, no. 162 (December 1995): 168.

Clarke, Ronald J. "Excavation, Reconstruction and Taphonomy of the StW 573

Australopithecus prometheus Skeleton from Sterkfontein Caves, South Africa." *Journal of Human Evolution* 127 (2019): 41.

Clayton, Martin, and Ron Philo. *Leonardo da Vinci: The Mechanics of Man*. London: Royal Collection Trust, 2013.

Cobb, W. Montague. "Thomas Wingate Todd, M.B, Ch. B., F.R.C.S (Eng.), 1885–1938." *Journal of the National Medical Association* 51, no. 3 (1959): 233.

Cohen, Herman J. "Ethiopia: Ending a Thirty-Year War." In *Intervening in Africa: Superpower Peacemaking in a Troubled Continent*, 17–59. London: Palgrave Macmillan, 2000.

Cohen, Jon. *Almost Chimpanzee: Searching for What Makes Us Human, in Rainforests, Labs, Sanctuaries, and Zoos*. New York: Times Books/Henry Holt and Company, 2010.

______. "Relative Differences: The Myth of 1%." *Science* 316, no. 5833 (2007): 1836.

Colburn, Forrest D. "The Tragedy of Ethiopia's Intellectuals." *The Antioch Review* 47, no. 2 (1989): 133.

Cole, Francis Joseph. *A History of Comparative Anatomy: From Aristotle to the Eighteenth Century*. London: Macmillan and Company, 1944.

Conroy, Glenn Carter. "Paleoanthropology Today." *Evolutionary Anthropology* 6, no. 5 (1998): 155.

Coolidge, Harold Jefferson. "Life of the Gibbon in His Native Home." *New York Times Sunday Magazine*, August 8, 1937.

______. "Studying the Gibbon for Light on Man's Evolution." *New York Times Sunday Magazine*, May 15, 1938.

______. "Trailing the Gibbon to Learn About Man." *New York Times Sunday Magazine*, August 1, 1937.

Daily Kent Stater. "KSU Anthropologist Predicts Human Extinction." February 27, 1970.

Dalton, Rex. "The History Man." *Nature* 443, no. 7109 (2006): 268.

______. "Restrictions Delay Fossil Hunts in Ethiopia." *Nature* 410, no. 6830 (2001): 728.

Dart, Raymond A. "*Australopithecus africanus*: The Man-Ape of South Africa." *Nature* 115, no. 2884 (February 7, 1925): 195.

Darwin, Charles. *On the Origin of Species by Means of Natural Selection: Or the Preservation of Favoured Races in the Struggle for Life*. London: John Murray, 1859.

______. *The Descent of Man, and Selection in Relation to Sex*. London: John Murray, 1871.

De Heinzelin, Jean, J. Desmond Clark, Kathy D. Schick, and W. Henry Gilbert, eds. *The Acheulean and the PlioP leistocene Deposits of the Middle Awash Valley, Ethiopia*. Vol. 104 of *Annales Sciences Geologiques*. Tervuren, Belgium: Musee Royal de l'Afrique Centrale, 2000.

De Waal, Frans. *Bonobo: The Forgotten Ape*. Berkeley: University of California Press, 1997.

______. "Was 'Ardi' a Liberal?" *Huffington Post*, March 18, 2010.

DeGusta, David, and Elisabeth Vrba. "A Method for Inferring Paleohabitats from the Functional Morphology of Bovid Astragali." *Journal of Archaeological Science* 30, no. 8 (2003): 1009.

Deino, Alan L., Paul R. Renne, and Carl C. Swisher. "40Ar/39Ar Dating in Paleoanthropology and Archeology." *Evolutionary Anthropology* 6, no. 2 (1998): 63.

DeSilva, Jeremy M., Corey M. Gill, Thomas C. Prang, Miriam A. Bredella, and Zeresenay Alemseged. "A Nearly Complete Foot from Dikika, Ethiopia and Its Implications for the Ontogeny and Function of *Australopithecus afarensis*." *Science Advances* 4, no. 7 (2018): eaar7723.

DeSilva, Jeremy, Ellison McNutt, Julien Benoit, and Bernhard Zipfel. "One Small Step: A Review of Plio-Pleistocene Hominin Foot Evolution." In "Yearbook of Physical Anthropology," edited by Lyle W. Konigsberg. Supplement, *American Journal of Physical Anthropology* 168, no. S67 (2019): 63.

Desmond, Adrian. *Huxley: From Devil's Disciple to Evolution's High Priest*. Reading, MA: Addison-Wesley, 1997.

Diamond, Jared. *The Third Chimpanzee: The Evolution and Future of the Human Animal*. New York: HarperCollins, 1992.

Diogo, Rui, Julia L. Molnar, and Bernard Wood. "Bonobo Anatomy Reveals Stasis and Mosaicism in Chimpanzee Evolution, and Supports Bonobos as the Most Appropriate Extant Model L for the Common Ancestor of Chimpanzees and Humans." *Scientific Reports* 7 (2017): 608.

Dirks, Paul H. G. M., Eric M. Roberts, Hannah Hilbert-Wolf, Jan D. Kramers, John Hawks, Anthony Dosseto, Mathieu Duval et al. "The Age of *Homo naledi* and Associated Sediments in the Rising Star Cave, South Africa." *eLife* 6 (2017): http://doi.org/10.7554/eLife.2423.

Dobzhansky, Theodosius. "Nothing in Biology Makes Sense Except in the Light of Evolution." *The American Biology Teacher* 35, no. 3 (1973): 125.

______. "On Species and Races of Living and Fossil Man." *American Journal of Physical Anthropology* 2, no. 3 (1944): 251.

Domínguez- Rodrigo, Manuel. "Is the 'Savanna Hypothesis' a Dead Concept for Explaining the Emergence of the Earliest Hominins?" *Current Anthropology* 55, no. 1 (2014): 59.

Doolittle, W. Ford. "Uprooting the Tree of Life." *Scientific American*, February 2000.

Edler, Melissa. "Life as Artifact: Olaf Prufer's Personal Journey Across Continents, Through Time." *Kent State Magazine* 7, issue 1 (Fall 2007): 10.

Edwards, Muriel E. "The Relations of the Peroneal Tendons to the Fibula, Calcaneus, and Cuboideum." *American Journal of Anatomy* 42, no. 1 (1928): 213.

Eilperin, Juliet. "In Ethiopia, Both Obama and Ancient Fossils Get a Motorcade." Weblog post. *Washington Post*, July 27, 2015. https://www .washingtonpost.com/news/post- politics/wp/2015/07/27/in- ethiopia - both-obama- and- ancient- fossils- get- a- motorcade.

Ethiopian Herald. "Counter- Revolutionary Elements Caught Redhanded Here." February 4, 1984.

______. "So That Open Eyes Might See." September 4, 1984.

Ethiopian Register. "TPLF/EPRDF's Strategies to Establish Its Hegemony and Perpetuating Its Rule," abridged English translation of 1993 party document. June 1996.

Etkind, Alexander. "Beyond Eugenics: The Forgotten Scandal of Hybridizing Humans and Apes." *Studies in History and Philosophy of Science Part C: Studies in History and Philosophy of Biological and Biomedical Sciences* 39, no. 2 (2008): 205.

Feakins, Sarah J., Naomi E. Levin, Hannah M. Liddy, Alexa Sieracki, Timothy I. Eglinton, and Raymonde Bonnefille. "Northeast African Vegetation Change Over 12 M.Y." *Geology* 41, no. 3 (2013): 295.

Fernández, Peter J., Carrie S. Mongle, Louise Leakey, Daniel J. Proctor, Caley M. Orr, Biren A. Patel, Sergio Almécija, Matthew W. Tocheri, and William L. Jungers. "Evolution and Function of the Hominin Forefoot." *Proceedings of the National Academy of Sciences* 115, no. 35 (2018): 8746.

Fisher, R. A. *The Genetical Theory of Natural Selection*. Oxford, UK: Clarendon Press, 1930. Reprinted with preface and notes by J. H. Bennett. Oxford: Oxford University Press, 1999.

Fitzgerald, Mary Anne. "Rift Valley: How the Getty Millions Stoked up a Bitter

Feud in the African Desert over Man's Origins." *The Sunday Times* (London), March 19, 1995.

Flannery, Kent V. "The Golden Marshalltown: A Parable for the Archeology of the 1980s." *American Anthropologist* 84, no. 2 (1982): 265.

Fleagle, John G. "Intermembral Index." In *The International Encyclopedia of Primatology*, edited by Augustin Fuentes, 661–63. Hoboken, NJ: John Wiley and Sons, 2017.

Fromm, Erich. *Man for Himself: An Inquiry into the Psychology of Ethics*. New York: Rinehart, 1947.

Gagneux, Pascal. "Sperm Count." Center for Academic Research and Training in Anthropogeny (CARTA). Accessed September 25, 2019. https://carta.anthropogeny.org/moca/topics/sperm-count.

Gani, M. Royhan, and Nahid D. Gani. "River-margin Habitat of *Ardipithecus ramidus* at Aramis, Ethiopia 4.4 Million Years Ago." *Nature Communications* 2 (2011): 602.

Gani, Nahid D., and M. Royhan Gani. "On the Environment of Aramis: Concerning Reply of White to Cerling et al. in August 2014." *Current Anthropology* 57, no. 2 (2016): 219.

Gee, Henry. *In Search of Deep Time: Beyond the Fossil Record to a New History of Life*. New York: The Free Press, 1999.

Gettleman, Jeffrey. "'A Generation Is Protesting' in Ethiopia, Long a U.S. Ally." *New York Times*, August 12, 2016.

Gibbon, Edward. *The History of the Decline and Fall of the Roman Empire*, vol. 3. New York: Harper and Brothers, 1841.

Gibbons, Ann. "Claim-Jumping Charges Ignite Controversy at Meeting." *Science* 268, no. 5208 (1995): 196.

______. "First Hominid Finds from Ethiopia in a Decade." *Science* 251, no. 5000 (1991): 1428.

______. "Glasnost for Hominids: Seeking Access to Fossils." *Science* 297, no. 5586 (2002): 1464.

______. "How a Fickle Climate Made Us Human." *Science* 341, no. 6145 (2013): 474.

______. "Oldest Human Femur Wades into Controversy." *Science* 305, no. 5692 (2004): 1885.

______. *The First Human: The Race to Discover Our Earliest Ancestors*. New York: Anchor Books, 2006.

Gibbs, Richard A., Jeffrey Rogers, Michael G. Katze, Roger Bumgarner, George

M. Weinstock, Elaine R. Mardis, Karin A. Remington et al. "Evolutionary and Biomedical Insights from the Rhesus Macaque Genome." *Science* 316, no. 5822 (2007): 222.

Gilbert, W. Henry, and Berhane Asfaw, eds. *Homo Erectus: Pleistocene Evidence from the Middle Awash, Ethiopia*. Berkeley: University of California Press, 2008.

Giogis, Dawit Wolde. "One Man's Love of Power Cost One Million Lives." *The Sydney Morning Herald*, July 6, 1987.

Goodall, Jane. *The Chimpanzees of Gombe: Patterns of Behavior*. Cambridge, MA: Belknap Press, 1986.

______. *Through a Window: My Thirty Years with the Chimpanzees of Gombe*. Boston: Mariner Books: 2010.

Goodman, Morris. "Epilogue: A Personal Account of the Origins of a New Paradigm." *Molecular Phylogenetics and Evolution* 5, no. 1 (1996): 269.

Gore, Rick. "The First Steps." *National Geographic*, February 1997.

Gould, Stephen Jay. "Ladders, Bushes, and Human Evolution." *Natural History* 85, no. 4 (1976): 24.

______. *The Richness of Life: The Essential Stephen Jay Gould*. Edited by Steven Rose. New York: W. W. Norton and Company, 2007.

______. *The Structure of Evolutionary Theory*. Cambridge, MA: Belknap Press, 2002.

Gould, Stephen Jay, and Niles Eldredge. "Punctuated Equilibria: An Alternative to Phyletic Gradualism." In *Essential Readings in Evolutionary Biology*, edited by Francisco J. Ayala and John C. Avise, 238–72. Baltimore: Johns Hopkins University Press, 2014.

Gould, S. J., and R. C. Lewontin. "The Spandrels of San Marco and the Panglossian Paradigm: A Critique of the Adaptationist Programme." *Proceedings of the Royal Society of London* B 205, no. 1161 (1979): 581.

Grant, Peter R., and B. Rosemary Grant. "Synergism of Natural Selection and Introgression in the Origin of a New Species." *The American Naturalist* 183, no. 5 (2014): 671.

Graur, Dan, and William Martin. "Reading the Entrails of Chickens: Molecular Timescales of Evolution and the Illusion of Precision." *Trends in Genetics* 20, no. 2 (2004): 80.

Gray, Henry. *Anatomy, Descriptive and Surgical*. 1901 ed. Reprint. Philadelphia: Running Press, 1974.

Green, Richard E., Johannes Krause, Adrian W. Briggs, Tomislav Maricic, Udo

Stenzel, Martin Kircher, Nick Patterson et al. "A Draft Sequence of the Neandertal Genome." *Science* 328, no. 5979 (2010): 710.

Gross, Charles G. "Huxley Versus Owen: The Hippocampus Minor and Evolution." *Trends in Neurosciences* 16, no. 12 (1993): 493.

Haeusler, Martin. "Spinal Pathologies in Fossil Hominins." In *Spinal Evolution*, edited by Ella Been, Asier Gómez-Olivencia, and Patricia Ann Kramer, 213–45. Switzerland: Springer, 2019.

Haile-Selassie, Yohannes. "Late Miocene Hominids from the Middle Awash, Ethiopia." *Nature* 412, no. 6843 (2001): 178.

______. "Photos May Offer Clues over Ethiopian Fossil Site" (letter to editor). *Nature* 412, no. 6843 (2001): 118.

Haile-Selassie, Yohannes, Luis Gibert, Stephanie M. Melillo, Timothy M. Ryan, Mulugeta Alene, Alan Deino, Naomi E. Levin, Gary Scott, and Beverly Z. Saylor. "New Species from Ethiopia Further Expands Middle Pliocene Hominin Diversity." *Nature* 521, no. 7553 (2015): 483.

Haile-Selassie, Yohannes, Stephanie M. Melillo, Antonino Vazzana, Stefano Benazzi, and Timothy M. Ryan. "A 3.8-million-year-old Hominin Cranium from Woranso-Mille, Ethiopia." *Nature* 573, no. 7773 (2019): 214.

Haile-Selassie, Yohannes, Beverly Z. Saylor, Alan Deino, Naomi E. Levin, Mulugeta Alene, and Bruce M. Latimer. "A New Hominin Foot from Ethiopia Shows Multiple Pliocene Bipedal Adaptations." *Nature* 483, no. 7391 (2012): 565.

Haile-Selassie, Yohannes, and Giday WoldeGabriel, eds. *Ardipithecus Kadabba: Late Miocene Evidence from the Middle Awash, Ethiopia*. Berkeley: University of California Press, 2009.

Hansen, Mark. "Believe It or Not." *ABA Journal* 79, no. 6 (June 1993): 64–67.

Harmon, Katherine. "Was 'Ardi' Not a Human Ancestor After All? New Review Raises Doubts." Observations. *Scientific American* (February 16, 2011).

Harrell, Eben. "Ardi: The Human Ancestor Who Wasn't?" *Time* (May 27, 2010).

Haute Living. "*Ardipithecus* Research Party." January 12, 2010. https://hauteliving.com/2010/01/ardipithecus-research-party/19214.

Henze, Paul B. *Ethiopian Journeys: Travels in Ethiopia 1969–72*. London: Ernest Benn, Ltd., 1977.

______. "Is Ethiopia Democratic? A Political Success Story." *Journal of Democracy* 9, no. 4 (1998): 40–54.

______. *Layers of Time: A History of Ethiopia*. New York: Palgrave, 2000.

______. "Reflections on Development in Ethiopia." *Northeast African Studies*

10, no. 2 (2003): 189–201.

Hiltzik, Michael. "Does Trail to Ark of Covenant End Behind Aksum Curtain?" *Los Angeles Times*, June 9, 1992.

Hinrichsen, Don. "How Old Are Our Ancestors." *New Scientist* 78, no. 1105 (1978): 571.

Hirasaki, Eishi, Naomichi Ogihara, Yuzuru Hamada, Hiroo Kumakura, and Masato Nakatsukasa. "Do Highly Trained Monkeys Walk Like Humans? A Kinematic Study of Bipedal Locomotion in Bipedally Trained Japanese Macaques." *Journal of Human Evolution* 46, no. 6 (2004): 739–50.

Hogervorst, Tom, and Evie E. Vereecke. "Evolution of the Human Hip. Part 1: The Osseous Framework." *Journal of Hip Preservation Surgery* 1, no. 2 (2014): 39.

Holden, Catherine. "Ötzi Death Riddle Solved." *Science* 293, no. 5531 (2001): 795.

Institute of Human Origins. Newsletter, vol. 1, no. 1 (Winter 1982/83).

International Human Genome Sequencing Consortium. "Initial Sequencing and Analysis of the Human Genome." *Nature* 409, no. 6822 (2001): 860.

IRIN News. United Nations Office for the Coordination of Humanitarian Affairs. "Interview with Teshome Toga, Youth, Sports and Culture Minister." March 15, 2004. http://www.thenewhumanitarian.org /report/49088/ethiopia-interview-teshome-toga-youth-sports-and -culture-minister.

Jefferson, David J. "This Anthropologist Has a Style That Is Bone of Contention: Dr. Johanson's 'Lucy' Show Sparks Spat, with Scientists and Gettys Filing Lawsuit." *Wall Street Journal*, January 31, 1995.

Johanson, Donald C. "Anthropologists: The Leakey Family." *Time*, March 29, 1999.

Johanson, Donald C., and Tim D. White. "A Systematic Assessment of Early African Hominids." *Science* 203, no. 4378 (1979): 321.

Johanson, Donald C., and Maitland Edey. *Lucy: The Beginnings of Humankind*. New York: Simon and Schuster, 1981.

Johanson, Donald C., and James Shreeve. *Lucy's Child: The Discovery of a Human Ancestor*. New York: William Morrow, 1989.

Johanson, Donald C., and Kate Wong. *Lucy's Legacy: The Quest for Human Origins*. New York: Three Rivers Press, 2010.

Jones, Frederic Wood. *Structure and Function as Seen in the Foot*, 2nd ed. London: Baillière, Tindall and Cox, 1949.

Jose, Antony Merlin. "Anatomy and Leonardo da Vinci." *Yale Journal of Biolo-*

gy and Medicine 74, no. 3 (2001): 185–95.

Kalb, Jon. *Adventures in the Bone Trade: The Race to Discover Human Ancestors in Ethiopia's Afar Depression*. New York: Copernicus Books, 2001.

Kalb, Jon E., C. J. Jolly, Assefa Mebrate, Sleshi Tebedge, Charles Smart, Elizabeth B. Oswald, Douglas Cramer et al. "Fossil Mammals and Artefacts from the Middle Awash Valley, Ethiopia." *Nature* 298, no. 5869 (1982): 25.

Katz, Donald R. "Ethiopia After the Revolution: Vultures Return to the Land of Sheba." *Rolling Stone*, September 21, 1978.

Keele, Kenneth D. *Leonardo da Vinci's Elements of the Science of Man*. New York: Academic Press, 1983.

Keith, Arthur. *An Autobiography*. London: Watts and Company, 1950.

______. "Hunterian Lectures on Man's Posture: Its Evolution and Disorders." *The British Medical Journal* 1, no. 3246 (March 17, 1923): 451.

______. "Fifty Years Ago." *American Journal of Physical Anthropology* 26, no. 1 (1940): 251.

Kern, Kevin F. "T. Wingate Todd: Pioneer of Modern American Physical Anthropology." *Kirtlandia* 55 (September 2006): 1–42.

Kiefer, Michael. "The Man Who Loved Lucy." *Phoenix New Times*, August 7, 1997.

Kimbel, William H., Charles A. Lockwood, Carol V. Ward, Meave G. Leakey, Yoel Rak, and Donald C. Johanson. "Was *Australopithecus anamensis* Ancestral to *A. afarensis*? A Case of Anagenesis in the Hominin Fossil Record." *Journal of Human Evolution* 51, no. 2 (2006): 134.

Kimbel, William H., Gen Suwa, Berhane Asfaw, Yoel Rak, and Tim D. White. "*Ardipithecus ramidus* and the Evolution of the Human Cranial Base." *Proceedings of the National Academy of Sciences* 111, no. 3 (2014): 948.

Kimbel, William H., Tim D. White, and Donald C. Johanson. "Cranial Morphology of *Australopithecus afarensis*: A Comparative Study Based on a Composite Reconstruction of the Adult Skull." *American Journal of Physical Anthropology* 64, no. 4 (1984): 337.

King, Mary-Claire, and Allan C. Wilson. "Evolution at Two Levels in Humans and Chimpanzees." *Science* 188, no. 4184 (1975): 107.

Kingston, John D. "Shifting Adaptive Landscapes: Progress and Challenges in Reconstructing Early Hominid Environments." In "Yearbook of Physical Anthropology," edited by Sara Stinson. Supplement, *American Journal of Physical Anthropology* 134, no. S45 (2007): 20.

Klenerman, Leslie, and Bernard Wood. *The Human Foot: A Companion to*

Clinical Studies. London: Springer-Verlag, 2006.

Kovacs, Jennifer. "Making History: As He Tries to Uncover the Past, Owen Lovejoy is Living a Life to Remember." *The Burr* (Kent State University), Fall 2003.

Krishtalka, Leonard. "Bones from Afar, Oldest Ape Man from Ethiopia." *Terra* (September/October 1983): 18.

Kronenberg, Zev N., Ian T. Fiddes, David Gordon, Shwetha Murali, Stuart Cantsilieris, Olivia S. Meyerson, Jason G. Underwood et al. "High-resolution Comparative Analysis of Great Ape Genomes." *Science* 360, no. 6393 (2018): http://doi.org/10.1126/science.aar6343.

Kuhn, Thomas S. *The Structure of Scientific Revolutions*. 4th ed. Chicago: University of Chicago Press, 2012.

Kunda, Ziva. "The Case for Motivated Reasoning." *Psychological Bulletin* 108, no. 3 (1990): 480.

Langergraber, Kevin E., Kay Prüfer, Carolyn Rowney, Christophe Boesch, Catherine Crockford, Katie Fawcett, Eiji Inoue et al. "Generation Times in Wild Chimpanzees and Gorillas Suggest Earlier Divergence Times in Great Ape and Human Evolution." *Proceedings of the National Academy of Sciences* 109, no. 39 (2012): 15716.

Lawton, Graham. "Uprooting Darwin's Tree." Editorial, *The New Scientist* 201, no. 2692 (2009): 34.

Le Gros Clark, Wilfrid. E. "New Palaeontological Evidence Bearing on the Evolution of the Hominoidea." *Quarterly Journal of the Geological Society of London* 105 (1949): 225.

______. "Penrose Memorial Lecture. The Crucial Evidence for Human Evolution." *Proceedings of the American Philosophical Society* (1959): 159.

Leakey, Louis S. B. *Animals of East Africa*. Washington, D.C.: National Geographic Society, 1969.

Leakey, Mary. *Disclosing the Past: An Autobiography*. Garden City, NY: Doubleday and Company, 1984.

Leakey, Mary Douglas, and John Michael Harris. *Laetoli, A Pliocene Site in Northern Tanzania*. Oxford: Clarendon Press, 1987.

Leakey, Meave. "The Dawn of Humans: The Farthest Horizon." *National Geographic*, September 1995.

Leakey, Meave G., Craig S. Feibel, Ian McDougall, and Alan Walker. "New Four-million-year-old Hominid Species from Kanapoi and Allia Bay, Kenya." *Nature* 376, no. 6541 (1995): 565.

Leakey, Richard. *One Life: An Autobiography*. Salem N.H.: Salem House, 1983.

Levine, Donald. "Ethiopia's Dilemma: Missed Chances from the 1960s to the Present." *International Journal of African Development* 1, no. 1 (2013): 3.

Levine, Donald N. *Wax and Gold: Tradition and Innovation in Ethiopian Culture*. Chicago: University of Chicago Press, 1965.

Lewin, Roger. *Bones of Contention: Controversies in the Search for Human Origins*. New York: Simon and Schuster, 1987.

Lieberman, Daniel E. *Evolution of the Human Head*. Cambridge, MA: Belknap Press, 2011.

Lonsdorf, Elizabeth, Stephen R. Ross, and Tetsuro Matsuzawa. *The Mind of the Chimpanzee: Ecological and Experimental Perspectives*. Chicago: University of Chicago Press, 2010.

Louchart, Antoine, Henry Wesselman, Robert J. Blumenschine, Leslea J. Hlusko, Jackson K. Njau, Michael T. Black, Mesfin Asnake, and Tim D. White. "Taphonomic, Avian, and Small-Vertebrate Indicators of *Ardipithecus ramidus* Habitat." *Science* 326, no. 5949 (2009): 66.

Lovejoy, C. Owen. "A Biomechanical Review of the Locomotor Diversity of Early Hominids." In *Early Hominids of Africa*, edited by C.J. Jolly, 403–29. New York: St. Martin's Press, 1978.

______. "Evolution of Human Walking." *Scientific American*, November 1988.

______. "The Natural History of Human Gait and Posture: Part 1. Spine and Pelvis." *Gait & Posture* 21 (2005): 95.

______. "The Natural History of Human Gait and Posture: Part 2. Hip and thigh." *Gait & Posture* 21 (2005): 113.

______. "The Natural History of Human Gait and Posture: Part 3. The Knee." *Gait & Posture* 25 (2007): 325.

______. "The Origin of Man." *Science* 211, no. 4480 (1981): 341.

______. "Reexamining Human Origins in Light of *Ardipithecus ramidus*." *Science* 326, no. 74 (2009): 74.

Lovejoy, C. Owen, Martin J. Cohn, and Tim D. White. "Morphological Analysis of the Mammalian Postcranium: A Developmental Perspective." *Proceedings of the National Academy of Sciences* 96, no. 23 (1999): 13247.

Lovejoy, C. Owen, Kingsbury G. Heiple, and Albert H. Burstein. "The Gait of *Australopithecus*." *American Journal of Physical Anthropology* 38, no. 3 (1973): 757.

Lovejoy, C. Owen, and Melanie A. McCollum. "Spinopelvic Pathways to Bipedality: Why No Hominids Ever Relied on a Bent-Hip – Bent-Knee Gait."

Philosophical Transactions of the Royal Society B: Biological Sciences 365, no. 1556 (2010): 3289.

Lovejoy, C. Owen, Scott W. Simpson, Tim D. White, Berhane Asfaw, and Gen Suwa. "Careful Climbing in the Miocene: The Forelimbs of *Ardipithecus ramidus* and Humans Are Primitive." *Science* 326, no. 5949 (2009): 70.

Lovejoy, C. Owen, Gen Suwa, Scott W. Simpson, Jay H. Matternes, and Tim D. White. "The Great Divides: *Ardipithecus Ramidus* Reveals the Postcrania of Our Last Common Ancestors with African Apes." *Science* 326, no. 5949 (2009): 73.

Lovejoy, C. Owen, Gen Suwa, Linda Spurlock, Berhane Asfaw, and Tim D. White. "The Pelvis and Femur of *Ardipithecus Ramidus*: The Emergence of Upright Walking." *Science* 326, no. 5949 (2009): 71.

Luyken, Reiner. "Der Krieg der Knochenjäger." (War of the Bone Hunters) *Die Zeit* (Hamburg, Ger.), July 25, 2002.

Mallet, James, Nora Besansky, and Matthew W. Hahn. "How Reticulated Are Species?" *BioEssays* 38, no. 2 (2016): 140.

Manners- Smith, T. "A Study of the Cuboid and Os Peroneum in the Primate Foot." *Journal of Anatomy and Physiology* 42 (1908): 397.

Markakis, John. "Anatomy of a Conflict: Afar and Ise Ethiopia." *Review of African Political Economy* 30, no. 97 (September 2003): 445.

______. *Ethiopia: The Last Two Frontiers*. Suffolk, UK: James Currey, 2011.

Mayr, Ernst. "Reflections on Human Paleontology." In *A History of American Physical Anthropology, 1930–1980*, edited by Frank Spencer, 231–37. New York: Academic Press, 1982.

______. "Taxonomic Categories in Fossil Hominids." In *Cold Spring Harbor Symposia on Quantitative Biology* 15, 109–18. Cold Spring Harbor Laboratory Press, 1950.

McBrearty, Sally, and Nina G. Jablonski. "First Fossil Chimpanzee." *Nature* 437, no. 7055 (2005): 105.

McCollum, Melanie A., Burt A. Rosenman, Gen Suwa, Richard S. Meindl, and C. Owen Lovejoy. "The Vertebral Formula of the Last Common Ancestor of African Apes and Humans." *Journal of Experimental Zoology Part B: Molecular and Developmental Evolution* 314, no. 2 (2010): 123.

McGrew, William C. "The Cultured Chimpanzee: Nonsense or Breakthrough?" *Human Ethology Bulletin* 30, no. 1 (2015): 41.

______. "New Theaters of Conflict in the Animal Culture Wars: Recent Findings from Chimpanzees." In *The Mind of the Chimpanzee*, edited by Elzabeth Lonsdorf, Stephen R. Ross, and Tetsuro Matsuzawa, 168–75. Chicago, IL: University of Chicago Press, 2010.

______. "In Search of the Last Common Ancestor: New Findings on Wild Chimpanzees." *Philosophical Transactions of the Royal Society B: Biological Sciences* 365, no. 1556 (2010): 3267.

McKie, Robin. "Bone Idol: He's Indiana Jones in Armani, He Has Bust-ups on TV, and the Gettys Hate Him. Do You Still Think Fossil-Hunting Is Dull?" *The Observer* (London), March 16, 1997.

Meyer, Marc R., and Scott A. Williams. "Earliest Axial Fossils from the Genus Australopithecus." *Journal of Human Evolution* 132 (2019): 189.

Ministry of Information and Culture of Ethiopia. "Amended Directives for Archeology and Anthropology Study and Research." July 2000. In author's possession.

Mohammed, Abdul, and Alex de Waal. "Meles Zenawi and Ethiopia's Grand Experiment." *New York Times*, August 22, 2012.

Montagu, Ashley. *Edward Tyson, MD, FRS, 1650–1708 and the Rise of Human and Comparative Anatomy in England: A Study in the History of Science*. Philadelphia: American Philosophical Society, 1943.

Moorjani, Priya, Carlos Eduardo G. Amorim, Peter F. Arndt, and Molly Przeworski. "Variation in the Molecular Clock of Primates." *Proceedings of the National Academy of Sciences* 113, no. 38 (2016): 10607.

Morell, Virginia. *Ancestral Passions: The Leakey Family and the Quest for Humankind's Beginnings*. New York: Simon and Schuster, 1995.

Morgan, Michèle E., Kristi L. Lewton, Jay Kelley, Erik Otárola-Castillo, John C. Barry, Lawrence J. Flynn, and David Pilbeam. "A Partial Hominoid Innominate from the Miocene of Pakistan: Description and Preliminary Analyses." *Proceedings of the National Academy of Sciences* 112, no. 1 (2015): 82.

Morton, Dudley J. "Evolution of the Human Foot." *American Journal of Physical Anthropology* 5, no. 4 (1922): 305.

Munzinger, Werner. "Narrative of a Journey Through the Afar Country." *Journal of the Royal Geographical Society of London* 39 (1869): 188.

Napier, John. "The Antiquity of Human Walking." *Scientific American* 216, no. 4 (1967): 56.

______. "The Evolution of the Hand." *Scientific American* 207, no. 6 (1962): 56.

Napier, John R. "The Prehensile Movements of the Human Hand." *The Journal of Bone and Joint Surgery* 38, no. 4 (1956): 902.

National Human Genome Research Institute. "Why Mouse Matters." Accessed September 25, 2019. https://www.genome.gov/10001345 /importance- of-mouse- genome.

National Science Foundation. "NSF Sensational 60." Accessed September 27, 2019. https://www.nsf.gov/about/history/sensational60.pdf.

Nelson, Gareth. "Paleontology and Comparative Biology." 1969 presentation reprinted in *Journal of Biogeography* 31 (2004): 702.

Nesbitt, Lewis Mariano. *Desert and Forest: The Exploration of Abysinnian Danakil*. London: Jonathan Cape, 1934. (This book also was published in 1935 under the title *Hell Hole of Creation*.)

Oakley, Kenneth. *Man the ToolM aker*. 5th ed. London: British Museum (Natural History), 1952.

Oliwenstein, Lori. "New Foot Steps into Walking Debate." *Science* 269, no. 5223 (July 28, 1995): 476.

Olson, Everett. "George Gaylord Simpson 1902–1984." In *Biographical Memoirs*, 330–53. Washington, D.C.: National Academy of Sciences, 1991.

O'Malley, Charles D., and J. B. de C. M. Saunders. *Leonardo da Vinci on the Human Body*. New York: Henry Schuman Publishers, 1952.

Osada, Naoki. "Genetic Diversity in Humans and Non- Human Primates and Its Evolutionary Consequences." *Genes and Genetic Systems* 90, no. 3 (2015): 133.

Ottaway, David B. "Addis Ababa Sees Red on Coup Anniversary." *Washington Post*, September 13, 1984.

______. "Fighting Up Sharply in Ethiopia." *Washington Post*, March14, 1977.

Pääbo, Svante. "The Contribution of Ancient Hominin Genomes from Siberia to Our Understanding of Human Evolution." *Herald of the Russian Academy of Sciences* 85, no. 5 (2015): 392.

______. "The Diverse Origins of the Human Gene Pool." *Nature Reviews Genetics* 16, no. 6 (2015): 313.

Parrington, John. *The Deeper Genome*. Oxford: Oxford University Press, 2017.

Patterson, Nick, Daniel J. Richter, Sante Gnerre, Eric S. Lander, and David Reich. "Genetic Evidence for Complex Speciation of Humans and Chimpanzees." *Nature* 441, no. 7097 (2006): 1103.

Pennisi, Elizabeth. "Rocking the Cradle of Humanity." *Science* 319, no. 5867 (2008): 1182.

Negarit Gazeta of the People's Democratic Republic of Ethiopia. "Proclamation 36/1989. A Proclamation to Provide for the Study and Protection of Antiquities." October 7, 1989. In author's possession.

Persaud, T. V. N. *A History of Anatomy in the PostV esalian Era*. Springfield, Illinois: Charles C. Thomas Publisher, 1997.

Petit, Charles. "Berkeley Institute in Battle Over Fossils." *The San Francisco Chronicle*, April 26, 1995.

_______. "One Step at a Time: Paleontologists Are Exulting over New Fossils That Date Back to the Time the Earliest Human Ancestors Stood Upright." *The San Francisco Chronicle*, October 22, 1995.

Pickford, Martin. "Marketing Palaeoanthropology: The Rise of Yellow Science." In *Le Patrimoine Paléontologique Des Trésors du Fond des Temps*. Bucharest: Institut National de Geologiie et Geoecologie Marines (2010): 215.

Pigott, Thomas R. "Bone and Antler Artifacts from the Libben Site, Ottawa Co., Ohio." *Ohio Archaeologist*, 61, no. 4 (Fall 2011): 55.

Pilbeam, David. "The Anthropoid Postcranial Axial Skeleton: Comments on Development, Variation, and Evolution." *Journal of Experimental Zoology* 302B (2004): 241.

_______. "Genetic and Morphological Records of the Hominoidea and Hominid Origins: A Synthesis." *Molecular Phylogenetics and Evolution* 5, no. 1 (1996): 155.

Pilbeam, David R., and Daniel E. Lieberman. "Reconstructing the Last Common Ancestor of Chimpanzees and Humans." In *Chimpanzees and Human Evolution*, edited by Martin N. Muller, Richard W. Wrangham, and David R. Pilbeam, 22–141. Cambridge, MA: Belknap Press, 2017.

Planck, Max. *Scientific Autobiography, and Other Papers*. New York: Philosophical Library, 1949.

Pollard, Katherine. S. "Decoding Human Accelerated Regions." *The Scientist*, August 1, 2016.

Porter, Ray, ed., *The Cambridge Illustrated History of Medicine*. Cambridge: Cambridge University Press, 1996.

Povinelli, Daniel John. "Behind the Ape's Appearance: Escaping Anthropocentrism in the Study of Other Minds." *Daedalus* 133, no. 1 (2004): 29.

Powers, Charles T. "Digging for Old Stones and Bones: Team Resumes Quest for Man's Origins in Ethiopia." *Los Angeles Times*, October 14, 1981.

Prang, Thomas Cody. "The African Ape- like Foot of *Ardipithecus ramidus* and Its Implications for the Origin of Bipedalism." *eLife* 8 (2019): e44433.

Preuss, Todd M. "The Human Brain: Evolution and Distinctive Features." In *On Human Nature*, 125–49. London: Elsevier/Academic Press, 2017.

Prufer, Olaf H. "How to Construct a Model: A Personal Memoir." In *Ohio Hopewell Community Organization*, edited by William S. Dancey, Paul J. Pacheco, 105–28. Kent, Ohio: Kent State University Press, 1997.

Quade, Jay, Naomi E. Levin, Scott W. Simpson, Robert Butler, William C. McIntosh, Sileshi Semaw, Lynnette Kleinsasser, Guillaume Dupont-Nivet, Paul Renne, and Nelia Dunbar. "The Geology of Gona, Afar, Ethiopia." In *The Geology of Early Humans in the Horn of Africa*, edited by Jay Quade and Jonathan G. Wynn, 1–31. Boulder: The Geological Society of America, 2008.

Radford, Tim. "Earliest Human Ancestor Discovered." *Guardian*, July 12, 2001.

Reader, John. *Missing Links: In Search of Human Origins*. Oxford: Oxford University Press, 2011.

Reich, David. *Who Ae Are and How We Got Here: Ancient DNA and the New Science of the Human Past*. New York: Pantheon Books, 2018.

Reid, Gordon McGregor. "Carolus Linnaeus (1707–1778): His Life, Philosophy and Science and Its Relationship to Modern Biology and Medicine." *Taxon* 58, no. 1 (February 2009): 18.

Renne, Paul. "Institute of Human Origins Breakup," letter to editor. *Science* 265, no. 5173 (August 5, 1994): 721.

Renne, Paul, Robert Walter, Kenneth Verosub, Monica Sweitzer, and James Aronson. "New Data from Hadar (Ethiopia) Support Orbitally Tuned Time Scale to 3.3 Ma." *Geophysical Research Letters* 20, no. 11 (1993): 1067.

Renne, Paul R., Giday WoldeGabriel, William K. Hart, Grant Heiken, and Tim D. White. "Chronostratigraphy of the Miocene – Pliocene Sagantole Formation, Middle Awash Valley, Afar Rift, Ethiopia." *Geological Society of America Bulletin* 111, no. 6 (1999): 869.

Reno, Philip L., Richard S. Meindl, Melanie A. McCollum, and C. Owen Lovejoy. "Sexual Dimorphism in *Australopithecus afarensis* Was Similar to That of Modern Humans." *Proceedings of the National Academy of Sciences* 100, no. 16 (2003): 9404.

Rensberger, Boyce. "The Face of Evolution." *New York Times*, March 3, 1974.

______. "New- Found Species Challenges Views on Evolution of Humans." *New York Times*, January 19, 1979.

______. "Rival Anthropologists Divide on Pre- Human Find." *New York Times*, February 18, 1979.

Reznick, David, Michael J. Bryant, and Farrah Bashey. "R–and K–Selection Revisited: The Role of Population Regulation in Life–History Evolution." *Ecolo-*

gy 83, no. 6 (2002): 1509.

Richmond, Brian G., and David S. Strait. "Evidence That Humans Evolved from a Knuckle-Walking Ancestor." *Nature* 404, no. 6776 (2000): 382. Ruvolo, Maryellen, Deborah Pan, Sarah Zehr, Tony Goldberg, Todd R. Disotell, and Miranda Von Dornum. "Gene Trees and Hominoid Phylogeny." *Proceedings of the National Academy of Sciences* 91, no. 19 (1994): 8900.

Salopek, Paul. "Enigmatic War Plagues the Cradle of Humanity." *Chicago Tribune*, October 3, 1999.

Salzberg, Steven L. "Horizontal Gene Transfer Is Not a Hallmark of the Human Genome." *Genome Biology* 18, no. 1 (2017): 85.

Sanders, Robert. "160,000-Year- Old Fossilized Skulls Uncovered in Ethiopia Are Oldest Anatomically Modern Humans." UC Berkeley press release, June 11, 2003. https://www.berkeley.edu/news/media/releases/2003 /06/11_idaltu.shtml.

Sarich, Vincent, and Frank Miele. *Race: The Reality of Human Differences*. Boulder, CO: Westview Press, 2004.

Sarich, Vincent M., and Allan C. Wilson. "Immunological Time Scale for Hominid Evolution." *Science* 158, no. 3805 (1967): 1200.

Sawyer, Kathy. "New Roots for Family Tree: Oldest Bipedal Human Ancestor Found." *Washington Post*, August 17, 1995.

Sayers, Ken, and C. Owen Lovejoy. "The Chimpanzee Has No Clothes." *Current Anthropology* 49, no. 1 (February 2008): 87.

Scally, Aylwyn, Julien Y. Dutheil, LaDeana W. Hillier, Gregory E. Jordan, Ian Goodhead, Javier Herrero, Asger Hobolth et al. "Insights into Hominid Evolution from the Gorilla Genome Sequence." *Nature* 483 no. 7388 (2012): 169.

Scerri, Eleanor M. L., Mark G. Thomas, Andrea Manica, Philipp Gunz, Jay T. Stock, Chris Stringer, Matt Grove et al. "Did Our Species Evolve in Subdivided Populations Across Africa, and Why Does It Matter?" *Trends in Ecology and Evolution* 33, no. 8 (August 2018): 582.

Schott, G. D. "The Extent of Man from Vitruvius to Marfan." *Lancet* 340 (1992): 1518.

Schultz, Adolph H. "Die Körperproportionen der erwachsenen catarrhinen Primaten, mit spezieller Berücksichtigung der Menschenaffen." *Anthropologischer Anzeiger* 10, 2/3 (1933): 154.

______. "The Physical Distinctions of Man." *Proceedings of the American Philosophical Society* 94, no. 5 (1950): 428.

Schultz, Adolph H. *The Life of Primates*. New York: Universe Books, 1969.

______. "The Specializations of Man and His Place Among the Catarrhine Primates." In *Cold Spring Harbor Symposia on Quantitative Biology* 15, 37–53. Cold Spring Harbor Laboratory Press, 1950.

Schwartz, Jeffrey H., and Ian Tattersall. *The Human Fossil Record, Volume Two: Craniodental Morphology of Genus Homo (Africa and Asia)*. Hoboken, NJ: John Wiley and Sons, 2003.

Semaw, Sileshi, P. Renne, J. W. K. Harris, C. S. Feibel, R. L. Bernor, N. Fesseha, and K. Mowbray. "2.5-Million-Year-Old Stone Tools from Gona, Ethiopia." *Nature* 385, no. 6614 (1997): 333.

Shreeve, Jamie. "The Birth of Bipedalism." *National Geographic*, July 2010.

______. "Evolutionary Road." *National Geographic*, July 2010.

______. "Oldest Skeleton of Human Ancestor Found." *National Geographic*, October 1, 2009. https://www.nationalgeographic.com/science/2009 /10/oldest-skeleton-human-ancestor-found-ardipithecus.

______. "Sunset on the Savanna." *Discover* (July 1996): 116.

Seidler, Horst. "Fossil Hunters in Dispute over Ethiopian Sites" (letter to editor). *Nature* 411, no. 6833 (2001): 15.

Seidler, Horst, Wolfram Bernhard, Maria Teschler-Nicola, Werner Platzer, Dieter Zur Nedden, Rainer Henn, Andreas Oberhauser, and Thorstein Sjovold. "Some Anthropological Aspects of the Prehistoric Tyrolean Ice Man." *Science* 258, no. 5081 (1992): 455.

Senut, Brigitte, Martin Pickford, Dominique Gommery, Pierre Mein, Kiptalam Cheboi, and Yves Coppens. "First Hominid from the Miocene (Lukeino Formation, Kenya)." *Comptes Rendus de l'Académie des Sciences*, Series IIA-Earth and Planetary Science 332, no. 2 (2001): 137.

Sigmon, Becky A. "Physical Anthropology in Socialist Europe." *American Scientist* 81, no. 2 (1993): 130.

Simpson, George Gaylord. "The Nature and Origin of Supraspecific Taxa." *Cold Spring Harbor Symposia on Quantitative Biology* 24 (1959): 255.

______. "Some Principles of Historical Biology Bearing on Human Origins." In *Cold Spring Harbor Symposia on Quantitative Biology* 15, 55–66. Cold Spring Harbor Laboratory Press, 1950.

______. *Tempo and Mode in Evolution*. New York: Columbia University Press, 1944.

Simpson, Scott W., Naomi E. Levin, Jay Quade, Michael J. Rogers, and Sileshi Semaw. "*Ardipithecus ramidus postcrania* from the Gona Project Area, Afar Regional State, Ethiopia." *Journal of Human Evolution* 129 (2019): 1.

Sobotta, Johannes. *Atlas and Textbook of Human Anatomy*. Edited with additions by J. Playfair McMurrich. Philadelphia: W.B. Saunders Company, 1909.

Standring, Susan. "A Brief History of Topographical Anatomy." *Journal of Anatomy* 229, no. 1 (2016): 32.

Stanford, Craig. *The New Chimpanzee: A Twenty FirstC entury Portrait of Our Closest Kin*. Cambridge, MA: Harvard University Press, 2018.

Stanford, Craig B. "Chimpanzees and the Behavior of *Ardipithecus ramidus*." *Annual Review of Anthropology* 41 (2012): 139.

Stanley, Henry Morton. *Through the Dark Continent*. New York: Harper and Brothers Publishers, 1878.

Stern, Jack T., Jr. "Climbing to the Top: A Personal Memoir of *Australopithecus afarensis*." *Evolutionary Anthropology* 9, no. 3 (2000): 113.

Stern, Jack T., and Randall L. Susman. "The Locomotor Anatomy of *Australopithecus afarensis*." *American Journal of Physical Anthropology* 60, no. 3 (1983): 279.

Stewart, T. Dale. "Adolph Hans Schultz., 1891–1976." In *Biographical Memoirs*, 325–49. Washington, D.C.: National Academy of Sciences, 1983.

Straus, William L. "The Riddle of Man's Ancestry." *The Quarterly Review of Biology* 24, no. 3 (1949): 200.

Stringer, Christopher, and Robin McKie. *African Exodus: The Origins of Modern Humanity*. New York: Henry Holt and Company, 1996.

Stringer, Chris. "The Origin and Evolution of *Homo sapiens*." *Philosophical Transactions of the Royal Society B: Biological Sciences* 371, no. 1698 (2016): 20150237.

Suh, H. Anna, ed. *Leonardo's Notebooks: Writing and Art of the Great Master*. New York: Black Dog and Leventhal Publishers, 2005.

Susman, Randall L., Jack T. Stern Jr, and William L. Jungers. "Arboreality and Bipedality in the Hadar Hominids." *Folia Primatologica* 43, no. 2–3 (1984): 113.

Suwa, Gen. "The Paleoanthropological Inventory of Ethiopia and the Discovery of Konso- Gardula, the Earliest Acheulean." *Nilo Ethiopian Studies Newsletter* (1993): 12.

Suwa, Gen, Berhane Asfaw, Reiko T. Kono, Daisuke Kubo, C. Owen Lovejoy, and Tim D. White. "The *Ardipithecus ramidus* Skull and Its Implications for Hominid Origins." *Science* 326, no. 5949 (2009): 68.

Suwa, Gen, Yonas Beyene, and Berhane Asfaw. "Konso- Gardula Research Project." *The University Museum The University of Tokyo Bulletin*, no. 48

(2015): 1.

Suwa, Gen, Reiko T. Kono, Shigehiro Katoh, Berhane Asfaw, and Yonas Beyene. "A New Species of Great Ape from the Late Miocene Epoch in Ethiopia." *Nature* 448, no. 7156 (2007): 921.

Suwa, Gen, Reiko T. Kono, Scott W. Simpson, Berhane Asfaw, C. Owen Lovejoy, and Tim D. White. "Paleobiological Implications of the *Ardipithecus ramidus* dentition." *Science* 326, no. 5949 (2009): 69.

Swisher, Carl C., Garniss H. Curtis, and Roger Lewin. *Java Man: How Two Geologists Changed Our Understanding of Human Evolution*. Chicago: University of Chicago Press, 2000.

Taieb, Maurice. *Sur la Terre des Premiers Hommes*. Paris: Robert Laffont, 1985.

Tattersall, Ian. "Once We Were Not Alone." *Scientific American*, January 2000.

______. *The Strange Case of the Rickety Cossack: and Other Cautionary Tales from Human Evolution*. New York: St. Martin's Press, 2015.

Taylor, Jeremy. *Not a Chimp: The Hunt to Find the Genes That Make Us Human*. Oxford: Oxford University Press, 2009.

Todd, T. Wingate. "The Physician as Anthropologist." *Science* 83, no. 2164 (1936): 588.

Traufetter, Gerald. "Kabale um die Knochen." *Der Spiegel* (Hamburg, Ger.), August 6, 2001.

Tubiana, Raoul, Jean- Michel Thomine, and Evelyn Mackin. *Examination of the Hand and Wrist*. London: Martin Dunitz, 1998.

Tuttle, Russell H. "Footprint Clues in Hominid Evolution and Forensics: Lessons and Limitations." *Ichnos* 15, no. 3-4 (2008): 158.

Tyson, Edward. *Orango utang, sive Homo Sylvestris: or, The Anatomy of a Pygmie Compared with that of a Monkey, an Ape, and a Man* [. . .]. London: Thomas Bennet and Daniel Brown, 1699.

Ungar, Peter S., and Matt Sponheimer. "The Diets of Early Hominins." *Science* 334, no. 6053 (2011): 190.

Ungar, Peter S., John Sorrentino, and Jerome C. Rose. "Evolution of Human Teeth and Jaws: Implications for Dentistry and Orthodontics." *Evolutionary Anthropology* 21, no. 3 (2012): 94.

Villmoare, Brian, William H. Kimbel, Chalachew Seyoum, Christopher J. Campisano, Erin N. DiMaggio, John Rowan, David R. Braun, J. Ramón Arrowsmith, and Kaye E. Reed. "Early Homo at 2.8 Ma from Ledi- Geraru, Afar, Ethiopia." *Science* 347, no. 6228 (2015): 1352.

Vrba, Elisabeth S. "The Pulse That Produced Us." *Natural History* 102, no. 5

(1993): 47.

Walker, Alan, and Pat Shipman. *The Ape in the Tree: An Intellectual and Natural History of Proconsul*. Cambridge, MA: Belknap Press, 2005.

Walker, Alan, and Chris Stringer, eds. *The First Four Million Years of Human Evolution*. Special Issue of the *Philosophical Transactions of the Royal Society B: Biological Sciences* 365, no. 1556 (2010): 3263.

Wallace, A. R. *Darwinism: An Exposition of the Theory of Natural Selection with Some of its Applications*. London: Macmillan and Company, 1889. Walter, Robert C. "Age of Lucy and the First Family: Single- Crystal 40Ar/39Ar Dating of the Denen Dora and Lower Kada Hadar Members of the Hadar Formation, Ethiopia." *Geology* 22, no. 1 (1994): 6.

Ward, Carol V., William H. Kimbel, and Donald C. Johanson. "Complete Fourth Metatarsal and Arches in the Foot of *Australopithecus afarensis*." *Science* 331, no. 6018 (2011): 750.

Ward, Carol V., Thierra K. Nalley, Fred Spoor, Paul Tafforeau, and Zeresenay Alemseged. "Thoracic Vertebral Count and Thoracolumbar Transition in *Australopithecus afarensis*." *Proceedings of the National Academy of Sciences* 114, no. 23 (2017): 6000.

Ward, Steve, Barbara Brown, Andrew Hill, Jay Kelley, and Will Downs. "Equatorius: A New Hominoid Genus from the Middle Miocene of Kenya." *Science* 285, no. 5432 (1999): 1382.

Washburn, Sherwood L. "Behaviour and the Origin of Man." *Proceedings of the Royal Anthropological Institute of Great Britain and Ireland* (1967): 21.

______. "The Evolution Game." *Journal of Human Evolution* 2, no. 6 (1973): 557.

______. "Evolution of a Teacher." *Annual Review of Anthropology* 12, no. 1 (1983): 1.

______. "Fifty Years of Studies on Human Evolution." *Bulletin of the Atomic Scientists* 38, no. 5 (1982): 37.

______. "The New Physical Anthropology." *Transactions of the New York Academy of Sciences*, 2nd series, 13, no. 7 (1951): 298.

Washburn, Sherwood L., and Ruth Moore. *Ape Into Man: A Study of Human Evolution*. Boston: Little, Brown and Company, 1974.

Weaver, William. "Flying First Class." *Architectural Digest*, March 1995.

Weber, Gerhard W. "Virtual Anthropology (VA): A Call for Glasnost in Paleoanthropology." *The Anatomical Record* 265, no. 4 (2001): 193.

Weiner, Tim. *Legacy of Ashes: The History of the CIA*. New York: Anchor

Books, 2007.

Wendorf, Fred. Review of "Impure Science. Fraud, Compromise, and Political Influence in Scientific Research," by Robert Bell. *American Journal of Physical Anthropology* 92, no. 3 (1993): 401.

West, Kevin. "Pacific Heights." *W*. January 1, 2007.

White, Tim. "At Large in the Mountains." In *Curious Minds: How a Child Becomes a Scientist*, edited by John Brockman, 203–10. New York: Vintage Books, 2005.

______. "Early Hominids— Diversity or Distortion?" *Science* 299, no. 5615 (2003): 1994.

______. "Ethiopian Paleotourism: Integrating Science and Development." (Address to the Ethiopian National Symposium on Eco-tourism and Paleo-tourism in Ethiopia, with special reference to the Afar Region, 2004).

______. "On the Environment of Aramis" (Reply to Gani and Gani). *Current Anthropology* 57, no. 2 (2016): 220.

______. "Paleoanthropology: Five's a Crowd in Our Family Tree." *Current Biology* 23, no. 3 (2013): R112.

______. "Why Combining Science and Showmanship Risks the Future of Research." *Guardian*, November 26, 2015. https://www.theguardian.com/science/blog/2015/nov/26/why-combining-science-and-showmanship-risks-the-future-of-research.

White, Tim D. "African Omnivores: Global Climatic Change and Plio-Pleistocene Hominids and Suids." In *Paleoclimate and Evolution, with Emphasis on Human Origins*. Edited by Elisabeth S. Vrba et al., 369–78. New Haven, CT: Yale University Press, 1995.

______. "Cut Marks on the Bodo Cranium: A Case of Prehistoric Defleshing." *American Journal of Physical Anthropology* 69 (1986): 503.

______. "Feud Over Old Bones." Letter to the editor. *The Times* (London), April 2, 1995.

______. "Fossils for All." Letter to the editor. *Scientific American*, January 2010.

______. "Human Evolution: How Has Darwin Done?" In *Evolution Since Darwin: The First 150 Years*, edited by Michael A. Bell et al., 519–60. Sunderland, MA: Sinauer Associates, 2010.

______. "Human Origins and Evolution: Spring Harbor, Deja Vu." *Cold Spring Harbor Symposia on Quantitative Biology* 74. (2009): 335.

______. "Ladders, Bushes, Punctuations, and Clades: Hominid Paleobiology in the Late Twentieth Century." In *The Paleobiological Revolution: Essays on the Growth of Modern Paleontology*, editors David Sepkoski and Michael Ruse, 122–48. Chicago: University of Chicago Press, 2009.

______. "Monkey Business." Review of *The Monkey in the Mirror. Essays on the Science of What Makes us Human*, by Ian Tattersall. *BioEssays* 24, no. 8 (2002): 767.

______. "Once We Were Cannibals." *Scientific American*, August 2001.

______. "Paleontological Case Study: 'Ardi,' the *Ardipithecus ramidus* Skeleton from Ethiopia." In *Human Osteology*, 3rd ed., by Tim D. White, Michael T. Black, and Pieter A. Folkens, 543–58. Burlington, MA: Academic Press, 2012.

______. *Prehistoric Cannibalism at Mancos 5MTUMR2346*. Princeton, NJ: Princeton University Press, 1992.

______. "A View on the Science: Physical Anthropology at the Millennium." *American Journal of Physical Anthropology* 113, no. 3 (2000): 287.

White, Tim D., Stanley H. Ambrose, Gen Suwa, Denise F. Su, David DeGusta, Raymond L. Bernor, Jean-Renaud Boisserie et al. "Macrovertebrate Paleontology and the Pliocene Habitat of *Ardipithecus ramidus*." *Science* 326, no. 5949 (2009): 67.

White, Tim D., Berhane Asfaw, Yonas Beyene, Yohannes Haile-Selassie, C. Owen Lovejoy, Gen Suwa, and Giday WoldeGabriel. "*Ardipithecus ramidus* and the Paleobiology of Early Hominids." *Science* 326, no. 5949 (2009): 64.

White, Tim D., Berhane Asfaw, David DeGusta, Henry Gilbert, Gary D. Richards, Gen Suwa, and F. Clark Howell. "Pleistocene *Homo sapiens* from Middle Awash, Ethiopia." *Nature* 423, no. 6941 (2003): 742.

White, Tim D., Michael T. Black, and Pieter A. Folkens. *Human Osteology*. 3rd ed. Burlington, MA: Academic Press, 2012.

White, Tim D., C. Owen Lovejoy, Berhane Asfaw, Joshua P. Carlson, and Gen Suwa. "Neither Chimpanzee Nor Human, *Ardipithecus* Reveals the Surprising Ancestry of Both." *Proceedings of the National Academy of Science* 112, no. 16 (2015): 4877.

White, Tim D., and Gen Suwa. "Hominid Footprints at Laetoli: Facts and Interpretations." *American Journal of Physical Anthropology* 72, no. 4 (1987): 485.

White, Tim D., Gen Suwa, and Berhane Asfaw. "*Australopithecus ramidus*, A New Species of Early Hominid from Aramis, Ethiopia." *Nature* 371, no. 6495 (1994): 306.

White, Tim D, Gen Suwa, and Berhane Asfaw. "Corrigendum: *Australopithecus ramidus*, A New Species of Early Homind from Aramis, Ethiopia." *Na-*

ture 375, no. 6526 (1995): 88.

White, Tim D., Giday WoldeGabriel, Berhane Asfaw, Stan Ambrose, Yonas Beyene, Raymond L. Bernor, Jean-Renaud Boisserie et al. "Asa Issie, Aramis and the Origin of *Australopithecus*." *Nature* 440, no. 7086 (2006): 883.

Whiten, Andrew, William C. McGrew, Leslie C. Aiello, Christophe Boesch, Robert Boyd, Richard W. Byrne, Robin I. M. Dunbar et al. "Studying Extant Species to Model Our Past." Letter to the editor. *Science* 327, no. 5964 (2010): 410.

Wiebel, Jacob. "Revolutionary Terror Campaigns in Addis Ababa, 1976–1978." Thesis for Doctor of Philosophy in History, University of Oxford, 2014.

Wilford, John Noble. "Ethiopia Bones Called Oldest Ancestor of Man." *New York Times*, June 11, 1982.

______. "New Fossils Reveal the First of Man's Walking Ancestors." *New York Times*, August 17, 1995.

______. "Scientists Challenge 'Breakthrough' on Fossil Skeleton." *New York Times*, May 27, 2010.

______. "Tempers Flare as Fossil Theft and Claim-Jumping Are Charged." *New York Times*, April 25, 1995.

Williams, Martin. *Nile Waters, Saharan Sands: Adventures of a Geomorphologist at Large*. Switzerland: Springer International Publishing, 2016.

WoldeGabriel, Giday, Stanley H. Ambrose, Doris Barboni, Raymonde Bonnefille, Laurent Bremond, Brian Currie, David DeGusta et al. "The Geological, Isotopic, Botanical, Invertebrate, and Lower Vertebrate Surroundings of *Ardipithecus ramidus*." *Science* 326, no. 5949 (2009): 65.

WoldeGabriel, Giday, Grant Heiken, Tim D. White, Berhane Asfaw, William K. Hart, and Paul R. Renne. "Volcanism, Tectonism, Sedimentation, and the Paleoanthropological Record in the Ethiopian Rift System." In *Volcanic Hazards and Disasters in Human Antiquity*, edited by Floyd W. McCoy; Grant Heiken, 83–99. Special Paper 345. Boulder, CO: Geological Society of America, 2000.

WoldeGabriel, Giday, Tim D. White, Gen Suwa, Paul Renne, Jean de Heinzelin, William K. Hart, and Grant Heiken. "Ecological and Temporal Placement of Early Pliocene Hominids at Aramis, Ethiopia." *Nature* 371, no. 6495 (1994): 330.

WoldeGabriel, Giday, Tim D. White, Gen Suwa, Sileshi Semaw, Yonas Beyene, Berhane Asfaw, and Robert Walter. "Kesem-Kebena: A Newly Discovered Paleoanthropological Research Area in Ethiopia." *Journal of Field*

Archaeology 19, no. 4 (1992): 471.

Wolde-Georgis, Tsegay, Demlew Aweke, and Yibrah Hagos. "The Case of Ethiopia: Reducing the Impacts of Environmental Emergencies through Early Warning and Preparedness: The Case of the 1997–98 El Niño." http://archive.unu.edu/env/govern/ElNIno/CountryReports/pdf /ethiopia.pdf.

Wood, Bernard. "The Oldest Hominid Yet." *Nature* 371, no. 6495 (1994): 280.

Wood, Bernard, and Terry Harrison. "The Evolutionary Context of the First Hominins." *Nature* 470, no. 7334 (2011): 347.

Wulff, Henrik R. "The Language of Medicine." *Journal of the Royal Society of Medicine* 97, no. 4 (2004): 187.

Yasin, Yasin Mohammed. "Political History of the Afar in Ethiopia and Eritrea." *Africa Spectrum* (2008): 39.

Yellen, John, Alison Brooks, David Helgren, Martha Tappen, Stanley Ambrose, Raymonde Bonnefille, James Feathers et al. "The Archaeology of Aduma Middle Stone Age Sites in the Awash Valley, Ethiopia." *PaleoAnthropology* 10, no. 25 (2005): e100.

Yitbarek, Salaam. "A Problem of Social Capital and Cultural Norms?" International Conference on African Development. Paper 100 (2007).

Zane, Damian. "Ethiopia's Pride in Herto Finds." BBC News, June 11, 2003. http://news.bbc.co.uk/2/hi/science/nature/2978800.stm.

Zena, Ashenafi Girma. "Archaeology, Politics and Nationalism in Nineteenth- and Early-Twentieth-Century Ethiopia: The Use of Archaeology to Consolidate Monarchical Power." *Azania: Archaeological Research in Africa* 53, no. 3 (2018): 398.

Zimmer, Carl. "The Human Family Tree Bristles with New Branches." *New York Times*, May 27, 2015.

Zuckerkandl, Emile, and Linus Pauling. "Evolutionary Divergence and Convergence in Proteins." In *Evolving Genes and Proteins*, edited by V. Bryson and H.J. Vogel, 97–166. New York: Academic Press, 1965.

원고

Asfaw, Berhane. Letter to Higher Education Commissioner, Addis Ababa, Ethiopia. October 11, 1982. Kalb papers in author's possession.

Clark, J. Desmond. Letter to John Yellen, August 31, 1978. Kalb papers.

______. Letter to John Yellen, December 29, 1981. Kalb papers.

Clark, J. Desmond, and F. Clark Howell. "Construction of a Storage/ Laboratory Unit in Addis Ababa to house the collections made by United States based and financed expeditions in Ethiopia" (proposal to U.S. National Science Foundation). November 30, 1978. (Wendorf papers, box 18, folder 29).

Graburn, Nelson H. H. Memo, Berkeley Department of Anthropology, July 27, 1981. White papers in author's possession.

Kalb, John E. "Statement Regarding the Rift Valley Research Mission in Ethiopia." May 27, 1977. Kalb lawsuit exhibit.

Korn, David. "Archeological Expedition Stalled." Telegram from American Embassy Addis Ababa to Secretary of State Washington, D.C. September 30, 1982. Kalb papers.

Yellen, John. "Report on the Paris and Addis Ababa Conferences Concerning Future Research in the Ethiopian Rift Valley." National Science Foundation memo (1980). Kalb papers.

미국국립과학재단 제안서와 사례 파일

NSF award 7908342 "Construction of a Storage/Laboratory Unit in Addis Ababa to House the Collections Made By United States Based and Financed Expeditions in Ethiopia."

NSF award SBR 8210897 "Paleoanthropological Research in the Middle Awash Valley, Ethiopia."

NSF award 9318698 "Pliocene Paleontology and Geology of the Middle Awash Valley, Ethiopia."

NSF award SBR 9632389 case file "Mio-Pliocene of the Middle Awash Valley, Ethiopia." (Panel summary and reviews provided by MARP.)

NSF award 9910344 "Field Research in the Middle Awash Valley, Ethiopia." (Panel reviews provided by MARP.)

NSF proposal 0218392 "Revealing Hominid Origins Initiative." (Unfunded proposal; panel summary and reviews provided by MARP.)

NSF award BCS 0321893 "Revealing Human Origins." (Panel reviews provided by MARP.)

NSF proposal 1138062 (Unfunded proposal; panel summary and reviews provided by MARP.)

NSF proposal 1241314 (Unfunded proposal; panel summary and reviews provided by MARP.)

NSF proposal EAR1332712 (Unfunded proposal; panel summary and reviews provided by MARP.)

현장 노트와 기록

MARP video archive 1981–2000. Private Collection.

White, Tim. Field notes and photograph collection. Personal Communications.

영화와 비디오

Cartmill, Matthew, Jeremy DeSilva, William Kimbel, and William Jungers. "Proclaiming *Ardipithecus*: A Revolution in Our Understanding of Human Origins?" Boston University Dialogues in Biological Anthropology 8. Live webcast, December 12, 2013. Part 1 YouTube video 1:00:13 "BU Dialogues, Dec. 12, 2013—*Ardipithecus*." https://www.youtube.com/watch?v=zwyb-CokNIJI. Part 2 video 1:27:02 "*Ardipithecus* discussion BU Dialogues Dec 12 2013." https://www.youtube.com/watch?v=OYQwsbhfhOw.

Hoffman, Milton B. *The First Family*. Cleveland, OH: WVIZ-TV, 1980. DVD 60 min.

Johanson, Donald, Peter Jones, Paula S. Apsell and Michael Gunton. *Nova*. "In Search of Human Origins." Parts 1–3. Boston: WGBH Educational Foundation, 1994. DVD.

Lichtman, Flora. "Desktop Diaries: Tim White." Science Friday. August 9, 2013. Video 5:48. https://www.sciencefriday.com/segments/desktop-diaries-tim-white.

Noxon, Nicolas. *The Man Hunters: An MGM Documentary*. Narrated by E.G. Marshall. Los Angeles: Metro-Goldwyn-Mayer, 1970. DVD.

Paul, Rod. *Discovering Ardi*. Produced by Primary Pictures for Discovery Channel. Chatsworth, CA: Image Entertainment, 2010. DVD.

Scholl, Tillmann. *Knochenkrieg* (Bonewar). Germany: Spiegel TV GmbH, 2002. DVD.

Smeltzer, David. *Lucy in Disguise*. Youngstown, OH: Smeltzer Films, 1981. DVD 58 min.

Spurlock, Linda. "Burying the Hatchet, the Body, and the Evidence." Filmed October 17, 2014 at Ursuline College, Cleveland, OH. TEDx video posted January 20, 2016. 17:21 https://www.youtube.com/watch ?v=zEVjrZlDhPo.

Townsley, Graham, Jay O. Sanders, Robert Neufeld, WGBH, and National Geographic Studies. *Nova*, "Dawn of Humanity." Arlington, VA: Public Broadcasting Service, 2015. https://www.pbs.org/wgbh/nova/video /dawn-of-humanity.

Von Gutten, Matthias. *Coincidence in Paradise*. New York: First Run Icarus Films, 1991. Videocassette (VHS).

White, Tim, interview by Elizabeth Farnsworth. *MacNeil/Lehrer NewsHour*, PBS. September 22, 1994. 40:26 – 50:59. American Archive of Public Broadcasting. https://americanarchive.org/catalog/cpb-aacip_507-w08w951k0t.

White, Tim, interview by Harry Kreisler. "On the Trail of Our Human Ancestors: Timothy White." September 18, 2003. Institute of International Studies, the University of California at Berkeley. YouTube video 53:35 https://www.youtube.com/watch?v=z1ycbn0gYBY.

Wood, Bernard. "Darwin in the 21st Century: Nature, Humanity, and God." Lecture at November 1 – 3, 2009 conference, University of Notre Dame, Indiana. YouTube video posted April 5, 2012. 39:49. https://www.youtube.com/watch?v=7hvxeUbemuw.

Wood, Bernard, interview by Chiara Ceci, pikaia.eu, August 2010. YouTube video January 24, 2011. 5:53. https://www.youtube.com/watch?v=4mbHt_gHKOI.

아카이브, 컬렉션, 법원 파일

C. Loring Brace Papers: 1954 – 2009. Bentley Historical Library, University of Michigan.

The Foreign Affairs Oral History Collection, the Association for Diplomatic Studies and Training. Frontline Diplomacy, Manuscript Division, Library of Congress, Washington, D.C.

Paul B. Henze Papers. Collection Number 2005C42. Hoover Institution Archives. Stanford University.

John Ervin Kalb v. the National Science Foundation. Civil Case Number 863557. U.S. District Court for the District of Columbia.

Jon Kalb Papers. Private collection (documents provided to author by Kalb). This collection includes a large number of documents obtained from the U.S. National Science Foundation by Kalb under the Freedom of Information Act.

Papers of Ernst Mayr, 1931 – 1993. Harvard University Archives.

Fred Wendorf Papers. Southern Methodist University Archives.

Tim White papers. Private collection (documents provided to author by White).

구술 역사

The Association for Diplomatic Studies and Training (ADST). "Frederick L. Chapin" (interview by Arthur Tienken, 1988).

______. "Ambassador Arthur W. Hummel, Jr." (interview by Dorothy Robins Mowry, 1989).

______. "Ambassador David A. Korn" (interview by Charles Stuart Kennedy, 1990).

______. "Ambassador Tibor Peter Nagy, Jr." (interview by Charles Stuart Kennedy, 2010).

______. "Ambassador Owen W. Roberts" (interview by Charles Stuart Kennedy, 1991).

______. "David Hamilton Shinn" (interview by Charles Stuart Kennedy, 2010).

______. "Ambassador Arthur T. Tienken" (interview by Charles Stewart Kennedy). 1989.

Clark, J. Desmond. "An Archaeologist at Work in African Prehistory and Early Human Studies," an oral history conducted in 2000–2001 by Suzanne Riess, Regional Oral History Office, The Bancroft Library, University of California, Berkeley, 2002.

Isaac, Barbara. Oral history interview by Pamela J. Smith, University of Cambridge Department of Archaeology and Anthropology.

이미지 크레딧

31쪽: Daniel Huffman
47쪽: Saxon Donnelly, photograph courtesy of UC Berkeley
53쪽: Daniel Huffman
66쪽: Maurice Taieb
74쪽: Kermit Pattison
101쪽: UC Berkeley
143쪽: Kermit Pattison
145쪽: Daniel Huffman
151쪽: Drawings by Luba Dmytryk Gudz originally appeared in *Lucy: The Beginnings of Humankind*, Donald C. Johanson and Maitland A. Edey. Reprinted with permission of artist.
155쪽: Scott W. Simpson
164쪽: Schultz, "Die Körperproportionen der erwachsenen catarrhinen Primaten, mit spezieller Berücksichtigung der Menschenaffen." Anthropologischer Anzeiger H. 2/3 (1933). Used by permission.
171쪽: Illustrations copyright 2020 Stephen D. Nash/International Union for Conservation of Nature (IUCN) Species Survival Commission (SSC) Primate Specialist Group. Used with permission.
223쪽: Adapted from Fig. 2 of Schultz, "The Physical Distinctions of Man." *Proceedings of the American Philosophical Society* 94, no. 5 (1950). Reprinted with permission.
283쪽: From Fig. 5 of Schultz "Form und Funktion der Primatenhande," pp. 9–30. In B. Rentsch, ed., Handgebrauch und Verständigung bei Affen und Frühmenschen. Bern: Verlag Hans Huber, 1968. Reprinted with permission.
286쪽: Image adapted from Fig. 1 of White et al., "Neither Chimpanzee nor Human." *Proceedings of the National Academy of Sciences* 112, no. 16 (2015). Reprinted with permission.
311쪽: Daniel Huffman
312쪽: Kermit Pattison
321쪽: Illustration and courtesy of Henry Gilbert, Human Evolution Research Center. Originally from White et al., *Ardipithecus ramidus* and the Paleobi-

ology of Early Hominids. *Science* 326, no 64 (2009).

335쪽: Daniel Huffman

359쪽: Illustration by Waterhouse Hawkins. From frontpiece of Thomas Henry Huxley, *Evidence as to Man's Place in Nature*, 1863.

384쪽: Image adapted from Fig. 1 White et al., "Neither Chimpanzee nor Human." *Proceedings of the National Academy of Sciences* 112, no. 16 (2015): 4877. Reprinted with permission.

390쪽: Image and courtesy of Gen Suwa, University of Tokyo Museum. Adapted from Fig. 1 of Lovejoy et al., "Combining Prehension and Propulsion: The Foot of *Ardipithecus ramidus*." *Science* 326, no. 72 (2009).

403쪽: From Robert Hartmann, *Der Gorilla: Zoologisch-Zootomische Untersuchungen*, 1880. Image courtesy of the Nash Collection of Primates in Art and Illustration, University of Wisconsin.

415쪽: Adapted from Fig. 1 of White et al., "Neither Chimpanzee nor Human." *Proceedings of the National Academy of Sciences* 112, no. 16 (2015). Reprinted with permission.

423쪽: Digital rendering 2009 Gen Suwa, Adapted from Fig 2 of Suwa et al., "The *Ardipithecus ramidus* Skull and Its Implications for Hominid Origins." *Science* 326, 68 (2009).

424쪽: Image adapted from Fig. 1 of White et al., "Neither Chimpanzee nor Human." *Proceedings of the National Academy of Sciences* 112, no. 16 (2015): 4877. Reprinted with permission.

426쪽: Illustration by William Kimbel and used by permission. Chimpanzee and *afarensis* photographs by William Kimbel. Ardi scan courtesy of Gen Suwa and Tim White.

436쪽: From Fig. 4 of Tom Hogervorst and Evie E. Vereecke. "Evolution of the Human Hip. Part 1: The Osseous Framework." *Journal of Hip Preservation Surgery* 1, no. 2 (2014).

439쪽: Digital rendering 2009 Owen Lovejoy. From Lovejoy et al., "The Pelvis and Femur of Ardipithecus Ramidus: The Emergence of Upright Walking." *Science* 326, no. 5949 (2009).

450쪽: Images from Figs 21–23 of Johannes Sobotta, *Atlas and Text-Book of Human Anatomy*, 1909.

452쪽: Adapted from Fig. 6 of Adolph Schultz, "The Physical Distinctions of Man." Reprinted with permission of the American Philosophical Society.

479쪽: 2009 J. H. Matternes

484쪽: 2009 J. H. Matternes

538쪽: Kermit Pattison

567쪽: Kermit Pattison

◎ 찾아보기 ◎

인물

ㅁ

ㅂ

ㅅ

ㅈ

ㅊ

ㅋ

생물, 화석

ㅈ

ㅊ

해부학

장소, 기관, 단체, 부족

매체, 문헌

용어 외

◎ 추천의 말 ◎

역사, 과학, 정치 이야기가 훌륭하게 혼합된 작품. 정념과 통찰이 대등한 비중으로 가득 찬 책이다. 쉽게 내려놓을 수가 없었고, 끝나지 않기를 바랐다. 이 책에는 철학적으로도 중요한 의미가 있는데, 과학은 때로는 예상 가능하고 때로는 예기치 못한, 각기 다른 종류의 열매를 맺는 다양한 방법과 접근법의 무성한 정글이라는 사실을 보여주고 있다. 이 책은 인간으로서 우리는 누구인가라는 질문에 답하는 데 과학이 어떤 도움을 줄 수 있는지에 관심이 있는 모든 사람들에게 필독서가 되어야 한다. 기념비적인 업적이다!

장하석(케임브리지대학 과학사-과학철학과 석좌교수, 《물은 H_2O인가?》 저자)

숲에서 살면서 두 발로도 걷고 나무도 잘 타는 아르디는, 인류가 사바나에서 두 발로만 걷는 침팬지 같은 모습으로 시작했다는 정설에 정면으로 도전했다. 21세기 화제의 발견인 고인류 화석종 아르디피테쿠스 라미두스에 얽힌 과학 드라마 〈화석맨〉의 주요 등장인물은 고인류 화석인 아르디와 고인류학자 팀 화이트다. 아르디 팀은 기관총과 방울뱀과 무더위를 불사하고 십수 년에 걸쳐 연구한 끝에 아르디를 학계에 소개했지만, 화석과 학자 모두 격렬한 논란의 대상이 되어왔다. 〈화석맨〉은 우리가 박물관에서 깔끔하게 만나는 화석 한 점이 품고 있는 수십 년의 집념, 야망, 시기와 질투에 대해 재미있고 쉽게 쓰인 책이자, 또 한편으로는 과학적인 자료의 발견과 연구, 가설의 평가에 스며드는 인간적인 요인에 대해, 그리고 남성 편향적이고 폐쇄적이었던 고인류학이 추구하는 다양성과 공정성에 대한 화두를 제시하는 책이다.

이상희(캘리포니아대학 리버사이드 캠퍼스 인류학과 교수, 《인류의 기원》 저자)

고인류학이라는 학문이 이렇게 '재미있는' 곳이라니. 아르디피테쿠스가 뭔지도 모르는 채 책을 펼쳤는데 뒤로 갈수록 내려놓기 어려워졌다. 고인류학자들은 문자 그대로 목숨을 걸고 인류 기원의 비밀을 찾는 모험가들이었고, 작은 뼛조각으로 온갖 추리를 해내는 탐정들이었다. 막일꾼이기도 하고 정치인이기도 했다. 한없이 숭고했고, 아주 치졸했다. 고인류학자들은 온갖 장르 드라마의 연출자이고 배우였다.

그 드라마의 한가운데 아르디피테쿠스라는 핵폭탄 같은 발견이 있다. 오랜 상식과 '정설'들을 산산조각 낸, 20세기 교과서의 가르침을 폐기처분시킨, 인류의 옛 모습에 대한 인식을 모든 방향에서 바꿔버린 위험한 화석이. 웬만한 소설보다 더 흥미진진하고 매끄러운 논픽션이다. 책장을 덮을 때면 과학이 발전하는 과정, 인생을 바쳐 헌신할 수 있는 일, 인정과 협력을 구하는 방법에 대해 수백만 년의 감흥이 농축된 듯한 기분이 들 것이다.

장강명(소설가, 《재수사》 저자)

눈을 뗄 수 없는 이야기. 어떤 부분은 대중 과학서라기보다는 엄청난 괴짜 출연진들이 펼치는 리얼리티 TV 쇼 같다. 공산주의자들에게 거꾸로 매달려 고문을 당했지만 에티오피아 국립박물관의 화석 연구소를 이끌게 되는 베르하네 아스포, 한때 창조론자였지만 지금은 인간의 보행에 관한 권위자가 된 오언 러브조이, 총을 든 에티오피아 부족민이었지만 화석 발굴자로 훈련을 받은 엘레마와 가디. 줄거리는, 거의 미쳤다. 내전과 총격전, 사막을 가로질러 연구자들이 운전하는 자동차 바닥에 굴러다니는 몇 개의 수류탄, 그리고 슬프게도, 폭력적인 죽음.

얼마든지 그럴 여지가 있었지만 이 책은 결코 독단과 편견으로 가득한 저널리즘으로 전락하지 않는다. 이것은 과학에 대해 주의를 환기시키는 저자의 특별한 글쓰기 능력 덕분이다. 이 점에서 패티슨은 최고의 과학작가들과 어깨를 나란히 한다. 그는 인간의 손목과 발의 복잡한 세부사항을 시인의 솜씨로 묘사한다. 침팬지와 인간의 보행 방식에 관한 생체역학을 물 흐르듯 설명한다. 그리고 개인적으로 놀란 점은, 과학자들이 고대 종의 가계도를 만드는 방법을 명확하고 설득력 있게 기술한다는 사실이다. 이것은 사실 (공룡에 관한 것이기는 하지만) 나의 전공인데, 학부생들에게 설명할 때마다 애를 먹는 부분이다. 내년 수업 때는 이 책의 해당 장을 그대로 교재로 나눠주려고 한다.

스티브 브루사테(고생물학자, 《완전히 새로운 공룡의 역사》 저자), **〈뉴욕 타임스〉**

지구의 구조를 드러내고 생명의 나무를 비추며 세상을 보는 프리즘이 될 만한 아주 드문 책. 고대의 뼈 없이는 선사시대도, 문명도, 인류도 없다. 저자가 들려주는 이 거친 이야기의 핵심에는 그런 고대의 뼈를 발굴하기 위해서라면 혁명과 부족 전쟁, 과학적 경쟁자들과도 당당히 맞서는 까칠하고 강박적인 뛰어난 고인류학자 팀 화이트가 있다.

피터 니콜스(작가, 《광인을 위한 항해A Voyage For Madmen》 《진화의 선장Evolution's Captain》 저자)

저자는 머나먼 인류의 뿌리를 탐구하기 위해 현기증 나도록 깊은 지질학적 시간 여행으로 우리를 데려간다. 그는 고인류학을 내밀하게 취재하여 인류의 기원을 둘러싼 과학적 패러다임이 진화하는 데 이바지한 학문적 경쟁과 음모, 병적인 질투, 지적인 타성에 관한 날카롭고 정념이 들끓는 이야기를 썼다. 에티오피아 현장에서 직접 겪은 경험을 바탕으로 아파르 저지대의 황무지처럼 험난하고 예측할 수 없는 풍경을 배경 삼아 화석 사냥의 기술과 과학, 도전과 기쁨을 상세히 기술한다. 캐릭터에 관한 흥미롭고 생생한 설명은 그들이 갈망하는 인류 화석만큼이나 매혹적이다. 이 이야기의 대단원은 독자의 예상을 벗어나 놀라운 사실을 알려준다. **〈스펙테이터〉**

눈부시다. 우리를 가장 오래된 인류를 찾는 여정으로 데려가는 놀라운 깊이의 작품이다. 과학, 사회학, 정치학의 가닥들을 수십 년에 걸친 강렬한 이야기로 솜씨 좋게 엮어냈다. 문체는 생생하고 어렵지 않아서 다른 사람이었다면 견딜 수 없이 건조하고 빽빽해질 수 있는 주제에 생명을 불어넣었다. 훌륭한 미스터리가 그렇듯 이 이야기는 악당, 영웅, 의외의 전개, 놀라운 반전으로 가득하다. 야심찬 작품이다. **〈스타 트리뷴〉**

강렬한 데뷔작. 저자는 모험 이야기와 고인류학의 세밀한 내용을 멋지게 결합했다. 인류의 기원에 관심이 있는 사람이라면 이 생생하고 철저한 연구를 확인해야 한다. **〈퍼블리셔스 위클리〉**

과학적, 정치적, 인간적으로 호기심을 불러일으키는 흥미로운 이야기. 인류의 기원에 관해 새로운 경이를 느끼게 될 것이다.
〈크리스천 사이언스 모니터〉

다채로운 개성, 기념비적 발견, 인류의 진화에 대해 우리가 믿었던 모든 것을 다시 생각해보게 만드는 새로운 아이디어로 가득한, 흥미가 진진한 책. **〈북리스트〉**

FOSSIL
MEN